精细化工品实用生产技术手册

农用化学品制造技术

宋小平　韩长日　主　编

科学技术文献出版社
SCIENTIFIC AND TECHNICAL DOCUMENTATION PRESS

图书在版编目(CIP)数据

农用化学品制造技术/宋小平,韩长日主编.—北京:科学技术文献出版社,2012.3

(精细化工品实用生产技术手册)

ISBN 978-7-5023-7028-2

Ⅰ.①农… Ⅱ.①宋… ②韩… Ⅲ.①农业-化工产品-生产工艺-技术手册 Ⅳ.①TQ072-62

中国版本图书馆 CIP 数据核字(2011)第 198914 号

农用化学品制造技术

策划编辑:陈家显 责任编辑:陈家显 责任校对:张吲哚 责任出版:王杰馨

出 版 者	科学技术文献出版社
地 址	北京市复兴路 15 号 邮编 100038
编 务 部	(010)58882938,58882087(传真)
发 行 部	(010)58882868,58882866(传真)
邮 购 部	(010)58882873
官 方 网 址	http://www.stdp.com.cn
淘宝旗舰店	stbook.taobao.com
发 行 者	科学技术文献出版社发行 全国各地新华书店经销
印 刷 者	北京时尚印佳彩色印刷有限公司
版 次	2012 年 3 月第 1 版 2012 年 3 月第 1 次印刷
开 本	850×1168 1/32 开
字 数	537 千
印 张	21.875
书 号	ISBN 978-7-5023-7028-2
定 价	48.00 元

前 言

　　《精细化工品实用生产技术手册》是一部有关精细化学品的技术性系列丛书。它包括有机化学品、无机化学品和复配型化学品，按照印染与橡塑助剂、日用化工品、涂料、药物、农药、香料与食品添加剂、染料、颜料与色料、电子化学品与信息化学品、胶粘剂、精细有机中间体、洗涤剂、表面活性剂和表面处理剂、皮革纺织及造纸化学品、建筑用化学品、化妆品、精细无机化学品、饲料添加剂、石油化学助剂及石油产品、农用化学品等 20 个分册出版。

　　本书为农用化学品分册，介绍了 76 种植物生长调节剂、78 种杀虫剂、58 种杀菌剂、25 种除草剂、31 种化学肥料、22 种农用薄膜、36 种农副化工产品和 67 种其他农用化学品的制造技术。对每个品种的产品性能、生产方法、生产配方、生产流程、生产工艺、产品标准、产品用途都做了全面系统的阐述。是一本内容丰富、资料翔实、实用性很强的生产技术工具书。本书在编写过程中，参阅和引用了大量国内外专利及技术资料，书末列出了一些主要参考文献，部分产品中还列出了相应的原始的研究文献，以便读者进一步查阅。

应当强调的是,在进行农用化学品的开发生产时,应当遵循先小试,再中试,最后进行工业性试产的原则,以便掌握足够的生产经验和控制参数。同时,要特别注意生产过程中的防火、防爆、防毒、防腐以及生态环境保护等相关问题,并采取相应有效的防范措施,以确保安全顺利地生产。

本书由宋小平、韩长日主编,参加本书编写的有宋小平、韩长日、陈辉、陈文豪、惠阳等。

本书的出版,得到了国家自然科学基金项目(20862005)、科学技术文献出版社和海南师范大学的资助及支持,陈家显对全书的组稿进行了精心策划,在此,一并表示衷心感谢。

限于编者水平,疏漏和不妥之处,在所难免,恳请广大读者和同仁提出批评与建议。

编　者

目 录

第一章　植物生长调节剂

1.1　增甘膦

增甘膦又名 Polaris(Monsanto)，其化学名称为 N,N-双(膦羧基甲基)甘氨酸。

【生产配方】

三氯化磷	7.0
甘氨酸	6.85
甲醛	7.0

【生产方法】　将三氯化磷与甘氨酸、甲醛一起反应，经过滤、干燥，即得增甘膦。

【产品标准】　原药为白色至微黄色粉末，含量≥95.0%，干燥减重≤5.0%。

【产品用途】　可用于甘蔗、西瓜的增糖、催熟、增产等。

【使用方法】　本品不能和其他农药混用。在西瓜膨大期喷洒本剂，施用浓度 1 000 mg/kg，每亩 30 kg 水溶液，可使西瓜含糖量增加 15% 左右，增产 6% 左右，成熟时间提前 4～5 d。

1.2　调节膦

调节膦又名蔓草膦，Krenito。其化学名称为氨基甲酰基膦酸乙酯铵盐。

【生产配方】

甲氧基羰基膦酸乙酯	14.5
氨水	2.6

【生产方法】 将甲氧基羰基磷酸乙酯与氨水反应,即得氨基甲酰基膦酸乙酯铵盐(调节膦),经过滤、干燥即得产品。

【产品标准】 40%水剂　琥珀色液体

指标名称	指标
有效成分含量(%)	≥40.0
亚磷酸乙酯铵盐(%)	≥10.0
pH 值	7～8

【产品用途】 本品对植物有整枝、矮化、增糖、保鲜等多种作用。

【使用方法】 本品可与草甘膦、萘乙酸、赤霉素混用,具有增效作用。使用时,将药液由植物顶端开始自上而下喷洒,施药剂量、时间视施药对象、施药环境而定。

1.3　增产醇

增产醇又名 784-1,其化学名称为 3-(α-吡啶基)丙醇。

【生产配方】

金属钠	7.3
氯苯	16.6
α-甲基吡啶	14.8
环氧乙烷	9.1

【生产方法】 在氯苯溶剂中,金属钠与 α-甲基吡啶反应,反应生成物与环氧乙烷反应得 3-(α-吡啶基)丙醇钠,经酸化后即得增产醇。

【产品标准】 80%乳油为黄色至深棕色单相液体

指标名称	指标
有效成分含量(%)	80.0±1.0
乳油稳定性	合格

【产品用途】　本品可用于花生、大豆、西瓜等作物,能提高饱果率,促进早熟、增产。

【使用方法】　浸种处理浓度一般为 100～20 mg/kg,花期施用浓度一般为 10 mg/kg。

1.4　5-硝基愈创木酚钠

5-硝基愈创木酚钠的化学名称为 2-甲氧基-5-硝基苯酚钠。分子式 $C_7H_6NO_4Na$,分子量 191.12。结构式为:

【产品性能】　橙红色片状结晶,熔点 104～106 ℃。是植物生长调节剂。

【生产方法】　邻甲氧基苯酚(愈创木酚)与乙酐酰化,经硝化后水解得 5-硝基愈创木酚钠。

【生产流程】

【生产配方】

愈创木酚	124.0
乙酐	122.0
冰乙酸	396.0
硝酸(63%)	276.5
氢氧化钠	132.0

【生产工艺】

(1)乙酰化　于 500 mL 三颈烧瓶中加入愈创木酚 124 g,油浴加热至 120 ℃,搅拌下滴加乙酐 122 g,滴完后于 120 ℃保温反应 2 h。冷却后用 80 mL 氯仿萃取,萃取液减压蒸馏,收集 135～140 ℃/1 300 Pa 馏分,得到淡黄色液体,乙酰愈创木酚,收率 91%。

(2)硝化　于 500 mL 四颈烧瓶中加入乙酰愈创木酚 80 g,冰乙酸 105 g(约 100 mL)及少许催化剂,水浴加热至 50 ℃,搅拌下缓慢滴加浓硝酸 120 mL 与冰乙酸 100 mL 配成的混酸。滴加过程使瓶内温度保持在 50 ℃左右,加完后于 50 ℃保温反应 2 h。充分搅拌下将反应物倾入一个装有冷水 800 mL 的烧杯中,冷却结晶,抽滤得到橙黄色针状晶体 5-硝基乙酰愈创木酚,收率 81%。

(3)水解　在三颈烧瓶中加入氢氧化钠 70 g 及水 400 mL,水浴加热至 60 ℃,搅拌下分批加入上步所得到 5-硝基乙酰愈创木酚。加完后于 60 ℃保温反应 2 h,冷却、结晶、抽滤、干燥得到 5-硝基愈创木酚钠,收率 86%。产品为橙红色片状结晶,熔点 104～106 ℃。

【产品用途】　5-硝基愈创木酚钠是植物生长调节剂,能迅速渗透进入植物内,促进植物的萌芽、发根、生长和结果。

1.5　矮壮素

矮壮素(chlormequat chloride),也称稻麦立、氯化氯代胆碱(CCC;cycocel),化学名称 2-氯乙基三甲基氯化铵(2-chloroethyltrimethylammonium chloride)。分子式 $C_5H_{13}Cl_{12}N$，相对分子质量 158.07。结构式为：

$$ClCH_2CH_2\overset{\oplus}{N}(CH_3)_3 \cdot \overset{\ominus}{Cl}$$

【产品性能】 白色结晶固体,有鱼腥味。熔点 240～241 ℃,在 245 ℃时分解,极易吸湿。易溶于水(20 ℃时水中溶解度为 74%),溶于低级醇和丙酮,不溶于乙醚和烃类。其水溶液对金属有腐蚀性。在中性和微酸性溶液中稳定。

【生产流程】

三甲胺 → 气化 → 合成 → 蒸馏 → 成品

二氯乙烷（箭头指向合成）

过量的二氯乙烷

【生产配方】 (kg/t)

二氯乙烷	374
三甲胺	627

【主要设备】 气体发生器 吸收锅 合成锅

【生产工艺】 将三甲胺盐酸盐 200 kg 从高位槽放入气体发生器内,搅拌加热至 70 ℃左右时,将 30%氢氧化钠溶液从液碱高位槽加入发生器。控制碱液的加入速度,使发生器压力保持在 0.25 MPa 左右。于 6～8 h 加完 240 kg 后,将发生器温度升至 90 ℃。发生器发生的三甲胺气体流经串联的三台吸收锅,每锅盛有二氯乙烷 400～450 kg,在常温下吸收三甲胺。当第一台吸收锅的二氯乙烷含三甲胺达 15%时,即可将物料放入合成锅内进行合成反应。同时将第二台吸收锅的物料放入第一台吸收锅,第三台吸收锅的物料放入第二台吸收锅,再将纯的二氯乙烷 400～450 kg 加入第三台吸收锅,进行下一周期的吸收操作。

在合成锅内二氯乙烷和三甲胺进行合成反应,压力维持在

0.23 MPa 左右,搅拌反应 12 h,料液温度达 108~113 ℃时,反应达终点。直接用蒸汽回收过量的二氯乙烷(在生产过程中二氯乙烷也起溶剂作用),锅内的物料为含 60%~70%矮壮素的水溶液。冷却后可直接配制成 50%的水剂,即得到矮壮素。

【实验室制法】 将二氯乙烷和三甲胺在加热条件下反应,即可制得矮壮素。

【生产方法】 由二氯乙烷吸收三甲胺,加热反应制得。

$$ClCH_2CH_2Cl+(CH_3)_3N \rightarrow [ClCH_2CH_2N(CH_3)_3]^{\oplus}Cl^{\ominus}$$

【产品标准】

外观	浅黄色至黄棕色,无沉淀,透明均匀液体
含量(%)	≥50
相对密度(d_4^{20})	1.106~1.117
pH 值	4~7

【质量检验】 含量测定

(1)游离氯的测定　吸取 25 mL 样品溶液于 250 mL 磨口锥形瓶中,加入蒸馏水 15 mL,3 滴二氯萤光黄指示剂(0.2%乙醇溶液)和淀粉溶液(1%溶液)10 mL,立即用 0.1 mol/L 硝酸银标准溶液滴定至粉红色刚出现即为终点。

(2)总氯的测定　吸取 25 mL 样品溶液于 250 mL 磨口锥形瓶中,加入 2 mol/L 氢氧化钠水溶液 15 mL,装上回流冷凝器,加热回流 15 min 后,用蒸馏水冲洗冷凝器及锥形瓶内壁。冷却至 20 ℃左右,加 1 滴酚酞指示剂(1%乙醇溶液),用 1:3 硝酸溶液和 0.1 mol/L 氢氧化钠调至中性或稍偏酸性,再加 3 滴二氯萤光黄指示剂,淀粉溶液 10 mL,立即用硝酸银标准溶液(0.1 mol/L)滴定至粉红色即为终点。

样品中矮壮素百分含量(x)按下式计算:

$$x=\frac{c(V_2-V_1)\times 0.158}{G\times 0.1}\times 100\%$$

式中　c——硝酸银标准溶液的浓度，mol/L；

　　V_1——滴定游离氯时消耗硝酸银标准溶液的体积，mL；

　　V_2——滴定总氯时消耗硝酸银标准溶液的体积，mL；

　　G——样品质量，g。

【产品用途】　植物生长调节剂。可抑制细密植株徒长，使茎和叶柄矮壮；还能增强植物对病虫害的抵抗力。可使水稻、小麦、棉花抗倒伏，小麦抗盐碱，使马铃薯块茎增大，使棉铃增多。为赤霉素拮抗剂，可保护西红柿免受萎蔫病侵害，减少甘蓝蚜虫的危害。

【安全措施】

（1）生产中使用的原料二氯乙烷剧毒，三甲胺有毒，生产现场严防跑、冒、滴、漏，接触时应戴防护面具，穿防护衣，戴防护手套，注意防火。

（2）产品用玻璃瓶或高密度塑料瓶包装，外用木箱装。防冻、防热，不得与食物、种子、饲料混放。为有机有毒品，贮存期2年。

1.6　矮健素

矮健素化学名称为2-氯烯丙基三甲基氯化铵。结构式为：

$$\left[\begin{array}{c} CH_2=C-CH_2-N-CH_3 \\ | \qquad\quad | \\ Cl \qquad\quad CH_3 \end{array} \overset{CH_3}{\underset{CH_3}{}} \right]^{\oplus} Cl^{\ominus}$$

【产品性能】　白色晶体。对棉花和小麦等农作物有显著的增产作用。

【生产方法】　由1,2,3-三氯丙烷脱氯化氢制得2,3-氯丙烯，然后再与三甲胺反应生成盐得矮健素。

$$\underset{Cl\ \ Cl\ \ Cl}{CH_2-CH-CH_2} \xrightarrow{NaOH} \underset{Cl\ \ Cl}{CH_2=C-CH_2}$$

$$CH_2=C-CH_2 + (CH_3)_3N^{\oplus} HCl^{\ominus} \longrightarrow$$
$$\underset{Cl}{|}\ \underset{Cl}{|}$$

$$\left[CH_2=\underset{\underset{Cl}{|}}{C}-CH_2-N(CH_3)_3 \right]^{\oplus} Cl^{\ominus}$$

【生产流程】

氢氧化钠

1,2,3-三氯丙烷 → 消去 → 缩合 → 分离 → 成品

【生产配方】

1,2,3-三氯丙烷(>90%)	164.0
氢氧化钠(98%)	44.0
三甲胺盐酸盐(95%)	77.5

【生产工艺】

将1,2,3-三氯丙烷164份投入反应釜中,加入氢氧化钠10 min,搅拌,加热,升温至95 ℃时,开始反应并放热,于98～105 ℃下反应1 h。将氢氧化钠34份用水配成50%溶液,加入乙醇70份,混合后慢慢滴入反应釜内,回流状态下3～4 h加完,再回流反应6 h。加冷水至反应液中,静置,分层。油相蒸馏,收集93～105 ℃馏分得到2,3-二氯丙烯,收率70%左右。

将2,3-二氯丙烯和溶剂甲苯加入反应釜中,搅拌,加热升温至60 ℃。在三甲胺气体发生器中加入氢氧化钠(30%)溶液,慢慢滴入5%～8%三甲胺盐酸盐溶液,将产生的三甲胺气体经过气体缓冲瓶通入反应釜中的2,3-二氯丙烯溶液内,于60～70 ℃下搅拌反应,生成矮健素晶体。当产生大量晶体时即可停止通三甲胺气体,继续于75～80 ℃下反应5～6 h。分离出晶体得矮健素。也可加入水,搅拌溶解,静置,分出水层,得到矮健素水溶液产品。

【产品用途】　本品具有抑制植物生长的作用。能使作物茎秆

短粗,叶面宽厚,根系发达,提高产量。具有抗旱、抗倒伏能力。适用于棉花、小麦、花生等作物。

【使用方法】　花生开花期喷洒本剂的水溶液,可提高花生产量,喷施浓度为 $0.004\%\sim0.006\%$。

1.7　增产灵

增产灵又称增产灵 1 号、肥猪灵。化学名称 4-碘苯氧乙酸或对碘苯氧乙酸(4-iodo phenoxyacetic acid)。分子式 $C_8H_7IO_3$,相对分子质量 278.04。结构式为:

【产品性能】　白色针状结晶或淡黄色结晶性粉末。溶于乙醇、乙醚、氯仿、苯和丙酮,微溶于热水,难溶于冷水。熔点 $154\sim156\ \text{℃}$。性能稳定。

【生产方法】　由对氨基苯酚经重氮化,置换后得到对碘酚,再与氯乙酸缩合制得 4-碘苯氧乙酸,即增产灵。

【生产流程】

```
            NaNO₂,H₂SO₄  KI,Cu      氯仿          氯仿
               ↓          ↓          ↓            ↓
对氨基苯酚 →  重氮化  →  置换  →  萃取  →  洗涤  →  蒸馏  →
```

```
         氯乙酸,氢氧化钠  乙醚
  减压         ↓          ↓
→ 蒸馏  →  缩合  →  萃取  →  洗涤  →  酸化  →  重结晶 → 成品
```

【生产配方】（质量,份）

对碘苯酚(100%计)	220
氯乙酸(95%)	100

【主要设备】 重氮化反应锅　置换反应釜　缩合反应釜　蒸馏釜　结晶槽　过滤器　干燥箱

【生产工艺】 将对氨基苯酚加入重氮化反应锅,冷却至0 ℃。另将水和硫酸混合液冷却至0 ℃后加入反应锅内。于搅拌下滴加亚硝酸钠溶液,温度保持在0～5 ℃,1 h内滴加完毕。然后继续搅拌反应20 min,再加入浓硫酸,得到重氮化液。将重氮化液倒入0 ℃左右的碘化钾溶液中,加入铜粉,然后加热升温,于75～80 ℃搅拌下进行置换反应,反应至无氮气放出为终点。将物料冷却至室温,用氯仿萃取3次。合并萃取液,用硫代硫酸钠稀溶液洗涤萃取液。蒸馏回收氯仿,剩余物料进行减压蒸馏,收集135～140 ℃(460×133.3 Pa)馏分。馏出物冷却后,得到对碘酚粗制结晶品。将粗品用稀乙醇溶液重结晶得到纯品。

将上述所得的对碘酚、氯乙酸投入缩合反应釜,再加入氢氧化钠水溶液,搅拌,并加热升温至100 ℃,进行缩合反应3～6 h。反应完成后,将物料冷却至室温,用盐酸调节pH值至3～5。用乙醚萃取,萃取液用水洗涤,然后加入5%～10%碳酸钠溶液,充分搅拌后静置分层,取出水层,用盐酸酸化后,析出结晶。过滤,将晶体用50%乙醇重结晶,即制得成品增产灵。

【产品标准】

外观　　　　　　　　　　淡黄色或白色针状结晶

含量(原药,%)　　　　　≥95

熔点(℃)　　　　　　　 ≥145

【质量检验】 含量测定

称取样品 10 mg(准确至 0.1 mg),包在 2 cm×2 cm 的无灰滤纸上,滤纸上留有一条引火纸尾,夹在与燃烧瓶盖相连的铂金丝上。在燃烧瓶内放入 2% 的氢氧化钾水溶液 10 mL,并向燃烧瓶内充满氧气,引火点燃纸尾,迅速放入燃烧瓶内塞紧瓶盖,轻轻摇动燃烧瓶,使燃烧完全。然后再振摇 1 min,待烟雾消失后打开瓶盖,用水冲洗瓶盖、铂金丝及瓶壁。加入 20% 的乙酸钠水溶液 5 mL,10% 的乙酸钠乙酸溶液 5 mL,溴水 2~3 滴,放置 5 min。滴加甲酸 10 滴,除去过量的溴。再放置 5 min 后,加入固体碘化钾 0.5 g 及硫酸 1 mL(4.5 mol/L,H_2SO_4)。5 min 后,用硫代硫酸钠标准溶液(0.01 mol/L)滴定至淡黄色,加入淀粉指示剂(0.5%)5 滴,继续滴定至蓝色消失即为终点。

样品中增产灵百分含量(x)按下式计算:

$$x=\frac{V\times c\times 0.046\,34}{m}\times 100\%$$

样品若是增产灵钠盐,其百分含量(x)按下式计算:

$$x=\frac{V\times c\times 0.050\,01}{m}\times 100\%$$

以上两式中　V——硫代硫酸钠标准溶液体积,mL;

　　　　　　c——硫代硫酸钠标准溶液浓度,mol/L;

　　　　　　m——样品质量,g;

　　　0.046 34——1/6 增产灵分子摩尔质量,kg/mol;

　　　0.050 01——1/6 增产灵钠盐分子摩尔质量,kg/mol。

【产品用途】 植物生长调节剂,能促进棉花生长发育,减少大豆落花、落夹,降低水稻秕谷率。还能促进生猪肌体的新陈代谢,催肥增膘。

【安全措施】

(1)生产中使用的原料对氨基苯酚具有苯胺和苯酚的双重毒性,可经皮肤吸收引起中毒;氯乙酸毒性极强,具有强刺激性和腐蚀性,附着在皮肤上能引起烧伤和坏疽。生产时设备应密闭,严防泄漏,生产现场保持良好通风,操作人员要戴口罩、橡皮手套和穿高统套鞋。

(2)产品密封包装。

1.8　乙烯利

乙烯利(ethephon)又称乙烯磷,化学名称(2-氯乙基)膦酸。分子式 $C_2H_6ClO_3P$,相对分子质量 144.5。结构式为:

$$ClCH_2CH_2-\overset{\overset{\displaystyle O}{\|}}{\underset{\underset{\displaystyle OH}{|}}{P}}-OH$$

【产品性能】　白色蜡状固体。熔点 74～75 ℃,易溶于水、乙醇、丙酮,难溶于苯,不溶于石油醚。在空气中极易潮解,水溶液呈强酸性。当 pH 值>3.5 时,逐渐分解释放乙烯。pH 值<3.0 时,溶液较稳定。

【生产方法】　三氯化磷与环氧乙烷酯化得到的亚膦酸三酯在加热条件下重排为磷酸二酯,再通 HCl 酸解得到乙烯利。

$$H_2C\overset{\displaystyle\diagup\diagdown}{\underset{\underset{\displaystyle O}{}}{}}CH_2 \xrightarrow{PCl_3} (ClCH_2CH_2O)_3P$$

$$(ClCH_2CH_2O)_3P \xrightarrow[\text{重排}]{\triangle} ClCH_2CH_2\overset{\overset{\displaystyle O}{\|}}{P}(OCH_2CH_2Cl)_2$$

$$\text{ClCH}_2\text{CH}_2\overset{\text{O}}{\underset{}{\text{P}}}(\text{OCH}_2\text{CH}_2\text{Cl})_2 \xrightarrow[\text{重排}]{\text{HCl}} \text{ClCH}_2\text{CH}_2\overset{\text{O}}{\underset{\text{OH}}{\text{P}}}\text{OH}$$

【生产流程】

环氧乙烷
三氯化磷 → 酯化 → 重排 → 酸解 (HCl) → 乙烯利

【生产配方】（kg/t）

三氯化磷（工业品）	570
环氧乙烷（工业品）	570
氯化氢	适量

【主要设备】 酯化反应釜 重排反应釜 酸解槽 减压蒸馏釜 贮槽 冷凝器

【生产工艺】

(1)在搪玻璃反应釜内，先投入三氯化磷 57 kg,夹套通冷冻盐水进行冷却,使料温降至 0 ℃左右,随即通入气化的环氧乙烷。通入速度随反应温度变化而加以调节,控制在 30 ℃左右通完与三氯化磷等重的环氧乙烷。继续搅拌 4～6 h 即完成酯化反应。游离氯控制在 0.1～0.2 mg/kg。

(2)把上述粗品加入到带有回流冷凝器和搅拌器的反应釜内,同时加入等重量的溶剂邻二氯苯,搅拌混匀,快速升温至 180 ℃,于此温度下回流反应 3～4 h。然后,进行真空蒸馏,蒸出溶剂,留在反应釜内的物质为异构化产物,即 2-氯乙基膦酸酯粗品。

(3)把 2-氯乙基膦酸酯粗品投入反应釜内,加热升温至 170 ℃,搅拌,通入氯化氢气体进行反应。未反应的多余的氯化氢气体和反应过程中所生成的氯乙烷一道从反应釜蒸出经冷凝分出二氯乙烷,未被冷凝的氯化氢进入尾气吸收瓶吸收。于 175 ℃反应温度下,不断反应,不断蒸出二氯乙烷,当二氯乙烷的收集量达到 2-氯乙基膦酸酯粗品投料量的 2/3 左右时,即可停止反应,得到棕色酸性液体即为成品,其有效成分为 2-氯乙基膦酸。所得成品可直接销售,也可配成 30%～40% 的水剂销售,施用浓度一般为 0.05%～0.4%。

【实验室制法】 在三口瓶中,加入氯化磷,冰冷却至 0 ℃,通入环氧乙烷,控制在 30 ℃左右通入与三氯化磷等质量的环氧乙烷,继续搅拌 3 h,得到亚膦酸三酯。将该三酯和等量邻二氯苯投入反应锅里油浴加热,于 150～200 ℃重排 15～20 min,然后减压蒸去邻二氯苯,得到的磷酸二酯于 155～160 ℃维持 2～4 h,通入干燥 HCl 气体。温度控制在(175±5)℃,至低沸物逸出甚少时,停止通 HCl。通入空气赶尽 HCl,得到 65% 左右乙烯利原油。

【产品标准】

含量(%)　　　　　　　　　　　　　≥40

【质量检验】 含量测定

称取样品 0.8～1 g(准确至 0.2 mg)置于广口瓶中,加水 5～6 mL,摇匀。将 12～15 粒氢氧化钠,放入瓶内盛碱盘上。按附图安装好。再准确地称量反应瓶重(准确至 0.2 mg)。然后,小心倾侧反应瓶,使氢氧化钠颗粒落入溶液中,轻轻摇动,放气 0.5 h。再在电炉上微热,待小气泡完全消失,放入干燥器中,待反应瓶冷却至室温,再准确称量。

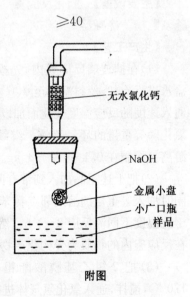

无水氯化钙

NaOH

金属小盘

小广口瓶

样品

附图

$$乙烯利含量(\%)=\frac{515.2×(G_1-G_2)}{G}×100\%$$

式中　G_1——反应前的广口瓶质量,g;

　　　G_2——反应后的广口瓶质量,g;

　　　G——样品质量,g。

【产品用途】　乙烯利是植物生长调节剂,具有植物激素、增进乳汁分泌、加速成熟、脱落、衰老以及促进开花和控制生长的生理效应。在一定条件下,乙烯利不仅自身能释放出乙烯,而且还能诱导植株产生乙烯,增进同化物质向生殖器官运转。应用于天然橡胶、安息香、生漆生产上,有显著增产作用。乙烯利能促进棉花早熟、集中吐絮、增收花絮、提高品级,有利于棉花耕作机械化;还可用于香蕉和番茄的催熟、早稻催熟、烟叶落黄、调节菠萝开花、茶叶除花、黄瓜等瓜类花的性别转化、苹果和柑橘的着色及凤梨和蔷薇着花、升花和增加分枝。

【安全措施】

(1)毒性:大白鼠口服 LD_{50} 为 4 229 mg/kg。能刺激皮肤和眼睛。二级有机酸性腐蚀品。

(2)生产中使用环氧乙烷、三氯化磷等有毒、腐蚀性化学物品,设备必须密闭,车间内保持良好的通风状态。工作人员应穿戴劳保用品。

(3)密封保存(塑料瓶或玻璃瓶包装)。

1.9　三十烷醇

三十烷醇(1-triacontanol)又称蜂花醇(myricylalcohol)、1-三十碳烷醇。分子式 $C_{30}H_{62}O$,相对分子质量 438.83。结构式为:

$$CH_3(CH_2)_{28}CH_2—OH$$

【产品性能】　纯品外观为白色有光泽的鳞片状或针状结晶,密度 0.777 0 g/cm³,熔点 85.5~86.5 ℃,沸点 244 ℃/0.5×133.322 Pa,溶于氯仿、己烷、乙醚、二氯甲烷及热苯、热乙醇和热丙酮中,不溶于水。三十烷醇与磺酰氯反应,再与碱作用,生成三十烷醇硫酸酯钠盐,成为一种乳化剂。三十烷醇若与三氯氧磷作用,然后水解,得酸性磷酸酯。三十烷醇在吡啶存在下与醋酐作用,得三十烷醇酯(熔点 68~69 ℃)。三十烷醇具有高级脂肪醇的通性,它与羧酸作用能生成酯。酯化反应是可逆的,酯化产物遇水可以发生水解作用。三十烷醇遇到氧化剂被氧化成醛或酸。

【生产方法】　三十烷醇主要采用化学合成法和天然物中萃取法制得。

化学合成法

(1)由烷基锌氯化物与酰氯酸酯通过缩合反应制得酮酸酯,再在碱性条件下用肼还原得高级脂肪酸酯,最后用 LiAlH₄ 还原,制得三十烷醇。

$$R-ZnCl+Cl-\overset{O}{\overset{\|}{C}}(CH_2)_nCOOCH_2CH_3 \xrightarrow[-ZnCl_2]{\text{缩合反应}}$$

$$R\overset{O}{\overset{\|}{C}}(CH_2)_nCOOC_2H_5 \xrightarrow[\text{二缩乙二醇}]{H_2NNH_2,NaOH} RCH_2(CH_2)_nCOOC_2H_5$$

$$\xrightarrow{LiAlH_4} RCH_2(CH_2)_nCH_2OH \quad (n=4,6 \text{ 或 } 8)$$

(2)由烯胺法合成三十烷醇

$$CH_3(CH_2)_{22}COOH+SOCl_2 \longrightarrow CH_3(CH_2)_{22}\overset{O}{\overset{\|}{C}}-Cl$$

烯胺反应 $\xrightarrow{Et_3N\cdot HCl} CH_3(CH_2)_{22}\overset{O}{\overset{\|}{C}}$ 环己酮 $\xrightarrow[H_2O]{KOH}$

$$CH_3(CH_2)_{22}\overset{O}{\overset{\|}{C}}(CH_2)_5COOK \xrightarrow[\text{二缩乙二醇}]{H_2NNH_2,NaOH}$$

$$CH_3(CH_2)_{22}CH_2(CH_2)_5COOK \xrightarrow{H^+} CH_3(CH_2)_{22}CH_2(CH_2)_5COOH$$

$$\xrightarrow{LiAlH_4} CH_3(CH_2)_{22}CH_2(CH_2)_5CH_2OH$$

（3）将十六碳烯-1 在三氯乙烯-乙腈混合溶剂中，用 WCl_6-Bu_4Sn 作催化剂，于 80 ℃下反应 5 h，制得 40％～60％的三十碳烯-15。再将三十碳烯-15 在二甘醇二甲醚和四氢呋喃中于氩气下进行硼氢化，然后于 70 ℃异构化 3 h，则得到 1-或 2-三十烷基硼烷，再用过量的 H_2O_2—NaOH 溶液进行氧化，即制得三十烷醇-1（47％以上）和三十烷醇-2（32％）。

$$n-C_{14}H_{29}CH=CH_2 \xrightarrow[C_2HCl_3-CH_3CN]{WCl_6-Bu_4Sn,80\ ℃} n-C_{14}H_{29}CH=CHC_{14}H_{29}+CH_2=CH_2$$

$$n-C_{14}H_{29}CH=CHC_{14}H_{29}+BH_3-THF \xrightarrow[Ar,室温,1\ h]{O(CH_2CH_2OCH_3)_2}$$

$$n-\underset{\underset{BH_2}{|}}{C_{14}H_{29}C}HCH_2C_{14}H_{29} \xrightarrow{70\ ℃} n-C_{30}H_{61}BH_2+$$

$$n-\underset{\underset{BH_2}{|}}{C_{28}H_{57}}CHCH_3 \xrightarrow[过量]{H_2O_2-NaOH} \begin{array}{l}三十烷醇-1\ 47％ \\ 三十烷醇-2\ 32％\end{array}$$

（4）以十二碳二元酸为原料，通过酯化，部分酸化，酰氯化，与有机锌试剂缩合。碱性条件还原，再经酯化，还原制得三十烷醇。

$$HOOC(CH_2)_{10}COOH \xrightarrow[CH_3CH_2OH]{29％} EtOOC(CH_2)_{10}COOEt$$

$$\xrightarrow[H^+,H_2O]{69％} EtOOC(CH_2)_{10}COOH \xrightarrow[SOCl_2]{82％} EtOOC(CH_2)_{10}COCl$$

$$\xrightarrow[62％]{CH_3(CH_2)_{17}ZnCl} CH_3(CH_2)_{17}\overset{\overset{O}{\|}}{C}(CH_2)_{10}COOEt \xrightarrow[二缩乙二醇]{H_2NNH_2,NaOH}$$

$$CH_3(CH_2)_{28}COOH \xrightarrow{EtOH} CH_3(CH_2)_{28}COOEt$$

$$\xrightarrow{LiAlH_4} CH_3(CH_2)_{28}CH_2OH$$

通过化学合成法制备三十烷醇可得到纯度高的成品，但其工艺比较复杂，原料难得，成本高。

天然物中萃取法

三十烷醇在天然植物中不以游离的形式存在。它常与各种高级脂肪酸结合形成酯类化合物,普遍存在于动植物蜡中,如蜂蜡、糖蜡、蔗蜡、棉油蜡、虫白蜡、苜蓿蜡、苹果皮蜡、茉莉花蜡、葵花籽蜡、亚麻蜡、竹叶蜡、茶叶蜡和褐煤蜡等。这些蜡经皂化分离、提纯均可获得三十烷醇。米糠蜡是提取三十烷醇原料之一。因为米糠蜡来源广,其中含高碳脂肪醇50%以上,高碳脂肪醇中含三十烷醇20%~30%,若以米糠蜡油计三十烷醇含量约占10%,因而人们常从米糠蜡油中提取三十烷醇。蜂蜡也是提取三十烷醇的重要原料。

【实验室制法】　合成法纯度高但成本昂贵;从动植物蜡中分离得到的三十烷醇虽纯度略低,但原料来源丰富,成本低。这里介绍由蜂蜡提取三十烷醇的实验室方法。

蜂蜡 $\xrightarrow[\text{皂化,回流 12 h}]{\text{12 mol/L,KOH 液}}$ 皂化液 $\xrightarrow[\text{过夜}]{\text{冷却}}$ 上层(醇、皂等块状物)
　　　　　　　　　　　　　　　　　　　　　　　下层(碱液弃去)

$\xrightarrow[\text{搅拌后冷却}]{\text{加水,加热}}$ 上层(醇、皂混合物) $\xrightarrow[\text{50~60 ℃}]{\text{烘干}}$ 干渣
　　　　　　　　　　下层(皂液弃去)

$\xrightarrow[\text{加热}]{\text{加溶剂}}$ 溶液(有机溶液) $\xrightarrow[\text{(肥皂不溶)}]{\text{趁热过滤}}$ 滤渣(肥皂,弃去)
　　　　　　　　　　　　　　　　　　　　　滤液(内含醇、蜡)→

$\xrightarrow[\text{三十烷醇不溶}]{\text{用冰冷却}}$ 冷却液 $\xrightarrow[\text{三十烷醇不溶}]{\text{过滤}}$ 滤液(内含蜂蜡,回收溶剂)
　　　　　　　　　　　　　　　　　滤渣(内含三十醇) $\xrightarrow{\text{真空干燥}}$

→ 三十烷醇(粗品) $\xrightarrow[\text{重结晶}]{\text{乙醚}}$ 纯品

(1)取蜂蜡100 g和12 mol/L氢氧化钾溶液1 000 mL加入反应锅中。然后加热皂化回流12 h。静置过夜,弃去下层碱液,保留上层蜡、醇、皂等块状混合物。

(2)将上述块状混合物用大量热水洗涤并充分搅拌。倾出洗

液,用热水如此反复洗5～6次,即可除去块状物中夹杂的大部分皂料。残渣抽滤,并烘干。

(3)烘干的滤渣加入有机溶剂进行加热,趁热过滤,弃去滤渣,保留滤液,即可除去剩余的皂料。

(4)滤液用冰冷却,然后抽滤,保留滤渣,即可除去未完全皂化的蜂蜡。

(5)滤渣进行真空干燥,得三十烷醇粗品,经乙醚重结晶得无色针状三十烷醇精品,熔点86 ℃。

注:皂化时,蜂蜡与碱液量以1 g比10 mL为好,且碱浓度不应<8 mol/L。若碱量过少,则皂化后体系不分层,后处理困难。

【原料规格】

(1)蜂蜡　蜂蜡是由工蜂腹部的蜡腺分泌的物质,蜂蜡有多种,如黄蜂蜡、印度蜂蜡、日本蜂蜡、中国蜂蜡等。蜂蜡的成分很复杂,常因蜂种、地区气候不同而异。蜂蜡中的三十烷醇是与棕榈酸形成酯的形式存在。蜂蜡中由高级脂肪酸与高级脂肪醇所形成的酯占蜂蜡的70%左右,其中主要是棕榈酸三十烷醇酯。如黄蜂蜡中,蜡酸酯类的含量为71%,其中棕榈酸三十烷醇酯含23%,蜡酸三十烷醇酯12%,花生油酸三十烷醇酯12%。另外,还含有高级脂肪烃、游离酸、游离醇、色素、糖分、水分和矿物质。

蜂蜡在提取三十烷醇的过程中,除得到产物三十烷醇外,还可得到高级脂肪酸、高级脂肪醇、高级脂肪烃等重要化工原料。

(2)植物蜡　植物蜡存在于植物的茎、叶、花瓣和果实之中,其部位不同,蜡所含的成分也不同,植物品种不同,其蜡质也不同。植物蜡中三十烷醇的含量比蜂蜡少得多。如小烛树蜡中三十烷醇和其他高级醇类约占5%;玫瑰花瓣蜡中,三十烷醇和其他高级醇类约占12%;檀香叶蜡中,三十烷醇和其他高级醇类脂肪酸、烃类约占50%。另外,虫漆蜡、棕榈蜡、香蕉蜡、苹果蜡、仙人掌、叶苜蓿等植物中均含有三十烷醇,为制得三十烷醇提供广泛的原料来源。

(3)蚕粪　随着蚕桑业的发展,蚕粪的数量日益增多,它是一种具有多种用途的农副产品,蚕粪的成分复杂,含有蛋白质、糖、微量元素,丰富的叶绿素、氮、磷、钾肥及植物蜡。蚕粪的植物蜡中也含有三十烷醇,可用适当的溶剂进行萃取。此外,蚕粪中还含有蜕皮激素、吲哚乙酸类似物等激素。

(4)米糠蜡　三十烷醇在米糠蜡中主要与二十六烷酸结合成酯,是米糠蜡的主要成分之一,含量为 43%～44%。米糠蜡在毛米糠油中的含量为 1%～1.5%,每吨净米糠油蜡经过水解,萃取,溶剂精制,真空蒸馏,可制得约 100 kg 三十烷醇。

【生产流程】

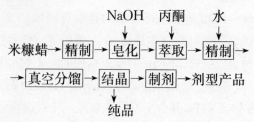

【主要原料】

米糠蜡	石油醚沸点(70～90 ℃)
氢氧化钠(1.161 g/cm³)	氯化钙
丙酮	浓盐酸(工业品)
乳化剂(吐温-80 或平平加)	

【主要设备】　精制锅　皂化釜　蒸发罐　真空蒸馏釜　配制锅过滤器　萃取罐　洗涤精制锅　真空干燥箱　贮槽

【生产工艺】　主要介绍从天然原料中萃取、精制三十烷醇。

(1)以蜂蜡为原料制取三十烷醇　蜂蜡主要是高级脂肪酸与高级脂肪醇形成的酯类混合物,其中富含三十烷醇酯。可通过萃取、皂化、分离和精制等步骤制取三十烷醇。

①蜂蜡的净化、皂化及三十烷醇的分离:蜂蜡在皂化之前用乙

醇溶解,除去树脂等杂质物,对蜂蜡进行净化。其具体生产工艺是:在乙醇 20～24 L 中加入蜂蜡 8 kg,加热搅拌回流 1 h,边搅拌、边冷却至析出固体。抽滤,将滤饼用冷乙醇洗涤 2 次,将滤饼晾干或于 60 ℃下烘干,得到净化后的蜂蜡。

将净化过的蜂蜡 6 kg 投入皂化反应釜,再加入氢氧化钠-乙醇溶液 15 L 和苯 30 L,将物料加热至回流,搅拌反应 4 h,进行皂化反应。皂化完成后,将反应物趁热移入分液漏斗中,加入 50～60 ℃的热水 9～12 L。用力震摇,静置分层,除去水层。有机层再用热水洗涤 2～3 次,若不易分层,可加入适量的食盐促使其分层。洗涤后,将有机层转入结晶锅中,让其自然冷却结晶。过滤抽干,再用苯重结晶 1～2 次(每次用苯 12～15 L),制得 0.15～0.18 kg 粗品三十烷醇。

②三十烷醇的提纯精制:三十烷醇的提纯精制选择仲辛醇作溶剂,效果良好。由于仲辛醇是一种长碳链的醇,它对粗品中的主要杂质二十八醇有较强的溶解能力,因此采用分步结晶的方法,将粗品进行精制,其结果较为理想。具体生产工艺是:用仲辛醇作溶剂,固液比为 1∶16,经 6 次重结晶,可制得含量为 94.22% 的三十烷醇。若用四氯化碳作溶剂,采用上述相同的生产工艺,可制得含量为 90.96% 的三十烷醇。另若用仲辛醇作溶剂,固液比为 1∶8,经 6 次重结晶,可制得含量为 92.92% 的三十烷醇;固液比仍为 1∶8,经 8 次重结晶,可制得含量为 94.07% 的三十烷醇。从上述数据可见溶剂用量增加 1 倍,所得产品纯度只提高 1.21%,因此,在一定范围内,固液比并不是越高越好。

结晶次数对提取纯度有相应的影响,若溶质相同,溶剂用量一样,所得结果是:用仲辛醇结晶 4 次时,三十烷醇含量的增加较快,再随着结晶次数的增加,三十烷醇的含量也增加,但较前 4 次增加得慢。尽管如此,要得到高纯度的产品,必须经过多次的处理。如用四氯化碳作溶剂,也能增加三十烷醇的含量,但比仲辛醇慢得多。另外,仲辛醇对二十八醇的溶解能力比四氯化碳大得多,所以,用仲辛醇作溶剂所得产品纯度较高,提取效率也较好。

重结晶温度对产品纯度也有相应影响,在不同温度下重结晶,所得产品的纯度有所不同。如以 1 g 含有三十烷醇 82.68%,二十八烷醇 11.11%,三十二烷醇 6.21%的粗品,用 50 mL 仲辛醇作溶剂在水溶锅中加热溶解至透明,然后放在不同温度下结晶,其结果是结晶温度为 20 ℃时,三十烷醇的含量为 89.42%;结晶温度为 25 ℃时,三十烷醇的含量为 90.33%。可见调整不同的结晶温度,可使三十烷醇的含量增加。因此,在一定温度范围内进行重结晶,可增加产品的纯度。

双溶剂交替重结晶对纯度也有一定影响。实验证明,单独使用仲辛醇作溶剂,虽然提纯效果较好,但需多次处理。如以仲辛醇为主,苯为辅两种溶剂交替使用,效果更好。如先用仲辛醇连续结晶 6 次,再用苯重结晶 2 次,三十烷醇的含量可增加到 95.54%。如先用仲辛醇重结晶 3 次,用苯重结晶 2 次,再用仲辛醇重结晶 2 次,三十烷醇含量已达 100%。上述结果说明,采用双溶剂交替重结晶比单溶剂连续多次处理的效果好。一般以仲辛醇为主要溶剂,先进行适当次数的纯化,主要目的在于除去二十八烷醇,到了适当程度后,使用第二溶剂苯,再进行纯化,主要目的在于除去非极性部分较大的三十二烷醇,两种溶剂互相配合作用,比单用仲辛醇连续多次重结晶效果更好。

综上所述,以仲辛醇为主要溶剂,从蜂蜡中提取高纯的三十烷醇,具有工艺简单,设备简易,操作要求不高,溶剂来源丰富,成本低廉,产品纯度高等优点。

(2)由米糠蜡中提取三十烷醇生产工艺一

①米糠蜡精制:由于米糠蜡一般均含有较多的中性油及少量的磷酯、游离脂肪酸、不饱和烃、甾醇酯等,有的还含有较多的水分和机械杂质,需要进行精制,才能皂化水解。精制方法:首先将米

糠蜡油在 105～110 ℃下加热除去水分,冷却至 85～90 ℃时趁热过滤除去机械杂质。然后用蜡油 4～6 倍量的石油醚(沸点为70～90 ℃),在 70～80 ℃下回流 3～4 h,冷却至 10 ℃左右,压滤(滤液中即是要除去的中性油及低熔点蜡等),滤渣经脱除溶剂后即为精米糠蜡。其皂化价不超过 82,酸价不＞3,丙酮不溶物不＜95％,熔点在 78 ℃以上,碘价在 15 以下。

②皂化:称取精米糖蜡 140 kg,加水 390 L,加热至 85 ℃,待完全溶化后在搅拌下缓慢加入密度为 1.161 g/cm³ 氢氧化钠水溶液,碱超量 1 倍,煮沸 8～12 h,保温放置 36 h,再加水升温搅成稀糊状。加入与皂化用碱量 1/2 摩尔量的氯化钙饱和溶液,在 80 ℃以下反应 2～3 h,过滤。滤渣用 90 ℃的热水洗至中性,在 60～90 ℃下烘干,得到灰白色或淡黄色粉粒钙皂(脂肪醇与脂肪酸钙的混合物)。如烘干温度超过 105 ℃,便得到硬而脆的块状固体,需粉碎过筛。

③萃取:水解产物即脂肪醇和脂肪酸钙的混合物。在由溶剂蒸发罐和萃取罐组成的备有回流冷凝器的特制不锈钢萃取装置中,用 6～8 倍量的丙酮循环萃取 12～20 h。萃取温度为 45～50 ℃。萃取完后让其自然冷却至 10～15 ℃,过滤,滤渣为脂肪酸钙。滤液在室温下放置一定时间让其脂肪醇结晶出来,再过滤和脱除溶剂,即得脂肪醇。总萃取率为 40％～50％。

萃取时,精制米糠蜡中中性油含量高,则萃取率低。钙化粉水分含量对萃取率影响极大。例如,当钙皂粉含水量为 17.46％时,萃取率只有 34.15％;当含水量降低到 0.59％时,萃取率提高到46.3％。萃取率高低还与萃取温度、萃取时间及溶剂对脂肪醇的溶解能力等因素有关。

④精制:水洗萃取所得的粗脂肪醇,还会混有如烃、甾醇、色素、脂肪酸、蜡、皂及钠盐、钙盐等杂质。需先将粗脂肪醇加热至100 ℃熔化,然后用浓盐酸酸化至 pH 值 2～3,保持在此条件下

2 h,用沸水洗至中性,冷却至 10 ℃左右,使脂肪醇结晶出来,滤出脂肪醇在 110～120 ℃下干燥。

⑤分馏:三十烷醇的沸点在真空度为 13.33 Pa 时,约为 225～230 ℃。通过真空分馏将三十烷醇与其他脂肪醇分开。将各次收集的三十烷醇馏分合并,用石油醚或苯在 60～70 ℃下溶解,让其自然冷却至 10 ℃以下,过滤。滤液为溶剂、不饱和化合物及低熔点脂肪醇。滤出的结晶经 60 ℃的真空干燥箱干燥后,即为三十烷醇成品。该成品三十烷醇的含量为 75%～98.48%。

⑥制剂的配制:三十烷醇不溶于水,为便于农田使用,必须配制成与冷水任意混溶,且稳定性好的水剂。因此,需要使用乳化剂,如平平加(脂肪醇聚氧乙烯醚)、吐温-80 等。先将三十烷醇用水浴加热使其溶于吐温-80 中,再在其中加入等温热水,使成透明,冷却后用冷水稀释至 1 000 mg/kg 的水剂(即 1 g 三十烷醇/1 kg 水)。在农业中应用时,再配制成所需的浓度,一般为 0.1～1 mg/kg,且要及时使用。也可先用乙醇溶解三十烷醇[(50～100)∶1],再加吐温-80 和热水,最后用冷水稀释至所需浓度。

常用法:将三十烷醇 1 g 溶于氯仿 50 mL 中,然后加吐温-80(亲水性乳化剂)100 mL 搅拌至混浊,再加水至 1 000 mL,继续高速搅拌至乳白色,即浓度为 0.1% 的三十烷醇乳液。

超声波法　在输出功率为 250 W 的超声波发生器的暴露室中加入水 1 L。开机后加入三十烷醇 200 mg 研碎的粉末或溶液,待形成均匀乳浊状后加入吐温-80 20 mL。0.5 h 后倒出冷却,即为浓度 0.02%(200 mg/kg)的三十烷醇乳液。

复方制剂　水稻喷洒三十烷醇后,一般可增产 6%～8%。如加入磷酸二氢钾(每亩 100 g),可增产达 10%～20%。再加上0.05%氧化锌,可增产 20%。加氯化钾、硫酸锌和硼砂等,可增产高达 33.8%。三十烷醇与乙烯利、防落素、生长素(2AA)、赤霉素等混合使用,效果更佳。如复方制剂:三十烷醇 2.5 g,尿素 251 g,

磷酸二氢钾 75 g,硼砂 100 g,吐温-80、氯化钙各适量,混合成膏状物,即得到复方制剂。使用时加水稀释至所需浓度。

(3)由米糠蜡中提取三十烷醇生产工艺二

①粗米糠蜡精制为精米糠蜡:米糠油精炼的方法有 2 种:(a)皂化法:将粗米糠蜡装入布袋,榨去液体后,将袋内固体蜡在80～90 ℃用稀碱水部分皂化,除去残留的中性油脂,得到熔点为80 ℃左右的精米糠油。(b)溶剂萃取法:将粗米糠蜡用适当的有机溶剂溶解,经冷却析出精米糠蜡,过滤,得熔点为 80 ℃左右的精米糠蜡。将精米糠蜡经皂化、分离、结晶和精制等步骤,制得三十烷醇。

②皂化:精米糠蜡 1 kg 中加 95％乙醇 5 kg,NaOH 0.1 kg,在90 ℃水溶上回流 8 h,进行皂化反应,水解后制得相应的高碳脂肪酸钠盐和高碳脂肪醇。

③分离:将皂化完成的物料中加入乙醇 2 kg 和氯化钙0.12 kg 的溶液,使高碳脂肪酸盐形成不溶于乙醇的高碳脂肪酸钙盐,经沉淀后过滤分离,其热滤液中均为游离的高碳脂肪醇,趁热过滤后,再将滤饼用热乙醇 10 kg 分两次洗涤,将洗涤液与滤液合并,冷却后析出固体,过滤得蜡状固体,用热水煮洗固体物,即得混合的高碳脂肪醇。

④分步结晶:将固体高碳混合醇以 1∶20 的比例用热乙醇溶解,除去底脚,加热到 45 ℃时过滤,所得固体物为三十烷醇粗品。

⑤精制:将粗三十烷醇 0.1 kg 用异戊醇 2 L 加热溶解,在80 ℃时用盐酸滴加至临界饱和点,加活性炭脱色并热过滤,滤液冷却后得结晶物,再用 1∶150 的石油醚溶解结晶,冷却后析出结晶,经过滤即得精品三十烷醇。

从米糠蜡中提取三十烷醇的另一种方法与上述方法基本相同,仅分离步骤上有差别。此法在分离时改用丙酮或异丙醇提取混合高碳脂肪醇,利用高真空分馏技术,先将二十六烷醇和二十八烷醇馏分分出,然后再收集三十烷醇的馏分,将此馏分用苯重结晶,即制得熔点为85.5～86.5 ℃的较纯产品三十烷醇。得率为精糠蜡15%。

(4)由蚕粪中提取三十烷醇

蚕粪中除富含叶绿素外,还含有一定量以蜡为主的脂质物,通常用丙酮提取叶绿素后,再用苯或乙醚提取蜡,所得蜡一般为黄色。将该蜡状物用98%酒精溶解,加入盐酸共沸,分出高级烃类,然后加入苯使之分层,有机层用水洗去余酸,冷却、过滤,得三十烷醇粗品。将粗品在苯—乙醇混合溶剂中重结晶,制得较纯的三十烷醇。

(5)由苜蓿中提取三十烷醇

方法一 用苜蓿干草 106 kg 经有机溶剂萃取,得苜蓿蜡 98 g,将苜蓿蜡通过皂化及乙醇乙醚的反复抽提,得三十烷醇粗品约 15.6 g,再用苯-乙醇混合溶剂重结晶,制得三十烷醇约 10 g,熔点为 85.6～85.8 ℃。

方法二 用 pH=9 的磷酸盐缓冲溶液将苜蓿植株制成匀浆,再用氯仿萃取,得粗抽提物。将粗抽提物经过葡萄糖凝胶柱层析(Sephadex LH$_{20}$型),柱长 85 cm,直径 0.8 cm,用含 1%乙醇的苯洗脱。收集洗脱液,经气-液色谱分离,在 200 ℃氦中(40 m^3/min)进行制备,分离物用氯仿-乙醇溶剂重结晶,得精品三十烷醇。

(6)三十烷醇的剂型

①乳剂的配制

方法一 把三十烷醇 250 mg 热溶于乙醇 50 mL 中,趁热加入吐温-20 或吐温-80 50 mL,搅拌至完全混溶后,再加入温纯水(蒸馏水,最高温度不得超过 80 ℃)至 500 mL,待完全溶解后迅速冷却,即为 0.05%(500 mg/kg)浓度的三十烷醇乳液,这种乳液不易发生乳析现象。若配制时加温过高或时间过长,都会加速乳液的破坏,使乳液黏度降低,出现聚结。因此,要控制好配制时的温度,保证乳液的稳定性。其他浓度也可用类似的方法配制。使用时根据需要兑水至所需浓度。

方法二　在三十烷醇 1 mL 中,加平平加 5 mL,加热溶解,再分次加水稀释至 1 L,即配制得到浓度为 1 mg/kg 的三十烷醇乳剂。

方法三　在 90 ℃左右的温度条件下,使三十烷醇首先在水中呈熔融状态,然后用 3 000 Hz 频率和输入 25 W/0.5 h 的声波,使三十烷醇粉碎至胶体分散系的颗粒范围。制成的胶体放置 3 天后过滤,可保持半年不变化。胶体试剂在无菌条件下保存,不能冰冻,制备好后封存,并用高压灭菌器消毒,临用前开启,微生物感染后,会使三十烷醇胶体活性降低。

②粉剂:三十烷醇的粉剂中,除含有三十烷醇外,还添加一定量的微量元素,以及氮、磷、钾等植物需要的营养元素,表面活性剂和其他添加剂。其加工过程简单,生产安全,成体低,便于使用和运输。具体生产流程如下:

原料 → 粉碎 → 过筛 → 加入其他添加剂 → 滚动搅拌混合均匀 → 包装 → 成品

③粉剂和乳剂配成使用所需浓度的方法

由粉剂配成水剂的加水量

规格＼浓度(mg/kg)／加水量(kg)	0.05	0.1	0.2	0.25	0.4	0.5
4 g/包,每包含 5 mg 三十烷醇	100	50	25	20	12.5	10
10 g/包,每包含 12.5 mg 三十烷醇	250	125	62.5	50	31	31.25

乳剂加水稀释成所需浓度(1)

0.1%乳剂 (母液,mg/kg)	1	0.5	0.1	0.05	备　注
取母液毫升数	10	5	1	0.5	固定加水量改变母
加水量(kg)	10	10	10	10	液用量的配制方法

乳剂加水稀释成所需浓度(2)

取母液量 1 000 mg/kg ＼ 浓度(mg/kg) ／ 加水量(kg)	1	0.5	0.1	0.05
0.5 kg(500 mL)	500	1 000	5 000	10 000
0.05 kg(500 mL)	50	100	500	1 000
5 g(5 mL)	5	10	50	100
1 g(1 mL)	1	2	10	20

【产品标准】　(纯品)

外观	白色片状或针状结晶,熔化后成透明液体
碘值(gI_2/100 g)	≤1.0
酸值(mgKOH/g)	40.5
含量(%)	≥90
皂化值(mgKOH/g)	≤1.0
二十八醇含量(%)	45
灰分(%)	40.1
熔点范围(℃)	85~88
水分(%)	40.1

【质量检验】

(1)含量测定:采用气相色谱法测定。

采用气相色谱法测定三十烷醇的纯度是一种有效而可靠的方法。可分为间接法和直接法。①直接法:色谱柱采用 1.5%OV-1 及 1.5%OV-17ChromosorbW 80~100 目,柱温 160~280 ℃(每分钟 8 ℃),用 N_2(99.99%)作载气(每分钟 50 mL),用 FID 做鉴定器。本法可准确分析碳数 $C_{18\sim34}$ 的脂肪醇,其最低检测极限为 0.02%,标准偏差为 0.1%。精密度高,且手续简单,分析速度快;②间接法:一般是将高级醇转化成烷烃(用 HI 处理后还原)或将其转变成乙酸酯,再用气相色谱分析。

(2)碘值测定:准确称取试样,置于 250 mL 碘量瓶中,加氯仿 10 mL 溶解之。加入溴化碘试液 25 mL,塞好后在遮光处放置 0.5 h。加 KI 试液 30 mL,水 100 mL,用 0.1 mol/L 硫代硫酸钠滴定所释出的碘。当碘色完全变淡后,加淀粉试液 1 mL,继续滴至蓝色消褪为止。同时做空白试验。

$$碘值 = \frac{12.69c(V_1 - V_2)}{G}$$

式中 V_1、V_2——分别为空白试验和样品所耗的硫代硫酸钠标准液的体积,mL;

c——硫代硫酸钠溶液的摩尔浓度,mol/L;

G——样品质量,g。

(3)酸值、皂化值、灰分、水分等按常规法测定。

(4)熔点:纯三十烷醇的熔点为 85~86 ℃,但根据检测结果表明,二十八烷醇和三十二烷醇的含量较少时,其熔点也能达到 85 ℃。因此,熔点不能作为检验纯度的主要指标。尽管如此,纯度低的三十烷醇产品其熔点也相应降低,如熔点<85 ℃的产品,其含量也<85%。因此产品的熔点可作为纯度的参考指标。

(5)红外光谱和质谱:红外光谱可以证明产品是含饱和直链的

伯醇,但其同系物三十二烷醇或二十八烷醇也有类似的吸收峰。因此,还需要质谱分析配合检测,分析产品的分子离子峰,以及主要碎片离子峰,以确定其分子量,光谱法检测时,可利用标准物的谱图对照分析。其红外谱图中应具有下列相应结构的强吸收峰:

结构单元	波数(cm)	
—OH	3 315	1 065
—CH_3	2 925	1 386
—CH_2—	2 851	1 487
—(CH_2)_n—	724	713

【产品用途】 三十烷醇对大多数农作物都有不同程度的增产效果,其增产原因主要是:

(1)促进发根、植株生长健壮。用适当浓度的三十烷酸溶液浸种或处理插枝、插条,都有促进发根和使根系发达的作用。

(2)促进对矿质元素的吸收,为植株生长发育提供良好的物质基础,提高农作物吸收养分的能力。

(3)提高叶绿素含量,增强光合作用。

(4)防止落花落果,提高坐果率,获得增产。

(5)促进花芽分化,提高开花率。

(6)促进愈伤组织的生长与分化,提高抗逆能力,提高 ATP 和还原态辅酶Ⅱ的含量,增强光合作用,单位时间内光合产物增加,从而达到增产效果。

三十烷醇对玉米、杂交稻、小麦等幼苗的硝酸还原酶活力有促进作用。硝酸还原酶是氮素同化途径中的限速酶,酶活力的提高,使转化能力加强。

三十烷醇是一种无毒、高效、快速及适用范围广泛的天然存在的植物生长促进剂。其性质与已知的 5 大类植物激素不同。它对植物的生长和发育具有特殊的调节和控制作用,并具有来源广、用量少、作用大、无公害等优点。用 0.01~0.1 mg/kg 三十烷醇溶液(相当于1亩地用1 mg)喷洒农作物,根据农作物的不同,增产幅度达8%~63%,平均产量增加12%。经过三十烷醇处理的农作物,可提高种子发芽率、出苗率和秧苗成活率,促进光合作用,增加物质积累和提高抗寒能力,促进分蘖和增加新根系。三十烷醇有强的生理活性,对花生、红薯、大豆、水稻、玉米、番茄、白菜等有明显的增产效果。

【安全措施】

(1)本品无公害。属天然的植物生长激素。

(2)真空分馏是生产的关键环节,必须控制真空度达到规定要求,截取馏分温度不宜宽,否则产品不纯,影响使用效果。

(3)应注意三十烷醇稀释液的 pH 值能决定其作用的发挥。稀释液的 pH 值要保证<8。配好的粉剂在使用时若加入少量草木灰或澄清的石灰水,拌匀后再喷施,既可使 pH 值加大,又可增加钙离子。微生物污染能使三十烷醇的效价显著降低。污染物主要来自配制时器皿和蒸馏水。故装载容器一定要高压灭菌,并在制剂中掺加一定量的抑菌剂。另外,长链碳醇、吗啉、酯类、塑料增塑剂邻苯二甲酸酯类等对三十烷醇的效用有抑制作用。贮运和使用时应注意到上述影响三十烷醇使用效果的诸因素。

1.10　对氯苯氧乙酸钠

对氯苯氧乙酸钠(Sodium-P-chlorophenoxyacetate)又称 4-氯苯氧乙酸钠。分子式 C_8H_6OClNa,分子量 208.6。结构式为:

$$Cl—\!\!\!\!\bigcirc\!\!\!\!—O—CH_2CO_2Na$$

【产品性能】　白色针状或棱柱状结晶。熔点 154~156 ℃。易溶于水。对人畜安全,对鱼类无害。

【生产方法】　4-氯苯酚与氯乙酸缩合成盐得到对氯苯氧乙酸钠。

$$Cl-\!\!\!\bigcirc\!\!\!-OH + ClCH_2CO_2H \xrightarrow{\ NaOH\ }$$

$$Cl-\!\!\!\bigcirc\!\!\!-OCH_2CO_2Na$$

【生产流程】

氯乙酸，氢氧化钠
　　　　↓
4-氯苯酚 → 缩合 → 精制 → 成品

【生产配方】

4-氯苯酚(95%)	1 286.0
氯乙酸(95%)	1 040.0
氢氧化钠(40%)	5 000.0

【生产工艺】　在缩合反应锅中,加入 4-氯苯酚 128.6 kg,氯乙酸104 kg,加热至 45～50 ℃,熔化后滴加 40%氢氧化钠 500 kg,同时激烈搅拌,滴加完毕,继续保温反应 1 h,得到对氯苯氧乙酸钠,然后用 90 ℃左右热水使其溶解,向溶液中滴加盐酸酸化至 pH 值为 1,析晶。抽滤得到对氯苯氧乙酸。

将对氯苯氧乙酸与液碱作用成盐,浓缩析晶,抽滤,洗涤,干燥得对氯苯氧乙酸钠。

【产品标准】

含量(%)	≥98.5
熔点(℃)	154～156
干燥失重(%)	≤0.5
水不溶物(%)	≤0.10
砷(以 As 计,%)	≤0.000 05

【产品用途】　广泛用于小麦、水稻、蔬菜、果树等,能促进植物发芽生长,防止落花、落果,可促使提前成熟。也用于培养无根豆芽。

1.11 异戊烯基氨基嘌呤

异戊烯基氨基嘌呤[6-(Δ^2-isopentenylamino) purine]简称 zip,是从植物体内分离出来的天然植物细胞激素。分子式 $C_{10}H_{13}N_5$,分子量 203.25。结构式为:

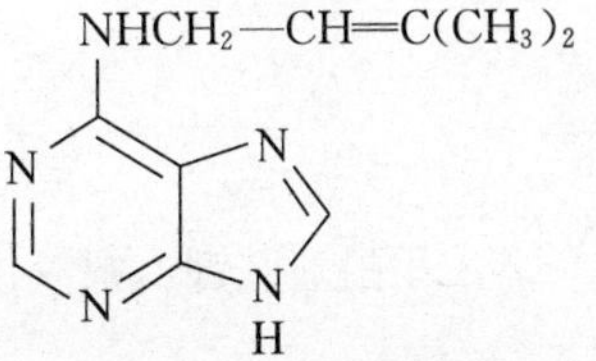

【产品性能】 白色粉状固体,熔点 208~209 ℃。可诱导植物愈伤组织中细胞分裂素氧化酶的活性,有效地促进愈伤组织的生长。

【生产方法】 异戊二烯与溴化氢加成后经 Gabriel 反应制备伯胺(1-氨基-3-甲基-2-丁烯),然后与腺嘌呤缩合即得异戊烯基氨基嘌呤。

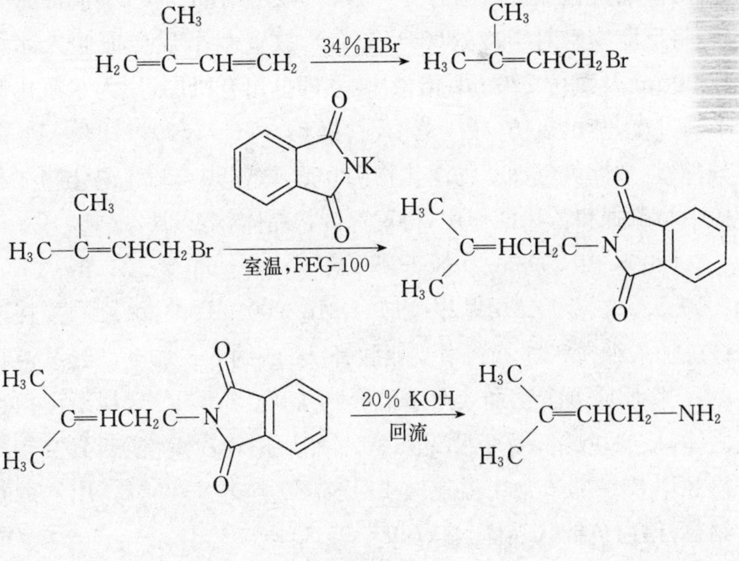

$$H_3C \underset{H_3C}{\overset{}{>}}C\text{=}CHCH_2\text{-}NH_2 \xrightarrow{170\ ℃,18\ h}$$

【生产流程】

$$异戊二烯 \xrightarrow{\text{溴化氢}} \boxed{加成} \xrightarrow{\text{邻苯二甲酰亚胺钾}} \boxed{取代} \xrightarrow{\text{氢氧化钾,水}} \boxed{水解} \xrightarrow{\text{腺嘌呤}} \boxed{缩合} \rightarrow$$

$$\boxed{脱溶} \rightarrow \boxed{精制} \rightarrow 成品$$

【生产工艺】

(1)加溴　将干燥 HBr 132 g 溶解在冰醋酸 252 g 中,得 34% HBr-醋酸溶液。在冰浴冷却下,滴加到异戊二烯 110 g 中,不断地搅拌,滴加过程保持内温为—4～0 ℃,反应时间约 1 h。滴加完毕后,将反应物密封于冷处(0 ℃左右),放置 2 d,反应液倾入冰水 2 200 mL 及氯仿 220 mL 溶液中,立即分出有机层,用无水氯化钙干燥过夜,蒸出氯仿,减压蒸馏,收集 64～66 ℃/60×133.3 Pa 馏分,得刺激性黄色油状物溴化物 120 g,收率 50.3%。溴化物在乙醇中与硫脲和苦味酸作用,得黄色针状晶体,熔点182～183 ℃。

(2)取代　将 3-甲基-1-溴-2-丁烯 60 g 和聚乙二醇(PEG-1000)3.0 g 溶于二甲基甲酰胺(DMF)900 mL 中,在剧烈搅拌下缓缓加入细粉状邻苯二甲酰亚胺钾 74 g,约 3 h 加毕。继续搅拌 2 h。将反应混合物加入冰水混合物 1 000 mL 中,立即析出白色固体,抽滤,收集,用冷水洗涤 3 次,然后用正乙烷洗涤,真空干燥得 3-甲基-1-邻苯二甲酰亚胺-2-丁烯 80 g,收率 96%。用乙醇重结晶,得白色针状晶体,熔点 98～99 ℃。

（3）水解 将 3-甲基-1-邻苯二甲酰亚胺-2-丁烯 63.0 g 和 20%氢氧化钾溶液 560 mL,搅拌加热回流 3 h。接着反应混合物用 4 mol/L HCl 中和至 pH 值为 10,用乙醚萃取,无水硫酸镁干燥,蒸去溶剂,收集沸点 107～110 ℃馏分,得 1-氨基-3-甲基-2-丁烯 20.0 g,收率 79%。

（4）缩合 将腺嘌呤盐酸盐 3.44 g 与 1-氨基-3-甲基-2-丁烯 3.36 g 放入安瓿瓶中密封,在 170 ℃下保温 18 h,冷却后过滤,用少量无水乙醇洗涤沉淀,收集滤液,减压除去溶剂,残留物加入 0.2 mol/L HCl 溶解,活性炭脱色并过滤。在滤液中加入固体醋酸钠,调节 pH 值至 6,立即析出白色沉淀。收集沉淀以乙醇/水(1∶25)洗涤,再加入水洗数次,烘干,得产品 1.0 g,收率 24%。乙醇重结晶,得白色粉状固体,熔点 208～209 ℃。

【产品用途】 天然植物细胞激素。可诱导植物愈伤组织中细胞分裂素氧化酶的活性,有效地促进愈伤组织的生长。作为植物生长调节剂,主要用于粮食作物、经济作物和名贵花卉的花药培养及单倍体育种。

1.12 6-苄基腺嘌呤

6-苄基腺嘌呤(6-Benzylaminopurine)又称 6-苄氨基嘌呤,N-苄基腺苷(N-Benzyladenine)。分子式 $C_{12}H_{11}N_5$,分子量 225.25。结构式为:

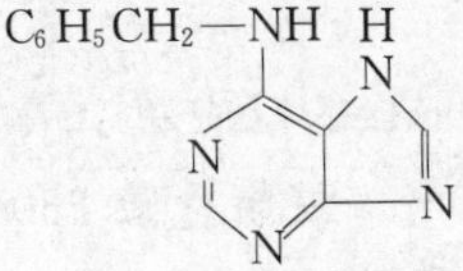

【产品性能】 白色结晶性粉末,熔点 230～233 ℃。能溶于稀碱和稀酸溶液,不溶于乙醇。是植物细胞分裂因子。

【生产方法】

(1)腺嘌呤与苄胺或苄醇直接反应制得 6-苄基腺嘌呤

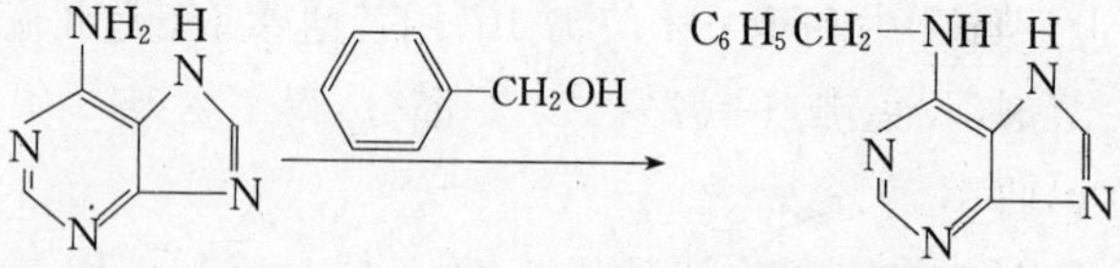

(2)次黄嘌呤经氯化后与苄胺反应得 6-苄基腺嘌呤

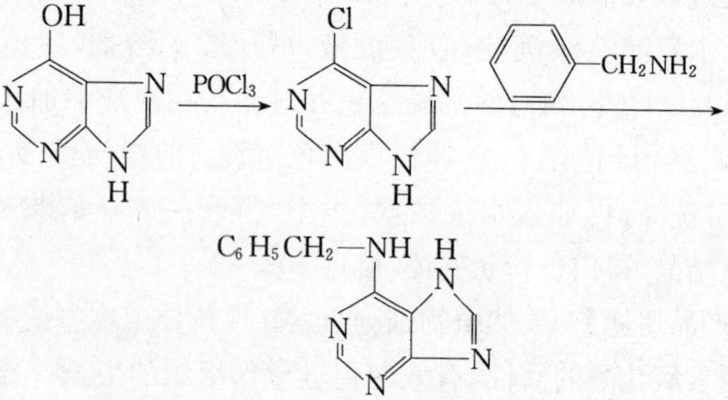

另外，以尿酸为原料先氯化，再氨解得 6-苄基-2，8-二氯嘌呤，经氢化后可以制得；以腺嘌呤为原料与苯甲酰氯反应制得 6-苯甲酰腺嘌呤，再还原也可得到 6-苄基腺嘌呤。

【生产流程】

三氯氧磷　苄胺

次黄嘌呤→氯代→缩合→成品

【生产工艺】

(1)氯化　在 500 mL 的反应瓶中依次加入次黄嘌呤 50 g，N，N-二甲基苯胺 100 mL，氧氯化磷 250 mL，搅拌下回流反应 15 min，80 ℃以下减压浓缩回收未反应的氧氯化磷，残余物加碎冰 400 g 水解后，再以 40％氢氧化钠溶液调 pH 值 11～12，滤除不溶物，滤液以甲苯提取 3 次，每次 120 mL，水相以浓盐酸酸化至 pH 值 1.5，0 ℃放置过夜析出结晶，抽滤得粗产品，每克粗品以

20 mL 的水及适量活性炭重结晶后得精品 6-氯嘌呤 41.0 g,收率
72.2%,产品为白色结晶,熔点>300 ℃,其水溶液的最大紫外吸
收峰在 265 nm 处。

(2)缩合　在 500 mL 的反应瓶中依次投入 6-氯嘌呤 50 g,苄
胺 125 mL,搅拌下于 120~130 ℃反应 6 h,减压浓缩回收未反应
的苄胺至干,残余物冷却到室温后加入丙酮 200 mL,充分搅拌
0.5 h 后过滤,得 6-苄基腺嘌呤粗品。每克粗品以 25 mL 乙醇及
适量活性炭重结晶后得精品 54.0 g,收率 74.2%,产品为白色粉
末状结晶。

【产品用途】　为细胞激动素类植物生长调节剂。用于水稻、
果蔬、茶叶等作物以提高其产量及品质;亦可用于果蔬类、茶叶等
的保鲜贮藏及生产无根芽、植物组织培养等方面。

1.13　抗倒胺

抗倒胺(Inabenfide)化学名称为 4-氯-2-(α-羟基苄基)异烟酰
替苯胺。分子式 $C_{19}H_{15}ClNO_2$,分子量 324.79。结构式为:

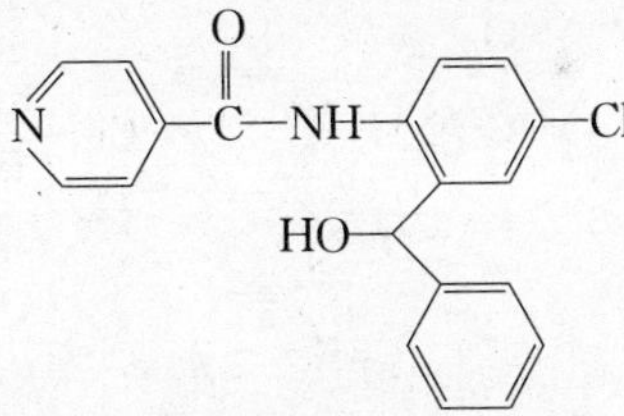

【产品性能】　纯品为白色晶体,熔点 210~212 ℃。是日本中
外制药公司 1983 年开发的植物生长调节剂,具有抗倒伏作用。

【生产方法】

(1)异烟酸甲酯法　2-氨基-5-氯-二苯甲醇在异烟酸甲酯中胺
解制得抗倒胺,产率为 96.6%。

（2）异烟酰氯法　异烟酸与亚硫酰氯作用制得异烟酰氯，然后与 2-氨基-5-氯二苯酮缩合，再还原得抗倒胺。

（3）异烟酸法　首先由对氯苯胺和苯甲醛制得 2-氨基-5-氯-二苯甲醇，然后在亚硫酰氯存在下，异烟酸与 2-氨基-5-氯-二苯甲醇缩合得抗倒胺。

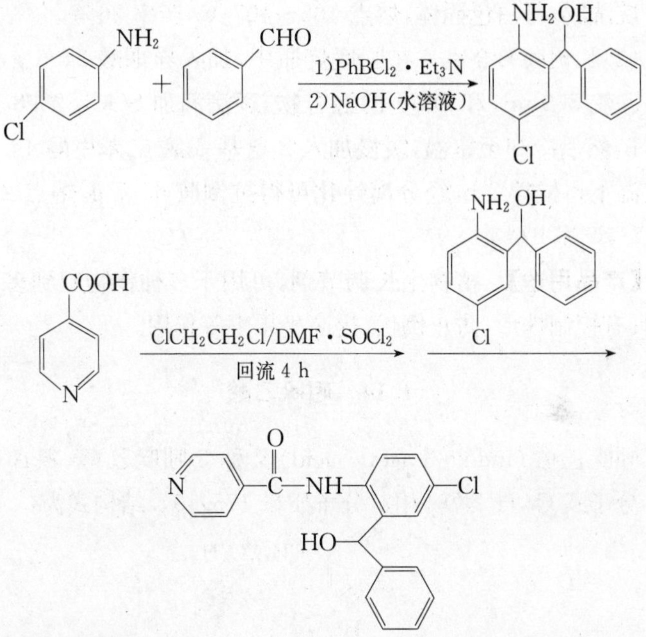

【生产流程】

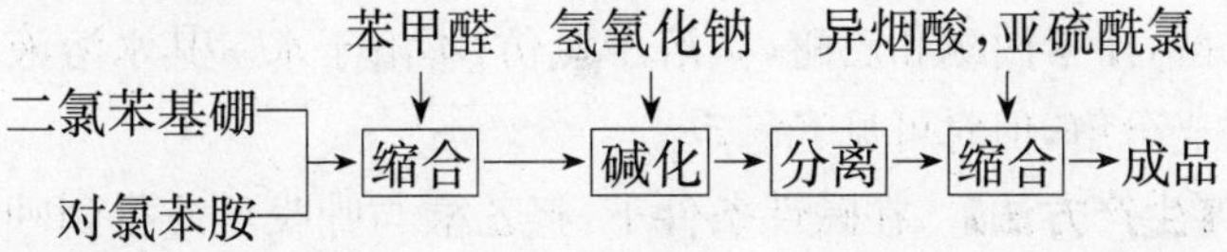

【生产工艺】

(1)2-氨基-5-氯-二苯甲醇的制备　在装有搅拌器、温度计和滴液漏斗的三颈瓶内加入二氯苯基硼 47.6 g,二氯甲烷 300 mL,冷却至-20～-15 ℃,在搅拌下滴加对氯苯胺 38.0 g 和二氯甲烷 400 mL 所组成的溶液,滴毕,再滴加三乙胺 76.0 g 和二氯甲烷 200 mL 所组成的溶液。在上述温度下搅拌 0.5 h。然后升温至室温,逐滴滴加苯甲醛 31.8 g 和二氯甲烷 1 200 mL 所组成的溶液,继续搅拌 4 h。加入 2 mol/L 氢氧化钠 600 mL 溶液,室温下搅拌

1 h。分出有机层,水洗,干燥,浓缩,残余物用 Al_2O_3 柱纯化,以三氯甲烷洗脱,得白色固体,熔点 105~107 ℃,产率 26%。

(2)抗倒胺的合成　在圆底烧瓶中,加入异烟酸 24.6 g,1,2-二氯乙烷 300 mL 和 DMF 的混合物,逐滴滴加 $SOCl_2$ 23.8 g,回流 4 h,然后冷却至室温,缓慢加入 2-氨基-5-氯-二苯甲醇 46.7 g,在室温下再搅拌 2 h,经分离纯化可得抗倒胺 65.7 g,熔点 210~212 ℃,产率 97%。

【产品用途】　植物生长调节剂,可用于多种作物起到多种功效,具有控制株形,防止倒伏,提高坐果率等作用。

1.14　吲哚乙酸

吲哚乙酸(indole-3-acetic acid)又称 3-吲哚乙酸、氮茚基乙酸。分子式 $C_{10}H_9NO_2$,相对分子质量 175.19。结构式为:

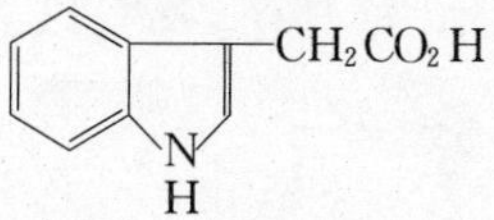

【产品性能】　白色结晶性粉末。熔点 168~170 ℃。容易溶于乙醇,溶于丙酮和乙醚,微溶于氯仿,不溶于水。其水溶液能被紫外光分解,但对可见光稳定。

【生产方法】　在碱性条件下,羟乙酸与吲哚反应得到吲哚乙酸盐,酸化后得到吲哚乙酸。

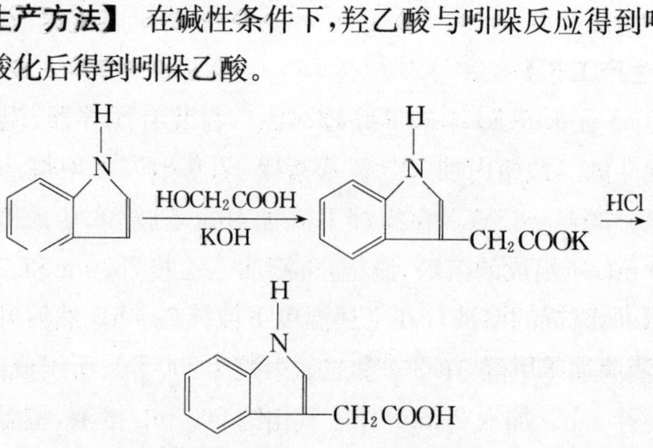

【生产流程】

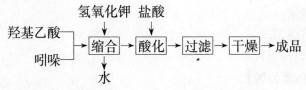

【生产配方】（质量,份）

吲哚(以100%计)	117
氢氧化钾(85%)	90
羟基乙酸(70%)	120

【主要设备】 高压反应釜 分离锅 酸化锅 过滤器 贮罐 干燥箱

【生产工艺】 在不锈钢高压反应釜中,加入85% KOH 9份、吲哚11.7份,然后慢慢加入70%羟基乙酸水溶液12份,密闭,于250℃下反应16~18 h。冷却至50℃以下,加水使反应物料溶解,加水至总量为100份,用乙醚12份萃取未反应的有机物,分出水层,20~30℃下用盐酸酸化至pH=2。冷却至10℃,析晶。吸滤,洗涤后避光干燥得产品。

【实验室制法】 在3 L不锈钢高压釜中,加入270 g 85%的氢氧化钾、351 g吲哚,然后慢慢地加入360 g 70%的羟基乙酸水溶液。密闭加热至250℃,搅拌14~18 h。冷却至50℃以下,加入500 mL水,再在100℃搅拌0.5 h以溶解吲哚-3-乙酸钾。冷却至25℃,将高压釜内物料倒入水中,加水至总体积为3 L。用乙醚500 mL萃取,分取水层,在20~30℃加12 mol/L盐酸酸化,析出吲哚-3-乙酸沉淀。过滤,冷水洗涤,避光干燥,得产品455~490 g。产率87%~93%。

取上述产品60 g,用水2 000 mL、活性炭20 g进行重结晶脱色,趁热滤去炭渣,滤液冷却析晶,得到纯品。

【产品标准】（参考标准）

含量(%)	≥95
熔点(℃)	≥166
水分(%)	≤2

【质量检验】

(1)含量测定　采用酸碱滴定法用 KOH/乙醇标准溶液滴定,以酚酞为指示剂。

$$含量(\%)=\frac{cV\times0.175\ 2}{G}\times100$$

式中　c——氢氧化钾/乙醇标准溶液摩尔浓度,mol/L;

　　　V——试样耗用氢氧化钾/乙醇标准溶液体积,mL;

　　　G——试样质量,g。

(2)熔点测定　按 GB 1602《农药熔点测定方法》进行。

【产品用途】　用作植物生长激素。主要用作发根剂,对果树、花卉、草木植物的插条有促进发根作用,不仅能促进生长,而且具有抑制生长和器官建成作用。是自然界中天然存在的植物生长激素,在植物体内生物合成的前身是色氨酸。

【安全措施】

(1)本反应在高压条件下缩合,设备必须符合耐压标准,操作人员必须严格执行操作规程,确保反应顺利进行。

(2)本产品正常使用无毒。小白鼠腹腔注射 LD_{50} 为 150 mg/kg。

(3)密封包装,避光贮存于阴凉、干燥处。

1.15　邻苯二甲酰-3′-三氟甲基苯胺

邻苯二甲酰-3′-三氟甲基苯胺(O-Phthalic acid-3′-trifluoromethyl anilide),分子式 $C_{15}H_{10}F_3NO_3$,分子量309.24。结构式为:

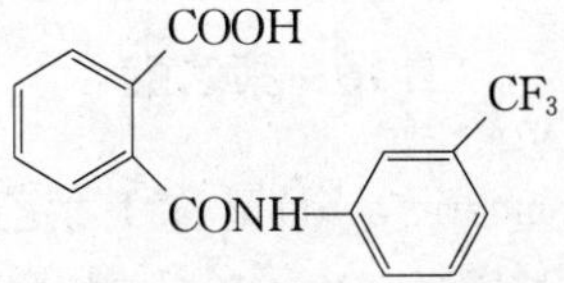

【产品性能】　白色粉末状结晶。熔点 183～185 ℃。是大豆植物生长调节剂,对大豆植株生长有控制调节作用。

【生产方法】　酞酐(邻苯二甲酸酐)与 3-三氟甲基苯胺缩合即得。

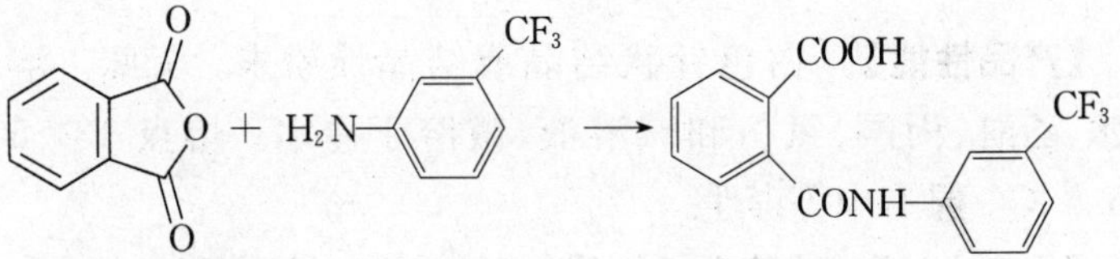

【生产流程】

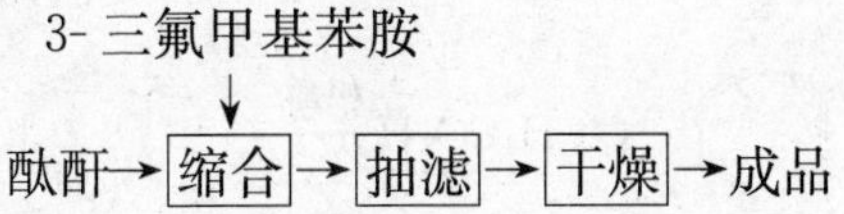

【生产配方】

邻苯二甲酸酐(99%)	149.5
3-三氟甲基苯胺(98%)	164.3

【生产工艺】　在装有回流冷凝器及搅拌器的三口瓶中,先后加入间三氟甲基苯胺 124 mL、99%邻苯二甲酸酐 149.5 g 和溶剂 800 mL,充分搅拌,过夜,反应液由褐色透明逐渐变成混浊,将反应混合物真空抽滤,通风晾干,烘干恒重,得白色无味粉状产物 274 g,熔点为 183～185 ℃。

【产品用途】　主要用作大豆植物生长调节剂,对大豆植株生长有控制调节作用,可将有限的养分用到籽粒增多和饱满上,有利于抗倒伏、抗旱涝灾害等。

1.16　萘乙酸

萘乙酸(naphthylacetic acid)又称 1-萘乙酸、α-萘乙酸。分子式 $C_{12}H_{10}O_2$，相对分子质量 186.21。结构式为：

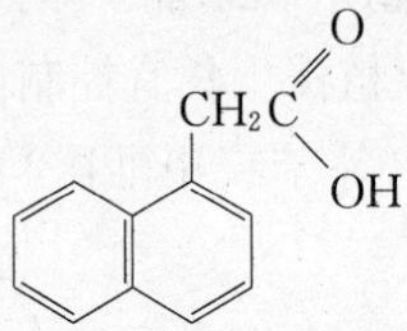

【产品性能】　白色针状结晶或结晶性粉末。无味。溶于热水、乙醚、丙酮、氯仿和碱溶液，微溶于冷水。熔点 134.5～135.5 ℃。具有中等毒性。

【生产方法】　精萘在铝粉催化下与氯乙酸缩合制得。

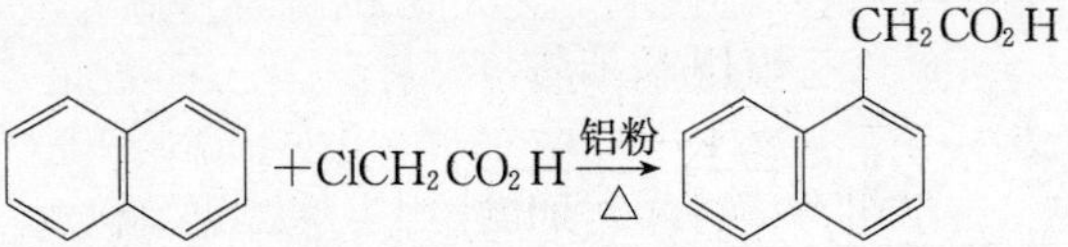

【生产流程】

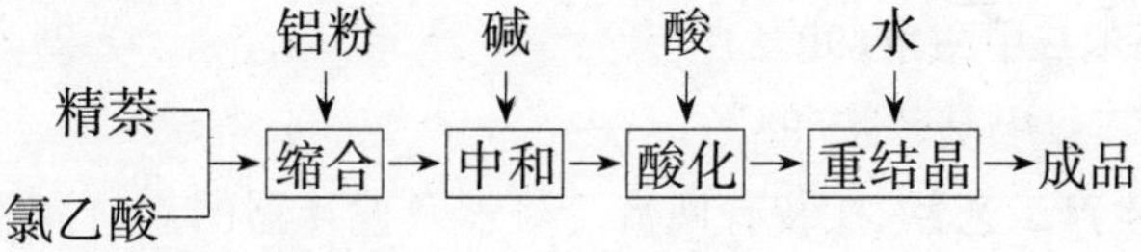

【生产配方】　(kg/t)

精萘(99%)	3 600
氯乙酸(工业品)	1 400

【主要设备】　缩合反应釜　酸化锅　贮槽　重结晶锅　过滤器　干燥箱

【生产工艺】　将氯乙酸和精萘投入缩合反应釜中，再加纯度为 99.8%的铝粉，加热至 240～250 ℃，使反应呈沸腾状态约 9 h。反应放出的 HCl 用水吸收，制成盐酸作为副产品。冷却，加入 30%氢氧化钠溶液使其溶解，如仍有不溶物可通入蒸汽使其溶解。

加氢氧化钠溶液至 pH 值 10 止,再加水稀释通蒸汽搅拌。过滤除去未反应的萘和其他杂质。滤液用盐酸中和,得萘乙酸结晶,继续加酸使沉淀完全,过滤得粗萘乙酸。粗品投入重结晶锅,加水加热至 100 ℃,使晶体全部溶解,滤去杂质。滤液冷却结晶过滤得纯萘乙酸。

【实验室制法】 在三颈瓶中,加入甲醇 750 mL,水 240 mL,氰化钠 175 g,混合均匀后,再加入 α-氯甲基萘 350 g。先于常温搅6 min,然后升温至回流状态反应 2 h。回收溶剂甲醇 650 mL 后冷却,水洗,得黑色油状 α-萘乙腈粗品约 340 g。

在另一反应瓶中,加入 72% 乙酸 750 mL,87% 硫酸 48 mL,加热至沸。将 α-萘乙腈粗品 340 g 用 72% 乙酸 750 mL 配成悬浊物,慢慢加入反应瓶中,保持温度高于 100 ℃。加完后,加热沸腾回收乙酸。大约 4 h,温度逐渐升至 113~119 ℃。将温度上升至130 ℃,回收残留的乙酸(共回收 1250 mL)。冷却至 100 ℃ 以下,加入水 250 mL。于 80 ℃ 以下,加入苯 500 mL。静置,分去下层酸液,将上层苯液用水洗后,用氢氧化钠溶液中和。将黑色碱液分出用硫酸酸化,析出 α-萘乙酸。粗品用热水重结晶,得到产品约250 g。收率 65%。

【产品标准】 (参考标准)

指标名称	80%原粉	精制品
含量(%)	≥80	≥95
熔点(℃)	106~120	≥130
水分(%)	≤5	≤2.0
外观	浅黄色粉末	白色结晶

【质量检验】

(1)含量测定 采用酸碱滴定法,用 0.5 mol/L NaOH 溶液滴定。

(2)熔点测定 按 GB 617《熔点范围测定通用方法》进行。

（3）水分测定　按 GB 6283《化工产品水分含量的测定》进行。

【产品用途】　用于医药工业和有机合成。农业上用于催芽促长，也用于棉花保蕾。其钠盐为植物生长刺激剂。

【安全措施】

（1）原料萘有毒，工作场所最大容许浓度为 0.001%。氯乙酸毒性极强，大鼠口服 LD_{50} 为 76 mg/kg，具有强烈刺激性和腐蚀性。缩合设备应密闭，操作人员应穿戴劳保用品，车间内加强通风。

（2）内衬塑料袋的编织袋包装，贮存于阴凉干燥处。按有毒品规定贮运。

1.17　苯乙酸

苯乙酸（phenylacetic acid），分子式 $C_8H_8O_2$，相对分子质量 136.15。结构式为：

$$\text{⬡—CH}_2\text{COOH}$$

【产品性能】　无色片状晶体。熔点 76.5 ℃。沸点 265.5 ℃，144.5 ℃/1.60 kPa，65～70 ℃/0.013 kPa，相对密度（d_4^{77}）1.091。容易溶于热水，溶于醇、醚、氯仿、四氯化碳，微溶于水。天然品存在于玫瑰、橙花、日本薄荷等。具有酸性。对皮肤有轻度刺激，低毒。

【生产方法】　苯乙腈在酸性条件下水解得苯乙酸。

$$\text{⬡—CH}_2\text{CN} \xrightarrow[\text{H}_2\text{SO}_4]{\text{H}_2\text{O}} \text{⬡—CH}_2\text{COOH}$$

【生产流程】

【生产配方】　（kg/t）

苯乙腈　　　　　　　　　　　　　943

硫酸(98%)　　　　　　　　　　　708

【主要设备】　水解反应釜　残液槽　脱水釜　贮槽

【生产工艺】　将 70% 的硫酸 496kg 加入水解反应釜中,搅拌加热至 100 ℃。再缓慢地滴加苯乙腈,在 5 h 内滴完 472 kg 后升温至 130 ℃,继续保温反应 8 h,然后加入水 18 kg。稀释反应生成的硫酸氢铵,静置分层,分去硫酸氢铵母液,在 125 ℃减压脱水 5 h,得纯度 96%～97% 的苯乙酸约 500 kg。再减压蒸馏,收集 142～144 ℃/12×133.3 Pa 馏分得纯品。

【实验室制法】　在三颈圆底烧杯中,加入苯乙腈 59 g、水 75 mL 和乙酸 25 mL,搅拌下加入浓硫酸 61 mL,加热回流 2 h。搅拌下加入冷水 340 mL 稀释,冷却至室温,析晶,抽滤,水洗滤饼。然后用热水洗涤。洗涤水含有一些苯乙酸,冷却后析晶滤出。与上述产品合并。粗品减压蒸馏,收集 142～144 ℃/12×133.3 Pa 馏分,得产品 51 g。

【产品标准】　(FCC 1981)

外观	白色片状结晶
砷(mg/kg)	≤3
含量(%)	≥99.0
重金属(以 Pb 计,%)	≤0.004
熔程(℃)	76～78
铅(mg/kg)	≤10

【质量检验】

(1)含量测定　将苯乙酸试样在硫酸干燥器中干燥 3 h 后,准确称取 0.5 g,用中性的 50% 乙醇溶解,然后用酚酞作为指示剂,用 0.1 mol/L NaOH 溶液滴定至粉红色。

$$含量 = \frac{cV \times 0.136\ 2}{G} \times 100$$

式中 c——氢氧化钠标准溶液浓度,mol/L;

　　　　V——试样耗用氢氧化钠标准溶液的体积,mL;

　　　　G——试样质量,g。

(2)熔程测定　按 GB 617《熔点范围测定通用方法》进行。

(3)重金属含量测定

①试剂　乙酸:1 mol/L 溶液;饱和硫化氢溶液(本溶液应在临用时配制);铅标准溶液:1 mL=0.01 mgPb。

②测定称取 4 g 样品,用水溶解后移入 50 mL 比色管中,加入 1 mol/L 乙酸 2 mL 溶液再用水稀释至 25 mL。加入饱和硫化氢 10 mL 溶液,混合。在暗处放置 10 min 后,置于比色架上,自上方透视,所显色泽应与标准品相同。

标准液的制备　准确吸取若干毫升铅标准溶液(如重金属规格为 0.000 5%则取 2 mL,相当于 0.02 mgPb),加入 1 moL/L 乙酸 2 mL 溶液再用水稀释至 25 mL,与样品同时同样处理。

$$重金属(以 Pb 计)\% = \frac{0.01 \times V}{G \times 1\,000} \times 100$$

式中 V——吸取铅标准溶液体积,mL;

　　　　G——样品质量,g。

【**产品用途**】　用作药物、农药、香料的合成中间体。也是香精、杀虫剂、植物生长调节剂的原料。

【**安全措施**】

(1)原料苯乙腈有毒,刺激眼睛和皮肤,生产场所最高允许浓度为 0.008 mg/L。生产设备应密闭,车间内保持良好通风状态,操作人员应穿好劳保用品。

(2)内衬塑料袋铁桶包装,贮于阴凉、干燥处。

1.18　番茄灵

番茄灵又名防落素,促生灵,P-51,4-CPA。其化学名称为对-

氯苯氧乙酸。

【生产配方】

配方一

苯酚	9.5
氯乙酸	9.45
氢氧化钠	适量
氯气	3.6

【生产方法】 将氯乙酸和苯酚缩合得苯氧乙酸,用适量氢氧化钠中和其中未反应完全的酸,并用碱液吸收产生的氯化氢气体,再通入氯气发生氯化反应,产品经过滤、干燥即得番茄灵。

配方二

对氯苯酚	12.86
氯乙酸	10.40
氢氧化钠溶液(40%)	50.0
盐酸	适量

【生产方法】 将对氯苯酚和氯乙酸加入反应器,在 45~50 ℃加热使其熔化,缓慢滴加 40%的氢氧化钠溶液,待碱液加完后,继续搅拌反应 1 h,再将反应物加入到 90 ℃左右的热水中,用盐酸调节酸度为 pH=1,减压抽滤,然后用冷水洗涤沉淀,干燥,得对氯苯氧乙酸粗产品,用乙醇-水混合溶剂重结晶,即得成品。

【产品标准】 为白色结晶状晶体。

【产品用途】 本品为一种多功能植物生长调节剂,可广泛用于小麦、水稻、蔬菜、果树等,能促进植物发芽生长,防止落花落果,提前成熟。

【使用方法】 将本品溶于适量乙醇中,然后用水稀释至适当浓度,喷施即可。

1.19　植物苗期生长促进剂

【产品性能】　该促进剂以维生素 B_1、维生素 B_6 和烟酰胺复配而成,适用于促进各种植物的育苗及苗期生长。

【生产配方】

烟酰胺	1.0
维生素 B_1	1.0
维生素 B_6	1.0
水	10 000

【生产工艺】　将烟酰胺、维生素 B_1、维生素 B_6 充分混匀,得粉状产品。使用时用水溶解,制得各成分含量为 0.01% 的溶液喷施。

【产品用途】　适用于各种植物苗期促长,使之株高苗壮、叶大色绿。

1.20　葡萄树芽休眠中断剂

【产品性能】　葡萄和果树栽培中,如遇到温暖和冬季,达不到中断休眠需要的低温,那么,就会出现翌年春季发芽迟或发芽少等现象,致使开花、结果减少。中断果树树芽的休眠有物理法、化学法。本剂使用方便、效果显著。

【生产配方】

氨基氰	2.5
润湿剂 JFC	0.07
水	97.43

【生产工艺】　将氨基氰、润湿剂 JFC 溶于水中,分散均匀即得。

【产品用途】　用作葡萄树芽休眠中断剂,使之中断休眠,提早发芽、开花、结果。也适用于处理苹果树、梨树、桃树,同样具有提前开花之效果。当葡萄采摘后,将本剂喷施于葡萄休眠枝条,至完全润湿,喷洒量 $50\sim80$ L/km^2。具有 3 年树龄的巨峰葡萄施用本剂,可使出芽时间提前 $7\sim15$ d,且开花期、成熟期也相应提前 10 d 左右。用本剂处理具有 3 年树龄的无籽葡萄,可使发芽时间提前约 2 周。

1.21　抑芽丹

抑芽丹又名青鲜素、木息、马拉酰肼,其化学名称为顺丁烯二酰撑肼。

【生产配方】

顺丁烯二酸酐	118
肼	3.2
硫酸	适量

【生产方法】　顺丁烯二酸酐和肼脱水缩合得粗产品,经碱中和其中的未反应物后,过滤、干燥即得产品。

【产品标准】　纯品为白色晶体。

【产品用途】　本品是一种植物生长抑制剂,主要用于防止马铃薯、萝卜、大蒜、葱头等的发芽。

【使用方法】　每亩马铃薯或葱头喷施本剂的水溶液 45 kg,喷施浓度为 10 g 30% 水剂/kg 水,可以抑制发芽,并具有保鲜作用。

1.22　比　久

比久又名丁酰肼、B$_9$、B$_{995}$、B-Nine,其化学名称为 N-二甲胺基丁二酰胺酸。

【生产配方】

偏二甲基肼	18.2
丁二酸	33
乙腈	70

【生产方法】

丁二酸在 180 ℃以上脱去一分子水制得丁二酸酐。取丁二酸酐 50 份和乙腈 90 份加入反应器内，搅拌，反应温度＜30 ℃。把偏二甲基肼 26 份和乙腈 15 份的混合物缓慢滴入反应器内，在室温下继续搅拌反应 1.5 h 左右，冷却、结晶、过滤，得固体结晶物，95 ℃左右烘干得白色粉末状成品。滤液经蒸馏回收溶剂，可重复使用。

【产品标准】 原药灰白色粉末。

指标名称	指标
有效成分含量（%）	80.0±1.0
乳油稳定性	合格

【产品用途】 是一种生长抑制剂，能促使作物矮壮，提高耐寒、抗旱、抗病、增产能力。主要用于花生、大豆、黄瓜、胡萝卜、水稻、蔬菜和果树等作物。

【使用方法】 药液随配随用。不同植物其使用浓度各不相同。本制剂不能与波尔多液、硫酸铜等含铜药剂混用，也不能用铜器盛装药剂。本制剂不宜与酸性化合物混用，可与氮、磷肥混合使用。

1.23　甲哌啶

甲哌啶又名调节啶，缩节胺，助壮素。其化学名称为 1,1-二甲基哌啶氯化物。

【生产配方】

哌啶（折 100%）	5.5
氯甲烷（折 100%）	7.6
氢氧化钠	适量

【生产方法】　将哌啶与氯甲烷、氢氧化钠反应即得甲哌啶,经过滤干燥得产品。

【产品标准】

(1)原药白色或微黄色晶体

指标名称	指　标	
	优级品	一级品
有效成分含量(%,≥)	98.0	96.0
N-甲基哌啶盐酸盐含量(%,≥)	0.5	0.5

(2)250 g/L　甲哌啶水剂　浅黄色或黄色液体。

指标名称	指标
有效成分含量(g/L,≥)	250
氯化钠含量(g/L,≥)	110
有机氯化物含量(以 N-甲基哌啶盐酸盐计,g/L,≥)	6.0
pH 值	6.5~7.5

【产品用途】　本品可用于棉花、番茄、葡萄、小麦、苹果、柑橘、马铃薯等植物,能促进植物发育、提前开花、防止脱落和增产。

【使用方法】　可与久效磷、乐果等混用。施用浓度为100~1 000 mg/kg。

1.24　水稻种子发芽促进剂

【生产配方】

配方一

过磷酸钙	4
过氧化钙	10
活性碳酸钙	6

【生产方法】　先将过磷酸钙与活性碳酸钙充分混合后,再加入过氧化钙混合均匀即可。

【产品用途】　在本剂中加入 30％的水,搅拌均匀后,再加入等量的稻种,充分搅拌混合,直到将稻种颗粒全部浸没,即可用来进行播种。此方法可使水稻幼芽成苗率有显著提高。

配方二

过磷酸钙	4
过氧化钙	8
活性碳酸钙	4
白炭黑	4

【生产方法】　先将活性碳酸钙与白炭黑充分混合,然后再与过磷酸钙充分混合,最后添加过氧化钙,充分混合均匀即可。

【产品用途】　同配方一。

1.25　壮穗宝

【生产配方】

硝酸钾	12
尿素	2.5
元素硼	0.4
水	500

【生产方法】　将各组分溶于水混合均匀即可。

【使用方法】　在水稻、高粱和苞谷的齐穗期使用本剂。使用剂量为每亩稻田 50 kg 壮穗宝水溶液。

1.26　水稻增产促进剂

【生产配方】

磷酸氢二钾	2.6
硫酸钾	9.3

尿素	13.1
硫酸亚铁	10
蔗糖十二烷酸酯	15

【生产方法】　将各组分按配方比例混合均匀即可。

【产品用途】　将本剂用适量水稀释,喷施在稻田中,能明显促进水稻的生长和增加谷粒的重量。施用剂量为每亩 6.7 kg。

1.27　促进植物生长的复合维生素

这种植物生长促进剂,是利用维生素 B_1、维生素 B_6 和烟酰胺的协同作用复配而成,可促进植物全面生长,增产效果显著。

【生产配方】

维生素 B_1	0.1
维生素 B_6	0.1
烟酰胺	0.1
水	1 000

【生产方法】　将维生素 B_1、维生素 B_6 和烟酰胺三组分充分混合,以粉状物出售。每包 1 g,用时兑水 10 L。

【产品用途】　植物生长促进剂,以 1 g 兑水 10 L 的比例将粉剂溶解,然后喷洒于植物的根和叶上。对于插栽的植物,可将根、茎浸渍后再进行插栽。

1.28　稻谷生长调节剂

这种稻谷生长调节的有效成分,为(E)-1-(4-氯苯基)-4,4-二甲基-2-(1H-1,2,4 一三唑-1-基)-1-戊烯-3-醇。对水稻的生长具有很好的调节、增产作用。日本公开专利 91-271201(1991)。

【生产配方】

| 1-戊烯-3-醇衍生物(调节剂) | 0.2 |
| 木质素磺酸钠 | 35 |

改性松木木质素磺酸钠　　　　　　　　　4.8
碳酸氢钠　　　　　　　　　　　　　　　30
马来酸　　　　　　　　　　　　　　　　30

【生产方法】　将各物料混合均匀后,粉碎、造粒,得到扩散性好的稻谷生长调节剂。

【产品用途】　稻谷生长调节剂。对水稻的生长具有很好的调节、增产作用。用水稀释后喷雾。

1.29　水稻催芽剂

经这种水稻种子发芽促进剂处理的种子,发芽率可达 90%～100%。日本公开特许公报昭和 62—41682。

【生产配方】
过氧化钙(CaO_2 为 72%,工业品)　　　　　　2
碳酸钙粉末(工业品)　　　　　　　　　　1.2
过磷酸钙(工业品,含可溶性 P_2O_5 20 ℃)　　0.8

【生产方法】　先将过磷酸钙与碳酸钙粉末充分混合,然后再均匀混入过氧化钙,混匀后即得粉状催芽剂。

【产品用途】　水稻催芽剂,用时配制成水溶液,将种子浸于其中。

1.30　蔬菜增产调节剂

【生产配方】
配方一
双氧水　　　　　　　　　　　　　　　　30
木醋酸　　　　　　　　　　　　　　　　75
8-羟基喹啉三聚磷酸钠盐　　　　　　　　0.03

【生产方法】　将适量 8-羟基喹啉三聚磷酸钠盐溶于双氧水和木醋酸的混合溶液中,搅拌均匀即得。

【产品用途】　将本剂用水稀释 30 倍,喷洒在蔬菜上,可使蔬菜明显增产。

配方二

尿素	1
蔗糖脂肪酸酯	0.1
水	200

【生产方法】　将尿素及蔗糖脂肪酸酯溶于适量水中,搅拌均匀即得。

【产品用途】　在收获前 30 d,用本剂喷洒蔬菜,可使蔬菜明显增产。

1.31　蔬菜用三唑类植物生长调节剂

【生产配方】

烯效三唑	7.5
聚氧乙烯苯乙烯苯甲醚	15
环己酮	75
二甲苯	47.5

【生产方法】　按配方比例将各组分混合均匀即可。

【使用方法】　将本剂加水稀释,喷洒在蔬菜的茎和叶上。喷施浓度为 100 mg/kg。

1.32　甘蔗和甜菜生长促进剂

该甘蔗和甜菜生长促进剂对于提高甘蔗、甜菜的蔗糖产量有良好效果。

【生产配方】　(mg/kg)

N-乙酰基噻唑烷-4-羧酸	65
叶酸	1.3
春雷霉素	100

【使用方法】 将 3 种组分溶于水中配成要求的浓度喷雾。这种促进剂在收获前 35 d 施于甜菜上，可使其蔗糖量由对照组的 487 kg/10 a 提高到 613 kg/10 a。这种制剂也可用于柑橘的增甜。

1.33　植物生长调节剂通用型配方

植物生长调节剂通常与表面活性剂、溶剂及各种分散剂、增稠剂等助剂配成浓缩液出售，在使用时再加水稀释或加入乳剂乳化，然后喷洒在植物上。下面所列各配方可适用于各种植物生长调节剂。

【生产配方】

配方一

植物生长调节剂	53
环氧化豆油	1
烷基萘磺酸钠	1～6
多聚氧化乙烯醚	6～1
二甲苯	40

配方二

植物生长调节剂	10
烷基萘磺酸钠和多聚氧化乙烯醚	4
二甲苯	86

配方三

植物生长调节剂	20
木质素磺酸钠	10
膨润土	20

配方四

植物生长调节剂	90
磺化丁二酸二辛酯钠盐	0.1

二氧化硅粉　　　　　　　　　　　　9.9

配方五

植物生长调节剂　　　　　　　　　　25

木质素磺酸钠　　　　　　　　　　　15

水合硅铝酸镁　　　　　　　　　　　72

烷基萘磺酸钠　　　　　　　　　　　15

配方六

植物生长调节剂　　　　　　　　　　40

胶体硅铝酸镁　　　　　　　　　　　0.4

丙二醇　　　　　　　　　　　　　　7.5

烷基萘磺酸钠　　　　　　　　　　　2.0

多聚甲醛　　　　　　　　　　　　　0.1

炔醇类消泡剂　　　　　　　　　　　2.5

呫吨(夹氧杂蒽)橡胶　　　　　　　　0.8

水　　　　　　　　　　　　　　　　41.4

配方七

植物生长调节剂　　　　　　　　　　40.0

聚丙烯酸增稠剂　　　　　　　　　　0.3

磷酸二氢钠　　　　　　　　　　　　0.5

聚乙烯醇　　　　　　　　　　　　　1.0

十二烷基聚氧化乙烯醚　　　　　　　0.5

磷酸氢二钠　　　　　　　　　　　　1.0

水　　　　　　　　　　　　　　　　56.7

配方八

植物生长调节剂　　　　　　　　　　25

脂肪族高碳烃类　　　　　　　　　　70

聚氧化乙烯山梨醇己酸酯　　　　　　5

1.34　水果催熟剂

【生产配方】　（体积，分）

二氧化碳（液体，99.5％）	28.2
乙醇（95％）	59.2
乙烯（80％）	5.0

【生产方法】　按配方组分充填于高压钢瓶即可。

【使用方法】　将本剂喷洒在水果上，使水果尽快成熟。

1.35　刺枣坐果促进剂

【生产配方】

矮壮素	1.0
萘乙酸	0.01
水	100

【生产方法】　将矮壮素和萘乙酸溶于适量水中，搅拌混合均匀即可。

【产品用途】　将本剂喷洒在刺枣树上，可使刺枣结果均匀，果实增多。

1.36　落果防治灵

果树上结的果实，在正常情况下应该是果（瓜）熟蒂落，然而有时因某些因素的影响，造成未熟或临近成熟时发生落果现象，影响果实产量。本剂对防治落果有明显效果，当落果现象发生时，喷洒本剂1～3次即可，也可将适宜的杀虫杀菌剂与本剂混合使用。

【生产配方】

2-(2,4-二氯苯氧基)丙酸乙酯	10
聚氧化乙烯烷基丙烯酸酯	1
水	36.5

二甲苯	1.5
十二烷基苯磺酸钙	1

【生产方法】　把聚氧化乙烯烷基丙烯酸酯和十二烷基苯磺酸钙加入到2-(2,4-二氯苯氧基)丙酸乙酯和二甲苯的混合液中,充分搅拌,混合均匀后,加水,继续搅拌,直至乳化混匀为止。

【产品用途】　在果树开花结果时,用喷雾器喷洒本剂1～3次,可有效地防治落果。

1.37　葡萄无核促大剂

【生产配方】

配方一

赤霉素	1.0
6-苄基腺嘌呤	1.0
白凡士林	10.0
精制羊毛脂	88.0

【生产方法】　按配方量将赤霉素和6-苄基腺嘌呤混合粉碎,然后加入白凡士林混成一膏状物。随后将精制羊毛脂逐渐加入,混合均匀即可。

【使用方法】　于葡萄花盛开前约20 d至盛开期间,将本剂涂在葡萄花穗轴上,能使葡萄无核,且果实肥大。

配方二

赤霉素	0.5
白凡士林	10.0
精制羊毛脂	89.0

【生产方法】　将赤霉素粉碎后加入白凡士林和精制羊毛脂中,混合均匀即可。

【使用方法】　同配方一。

配方三

对-氯苯氧乙酸	20
赤霉素	25
水	适量

【生产方法】 将对-氯苯氧乙酸配成 20 mg/L 的水溶液,得 A 组分;将赤霉素配成 25 mg/L 的水溶液,得 B 组分。

【使用方法】 于葡萄花开前喷施 A 组分,开花后 10 d 喷施 B 组分,可使葡萄无核、果实肥大。

配方四

番茄灵	0.15
赤霉素	0.05
水	1 000

【生产方法】 将番茄灵及赤霉素溶于适量水中,搅拌混合均匀即可。

【使用方法】 同配方一。

1.38　葡萄落果防止剂

【生产配方】

番茄灵	0.01
赤霉酸	0.05
2,4-D 钠盐	0.001
2,4,5-D	0.001
水	100

【生产方法】 按配方比例将各组分加入适量水中,搅拌混合均匀即可。

【产品用途】 用本剂喷施葡萄,可防止葡萄落果。

1.39　葡萄坐果促进剂

【生产配方】

DL-苹果酸	500
对羟基苯甘氨酸	125
七水合硫酸锌	43.9
甲醛(40%,mL)	12.5
吐温-80	5
水	5 000

【生产方法】　将各组分按配方比例溶于水中,搅拌混合均匀配成水溶液。

【产品用途】　用20%氢氧化钾水溶液将 pH 值调至5,再稀释100～500倍,用喷雾器喷洒本剂,可有效地促进葡萄的每串平均重量及颗粒浆果重量。

1.40　葡萄品质改良剂

这种品质改良剂涂在葡萄花穗轴上,能使葡萄无核,并且果实肥大。产品为膏剂型。日本公开特许公报昭和61—15044。

【生产配方】

原料名称	(一)	(二)	(三)
赤霉素	2	2	4
精制羊毛脂	356	358	352
6-苄基腺嘌呤	2	—	4
白凡士林	40	40	40

【生产方法】　将赤霉素和6-苄基腺嘌呤粉碎后,加到白凡士林和精制羊毛脂中,混匀后得到葡萄品质改良剂。

【产品用途】　涂在葡萄花穗轴上,能使葡萄无核,并且果实肥大。

1.41 果蔬催熟剂

【产品性能】 该催熟剂以过氧化物为有效成分,可供多种果蔬催熟,主要是通过叶面吸收、分解使局部形成富氧状态来促进果蔬成熟。

【生产配方】

过氧化氢(35%)	12.0
枸橼酸(柠檬酸,98%)	1.0
十二烷基磺酸钠	0.004
水	1 000.0

【生产工艺】 将柠檬酸、十二烷基磺酸钠溶于水中,加入双氧水,搅拌均匀得果蔬催熟剂,使用时用水稀释 10 倍。

【产品用途】 适用于喷洒柑橘、葡萄、苹果等各种水果和甜瓜、西瓜、草莓等叶面。于开花期前 10 d 内喷洒 2～5 次。

1.42 柑橘着色促进剂

【产品性能】 本剂以硫代硫酸盐为主要成分,能安全、有效地促进柑橘着色,提高柑橘品质和商品价值。

【生产配方】

配方一

硫代硫酸钠	55.7
十二烷基磺酸钠	0.003
水	250.0

配方二

硫代硫酸铵	55.7
十二烷基磺酸钠	0.003
水	250.0

【生产工艺】 将硫代硫酸盐、十二烷基磺酸钠溶于水,搅拌均

匀即得柑橘着色促进剂。

【产品用途】　用于蜜橘、柑、橙等柑橘类果树、喷洒于待成熟的柑橘上,能促使柑、橘、橙着色,提高糖度。使用时用 100 倍水稀释,稀释剂喷洒量 500~1 000 L/km²。于柑橘果实生长饱满,果实顶部开始着色时喷洒 1 次,10 d 后再喷洒 1 次。红色着色率为95%~97%。

1.43　脐橙果实质量提高剂

【生产配方】

赤霉素	0.01
2,4-D 钠盐	0.01
水	1 000

【生产方法】　将赤霉素及 2,4-D 钠盐溶于适量水中,搅拌混合均匀即可。

【产品用途】　用本剂喷洒晚熟脐橙,可使脐橙果实质量提高,延长成熟时间。

1.44　果实增甜剂

【生产配方】

配方一

硼酸	200
蔗糖	2 400
氧化钙	0.7
水	50 000

【生产方法】　将各组分混合均匀即可。

【产品用途】　在西瓜等瓜类及苹果等水果的花期和青果期,将本剂喷洒在叶面上,可增加果实的甜度。

配方二

硼砂	200
蔗糖	2 400
氯化钙	0.7
橙皮苷酶	70
水	50 000

【生产方法】　将各组分混合均匀即可。

【产品用途】　同配方一。

1.45　落果防止剂

【生产配方】

配方一

2-(2,4-二氯苯氧基)丙酸	10
黏土	35
白碳粉	2.5
高级醇磺酸酯	1.0
木质素磺酸盐	1.5

配方二

2-甲基-4-苯氧基酪酸	10
黏土	35
超微粒硅	2.5
高级醇硫酸酯	1.0
木质素磺酸盐	1.5

【生产方法】　将各组分按配方比例混合粉碎即得本剂。

【使用方法】　在水果收获前 10 d 左右喷洒本剂。施用浓度 30 mg/kg。本剂还可与各种杀菌、杀虫剂、植物生长调节剂等混用。

配方三

2-(2,4-二氯苯氧基)丙酸乙酯	20
混合二甲苯	3
聚氧化乙烯烷基丙烯酸酯	2
十二烷基苯磺酸钙	2
水	77

【生产方法】　将聚氧化乙烯烷基丙烯酸酯和十二烷基苯磺酸钙加入到 2-(2,4-二氯苯氧基)丙酸乙酯和混合二甲苯的混合物中,充分搅拌,混合均匀后,加水继续搅拌,直到乳化混合均匀为止。

【使用方法】　同配方一、配方二。

1.46　柑橘促果剂

【生产配方】

配方一

赤霉素	0.3
2,4-D 钠盐	0.15
硼酸	15
磷酸二氢钾	20
水	10 000

配方二

尿素	30
2,4-D 钠盐	0.15
硼砂	10
磷酸二氢钾	20
水	10 000

配方三

2,4-D 钠盐	0.15
钼酸铵	3

硼砂	10
磷酸二氢钾	20
水	10 000

【生产方法】　将 2,4-D 钠盐溶于少量温水中,再与其他组分一同加入水中,搅拌混合均匀即可。

【使用方法】　在每次落果前后分别喷花和成果 2 次,间隔期一般半个月。

1.47　防落素

【生产配方】

高锰酸钾	50
磷酸二氢钾	50
硼酸	50
矮壮素	1
亚硫酸氢钠	2.5
水	25 000

【生产方法】　将各组分混合配成本剂。

【产品用途】　在桃、梨、杏等果树的花期和青果期,棉花花期和现蕾期用本剂进行叶面喷洒,可有效地防止落铃落果。

1.48　果质改良剂

在水果的果实细胞分裂期到果实肥大期,喷洒这种改良药剂 3～5 次,可以促进水果的生长,改善水果的品质,促进着色,增加甜度和硬度,提高贮存性能。日本公开特许公报昭和 58—149639。

【生产配方】

原料名称	(一)	(二)
碳酸钙粉	17	17

乳酸钙	2	—
醋酸钙	—	2
聚乙烯醇	1	1
水	1 000	1 000

【生产方法】 将固体物料混合均匀即得。

【产品用途】 促进水果的生长,改善水果的品质,促进着色,增加甜度和硬度,提高贮存性能。

用前用水稀释。用于苹果时,于落花后 5 d、15 d、25 d 喷洒 3 次,最好与农药共用;用于柑橘时,在收获前 15 d 喷洒 3~5 次,与农药共用。

1.49 苹果果实生长促进剂

【生产配方】

配方一

比久	1
乙烯利	1
水	1 000

【生产方法】 将比久及乙烯利溶于适量水中,搅拌混合均匀即可。

【产品用途】 将本剂喷施在苹果上,可促进苹果果实增长。

配方二

苄基嘌呤	4
赤霉素	7
水	100

【生产方法】 将赤霉素及苄基嘌呤混合于适量水中,搅拌混合均匀即可。

【产品用途】 同配方一。

1.50   菊花插枝生根促进剂

【生产配方】

比久	2.5
吲哚乙酸	0.5
水	100

【生产方法】 将比久及吲哚乙酸溶于适量水中,搅拌混合均匀即可。

【产品用途】 将菊花根部切面浸入本剂中数分钟,可促进菊花插枝生根。

1.51   作物生长抑制剂

【生产配方】

赤霉素	0.015
脱落酸	0.05
水	1 000

【生产方法】 将赤霉素及脱落酸溶于适量水中,搅拌混合均匀即可。

【产品用途】 用本剂喷洒作物,可抑制作物生长。

1.52   花生种子发芽促进剂

【生产配方】

赤霉素	0.1
细胞分裂素	0.05
水	100

【生产方法】 将赤霉素及细胞分裂素溶于适量水中,搅拌混合均匀即可。

【产品用途】 用本剂浸泡花生种子,可促进花生发芽,加速生长作用。

1.53　蘑菇增产剂

【生产配方】

维生素 B_1	0.000 4
比久	0.005
硫酸镁	0.4
硼酸	0.1
水	1 000

【生产方法】　将各组分按配方比溶于水中,搅拌混合均匀即可。

【产品用途】　将本剂喷施在蘑菇床面上,可促进蘑菇生长。

1.54　促根快

【生产配方】

吲哚乙酸	2
萘乙酸	1.25
水	1 000

【生产方法】　将吲哚乙酸和萘乙酸溶于适量水中,搅拌混合均匀即可。

【产品用途】　将本剂适当稀释,喷洒在作物上,可促进作物生根。

1.55　胡椒插枝生根促进剂

【生产配方】

萘乙酸	0.05
吲哚乙酸	0.1
甲基萘乙酸胺	0.02

滑石粉   适量

水   100

【生产方法】 将各组分按配方比例溶于适量水中,搅拌混合均匀即可。

【产品用途】 将本剂适当稀释,处理胡椒插枝切面,可促进胡椒插枝生根。

1.56　花生增产灵

【生产配方】

配方一

萘乙酸   0.01

赤霉素   0.01

水   1 000

【生产方法】 将萘乙酸及赤霉素溶于适量水中,搅拌混合均匀即可。

【产品用途】 用本剂喷洒花生,可提高花生荚重及含油量。

配方二

萘乙酸   0.01

2,4-D 钠盐   0.04

水   1 000

【生产方法】 将萘乙酸和 2,4-D 钠盐溶于适量水中,搅拌混合均匀即可。

【产品用途】 用本剂喷洒花生,可提高花生的出仁数。

1.57　大麦防倒伏调节剂

【生产配方】

矮壮素   3

二甲基氨基甲基双膦酸   1

| 2-氯乙基膦酸 | 1 |
| 水 | 100 |

【生产方法】 将各组分按配方比例加入水中,搅拌混合均匀即可。

【产品用途】 将本剂适当稀释,用于大麦浸种,可防止大麦倒伏,促使籽粒饱满。

1.58　小麦增产调节剂

【生产配方】

矮壮素	1
氯代丙炔苯酮	3
水	100

【生产方法】 将矮壮素及氯代丙炔苯酮溶于适量水中,搅拌均匀即可。

【产品用途】 将本剂稀释 5 倍,用于小麦浸种,可防止小麦倒状,促使小麦增产。

1.59　棉花脱铃防止剂

【生产配方】

矮壮素	0.04
赤霉素	0.02
水	1 000

【生产方法】 将矮壮素及赤霉素溶于适量水中,搅拌混合均匀即可。

【产品用途】 用本剂喷洒棉花,可促进幼铃生长发育,防止脱铃。

1.60　植物生长复合促进剂

植物生长复合促进剂,是利用维生素 B_1、维生素 B_6 和烟酰胺的协同作用复配而成,可促进植物全面生长,增产效果明显。

【生产配方】

维生素 B_1	0.1
维生素 B_6	0.1
烟酰胺	0.1

【生产方法】　将各组分充分混合均匀即可。

【产品用途】　植物生长复合促进剂可促进植物全面生长,增产效果明显。将 1 g 粉剂溶解于 10 L 水中,然后喷洒于植物的根和叶上,对于插栽的植物,可将根、茎浸渍后进行插栽。

1.61　蘑菇生长促进剂

这种蘑菇生长促进剂的使用,可以使其生长速度加快(由22~23 d 的生长期缩短到 18~19 d),产量提高 10%~14%,而且生产的蘑菇水分含量减少,伞小,呈白色。日本公开特许公报昭和63—5366。

【生产配方】

米糠	5.5
锯屑	8.5
珊瑚化石石灰质	适量

【生产方法】　将上述组分混合制成培养基,其中珊瑚化石石灰质作为生长促进剂。在上述培养基中,接种香菇菌种 500 g,于含水量 100%,温度 16~18 ℃条件下,放置 18 d,菌丝生长,然后在 5~6 ℃控制生长 4~5 d,可得香菇 8 500 g。

【产品用途】　蘑菇生长促进剂。

1.62 木耳增产剂

【生产配方】

硼酸	7
硫酸锌	10
硫酸镁	13
萘乙酸	0.5
淀粉	19.5

【生产方法】 将各组分混合均匀,然后按一定份量装入小塑料袋中,密封贮存。

【产品用途】 在木耳实体形成前后,喷施本剂的水溶液。喷施浓度为 1 g/L。本剂对香菇、蘑菇等食用菌亦有增产效果。

1.63 植物冬眠延长剂

【生产配方】

硝酸钾	0.66
硝酸钙	0.44
七水合硫酸镁	0.176
水	1 000

【生产方法】 按配方比例混合均匀即可。

【产品用途】 本剂喷洒在番茄上可导致番茄的冬眠。

1.64 胆碱植物生长调节剂

这种胆碱植物生长调节剂,含有无机酸胆碱盐和表面活性剂,可有效提高单位面积的产量。日本公开专利 91—63202(1991)。

【生产配方】

胆碱盐酸盐(75％水溶液)	4.0
十八醇聚氧乙烯醚	0.5

十二醇硫酸胺	1.5
水	4.0

【生产方法】　将胆碱盐酸盐水溶液、表面活性剂与水混合,得到植物生长调节剂。

【产品用途】　植物生长调节剂。使用时用水稀释 300 倍,然后喷洒。如每株红薯上喷 100 mL,每株根重提高 34.6%。

1.65　作物脱叶促进剂

【生产配方】

乙烯利	0.145
8-羟基喹啉	1.5
水	1 000

【生产方法】　将乙烯利及 8-羟基喹啉溶于适量水中,搅拌混合均匀即可。

【产品用途】　将本剂喷洒在作物上,可促进作物脱叶。

1.66　苹果脱叶促进剂

【生产配方】

乙烯利	0.145
硫酸铜	8.5
水	1 000

【生产方法】　将乙烯利及硫酸铜溶于适量水中,搅拌混合均匀即可。

【产品用途】　将本剂喷洒在苹果树上,可促进苹果脱叶。

1.67　棉花脱叶促进剂

【生产配方】

乙烯利	1

| 氯酸镁 | 2.5 |
| 水 | 1 000 |

【生产方法】　将乙烯利及氯酸镁溶于适量水中,搅拌混合均匀即可。

【产品用途】　将本剂喷洒在棉花上,可促进棉花脱叶。

1.68　茶叶增产灵

茶叶增产灵可加速茶叶树的生长,对树龄 1 年的茶叶树促长效果显著,可使叶茎重量比未使用该药剂的对照组增加 20%~50%,树高增加 30%~50%,大大提高茶叶产量。对 2 年龄以上的茶叶树也有明显效果。日本公开特许公报昭和 62—275081。

【生产配方】

| 石膏(纯度 95%) | 50 |
| 磷酸铝 | 4.5 |

【生产方法】　将配方中的各种粉料混合均匀,制成粉剂。也可由石膏粉 50 kg 和氢氧化铝粉 1.95 kg 混合制得。

【产品用途】　茶叶增产灵与化肥掺和在一起使用,用量120~150 kg/km²,促进茶叶增产。

1.69　茶叶生长促进剂

【生产配方】

| 石膏(纯度 95%) | 50 |
| 硫酸铝(含三氧化二铝,固含量 17%) | 15 |

【生产方法】　将以上组分混合粉碎均匀制成粉剂。

【使用方法】　本剂一般需与肥料掺和在一起使用,用量一般为 120~150 kg/km²。

1.70　草坪健壮促进剂

草坪健壮促进剂又称草坪促茂剂。

【生产配方】

烷基苯磺酸钠	10
月桂酸蔗糖单酯	10
尿素	35
硫酸亚铁	15
乙二胺四乙酸铁	50
水	50 000

【生产方法】　将一定量的尿素溶于 90 ℃（适量）的热水中，再按比例加入硫酸亚铁、烷基苯磺酸钠、月桂酸蔗糖单酯，最后加入乙二胺四乙酸铁，充分搅拌，使其全部溶解，即得半成品。

【产品用途】　将半成品加入所需比例的水配成水溶液，搅拌混合均匀后，喷洒草坪，可使草坪健壮，有光泽，耐践踏性增强。

1.71　苗圃涂层料

【生产配方】

石蜡	10
硬脂酸三乙醇胺酯	0.7
三乙醇胺	0.7
膨润土	2.7
水	85.9

【生产方法】　将石蜡、硬脂酸三乙醇胺酯、三乙醇胺、膨润土混合均匀，然后用适量水稀释，即得本剂。

【产品用途】　将本剂喷施在苹果、樱桃等果树上，可明显提高水果的产量。

1.72　刺激植物开花制剂

【生产配方】

6-苄基腺嘌呤	0.1
聚氧乙撑山梨糖醇酐月桂酸酯	0.6
水	1 000

【生产方法】　将6-苄基腺嘌呤及聚氧乙撑山梨糖醇酐月桂酸酯溶于适量水中,搅拌均匀即得本剂。

【产品用途】　用本剂喷施在仙客来属植物上,可使其开花数目明显增加。

1.73　灌木落叶防止剂

【生产配方】

乙烯利	2
扑草净	1
水	1 000

【生产方法】　将乙烯利及扑草净溶于水中,搅拌混合均匀即可。

【产品用途】　将本剂喷洒在灌木上,可防止灌木落叶。

1.74　石竹插枝生根促进剂

【生产配方】

吲哚乙酸	0.05
萘乙酸	0.05
维生素 B₁	0.01
水	1 000

【生产方法】　将各组分按配方比例溶于水中,混合搅拌均匀即可。

【产品用途】　用本剂处理石竹插枝,可促进石竹生根。

1.75　毛白杨插枝生根促进剂

【生产配方】

蔗糖	20
萘乙酸	0.08
维生素 B_1	0.15
水	1 000

【生产方法】　将各组分按配方比例溶于水中,搅拌混合均匀即可。

【产品用途】　用本剂处理毛白杨插枝,可促进毛白杨插枝生根。

1.76　氯酸镁

氯酸镁(Magnesium Chlorate),分子式 $Mg(ClO_3)_2 \cdot 6H_2O$,分子量 299.31。

【产品性能】　属斜方晶系,长针状白色晶体。在 35 ℃时部分溶化,并转变为四水化合物,120 ℃时分解。味苦。不容易产生爆炸或燃烧;对铁腐蚀性大。有强吸湿性,溶于水和丙酮,微溶于乙醇。

【生产方法】　在离子交换树脂上通过离子交换和中和反应制得氯酸镁。

离子交换:$KClO_3 + RSO_3H \rightarrow HClO_3 + RSO_3K$

中和反应:$2HClO_3 + MgO \rightleftharpoons (Mg(ClO_3)_2 + H_2O$

【生产流程】

$$氯酸钾 \rightarrow \boxed{离子交换} \rightarrow \boxed{中和反应} \rightarrow \boxed{过滤} \rightarrow \boxed{蒸发} \rightarrow \boxed{过滤} \rightarrow 成品$$

氧化镁（指向中和反应）

【生产工艺】

方法一

将氯酸钾配成相对密度为 1.1 左右的溶液,用工业 732-钠型阳离子交换树脂柱进行交换,得到氯酸溶液。在搅拌条件下,慢慢把氧化镁加入氯酸溶液中,当氧化镁不溶解时则停止加入,此时 pH 值为 7~8。中和反应完成后,将反应物料过滤,去渣。将滤液转入不锈钢蒸发锅内蒸发浓缩至相对密度为 1.48 左右。冷却,放置 10 h,过滤去渣,所得滤液为含 80%氯酸镁的溶液。

离子交换树脂可经再生后继续使用。再生方式:将离子交换树脂用纯水浸润膨胀后,用 15%盐酸溶液进行交换,再用清水洗至中性,装柱后,用去离子水淋洗到无氯离子,即完成树脂的再生。

方法二

采用复分解法生产氯酸镁。

工业上生产氯酸镁常采用氯酸钠与镁盐进行复分解反应制得。生产时按规定计量好镁盐的加料量,加料温度 100 ℃,在复分解反应釜中搅拌 2~3 h,若有沉淀形成,在由亚麻布和玻璃纤维组成的过滤器中过滤分离。滤液经自然冷却至 20~25 ℃,析出氯酸镁结晶,过滤后得氯酸镁成品。

若直接用生产氯酸钠的电解完成液来生产氯酸镁,应将溶液打到预热器,预热至 60~70 ℃,再加 $BaCl_2$ 除去重铬酸钠后使用。

若需除去氯化镁中带入的硫酸盐和亚铁盐,在复分解反应液中加入 $BaCl_2$ 和高锰酸钾溶液,沉淀出杂质,除去。

如氯酸钠溶液浓度较低,用它作原料进行复分解反应,生成的氯酸镁浓度也很低,从母液中析出大量氯酸镁晶体,影响产品收率。应将复分解后的母液蒸发,在 116~123 ℃时母液浓缩,并析出氯化钠,趁热滤去氯化钠,滤液送入结晶器,在 35 ℃左右分离出未反应的氯酸钠。所得氯酸镁精制液在 140~145 ℃下再次浓缩,使氯酸镁含量提高至 43%以上,再次冷却结晶,析出氯酸镁成品。

采用氯酸钡与硫酸镁反应,可制得很纯的氯酸镁,并且副产硫酸钡。但作为棉花去叶剂用氯酸镁希望成本费用低、价格便宜,纯度不要求太高,允许产品中有氯化物存在,因此只要将氯酸钠与6水合氯化镁熔融制得。生产过程为:将6水合氯化镁加热至110～120 ℃熔融,加入固体氯酸钠,搅拌并送入用水冷却的转筒式结晶器(转筒里装2把刀,一把调节料层厚度,另一把剥下制出的鳞状产品),结晶出熔点＞45 ℃的产品。反应生产配方(当量比)为:$MgCl_2 \cdot 6H_2O/NaClO_3 = 1.3～1.4$,产品含氯酸镁60%每生产1 t 58%$Mg(ClO_3)_2 \cdot 6H_2O$产品,消耗氯酸钠0.44 t和水合氯化镁0.5616 t。该方法生产无废物排出,反应所用的原料能充分利用,运输和贮存不需特殊的防腐设备及容器。

若要得到较纯的氯酸镁,可在非水溶液中进行复分解反应,如在有机物碳酸二甲酯或丙酮中,氯化镁和氯酸钠进行复分解反应制得。由于氯酸镁在丙酮中溶解度很大,复分解反应中生成的氯酸镁就溶解于丙酮中,而氯化钠等化合物为固相,过滤后即可分离。溶于氯酸镁的丙酮溶液经加热后蒸出丙酮,经冷凝后回收重复使用,析出的氯酸镁不含结晶水,纯度高。

【产品标准】　采用离子交换树脂制得。

外观	浅黄色透明状溶液
含量(%)	80

采用复分解法生产。

氯酸镁(%)	≥43
氯化镁(%)	≤12
$NaClO_3$(%)	≤3
水不溶物(%)	＜0.6

【产品用途】　氯酸镁溶液是一种效果良好的小麦催熟剂,小麦种子经氯酸镁溶液处理后,可明显缩短小麦成熟期,适于寒冷地带种植小麦使用。另可用作棉花收获前的脱叶剂、医药工业、除莠剂、干燥剂等。

参 考 文 献

1　朱国辉．漳州师院学报，1995,9(4):95

2　北京市农药二厂．矮壮素的生产总结．农药，1977,(2):4

3　南开大学元素有机化学研究所除草剂组．矮健素的合成与药效试验．化学通报，1974,(1):37

4　李龙章，马美玲，谢明贵．4-碘苯氧乙酸合成方法的改进[J]．四川大学学报(自然科学版)，1995(6):752

5　黄建全．直接碘代法合成棉花生长刺激剂——4-碘苯氧乙酸．福州大学学报(自然科学版)，1965,(8):55

6　计显焜．植物生长刺激剂4-碘苯氧乙酸的合成研究．化学世界，1963,(9):400

7　孙德群，安永生，赖鹏翔，等．乙烯利加压法合成工艺改进．现代农药，2008,7(6):19

8　张惠明．乙烯利生产中影响产品收率因素的探讨[J]．山西科技，2001,6:53

9　Staehler G, Rehn K. Process for the Manufacture of 2-Chloroethane phosphonic Acid: UK, 1373513[P]. 1974—11—13

10　David I Randall, Calvin Vogel. Preparation of 2-Haloethylphosphonic Acid: US, 3808265[P]. 1974—04—30

11　David I Randall, Robert W Wynn. Mono-2-Haloethyl Esters of 2-Haloethanephosphonic Acid: US, 3626037[P]. 1971—12—07

12　俞善信．三相催化从蜂蜡制取三十烷醇．精细化工中间体，1991,(01):32

13　陆绍荣，虞锦洪，余传伯，韦春．三相转移催化提取三十烷醇及其应用研究．化学研究与应用，2004,(01):133

14　朱凤岗．用中蜂蜡提取三十烷醇的工艺改进．山东农业大学学报(自然科学版)，1989,(02):73

15　矫彩山．三十烷醇的制备工艺研究．应用科技，2000,(02):26

16　王植材,林电伟,郑其煌,林卓新. 固-液相转移催化法合成细胞分裂素类化合物. 中山大学学报(自然科学版),1994,33(4):53

17　何笃,修丁槛. 异戊烯基氨基嘌呤的合成及其生物活性测定. 北京大学学报(自然科学版),1981

18　US 3013885

19　Lamontgne M,et al. J. Heterocychic Chem. ,1983,20:295

20　US,3013885

21　Fujii T,et al. ,Chem,Pharm Ball. ,1995,43(2):326

22　郭春,等. 精细化工,1997,(1):31

23　王植材. N-苄基腺嘌呤的合成. 广东化工,1982,(4):8

24　叶向阳,郭奇珍. 抗倒胺的合成. 农药,1995,32(5):18

25　陈馥衡,等. 新型水稻生育调节剂抗倒胺的研制. 农药,1990,29(3):16

26　日本公开特许 63—63663

27　日本公开特许 61—109769

28　李子龙. 生长素和生长激素. 生物学通报,1986,(6):47

29　古兆祥. 植物激素调节剂[P]. 中国专利:CN1047431,1990−12−05

30　U. S. P. ,3922158(1974)

31　U. S. P. ,4146386(1979)

32　闫书春. α萘乙酸的制备. 辽宁化工,1992(5):31

33　丁益,王百年,韩效钊,等. α萘乙酸的合成方法及应用前景. 安徽化工,2004,(3):17

34　马冰洁,唐洪波. α萘乙酸合成工艺研究. 农药,2004(9):412

35　张袖丽,韩效钊,丁益,等. 用萘和氯乙酸合成萘乙酸的研究. 安徽农业大学学报,2007,34(1):134

36　周淑晶,李锦莲,栾芳. 苯乙酸合成新方法. 化学与生物工程,2005,(2):43

37　陆军民. 苯乙酸生产方法综述. 应用化工,2001,30(2):10

38　刘府芳,时小波,郑典模,等. 苯乙酸合成研究进展. 江西科学,2001,19(2):98

39　杨联耀. 苯乙酸合成新方法. 农药,1993,32(6):18

第二章 杀虫剂

2.1 蔬果磷

蔬果磷(salithion)又称水杨硫磷(salithion-sumitomo)，化学名称：2-甲氧基-4[H]-1,3,2-苯并二氧磷-2-硫化物；2-甲氧基-4H-苯并-1,3,2-二噁磷杂苩-2-硫化物(2-methoxy-4(H)-1,3,2-benzoclioxaphosphorine-2-sulfide；2-methoxy-4H-benzo-1,3,2-dioxaphosphofin-2-sulfide)。分子式 $C_8H_9O_3PS$，相对分子质量 216.19。结构式为：

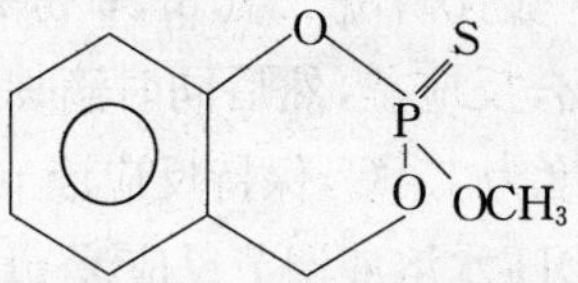

【**产品性能**】 纯品为白色结晶固体，熔点 55～56.5 ℃。30 ℃时，于水中的溶解度为 58 mg/L，溶于环己酮、甲苯和二甲苯，易溶于丙酮、苯、乙醇和乙醚。遇碱分解。

【**生产方法**】 由水杨醇和 O-甲基硫代磷酰二氯在水相 pH 值为 11～12 条件下进行反应，制得蔬果磷。

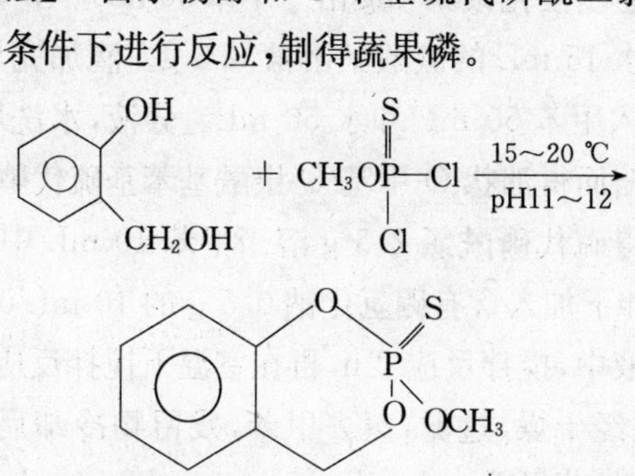

【生产流程】

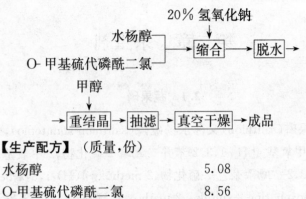

【生产配方】（质量，份）

水杨醇	5.08
O-甲基硫代磷酰二氯	8.56

【主要设备】 缩合反应釜 抽滤机 干燥箱

【生产工艺】 将溶于 15.4 份 10%氢氧化钠水溶液中的水杨醇 5.08 份和 O-甲基硫代磷酰二氯 8.56 份分别盛于高位槽中。另将水 40 份盛入缩合反应釜，然后同时滴加水杨醇和 O-甲基硫代磷酰二氯，控制温度为 15 ℃，保持反应液 pH 值在 11～12。滴加完毕，用 20% NaOH 水溶液调节反应液 pH 值维持在 11～12，继续反应。反应完成后，静置，除去上层水，将沉淀物溶于约 1.5 倍甲醇中，进行重结晶提纯，抽滤，真空干燥，即制得成品蔬果磷。

【实验室制法】 在反应瓶中将水杨醛 6.1 g、甲基硫代磷酰二氯 8.3 g、四丁基溴化铵 80 mg 溶于甲苯 50 mL。于 5～10 ℃搅拌下滴加溶于水 15 mL 的碳酸钠溶液 5.5 g。滴加完毕，继续搅拌反应 5 h，加入甲苯 50 mL 和水 50 mL。分液，水洗甲苯层，经干燥，过滤，浓缩而得油状 O-甲基-O-甲酰基苯基硫代磷酰氯。

将所制得硫代磷酰氯 2.5 g 溶于甲苯 10 mL 中，冷却至 5～10 ℃，于搅拌下加入含有硼氢化钠 0.5 g 的 10 mL 0.2 mol/L 氢氧化钠水溶液中，搅拌反应 2 h，再在室温下搅拌 16 h。分液水洗，甲苯层经干燥，过滤，蒸去甲苯，残留物冷却后用甲醇重结晶，即制得成品蔬果磷。

【产品标准】（工业品）

外观   黄色结晶体

含量(%)   ≥90

【质量检验】 含量测定（薄层层析-比色法）

称取蔬果磷原药 0.2 g(称准至 0.2 mg)于 25 mL 容量瓶中，用丙酮溶解并稀释至刻度。吸取此液 0.5 mL，在薄层板上点样使呈线状，距板下端约 2 cm，两端各留 1.5 cm。溶剂挥发后，将板放入已盛有正己烷＋苯(1∶1)展开剂 100 mL 层析缸中，使溶剂前沿到距原点 14 cm 处，取出薄板风干后，用紫外线灯照射。将 R_f 值约为 0.4 的有效成分谱带刮入玻璃滤过漏斗中，加甲醇 20 mL，搅匀，抽滤，再用甲醇 10 mL 萃取 2 次，一并收集于 50 mL 容量瓶中，用甲醇稀释至刻度。准确吸取此液 5 mL 于 50 mL 容量瓶中，调节 pH 值为 8.2，依次加水 30 mL，1% 4-氨基安替吡啉溶液 1 mL 和 2.5%铁氰化钾溶液 1 mL，用水稀释至刻度。此为待测样品溶液。

另称取蔬果磷纯品约 0.2 g(称准至 0.2 mg)于 25 mL 容量瓶中，用甲醇溶解并稀释到刻度。准确吸取此液 0.5 mL 于 50 mL 容量瓶中，用甲醇稀释至刻度。准确吸取此液 5 mL 于另一个 50 mL 容量瓶中，加氢氧化钾溶液 5 mL，进行水解。

以下显色操作步骤同样品溶液。此为标准溶液。试液和标准溶液放置 5 min 后，用试剂空白溶液作对照，在分光光度计中，用 1 cm 比色杯在 505 nm 处测定其吸收度。

蔬果磷的百分含量(x)按下式计算：

$$x = \frac{m_1 \times A_2}{m_2 \times A_1} \times 100\%$$

式中：m_1——纯品质量，g；

     m_2——样品质量，g；

     A_1——纯品吸收度；

A_2——样品吸收度。

【产品用途】 广谱高效低残留有机磷杀虫剂。有触杀、熏蒸作用和杀卵效力。速效,有残效。主要用于防治农作物地下害虫,对棉花后期棉铃虫、柑橘介壳虫及蔬菜果树的多种类害虫药效显著。

【安全措施】

(1)生产中使用的 O-甲基硫代磷酰二氯有毒,对眼睛和黏膜均有刺激性,可经呼吸吸入或皮肤吸收而中毒。生产时设备要密封,操作人员穿戴劳保用品,场地保持通风。

(2)产品按有机磷农药包装、贮运。

2.2　蝇毒磷

蝇毒磷(coumaphos)化学名称 O,O-二乙基-O-(3-氯-4-甲基香豆素-7-基)硫代磷酸酯(O,O-diethyl-O-(3-chloro-4-methyl-cumarin-7-y1)-thionophosphate、cumafos)。分子式 $C_{14}H_{16}ClO_5PS$,相对分子质量 362.76。结构式为:

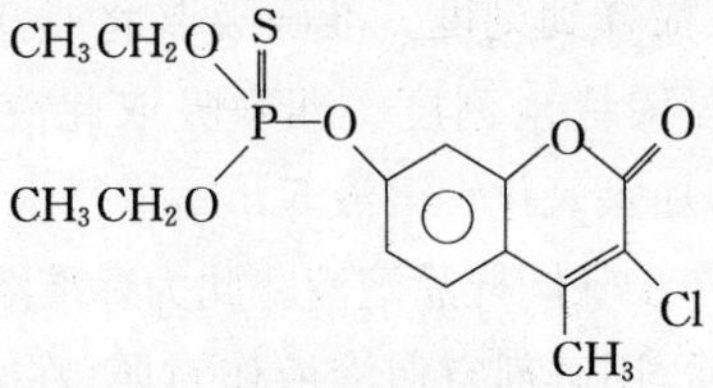

【产品性能】 纯品为无色结晶粉末。熔点 95 ℃。相对密度 1.474。室温下不易溶于水,水中溶解度为 1.5 mg/L。在酯、酮及芳烃中溶解度较大。原药为灰色固体。熔点 90~92 ℃。在水中稳定不水解。

【生产方法】 由乙酰乙酸乙酯与亚硫酰氯进行氯代反应后,再与间苯二酚进行缩合反应,制得 3-氯-4-甲基-7-羟基香豆素。将该缩合产物与二乙基硫代磷酰氯作用,即得蝇毒磷。

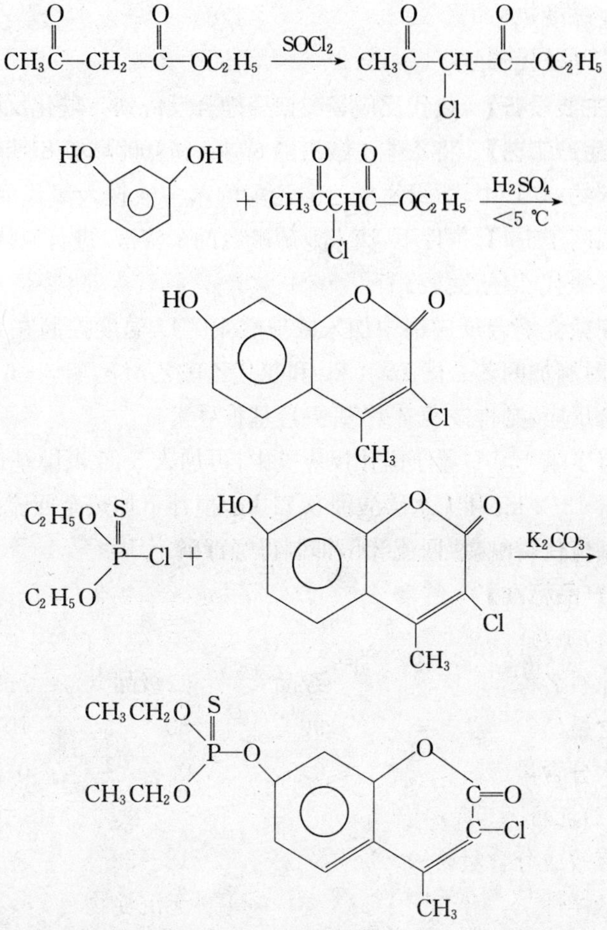

$$\underset{\underset{\text{O}}{\|}}{CH_3}\!-\!C\!-\!CH_2\!-\!\underset{\underset{\text{O}}{\|}}{C}\!-\!OC_2H_5 \xrightarrow{SOCl_2} CH_3\!-\!\underset{\underset{\text{O}}{\|}}{C}\!-\!\underset{\underset{\text{Cl}}{|}}{CH}\!-\!\underset{\underset{\text{O}}{\|}}{C}\!-\!OC_2H_5$$

【生产流程】

　　　　　　　　　　亚硫酰氯　间苯二酚　二乙基硫代磷酰氯
　　　　　　　　　　　 ↓　　　　　↓　　　　　　　↓
乙酰乙酸乙酯→ 氯代 → 缩合 ───→ 酰化 ───→成品

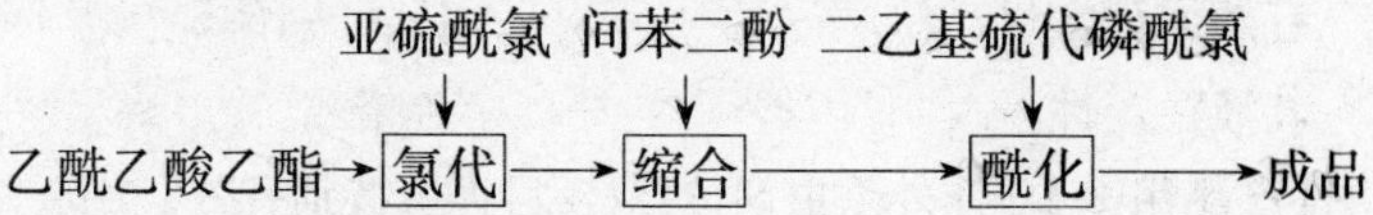

【生产配方】（质量，份）

乙酰乙酸乙酯　　　　　　　　　130

间苯二酚　　　　　　　　　　　99

亚硫酰氯	176
乙基硫代磷酰氯	150

【主要设备】　氯代反应釜　搪瓷缩合反应锅　酰化反应釜

【生产工艺】　将乙酰乙酸乙酯 60 kg 和亚硫酰氯 81 kg,分别溶于苯约 30 L 中,所得乙酰乙酸乙酯的苯溶液投入氯代反应釜,控制温度于 10 ℃条件下,滴入亚硫酰氯的苯溶液,进行氯代反应,制得 α-氯代乙酰乙酸乙酯。

在搪瓷缩合反应锅中加入浓硫酸 192 L,温度控制在 5 ℃以下,同时滴加间苯二酚 26.4 kg 和氯代乙酰乙酸乙酯 39.6 kg,进行缩合反应,制得 3-氯-4-甲基-7-羟基香豆素。

将丁酮 150 L 置于酰化反应釜中,再加入 3-氯-4-甲基-7-羟基香豆素 13.2 kg 和无水碳酸钾 8.71 kg,搅拌下加热至回流。滴加二乙基硫代磷酰氯,回流 2 h,即制得蝇毒磷。

【产品标准】

(1)原粉

原料名称	一级品	二级品	三级品
含量(%)	≥90	80	70
水分含量(%)	≤0.5	0.5	0.5

(2)乳粉

有效成分含量(%)	18~22
悬浮性	无沉淀物

(3)15%乳油

有效成分含量(%)	15.5~16.5
乳液稳定性	合格

【产品用途】　体外杀虫剂,对双翅目害虫特别有效。用于杀灭猪、牛、羊、马的疥螨、蝇类、虻类、蜱类、虱类和蚤类等体外寄生虫。

【安全措施】

(1)生产中使用有毒和强腐蚀性原料,生产设备应密闭,防止泄漏,操作人员应穿戴劳保用品。

(2)产品的原粉和乳粉用内衬纸袋外套编织袋包装。密封干燥阴凉处避光贮存。乳油用玻璃瓶或塑料瓶装。防晒,隔绝火源,贮存于避光阴凉处。

2.3 稻棉磷

稻棉磷又称地安磷,化学名称为 2-(二乙氧基磷酰亚氨基)-4-甲基-1,3-二硫戊环。分子式 $C_8H_{16}NO_2PS_2$,分子量 269.21。结构式为:

$$(C_2H_5O)_2P-N=C \begin{matrix} S-CH-CH_3 \\ \\ S-CH_2 \end{matrix}$$

【产品性能】 原药为黄色油状液体。可溶于水、丙酮、苯、乙醇。在中性和弱酸性介质中稳定,遇碱分解。是广谱的内吸有机磷杀虫剂。

【生产方法】 在有机溶剂中,二硫化碳和氨加成并成盐生成二硫代氨基甲酸铵盐,然后与氯丙烯缩合得二硫代氨基甲酸烯丙酯,进一步在浓盐酸作用下环化得 2-亚氨基-4-甲基-1,3-二硫戊环盐酸盐,最后与 O,O-二乙基磷酰氯缩合得稻棉磷。

$$NH_3 + CS_2 \rightarrow NH_2-\overset{\underset{\displaystyle S}{\|}}{C}-SNH_4 \xrightarrow{ClCH_2CH=CH_2}$$

$$NH_2-\overset{\underset{\displaystyle S}{\|}}{C}-SCH_2CH=CH_2$$

$$\xrightarrow{HCl} NH=C \begin{matrix} S-CH-CH_3 \\ \\ S-CH_2 \end{matrix} \xrightarrow{(C_2H_5O)_2\overset{\underset{\displaystyle O}{\|}}{P}-Cl}$$

$$(C_2H_5O)_2\overset{\underset{\displaystyle O}{\|}}{P}-N=C \begin{matrix} S-CH-CH_3 \\ \\ S-CH_2 \end{matrix}$$

【生产流程】

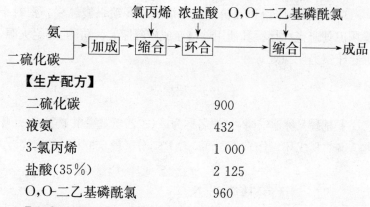

【生产配方】

二硫化碳	900
液氨	432
3-氯丙烯	1 000
盐酸(35%)	2 125
O,O-二乙基磷酰氯	960

【生产工艺】

(1)加成　将溶剂 60 kg 和二硫化碳 12.5 kg 投入 100 L 搪瓷反应锅中。开启搅拌和夹套冷冻盐水预冷。当料温降到 15 ℃时，开始缓慢通氨。反应过程放热，因此通氨时需维持于 20～25 ℃。通氨速度控制在不跑氨为度，约在 1.5 h 内通完氨 6 kg。然后在 (25±2)℃下保温搅拌 1 h。反应结束后，反应液从底阀放入过滤器真空抽滤。滤液回收套用，滤饼为淡黄色粉状结晶，即二硫代氨基甲酸铵盐 16.97 kg，收率为 93.63%。

(2)缩合　将二硫代氨基甲酸铵盐 80 kg 投入 500 L 搪瓷反应锅中，用溶剂 220 kg 溶解。于 20 ℃下温度滴加氯丙烯，约 0.5 h 加完 65.5 kg 后，在(20±2)℃条件下继续搅拌 5 h，然后放入过滤器中滤去氯化铵，滤液减压蒸去溶剂后加入水 50 kg，洗去残留氯化安，分出水分即得二硫代氨基甲酸烯丙酯 72.0 kg，收率为 74.5%。

(3)环合　在搪瓷反应锅中加入二硫代氨基甲酸烯丙酯 50 kg，于搅拌下一次加入盐酸 97 kg。在(40±2)℃下搅拌 6 h，使料液成均相后，静置 12 h 以上。在 100 L 搪瓷反应锅中投入丙酮 500 kg，开夹套冷冻盐水预冷到 0～5 ℃时，投入二硫代氨基甲酸烯丙酯盐酸盐溶液,搅拌析出环盐结晶。静置 1 h 后,放入过滤器抽滤。滤出白色结晶经 60 ℃左右烘房烘干后,即得 2-亚氨基-4-甲基-1,3-二硫戊环盐酸盐 41.2 kg。

(4)缩合 将 2-亚氨基-4-甲基-1,3-二硫戊环盐酸盐环盐 41.2 kg 投入 500 L 搪瓷反应锅,开搅拌。再加入水 75 kg 将其溶解配成约 40%水溶液。接着加入苯 150 kg。在反应锅呈负压的情况下,缓慢地投入碳酸氢铵 55.7kg。这时必须防止因产生大量气体而溢料。待投完碳酸氢铵,锅内反应平稳后测定 pH 值≥7。控制料温 20 ℃以下,滴加 O,O-二乙基磷酰氯 48.2 kg,约 0.5 h 加完,调节 pH 值 7~8,在 20 ℃下保温 4 h。然后分水。粗原油分别用清水、酸水、清水洗涤。达中性时,用负压脱溶,真空度在 600×133.3 Pa 时,最高温度 72 ℃。得稻棉磷原油 52.6 kg。含量达 88.09%,收率达 70.29%。

(5)颗粒剂制造 将天然沸石颗粒(用作载体)经粗碎、细碎后筛分,选取 40~100 目的颗粒进行稳定性处理。取经处理的沸石 944 kg 和 1 kg 警戒石在双螺旋锥型混合机中搅拌均匀。再将稻棉磷原油 50.5 kg 缓慢均匀地喷入混合机中使载体和原油得到快速均匀混合。原油全部喷加完后再搅拌混合 10~15 min,即得粉红色 5%稻棉磷颗粒剂。

【产品标准】

5%颗粒剂

外观	粉红色颗粒
有效成分含量(%)	≥5.0
水分(%)	≤1.0
粒度(40~100 目,%)	95
pH 值	5~7

【产品用途】 稻棉磷是内吸性有机磷杀虫剂。用于防治刺吸式口器害虫,可用于水稻、棉花、玉米、马铃薯、豆类、烟草、甘蔗、甜

菜、洋葱、番茄、啤酒花、甘蓝、柑橘、苹果、梨等多种粮食、园艺和经济作物。稻棉磷制剂施于田间作物后,可迅速地被植物的根、叶吸收输送到生长点,从而发挥良好的保护作用。

2.4　醚菊酯

醚菊酯(Ethofenprox,Trebon,MTI-500),多来宝,化学名称为2-(4-乙氧基苯基)-2-甲基丙基-(3-苯氧基苄基)醚。分子式$C_{25}H_{28}O_3$,分子量376.49。结构式为:

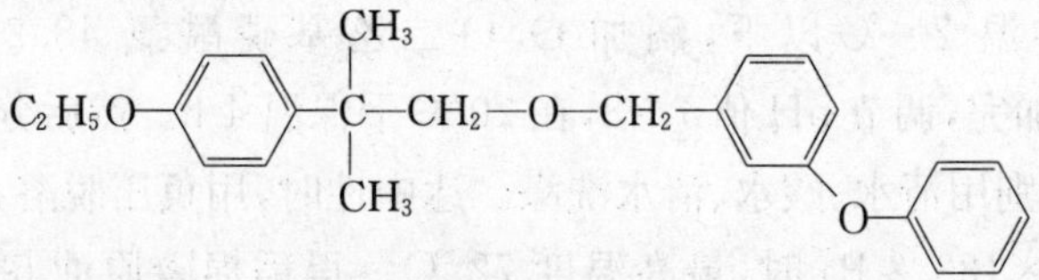

【产品性能】　纯品为白色结晶固体。熔点34~35 ℃,沸点208 ℃/719.9 Pa,25.8 ℃时蒸汽压8.0 MPa,100 ℃时32.0 MPa,相对密度1.157(23 ℃,固体)1.067(40.1,液体)。溶解度(g/100 g):甲醇7.65,乙酸乙酯87.05,丙酮90.84,氯仿85.75,二甲苯84.69,水0.000 1。在酸性和碱性溶液中稳定,80 ℃ 3个月无明显分解。醚菊酯是1987年由日本三井东压化学工业公司开发的醚类菊酯杀虫剂。对哺乳动物毒性极低,对大白鼠急性经口毒性LD_{50}>107 200 mg/kg。

【生产方法】

(1)对叔丁基酚法　对叔丁基酚乙酰化后氯化,氯化产物与硫酸二乙酯发生乙基化,然后与间苯氧基苯甲醇发生醚化。

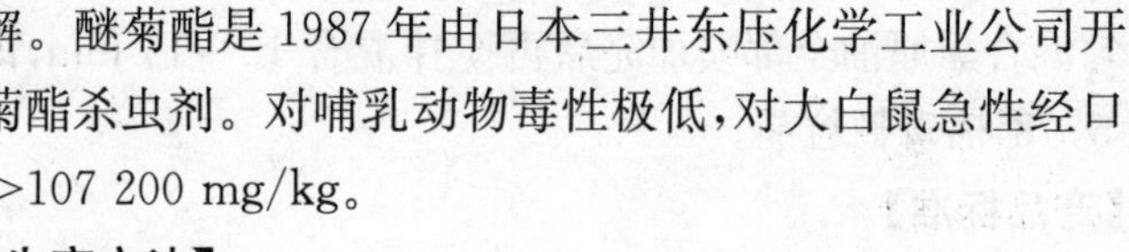

（2）苯基乙基醚法　异丁酸用氯化亚砜进行酰氯化,生成异丁酰氯,在快速搅拌下,于2～3 ℃下滴加到苯基乙基醚、二硫化碳、无水三氯化铝溶液中,滴毕,继续反应1 h,得到1-(4-乙氧基苯基)-2-甲基丙酮-1。然后在室温下溴化得1-(4-乙氧基苯基)-2-溴-2-甲基-1-丙酮。1-(4-乙氧基苯基)-2-溴-2--甲基-1-丙酮、甲醇、原甲酸三乙酯、甲磺酸混合物保温反应,再加入15％氢氧化钠,回流,得2-(4-乙氧基苯基)-2-甲基丙酸。在四氢铝锂的无水乙醚中,慢慢加入2-(4-乙氧基苯基)-2-甲基丙酸的无水乙醚溶液,再依次滴加乙酸乙酯、硫酸,得到的2-(4-乙氧基苯基)-2-甲基甲醇与3-苯氧基苄氯、四正丁基溴化铵,50％氢氧化钠反应,制得醚菊酯。

$$\xrightarrow{\text{LiAlH}_4} \text{HOH}_2\text{C}-\underset{\underset{\text{CH}_3}{|}}{\overset{\overset{\text{CH}_3}{|}}{\text{C}}}-\text{C}_6\text{H}_4-\text{OC}_2\text{H}_5 \xrightarrow[\text{NaOH}]{}$$

$$\text{C}_2\text{H}_5\text{O}-\text{C}_6\text{H}_4-\underset{\underset{\text{CH}_3}{|}}{\overset{\overset{\text{CH}_3}{|}}{\text{C}}}-\text{CH}_2-\text{O}-\text{CH}_2-\text{C}_6\text{H}_4-\text{O}-\text{C}_6\text{H}_5$$

（3）对乙氧基苯乙腈法　　对乙氧基苯乙腈甲基化后水解,将羧基还原得 2-(4-乙氧基苯基)-2-甲基丙醇,然后在碱存在下,与 3-苯氧基苄氯发生醚化得到醚菊酯。

$$\text{NCH}_2\text{C}-\text{C}_6\text{H}_4-\text{OC}_2\text{H}_5 \xrightarrow{\text{MeI}} \text{NC}-\underset{\underset{\text{CH}_3}{|}}{\overset{\overset{\text{CH}_3}{|}}{\text{C}}}-\text{C}_6\text{H}_4-\text{OC}_2\text{H}_5 \xrightarrow{\text{水解}}$$

$$\text{HOOC}-\underset{\underset{\text{CH}_3}{|}}{\overset{\overset{\text{CH}_3}{|}}{\text{C}}}-\text{C}_6\text{H}_4-\text{OC}_2\text{H}_5 \xrightarrow{\text{LiAlH}_4}$$

$$\text{HOH}_2\text{C}-\underset{\underset{\text{CH}_3}{|}}{\overset{\overset{\text{CH}_3}{|}}{\text{C}}}-\text{C}_6\text{H}_4-\text{OC}_2\text{H}_5 \xrightarrow[\text{NaOH}]{}$$

$$\text{C}_2\text{H}_5\text{O}-\text{C}_6\text{H}_4-\underset{\underset{\text{CH}_3}{|}}{\overset{\overset{\text{CH}_3}{|}}{\text{C}}}-\text{CH}_2-\text{O}-\text{CH}_2-\text{C}_6\text{H}_4-\text{O}-\text{C}_6\text{H}_5$$

这里介绍对叔丁基酚法。

【生产流程】

对叔丁基酚 → 乙酰化 → 氯化 → 乙基化 → 醚化 → 成品

乙酐 ↓ 乙酰化
氯气 ↓ 氯化
硫酸二乙酯 ↓ 乙基化
3-苯氧基苯甲醇 ↓ 醚化

【生产工艺】

（1）乙酰化　在反应瓶中加入对叔丁基酚 200 g 和醋酐 163.2 g 加热到 140 ℃回流反应 4 h，减压脱尽副产乙酸和未反应的醋酐，得到一棕黄色液体，即产品 4-叔丁基乙酰氧基苯 268 g，收率 95%。

（2）氯化　在装有搅拌、冷凝器、通气管的反应瓶中加入 4-叔丁基乙酰氧基苯 100 g（含量 91.2%）和四氯化碳 200 mL，加热至 60 ℃时，加入偶氮二异丁腈 2 g，同时开始通氯气，反应放热使料液回流，在 1 h 通入氯气 15 g。脱尽四氯化碳，得一棕红色液体 107 g。真空精馏，收集 120 ℃/2×133.3 Pa 以前的馏分 60 g，该馏分作为原粉可循环使用。残留的液体即为[4-(2-氯-1,1-二甲基乙基)苯基]乙酸酯，重 45 g，收率 89%。

（3）乙基化　在反应瓶中加入上述氯化产物 200 g（含量 94%），硫酸二乙酯 320 g，片状氢氧化钾 170 g（含量 82%），剧烈搅拌。加热到 30 ℃滴加 20%苄基三乙基氯化铵 48 g，约 10 min 加完。滴完后升温到 40 ℃剧烈搅拌反应 6 h。冷却，加入水 200 mL，搅拌使固体溶解，分层，有机层用水洗 2 次，减压脱尽有机层存在的低沸物，残余一黄色液体即为产品，即 1-氯-2-(4-乙氧基苯基)-2-甲基丙烷 177 g（含量 89%），收率 89.9%。

（4）醚化　在反应瓶中加入上述乙基化中间体 150 g（含量 90%），间苯氧基苯甲醇 27.1 g（含量 98%），片状氢氧化钾 32.3 g（含量 82%），二甲亚砜 375 mL，氮气保护下加热到 120 ℃保温 10 h，减压脱去二甲亚砜，残液中加入水 150 mL，苯 150 mL，搅拌后分层，苯层用水洗 2 次后，减压脱尽苯，残余一棕黑色黏稠液体重 141 g。将残液高真空蒸馏,收集 200～250 ℃/2×133.3 Pa 馏分,收率 53.5%。

【产品标准】　20%乳油,10%悬浮剂。

【产品用途】　新型醚类菊酯杀虫剂。对鳞翅目、鞘翅目、半翅目、双翅目和直翅目多种害虫有很高防效。因对哺乳动物毒性极低,可以广泛用于蔬菜、卫生等领域,无毒、无污染,使用极其安全。醚菊酯对鱼毒性极低(对鲤鱼 TLm)(48)=5×10⁻⁶),所以可用于防治水稻害虫。

2.5　磷亚威

磷亚威(U-47319),分子式 $C_{12}H_{26}N_3O_4PS_3$,分子量 403.52。结构式为:

$$
\begin{array}{c}
\mathrm{CH_3CH_2O}\quad \underset{\|}{S} \qquad\quad \underset{}{CH_3}\quad \underset{\|}{O}\\
\qquad\quad P{-}N{-}S{-}N{-}C{-}O{-}N{=}C{-}CH_3\\
\mathrm{CH_3CH_2O}\quad |\qquad\quad\qquad\qquad |\\
\qquad\quad CH{-}CH_3\qquad\qquad\quad S{-}CH_3\\
\qquad\quad\quad |\\
\qquad\quad\quad CH_3
\end{array}
$$

【产品性能】　熔点 72～73 ℃。是灭多威的硫代磷酰胺衍生物。

【生产方法】　用己烷或四氢呋喃作溶剂,由 N-异丙基硫代磷酰胺二乙酯与二氯化硫反应,得中间体;中间体与灭多威反应得磷亚威。

$$
\underset{\|}{\overset{S}{(C_2H_5O)_2PNHCH(CH_3)_2}} + SCl_2 \xrightarrow[\text{溶剂}]{\text{三乙胺}} \underset{\underset{SCl}{|}}{\overset{S}{\underset{\|}{(C_2H_5O)_2PNCH(CH_3)_2}}}
$$

$$
\underset{\underset{SCl}{|}}{\overset{S}{\underset{\|}{(C_2H_5O)_2PNCH(CH_3)_2}}} + \underset{\underset{SCH_3(\text{灭多威})}{}}{\overset{O}{CH_3C{=}N{-}O{-}\underset{\|}{C}NHCH_3}} \xrightarrow[\text{四氢呋喃}]{\text{三乙胺}}
$$

$$(C_2H_5O)_2P\overset{S}{\underset{CH(CH_3)_2}{-}}N-S-N\overset{CH_3}{\underset{}{-}}COON=\overset{CH_3}{\underset{S-CH_3}{C}}$$

【生产流程】

异丙胺　二氯化硫

O,O-二乙基硫代磷酰氯→缩合───→硫化──→缩合──→成品

↑
灭多威

【生产配方】

二氯化硫	103.0
N-异丙基硫代磷酰胺二乙酯	211.0
三乙胺	202.0
灭多威(100%计)	162.0

【生产工艺】

(1)缩合　将异丙胺与O,O-二乙基硫代磷酰氯在碳酸钾存在下进行缩合反应,反应结束后,减压蒸馏提纯得到N-异丙基硫代磷酰胺二乙酯。

(2)硫化,缩合　将二氯化硫(沸点59～60℃)51.5 g溶于四氢呋喃250 mL中,搅拌下滴加N-异丙基硫代磷酰胺二乙酯105.5 g,三乙胺50.5 g与四氢呋喃500 mL所配成的溶液,温度控制在0～5℃,加完后,反应0.5 h,然后加灭多威81.0 g和催化剂0.5 g,再加三乙胺50.5 g及四氢呋喃250 mL配成的溶液,滴加完毕,继续搅拌2 h,反应结束。滤出固体物,并用少量四氢呋喃洗涤,洗涤液与滤液合并,减压蒸出四氢呋喃,剩余物溶于甲苯1 000 mL中,用少量水洗涤,然后减压蒸去甲苯,剩余物可直接配制乳油。若用石油醚分散结晶,得磷亚威晶体,溶点70～72℃,收率80%。

【产品用途】　用于棉花、蔬菜、果树、水稻等防治鳞翅目害虫、

甲虫和蟓象等。

2.6　一氯杀螨砜

【产品性能】　一氯杀螨砜(4-Chlorophenyl phenyl Sulfone)
又名氯苯砜,化学名称为氯苯基苯基砜。该品为无色结晶,熔点
94 ℃。每100 mL不同溶剂在20 ℃时溶解该品的克数:四氯化碳
4.9,丙酮74.4,苯44.4,甲苯29.4,不溶于水。

【生产配方】

对氯苯磺酸(92%)	1 200
氯磺酸	1 250
苯	355

【生产工艺】　将干燥的对氯苯磺酸与氯磺酸在55~60 ℃下
搅拌反应1.5~2 h。将反应物滴加到冷水中,在25~35 ℃进行水
析。将析出的沉淀过滤得到对氯苯磺酰氯湿品,将湿品加热到
55~60 ℃熔融,静置,即可分出含量96%以上的对氯苯磺酰氯。

将熔融的对氯苯磺酰氯加到缩合锅中,加入无水三氯化铝,在
60~70 ℃滴加苯,加毕,于90~95 ℃反应1 h。将缩合液加到
3%~4%。稀盐酸中水析、过滤,用水洗滤饼至中性,干燥得含量
为95%的产品。(USP. 2593001(1952))。

【产品用途】　可防治棉花、果树、蔬菜等作物的各种螨类,对
成螨及螨卵有效。使用浓度为0.09%。

2.7　三氯杀螨砜

三氯杀螨砜(tetradifon)又称涕滴恩,化学名称为S-p-氯苯基-
2,4,5-三氯苯基砜(S-p-Chlorophenyl-2,4,5-trichlorophenyl sul-
fone)。分子式$C_{12}H_6Cl_4O_2S$,相对分子质量355.0。结构式为:

【产品性能】　纯品为无色、无味结晶固体,熔点 148～149 ℃。蒸气压(20 ℃)3.2×10^{-8} Pa。50 ℃水中溶解度 200 mg/kg。微溶于丙酮、石油醚和醇类,易溶于芳烃、氯仿和二噁烷。工业品纯度>94%,熔点>144 ℃。在空气中很稳定,对酸或碱稳定。

【生产方法】　将三氯苯(生产六六六副产物)进行磺化后,再与氯苯在无水三氯化铝催化下进行缩合反应,得到三氯杀螨砜。

【生产流程】

【生产配方】（kg/t 85%原粉）

三氯苯(工业品)	712
无水三氯化铝(99%)	396
氯磺酸(95%以上)	1 881
氯苯(工业品,d=1.112～1.114)	460

【主要设备】 氯磺化釜　离心机　缩合罐　水蒸气蒸馏釜　干燥箱　分析锅　脱水釜　酸析锅　水洗槽　贮槽　盐酸吸收塔

【生产工艺】 将氯磺酸由计量槽加到干燥的氯磺化釜中。在30～50 ℃搅拌下由三氯苯计量槽将三氯苯滴加入氯磺化釜。加完后升温到80 ℃,在80～90 ℃反应3 h即为终点。反应产生的氯化氢进入盐酸吸收塔,用水吸收。氯磺化反应液降温到50 ℃时,滴加到已放有冷水(水温22 ℃以下)的水析釜中,在搅拌下同时滴加入冷水,维持温度在22～35 ℃。三氯苯磺酰氯析出后,不断连续出料,水析时产生的氯化氢也进入盐酸吸收塔用水吸收。

水析所得的三氯苯磺酰氯放入离心机中过滤后,以冷水洗涤到中性,得到湿三氯苯磺酰氯。然后将湿三氯苯磺酰氯加到脱水釜中,再加入氯苯,开动搅拌器升温到90 ℃。随水分的蒸出而升温,当温度升到140 ℃时,蒸出的氯苯为透明时即为终点。停止加热。

将脱水后的三氯苯磺酰氯和氯苯加入缩合罐中,开动搅拌器,加入三氯化铝,打开排风阀门,然后缓缓升温到135 ℃,在140～150 ℃反应2.5 h,即为终点。停止加热,继续搅拌,降温到150～160 ℃,将缩合液滴入盛有配好的稀盐酸的酸析锅中,开动搅拌器,维持温度在70～90 ℃,至缩合反应液滴加完。再搅拌0.5 h,酸析完毕。然后在酸析锅中通入水蒸气,进行水蒸气蒸馏。维持液相温度不高于105 ℃,蒸出的氯苯和水经冷凝器冷却后流入氯苯水分离器中。当氯苯蒸馏完毕,即停止通蒸汽。然后把物料放入离心机中,进行过滤。滤干后用水洗涤至中性,并检查已无铝盐即为洗涤终点。再将湿三氯杀螨砜放入干燥箱中,于 70~80 ℃干燥至恒重,即得成品。

【产品标准】

指标名称	优质品	一级品
外观	浅黄色或浅棕色固体	
有效成分含量(%)	≥94.0	≥90.0
水分(%)	≤0.4	≤0.5
酸度(以硫酸计,%)	≤0.1	≤0.1

【产品用途】　农业上用作杀螨剂,对蜘蛛类害虫有特效,但对昆虫无毒。能防治柑橘、苹果、梨、葡萄等果树以及棉花、花生、蔬菜、花草等螨类。能杀卵和幼虫,并有长期残效。一般加工成可湿性粉剂使用。

【安全措施】

(1)生产中使用三氯苯、氯磺酸、氯苯等有毒或腐蚀性化学品,设备应密闭,防止冒、漏,操作人员应穿戴劳保用品。反应生成的 HCl 应用水或碱液吸收。

(2)本品毒性:LD_{50} 为 14 700 mg/kg(大白鼠口服);含 500 mg/kg 三氯杀螨砜的饲料喂大白鼠 2 个月,无有害影响。水果、蔬菜、茶允许残留量为 1.0 mg/kg,柑橘为 3.0 mg/kg。对梨和苹果的某些品种可能发生药害,特别在温度低、湿度大时使用更应注意。

(3)密封包装,按农药有关规定贮运。

2.8　除螨灵

除螨灵(Dienochlor)也称遍地克、片托克。化学名称 1,1′,2,2′,3,3′,4,4′,5,5′-十氯双(2,4-环戊二烯-1-基)[1,1′,2,2′,3,3′,4,4′,5,5′-decachloro-bi-2,4-cyclopentadien-1-yl; bis(pentachloro-2,4-cyclopentadien-1-yl);decachloro;decachlorobis(2,4-cyclo-

pentadien-1-yl）；decachloro-bi-4-cyclopentadien-1-yl；1,1′,2,2′,
3,3′,4,4′,5,5′-decachloro-bi-2,4-cyclopentadien-1-yl]。分子式
$C_{10}Cl_{10}$，分子量 474.64。结构式为：

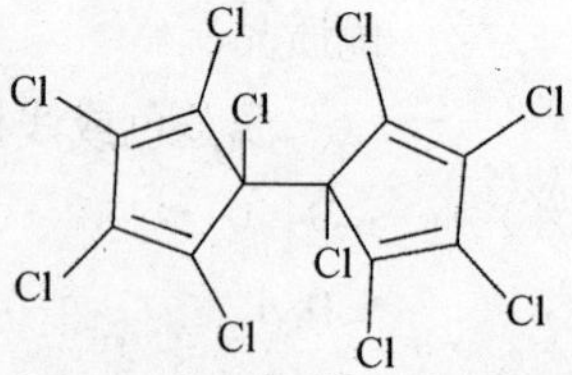

【产品性能】　黄褐色结晶固体。对含水酸碱稳定,但在高温
条件下或在阳光紫外线照射下都会失活,如 130 ℃下 6 h 失活
50%。熔点 122～123 ℃,蒸汽压为 1.33×10^{-6} kPa(25 ℃)。不
溶于水,易溶于芳烃。

【生产方法】　通过不同方法先合成六氯环戊二烯,再由六氯
环戊二烯经催化氢化而制得。

（1）六氯环戊二烯的制备

①环戊二烯与次氯酸钠反应制得六氯环戊二烯：

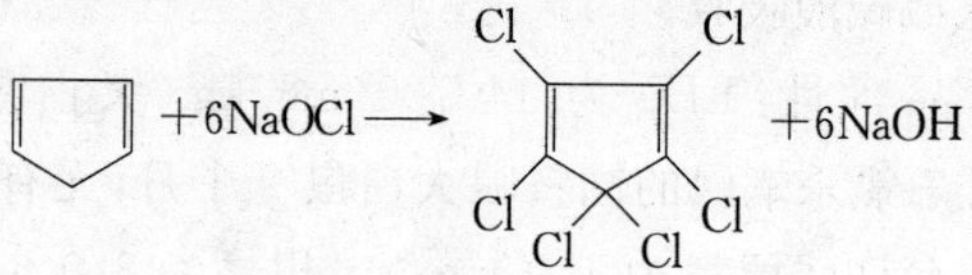

②环戊二烯氯化法：

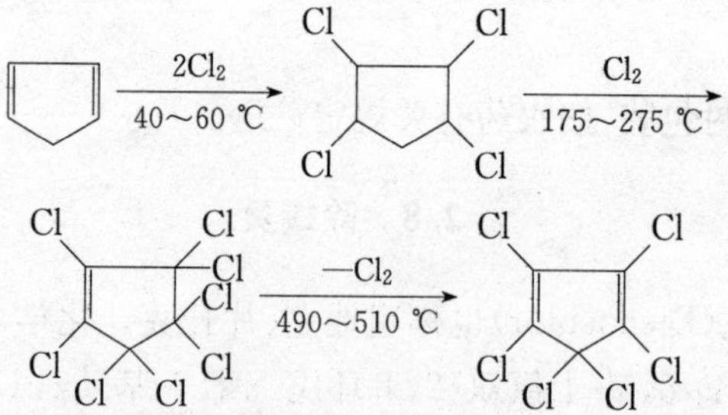

③由 C_5 馏分合成六氯环戊二烯：将 C_5 馏分与氯气先在混合
器中混合（发生烯烃加氯反应）,然后进入反应器的低温反应区进

行部分氯代,最后进入高温反应区发生彻底的氯代、环化、脱氯等复杂反应生成含六氯环戊二烯的混合物,混合物用减压蒸馏法进行分离得六氯环戊二烯。

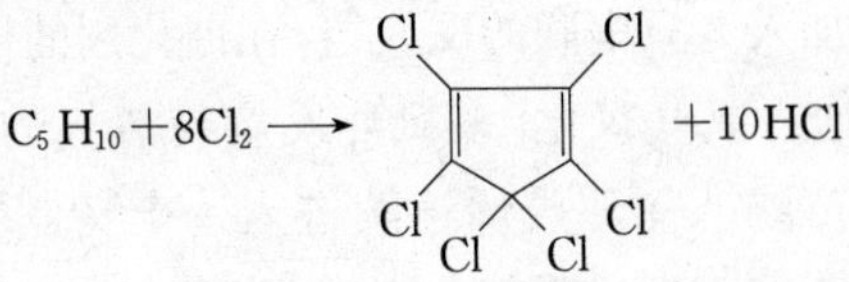

$$C_5H_{10}+8Cl_2 \longrightarrow \quad +10HCl$$

④环戊烷氯化法:由环戊二烯经加成-取代-消除三步制得六氯环戊二烯。

先将环戊烷在液相中氯化生成四氯环戊烷,在五氯化磷的作用下热氯化得八氯环戊烯(收率为95%),然后热脱氯得六氯环戊二烯。

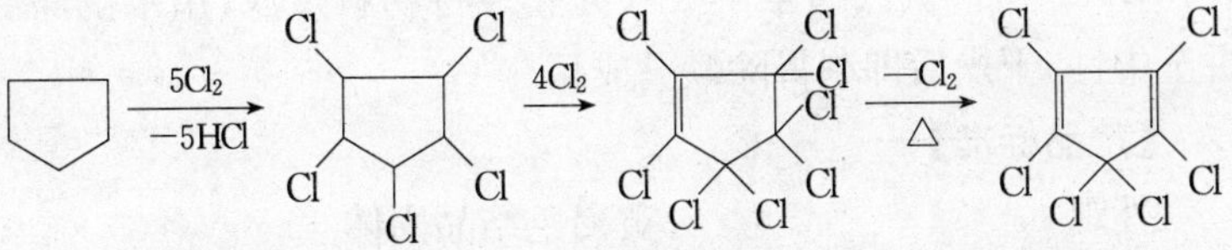

或者是环戊二烯与氯气连续投入循环式光氯化器生成六氯环戊烷,然后在较高温度下催化脱氯化氢得六氯环戊二烯。

(2)由六氯环戊二烯经催化氢化而制得除螨灵

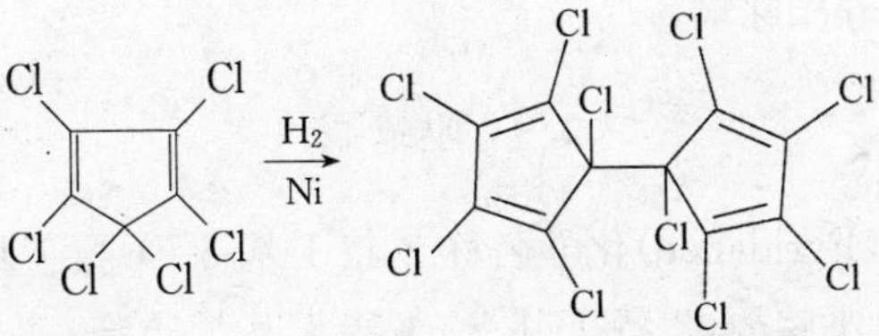

【生产流程】

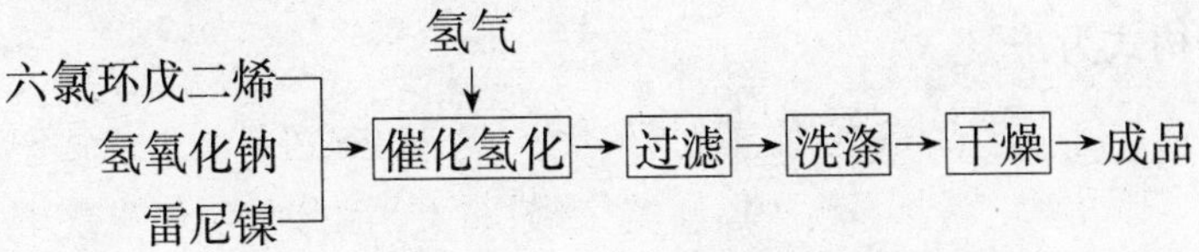

【生产工艺】

(1)六氯环戊二烯的制备　将环戊二烯和氯气以 1∶(3～4)的摩尔比连续加入反应器中,控制温度在 40～60 ℃反应生成四氯环戊烷。然后加入 3 只串联的反应器,在催化剂的作用下,加热到175～275 ℃,通入氯气氯化[多氯环戊烷与氯气的摩尔比为 1∶(6～8)],所得产物八氯环戊烯连续进入一个特制的镍质脱氯器中,在 490～510 ℃下进行脱氯,冷却得粗品,再经减压蒸馏,收集110 ℃/$1.33×10^3$ Pa 的馏分,即为六氯环戊二烯。

(2)由六氯环戊二烯经催化氢化制除螨灵　在氢化压力釜内加入六氯环戊二烯 75 kg、30%的氢氧化钠 60 kg 溶液和催化剂雷尼镍适量,向压力釜内通氢气进行催化氢化,控制釜内气压为0.5 MPa 左右,氢气通至不吸收为止。将物料过滤,用水洗涤滤饼至中性,干燥后即制得除螨灵成品。

【产品标准】

外观	黄褐色结晶固体
含量(%)	≥98
熔点(℃)	122～123

【产品用途】　特效杀螨剂,用于防治温室玫瑰上的螨类。也可用于宠物外用除螨。

2.9　哒螨酮

哒螨酮(Pyridaben)化学名称 2-叔丁基-5-(4-叔丁基苄硫基)-4-氯-3(2H)-哒嗪酮,2-特丁基-5-(4-特丁基苄硫基)-4-氯-3(2H)-哒嗪酮,商品名 Sunmite。分子式 $C_{19}H_{25}ClN_2OS$,分子量 364.94。结构式为:

【产品性能】　白色结晶，熔点 110～112 ℃，日本日产化学工业株式会社 1988 年推出的杀螨杀虫剂。

【生产方法】　盐酸肼与特丁醇反应生成特丁基肼盐酸盐，再与糠氯酸缩合生成糠氯酸特丁基腙，经环化得到 2-特丁基-4,5-二氯-3(2H)-哒嗪酮。然后与对特丁基苄硫醇缩合得到哒螨酮。

$$(CH_3)_3C-OH+N_2H_4 \cdot HCl \rightarrow (CH_3)_3C-NHNH_2 \cdot HCl$$

【生产流程】

【生产配方】

盐酸肼(98%)	69.9
特丁醇(98%)	94.5
糠氯酸(95%)	172.9
对特丁基苄硫醇(95%)	156.4

【生产工艺】

(1)成肼　在装有回流冷凝器、搅拌器、滴液漏斗和温度计的四颈烧瓶中,加入盐酸肼 69.9 g,浓盐酸 130.4 g,水 205 mL。将此混合物在搅拌下加热,于 82~105 ℃下滴加特丁醇 94.5 g,经 4 h 后滴加完毕,再将反应混合物继续搅拌 0.5 h、冷却,反应液分离得特丁基肼盐酸盐 120.9 g。

(2)缩合　将特丁基肼盐酸盐 62.3 g 溶解于 5%氢氧化钠水溶液 400 mL 之中,然后于 0~5 ℃下添加由糠氯酸 84.7 g 溶解于四氢呋喃 85 mL 中所形成的溶液。再于 5 ℃下搅拌 0.5 h,10~15 ℃下搅拌 0.5 h。反应结束后,加水,过滤所生成的结晶,水洗结晶,于室温减压下干燥即得白色结晶状糠氯酸特丁基腙 104 g,收率为 87%。

(3)环化　将糠氯酸特丁基腙 18.0 g,苯 100 g 和醋酸 3.0 g 投至反应烧瓶内,加热升温至 35~45 ℃搅拌反应 4 h。反应结束后,加水,分去水层,苯层依次用 5%氢氧化钠水溶液、10%盐酸和水洗涤,无水硫酸钠干燥、减压蒸除溶剂苯,得外观呈淡黄色结晶状的 2-特丁基-4,5-二氯-3(2H)-哒嗪酮 16.2 g,收率 98%,熔点 64~65 ℃。

(4)缩合　将 2-特丁基-4,5-二氯-3(2H)-哒嗪酮 17.6 g 和对特丁基苄硫醇 14.4 g 溶解于甲醇 320 mL 中,再于 0 ℃下添加由甲醇钠 4.32 g 溶解于甲醇 80 mL 中所形成的溶液,然后于 10~15 ℃下搅拌反应 1 h。反应结束后,减压蒸除甲醇,加水,并用苯抽提。水洗苯层用无水硫酸钠干燥后,蒸去苯,得哒螨酮 28 g,收率为 96％,熔点 110.0～112 ℃。

说明:(1)对特丁基苄硫醇制备。

在四颈反应烧瓶内,放入对特丁基苄氯 36.6 g,甲苯 200 g,四丁基溴化铵 1.0 g 和醋酸 3.6 g,加热升温至 50 ℃后,在搅拌下滴加 23％硫氢化钠水溶液 63.4 g。经 0.5 h 滴加完毕后,再于 50 ℃下继续搅拌反应 0.5 h。将其冷却至室温,静置后分层,水洗甲苯层,蒸除甲苯,浓缩即得外观呈淡黄色液体的对特丁基苄硫醇 36.0 g,纯度 93％,收率为 92％,若再对其进行精馏,收集沸程为 90～92 ℃/4×133.3 Pa 的馏分,则对特丁基苄硫醇的纯度可达 99％。

(2)由 2-特丁基-4,5-二氯-3(2H)-哒嗪酮、硫氢化钠和对特丁基苄氯也可直接缩合得到哒螨酮。

将 2-特丁基-4,5-二氯-3(2H)-哒嗪酮 30.0 g,70％硫氢化钠 11.4 g 和氢氧化钠 6.0 g 加至盛有水 240 mL 的反应烧瓶中,加热升温至 65 ℃并搅拌 0.5 h,再添加苯 180 g,对特丁基苄氯 27.6 g 和四丁基溴化铵 0.6 g,于 45 ℃下搅拌反应 4 h。反应结束后,用 5％氢氧化钠水溶液和水洗涤有机层,再用无水硫酸钠干燥,然后减压蒸出苯,用冷石油醚洗净残渣,得到白色针状结晶,熔点111～112 ℃的哒螨酮,收率为 85.9％。

【产品用途】 用作杀螨杀虫剂。对棉花红蜘蛛、稻螟虫等防效较好。

2.10 乙基谷硫磷

【产品性能】 乙基谷硫磷(Ethyl Guthion)化学名称为 S-(3,4-二氢-4-氧苯并-〔d〕-〔1,2,3〕三嗪-3-基-甲基)二乙基-硫逐硫赶磷酸酯,又名 O,O-二乙基-S-〔(4-氧代-1,2,3-苯并三氮杂苯-3(4H)-基〕甲基〕二硫代磷酸酯、乙基保棉磷、益棉磷、乙基谷赛昂。谷硫磷-A。白色针状结晶,熔点 53 ℃。沸点 111 ℃(0.133 Pa)。相对密度 1.284(20/4 ℃)。折光率 1.592 8(25 ℃)。溶于苯、丙酮;不溶于水。20 ℃的蒸汽压为 $3×10^{-5}$ Pa。对热稳定性好,遇碱易水解。分子式 $C_{12}H_{16}N_3O_3PS_2$,分子量 345.4。结构式为:

【生产配方】

邻氨基苯甲酸甲酯(100%计)	151.0
亚硝酸钠	70.0
氨水(28%)	150.0
甲醛(30%)	140.0
氯化亚砜	143.0
乙基硫代钠	208.0

【生产方法】 由邻氨基苯甲酸甲酯经重氮化、环合、羟甲基化、氯甲基化、缩合而得。

(1)重氮化、环合

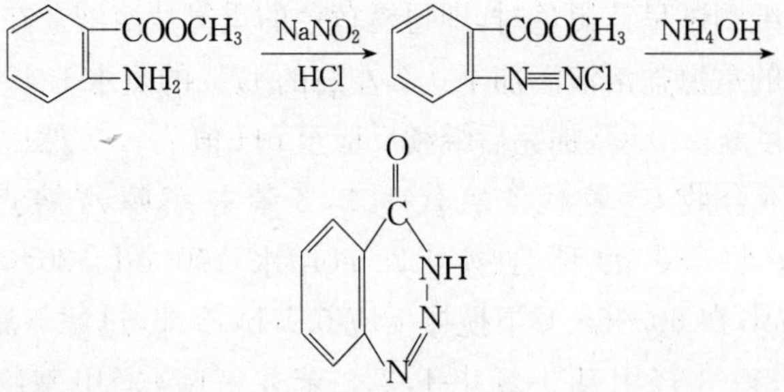

(2)羟甲基化

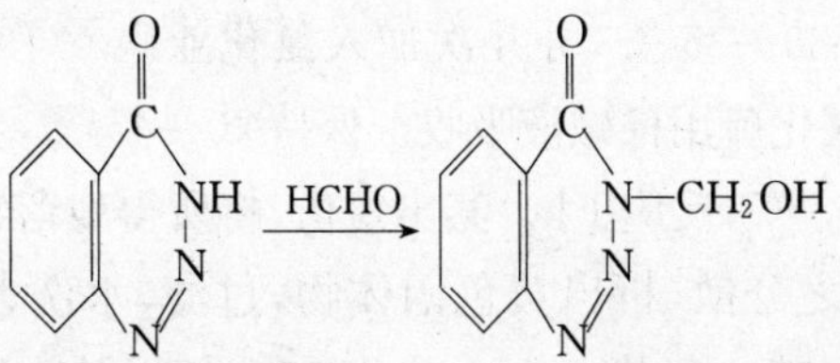

(3)氯甲基化

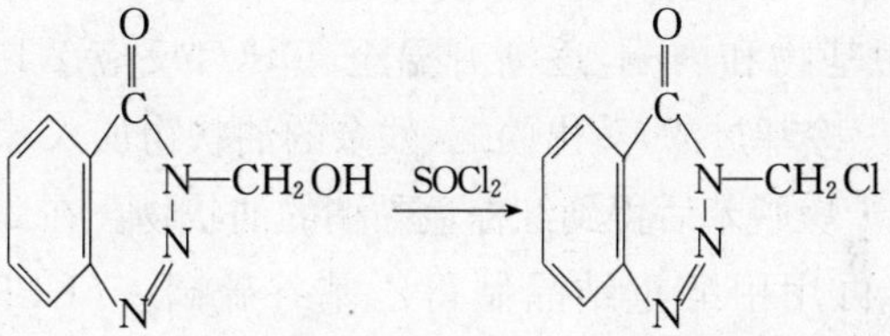

(4)缩合

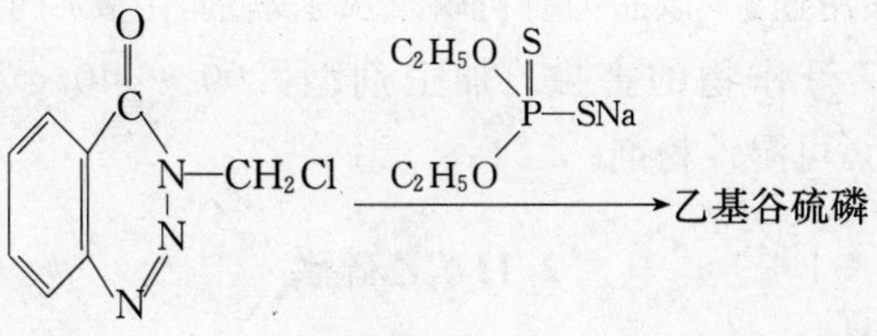

【生产工艺】 在室温及搅拌下,将邻氨基苯甲酸甲酯 0.4 mol 滴加入 30％工业盐酸 150 mL 和水 70 mL 的溶液中,生成白色针状盐酸盐。加入碎冰,降温至 0 ℃以下,在 0～5 ℃尽快

地加入 30％的亚硝酸钠 0.4 mol 水溶液,搅拌 20 min,用淀粉碘化钾试纸测试呈蓝黑色时,即得橙黄色的重氮盐溶液。在搅拌下,将所得的重氮盐溶液滴加至 0 ℃左右的 17％的氨水 1.49 mol 中,控制温度 0～10 ℃,加完后继续反应至 pH 值 7～8。然后过滤,洗涤,得环合物(3-氢代-4-氧代-1,2,3-苯并三嗪),熔点 202～212 ℃。将(30 g)环合物 0.2 mol,水 100 mL,30％的甲醛 0.28 mol,在 60～65 ℃下搅拌反应 0.5 h,冷却,过滤。滤饼洗涤后干燥,得 3-羟甲基-4-氧化-1,2,3-苯并三嗪(羟甲基物),熔点 120～130 ℃。将羟甲基物 0.1 mol 加至氯仿 100 mol 中,在搅拌下,控制温度 30～35 ℃,分几次加入氯化亚砜 0.13 mol,放出的氯化氢和二氧化硫用稀碱液吸收。保持 40～45 ℃,反应 0.5 h,再升温至 60～65 ℃,反应 1 h。蒸出氯仿,将所得残留物溶解于丙酮中,再加水使之分散,析出黄色固体物,过滤、水洗、干燥,得含量 90％的 3-氯甲基-4-氧代-1,2,3-苯并三嗪(氯甲基物)。在搅拌下,将乙基硫代钠、小苏打、丙酮和水混合,于 20～30 ℃下反应 2 h。再加入氯甲基物和丙酮,逐渐升温至 50 ℃,反应 2 h,反应终点 pH 值为 7。冷却过滤,蒸出丙酮,残余的油状物加入苯。静置,分出苯层,经干燥脱苯后得到红棕色黏稠的油状物。在 20 ℃下析出针状结晶,再用甲醇重结晶制得乙基谷硫磷。(USP 2758115,DBP927270)。

【产品用途】 该品为有机磷杀虫杀螨剂,主要用于防治棉花、果树、蔬菜等作物的害虫。加工剂型:200～440 g/L 乳油,或 25％～40％可湿性粉剂。

2.11 乙硫磷

【产品性能】 乙硫磷(Ethion)化学名称为 O,O,O′,O′-四乙基-S,S′-亚甲基双(二硫代磷酸酯)。分子式 $C_9H_{22}O_4P_2S_4$,分子量 384.5。结构式为:

$$\underset{C_2H_5O}{\overset{C_2H_5O}{>}}P\!-\!SCH_2S\!-\!P\underset{OC_2H_5}{\overset{OC_2H_5}{<}}$$

无色油状液体。熔点－13 ℃(－12 ℃)。沸点 164～165 ℃ (40 Pa),125 ℃(1.33 Pa)。相对密度 1.220(20/4 ℃)。折光率 1.54%。25 ℃时的蒸气压 $2×10^{-3}$ Pa。溶于丙酮、苯、氯仿、乙醇、乙醚,不溶于水。在空气中逐渐氧化,温度高于 150 ℃会引起分解爆炸。遇酸、碱水解。

【生产配方】

O,O-二乙基二硫代磷酸酯钠(60%)	500.0
碳酸氢钠	5.0
二氯甲烷	93.0

【生产方法】　由 O,O-二乙基二硫代磷酸酯用碳酸氢钠转变为钠盐后,与二氯甲烷反应制得乙硫磷。

$$\underset{C_2H_5O}{\overset{C_2H_5O}{>}}P\!-\!SNa \xrightarrow{CH_2Cl_2} \underset{C_2H_5O}{\overset{C_2H_5O}{>}}P\!-\!SCH_2S\!-\!P\underset{OC_2H_5}{\overset{OC_2H_5}{<}}$$

【生产工艺】　将钠盐、碳酸氢钠、氢氧化钠投入反应锅,加料量一般为每 60%的钠盐 500 g 加碳酸氢钠 5 g,氢氧化钠的用量使料液的 pH 值调节到 7 为限。再按钠盐：二氯甲烷＝1：0.7(摩尔比)投入二氯甲烷。向反应锅充入氮气,使锅内保持 0.2～0.4 MPa 压力。

升温至 100～110 ℃,反应 5～8 h,反应压力为 1～1.5 MPa。反应完成后,冷却至 35 ℃。将合成的原油滤去少量滤渣后,静置分层,取油层用水洗涤 3 次。减压脱水可得 90%左右的乙硫磷原油。收率 70%以上。引自美国专利 USP2873228。

【产品用途】　用于防治棉花红蜘蛛的成、幼虫及卵,柑橘红蜘蛛,锈壁虱的成、幼虫及卵,棉花的棉叶蝉等。也可用于防治棉花象鼻虫,果树、蔬菜、小麦、豆科、饲料作物等螨类害虫。对棉花蚜虫亦有效。

加工剂型:25%可湿性粉剂、4%粉剂或5%颗粒剂。

2.12　乙酰甲胺磷

乙酰甲胺磷(Acephate)化学名称为 O,S-二甲基-N-乙酰基硫代磷酰胺(O,S-dimethyl-N-acetylphosphoramidothioate)。分子式 $C_4H_{10}NO_3PS$,相对分子质量 183.2。结构式为:

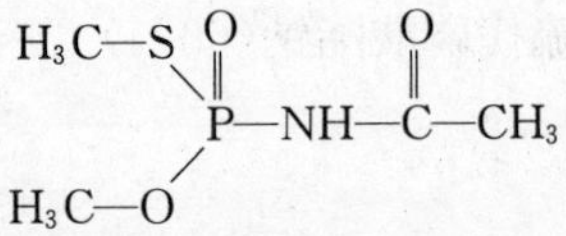

【**产品性能**】　纯品为白色针状结晶,熔点 $90.5 \sim 91$ ℃。24 ℃时蒸气压为 22×10^{-4} Pa。相对密度为 1.35。工业品纯度 80%~90%,白色固体。熔点 $82 \sim 89$ ℃,室温下溶解度:溶于水65%左右,芳烃<5%,丙醇和乙醇>10%。化学性质比较稳定。在碱性介质中不稳定。对人畜毒性较低。

【**生产方法**】　用 O,O-二甲基硫代磷酰氯的氨解产物 O,O-二甲基硫代磷酰胺为原料,经乙酰化后异构化得到乙酰甲胺磷。

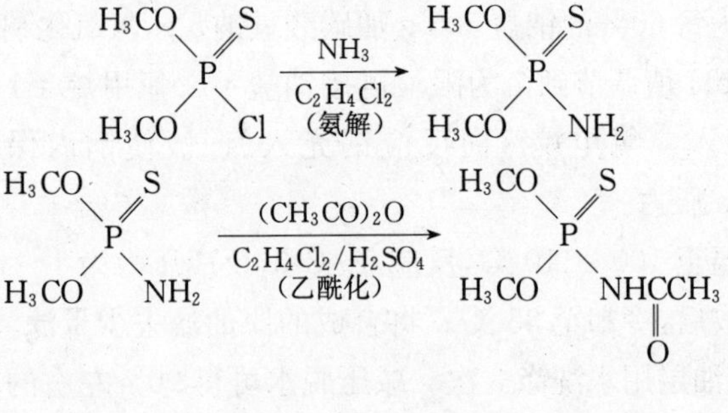

$$\underset{\substack{| \\ H_3CO}}{\overset{\substack{H_3CO \\ |}}{P}}\!\!\left(\begin{array}{c}S\\ \|\\ NHCCH_3\\ \|\\ O\end{array}\right) \quad \xrightarrow[\text{(异构化)}]{(CH_3)SO_4} \quad \underset{\substack{| \\ H_3CO}}{\overset{\substack{H_3CS \\ |}}{P}}\!\!\left(\begin{array}{c}O\\ \|\\ NHCCH_3\\ \|\\ O\end{array}\right)$$

【生产流程】

二甲基硫代磷酰氯
氨水
二氯乙烷　乙酐　NH₃
→ 氨解 → 乙酰化 → 中和 →

(CH₃)₂SO₄
→ 减压蒸馏 → 异构化 → 乙酰甲胺磷（原油）

【生产配方】　（kg/t 50%原油）

三氯化磷（98%）	1 660
硫磺（98%）	315
甲醇（98%）	1 953
乙酸（98%）	295
氢氧化钠溶液（30%）	3 220
乙酐	490
硫酸二甲酯（98%）	120
硫化铵（工业品）	2 200
氨水（18%）	2 450
二氯乙烷（98%）	250

【主要设备】　氨解反应釜　乙酰化反应釜　异构化反应釜
高位计量槽　分离器　减压蒸馏釜

【生产工艺】

（1）氨解　将 O,O-二甲基硫代磷酰氯与相应比例量的二氯乙烷分别从高位计量槽加入氨解反应釜中,开启搅拌和冷冻盐水。当釜内温度降至 15 ℃时,由氨水高位计量槽慢慢滴加氨水于釜中,釜中温度控制在 35~40 ℃,保持 35~40 min,滴加氨水完毕后,调节冷冻盐水,使釜内温度降至 20~23 ℃。保持温度搅拌 30~35 min,然后加入适量水,搅拌 2~3 min 后,停止搅拌,将物料抽至氨解分离器静置分层,0.5 h 后,将有机相放至接受槽计量。该有机相即为带溶剂的胺化物(O,O-二甲基硫代磷酰胺)。

(2)乙酰化　将带溶剂的胺化物由高位计量槽放入酰化釜中,开启搅拌,再由乙酐高位计量槽加乙酐于酰化釜中,再开启冷冻盐水,使釜中温度降至 10 ℃时。将浓硫酸从高位计量槽慢慢地滴加进反应釜中。滴加硫酸完后,开启空压,将夹套中的冷冻盐水排出,用蒸汽慢慢加热,使釜中温度升至 55~60 ℃,保持 50 min,反应完毕,再将釜内温度降至 10 ℃,由氨水高位槽滴加氨水,以中和反应生成的乙酸,中和至 pH 值 7~8。在中和过程中,温度应控制在 30 ℃以下。中和完后,将物料抽至分离器中静置分层,分出下层有机相至粗酰化物贮槽,再抽进蒸馏釜中进行减压蒸馏脱溶(真空度 650×133.3 Pa、70 ℃、15~20 min),即得酰化物(O,O-二甲基-N-乙酰基硫代磷酰胺)。

(3)异构化　将 O,O-二甲基-N-乙酰基硫代磷酰胺从高位计量槽放入异构化反应釜中,开启搅拌。随后由硫酸二甲酯高位计量槽按比例将硫酸二甲酯加入异构化反应釜中,慢慢升温至 65~70 ℃,保持该温度反应 2 h。反应完毕,出料得到乙酰甲胺磷原油。

【产品标准】

含量(%)	≥80
熔点(℃)	82~89
外观	白色固体

【质量检验】

(1)含量测定　可采用薄层层析-溴化法或气相色谱法。这里介绍薄层层析-溴化法。

　　取硅胶 G 12 g 用水调合涂板,风干后在 130 ℃下活化 40 min,贮于干燥器中备用。

　　称取约 0.5 g 原药样品(准至 0.000 2 g)置于 10 mL 容量瓶中,用甲醇溶解并稀释至刻度,摇匀。取一块已活化好的硅胶薄层板,用 0.5 mL 移液管吸取 0.5 mL 样品液,在离薄层板底边 2.5 cm 处成直线状点样(线两端离两边各 1.5 cm),风干脱去溶剂后,置于盛有薄层展开剂的层析缸中展开(薄层板浸入溶剂约 1 cm)。当溶剂前沿上升到距点样线约 13 cm 时,把板取出,放入通风柜中,在红外灯下不超过 40 ℃干燥 20 min(使溶剂挥发),喷氯化钯(0.5%)显色(不能喷得太深),用刮刀将乙酰甲磷谱带的硅胶刮入一只 500 mL 碘量瓶中,用少量水冲洗瓶壁,加水 80 mL、KBr-KBrO$_3$ 15 mL 溶液(KBr 40 g+KBrO$_3$ 4.2 g 溶于 1 000 mL 水中)、10 mL(1:4/V:V)硫酸溶液,塞紧瓶盖,摇匀,并用少量水封口,于 40 ℃恒温水浴 20 min,再置冰浴 5 min。取出后,加入 30%KI 溶液 10 mL,摇匀,放置 2~3 min,用硫代硫酸钠标准溶液滴定至淡黄色。加入 0.5%淀粉指示液 3 mL,继续滴至蓝色消失,即为终点。并在同样条件下做空白试验。含量按下式计算:

$$含量(\%)=\frac{(V_1-V_2)c\times0.030\ 5\times20}{m}\times100$$

式中　V_1——空白试验消耗硫代硫酸钠标准溶液体积,mL;

　　　V_2——滴定样品消耗硫代硫酸钠标准溶液体积,mL;

　　　c——硫代硫酸钠标准溶液浓度,mol/L;

　　　m——样品质量,g。

　　(2)熔点测定　与一般有机物熔点测定方法相同。执行 GB 617—2007。

　　【产品用途】　杀虫剂,具有触杀和内吸作用。治虫广谱。对刺吸口器和嘴嚼口器的害虫有效。主要用于防治水稻飞虱、叶蝉、蓟马、纵卷叶虫、小菜蛾、菜青虫、菜蚜、柑橘锈壁虱、橘蚜、黑蜷象、绿蝽象、小麦的麦蚜、粘虫等。一般使用浓度(有效成分)0.05%～0.1%,每亩用药量 5% 颗粒剂 2～4 kg。

【安全措施】

(1)生产过程中使用多种高毒、高腐蚀性物质,如硫酸二甲酯、三氯化磷等,因此,生产设备必须密封,以防泄漏。操作人员应穿戴防护用品。车间应保持良好的通风状态。

(2)毒性:工业品急性口服 LD_{50},雄大白鼠 945 mg/kg。

(3)按有毒化学品贮运。

2.13　二嗪磷

二嗪磷(Diazinon)又称地亚农、二嗪农,化学名称为 O,O-二乙基-O-(2-异丙基-4-甲基嘧啶-6-基)硫逐磷酸酯。分子式 $C_{12}H_{21}N_2PO_3S$,分子量 304.16。结构式为:

$$H_3C-\overset{N}{\underset{N}{\bigcirc}}-CH(CH_3)_2$$
$$O-P(OC_2H_5)_2$$
$$\parallel$$
$$S$$

【产品性能】　纯品为无色油状物。沸点 83～84 ℃/0.027 Pa,20 ℃时蒸汽压为 18.7 MPa,折射率(n_D^{20}1.497 8～1.498 1),相对密度(d^{20})1.116～1.118。可与乙醇、丙酮、二甲苯混溶,可溶于甘油。原药(95% 以上)为暗褐色液体。在 120 ℃ 以上分解,易氧化。在碱性介质中稳定,水和稀酸能使二嗪磷缓慢水解。贮存中,微量水能促进二嗪磷水解,变成高毒的四乙基一硫代磷酸酯。可与大多数农药混用,但不宜与碱性农药,含铜杀菌剂,敌禅混用。大白鼠急性经口毒性 LD_{50} 为 150～500 mg/kg。

【生产方法】　在盐酸存在下,异丁腈与甲醇反应,然后通氨气,在氢氧化钠存在下与乙酰乙酸乙酯反应,制得 2-异丙基-4-甲基-6-羟基嘧啶。最后在纯碱存在下,与 O,O-二乙基硫代磷酰氯反应,得到二嗪磷。

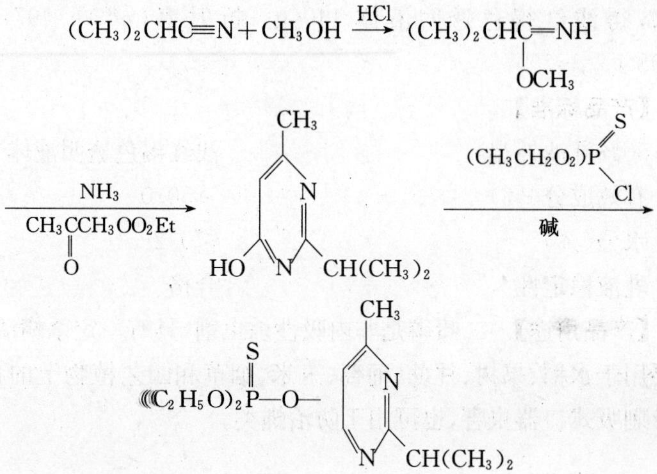

$$(CH_3)_2CHC\equiv N + CH_3OH \xrightarrow{HCl} (CH_3)_2CHC\!=\!NH$$
$$OCH_3$$

【生产流程】

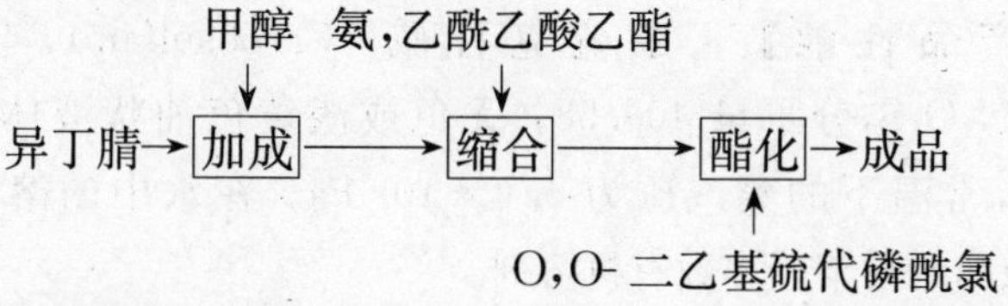

【生产配方】 (kg/t)

异丁腈(98%)	300
氨(99%)	90
乙酰乙酸乙酯(80%)	680
O,O-二乙基硫代磷酰氯	730

【生产工艺】 将 2-异丙基-4-甲基-6-羟基嘧啶 80 g,SMB 6～3 g 及氢氧化钠 28.2 g 投入反应烧瓶中,加入丁酮 500 mL,室温搅拌 0.5 h,缓慢升温至 55 ℃,至物料澄清后加入 O,O-二乙基硫代磷酰氯 95 g,并升温至 70 ℃搅拌 0.5 h,再回流 1 h,冷却,加入水

500 mL 搅拌,使析出的固体溶解,用 20％氢氧化钠调 pH＝11,搅拌片刻,静置分层。水层用丁酮 300 mL 萃取 1 次,溶剂层合并,减压脱溶,残留物经碱洗、酸洗,再碱洗后,水洗至中性,减压加热脱水,得浅红褐色透明液体 140 g。折射率（n_D^{28}）1.497 8～1.498 1。

【产品标准】

50％乳油外观	浅红褐色透明液体
有效成分（％）	≥50.0
水分（％）	≤0.2
乳液稳定性	合格

【产品用途】 二嗪磷是非内吸性杀虫剂,具有一定杀螨活性。主要用于水稻、果树、甘蔗、葡萄、玉米、烟草和园艺植物上的食叶虫及刺吸式口器虫害,也可用于防治蝇类。

2.14　丁硫克百威

【产品性能】 丁硫克百威（Carbosulfan）,分子式 $C_{20}H_{32}N_2O_3S$,分子量 408.58。无色或淡黄色油状液体。沸点 114 ℃,常温下的蒸汽压为 $4.1×10^4$ Pa。在水中的溶解度为 0.3 mg/kg,易溶于多数有机溶剂。

【生产配方】

乙醚	143
二氯化硫	25.7
二丁胺	67
呋喃丹	55

【生产工艺】 将二氯化硫 25.7 g(0.25 mol)与乙醚 200 mL 混合,冷却至－10 ℃,在强烈搅拌下加二丁胺 67 g(0.5 mol)。反应结束后,过滤,滤饼为二丁胺盐酸盐,用乙醚洗涤,合并洗液和滤液,蒸去乙醚后,减压蒸馏得二丁氨基氯化硫。将其与呋喃丹 55 g

(0.25 mol)一起加入吡啶 200 mL 中,在室温下静置 18 h,然后用氯仿萃取反应产物。萃取液经稀盐酸洗涤脱去溶剂,再进行减压蒸馏得丁硫克百威,收率 85%。

【产品用途】 本品为呋喃丹的衍生物,具有与呋喃丹相当的杀虫活性,但毒性比呋喃丹低得多,是一种胃毒性杀虫剂。对马铃薯绿桃蚜、黑光天牛、高粱盲角蝇、地老虎等害虫均有良好的防治效果。此外,对棉花红蜘蛛、谷象、粉纹夜蛾等也有较好的防治能力。

2.15 三唑磷

三唑磷(Triazophos),化学名称为 O,O-二乙基-1-苯基-1,2,4-三唑-3-基)硫逐磷酸酯。分子式 $C_{12}H_{16}N_3O_3PS$,分子量 313.20。结构式为:

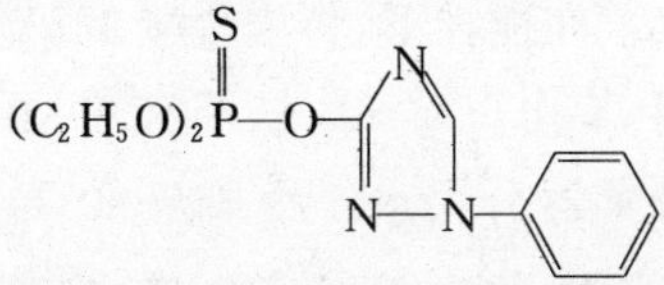

【产品性能】 纯品为黄褐色液体。凝固点 0.5 ℃,30 ℃时蒸汽压为 0.39 MPa。相对密度 1.433。溶于大多数有机溶剂,23 ℃水中的溶解度为 0.003 9%。原药对大白鼠急性经口毒性 LD_{50} 为 66 mg/kg。是广谱性杀虫、杀螨剂,兼有一定的杀线虫作用。属中毒农药。

【生产方法】 苯肼与尿素、甲酸缩合环化得 1-苯基-3-羟基-1,2,4-三唑,然后与 O,O-二乙基硫代磷酰氯缩合得到三唑磷。

$$\text{Ph-N-N} \underset{N}{\overset{}{\bigcup}} \text{OH} + (C_2H_5O)_2\overset{\overset{\displaystyle S}{\|}}{P}Cl \xrightarrow[\text{二甲苯,K}_2\text{CO}_3]{\text{催化剂}} (C_2H_5O)_2\overset{\overset{\displaystyle S}{\|}}{P}O\underset{N-N-Ph}{\overset{}{\bigcup}}N$$

【生产流程】

$$\begin{array}{ccccc} & \text{尿素} & \text{甲酸} & & \text{O,O-二乙基硫代磷酰氯} \\ & \downarrow & \downarrow & & \downarrow \\ \text{苯肼} \rightarrow & \boxed{\text{缩合}} \rightarrow & \boxed{\text{环化}} & \longrightarrow & \boxed{\text{缩合}} \longrightarrow \text{成品} \end{array}$$

【生产配方】（kg/t,原油）

1-苯基-3-羟基-1,2,4-三唑	550.0
O,O-二乙基硫代磷酰氯	650.0
三乙胺	380.0

【主要设备】 搪瓷反应釜　冷凝器　　过滤器

【生产工艺】

(1)缩合、环化　在搅拌下,将浓盐酸222 g加到苯肼206 g和尿素120 g的二甲苯1 000 mL悬浮液中,在135 ℃加热反应2.5 h,同时用水分离器分去水。冷却至90 ℃,先加入85%甲酸270.4 g,再加入浓硫酸50 g,继续在90 ℃加热反应6 h,冷却过滤得产物,大量水洗至中性,于100 ℃真空干燥,可得1-苯基-3-羟基-1,2,4-三唑295.2 g。含量96%,熔点278~285 ℃。收率85%~88%。

(2)缩合

①TEBAB/DMAP复合催化剂法　将96%的1-苯基-3-羟基-1,2,4-三唑67.0 g悬浮在二甲苯500 mL溶剂中,加入复合催化剂0.16 g/无水碳酸钾90.4 g,搅拌0.5 h,然后滴加O,O-二乙基硫代磷酰氯76.0 g,保温反应,反应毕,冷却,过滤,滤液经水洗,干燥,得三唑磷。

②三乙胺催化法　将96%的1-苯基-3-羟基-1,2,4-三唑67.0 g的丙酮500 mL悬浮液中,加入O,O-二乙基硫代磷酰氯

76.0 g,接着滴加三乙胺 44 g,于 50 ℃下搅拌反应 6 h,冷却,过滤除去三乙胺盐酸盐,蒸除(回收)溶剂,得三唑磷 120 g。

【产品用途】　三唑磷为广谱有机磷杀虫、杀螨剂,具有触杀,胃毒作用,渗透性强,可防治粮、棉、果、蔬菜、大豆等多种作物的害虫和螨虫,还可防治地下害虫和线虫,对森林中的松毛虫也有良好防治效果,持效期可达 2 周以上。

2.16　三硫磷

三硫磷(Carbophenothion Standard),化学名称为 S-[[(4-氯苯基)硫代]甲基]O, O-二乙基二硫代磷酸酯。分子式 $C_{11}H_{16}ClO_2PS_3$,相对分子质量 342.85。结构式为:

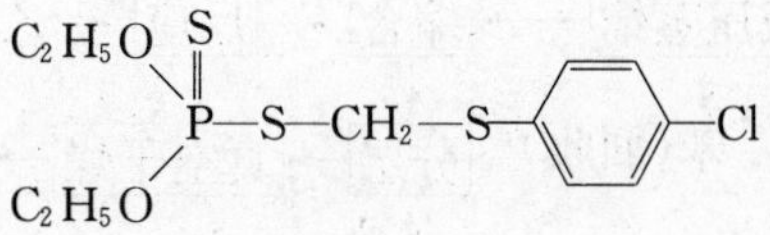

【产品性能】　几乎无色到浅琥珀色油状液体,带有硫醇味。沸点 82 ℃(1.33 Pa),密度 1.29 g/cm³。蒸汽压 4.0×10^{-5} Pa。折射率 n_D^{25} 1.597。对水比较稳定,溶于大多数有机溶剂。剧毒!

【生产方法】　氯苯经氯磺化后,用铁粉还原得到对巯基氯苯,再与盐酸/甲醛发生氯甲硫醚化,然后与二硫代磷酸二乙酯钠反应得到三硫磷。

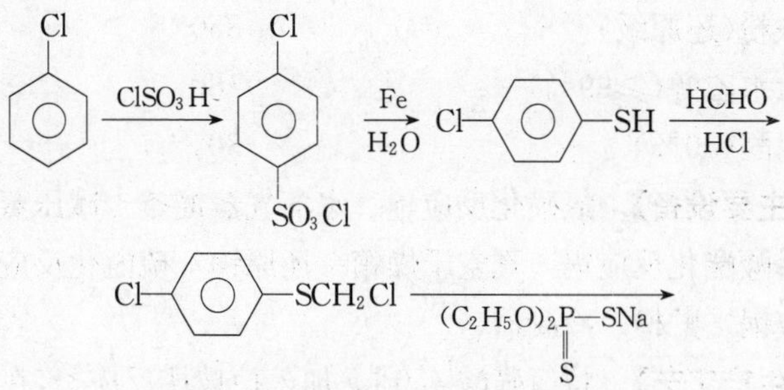

$$(C_2H_5O)_2P\!-\!SCH_2\!-\!S\!-\!\bigcirc\!-\!Cl$$

$$\begin{array}{c} \Big\| \\ S \end{array}$$

$$\uparrow \quad \underset{P_2S_5}{\vert} \quad C_2H_5OH$$

【生产流程】

$$\text{氯磺酸} \atop \text{氯苯} \Bigg\} \rightarrow \boxed{\text{氯磺化}} \rightarrow \boxed{\text{还原}} \rightarrow \boxed{\text{水蒸气蒸馏}} \rightarrow \boxed{\text{硫醚化}} \rightarrow$$

（Fe/H₂O 在还原上方；苯 在硫醚化上方；HCl, HCHO 在硫醚化下方）

$$\rightarrow \boxed{\text{减压蒸馏}} \rightarrow \boxed{\text{缩合}} \leftarrow \boxed{\text{反应}} \leftarrow \text{乙醇}$$

（五硫化磷 在反应上方）

$$\text{苯(回收)} \quad \boxed{\text{分层}} \rightarrow \boxed{\text{真空干燥}} \rightarrow \text{原油}$$

（水 在分层下方）

【生产配方】（kg）

氯苯(工业品)	150
盐酸(35%)	200
氯磺酸(工业品)	450
硫化磷(工业品)	200
铁粉(还原级)	350
无水乙醇(≥99%)	180
甲醛(30%)	30

【主要设备】　氯磺化反应釜　水蒸气蒸馏釜　减压蒸馏釜
硫代磷酸酯化反应锅　真空干燥箱　还原锅　硫醚化反应釜　缩
合反应锅　贮槽　冷凝器

【生产工艺】　将氯磺酸 450 kg 加入搪玻璃反应釜,在搅拌下
慢慢滴加氯苯,控制反应温度在 25～35 ℃,在 1.5～2 h 内滴完

150 kg,再保温反应 2 h。得到氯磺化混合液。

在 2 000 L 反应锅中加入水 450 kg,用蒸汽预热到回流,再加入铁粉 350 kg,在搅拌下滴加上述氯磺化混合液进行还原反应。温度控制在 105~110 ℃,在 2~2.5 h 内滴加氯磺化液 540 kg。加完后加热回流 10 min,然后进行水蒸气蒸馏。每批操作得对氯硫酚约 100 kg,收率 80%左右。

在 500 L 搪玻璃反应釜中,加入 35%的浓盐酸 200 kg,在搅拌下慢慢加入 30%的甲醛 30 kg,约 20 min 加完。继续搅拌 15 min,加热到 40%,滴加对氯硫酚的苯溶液(1∶1)85 kg。滴完后升温到 55~60 ℃并保温反应 2 h。冷却静置分层,取下层硫醚苯溶液,用水洗涤,减压蒸馏回收苯,即得对氯苯基氯甲基硫醚,收率约 90%。

向五硫化二磷 200 kg 中滴加无水乙醇 180 kg,滴加温度为 45~60 ℃。然后在 80~85 ℃保温反应 1 h,将反应物冷却至 45 ℃,滴加到碳酸氢钠的水溶液中,得到二硫代磷酸二乙酯钠。

将二硫代磷酸二乙酯钠 240 kg 水溶液加入 500 L 搪玻璃反应锅中,在搅拌下滴加对氯苯基氯甲基硫醚 100 kg。逐渐升温到 75~80 ℃,保温反应 2 h。冷却到 40 ℃以下,静置分层,取油层,用水洗,在 80 ℃(133.30 Pa 压力)下真空干燥 1 h,即得三硫磷原油(USP 2793224)。

【产品标准】

外观　　　　　　　　几乎无色至浅琥珀色油状液体
密度(g/cm³)　　　　　1.590~1.597
纯度(%)　　　　　　　≥95

【质量检验】

(1)密度测定　按 GB 4472—84《化工产品密度、相对密度测定通则》进行。

①仪器:分析天平(精确度 0.000 1 g)　比重瓶:25~50 mL

恒温水浴(20±0.1)℃　温度计:分度值 0.1 ℃

②测定:用新煮沸并冷却至约 20 ℃蒸馏水注满洗净并干燥的(已称重的)比重瓶中,不得带入气泡。装好后立即浸入(20±0.1)℃的恒温水浴中,恒温 20 min 以上取出,用滤纸除去溢出毛细管的水,擦干后立即称量。将比重瓶里的水倾出,清洗、干燥后称量。以三硫磷试样代替水,同上操作,即得比重瓶中试样质量。

$$\rho(\mathrm{g/cm^3}) = \frac{m_1 + A}{m_2 + A} \times \rho_0$$

式中　m_1——充满比重瓶所需试样的质量,g;

　　　m_2——充满比重瓶所需水的质量,g;

　　　ρ_0——0 ℃时蒸馏水密度,g/cm³;

　　　A——浮动校正值,$\rho_1 \cdot V$,其中 ρ_1 为干燥空气在 20 ℃/760×133 Pa 的密度,V 是比重瓶体积。一般忽略不计。

(2)纯度测定　采用气相色谱法测定。

【产品用途】　杀虫剂、杀螨剂,对螨类、同翅目、双翅目、虱目和弹尾目等昆虫有高效,对半翅目有长效。广泛用于棉花、果树等防治红蜘蛛、蚜等多种害虫。具有强烈的触杀作用,并有较好的内吸性,为触杀性杀虫、杀螨剂。在高浓度下有很好的杀卵作用,但对作物叶子有杀伤作用。使用浓度达 0.2% 对作物有害。

【安全措施】

(1)生产中使用氯磺酸、氯苯、甲醛、五硫化磷等有毒或腐蚀性物品,设备应密闭,防止跑漏。操作人员应穿好劳保用品,车间内保持良好通风状态。

(2)三硫磷为有机磷农药,剧毒。LD$_{50}$ 为 10 mg/kg(大白鼠口服),人口服致死最低量为 5 mg/kg。生产、运输、贮存中应注意安全。按剧毒农药规定贮运。

2.17　马拉硫磷

马拉硫磷(malathion)的化学名称为二硫代磷酸 O,O-二甲基-S-(1,2-二乙酯基乙基)酯,又名马拉松,也叫 4049。分子式 $C_{10}H_{19}O_6PS_2$,相对分子质量 330.36。结构式为:

$$CH_3O-\overset{\overset{S}{\|}}{P}-S-CHCO_2C_2H_5$$
$$OCH_3\quad CH_2CO_2C_2H_5$$

【**产品性能**】　棕黄色液体,沸点 156～157 ℃(0.7×133.3 Pa),凝固点 2.85 ℃。密度(d_4^{20})1.23 g/cm³。挥发性20 ℃时 2.26 mg/m³。易溶于有机溶剂,微溶于石油醚。20 ℃溶于水 145 mg/kg。pH 值＞7 或 pH 值＜5 时在水溶液中易水解。pH=5.26 稳定。有蒜味。

【**生产方法**】　在甲苯溶剂中,五硫化二磷与甲醇酯化反应,生成 O,O-二甲基二硫代磷酸。然后与顺丁烯二酸二乙酯反应,生成马拉硫磷。

$$P_2S_5+CH_3OH \xrightarrow{\text{甲苯}} (CH_3O)_2-\overset{\overset{S}{\|}}{P}-SH+H_2S$$

$$(CH_3O)_2-\overset{\overset{S}{\|}}{P}-SH \ + \ \overset{CHCO_2C_2H_5}{\underset{CHCO_2C_2H_5}{\|}} \xrightarrow{\text{pH}=5.5}$$

$$CH_3O-\overset{\overset{S}{\|}}{P}-S-CHCO_2C_2H_5$$
$$OCH_3\quad CH_2CO_2C_2H_5$$

【**生产流程**】

甲苯　顺丁烯二酸二乙酯

五硫化磷 / 甲醇 → 酯化 → 缩合 → 洗涤 → 过滤 → 成品

H₂S(吸收)

【生产配方】（kg/t）

五硫化磷（熔点＞270 ℃）   530

甲醇（98％）   290

顺丁烯二酸二乙酯（95％）   360

【主要设备】 酯化釜 洗涤锅 贮槽 缩合釜 过滤器 冷凝器

【生产工艺】 在带有搅拌器的酯化反应釜中，加入甲苯适量（为溶剂），再加入五硫化磷 106 kg 和甲醇 60 kg。酯化反应生成的副产物硫化氢经过滤器放出，进入回收装置。生成的磷酸二甲酯经过滤器压入缩合反应釜中，加入顺丁烯二酸二乙酯 72 kg 进行缩合反应，控制反应液 pH 值为 5.5。缩合产物压入洗涤锅中用碱洗涤。静置分层，上层碱洗液进入废水处理装置。油层经过滤器过滤即得马拉硫磷原油。

商品化处理可以制成 50％的乳剂或 3％的粉剂。

【产品标准】（乳剂）

马拉硫磷含量（％）   ≥45

水分含量（％）   ≤0.3

乳油稳定性   合格

酸度（以 H_2SO_4 计，％）   ≤0.3

【质量检验】

（1）含量测定 采用薄层铜盐比色法，具体参见标准 HG 21210—9。

也可用气液色谱法。具体见标准 HG 2—1459—82。

（2）乳油稳定性测定 于 250 mL 烧杯中，加（30±1）℃蒸馏水 99 mL 及 3.4％的硬水母液 1 mL 配成标准硬水（硬度以 $CaCO_3$ 计为 0.034 2％）。用注射器或移液管吸取乳油试样，在不断搅拌下，徐徐加入硬水中（接 HG 2—1210—79 规定的稀释浓度），使其成乳液 100 mL。加完乳油后，继续以 2～3 r/s 的速度搅

拌 30 s,立即将乳液移至清洁的 100 mL 量筒,并将量筒置于(30
±1)℃恒温水浴内,静置 1 h 后,取出观察。如量筒中没有乳油、
沉油或沉淀析出,则稳定性合格。

【产品用途】 杀虫剂和杀螨剂。具有触杀、胃毒和熏蒸作用。
不仅用于稻、麦、棉等作物,而且也用于蔬菜、果树及仓贮、卫生等
方面。如防治稻飞虱、叶蝉、红蜘蛛、棉蚜、麦粘虫、甲虫、食心虫、
蚊蝇幼虫及臭虫等。

【安全措施】

(1)生产过程中设备必须密闭,操作人员应穿戴劳保用品,车
间内保持良好通风状态。

(2)水果、蔬菜等一般在收获前 7 d 停用,茶树不宜使用。

(3)口服致死最低量:人 50 mg/kg。

(4)按液体有毒化学品规定贮运。

2.18 内吸磷

【产品性能】 内吸磷为棕黄色透明油状液体。有奇臭。对人
畜的毒性极大,雄大鼠口服致死量为 6～12 mg/kg 体重。所以在
生产、贮运及使用中,必须特别加强防护措施,注意安全。

【生产配方】 (以每吨 50% 乳油计)

无水酒精	951
固碱	246
液碱(折 100%)	624
发烟硫酸	633
羟基乙硫醚	266
三氯化磷(97%)	751
硫氢化钠(36%)	1 086

【生产方法】

(1)羟基乙硫醚的制取 将乙硫醇与氢氧化钠作用后,再与氯

乙醇反应,经分离与蒸馏,即得产品羟基乙硫醚。

$$C_2H_5SH + NaOH \rightarrow C_2H_5SNa + H_2O$$

$$C_2H_5SNa + ClCH_2CH_2OH \rightarrow C_2H_5SC_2H_4OH + NaCl$$

(2)内吸磷合成　将原料碳酸钠、羟基乙硫醚、铜粉与二甲苯投入反应罐中,加热至 60 ℃时,加入乙基氯化物,然后在 88～90 ℃反应 6 h,冷却,过滤,水洗,减压蒸馏回收二甲苯,并进行异构化,即得内吸磷原油。

$$(C_2H_5O)_2\overset{\overset{S}{\|}}{P}-Cl + HOC_2H_4SC_2H_5 + Na_2CO_3 \xrightarrow{Cu}$$

$$(C_2H_5O)_2\overset{\overset{S}{\|}}{P}-OC_2H_4SC_2H_5 + NaHCO_3 + NaCl$$

(3)乳油配制　将原油、二甲苯及乳化剂放入罐中混合均匀,即得内吸磷乳油。

【生产工艺】

(1)内吸磷的合成　将碳酸钠、羟基乙硫醚、铜粉与二甲苯投入内吸磷合成釜中,加热至 60 ℃时,开始加入乙基氯化物,于88～90 ℃进行反应,反应完毕,将反应液压到过滤器中过滤,过滤后将滤液放入水洗罐内进行水洗,水洗后,静分层,将油层抽到蒸馏釜进行蒸馏,馏出低沸点物,收回二甲苯后,内吸磷原油即留在蒸馏釜内备用。

(2)乳油配制　将原油、二甲苯及乳化剂打到乳油配制罐内,混合均匀制得 50％内吸磷乳油。

【产品标准】

外观	棕黄色透明油状液体
硫赶式异构体含量(％)	$\geqslant 32$
一氯化物含量(％)	$\leqslant 1.0$
酸度(以 H_2SO_4 计,％)	$\leqslant 1.4$
乳油:外观	棕色清亮液体

内吸磷含量(%)	50.0～51.0
硫赶式异构体含量(%)	≥20
一氯化物含量(%)	≤0.1
酸度(以 H_2SO_4 计,%)	≤0.1
乳液稳定性	合格

【产品用途】　内吸磷为杀虫杀螨剂,具有强烈的内吸作用和触杀作用。对防治果树、棉花等作物上的蚜、螨等刺激口器害虫有特效。

2.19　丙烯氯菊酯

丙烯氯菊酯(Allepermethrin)化学名称为 3-(2,2-二氯乙烯基)2,2-二甲基环丙烷羧酸-2-甲基-4-氧-3-(2-丙烯基)-2-环戊烯-1-基酯。分子式 $C_{17}H_{20}Cl_2O_3$,分子量 342.90。结构式为:

【产品性能】　丙烯菊酯中 2 个甲基被 2 个氯原子所取代,其杀虫活性与丙烯菊酯类似。

【生产方法】　3,3-二甲基-4-戊烯酸乙酯在引发剂存在下与四氯化碳加成,然后在强碱下脱去两分子氯化氢得二氯菊酸,二氯菊酸用亚硫酰氯进行酰氯化,得到的二氯菊酰氯与 2-甲基-4-氧-3-(2-丙烯基)-2 环戊烯-1-醇进行酯化得到丙烯氯菊酯。

$$\text{Cl}_3\text{CCH}_2 \overset{\text{H}_3\text{C}\quad\text{CH}_3}{\diagdown\diagup} \text{CO}_2\text{C}_2\text{H}_5 \xrightarrow[\ (\text{CH}_3)_3\text{COH}\ ]{(\text{CH}_3)_3\text{COK}} \xrightarrow{\text{H}^+}$$

$$\text{Cl}_2\text{C}{=}\text{CH} \overset{\text{H}_3\text{C}\quad\text{CH}_3}{\diagdown\diagup} \text{CO}_2\text{H} \xrightarrow{\text{SOCl}_2} \text{Cl}_2\text{C}{=}\text{CH} \overset{\text{H}_3\text{C}\quad\text{CH}_3}{\diagdown\diagup} \text{COCl}$$

環戊烯酮醇结构：
HO—（环戊烯酮环，带 CH_3 和 $CH_2CH{=}CH_2$ 取代基，环上含 O）

$$\longrightarrow$$

产物结构（二氯菊酸酯）：$\text{Cl}_2\text{C}{=}\text{HC}$ — 环丙烷 $\overset{\text{H}_3\text{C}\ \ \text{CH}_3}{}$ — C(=O)—O— 环戊烯酮环（带 CH_3 和 $CH_2CH{=}CH_2$，环上含 O）

【生产流程】

3,3-二甲基-4-戊酸乙酯　　　四氯化碳,引发剂　　叔丁醇钾

3,3-二甲基-4-戊 ──→ 加成 ──→ 消去 ──→

烯酸乙酯,盐酸　　　　亚硫酰氯　　　　环戊烯酮醇

酸化 ──→ 酰氯化 ──→ 酯化 ──→ 成品

【生产工艺】

在过氧化苯甲酰引发剂存在下,3,3-二甲基-4-戊酸乙酯与四氯化碳发生加成,生成 3,3-二甲基-4,6,6,6-四氯己酸乙酯。然后与叔丁醇钾/叔丁醇作用脱去一分子氯化氢,生成 2,2-二甲基-3-(2,2,2-三氯乙基)环丙烷羧酸乙酯,进一步与叔丁醇钾/叔丁醇作用再脱去一分子氯化氢,消去物料酸化得 2,2-二甲基-3-(2,2-二氯乙烯基)环丙烷羧酸(简称二氯菊酸)。

在装有温度计,冷凝器和搅拌器的三口反应瓶中投入二氯菊酸 144 g,于搅拌下滴加氯化亚砜 92 g,甲苯 200 mL,升温反应 4 h,在干燥装置上于 130~133 ℃/5×133.3 Pa 蒸出二氯菊酰氯 160 g,产率 96%。

在装有搅拌、温度计、球形冷凝管和滴液漏斗的四口烧瓶中加入 2-甲基-4-氧-3-(2-丙烯基)-2-环戊烯醇 18.3 g,甲苯 80 mL,吡啶 12.6 g,将二氯菊酰氯 25.4 g 溶于甲苯 40 mL 中,在 12~18 ℃条件下 0.5 h 内滴加完毕,升温至 42~44 ℃,反应 5 h,冷却至室温,加入少量水使生成的盐溶解,在分液漏斗中除去水相,用 5%盐酸洗 1~2 次,再用水洗至中性。无水硫酸钠干燥过夜,水泵减压抽去甲苯,再用油泵减压蒸出产品,收集 194~196 ℃/2×133.3 Pa 淡黄色液体,室温静置数天后成固体结晶,得丙烯氯菊酯,收率 86%。

【产品用途】 丙烯氯菊酯对多种卫生害虫有熏杀、触杀和驱避作用。主要用于防除蚊、蝇等。

2.20 甲拌磷

甲拌磷,也称 3911,西梅脱,O,O-二乙基-S-(乙硫基甲基)二硫化磷酸酯。英文名称 Thimet,Phorate 分子式 $C_7H_{17}O_2PS_3$,分子量 260.38。结构式为:

$$C_2H_5SCH_2-S-\overset{\overset{\displaystyle OCH_2CH_3}{|}}{\underset{\underset{\displaystyle S}{\|}}{P}}-OCH_2CH_3$$

【产品性能】 蒸汽压 112 mPa(20 ℃)甲拌磷是透明的、有轻微臭味的油状液体。密度 1.167,熔点-15 ℃,沸点 118~120 ℃/106.7 Pa。不溶于水,溶于乙醇、乙醚、丙酮等。在室温下稳定,pH 值 5~7 时稳定,强酸(pH 值<2)或碱(pH 值>9)介质中,能促进水解,其速度取决于温度和酸碱度。甲拌磷是一种高效、剧毒的有机磷杀虫剂,内吸性强、残效期长,可作拌种剂。主要用于防治棉花苗期害虫(如蚜虫、螨、蓟马等)。对哺乳动物剧毒!

【生产配方】 (以每吨 75%乳油计)
无水乙醇(>99.5%)   574

五硫化二磷(熔点 278～280 ℃)　　　　363

发烟硫酸(含 SO₃ 20%)　　　　　　　538

甲醛(36%)　　　　　　　　　　　　　292

硫氢化钠(16%～18%)　　　　　　　　848

【生产方法】

(1)O,O-二乙基二硫代磷酸酯(简称为硫化物)一般由无水乙醇和五硫化二磷制得

$$4C_2H_5OH + P_2S_5 \longrightarrow 2(C_2H_4O)_2\overset{\displaystyle S}{\overset{\|}{P}}\text{—SH} + H_2S\uparrow$$

(2)乙硫醇主要有两条合成路线

①$C_2H_5OH + H_2SO_4 \longrightarrow C_2H_5OSO_3H + H_2O$

　$C_2H_5OSO_3H + NaOH \longrightarrow C_2H_5OSO_3Na + H_2O$

　$C_2H_5OSO_3Na + NaSH \longrightarrow C_2H_5SH + Na_2SO_4$

②$C_2H_5Cl + KSH \xrightarrow[\text{加压}]{C_2H_5OH} C_2H_5SH + KCl$

③法虽然简便,但所需压力设备较复杂,故我国目前生产乙硫醇,仍采用①法。

(3)缩合

$$(C_2H_5O)_2\overset{\displaystyle S}{\overset{\|}{P}}\text{—SH} + C_2H_5SH + CH_2O \longrightarrow (C_2H_5O)_2\overset{\displaystyle S}{\overset{\|}{P}}SCH_2SC_2H_5 + H_2O$$

【生产工艺】

(1)**硫化物的制备**　在硫化物反应器中加入无水乙醇,在冷却下由螺旋输送器加入五硫化二磷,在 60～75 ℃反应 3 h,反应过程生成的硫化氢,经回流冷凝器排空,硫化物由真空抽至贮槽备用。

(2)**乙硫醇的制备**　在乙基硫酸反应器中首先加入无水乙醇,然后慢慢加入发烟硫酸,用氢氧化钠溶液中和至 pH 值为 7～8,经过滤器滤去硫酸钠固体,所得的乙基硫酸钠经贮槽放入乙硫醇

反应器中,逐渐加入硫氢化钠溶液,反应完毕后,将乙硫醇和水共沸物蒸出,分层,将乙硫醇放入贮槽备用。

(3)缩合　将硫化物、乙硫醇放于缩合釜中,混合,冷却后加入甲醛溶液,在 40～50 ℃反应 8 h 即得甲拌磷原油。

(4)乳油配制　在配制釜中加入甲拌磷原油,稀释剂(甲苯)(3∶1)及乳化剂,搅拌均匀,即得甲拌磷乳油。

【产品标准】

乳油外观	黄棕色或棕色液体
甲拌磷含量(%)	≥60.0
酸度(以 H_2SO_4 计,%)	≤1.5
水分含量(%)	≤1.0
乳液稳定性	合格

【产品用途】　主要用作拌种剂。用于防治棉花苗期害虫,如蚜虫、螨、蓟马等。

2.21　甲基毒死蜱

甲基毒死蜱(chlorpyrifos-methyl)又称毒死蜱甲酯,甲基氯蜱硫磷,化学名称为硫代磷酸 O,O-二甲基 O-(3,5,6-三氯-2-吡啶基)酯,O,O-二甲基-O-(3,5,6-三氯-2-吡啶基)硫代磷酸酯,O,O-二甲基-O-(3,5,6-三氯-2-吡啶基)硫逐磷酸酯(O,O-Dimethyl-O-(3,5,6-trichloro-2-pyridyl)phosphorothioate;Dimethyl,O-(3,5,6-trichloro-2-pyridyl)phosophorothioate,O,O-二甲基-O-(3,5,6-三氯-2-吡啶基)硫代磷酸酯。分子式 $C_7H_7Cl_3NO_3PS$,相对分子质量 322.5。结构式为:

【产品性能】　纯品为白色晶体,具轻微的硫醇味。熔点

45.5~46.5 ℃。25 ℃时蒸气压为 5.62 MPa。溶于丙酮、氯仿、甲醇等有机溶剂,水中溶解度 4 mg/L(25 ℃)。在中性介质中相对稳定,但在 pH 值 4~6 和 pH 值 8~10 介质中容易水解,碱性条件下,水解速度较快。毒性 LD_{50} 为 941~2 990 mg/kg(雄大鼠口服)。

【实验室制法】 将五氯吡啶 28 g,乙腈 159.2 g 加入三口反应瓶中,搅拌,并加热回流,至五氯吡啶全部溶解后,加入锌粉 9.6 g。再将氯化铵溶液(由氯化铵 15 g 加至水 40 mL 中配成)缓慢滴入,反应一定时间后,补加稀盐酸,于 77~78 ℃下蒸馏制得四氯吡啶。将四氯吡啶 10.85 g,水 434 g,氢氧化钾 64 g 混合,加热至 95~100 ℃,搅拌反应,趁热过滤,滤液温度控制在 85 ℃,向溶液中加入浓硫酸,至 pH 值达 3.5。然后冷却至 50 ℃,过滤,用热水洗涤滤饼,烘干即得 3,5,6-三氯-2-羟基吡啶。

将 3,5,6-三氯-2-羟基吡啶加至氢氧化钠水溶液中,加热使其完全溶解。降温后,在相转移催化剂苄基三乙基氯化铵的存在下,于室温搅拌下,向物料内缓慢滴加 O,O-二甲基硫化磷酰氯。滴加完毕,升温回流 1.5 h,冷却至室温,静置分层。将分出的有机层经水洗,减压脱溶,即制得甲基毒死蜱。

【生产方法】 吡啶在催化剂存在下与氯气发生氯化得到五氯吡啶,然后用锌粉脱氯得四氯吡啶,四氯吡啶水解得三氯羟基吡啶。然后与 O,O-二甲基硫化磷酰氯缩合得到甲基毒死蜱。

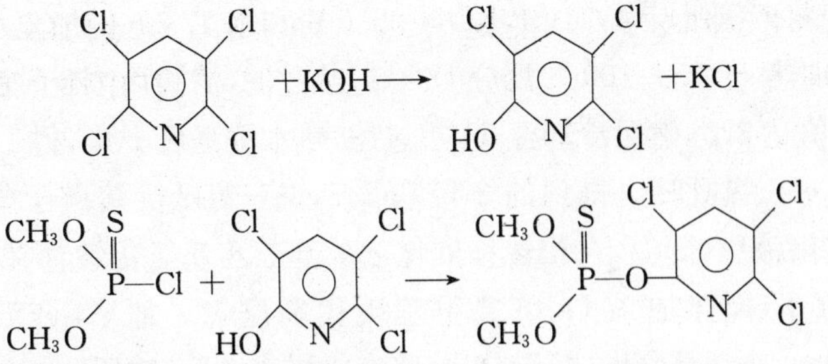

【生产流程】

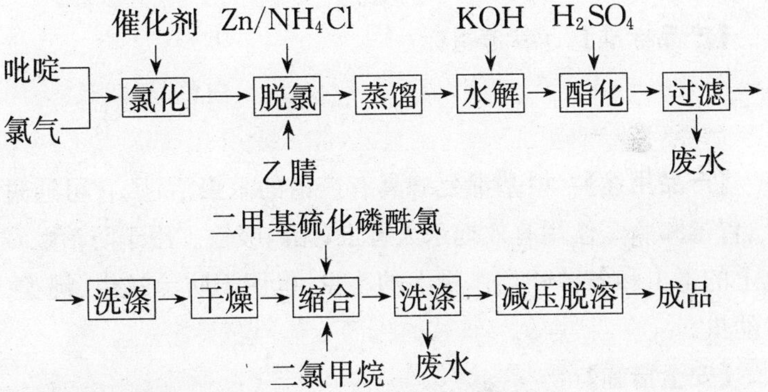

【生产配方】 （kg/t）

吡啶（工业品）	600
液氯	2 960
O,O-二甲基硫代磷酰氯	800

【主要设备】 镍制氯化反应管 脱氯反应罐 水解釜 蒸馏釜 过滤器 干燥箱 缩合反应釜 洗涤锅 减压蒸馏釜 贮槽

【生产工艺】 在钴-炭催化剂存在下,将气化的吡啶、氯气和氮气充分混合,送入镍制管式反应器中,于 330 ℃下进行氯化反应,制得五氯吡啶。在脱氯反应罐中,加入溶剂乙腈 40 份和五氯吡啶 7 份,搅拌加热回流。待五氯吡啶溶解完全后,加入锌粉 1.92 份,并将由 NH₄Cl 3 份和水 8 份配制的氯化铵溶液于 78 ℃慢慢加入其中。反应 3 h 后,补加稀盐酸,蒸馏得四氯吡啶。

将四氯吡啶 43.4 份,KOH 25.6 份和水 173.6 份加至水解釜中,加热,于 95～100 ℃反应 18 h,趁热过滤,滤液用浓硫酸酸化至 pH 值达 3.5,然后冷却至 50 ℃过滤,热水洗涤后干燥,得 2-羟基-3,5,6-三氯吡啶。得到的 2-羟基-3,5,6-三氯吡啶溶解于氢氧化钠水溶液中,降温,在相转移催化剂苄基三乙基氯化铵存在下,于 42 ℃下,搅拌加入 O,O-二甲基硫代磷酰氯。加毕,升温回流 1.5 h。冷却至室温,静置分层,将有机层水洗后,减压脱溶得甲基毒死蜱。

【产品标准】（参考指标）

外观	白色晶体
熔点(℃)	43～46

【产品用途】 甲基毒死蜱具有广谱的杀虫活性,它可通过触杀、胃毒和熏蒸作用有效地杀灭害虫,无内吸性。用于防治贮藏谷物上的害虫和各种叶类作物上的害虫,也用于防治蚊虫、蝇类、水生幼虫。

【安全措施】

(1)生产过程中使用氯气等有毒或腐蚀性物品,设备必须密闭,操作人员应穿戴劳保用品,车间应保持良好的通风状态。

(2)农药包装必须符合 GB 3796—83《农药包装通则》要求。

(3)允许残留量:大米 0.01 mg/kg;蔬菜、甜菜 0.03 mg/kg。残留量测定采用气液色谱法。

2.22　异丙威

异丙威(isoprocarb)又称灭扑威,叶蝉散,化学名称甲氨基甲酸(邻异丙基苯基)酯。分子式 $C_{11}H_{15}NO_2$,相对分子质量 193.12。结构式为:

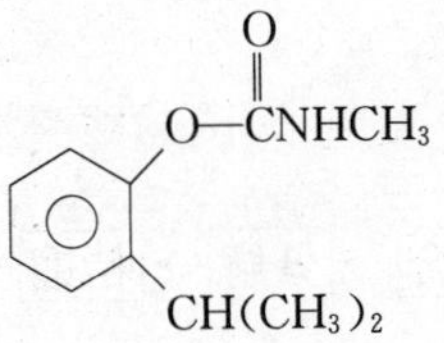

【产品性能】

白色结晶。蒸气压 133.3 MPa(25 ℃)。熔点 96～97 ℃,沸点 128～129 ℃(20×133.3 Pa)。易溶于丙酮,溶于甲醇、乙醇、二甲基亚砜、乙酸乙酯,微溶于芳香族类溶剂,不溶于卤代烃溶剂、水。在碱性条件下易分解。

【生产方法】

(1)氯甲酸酯法 光气在低温下与邻异丙基苯酚反应,制得氯甲酸邻异丙基苯酯,再与甲胺水溶液于低温下反应得到异丙威。

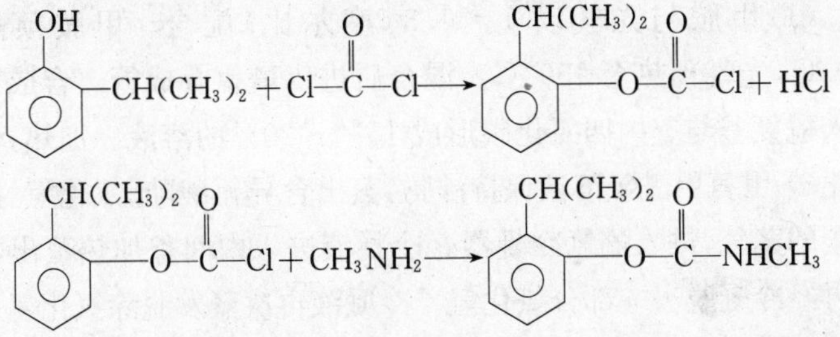

(2)甲基异氰酸酯法 先由甲胺与光气气相反应得到甲氨甲酰氯,在溶剂四氯化碳中热分解,脱氯化氢生成甲基异氰酸酯,然后与邻异丙基苯酚反应生成异丙威。

$$CH_3NH_2 \xrightarrow{COCl_2} CH_3NHCOCl \xrightarrow[CCl_4]{-HCl} CH_3NCO$$

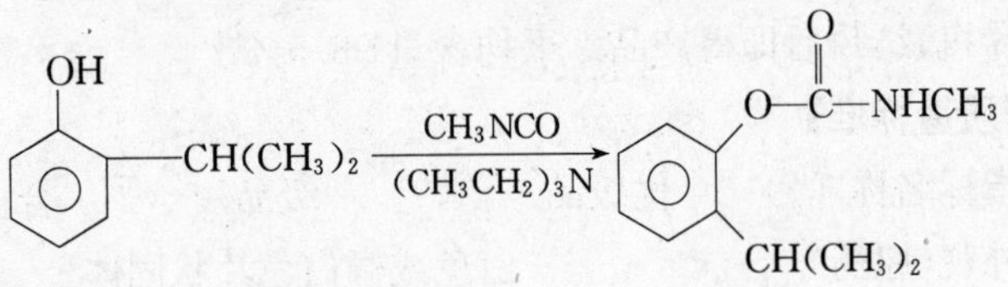

这里介绍第二种方法。

【生产流程】

```
                                              邻异丙基苯酚
                                                  │
甲胺┐                                             ↓
   ├→ 预热 →┌缩合┐→┌分解┐→ 精馏 ──异氰酸酯──→ 酯化 →成品
光气┘       └─┬─┘  └─┬─┘
              ↓      ↓
             HCl    HCl
```

【生产配方】 （kg/t）

甲胺(40%)	420
光气	532
邻异丙基苯酚	730

【主要设备】 气相合成管　反应釜　蒸发釜　精馏塔　搪玻璃反应釜　高位贮槽　结片机

【生产工艺】

(1)甲胺与光气以 1∶1.3（摩尔比）配合。甲胺预热至 240 ℃,光气预热至 150 ℃。混合后进入酰氯合成管。合成产物进入酰氯釜与釜内四氯化碳形成 15%～20%的溶液。加热,使四氯化碳-甲氨甲酰氯溶液保持沸腾,蒸出含异氰酸酯、氯化氢、四氯化碳的蒸气,进入酰氯冷凝器。冷凝液进入中间釜加热蒸出混合物再经冷凝脱去一部分氯化氢。冷凝液再次蒸发脱除氯化氢后进入粗酯精馏塔,蒸馏得到异氰酸酯粗品。粗品再经脱除光气,精馏得到精甲基异氰酸酯产品,含量一般在 99%以上。

(2)将邻异丙基苯酚加入搪玻璃反应釜,再加入三乙胺,搅拌后在常温下滴加甲基异氰酸酯,在 1 h 内加完,反应自动升温。加完后,稍加热使温度达到 100 ℃,保温反应 0.5 h。反应结束后,放入结片机,结片后即得产品。平均含量 98.5%。

【质量标准】

指标名称	优级品	一级品	合格品
外观(原药)		白色或微白色片状固体	
含量(%)	≥98	≥95	≥90

| 游离酚(%) | ≤0.5 | ≤0.5 | ≤1.0 |
| 水分(%) | ≤0.1 | ≤0.5 | ≤1.0 |

【质量检验】　按 GB 9560—88 标准进行。

(1)含量测定　可采用薄层定胺法(仲裁法),或气相色谱法。

(2)游离酚含量测定　邻异丙基苯酚在酸性条件下与亚硝酸钠进行反应,生成亚硝基邻异丙基苯酚,加入甲胺乙醇溶液后形成黄色醌型化合物,于波长 410 nm 处有最大吸收。

$$游离酚含量(\%)=\frac{c\times E_1}{m\times E_2}\times100$$

式中　c——标准品酚的质量,mg;

m——样品的质量,mg;

E_1——样品测得的消光值减去空白后的消光值;

E_2——标准品酚测得的消光值减去空白后的消光值。

(3)水分测定　按 GB 1600—88《农药水分测定方法》中卡尔·费休法进行。

【产品用途】　本品具触杀作用,速效性强,但残效不长。主要用于防治水稻叶蝉和飞虱。使用粉剂时,一般每公顷用 2% 粉剂 30 kg。也可用于防治果树和其他作物的蚜虫、跳甲、盲蝽、马铃薯甲虫或用于畜舍防治厩蝇。不宜与敌稗同时使用,也不宜与碱性农药混施。

【安全措施】

(1)生产中使用的光气为强刺激性气味,剧毒。甲胺和邻异丙基苯酚有毒。生产设备必须密闭,操作人员应穿戴好防毒面具等用品,车间保持良好的通风状态。

(2)有毒农药,大白鼠急性口服 LD_{50} 为 403~485 mg/kg,鲤鱼 TL_m(48 h)为 4.2 mg/kg,对蜜蜂有害。

(3)按 GB 190 要求包装,应有明显"有毒"标志,贮于阴凉通风处,不得与碱性物质以及食物、种子、饲料混放、混装。

2.23　戊氰威

戊氰威(Cyanotril)化学名称为 4,4-二甲基-5-(甲氨基甲酰氧基亚氨基)戊氰。一般产品为氯化锌的络合物形成。分子式 $C_9H_{15}N_3O_2 \cdot ZnCl_2$,分子量 333.53。结构式为：

$$\begin{array}{c} H_3C \quad CH_2CH_2CN \text{-----} ZnCl_2 \\ \diagdown \quad | \quad \quad \quad \quad O \\ C \quad \quad \quad \quad \quad \| \\ \diagup \quad | \quad \quad \quad \quad C \\ H_3C \quad CH = N - O - C \\ \quad \quad \quad \quad \quad \quad | \\ \quad \quad \quad \quad \quad \quad NHCH_3 \end{array}$$

【产品性能】　戊氰威氯化锌络合物为白色结晶,熔点为122~124℃。毒性急性口服 LD_{50}(雄性大鼠)为 9 mg/kg。是一种不易产生抗性的优良杀虫剂。

【生产方法】　异丁醛与丙烯腈发生 Michael 加成,然后与羟胺缩合生成醛肟,醛肟与甲氨基甲酰氯缩合,生成的戊氰威与氯化锌络合得产品。

$$(CH_3)_2CHCHO + HC \equiv CHCN \rightarrow NCCH_2CH_2C(CH_3)_2CHO$$

$$NCCH_2CH_2C(CH_3)_2CHO + NH_2OH \cdot HCl \rightarrow$$

$$NCCH_2CH_2C(CH_3)_2CH = NOH$$

$$NCCH_2CH_2C(CH_3)_2CH = NOH + CH_3NHCOCl \rightarrow$$

$$NCCH_2CH_2C(CH_3)_2CH = N - O - CONHCH_3 \xrightarrow{ZnCl_3}$$

$$\begin{array}{c} H_3C \quad CH_2CH_2CN \text{-----} ZnCl_2 \\ \diagdown \quad | \quad \quad \quad \quad O \\ C \quad \quad \quad \quad \quad \| \\ \diagup \quad | \quad \quad \quad \quad C \\ H_3C \quad CH = N - O - C \\ \quad \quad \quad \quad \quad \quad | \\ \quad \quad \quad \quad \quad \quad NHCH_3 \end{array}$$

【生产流程】

异丁醛／丙烯腈 → 加成 → 成肟(羟胺) → 缩合(甲氨基甲酰氯) → 络合(氯化锌) → 成品

【生产配方】

丙烯腈(100％计)	53.0
异丁醛	72.0
盐酸羟胺	36.3
三乙胺	62.0
甲氨基甲酰氯	42.0
氯化锌	47.1

【生产工艺】

(1)Michael 加成　在不锈钢高压釜中,加入异丁醛 144 g,丙烯腈 106.7 g,环己胺 9.8 g,苯甲酸 2.4 g,以氮气赶尽反应釜内的空气,升温至 140 ℃反应开始,控制加热速度,使反应温度在 4 h 内从 140 ℃升至 170 ℃;反应期间最高釜压为 0.7 MPa;反应结束后,降至室温,取出反应液,减压蒸馏,得产品 2,2-二甲基-4-氰基丁醛 130 g,淡黄色油状产物,沸点 142～152 ℃/0.093 MPa,产率 ≥60％。

(2)成肟　在 500 mL 的三口圆底烧瓶中,在冰水冷却和搅拌下加入 2,2-二甲基-4-氰基丁醛 62.5 g,然后将盐酸羟胺 34.7 g 和氢氧化钠 20 g 的水溶液同时等速滴加进反应瓶中,滴加结束后,继续搅拌 1 h,停止反应,用苯萃取(120 mL×2),合并萃取液,以旋转蒸发器脱去溶剂,得醛肟 33.4 g,淡黄色固体,产率 78％。

(3)缩合　在 500 mL 三口圆底烧瓶中加入 2,2-二甲基-4-氰基丁醛肟 68.5 g,三乙胺 76 g,氯仿 133 mL,冰水冷却和搅拌下,滴加甲氨基甲酰氯 51.5 g(经常压蒸馏精制,沸点 94～96 ℃,预先溶于氯仿 66 mL 中),滴加完毕后,滤去固体副产物,用旋转蒸发器脱去溶剂,残余物溶于二氯甲烷 165 mL,依次用稀硝酸(80 mL×2)和去离子水(100 mL×2)洗涤,以无水 Na_2SO_4 充分干燥后,真空脱去溶剂(0.095 MPa,28 ℃)得产品戊氰威 83.7 g,淡黄色油状物,产率约 85％。

（4）络合　在圆底烧瓶中，氮气保护和搅伴下，将戊氰威78.8 g溶于氯仿120 mL，再加入干燥乙醚400 mL，搅拌下滴加氯化锌54.4 g的乙醚溶液（400 mL干燥乙醚），继续搅拌2 h，得乳白色半透明胶状物，放置一夜后，胶状物转化成白色半透明结晶，倾去溶剂，真空干燥，得戊氯威二氯化锌络合物126.8 g，白色结晶，熔点122～124 ℃，产率98%。

【产品用途】　戊氰威能有效防治对有机磷具有抗性的螨类和蚜类害虫，如食性螨、蚜虫、粉虱、蓟马、叶蝉和马铃薯甲虫等。

2.24　乐果

乐果（Dimethoate）学名为 O,O-二甲基-S-(N-甲基氨基甲酰甲基)二硫代磷酸酯。分子式 $C_5H_{12}NO_3PS_2$，分子量229.12。结构式为：

$$(CH_3O)_2\overset{S}{P}SCH_2\overset{O}{C}NHCH_3$$

【产品性能】　该品为白色结晶，熔点52～52.5 ℃，密度1.277，折光率1.533 4(65 ℃)。能溶于醇类、醚类、酯类、苯、甲苯等多数有机溶剂，21 ℃时在水中的溶解度为2.5 g/100 mL，难溶于石油醚和饱和烃。在酸性溶液性中稳定，在碱性中迅速分解。纯品乐果具有樟脑气味，工业品略带硫醇臭味。

【生产配方】

五硫化二磷	700
甲醇	450
甲胺（40%）	416

【生产方法】　由五硫化二磷与甲醇反应得到 O,O-二甲基二硫代磷酸酯，再与氯乙酸甲酯作用，然后与甲胺胺解得到乐果。

$$CH_3OH \xrightarrow{P_2S_5} \overset{CH_3O}{\underset{CH_3O}{}}\overset{S}{P}\overset{}{SH} \xrightarrow{ClCH_2COOCH_3} \overset{CH_3O}{\underset{CH_3O}{}}\overset{S}{P}SCH_2COOCH_3$$

$$\xrightarrow{CH_3NH_2}\ \begin{array}{c} CH_3O\quad S \\ \backslash\ \ \parallel \\ P \\ /\ \ \backslash \\ CH_3O\quad SCH_2CONHCH_3 \end{array}$$

【生产工艺】　先将甲醇 160 kg 一次投入锅内,在 35 ℃时,把五硫化二磷 230 kg 分批投入,开始时约每隔 7 min 投 10 kg,投完 100 kg 时,每隔 10 min 投 20 kg。如反应正常可按下述方式操作。

将上批得到的 O,O-二甲基二硫代磷酸酯 270 kg 及五硫化磷 430 kg 投入反应锅内,在 35 ℃时开始滴加甲醇,控制滴加温度为 40~45 ℃,约 2 h 滴加完甲醇 260 kg。再于 50~55 ℃继续搅拌反应约 2 h。反应生成的硫化氢导致吸收塔内用液碱吸收。然后冷却至 35 ℃出料,即得含量约 76% 的 O,O-二甲基二硫代磷酸酯,收率 75% 以上(纯品为无色液体,沸点 65 ℃/15×133.32 Pa,密度 1.288)。

将上述产品与一氯乙酸甲酯等摩尔进行反应,生成 O,O-二甲基二硫代(乙酸甲酯)磷酸酯,副产物氯化氢气体用碱液吸收。

将 O,O-二甲基二硫代(乙酸甲酯)磷酸酯 500 kg 加入反应锅,冷却至 −10 ℃左右,慢慢滴加 40% 甲胺溶液。开始的甲胺 108 kg 在 1 h 内滴加,然后搅伴 45 min,再在 45 min 内滴加其余甲胺 100 kg。加料结束后,再继续搅拌 75 min。整个加料过程在 0 ℃以下进行。加入三氯乙烯 600 kg 和水 150 kg,并加盐酸中和至 pH 值 6~7,加热至 20 ℃,静置分层。从水层回收甲醇和甲胺;油层为乐果三氯乙烯溶液,加水 200 L 洗涤后,静置过滤。三氯乙烯乐果溶液经薄膜蒸发器在 110 ℃/700×133.3 Pa 下脱去溶剂(回收三氯乙烯),所得乐果原油含量 90% 以上,加工成 96% 以上纯度,即为乐果原粉。(USP,2996531 (1961))。

【产品用途】　乐果是高效广谱具有触杀性和内吸性的杀虫杀螨剂。对多种害虫特别是刺吸口器害虫,具有更高毒效,杀虫范围广,能防治蚜虫、红蜘蛛、潜叶蝇、蓟马、果实蝇、叶峰、飞虱、叶蝉、介壳虫。乐果能潜入植物体内保持药效 1 星期左右。

2.25　半滴乙酯

半滴乙酯(acetofenate)又称拍利酯(plifenate),三氯杀虫酯,
蚊蝇净。化学名称为 2,2,2-三氯-1-(3,4-二氯苯基)乙基乙酸酯
(2,2,2-trichloro-1-(3,4-dichlorophenyl)-ethyl acetate)。分子式
$C_{10}H_7Cl_5O_2$,相对分子质量 336.4。结构式为:

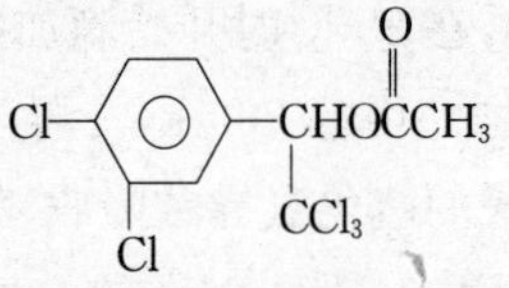

【产品性能】　无色结晶固体。熔点 84.5 ℃。20 ℃时溶解度
(100 g 溶剂):水>5 mg,环己酮>60 g,甲苯>60 g,异丙醇<
10 g。20 ℃时蒸汽压 $2.0×10^{-4}$ Pa。在中性和弱酸性时较为稳
定,碱性时分解。工业品为浅黄色,熔点 76~80 ℃。毒性:LD_{50} 为
1 000 mg/kg(大白鼠口服)。

【生产方法】　在无水三氯化铝存在下,邻二氯苯与三氯乙醛
反应生成中间产物[$Cl_2C_6H_5CH(CCl_3)OAlCl_3$]·$H^+$,然后与乙
酐发生酯化得到半滴乙酯。

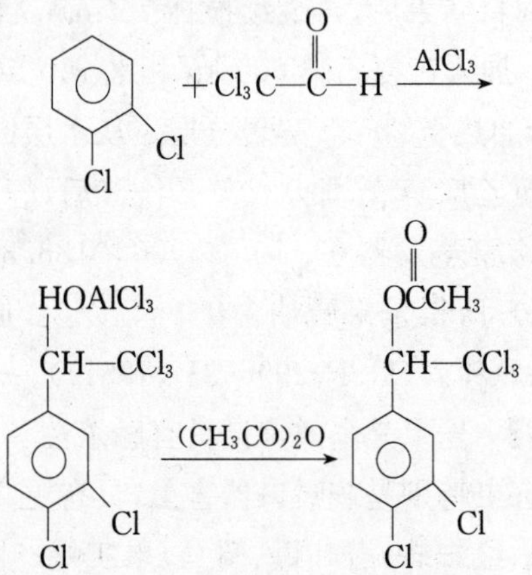

【生产流程】

```
            AlCl₃      乙酐
              ↓         ↓
邻二氯苯 ┐
        ├→ │加成│→│酯化│→│减压蒸馏│→│结晶│→│过滤│→成品
三氯乙醛 ┘                    ↓
                        回收邻二氯苯
```

【生产配方】　（kg/t，以 100％半滴乙酯计）

邻二氯苯（98％）	980
三氯化铝	620
乙酐（97％）	370
三氯乙醛（97％）	580
乙醇（95％）	320

配料摩尔比为：邻二氯苯：三氯乙醛：三氯化铝：乙酐 ＝ 7：
1：1.18：1。

【主要设备】　反应釜　减压蒸馏釜　结晶罐　过滤机
贮槽

【生产工艺】　将邻二氯苯投入反应釜中（邻二氯苯既是原
料又是溶剂），启动搅拌，以 −10 ℃盐水降温后加三氯化铝，三
氯乙醛，维持 10~20 ℃反应 3.5 h。将物料降温至 10 ℃，加入
乙酐（或乙酸等），维持 4~8 ℃反应 1 h。所得半滴乙酯合成液
减压蒸馏。回收的邻二氯苯可套用。蒸余物放入结晶器，加酒
精，搅匀、冷却，结晶完全后，过滤，得产品。滤液可集中回收酒
精及邻二氯苯。

【产品标准】　（原粉）

指标名称	优级品	一级品	二级品
有效成分含量（％）	95.0	90.0	85.0
酸度（以 HCl 计，％）	≤0.4	0.4	0.5

【产品用途】　杀虫剂。主要用于防治家蝇、蚊、衣蛾、地毯
甲虫。

【安全措施】

(1)有机有毒品。生产设备应密闭,操作人员应穿戴劳保用品。

(2)铁桶密封包装,按农药的有关规定贮运,注意防潮。

2.26　对二氯苯

对二氯苯(P-Dichlorobenzne PDB Dichloricide Paracide)又称 1,4-二氯苯(1,4-Dichlorobenzene)。分子式 $C_6H_4Cl_2$,分子量 146.97。结构式为:

【产品性能】 纯品为无色结晶。熔点 53.1 ℃,沸点 174 ℃, 55 ℃/1 333 Pa。相对密度(d_4^{20})1.247 5。闪点 65 ℃。25 ℃时蒸汽压 133.3 Pa。易溶于乙醇,溶于乙醚和苯,水中溶解度 0.008% (25 ℃)。化学性质稳定,无腐蚀性。其蒸气对皮肤、眼睛、气管有刺激作用,空气中最大允许量为 0.007 5%。大白鼠急性经口毒性 LD_{50}:500～5 000 mg/kg。

【生产方法】 工业上主要从氯苯生产的副产物中回收。也可由苯定向氯化而制得。

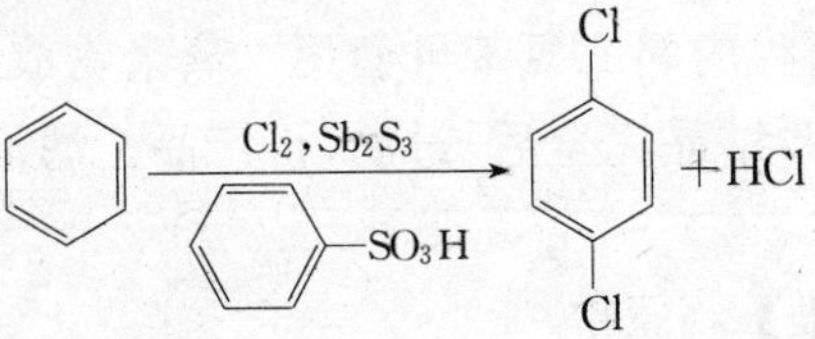

【生产流程】

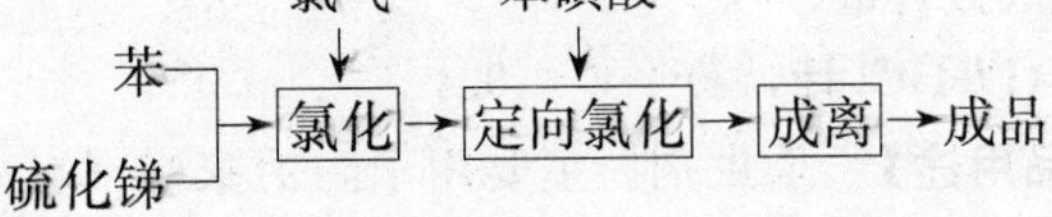

【生产配方】

苯(消耗量)	78.0
硫化锑	0.2
氯气(99%)	142.0

【生产工艺】

在氯化反应釜中,先加入苯,搅拌下再加入苯重 0.1%～0.6%的硫化锑,于 20 ℃下通氯氯化 30～40 min。然后加入苯磺酸定向催化剂,再通氯进行氯化,当析出二氯苯晶体时,将物料加热至 50～60 ℃,再缓慢通氯,直至反应液增重至理论量的 95%左右为止,经分离得对二氯苯。收率 70%～75%。

【产品标准】　(参考)

外观	白色结晶体
含量(%)	≥99
熔点(℃)	52～55

【产品用途】　农业上用于防治桃透翅蛾,也用于防蛀、防霉剂。在纺织品方面,用于防治织网衣蛾、负袋衣蛾、毛毡衣蛾等。

2.27　西维因

西维因(Carbaryl)又称 N-甲氨基甲酸-1-萘酯(1-naphthyl-N-methylcarbamate),或 1-萘基甲基氨基甲酸酯,甲萘威,胺甲萘。分子式 $C_{12}H_{11}NO_2$,相对分子质量 201.22。结构式为:

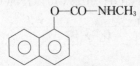

【产品性能】　纯品为白色结晶固体,熔点 142 ℃。相对密度 (d_{20}^{20})1.232。30 ℃下溶于水 120 mg/L,易溶于极性有机溶剂丙酮、环己酮、二甲基甲酰胺等。对热(70 ℃以内)、光和酸稳定。在

pH 值＞10 的碱液中易分解为甲萘酚。对人畜毒性低。

【生产方法】

(1)氯甲酸甲萘酯法(冷法)　1-萘酚与光气反应生成氯甲酸甲萘酯,再与甲胺反应得西维因。

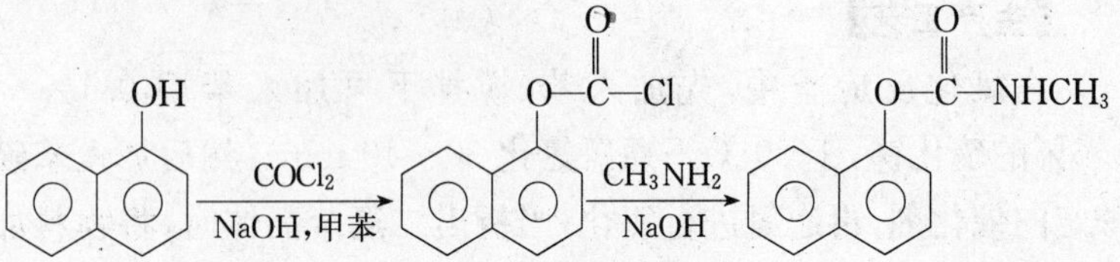

(2)甲氨基甲酰氯法(热法)　甲胺与光气反应生成甲氨基甲酰氯,再与 1-萘酚反应制得西维因。

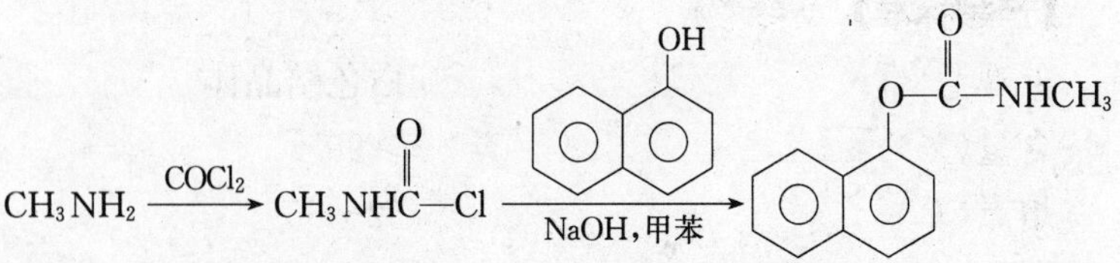

(3)异氰酸甲酯法

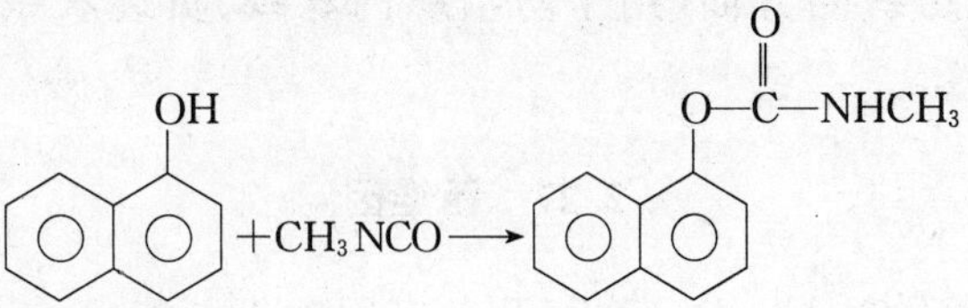

【生产流程】

(1)氯甲酸甲萘酯法

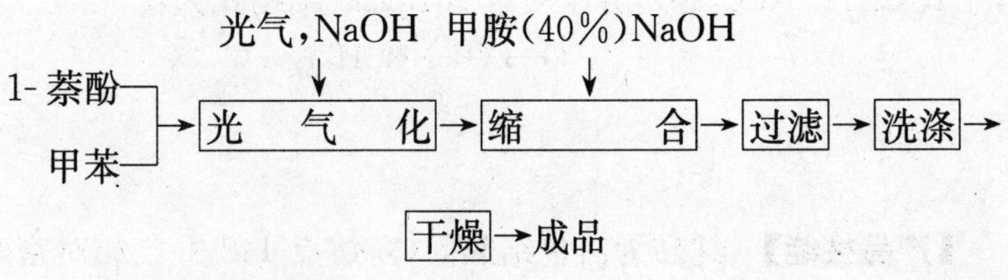

(2)甲氨基甲酰氯法

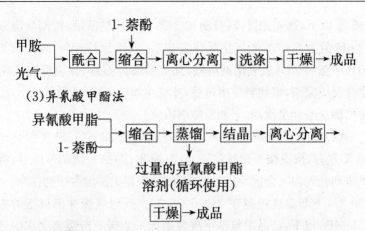

（3）异氰酸甲酯法

过量的异氰酸甲酯
溶剂（循环使用）

干燥 → 成品

【生产配方】（kg/t）

（1）氯甲酸甲萘酯法

1-萘酚(94%)	1 100
甲胺(40%)	500
光气	900
氢氧化钠(40%)	3 000

（2）甲氨基甲酰氯法

1-萘酚(90%)	1 170
光气	920
甲胺(40%)	630

（3）异氰酸甲酯法

1-萘酚(99%)	840
异氰酸甲酯(99%)	330

【主要设备】（冷法和热法中的主要设备）　反应锅(搪玻璃)
压滤器　干燥器　合成反应器　离心机　缩合反应釜

【生产工艺】

（1）氯甲酸甲萘酯法　将熔融态的 1-萘酚加进装有溶剂甲苯
的搪玻璃反应锅内,夹套内通冷冻盐水,同时搅拌,使物料冷却至

−5 ℃以下,通入光气,同时滴加 20%氢氧化钠溶液,控制反应液的 pH 值为 6～7。光气化反应完成后,继续维持−5 ℃,并滴加 40%甲胺和 20%氢氧化钠溶液,加完后继续搅拌,保温反应 2 h。缩合反应完毕,将物料放出过滤,滤液蒸馏,回收甲苯循环使用,滤饼用稀盐酸和水洗涤,干燥后即制得成品。

(2)甲氨基甲酰氯法　将甲胺预热至 220 ℃,光气预热至 90 ℃左右,按甲胺:光气=1:1.3(摩尔比)的比例调节流量,将甲胺和光气输入合成反应器中,合成反应器上部温度控制在 340～360 ℃,下部温度控制在 240～280 ℃。反应气缓冲出口压力为 0.1 MPa 以下,产品甲氨基甲酰氯由此进入带有冷凝夹套水的接受器。

将由上述方法制得的甲氨基甲酰氯和 1-萘酚按 1.2:1 的摩尔比加入缩合反应釜中,可先将甲氨基甲酰氯溶于四氯化碳、甲苯或其他有机溶剂中,在氢氧化钠存在下,与 1-萘酚反应。另也可将配好的 5%1-萘酚钠盐水溶液、3%氢氧化钠溶液及甲氨基甲酰氯溶液加入缩合反应釜,釜内温度控制在 10～15 ℃,反应液 pH 值为 8～11 条件下,连续反应。经离心分离、水洗、干燥后,即制得成品。

【产品标准】

(1)原药

外观	灰白色或粉红色结晶
挥发物(%)	1.0
有效成分含量(%)	>95
氯化物(以 NaCl 计,%)	≤1.0
1-萘酚含量(%)	≤0.7
pH 值	4～7

(2)可湿性粉剂

外观	白色至棕红色粉末

有效成分含量(%)	25	85
水分含量(%)	3.0	1.0
悬浮率(%)		≥50
润湿时间(s)		≤60
细度(过 300 目筛,%)	95	99
pH 值	5～8	6～9

【质量检验】　西维因含量的测定。

①总胺的测定　称取西维因原粉 0.4～0.5 g(称准至 0.2 mg),置于反应瓶中,加入丙酮 10 mL,待样品溶解后,将反应瓶与回流冷凝管和已装有硼酸溶液约 130～150 mL 的吸收瓶相连接,打开水流泵,调节抽气速度约 50～80 mL/min,用漏斗加 1 mol/L 氢氧化钠 50 mL 溶液。加热,待丙酮全部蒸出后通冷却水回流(缓慢加水,防止倒吸)。回流时间不少于 20 min,取下吸收瓶,把吸收液转移到 500 mL 锥形瓶中,再用硼酸溶液洗涤吸收瓶,洗液并入锥形瓶中,用 0.1 mol/L 盐酸标准溶液滴定至显现硼酸溶液原有的绿色即为终点。

以总胺计算的西维因百分含量(x_1)按下式计算:

$$x_1(\%) = \frac{V_1 c_1 \times 0.201\,2}{m} \times 100$$

式中　V_1——样品消耗盐酸标准溶液的体积,mL;

　　　c_1——盐酸标准溶液浓度,mol/L;

　　　m——样品质量,g;

　　　0.201 2——西维因分子毫摩尔质量,g/mol。

②游离胺的测定　工业西维因中游离甲胺盐易溶于水,利用水洗使其转入水中,再用碱解定胺法。即上述总胺的测定方法测定。

称取已磨碎的西维因原粉(<60 目)10 g 左右(准确到 1.0 mg),置于 100 mL 烧杯中,加蒸馏水 40 mL,搅拌 3～4 min,

用布氏漏斗抽至无水滴下,停止抽滤,加入水 30 mL,浸洗 2～3 min,再抽滤,重复 1 次,然后将滤液转移反应瓶中,用水 10～20 mL冲洗抽滤瓶,洗液并入反应瓶。具体测定操作方法同总胺测定法。

以游离胺计算的西维因百分含量(x_2)按下式计算:

$$x_2(\%) = \frac{V_2 c_2 \times 0.201\,2}{m_2} \times 100$$

式中　V_2——消耗盐酸标准溶液的体积,mL;

　　　c_2——盐酸标准溶液浓度,mol/L;

　　　m_2——样品重量,g;

　　　0.201 2——西维因分子毫摩尔质量,g/mol。

③西维因百分含量(x)按下式计算:

$$x = x_1 - x_2$$

式中　x_1——以总胺计算的西维因含量,%;

　　　x_2——以游离胺计算的西维因含量,%。

【产品用途】

西维因为低毒杀虫剂,目前已成为世界上大吨位生产的农药品种之一。本品为氨基甲酸酯类杀虫剂,具有触杀、胃毒作用,能防治 150 多种作物的 100 多种害虫。可加工成可湿性粉剂或胶悬剂。用于防治水稻稻飞虱、稻叶蝉、棉花红铃虫、大豆食心虫和果树害虫。用药量一般为每公顷 375～750 g 有效成分。对人畜毒性低。

西维因为接触性杀虫剂,兼具一些内吸活性,可防治棉花、水稻、果树、蔬菜等农作物的多种害虫,主要有棉铃虫、飞虱、叶蝉等。因杀虫面广且低毒,所以生产量大,应用广泛。

【安全措施】

(1)原料中使用的光气有剧毒,生产设备要密闭,严防泄漏,厂房要通风良好,操作人员穿戴防护用品。

(2)贮运时应避免与碱性物接触。

2.28 伏虫脲

【**产品性能**】 伏虫脲(Diflubenzuron)分子式 $C_{14}H_9ClF_2N_2O_2$，分子量 310.68。白色结晶,熔点 230～232 ℃,20 ℃在丙酮中的溶解度为 6.5 g/L,水中 0.1 mg/L;25 ℃在二甲基甲酰胺中的溶解度为 104 g/L。

【**生产方法**】 由 2,6-二氯苯腈与氟化钾作用得二氟苯腈,然后水解为二氟苯甲酰胺,最后与异氰酸对氯苯酯作用生成伏虫脲。

【**生产工艺**】 将 2,6-二氯苯腈 172 g 和氟化钾 290 g 细粉在溶剂中强烈搅拌,反应温度为 230～250 ℃,维持该温度反应 8 h。然后冷却至 80 ℃,将反应混合物倒入水中,形成悬浮物,以二氯甲烷萃取。萃取液用水洗涤,脱溶(脱去溶剂),蒸馏得到 2,6-二氟苯腈。然后在 90%硫酸中于 70 ℃下水解,得到 2,6-二氟苯甲酰胺,过滤后水洗干燥,熔点 143～145 ℃。

将 2,6-二氟苯甲酰胺和异氰酸对氯苯酯置于二甲苯中加热回流,反应 4～6 h 后冷却,所得结晶用二甲苯洗涤、干燥,得到伏虫脲。

【**产品用途**】 伏虫脲是一种新杀虫剂,对许多害虫的幼虫有胃毒作用,杀虫谱广,特别是对鳞翅目幼虫的效果尤为明显。对人、畜低毒,是近年来发展比较好的选择性杀虫剂。

2.29　仲丁威

仲丁威(Fenobucarb、Bassa、Baycarb)又称扑杀威、巴沙、丁苯威、邻仲丁基苯基甲基氨基甲酸酯。分子式 $C_{12}H_{17}NO_2$,分子量207.13。结构式为:

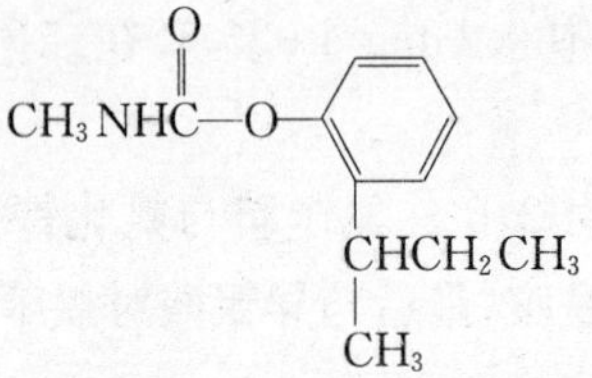

【产品性能】　无色结晶或淡黄色黏稠油状液体。有芳香味。熔点 32 ℃,原药熔点 28.5~31 ℃。沸点 112~113 ℃/1.33 Pa。折射率($n_D^{27.7}$)1.5115,相对密度(d_4^{20})1.050。易溶于甲醇、丙醇、苯、石油醚、甲苯等有机溶剂,水中溶解度(30 ℃)为 0.066%。在弱酸介质中稳定,遇强酸、强碱或高温下分解,大白鼠急性经口服毒性 LD_{50} 为 410~635 mg/kg。对人、畜毒性较低,但在鱼场附近使用应小心。

【生产方法】　这类氨基甲酸酯类农药合成方法较多,这里介绍氯甲酸酯法。

邻仲丁基苯酚与光气缩合得到氯甲酸酯,然后与甲胺氨解得到仲丁威。

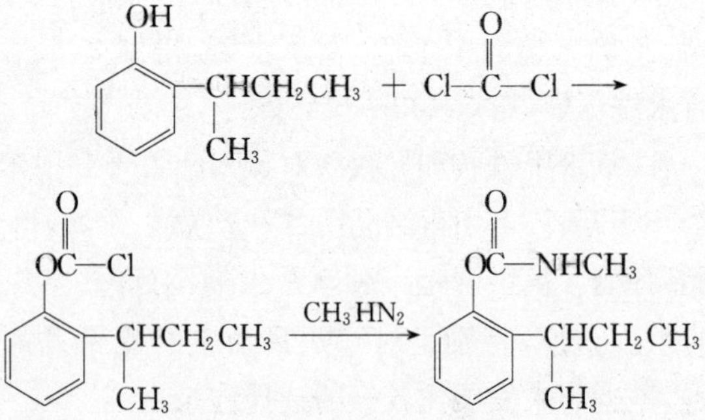

【生产流程】

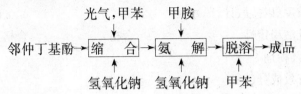

【生产配方】

邻仲丁基酚(≥97%)	770
光气(99%)	650
液碱(30%)	220
甲胺(40%)	390
甲苯(工业品)	100
盐酸(30%)	10

【生产工艺】 在缩合反应釜中加入邻仲丁基酚 231 kg 和甲苯适量溶剂,搅拌下,控制温度−5~0 ℃下加入液态光气 195 kg,然后于 1.0~1.5 h 内,先慢后快地逐渐加入 20%氢氧化钠溶液 708 kg,加完后,保温反应 0.5 h,出料,静置,分去水层,得到氯甲酸酯的甲苯溶液。

在氨解反应釜中,加入 40%甲胺水溶液 117.0 kg,于快速搅拌下滴加上述制得的氯甲酸邻仲丁苯酯的甲苯溶液,并同时按甲胺:NaOH 为 1:1 的摩尔比滴加 20%氢氧化钠溶液,控制温度≤40 ℃,加料完毕,于室温下保温 15 min,静置,分层,分去水层,得到粗品。

粗品用 1%盐酸洗涤 1 次,再用水洗至 pH 值为 7.0,减压蒸馏,脱去部分甲苯和水,得到 60%仲丁威的甲苯溶液。

【产品标准】

指标名称	25%乳油	50%乳油
外观	黄褐色透明液体	
有效成分含量(%)	≥25	≥50

水分(%)	≤0.5	≤0.5
酸度(以盐酸计,%)	≤0.5	≤0.5
乳液稳定性	合格	合格

2%粉剂

有效成分(%)	≥2.0
细度(通过200目,%)	≥95
水分(%)	≤1.5
pH 值	5~9

【产品用途】　对稻飞虱和黑尾叶蝉及稻蝽象触杀有效,持效期短,也可防治棉蚜和棉铃虫。对蟑螂、蚊虫等也有效。

2.30　杀虫双

杀虫双(bisultap),化学名称为 2-二甲胺基-1,3-双硫代磺酸钠基丙烷。分子式 $C_5H_{11}NO_6S_4Na_2$,分子量 355.28。结构式为:

$$CH_3-N(CH_3)-CH(CH_2SSO_3Na)(CH_2SSO_3Na)$$

【产品性能】　纯品为白色结晶(含 2 个分子结晶水)。熔点169~171 ℃/分解(纯品),142~143 ℃(工业品),原油为棕褐色水溶液,呈中性或微酸性。易吸潮。易溶于水,溶于 95%乙醇、甲醇、N,N 二甲基甲酰胺、二甲亚砜等有机溶剂,微溶于丙酮,不溶于乙醚、乙酸乙酯。熔点 142~143 ℃(分解)。相对密度(d_4^{20})1.30~1.35。有奇异臭味,常温下稳定,在强碱条件下易分解。大白鼠急性经口毒性 LD_{50} 0.995 9~1.021 mg/kg。

【生产方法】　3-氯丙烯与二甲胺烃化后氯化得 1-二甲胺基-2,3-二氯丙烷,然后与硫代硫酸钠发生磺化得杀虫双。

$$CH_2=CHCH_2Cl+(CH_3)_2NH \xrightarrow{OH^-} (CH_3)_2NCH_2-CH=CH_2$$

$$(CH_3)_2NCH_2-CH=CH_2+Cl_2 \xrightarrow{HCl} (CH_3)_2NCH_2-\underset{\underset{Cl}{|}}{CH}-\underset{\underset{Cl}{|}}{CH_2}$$

$$(CH_3)_2NCH_2-\underset{\underset{Cl}{|}}{CH}-\underset{\underset{Cl}{|}}{CH_2}+Na_2S_2O_3$$

$$\xrightarrow[\text{2)HCl}]{\text{1)OH}^-} \quad \underset{H_3C}{\overset{H_3C}{\diagdown}}N-CH\underset{CH_2SSO_3Na}{\overset{CH_2SSO_3Na}{\diagup}}$$

【生产流程】

【生产配方】

3-氯丙烯(100%)	353.0
二甲胺(40%)	650.0
硫代硫酸钠(99%)	1 697.0
氢氧化钠(40%)	850.0
液氯(99%)	330.0
盐酸(31%)	110.0

【生产工艺】　在烃化反应釜中,加入 3-氯丙烯,搅拌并冷却至 0 ℃。滴加二甲胺,同时滴加 40%液碱,控制温度在 15 ℃,于 40～60 min 内滴完。然后让其自然升温至恒定后,于 45 ℃恒温反应 2 h,冷却至室温,静置,放出下层废液。

反应物料转入氯化反应釜,加水并通氯化氢(或加入盐酸),酸化至 pH 值为 2,降温至 0～10 ℃,通入氯气进行氯化,在氯化过程中分 3 次加水。用 0.1 mol/L 高锰酸钾试验,反应液 1 min 不褪色即为氯化终点。达终点后,停止通氯,于 5 ℃加液碱调 pH 值至 3～4,制得 1-二甲胺基-2,3-二氯丙烷。

在磺化反应釜中,加入上述制得的 1-二甲胺基-2,3-二氯丙烷,搅拌下升温至 40 ℃,加入硫代硫酸钠和水适量,再升温至 60 ℃,加入计量 3/5 的液碱,于 70 ℃保温搅拌反应 3 h,再加入余下的液碱,搅拌 0.5 h。于 63～65 ℃/7.3～8.0×10^4 Pa 下真空脱水,将脱水后产物过滤(去滤渣)得 30%的杀虫双水溶液。

【产品标准】 (GB82000—87)

外观	棕黄色或棕色单相液体(水剂)	
有效成分(%)	≥18.0	≥29
pH 值	6.7～7.3	6.7～7.3
氯化钠(%)	≤12	≤9
硫代硫酸钠(%)	≤6.0	≤4.0
氯化物盐酸盐(%)	≤0.6	≤0.6

【产品用途】 杀虫双具有胃毒、触杀、内吸传导和一定的杀卵作用。对水稻、小麦、玉米、豆类、蔬菜、柑橘、果树、茶叶等多种植物主要害虫均有优良的防治效果,如水稻大螟、二化螟、三化螟、稻纵卷叶螟、稻苞虫、叶蝉、稻蓟马、负泥虫、菜螟、菜青虫、黄条跳甲、桃蚜、梨星毛虫、柑橘潜叶蛾等。在常用剂量下,对人、畜安全,对作物无药害。

2.31 杀虫畏

杀虫畏(Tetrachlorvinphos)也称杀虫威、甲基杀螟威。化学名称为 2-氯-1-(2,4,5-三氯苯基)乙烯基二甲基磷酸酯。(Z)-2-氯-1-(2,4,5-三氯苯基)乙烯基二甲基磷酸酯,O,O-二甲基-O-[1-(2,4,5-三氯苯基)-2-氯]乙烯基磷酸酯。分子式 C$_{10}$H$_9$Cl$_4$O$_4$P,分子量 365.96。结构式为：

$$
\begin{array}{c}
\text{H}_3\text{CO} \\
\text{H}_3\text{CO}
\end{array}
\!\!
\underset{}{\overset{\text{O}}{\text{P}}}
\!\!-\text{O}-\text{C}=\text{CH}-\text{Cl}
$$

（2,4,5-三氯苯基，=C 位连 Cl）

【**产品性能**】 白色结晶。熔点 97～98 ℃。微溶于水,溶于丙酮、氯仿、二氯甲烷、二甲苯。100 ℃时稳定,50 ℃时缓慢水解。属高效低毒有机磷杀虫剂。

【**生产方法**】 三氯乙烯催化氧化制得二氯乙酰氯,在无水三氯化铝存在下,与 1,2,4-三氯苯发生酰化反应,得到的五氯苯乙酮与亚磷酸三甲酯反应,经重排得杀虫畏。

$$2\text{Cl}_2\text{C}=\text{CHCl} + \text{O}_2 \rightarrow \text{Cl}_2\text{CHCOCl} + \underset{\text{O}}{\text{Cl}_2\text{C}-\text{CHCl}}$$

$$\underset{\text{O}}{\text{Cl}_2\text{C}-\text{CHCl}} \longrightarrow \text{Cl}_2\text{CHCOCl}$$

$$\text{Cl}_2\text{CHCOCl} + \text{(2,5-二氯苯)} \longrightarrow \text{(三氯苯基-COCHCl}_2\text{)} + \text{HCl}$$

$$\text{(2,4,5-三氯苯基-COCHCl}_2\text{)} + (\text{CH}_3\text{O})_3\text{P} \longrightarrow \text{(杀虫畏结构式)}$$

- 162 - 农用化学品制造技术

【生产流程】

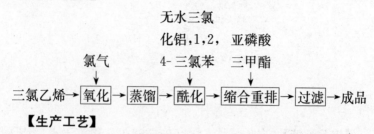

【生产工艺】

（1）催化氧化　耐压搪瓷反应器中加入三氯乙烯250.0 g和偶氮异丁腈（催化剂）0.25 g，于100 ℃下通入经干燥的氧气，在6.5×10⁵ Pa压力下反应10 h，反应温度保持110 ℃，反应完成后，进行常压蒸馏，收集105～108 ℃馏分，得无色透明液体产物二氯乙酰氯2 095.5 g，105 ℃以下馏分主要为三氯乙烯，循环使用。

（2）酰化　在反应瓶中加入1,2,4-三氯苯250 g和无水三氯化铝220 g，搅拌至浆状，然后在20 min内慢慢加入二氯乙酰氯220 g，滴加完，将反应混合物慢慢加热至90 ℃，维持4 h，反应完，冷却，倾入盐酸冰水中，用乙醚提取，并充分洗涤醚层，干燥，蒸除乙醚后，减压蒸馏，收集108～110 ℃/13.3 Pa馏分，得无色清亮348 g 2,2,2′,4′,5′-五氯苯乙酮，产率79.87%。折射率n_D^{15}1.585 4～1.593 0。

（3）缩合重排　向反应瓶中加入五氯苯乙酮80 g，在0.5 h内加入亚磷酸三甲酯37.6 g，然后慢慢加热升温至110 ℃，搅拌下反应0.5 h。反应完成后冷却至30 ℃。倾入160 mL乙醇中，冰冷却不结晶，过滤，得产品经烘干重77.6 g，熔点95～97 ℃，收率77.13%。

【产品用途】　杀虫畏以触杀为主，对鳞翅目、双翅目和多种鞘翅目害虫药效高，而对温血动物毒性低。在有机磷杀虫剂出现抗性问题时，国外已将杀虫畏作为一个重要替换杀虫剂，广泛用于

粮、棉、果、茶、蔬菜和林业上。同时对防治仓储粮、仓储织物害虫，
效果亦佳。

2.32　杀螟丹

杀螟丹也称沙蚕胺、巴丹、卡塔普、克虫普、派丹、培丹克螟丹，
英文名称：padan，cartap(hydrochloride)，cartap，Sanvex；Thiobel，Vegetox。化学名称：S，S′-[2-(二甲氨基)-1，3-丙烷二基]硫代氨基甲酸酯盐酸盐，1，3-双(氨基甲酰硫基)-2-(N，N-二甲氨基)丙烷盐酸盐。分子式 $C_7H_{15}N_3O_2S_2 \cdot HCl$，分子量 273.80。结构式为：

$$
\begin{array}{c}
CH_3 \\
\diagdown \\
N-CH \\
\diagup \\
CH_3
\end{array}
\begin{array}{c}
\quad\quad\quad O \\
\quad\quad\quad \| \\
CH_2SCNH_2 \\
\\
CH_2SCNH_2 \\
\| \\
O
\end{array}
\quad \cdot HCl
$$

【产品性能】　为白色无臭晶体。熔点 183～183.5 ℃。溶于水，微溶于乙醇和甲醇，不溶于丙酮、乙醚、乙酸乙酯、氯仿、苯、正己烷等有机溶剂。1% 水溶液 pH 值为 3～4。常温及酸性条件下稳定，碱性条件下不稳定。

【生产方法】　氯丙烯烃经胺化、氯化、硫氰化而得。

$$CH_2\!=\!CHCH_2Cl + HN(CH_3)_2 \xrightarrow[-NaCl]{NaOH, CCl_4} CH_2\!=\!CHCH_2N(CH_3)_2$$

$$\xrightarrow[CCl_4]{HCl} CH_2\!=\!CHCH_2\!\!-\!\!\overset{\overset{\displaystyle HCl}{|}}{N}(CH_3)_2 \xrightarrow{Cl_2, CCl_4} CH_2\!\!-\!\!\overset{\overset{\displaystyle Cl}{|}}{C}H\!\!-\!\!CH_2\overset{\overset{\displaystyle HCl}{|}}{N}(CH_3)_2$$

$$\xrightarrow[-NaCl]{NaOH} \overset{\overset{\displaystyle Cl}{|}}{C}H_2\!\!-\!\!\overset{\overset{\displaystyle Cl}{|}}{C}HCH_2N(CH_3)_2 \xrightarrow[-2NaCl]{2Na_2S_2O_3\ 75\%CH_3OH}$$

$$
\begin{array}{c}
CH_2SSO_3Na \\
| \\
(CH_3)_2NCH \\
| \\
CH_2SSO_3Na
\end{array}
\xrightarrow[-2Na_2SO_3]{2NaCN, H_2O}
\begin{array}{c}
CH_2SCN \\
| \\
(CH_3)_2NCH \\
| \\
CH_2SCN
\end{array}
$$

$$\xrightarrow[-2CH_3Cl]{3HCl, 2CH_3OH} (CH_3)_2NCH\begin{matrix} \overset{O}{\underset{}{}} \\ CH_2SCNH_2 \\ CH_2SCNH_2 \\ \underset{O}{} \end{matrix} \cdot HCl$$

【生产工艺】　由氯丙烯烃经胺化、氯化、硫氰化制得。

(1)**胺化**　按摩尔配比氯丙烯∶碱液(40%NaOH)∶二甲胺(40%)=1∶1.3∶1.2,进行胺化。操作步骤:将氯丙烯、二甲胺、液碱打入各自的高位槽计量。开启冷却器,釜锅冷冻。将氯丙烯放入釜内,启动搅拌。待釜温降至0~15℃时,同时滴加二甲胺和液碱,在0.5 h内均匀地滴完(二甲胺约先一点滴完)。温度不得超过15℃。关闭釜的冷冻,开蒸汽,缓慢升温至45℃,并保温反应2 h。停止搅拌,将反应物放入胺化物分水器中静置5 h分层。回收二甲胺后,得N,N-二甲基丙烯胺,胺化物含量80%左右,纯收率为82%。

(2)**氯化**　按摩尔配比N,N-二甲基丙烯胺∶氯化氢∶氯气=1∶1∶(1~1.5),进行氯化反应。操作步骤:将丙烯胺、氯仿打入各自的高位槽计量。开启冷冻,启动搅拌,将丙烯胺、氯仿放入釜中。釜温降至0℃时,通干燥氯化氢气,控制温度在0~10℃,直至氯化氢通完。氯化氢通完后接着通氯气氯化,温度控制在20℃左右,直至氯气通完。氯气通完后,停止搅拌,静置15 min,将釜底阀微开,让氯仿层慢慢流出(若带出固体氯化物则倒入釜内)。釜中固体氯化物加水搅拌0.5 h,使之充分溶解。然后静置0.5 h,分去残留的氯仿层。上层氯化物水溶液进贮槽备用。关闭釜的冷冻,氯仿层进贮槽待回收。氯化物水溶液中氯化物含量平均为31.3%,纯收率为91.3%。

(3)**硫氰化**　按摩尔配比氯化物∶硫代硫酸钠∶氰化钠=1∶2.08∶2.3;氢氧化钠用量:氯化物水溶液总酸度(mg/mL)×投料

立升数×0.972。氯化物水溶液 30%～35%,硫代硫酸钠溶液 35%～38%,氰化钠溶液 20%～25%。操作步骤:将已分析含量的氯化物水溶液、硫代硫酸钠水溶液和氰化钠水溶液分别打入各自的高位槽计量。将氯化物水溶液放入磺化釜,启动搅拌。常温下,将液碱在 0.5 h 内均匀地滴完。常温下,将硫代硫酸钠溶液在 1 h 内均匀地滴完。冷却器开水冷却,将釜升温至 60 ℃。在 60～65 ℃保温 4 h。关闭冷凝器冷却水,将磺化物抽入氰化釜,并将氰化釜温降至 13 ℃左右。在 13～15 ℃将氰化钠水溶液于 0.5 h 内均匀地滴完(温度不得超过 15 ℃)。在 13～15 ℃保温反应 1 h。停止搅拌,将硫氰化物放入离心机离心。过滤,得 2-二甲基氨基-1,3-双(硫氰基)丙烷。滤液送到硫氰化废水冷析釜回收亚硫酸钠。带盐硫氰酸酯重新送入氰化釜洗盐。

(4)醇解　按摩尔配比氯化物:HCl=1:10,甲醇用量:氯化物每千克投甲醇 450 L³。操作步骤:将甲醇打入高位槽,放入醇解釜。开启釜及冷凝器的冷冻,启动搅拌,加入硫氰酸酯。待釜温降至 0 ℃左右时,将干燥的氯化氢气通入醇解釜,保持温度在 0～10 ℃通完。在氯化氢快通完,放空口有氯化氢冒出时,即启用氯化氢吸收系统吸收氯化氢。通完氯化氢后,逐渐升温(1.5～2 h内升至 50 ℃)。在 50 ℃保温 3 h。开启釜的冷冻降温至 0 ℃(关闭冷凝器冷冻),保温 2 h。降温时停用氯化氢吸收系统(如降温之前,即 50 ℃保温后期没有盐酸气时也停用)。关闭釜冷冻,将物料放入离心机内离心。滤液(杀螟丹母液)压入杀螟丹母液贮槽待回收。产品进行干燥。杀螟丹平均含量为 96.2%,纯收率(以氯化物计)为 60%。

【实验室制法】

氯丙烯与二甲胺胺化(在 40%液碱存在下),其摩尔比为 1:1.3:1.2,在 45 ℃反应 2 h,反应物经分层,回收二甲胺后,制得 N,N-二甲基丙烯胺。将 N,N-二甲基丙烯胺溶于氯仿中,在 10 ℃

以下通入氯化氢成盐,再在 20 ℃左右通入氯气,其摩尔比为 1∶
1∶(1~1.05),氯化反应完成后加水分层,取氯仿层回收氯仿,制
得 1-二甲氨基-2,3-二氯丙烷盐酸盐,在室温下向其滴加氢氧化钠
溶液,再滴加 35%~38%硫代硫酸钠溶液。然后在 60 ℃反应
4 h,将物料温度降至 13 ℃左右,滴加 20%~25%氰化钠溶液。
加毕,在 13 ℃左右反应 1 h,过滤,得 2-二甲氨基-1,3-双(硫氰基)
丙烷。将其在甲醇介质中通入氯化氢,通气温度在 10 ℃以下,在
50 ℃反应 2 h,然后冷却至 0 ℃,过滤,干燥,得杀螟丹原粉。制剂
有:原粉,50%可湿性粉剂。

【产品用途】 杀螟丹具有内吸、胃毒、触杀等多种作用,效果
迅速,害虫一接触药剂即失去取食能力,持效较长。除对二化螟、
三化螟、抗性螟虫、稻卷叶螟、小菜蛾等鳞翅目害虫有特效外,对鞘
翅目、半翅目、双翅目、直翅目、蓟马等害虫均有很好的防治效果。
可用于防治抗性螟虫、棉花红蜘蛛、蚜虫和地下害虫。

使用方法说明:

(1)水稻害虫的防治　二化螟、三化螟每亩用 50%可溶性粉
75~100 g,对水 40~50 kg 喷雾。稻纵卷叶螟、稻苞虫每亩用
50%可溶性粉 100~150 g,对水 50~60 kg 喷雾。

(2)蔬菜害虫的防治　小菜蛾、菜青虫每亩用 50%可溶性粉
25~50 g,对水 50~60 kg 喷雾。

(3)茶树害虫的防治　用 50%可溶性粉 1 000~2 000 倍液均
匀喷雾。

(4)甘蔗害虫的防治　每亩用 50%可溶性粉剂 100~125 g,
对水 50 kg 喷雾,或对水 300 kg 淋浇蔗苗。

(5)果树害虫的防治　用 50%可溶性粉剂 1 000 倍液均匀
喷雾。

(6)旱粮作物害虫的防治　玉米螟每亩用 50%可溶性粉剂
100 g,对水 100 kg 喷雾或均匀灌在玉米心内。蝼蛄用 50%可溶

性粉拌麦麸(1∶50)制成毒饵施用。

【安全措施】 杀螟丹对家蚕毒性较高,在蚕区使用时,必须严防药剂污染桑叶和蚕室。浓度较高时,对水稻有药害,十字花科蔬菜幼苗对药剂敏感,不要在高温时使用。

2.33 杀螟松

杀螟松(fenitrothion)又称螟硫磷,化学名称为 O,O-二甲基-O-(3-甲基-4-硝基苯基)硫代磷酸酯,相应的商品名有 Sumithion、Folithion、Accothion、MEP。分子式 $C_9H_{12}NO_5PS$,相对分子质量 277.24。结构式为:

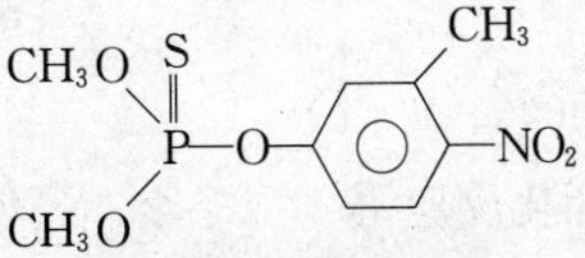

【产品性能】 棕黄色液体,微蒜臭味。沸点 140～145 ℃ (13.3 Pa,同时发生分解)。20 ℃时蒸汽压为 0.8 mPa。折射率 (n_D^{25})1.552 8。相对密度(d_4^{25})1.322 7。可溶于大多数有机溶剂,脂肪烃中溶解度低,不溶于水。遇碱水解,在 0.01 mol/L NaOH 中,30 ℃时的半衰期为 272 min。蒸馏会引起异构化。

【生产方法】 首先三氯硫磷与甲醇缩合得到 O,O-二甲基硫代磷酰氯,然后与 4-硝基-3-甲酚反应得到杀螟松。

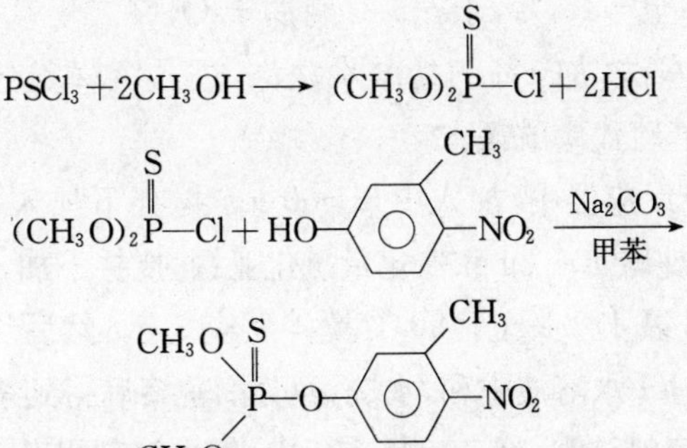

【生产流程】

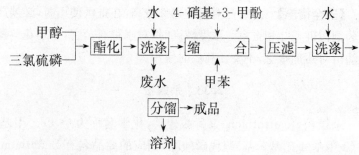

【生产配方】　（kg/t）

甲醇(99％)	1 168.4
三氯硫磷(98％)	902.2
4-硝基间甲酚(80％～90％)	421.8

【主要设备】　酯化反应锅　洗涤釜　高位贮槽　沉降釜　缩合反应器　洗涤锅　压滤器　分馏塔

【生产工艺】

将 98％的三氯硫磷 173 kg 投入酯化反应锅中,冷却至−15 ℃缓慢加入甲醇,控制加料温度−5 ℃左右,加完 162 kg后,再反应 10 min。将反应物料放入洗涤釜中,用−5 ℃冷水洗涤,洗涤后分层,下层为 O-甲基硫代磷酰氯。按 O-甲基硫代磷酰氯质量的 1.08 倍称取 NaOH,溶解于 4 倍质量的甲醇中,配成醇碱溶液冷却至−15 ℃,于−5 ℃滴加于 O,O-二甲基硫代磷酰氯中。加毕,水洗,加 1％的盐酸水洗涤,进入沉降釜分层,下层为O,O-二甲基硫代磷酰氯。

在缩合反应器中,加入甲苯 460 kg,搅拌下加入 4-硝基-3-甲酚 153 kg,纯碱 106 kg 和催化量氯化亚铜,搅拌下加入 O,O-二甲基硫代磷酰氯 177 kg,于 90 ℃搅拌反应 3 h。然后压滤,取油层依次用 NaOH 水溶液中和,水洗,经分馏脱溶后得到杀螟松。

【实验室制法】　在三口反应瓶中,加入溶剂甲苯(4-硝基间甲酚质量的 3 倍),然后,加入 4-硝基-3-甲酚 1 mol、碳酸钠 1 mol 和少量氯化亚铜,搅拌下加入 O,O-二甲基硫代磷酰氯 1.1 mol,在 90 ℃反应 3 h。然后过滤,取油层依次用 NaOH 水溶液中和、水洗,减压脱溶后得杀螟松。收率 95%。

【产品标准】

指标名称	优级品	一级品	合格品
外观		淡黄色至深棕色液体	
有效成分(%)	≥93.0	≥85	≥75
水分(%)	≤0.2	≤0.2	≤0.2
酸度(以硫酸计,%)	≤0.3	≤0.4	≤0.5

制剂有原油、50%乳油和 45%乳油。

【质量检验】

(1)含量测定　可采用皂化比色法或气相色谱法,也可采用薄层层析-溴化法。

气相色谱法采用带有火焰离子化检测器的气相色谱仪,其主要操作条件为:

色谱柱:1 830 mm×2 mm 玻璃柱,内装 3.0%PPE-6k/100～120 目 Chromosorb W-HP,在 230 ℃老化过夜;

柱温:195 ℃;

气化室温度:200 ℃;

载气:氮气,30 mL/min;

保留时间:样品杀螟松约 16 min,内标物约 26 min。

$$含量(\%) = \frac{k_1 \times m_1 \times P}{k_2 \times m_2} \times 100$$

式中　k_1——标准品中杀螟松/内标物 2 次测定平均峰面积比或峰高比;

　　　k_2——样品中杀螟松/内标物前后 4 次测定平均峰面积比或峰高比;

m_1——标准品质量,g;

m_2——样品质量,g;

P——标准品纯度,%。

【产品用途】　杀螟松是一高效低毒广谱性触杀性杀虫剂,具有胃毒、触杀作用。用于防治稻、麦、棉等多种作物和水果害虫(如螟虫、蚜虫、红蜘蛛等)。对水稻螟虫有特效。用 2 000 倍液喷雾,防治二化螟、三化螟、大螟效果均达 90% 以上。

【安全措施】

(1)生产中使用三氯硫磷、甲醇、4-硝基-3-甲酚等有毒化学品,设备必须密闭,操作人员应穿戴劳保用品,车间内保持良好通风状态。

(2)本品为有机磷有毒农药。大白鼠急性口服 LD_{50} 为 250~500 mg/kg。使用人员应配戴防护用品,每人不得连续施药 2 h。米、大豆、蔬菜上最大允许残留量 0.2 mg/kg。

(3)密封包装。在运输、贮存和使用中应遵守有毒农药安全操作规程。

2.34　米丁 FF

米丁 FF(mitin FF)又称灭丁 FF、防蠹灵、防蛀剂 FF,化学名称 5-氯-2-[4-氯-2-[(3,4-二氯苯基)氨基]酰胺苯氧基]苯磺酸钠。分子式 $C_{19}H_{11}Cl_4N_2NaO_5S$,相对分子质量 544.17。结构式为:

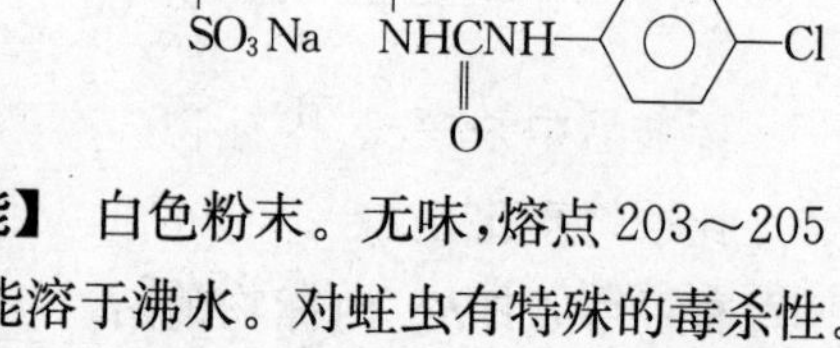

【产品性能】　白色粉末。无味,熔点 203~205 ℃。室温下溶于水 0.05%,能溶于沸水。对蛀虫有特殊的毒杀性。

【生产方法】　对氯苯酚与 2,5-二氯硝基苯在碱性条件下醚

化,然后磺化,还原,得到的 4,4′-二氯-2-氨基-2′-磺酸基二苯醚与
3,4-二氯苯基异氰酸酯反应得到米丁 FF,收率 70%。

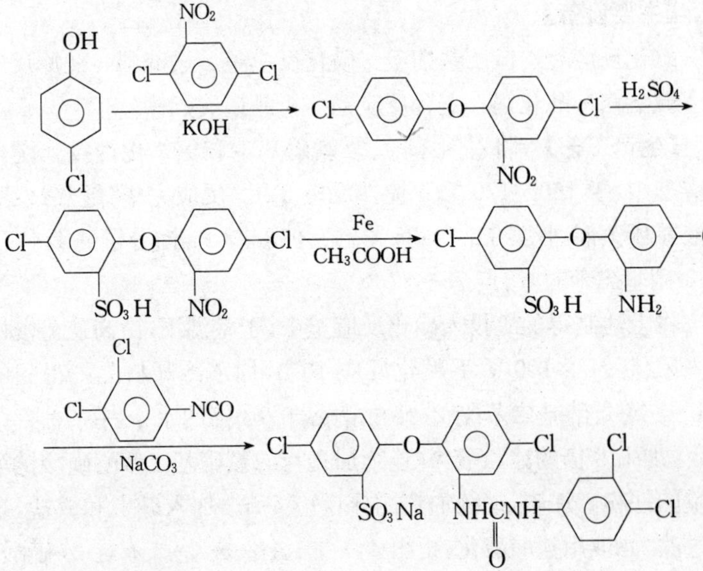

【生产流程】

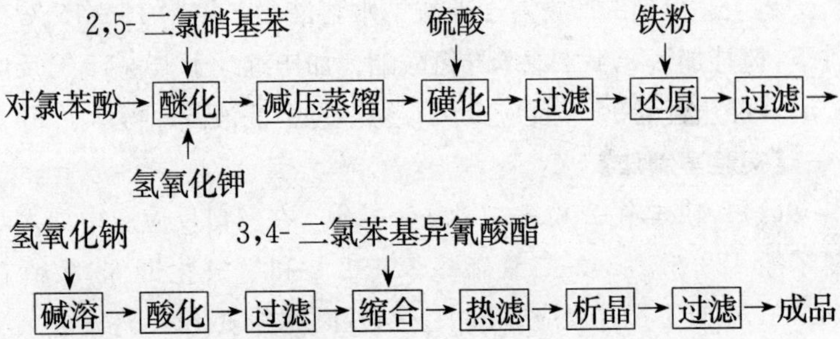

【生产配方】（质量,份）

对氯苯酚(100%计)	128.5
硫酸(96%)	1 050.0
2,5-二氯硝基苯(100%计)	192.0
铁粉	353.0

3,4-二氯苯基异氰酸酯(100%计)　　　　165.0

氢氧化钾　　　　　　　　　　　　　　　65.0

【主要设备】

醚化反应釜　减压蒸馏釜　磺化反应釜　过滤器　还原反应锅　碱溶锅　酸化锅　缩合反应罐　析晶锅　贮槽

【生产工艺】　将对氯苯酚、二氯硝基苯和氢氧化钾投入醚化反应釜中,于160~170 ℃下搅拌反应5 h。反应完毕,趁热过滤。滤液减压蒸馏,收集118~225 ℃/11×133.3 Pa馏分得到4,4′-二氯-2-硝基二苯醚,熔点75~77 ℃。

将上述制得的醚投入磺化反应釜中,于室温下,由高位槽慢慢加入浓硫酸,于100 ℃下磺化反应10 h,加水冷却析晶。得到的4,4′-二氯-2-硝基二苯醚-2′-磺酸钠溶于10倍的水中,在90 ℃条件下,加入3倍的冰乙酸,并连续加入与二氯硝基二苯醚磺酸钠等质量的铁粉。加毕,继续加热搅拌反应5 h。加入碱中和成盐,趁热过滤,滤液用盐酸酸化,析出4,4′-二氯-2-氨基-二苯醚-2′-磺酸,过滤。

将上述得到的产物溶于碳酸钠水溶液中。控制10~15 ℃条件下,搅拌加入3,4-二氯苯异氰酸酯。加毕继续于10~15 ℃反应0.5 h,再升温至90 ℃反应2 h。趁热过滤,滤液冷却得米丁FF。

【实验室制法】

(1)4,4′-二氯-2-硝基二苯醚的制备　在三口反应瓶中加入对氯苯酚128.6 g,2,5-二氯硝基苯192 g和氢氧化钾65.0 g,在160~170 ℃下搅拌反应5 h。趁热过滤,滤除氯化钾,将滤液减压蒸馏,收集220~223 ℃(11×133.3 Pa)馏分。冷却后呈淡黄色结晶,熔点75~76.5 ℃。

(2)4,4′-二氯-2-硝基二苯醚-2-磺酸的制备　反应瓶中加入4,4′-二氯-2-硝基二苯醚200 g,在室温下,逐渐加入96% H_2SO_4 700 g,升温至100 ℃,搅拌反应10 h,然后加至1.5 kg冰水中,析出淡黄色结晶,过滤,溶于热水中,用液碱调节呈弱碱性,析出4,4′-二氯-2-硝基-二苯醚-2′-磺酸钠的淡黄色晶体。

(3)4,4,-二氯-2-氨基-二苯醚-2′-磺酸的制备 将4,4′-二氯-2-硝基-二苯醚-2′-磺酸钠100 g溶于水1 000 mL中,在沸腾水浴中,不断搅拌下,加入冰乙酸300 mL,在其中少量地连续地加入铁粉100 g。然后,继续加热搅拌反应5 h。冷却,滤除不溶物,水洗。滤饼在5% NaOH中加热搅拌,趁热过滤,滤液用盐酸酸化,析出氨基磺酸衍生物结晶,过滤。

(4)米丁FF的制备 将4,4′-二氯-2-氨基-二苯醚-2′-磺酸33.4 g溶于稀碳酸钠水液中,在搅拌下,温度10 ℃,加入3,4-二氯苯基异氰酸酯18.8 g。于10~15 ℃下反应0.5 h后,再升温至90 ℃继续反应2 h。趁热过滤,滤液冷却得米丁FF粗品,用水重结晶得纯品。

【产品标准】 (参考标准)

外观	白色粉末
含量(%)	≥95
熔点(℃)	200~205

【产品用途】 用作毛织物防蛀剂。可与各种酸性染料一同使用,经处理的织物耐日晒、洗涤、汗渍、摩擦等牢度好,并赋予织物长久的抗蛀性。用药量为织物重量的3%。浓度3.5%,可杀死黑地毯皮蠹幼虫。

【安全措施】

(1)生产中使用对氯苯酚、2,5-二氯硝基苯、3,4-二氯苯基异氰酸酯等有毒化学品,生产设备必须密闭,操作人员应穿戴劳保用品,车间保持良好通风状态。毒性:大白鼠口服 LD_{50} 为750 mg/kg。

(2)密封包装,贮于通风,阴凉处。按有毒农药的有关规定贮运。

2.35　克线磷

【产品性能】　克线磷（Phenamiphos）又名苯线磷、线畏磷、力
螨库、灭线灵一号。化学名称为乙基-3-甲基-4-(甲硫基)苯基异丙
基氨基磷酸酯,乙基-(3-甲基-4-甲硫基苯基)(1-甲基乙基)磷酰
胺。分子式 $C_{13}H_{22}NO_3PS$,分子量为 303.4。结构式为:

$$H_3C$$

$$CH_3S- \bigcirc -O-P-NHCH \begin{matrix} OCH_2CH_3 & CH_3 \\ \end{matrix}$$

白色结晶。熔点 49 ℃,相对密度 1.14(20/4 ℃)。蒸汽压
(30 ℃)为 $1.0×10^{-4}$ Pa。20 ℃,在水中的溶解度为 700 mg/L,正
己烷为 40 g/L,异丙醇和二氯甲烷中均>1 200 g/L。

【生产配方】

间甲酚(65%)	200
二甲二硫(90%)	145
硫酸(95%)	136
碳酸钠	42

【生产方法】　乙醇和异丙胺与三氯氧磷连续反应制得乙基-
异丙胺基磷酰氯,再与 3-甲基-4-甲硫基苯酚反应而制得克线磷。
本方法的关键是中间体 3-甲基-4-甲硫基苯酚($C_8H_{10}OS$)的合成,
可由间甲酚与二甲二硫反应得到。

【生产工艺】　将混甲酚(含间甲酚 65%)200 g 及二甲二硫
(含量 90%)145 g 投入反应瓶中,开动搅拌,用冰水浴将物料冷却

至 10 ℃。滴加 95％硫酸 136 g,1 h 内滴完,控制温度 10～15 ℃,搅拌反应 5 h,静置。分出废酸,加入 15％ Na_2CO_3 溶液 280 mg,搅拌 20 min,再静置。分出水层,水洗,减压蒸除水和二甲二硫及未反应的混甲酚,得中间体(专利 DBP1121882,USP298479)。得到的 3-甲基-4-甲硫基苯酚与 O-乙基-异丙胺基磷酰氯反应得到克线磷。

【产品用途】 克线磷是优良的杀线虫剂,能有效地防治根瘤线虫、结节线虫和自由生活线虫。

2.36 吡虫清

吡虫清(Acetamiprid)又称快益灵、莫比朗(Mospilan)、乙虫脒、啶虫脒。化学名称为(E)-N-[(6-氯-3-吡啶基)甲基]-N-氰基-N-甲基乙酰胺;N-(N-氰基-乙亚胺基)-N-甲基-2-氯吡啶-5-甲胺;N-[(6-氯-3-吡啶)甲基]-N'-氰基-N-甲基乙脒。分子式 $C_{10}H_{11}ClN_4$,分子量 222.68。结构式为:

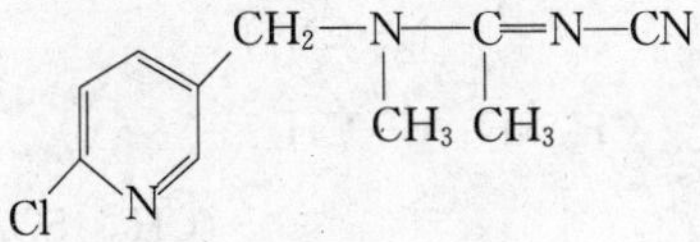

【产品性能】 纯品为白色结晶。熔点 101.0～103.0 ℃,蒸汽压＜$1.0×10^{-6}$ Pa(25 ℃)。溶解度(25 ℃):水 4 200 mg/L,易溶于丙酮、甲醇、乙醇、二氯甲烷、氯仿、乙腈、四氢呋喃等溶剂。在 pH 值 4～7 的水中稳定,pH 值为 9 时于 45 ℃逐渐水解,在日光下稳定。急性经口毒性对大鼠:雄 LD_{50} 217 mg/kg,雌 LD_{50} 146 mg/kg。

【生产方法】

(1)N-甲基-2-氯-5-吡啶甲基胺法 N-甲基-2-氯-5-吡啶甲基胺与 N-氰基乙亚胺酸乙酯发生氨解得吡虫清。

(2)2-氯-5-吡啶甲基胺法　2-氯-5-吡啶甲基胺与 N-氰基乙亚胺酸乙酯发生氨解,然后与硫酸二甲基发生甲基化得到吡虫清。

(3)N-氰基乙脒法　N-氰基乙脒与 2-氯-5-氯甲基吡啶缩合,然后与硫酸二甲酯发生甲基化得吡虫清。

$$CH_2NH-\overset{\displaystyle N-CN}{\underset{\displaystyle CH_3}{C}} + (CH_3)_2SO_4 \rightarrow$$

（以2-氯吡啶为基础的结构式）

$$CH_2-\overset{}{\underset{CH_3}{N}}-\overset{}{\underset{CH_3}{C}}=N-CN$$

(4)N-氰基-N′-甲基乙脒法 N-氰基-N′-甲基乙脒与2-氯-5-氯甲基吡啶缩合得吡虫清。

$$CH_2Cl$$

$$+ H_3CHN-\overset{N-CN}{\underset{}{C}}-CH_3 \rightarrow$$

$$CH_2-\overset{}{\underset{CH_3}{N}}-\overset{}{\underset{CH_3}{C}}=N-CN$$

这里主要介绍第二种方法。

【生产流程】

六次甲 N-氰基乙亚 硫酸二
基四胺 胺酸乙酯 甲酯

2-氯-5-氯甲基吡啶→ 氨 化 → 氨 解 → 甲基化 →成品

【生产配方】

2-氯-5-氯甲基吡啶（100％计）	162.6
六次甲基四胺（100％计）	154.6
N-氰基乙亚胺酸乙酯（95％计）	122.9
四丁基溴化铵	0.93
硫酸二甲酯	98.3

【生产工艺】

(1)氨化　在三口反应烧瓶中加入烘干的六次甲基四胺
154.6 g,乙腈 1 300 mL 和 90.2%的 2-氯-5-氯甲基吡啶 180.3 g,
加热搅拌回流 8 h。冷却至室温,过滤得 379 g 白色固体。将白色
固体投入三口瓶中。加入水 322 mL,盐酸 316 mL,搅拌下加入甲
醇 790 mL。加热回流 1.5 h。反应初期反应温度为 61 ℃,1 h 后
回流温度为 50.5 ℃。减压下除去甲醇和二甲氰基甲烷。冷却至
室温,加入氯仿 80 mL。搅拌下加入 25% NaOH 水溶液 526 g,
pH 为 8～9,分层,水层用氯仿 520 mL 萃取 1 次。合并氯仿层。
减压下除去氯仿。放入冰箱冷却,得淡黄色固体 167.8 g,含量
84.3%,收率 99%。粗品用甲醇重结晶 1 次,得白色晶体。含量
97.3%,熔点 25～26 ℃。

(2)氨解　在 500 mL 三口瓶中,投入 2-氯-5-吡啶甲基胺
79.5 g(84.3%),水 261.5 mL。搅拌下室温滴加 N-氰基乙亚胺
酸乙酯 58.2 g(95%)。约 0.5 h 加完,搅拌 0.5 h。加入乙醇
92.5 mL。加热至 78 ℃,淡黄色固体溶解,回流 15 min 至全溶。
慢慢地冷却至 15 ℃,析出白色晶体,放至冰箱。过滤,烘干,得
80.2 g 白色结晶。N-氰基-N′-(2-氯-5-吡啶甲基)乙脒 87.5%,收
率 71.6%。粗品用乙醇重结晶得白色结晶。含量 98.5%。熔点
141～143 ℃。

(3)甲基化　在 500 mL 三口瓶中,加入 N-氰基-N′-(2-氯-5-
吡啶甲基)乙脒 40 g(87.5%),氯仿 109.0 mL,四丁基溴化铵
0.22 g。搅拌下,冷却到 15 ℃,同时滴加硫酸二甲酯 23.2 g 和
50%NaOH 水溶液 16.8 g,约 1.5 h 加完,15 ℃搅拌 3 h,加入水
67.2 mL 和 40%二甲胺水溶液 0.66 g,室温搅拌 1 h,分层,水层
用氯仿 60 mL 萃取,合并氯仿层。加入水 76 mL,常压蒸除氯
仿。冷却至 55 ℃,加入甲醇 54 mL,冷却至 35 ℃。在 1 h 内滴
加水74 mL,析出固体。冷却至 0 ℃,析出完全。过滤,得淡黄

色固体。烘干得吡虫清 34 g,含量 88.2%,收率 80.22%。粗品用 36%甲醇水溶液重结晶得到白色针状结晶,熔点 101～103 ℃。

【产品用途】　吡虫清是一种高效,广谱的杀虫剂,具有触杀和胃毒作用。对半翅目(蚜虫、叶蝉、粉虱蚧虫、蚧壳虫等),鳞翅目(小菜蛾、潜叶蛾、小食心虫、纵卷叶螟),鞘翅目(天牛、猿叶虫)以及点翅虫害虫(蓟马类)均有效。且活性高,用量少,持效长而又速效。

2.37　吡虫啉

吡虫啉(Imidacloprid)也称海正吡虫啉、咪蚜胺、康复多、必林。化学名称为 1-(6-氯-3-吡啶基甲基)-4,5-二氢-N-硝基亚咪唑烷-2-基胺;1-(6-氯-3-吡啶甲基)-N-硝基亚咪唑烷-2-基胺。分子式 $C_9H_{10}ClN_5O_2$,分子量 255.7。结构式为:

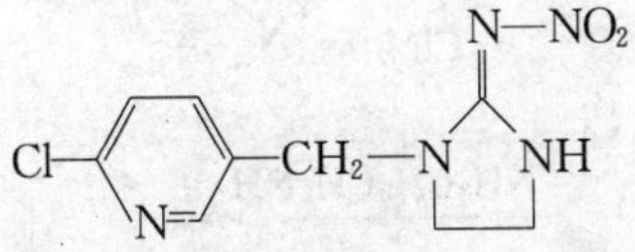

【产品性能】　无色晶体,有微弱气味,熔点 143.8 ℃(晶体形式 1),136.4 ℃(形式 2),蒸汽压 0.2 μPa(20 ℃),密度 1.543(20 ℃),溶解度水 0.51 g/L(20 ℃),二氯甲烷 50-100,异丙醇 1-2,甲苯 0.5-1,正己烷<0.1(g/L,20 ℃),pH 值 15～11 稳定。1991 年拜耳公司和日本特殊农药株式会社开发的杀虫剂,具有优良的内吸性和特效性。

【生产方法】

(1)3-甲基吡啶法　3-甲基吡啶经 N-氧化,氯化得到 2-氯-5-甲基吡啶,进一步氯化后与 N-硝基亚咪唑烷-2-基胺缩合得到吡虫啉。

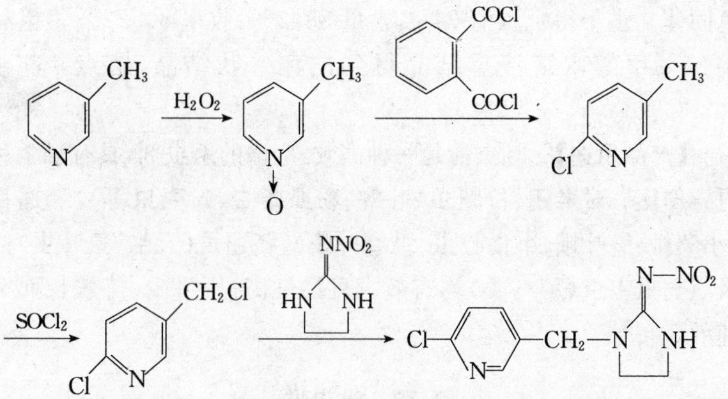

（2）2-氨基-5-甲基吡啶法　　2-氨基-5-甲基吡啶重氮化后氯代得 2-氯-5-甲基吡啶,氯化后得 2-氯-5-氯甲基吡啶,再与乙二胺缩合,缩合产物与硝基胍反应得吡虫啉。

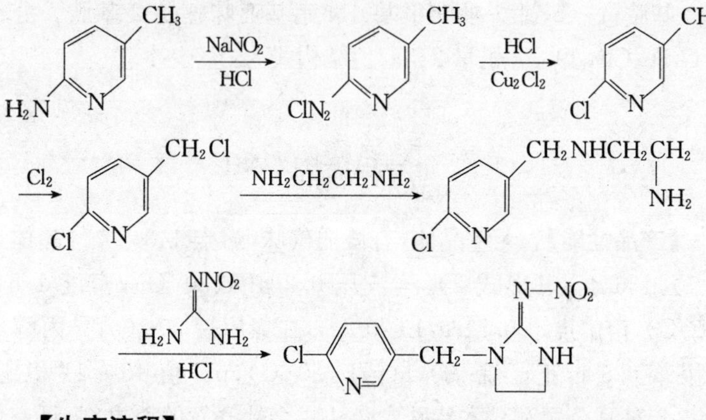

【生产流程】

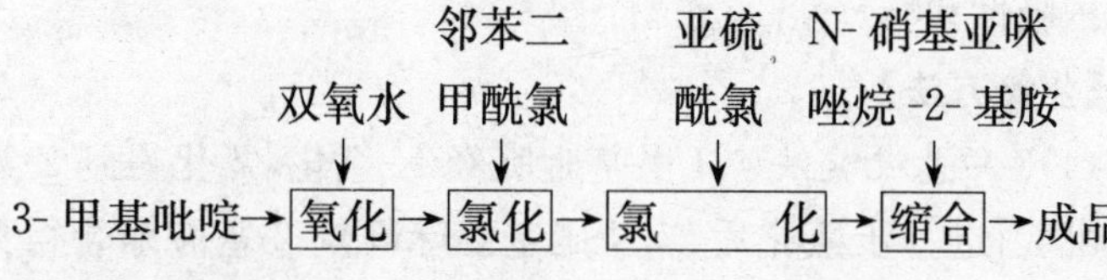

3-甲基吡啶 →（双氧水）氧化 →（邻苯二甲酰氯）氯化 →（亚硫酰氯）氯化 →（N-硝基亚咪唑烷-2-基胺）缩合 → 成品

【生产工艺】

（1）氧化　　在装有搅拌、温度计、回流冷凝管的三口烧瓶中依次加入双氧水 14 mL,3-甲基吡啶 45.6 g,CHCl₃ 160 mL 及磷钼酸 12.8 g,升温至 75 ℃后开始滴加 30% H₂O₂ 94 g,在 3 h 内滴加完继续反应 6 h,此时溶液变为浅棕色透明液体。升温,蒸出大部分苯,减压蒸馏脱水,向烧瓶中加入 CHCl₃ 100 mL,过滤除去固体催化剂,滤液经减压脱溶后得棕色液体,冷却至 20 ℃后变为浅棕色固体,得 3-甲基吡啶-N-氧化物。

(2)氯化　在三口烧瓶中加入 3-甲基吡啶-N 氧化物 54.5 g(以 100%计),三乙胺 74.7 g 及 CH₂Cl₂ 500 mL,在氮气保护下滴加邻苯二甲酰氯 67.7 g,加完后继续保温 2 h。抽滤,滤渣用 CH₂Cl₂ 100 mL 洗涤,滤液经减压脱溶得浅褐色黏稠液体。在冷却条件下调节此液体的 pH 值保持 6 左右。馏出物分出油层,水层用 3×200 mL CH₂Cl₂ 萃取。合并油层和萃取液,经无水 MgSO₄ 干燥处理后减压脱溶,得无色至浅黄色油状液体即 2-氯-5-甲基吡啶,收率 76%。

在装有回流冷凝管、搅拌、滴液漏斗的三口烧瓶中加入 2-氯-5-甲基吡啶 38.6 g,苯 40 mL,开动搅拌,在 50 ℃下缓慢滴加含亚硫酰氯 24.0 g 的苯溶液,2 h 滴完,加热回流 4 h,停止搅拌、脱溶、柱层析得 2-氯-5-氯甲基吡啶,产率 70%。

(3)缩合　在装有温度计、回流冷凝管、搅拌、滴液漏斗的四口烧瓶中加入乙腈 80 mL,N-硝基亚咪唑烷-2-基胺 39.0 g,碳酸钾 14.4 g,少许氯化亚铜,搅拌下滴加溶有 2-氯-5-氯甲基吡啶 32.6 g 的乙腈溶液,加热回流反应 5 h,过滤,用乙腈洗滤渣,与滤液合并,滤液减压下脱溶剂得褐色固体,将其用硅胶柱层析分离,得吡虫啉,产率 90%。

【产品用途】　吡虫啉是烟碱类超高效杀虫剂,具有广谱、高效、低毒、低残留、害虫不易产生抗性,对人、畜、植物和天敌安全等特点,并有触杀、胃毒和内吸等多重作用。害虫接触药剂后,中枢神经正常传导受阻,使其麻痹死亡。产品速效性好,药后 1 天即有较高的防效,残留期长达 25 d 左右。药效和温度呈正相关,温度高,杀虫效果好。主要用于防治刺吸式口器害虫。

2.38　辛硫磷

辛硫磷(Phoxim)又称肟硫磷、倍腈松、腈肟磷,化学 O,O-二乙基-O-α-氰基苄叉胺基硫逐磷酸酯。分子式 $C_{12}H_{15}N_2O_3PS$,分子量 298.18。结构式为:

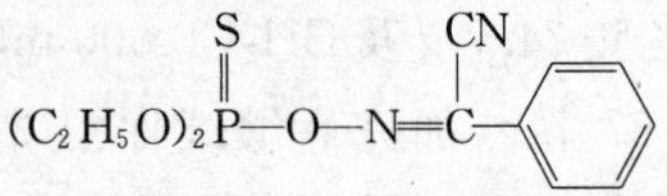

【产品性能】　纯品为浅黄色油状液体,原药为红棕色油状液体。凝固点 5~6 ℃,沸点 120 ℃/1.33 Pa,相对密度(d_4^{20})1.176。折射率(n_D^{20})1.539 5。20 ℃,水中溶解度为 7 mg/kg,二氯甲烷>500 mg/kg,异丙醇>600 mg/kg,易溶于乙醇、丙酮、芳烃、卤代烃等有机溶剂。稍溶于植物油、矿物油和脂肪烃。在酸性介质和中性介质中稳定,在碱性介质中易分解。

【生产方法】　盐酸和乙醇的混合液滴加至亚硝酸钠水溶液中生成亚硝酸乙酯,亚硝酸乙酯与苯乙腈,氢氧化钠作用生成 α-氰基苯甲肟钠,然后与 O,O-二乙基硫代磷酰氯缩合得辛硫磷。

$$NaNO_2 + C_2H_5OH + HCl \rightarrow C_2H_5ONO + NaCl + H_2O$$

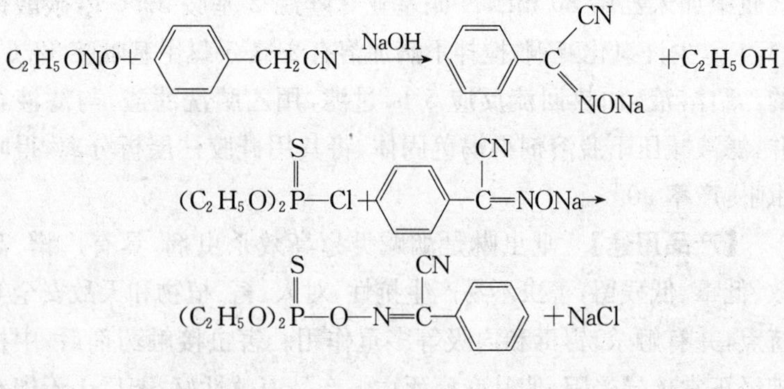

【生产流程】

【生产配方】

亚硝酸钠（95%）	400
乙醇（95%）	200
苯乙腈（96%）	500
氢氧化钠（30%）	680
盐酸（30%）	680
O,O-二乙基硫代磷酰氯（90%）	750

【生产工艺】

（1）酯化、缩合　将亚硝酸钠固体（工业品）投入反应釜，加水搅拌使其溶解，加入乙醇，冷却至 0 ℃以下，滴加 30% 的盐酸，滴加完毕，静置，分去下层酸水，得到黄色油层，再加入氰苄，加适量乙醇，滴加 30% 氢氧化钠，反应温度从 0 ℃ 逐渐上升至 30～35 ℃。滴加完毕，维持反应温度继续搅拌 1 h，出料，得到 α-氰基苯甲肟钠（浅棕色），收率 94%～96%。

（2）缩合　将 α-氰基苯甲肟钠用 30% 的盐酸配比至 pH＝1～2，静置分去下层酸水，得棕黄色油层，滴加液碱至 pH＝10～11，加入 O,O-二乙基硫代磷酰氯（98%），体系呈均相，升温至 45 ℃ 左右，反应 2 h，出料，加水洗涤，得淡黄色辛硫磷成品。收率 88%～90%。

【产品标准】

（1）原油

外观	红棕色液体
有效物含量（一级品，%）	≥85
氯化物（%）	≤1.0

水分(%)　　　　　　　　　　　　≤0.8

酸度(以 H_2SO_4 计,%)　　　　　　≤0.3

(2)40%,45%,50%乳液

指标名称	40%乳液	45%乳液	50%乳液
有效成分含量(%)	≥40	≥45	≥50
水分(%)	≤0.6	≤0.7	≤0.7
酸度(以 H_2SO_4 计,%)	≤0.35	≤0.2	≤0.2
乳液稳定性	合格	合格	合格

【产品用途】　广谱的有机磷杀虫剂,具有胃毒和触杀作用。主要用于防治地下害虫,适宜花生、小麦、水稻、棉花、玉米等作物的害虫防治,也可以防治果树、蔬菜、桑、茶等害虫,还可防治蚊蝇等卫生害虫及仓储害虫,特别对花生、大豆、小麦的蛴螬、蝼蛄有良好的效果。

2.39　庚烯磷

【产品性能】　庚烯磷(Hostapuick),化学名称为 7-氯双环-[3,2,0]庚-2,6-二烯-6-基二甲基磷酸酯,Heptenophos,7-Chloro-bicyclo-[3.2.0]hepta-2,6-dien-6-yldimethyl-phosphate。分子式 $C_9H_{12}ClO_4P$,分子量 250.6。结构式为:

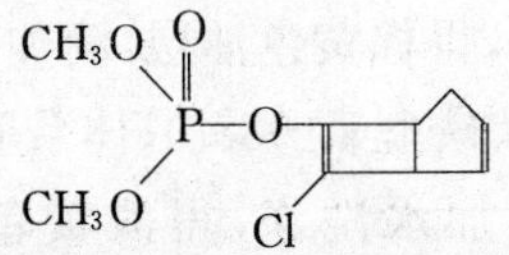

浅琥珀色液体。沸点 94~95 ℃(0.133 Pa);蒸汽压(20 ℃)为 0.10 Pa。溶于二甲苯、丙酮、甲醇,23 ℃水中的溶解度为 2.5 g/L。庚烯磷是有机磷杀虫剂,具有消毒、触杀和很强的内吸活性。

【生产流程】

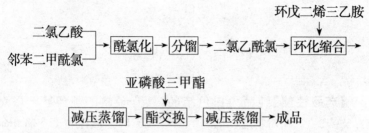

【生产工艺】

(1)二氯乙酰氯的制备　在反应瓶中加入二氯乙酸,在加热下滴加邻苯二甲酰氯。滴加毕,升温分馏,收集 106～110 ℃馏分即得。

(2)7,7-二氯二环[3,2,0]庚-2-烯-6-酮的制备　在反应瓶中混合二氯乙酰氯,新鲜解聚得的环戊二烯及戊烷组成的溶液。在氮气下搅拌加热回流,并慢慢滴加三乙胺的戊烷溶液。加毕后回流几小时,得乳白液。加入蒸馏水,以溶解三乙胺盐酸盐。分出水层,水层用戊烷抽提,合并有机层,经干燥、过滤,蒸去戊烷及多余的环戊二烯后,得黏稠的橙色液体,减压蒸馏,收集 66～68 ℃ (267 Pa)的馏分即得。

(3)庚烯磷的制备　在反应瓶中加入 7,7-二氯二环[3,2,0] 庚-2-烯-6-酮及亚磷酸三甲脂,加热至适当温度后再保温几小时,然后减压蒸馏收集 128～130 ℃(533 Pa)的馏分即得。配制成 40%可湿性粉剂或 25%,50%乳剂。

【产品用途】　用于防治杀灭豆蚜和果树蔬菜蚜虫的防治。其最突出的特点是高效、持效短、残留量低,所以最适合于临近收获期防治害虫。

2.40　毒死蜱

毒死蜱(chlorpyrifos)又称氯吡硫磷,化学名称为 O,O-二乙基-O-(3,5,6-三氯-2-吡啶基)硫逐磷酸酯。分子式 $C_9H_{11}Cl_3NO_3PS$,

分子量 350.49。结构式为：

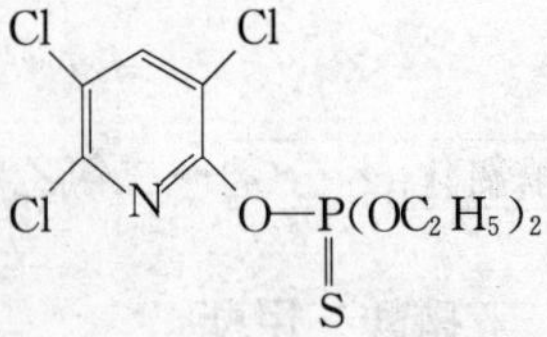

【**产品性能**】纯品为白色结晶,具有轻微的硫醇味。熔点 42.5～43 ℃,相对密度($d_D^{43.5}$)1.398,25 ℃时蒸汽压为 2.52 mPa, 35 ℃水中溶解度为 $2×10^{-6}$,异辛烷为 790 g/kg,甲醇为 430 g/kg, 可溶于丙酮、苯、氯仿等大多数有机溶剂。在酸性介质中稳定,在 碱性介质中易分解,对铜和黄铜有腐蚀性。是一种高效、广谱、低 残留有机磷杀虫和杀螨剂。可与碱性农药混用。

【**生产方法**】 吡啶氯化后还原得 2,3,5,6-四氯吡啶,然后水 解得 2-羟基-3,5,6-三氯吡啶,再与 O,O-二乙基硫代磷酰氯缩合 得毒死蜱。

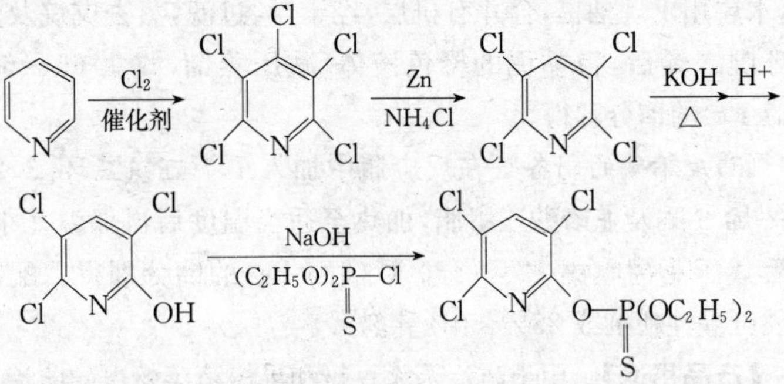

【**生产流程**】

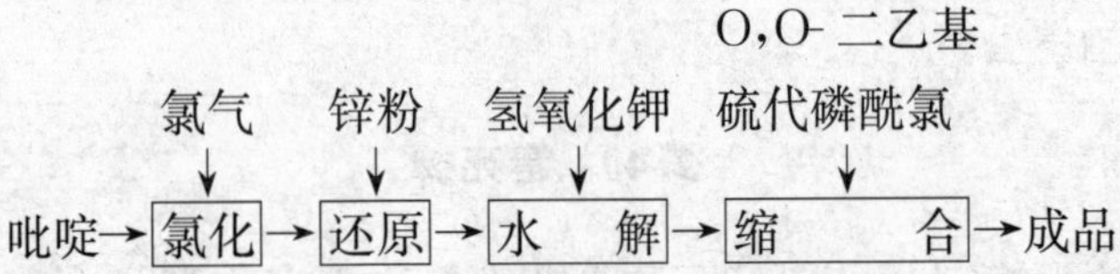

【生产配方】

吡啶(工业品)	370
氯气(99%)	830
O,O-二乙基硫代磷酰氯	770

【生产工艺】 在催化剂存在下,吡啶于 330 ℃下与氯气发生氯化生成五氯吡啶。然后以乙腈为溶剂,五氯吡啶于 78 ℃下与缓慢滴加的锌粉/氯化铵水溶液作用,反应 3 h 得 2,3,5,6-四氯吡啶。在氢氧化钾存在下,2,3,5,6-四氯吡啶于 95～100 ℃下水解,水解液用硫酸酸化至 pH 值 3.5,得 2-羟基-3,5,6-三氯吡啶。

将 2-羟基-3,5,6-三氯吡啶投入氢氧化钠水溶液中溶解,降温,加入少量氯化钠、氢氧化钠、硼酸、苄基三乙基氯化铵(相转移催化剂)1-甲基咪唑及有机溶剂二氯甲烷,加热至 42 ℃,于搅拌下加入 O,O-二乙基硫代磷酰氯,加毕,回流 1.5 h,分去水相,有机层经水洗涤,减压脱去溶剂,即得油状产物毒死蜱,含量 90.3%。油状产物用 95% 乙醇重结晶,可得白色固体产品,熔点 42.5～43 ℃。

说明: 2-羟基 3,5,6-三氯吡啶也可由下列路线合成。

在四口瓶中加入三氯乙酸 163.4 g、氯化亚砜 137.0 g 和二甲基甲酰胺 8 g。搅拌下慢慢升温到 45～50 ℃。用液碱吸收放出的氯化氢和二氧化硫,开始回流,待停止回流后,再升温至 80～

85 ℃,继续回流 2.5 h。反应结束后,用 15～20cm 玻璃弹簧填料分馏柱蒸馏分离,收集 116～120 ℃馏分,得三氯乙酰氯 148 g,收率 81.3%。

在四口瓶中加入三氯乙酰氯 87.4 g,丙烯腈 34.6 g,氯化亚铜 2.24 g,铜 1.45 g 和上次本步反应后的蒸馏物约 70 g,在氮气保护下,搅拌升温至 82 ℃,开始回流,在约 16 h,内温升至 96 ℃,然后常压蒸馏内温达 115 ℃时,减压蒸馏,在 53.3 kPa 压力下,内温 120 ℃时,停止蒸馏,收集所有蒸馏物循环用于下次反应。冷却残留物,加入二氯乙烷 110 mL。过滤,得加成物 A 的母液,直接进行下步反应。滤饼为催化剂,可循环使用。

将上述 A 的溶液放入 250 mL 四口瓶,搅拌下在 60～65 ℃通入氯化氢气体,在保证尾气有少许氯化氢逸出的通气速度时,约 10 h 完成闭环反应。然后真空尽可能排除氯化氢,得环化产物五氯四氢吡啶酮溶液。

冰水冷却五氯四氢吡啶酮溶液,搅拌下滴加 110 g(27.3%)氢氧化钠溶液,控制反应温度不超过 40 ℃。反应物黏稠状,快速搅拌,滴加完毕,室温下搅拌 16 h,过滤,滤饼用 13%的碳酸钠溶液 50 mL 充分搅拌,过滤、干燥,得钠盐 66.1 g(含 18.5%氯化钠),收率 50.9%。钠盐转化为醇,熔点 167～169 ℃,可直接与 O,O-二乙基硫代磷酰氯反应得毒死蜱。若酸化得 2-羟基-3,5,6-三氯吡啶。

【产品标准】

40%乳油	外观浅黄色液体
相对密度(d_D^{20})	1.18
含量(%)	≥40

【产品用途】 毒死蜱具有触杀、胃毒和熏蒸作用,能有效地防治水稻、麦类、玉米、棉花、甘蔗、茶叶、果树、花卉和畜牧等方面的螟虫、卷叶虫、粘虫、介壳虫、蚜虫、叶蝉和害螨等 100 余种害虫。

2.41 钙敌畏

【产品性能】 钙敌畏（Calvinphos）又名敌敌钙、钙杀畏。本品为 O-甲基-O-(2,2-二氯乙烯基)-磷酸钙与 O,O-二甲基-O-(2,2-二氯乙烯基)磷酸酯（敌敌畏）的立体配合物。分子式 $C_{14}H_{22}Ca\text{-}Cl_8O_{16}P_4$，分子量 831.98。该品为白色或淡黄色蜡状固体。熔点 64～67 ℃，易溶于乙醚。

【生产配方】

敌敌畏	1 000
氯化钙	24
甲苯	10

【生产方法】 先将敌敌畏与氯化钙作用生成钙盐，再与敌敌畏络合得到产品。

【生产工艺】 经计量的粉状氯化钙一次性投入反应锅，再加入溶剂甲苯。搅拌加热至 40 ℃，滴加计量敌敌畏原油。滴加完毕，再在 40 ℃反应 6～7 h，回收反应生成的副产物氯甲烷（每吨钙敌畏可回收氯甲烷 100 kg）。然后将反应物移至脱溶锅，加热减压脱去溶剂甲苯，即得到钙敌畏原药。平均收率 92.4%。

本品常加工为 40%乳油（原药、乳化剂和水的混合物）、65%可湿性粉剂。（Verai,E,J. Pesticides,1974,8,15）。

【产品用途】 钙敌畏具有熏蒸和触杀作用，可有效地防治农作物和家庭卫生害虫，防治蟑螂的效果尤为突出。

2.42　氟蚜螨

氟蚜螨属酰胺类杀虫杀螨剂。化学名称为 N-甲基-N-(1-萘基)氟乙酰胺。分子式 $C_{13}H_{12}FNO$，分子量 217.26。结构式为：

【产品性能】　白色结晶或结晶性粉末。熔点 88～89 ℃。

【生产方法】

(1)氟乙酰氯法　N-甲基-1-萘胺与氟乙酰氯缩合得到氟蚜螨。

(2)氯乙酰氯法　氯乙酰氯(或氯乙酸在三氯化磷存在下)与萘胺反应,然后甲基化,氟代得氟蚜螨。

这里介绍第二种方法。

【生产流程】

```
        氯乙酰氯   硫酸二甲酯   氟化钾
          ↓         ↓          ↓
1-萘胺 → 缩合 → 甲 基 化 → 氟化 → 成品
```

【生产配方】

1-萘胺(100%计)	143.0
氯乙酰氯(95%)	119.0
硫酸二甲酯(100%计)	136.8
氟化钾	59.0

【生产工艺】

(1)缩合 将 1-萘胺 143 g 溶于甲苯 500 mL 中,滴加 95%氯乙酰氯 119.0 g,滴完后于 80~90 ℃反应 1.5 h,冷却,过滤,烘干即得氯乙酰萘胺 215.0 g。

(2)甲基化 将氯乙酰萘胺 109.7 g,水 750 mL,甲醇 250 mL及氢氧化钠 25.0 g 放于反应瓶中,搅拌下加入硫酸二甲酯 70 g,搅拌反应 2 h,倾入水 2 500 mL 中,搅拌数分钟,过滤、水洗、干燥得 N-甲基-N-萘基氯乙酰胺 114.5 g。

(3)氟化 将 N-甲基-N-萘基氯乙酰胺 46.8 g,乙二醇200 mL及氟化钾 12.0 g 加入到反应瓶中,在 120 ℃反应 2 h,减压回收约乙二醇 170 mL 后,加入水 300 mL,搅拌后即得固体,过滤、水洗、烘干重 39.6 g,经重结晶后得氟蚜螨,熔点为 88~89 ℃。

【产品用途】 杀虫、杀螨剂,用于果树、棉田红蜘蛛等螨类的防治。

2.43 氟氰戊菊酯

氟氰戊菊酯(flucythrinate,cybolt,cythrin)又称氟氰菊酯,化学名称为(R,S)-α-氰基-3-苯氧基苄基-(S)-2-(对二氟甲氧基苯基)-3-甲基丁酸酯(4-(difluoromethoxy)-α-(1-methylethyl)benzeneacetic acid cyano（3-phenoxyphenyl）methyl ester）。分子式 $C_{26}H_{23}F_2NO_4$，相对分子质量 451.46。结构式为：

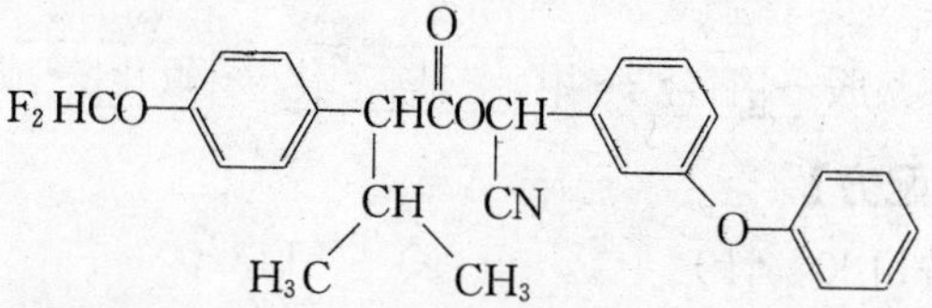

【产品性能】　纯品为琥珀色黏性液体。沸点 108 ℃/46.7 Pa，相对密度（d_4^{22}）1.189。蒸气压（45 ℃）32.0 μPa。在 100 mL 溶剂中溶解度（21 ℃）：丙酮＞82 g，己烷 9 g，丙醇 78 g，二甲苯 181 g，水 0.05 mg。在正辛醇/水中分配系数为 110。属高效广谱拟除虫菊酯类杀虫剂。

【生产方法】　对氯苄腈经异丙基化、水解后得 α-对氯苯基异戊酸。然后，在碱及催化剂存在下，α-对氯苯基异戊酸水解得 α-对羟基苯基异戊酸，与二氟氯甲烷发生二氟甲基化，再与亚硫酰氯发生酰氯化，得到相应的酰氯化合物。最后在相转移催化剂催化下，与间苯氧基苯甲醛和氰化钠缩合，即得氟氰戊菊酯。

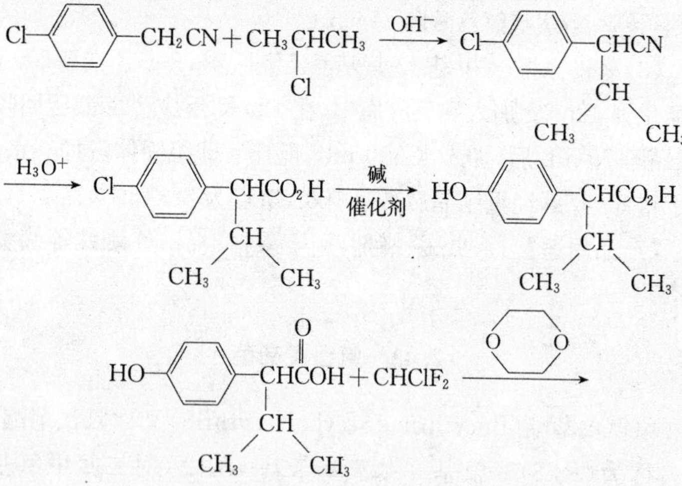

$$F_2HCO-\text{(苯环)}-CH(CH(CH_3)CH_3)-COOH$$

$$F_2HCO-\text{(苯环)}-CH(CH(CH_3)CH_3)-COOH \xrightarrow[\quad NaCN \quad]{SOCl_2}$$

$$F_2HCO-\text{(苯环)}-CH(CH(CH_3)CH_3)-CO-CH(CN)-\text{(苯环-O-苯环)}$$

【生产流程】

对氯苄腈
氯代异丙烷 → 异丙基化（碱） → 水解（酸） → 水解（碱，催化剂） → 过滤 → 酸化（盐酸） →

二氟一氯甲烷 乙醚
→ 氟甲基化 → 萃取 → 脱溶 → 后处理 → 酰氯化（亚硫酰氯） → 浓缩 →

间苯氧基苯甲醛、氰化钠
→ 缩合 → 洗涤 → 减压浓缩 → 成品

【生产配方】（kg/t）

对氯苄腈	1 010
亚硫酰氯	450
氯代异丙烷	2 600
间苯氧基苯甲醛	600

硫酸铜	110
氰化钠	180
二氟一氯甲烷	2 595

【主要设备】 高压水解反应釜 酸化釜 氟甲基化反应釜 中和釜 蒸馏塔 浓缩釜(2台) 酰氯化反应釜 缩合反应釜 分水器(2台) 过滤器

【生产工艺】

在弹式高压水解反应釜中,加入水、氢氧化钠、2-(4-氯苯基)-3-甲基丁酸和络合铜催化剂,通过夹套用热油加热至180 ℃,保温反应5 h。冷却后,加水稀释,过滤回收络合铜催化剂。滤液转入酸化釜,用浓盐酸中和至pH值2~3。得灰色固体。重结晶得白色针状结晶2-(4-羟基苯基)-3-甲基丁酸(熔点171~173 ℃)。

在氟甲基化反应釜中,加入2-(4-羟基苯基)-3-甲基丁酸、氢氧化钠、二噁烷和水。搅拌下加热至80 ℃,于搅拌下加入二氟一氯甲烷,保温75~85 ℃,通二氟一氯甲烷4~5 h。反应完毕,冷却,转入盛有冰水的中和釜中,用浓盐酸中和至pH值为3,用乙醚萃取3次。萃取液在分水器中用水洗涤,分去水,用无水硫酸钠干燥,蒸馏脱溶。再加入二氯甲烷和石油醚(1∶1体积比)混合溶剂,回流1 min,放置过夜,滤去未反应的2-(4-羟基苯基)-3-甲基丁酸。滤液转入浓缩釜,浓缩得橙色黏稠液体即2-(4-二氟甲氧基苯基)-3-甲基丁酸。

将2-(4-二氟甲氧基苯基)-3-甲基丁酸、无水石油醚、亚硫酰氯、N,N-二甲基甲酰胺加入酰氯化反应釜中,搅拌加热反应1 h,浓缩得对应的2-(4-二氟甲氧基苯基)-3-甲基丁酰氯。在另一反应釜中,加入间苯氧基苯甲醛、相转移催化剂溴化四丁基铵、甲苯、水和氰化钠,在搅拌下滴加2-(4-二氟甲氧基苯基)-3-甲基丁酰氯的甲苯溶液。加料完毕,继续搅拌反应6 h。加水,分别用10%碳酸钠溶液、水、10%盐酸、饱和食盐水洗涤,经无水硫酸钠干燥,减压浓缩得橙红色黏稠状液体,即氟氰戊菊酯原油。

【实验室制法】　在装有回流冷凝管、温度计、通气导管的三口反应瓶中,加入 2-(4-羟基苯基)-3-甲基丁酸 200 g,氢氧化钠 39.0 g、二氧六环 1 300 mL 和水 600 mL,加热至 80 ℃,搅拌下通入二氟一氯甲烷,保温(80±5) ℃,通气反应 4～5 h。冷却,倒入冰水中,用浓盐酸中和至 pH 值 3。用乙醚萃取 3 次,萃取液用水洗涤。有机层分离后用无水硫酸钠干燥,脱溶,加二氯甲烷 600 mL 和石油醚(体积比 1∶1)混合,回流 5 min,放置过夜,滤去未反应的 2-(4-羟基苯基)-3-甲基丁酸,滤液浓缩得橙色黏稠液体,即 2-(4-二氟甲氧基苯基)-3-甲基丁酸。

在装有搅拌器的三颈反应瓶中,加入 2-(4-二氟甲氧基苯基)-3-甲基丁酸 48 g,无水石油醚 100 mL,新蒸亚硫酰氯 200 mL,N,N-二甲基甲酰胺 4 滴,加热回流 1 h,然后浓缩得对应的酰氯中间体。

将间苯氧基苯甲醛 39.6 g,四丁基溴化铵 1.0 g,甲苯 100 mL,水 60 mL 和氰化钾 18 g 加入反应瓶中,在搅拌下滴加 52 g 上述制备的酰氯的甲苯溶液。加毕,继续搅拌反应 6 h 后,加水 200 mL,分别用 10%碳酸钠溶液、水、10%盐酸、饱和食盐水、水各 50 mL 洗涤,无水硫酸钠干燥,减压浓缩得黏稠状液体氟氰戊菊酯 88 g。折射率(n_D^{18})1.545 7。

【产品标准】

30%乳油

外观	琥珀色略带类似酯味的液体
相对密度(d_{25}^4)	0.975
乳液稳定性	合格
有效成分含量(%)	≥30
原油外观	琥珀色黏性液体

水分(%) $\leqslant$0.5

有效成分含量(%) $\geqslant$70

【质量检验】

(1)有效成分含量测定　采用气相色谱法测定。

(2)水分含量测定　按 GB 1600《农药水分测定方法》进行。

(3)乳液稳定性测定　按 GB 1603《农药乳剂稳定性测定方法》进行。

【产品用途】　主要用于棉花、蔬菜、果树等作物防治鳞翅目、同翅目、双翅目、鞘翅目等多种害虫,其杀虫活性优于氰戊菊酯和氯菊酯,并有显著的杀螨作用。

【安全措施】

(1)原料亚硫酰氯属一级无机酸性腐蚀品,有毒,其蒸气刺激眼睛与黏膜,生产设备必须密闭。氰化钠属无机剧毒品,应专库贮存,生产中应加强管理。对氯苄腈、氯代异丙烷等有毒,生产设备必须密封。

(2)氟氰戊菊酯原药急性径口毒性 LD_{50}:雄大白鼠为 81 mg/kg,雌大白鼠为 67 mg/kg,雌小白鼠为 76 mg/kg。药液不慎接触皮肤、眼睛时,应立即用大量水冲洗。

(3)采用玻璃瓶或铝罐包装,贮存于干燥通风处。不可与水接触,不能与碱性农药或其他碱性物质混用。

2.44　速灭杀丁

速灭杀丁(fenvalerate)又称氰戊菊酯、杀灭菊酯、速灭菊酯、中西杀灭菊酯,化学名称为(R,S)-α-氰基-3'-苯氧基苄基(R,S)-2-(4-氯苯基)-3-甲基丁酸酯。分子式 $C_{25}H_{22}ClNO_3$,相对分子质量 419.92。结构式为:

【产品性能】 微黄色透明油状液体。沸点 300 ℃（37×133.3 Pa），相对密度（d_{25}^{25}）1.75，折射率 1.553 3。20 ℃的蒸汽压为 $3.07×10^{-5}$ Pa，25 ℃的蒸汽压为 $3.73×10^{-5}$ Pa。20 ℃的溶解度：水＜1 mg/L，己烷 77 g/L，丙酮、乙醇、氯仿、二甲苯、环己酮均＞450 g/L。热稳定性好，75 ℃放置 100 h 无明显分解；在酸性条件下稳定，在 pH 值＞8 的碱性介质中不稳定。对光稳定。除碱性物质外，可与大多数农药混用。

【生产方法】 对氯苯乙腈与苯磺酸异丙酯发生烷基化后，经水解、酰氯化，得到 2-对氯苯基-3-甲基丁酰氯，然后与间苯氧基苯甲醛、氰化钠反应得到速灭杀丁。

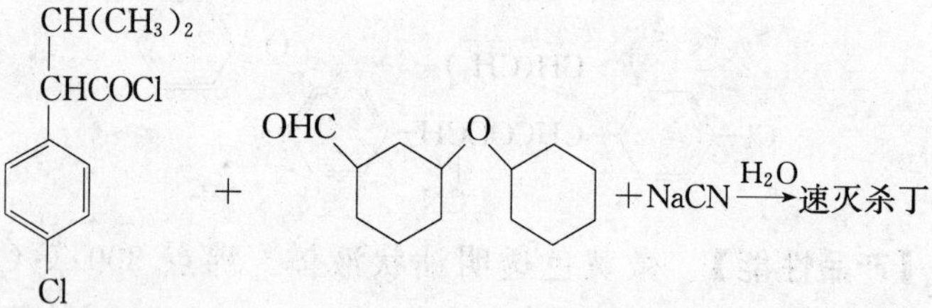

$$+\text{NaCN} \xrightarrow{\text{H}_2\text{O}} 速灭杀丁$$

【生产流程】

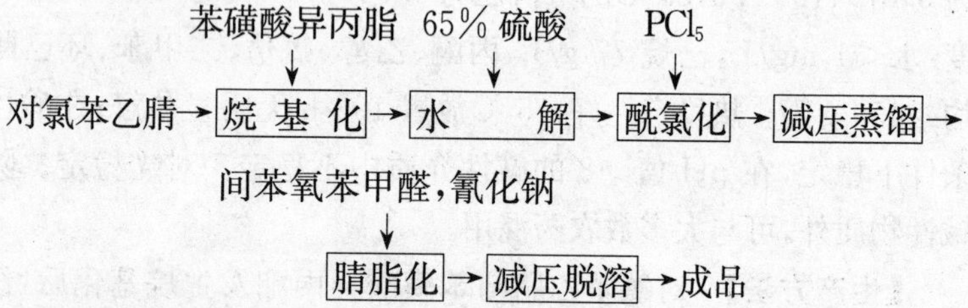

【生产配方】　（kg/t）

对氯苯乙腈（100％计）	550
间苯氧基苯甲醛	580
苯磺酸异丙酯	800
氰化钠	190

【主要设备】　烷基化反应釜　减压蒸馏釜　酸解罐　酰氯化反应锅　腈酯化反应锅贮槽

【生产工艺】　在烷基化反应釜中,加入石油醚为溶剂,然后加入对氯苯乙腈 55 kg,苯磺酸异丙酯 80 kg,氢氧化钠 43.6 kg,于 70℃搅拌反应 12 h。反应物用水洗涤后脱水,脱溶,减压蒸馏,收集 100～110 ℃/40～80 Pa 馏分,即得 α-异丙基对氯苯乙腈。

将 α-异丙基对氯苯基乙腈与 65％的硫酸按摩尔比 1：1.3 混合,加热至 140～145 ℃反应 11 h,用溶剂萃取,分除酸层,再经水洗,脱溶,冷却结晶得 α-异丙基对氯苯基乙酸,含量 90％,熔点 85～87 ℃。

将 α-异丙基对氯苯基乙酸和五氯化磷混合,搅拌升温到

130 ℃,在 130~140 ℃反应 1 h。冷却排除生成的氯化氢,蒸出副产的三氯氧磷后,减压蒸馏,收集 100~103 ℃(3.0~3.5×133.3 Pa)馏分,即得 α-异丙基对氯苯基乙酰氯,含量 95%以上。

将氰化钠、间苯氧基苯甲醛、α-异丙基对氯苯基乙酰氯和季铵盐相转移催化剂依次投入水中,使氰化钠水溶液的浓度为 25%。在 30~35 ℃搅拌反应 12 h。用溶剂萃取,水洗,干燥,减压脱除溶剂后即得速灭杀丁原油,含量 90%以上。

【实验室制法】　在相转移催化剂、液碱存在下,对氯苯乙腈与溴代异丙烷回流反应数小时(以甲苯为溶剂)生成对氯苯基异丁腈,然后加入 65%硫酸水解为 2-对氯苯基-3-甲基丁酸,再加入亚硫酰氯进行酰氯化。最后以环己烷为溶剂,在相转移催化剂存在下,间苯氧基苯甲醛、氰化钠与酰氯反应 12 h,经后处理得到速灭杀丁。

【产品标准】　(GB 6694—86)

指标名称	一级品	二级品	三级品
原油外观	浅棕色至红棕色黏稠液体		
有效成分含量(%)	≥92	≥85	≥80
酸度(以 H_2SO_4 计,%)	≤0.1	≤0.2	≤0.2
α/β峰高比	≤1.15	≤1.15	≤1.15

【质量检验】

(1)含量测定

采用气相色谱法。速灭杀丁保留时间:α 体约 17 min 32 s,β体约 19 min 25 s。具体测定参见 GB 6694—86。

(2)酸度测定　称取原油约 2 g(准确至 0.002 g),置于 250 mL 锥形瓶中,加入 95%乙醇 100 mL 和混合指示剂(2 ml 2%甲基红+10 mL 0.2%溴甲酚绿)5 滴,用 0.05 mol/L 氢氧化钠标准溶液滴定至终点,同时做空白试验。

$$酸度(\%)=\frac{c(V_2-V_1)\times0.098/2}{G}\times100$$

式中　c——NaOH 标准溶液浓度,mol/L;

　　　V_1——空白试验耗用 NaOH 标准溶液的体积,mL;

　　　V_2——样品耗用 NaOH 标准溶液的体积,mL;

　　　G——样品质量,g。

（3）α/β峰高比　由气相色谱测得样品中速灭杀丁α体和β体的色谱峰高,计算其比值。

【产品用途】　高效广谱的拟除虫菊酯类杀虫剂,具有触杀和胃毒作用,击倒快,持效期长,而且对于作物的增产和促进早熟有一定的作用。可防治多种棉花害虫,如棉铃虫、棉蚜等,广泛用于防治烟草、大豆、玉米、果树、蔬菜的害虫,也可用于防治家畜和仓储等方面的害虫。本品使用量很少,一般防治棉花害虫每亩用有效成分 4～10 g,防治烟草害虫每亩用有效成分 3～10 g,防治玉米和其他谷类害虫用量一般为每亩用 20%乳油 33～35 mL(6.6～7.0 g 有效成分)对水 50 kg 喷雾。

【安全措施】

（1）生产中使用对氯苯乙腈、苯磺酸异丙酯、间苯氧基苯甲醛、五氯化磷、氰化钠等有毒或强刺激性原料,设备应密闭,操作人员应穿戴劳保用品,车间内加强通风。

（2）本品为有机毒品。内涂有保护薄膜的铁桶包装,贮存于阴凉、通风处。按有毒农药规定贮运。

2.45　氧乐果

氧乐果(Omethoate、Folimat、Dimethoxon)又称氧化乐果,化学名称为 O,O-二甲基-S-[2-(甲胺基)-2-氧代乙基]硫代磷酸酯;O,O-二甲基-S-(N-甲基氨基甲酰甲基)硫代磷酸酯。1965 年由原联邦德国 Bayer 公司开发。分子式 $C_5H_{12}NO_4PS$,分子量 213.10。

结构式为：

$$\underset{(CH_3O)_2P-SCH_2-CNHCH_3}{\overset{O\qquad\qquad O}{\parallel\qquad\qquad\parallel}}$$

【产品性能】 纯品为无色至淡黄色透明无臭液体。沸点约
135 ℃(蒸馏分解)，100～110 ℃/133.3 MPa。蒸汽压 3.33 MPa
(20 ℃)、9.33 MPa(30 ℃)。折射率(n_D^{20})1.498 2,相对密度(d_4^{20})
1.32。易溶于水、乙醇、丙酮、氯仿、正丁醇,微溶于乙醚,不溶于石
油醚。在中性及偏酸性介质中稳定,在碱性溶液中或高温下分解。
工业品为黄色至淡黄色油状液体,且有葱韭味。具有强烈的触杀
和内渗作用,吸入毒性低于乐果,对蜜蜂有害,大小白鼠急性经口
毒性 LD_{50} 分别为 30～60 mg/kg,30～40 mg/kg。

【生产方法】 主要有后胺解法、先胺解法和异氰酸酯法。这
里介绍后胺解法。

在氯乙酸甲酯溶剂中,甲醇与三氯化磷反应生成亚磷酸二甲
酯,然后与硫、氨作用生成 O,O-二甲基硫代磷酸铵(简称硫磷铵
盐)。硫磷铵盐与氯乙酸甲酯反应,最后胺解得氧乐果。

$$PCl_3+3CH_3OH\rightarrow \underset{CH_3O}{\overset{CH_3O}{}}P-OH+CH_3Cl+HCl$$

$$\underset{CH_3O}{\overset{CH_3O}{}}P-OH+S+NH_3\rightarrow \underset{CH_3O}{\overset{CH_3O\ \ O}{}}P-SNH_4$$

$$\underset{CH_3O}{\overset{CH_3O\ \ O}{}}P-SNH_4+ClCH_2CO_2CH_3\xrightarrow{H_2O}$$

$$\underset{CH_3O}{\overset{CH_3O\ \ O}{}}P-SCH_2CO_2CH_3+NH_4Cl$$

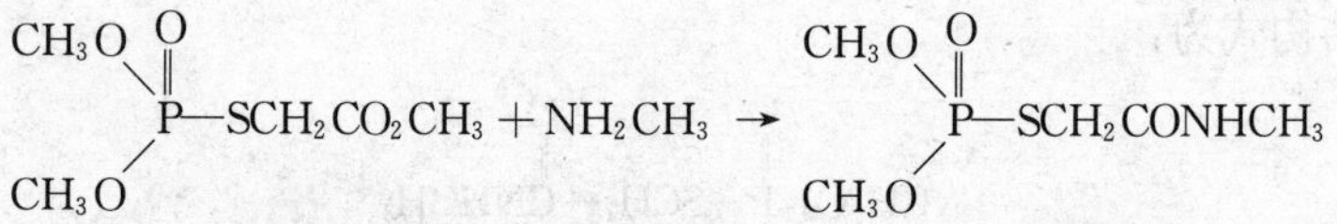

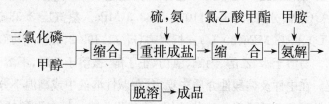

【生产流程】

三氯化磷 ─┐
甲醇 ─────┴→ 缩合 → 重排成盐 → 缩　合 → 氨解 →
（硫,氨）（氯乙酸甲酯）（甲胺）

脱溶 → 成品

【生产配方】

甲醇(98%)	495
三氯化磷(工业品)	710
甲胺(40%水溶液)	350
氯乙酸甲酯(≥90%)	690
硫磺(99%)	155
液氨(98%)	110
氯仿(95%)	180

【生产工艺】

(1)缩合　将溶剂氯乙酸甲酯加入缩合反应釜,然后加入甲醇,搅拌下滴加三氯化磷,反应生成的氯化氢及氯甲烷通过真空泵从体外排去并回收。加料完毕,继续反应 0.5 h,然后于 60 ℃, 7.3×10^4 Pa下脱酸得到亚磷酸二甲酯,收率85%。

【工艺条件】

反应温度(℃)	50 以下
压力(真空度,Pa)	8.1×10^4
三氯化磷∶甲醇	1.0∶3.15(摩尔比)
氯乙酸甲酯(溶剂)∶甲醇	25∶12.6(体积比)

(2)重排,成盐　将亚磷酸二甲酯 480 kg(100%计)和硫磺

155 kg投入重排成盐反应釜中,然后于 25 ℃下通氨,于 1.5～2 h通氨 110 kg,通氨完毕,保温反应 3 h,得到 O,O-二甲基硫代磷酸铵。

（3）缩合　将(100％计)O,O-二甲基硫代磷酸铵 159 kg 投入缩合反应釜中,加入水 318 kg,再加入氯乙酸甲酯 130.2 kg,加热,于 55～60 ℃反应 2 h,冷却,过滤,静置分层,将油层于 $8.0×10^3$ Pa 下真空蒸至 120 ℃,脱去过量氯乙酸甲酯(回收),得到含量达 90％以上的氧硫磷酸酯。

（4）氨解

将上述得到的氧硫磷酸酯用 1 倍量的氯仿稀释后,投入氨解反应釜中,按氧硫磷酸酯：甲胺为 1∶1.4 摩尔比滴加甲胺,加料温度控制在－10 ℃,加料完毕,保温反应 1 h。将物料用盐酸中和至弱酸性,静置分层。用氯仿对水层萃取,并将萃取液与油层合并,蒸馏脱去氯仿(回收)后得到氧乐果原油,含量＞70％。

【产品标准】　(ZBG25018—90)

外观	浅黄色至黄色透明状液体
有效含量(一级品,％)	≥70
酸度(以硫酸计,％)	≤0.5
水分(％)	≤0.5

40％增效乳油标准

外观	橘黄色油状液体
氧乐果含量(％)	≥10
敌敌畏含量(％)	≥15
二硫物含量(％)	≥15
水分	≤0.5
乳液稳定性	合格

【产品用途】　主要用于防治刺吸口器害虫,对咀嚼口器害虫也有效。主要用于棉花、小麦、果树、蔬菜等作物,防治各种蚜虫、红蜘蛛等,可防治水稻飞虱、蓟马、叶蝉、稻纵卷叶螟等,对于各种

蚧虫,如柑橘红蜡蚧、松干蚧等防治效果也很显著。

2.46　敌百虫

敌百虫(trichlorophon)化学名称为 O,O'-二甲基-2,2,2-三氯-1-羟基乙基膦酸酯。分子式 $C_4H_8Cl_3O_4P$,相对分子质量257.45。结构式为:

$$CH_3O-\overset{\displaystyle O}{\underset{\displaystyle OCH_3}{P}}-\overset{\displaystyle OH}{CHCCl_3}$$

【产品性能】　白色结晶粉末。熔点 83~84 ℃(工业品 78~80 ℃)。相对密度(d_4^{20})1.73。折射率 1.343 9。在水中溶解度为154 g/100 mL(25 ℃)。可溶于乙醇、苯和大多数氯代烃,不溶于脂肪烃。在中性和弱酸性溶液中比较稳定,但其溶液长期放置会变质。在碱性溶液中转变成敌敌畏。加热至 180 ℃开始分解。对金属有腐蚀作用。毒性:鼠口服 LD_{50} 为 560~630 mg/kg。

【生产方法】　首先将甲醇与三氯化磷反应生成二甲基亚磷酸酯,然后与三氯乙醛反应生成敌百虫。

$$3CH_3OH+PCl_3 \rightarrow \overset{\displaystyle CH_3O}{\underset{\displaystyle CH_3O}{P}}-OH+CH_3Cl+2HCl$$

$$\overset{\displaystyle CH_3O}{\underset{\displaystyle CH_3O}{P}}-OH+Cl_3CCHO \xrightarrow{80\sim120℃} \overset{\displaystyle CH_3O}{\underset{\displaystyle CH_3O}{P}}\overset{\displaystyle O}{\underset{\displaystyle OH}{C}}-CCl_3$$

【生产流程】

甲醇 → 酯化 → 脱卤化氢 → 缩　合 → 成品

三氯化磷 ↓　　　　　　　三氯乙醛 ↓

CH₃Cl + HCl　HCl

80~120℃

【生产配方】（kg/t）

三氯化磷(97%)	610
三氯乙醛(96%)	740
甲醇(98%)	470

【主要设备】 贮槽　冷反应罐　甩盘罐　热反应罐

【生产工艺】

在冷却条件下，将三氯乙醛 148 kg 和甲醇 94 kg 加入冷反应罐，使温度冷却至 5 ℃以下。然后搅拌下滴加三氯化磷 122 kg，使其与甲醇生成二甲基亚磷酸酯。减压回收放出的 HCl 和氯甲烷。将酯化液经甩盘罐进一步脱 HCl，然后进入热反应罐。搅拌下保持温度在 80～120 ℃，缩合生成敌百虫。

【实验室制法】 在反应瓶中加入三氯乙醛 117 g，甲醇 75 g，搅拌下滴加三氯化磷 100 g，控温 18 ℃左右，反应在减压下进行，以除去产生的氯化氢和氯甲烷。反应物料经进一步减压脱 HCl 后，于 100～110 ℃进一步反应得敌百虫。

【产品标准】

指标名称	精制品	一级品	二级品
外观	白色结晶固体	白色或浅黄色固体	
含量(%)	≥97	≥90	≥87
酸度(以 H_2SO_4 计,%)	≤0.3	≤1.5	≤2.0
水分(%)	≤0.4	—	—

【质量检验】（GB 334—81）

(1)含量测定　准确称取 0.35 g 样品置于 250 mL 锥形瓶中，加入 1:1 的 95%乙醇 50 mL 水溶液，待样品溶解后，置于(30±0.5)℃恒温水浴中 10 min。加入 1 mol/L 碳酸钠溶液 5 mL。10 min 后立即缓缓加入 1:3 硝酸溶液 5 mL，从恒温浴中取出锥形瓶，加入水 20 mL，0.05 mol/L 硝酸银标准溶液 35 mL，10%硫酸铁铵溶液 3 mL 和邻苯二甲酸二丁酯 3 mL，充分摇动使氯化银沉淀完全凝聚,用 0.05 mol/L 硫氰酸铵标准溶液回滴至溶液呈较稳定的淡红色。

空白试验:准确称取 0.35 g 样品置于 250 mL 锥形瓶中,加入 1∶1 的 95%乙醇水溶液 50 mL,溶解后加 1∶3 硝酸溶液 7 mL,缓慢加入 1 mol 碳酸钠溶液 5 mL,置恒水浴中维持 10 min 后,取出锥形瓶,加入水 40 mL,0.05 mol/L 硝酸银标准溶液 10 mL,10%硫酸铁铵溶液 3 mL 和邻苯二甲酸二丁酯 3 mL,充分摇动使氯化银沉淀完全凝聚,用 0.05 mol/L 硫氰酸铵标准溶液回滴至溶液呈较稳定的淡红色。

$$含量(\%)=\Big(\frac{c_1V_1-c_2V_2}{G_1}-\frac{c_1V_3-c_2V_4}{G_2}\Big)\times0.257\ 4\times1.01\times100$$

式中　c_1——硝酸银标准溶液的摩尔浓度,mol/L;

　　　　c_2——硫氰酸铵标准溶液的摩尔浓度,mol/L;

　　　　V_1——滴定样品时加入硝酸银溶液的体积,mL;

　　　　V_2——回滴样品时消耗硫氰酸铵溶液的体积,mL;

　　　　V_3——空白试验时加入硝酸银溶液的体积,mL;

　　　　V_4——空白试验时消耗硫氰酸铵溶液的体积,mL;

　　　　G_1——样品质量,g;

　　　　G_2——空白测定时样品质量,g。

(2)酸度测定　取 1～2 g 试样,以甲基红为指示剂,用氢氧化钠滴定。

(3)水分测定　按 GB 1605—88《农药水分测定方法》进行。

【产品用途】　低毒广谱有机磷杀虫剂。具有很强的胃毒和触杀作用。对双翅目、鳞翅目、鞘目害虫最为有效。

【安全措施】

(1)生产中使用甲醇、三氯化磷、三氯乙醛等有毒或刺激性原料,设备应密闭,生产中产生的一氯甲烷、氯化氢应回收利用。操作人员应穿戴劳保用品,车间内加强通风。

（2）原药粉用内衬塑料袋的钙塑纸板箱包装,有明显的"有毒"标志,贮存于阴凉、通风处。按有毒农药规定贮运。

2.47　敌敌畏

【产品性能】　敌敌畏,化学名称为二氯乙烯基二甲基磷酸酯。原油为淡黄色油状液体,具有芳香味。沸点 84 ℃。能溶于大多数有机溶剂,水中溶解度 1%。在碱性水溶液中极易水解。分子式 $C_4H_7O_4Cl_2P$。结构式为:

$$CH_3O-\overset{\overset{\displaystyle O}{\|}}{\underset{\displaystyle OCH_3}{P}}-CH=CCl_2$$

【生产配方】

敌百虫(折 50%)	1 456
氢氧化钠(折 100%)	126～130

【生产方法】　敌百虫在碱性条件下脱去一分子氯化氢生成敌敌畏。

$$CH_3O-\overset{\overset{\displaystyle O}{\|}}{\underset{\displaystyle OCH_3}{P}}-CH_2CCl_3 + NaOH \rightarrow CH_3O-\overset{\overset{\displaystyle O}{\|}}{\underset{\displaystyle OCH_3}{P}}-CH=CCl_2 + NaCl + H_2O$$

合成所得的敌敌畏,经脱水、脱溶剂即得敌敌畏原油。

【生产工艺】

在合成釜中将固体敌百虫配制成 20%～30% 水溶液,在不断地搅拌下维持反应温度为 25～30 ℃,滴加烧碱溶液。溶液的酸碱度(pH 值)维持在 8～10,合成釜内溶液的颜色随碱量的增加逐渐由无色变为淡黄色,即停止加碱。继续搅拌 0.5 h,酸碱度下降不低于 8 时,即达反应终点。将合成液打入分层器,分出水层,下面的苯油经薄膜蒸发器脱去水和苯后,即得敌敌畏原油,放入贮槽以备配制乳油用。

【产品标准】　敌敌畏原油（GB2549—81）。

外观:浅黄色至黄棕色透明液体。

敌敌畏原油应符合下列指标要求:

指标名称	一级品	二级品
敌敌畏含量(%)	≥95.0	≥92.0
敌百虫含量(%)	≤2.5	≤2.5
酸度(以 H_2SO_4 计,%)	≤0.20	≤0.20
水分含量(%)	≤0.05	≤0.05

【产品用途】　敌敌畏是一种速效的有机磷杀虫剂。对小白鼠口服致死中量为 80～125 mg/kg 体重。敌敌畏具有胃毒、熏蒸作用。可防治卫生害虫(家蝇、蚊子、蟑螂等)、仓库害虫、蔬菜害虫及若干经济作物(烟草、茶、桑)害虫等。

2.48　倍硫磷

倍硫磷(fenthion)又称百治屠,O,O-二甲基-O-(3-甲基-4-甲硫基苯基)硫代磷酸酯,硫逐磷酸-O,O-二甲基-O-(3-甲基-4-甲硫基苯基)酯[O, O-dimethyl-O-[3-methyl-4-(methylthio) phenyl] phosphorothioate]。分子式 $C_{10}H_{15}O_3PS_2$,相对分子质量 278.22。结构式为:

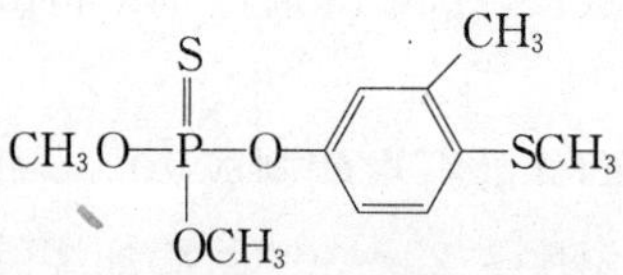

【产品性能】　无色油状液体。沸点 87 ℃(1.33 Pa),相对密度(d_4^{20})1.250,折射率 1.569 8。蒸汽压为 $4×10^{-3}$ Pa(20 ℃),0.011 Pa(30 ℃),0.027 Pa(40 ℃)。溶于甲醇、乙醇、丙酮、甲苯、二甲苯、氯仿及其他许多有机溶剂和甘油。室温水中的溶解度为54～56 mL/L。纯品无臭,工业品为棕色油状物,有大蒜气味。对光和碱性稳定,热稳定性可达 210 ℃。有机有毒品。

【生产方法】 将间甲苯酚与过硫代二甲基反应制得对甲硫基间甲酚。然后与 O,O-二甲基硫代磷酰氯缩合,经精制得倍硫磷原油。

$$Na_2S+S \rightarrow Na_2S_2$$

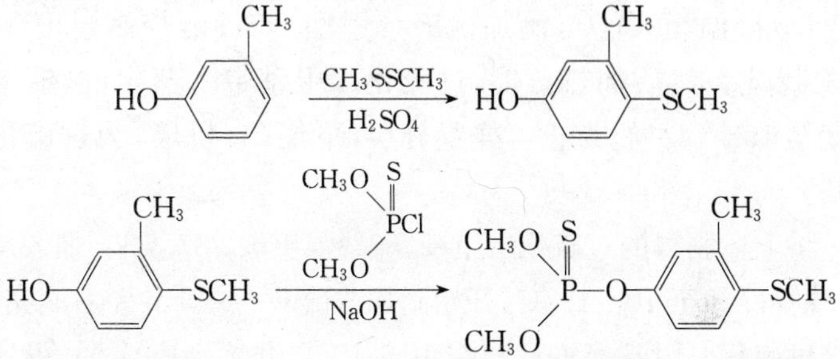

【生产流程】

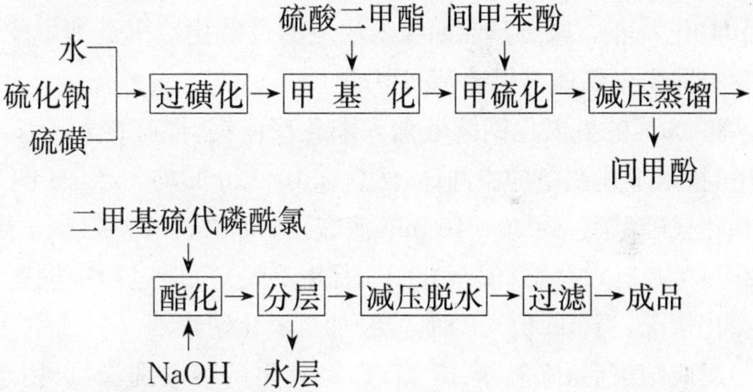

【生产配方】（kg/t）

三氯硫磷（96%）	1 030
硫磺粉（95%）	280
甲醇（99%）	900
硫化钠（52%）	1 240
混甲酚（50%）	1 150
硫酸二甲酯（96%）	920

【主要设备】　甲基化反应锅　甲硫化反应锅　减压蒸馏釜酯化反应锅　减压脱水釜　贮槽　过滤器

【生产工艺】

在反应锅中,加入适量水,加热至50～60 ℃,搅拌下加入粉碎的硫化钠310k。搅拌0.5 h后加入硫磺粉70 kg,于50～57 ℃反应1 h。降温至40 ℃,滴加硫酸二甲酯230 kg,控制温度40～45 ℃反应。然后加热蒸馏,过硫化二甲基带水蒸出,蒸馏锅内温度至103 ℃左右为止。静置分层,下层(有机层)为过硫化二甲基。

将上述制得的过硫化二甲基,50%混甲酚287.5 kg加入反应锅,搅拌冷却至10～15 ℃,开始滴加浓硫酸。在1 h左右滴完(用量与过硫化二甲基等重量),在10～15 ℃继续反应3 h。静置分层,弃去下层废酸。有机层用10%碳酸钠溶液中和,再用水洗涤至pH值7～8。减压蒸馏回收未反应的过硫化二甲基和甲酚,所剩物料即为中间体对甲硫基间甲酚。

将20%的氢氧化钠溶液加入酯化反应锅,搅拌冷却至25 ℃以下,投入上述制备的中间体,然后在10～20 ℃均匀滴加O,O-二甲基硫代磷酰氯,约30～40 min滴完。3种物料的投料摩尔比为1.3∶1∶1.2。缓缓升温至60 ℃,保温2 h。反应过程中检查pH值变化情况,当pH值<9时,应补加氢氧化钠溶液。

反应结束后,降温至45 ℃,加氢氧化钠溶液洗涤,再用水洗涤,静置分层。取下层有机层减压脱水,冷却,过滤,得倍硫磷原油。

【实验室制法】　首先将间甲苯酚与过硫代二甲基发生甲硫基化反应,然后再与O,O-二甲基硫代磷酰氯发生酯化反应,经后处理得到倍硫磷(见U.S.P. 3042703)。

【产品标准】

外观(50%乳油)　　　　　　　　淡黄色或黄棕色油状液体

pH 值	5～7
含量(%)	≥50
水分(%)	≤0.3

【质量检验】

(1)含量测定　采用薄层层析-比色法测定。仪器为 72 型分光光度计。薄层板使用硅胶 G。

(2)pH 值测定　使用广泛 pH 值试纸或酸度计测定。

(3)水分测定　按 GB 1600—79(88)《农药水分测定方法》进行。

【产品用途】　倍硫磷是一种触杀、胃毒、广谱、速效、持效期长、对人、畜低毒的有机磷杀虫剂,主要用于防治大豆食心虫、棉花害虫、果树害虫、蔬菜和水稻害虫,用于防治蚊、蝇、臭虫、虱子、蟑螂也有良好效果。倍硫磷对十字花科的幼苗、梨树、樱桃易引起药害,对蜜蜂的毒性大。

加工剂型:40％和 50％可湿性粉剂,60％烟雾剂的浓缩液,用于家庭;用于防治作物害虫的剂型有 25％和 40％可湿粉剂,50％乳油。

【安全措施】

(1)生产中使用硫酸二甲酯、混甲酚等刺激性有毒原料,设备应密闭,操作人员应穿戴保护用品,车间内加强通风。

(2)按 GB 3796—83《农药包装通则》进行包装。按有毒有机磷农药规定贮运。

2.49　硫双灭多威

硫双灭多威(Thiodicarb)。分子式 $C_{10}H_{18}N_4O_4S_3$,分子量 354.46。结构式为:

$$\left[\begin{array}{c} CH_3C=N-O-C-N \\ | \qquad\qquad || \quad | \\ SCH_3 \qquad\quad O \quad CH_2 \end{array} \right]_2 S$$

【产品性能】

白色或浅黄色结晶固体,稍带硫黄臭味。由美国联碳公司和瑞士汽巴-嘉基公司同时开发的高效、广谱、低毒、内吸性氨基甲酸酯类杀虫剂,毒性只有灭多威(又称灭多虫)的1/10左右。

【生产方法】 吡啶与二氯化硫作用生成二吡啶基硫醚,再与灭多威反应生成硫双灭多威。

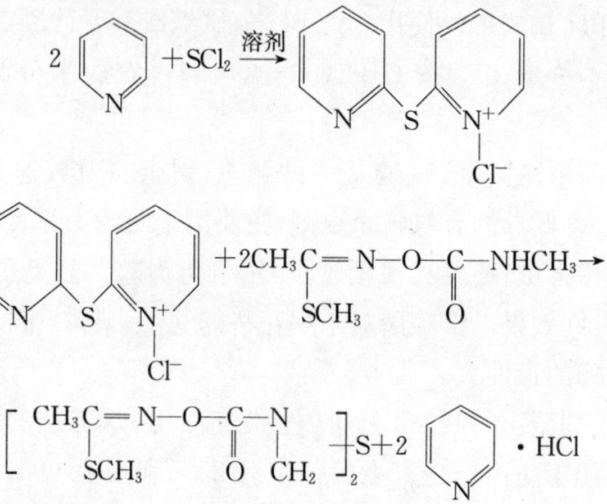

【生产流程】

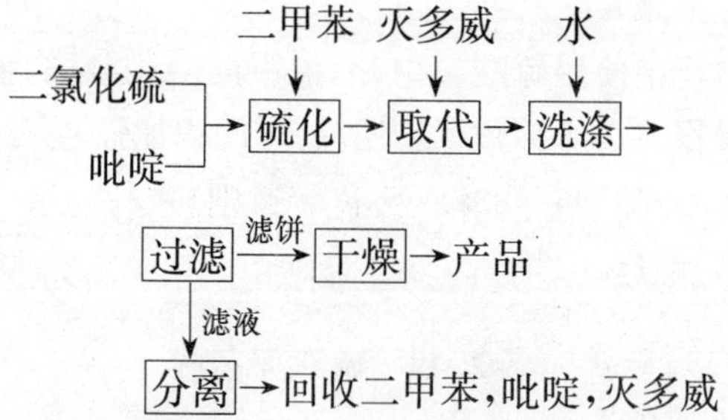

【生产工艺】 将吡啶及二甲苯加入玻璃反应器内,开启搅拌,用冰盐水将反应器内温度降低到预定值,然后在该温度下,将配制好的二氯化硫溶液慢慢加入到反应器内,加完后继续反应一定时间,再加入灭多威升温到预定值,搅拌反应一定时间后,将反应液

冷却到 20 ℃以下,慢慢加入一定量的水,搅拌 10 min 以上,停止搅拌,将反应浆过滤、洗涤,过滤重复 3 次,滤饼称重,在 60 ℃以下干燥即得硫双灭多威产品,滤液分层,二甲苯层待用,水层用二氯甲烷萃取,萃取液蒸发脱溶,回收灭多威,母液加入一定固碱,充分搅拌,静置分层,油层与二甲苯层合并,并送精馏塔回收吡啶和二甲苯。

【产品用途】 硫双灭多威广泛用于棉花、蔬菜、果树、茶叶、烟草、森林、小麦等作物,对鳞翅目、同翅目、膜翅目、双翅目、鞘翅目等害虫的幼虫特别有效,是防治抗性棉铃虫的优良药剂。

2.50 硫环磷

硫环磷(Phosfolan)又称乙基硫环磷、棉安磷,化学名称为 2-(二乙氧基磷酰亚氨基)-1,3-二硫戊环。分子式 $C_7H_{14}NO_3PS_2$,分子量 255.18。结构式为:

$$(C_2H_5O)_2P-N=\overset{S}{\underset{S}{\diagup}}$$

【产品性能】 无色至黄色固体。溶点 37~45 ℃,沸点 115~118 ℃/133.3 MPa。可溶于水、丙酮、苯、乙醇、环己烷、甲苯,微溶于乙醚,难溶于己烷。在中性和弱酸性条件下,硫环磷稳定,但在 pH 值>9 或 pH 值<2 的条件下水解。大白鼠急性经口毒性 LD_{50} 为 8.9 mg/kg。硫环磷是美国氰胺公司开发的一种高效、内吸、广谱性有机磷杀虫剂。

【生产方法】

(1)二硫化碳法 将二硫化碳、环氧乙烷在有机溶剂乙酸乙酯和催化剂水的存在下,35~45 ℃与氨作用,所得反应产物脱去溶剂,即得中间体 2-羟乙基二硫代氨基甲酸酯,然后在酸性条件下环合成盐,再与 O,O-二乙基磷酰氯缩合得硫环磷。

$$CS_2 + H_2C\overset{\displaystyle\diagdown}{\underset{\displaystyle O}{\diagup}}CH_2 + NH_3 \rightarrow H_2N-\overset{\displaystyle S}{\overset{\|}{C}}-SC_2H_4OH$$

$$H_2N-\overset{\displaystyle S}{\overset{\|}{C}}-SC_2H_4OH + HCl \rightarrow HCl\cdot HN=\overset{S}{\underset{S}{\diagup\diagdown}} + H_2O$$

$$HN=\overset{S}{\underset{S}{\diagup\diagdown}} + (C_2H_5O)_2\overset{\|}{\underset{O}{P}}-Cl \rightarrow (C_2H_5O)_2\overset{\|}{\underset{O}{P}}-N=\overset{S}{\underset{S}{\diagup\diagdown}}$$

（2）乙二硫醇法　　乙二硫醇与氯化氰直接环化得到 2-亚氨基-1,3-二硫戊环盐酸盐,再与碳酸氢铵作用,形成游离的 2-亚氨基-1,3-二硫戊环,最后与 O,O-二乙基磷酰氯缩合得硫环磷。

$$\begin{matrix}H_2C-SH\\H_2C-SH\end{matrix} + ClCN \rightarrow ClH\cdot HN=\overset{S}{\underset{S}{\diagup\diagdown}}$$

$$ClH\cdot HN=\overset{S}{\underset{S}{\diagup\diagdown}} + NH_4HCO_3 \xrightarrow[10\sim20\,℃]{苯,水}$$

$$N=C\overset{S-CH_2}{\underset{S-CH_2}{\diagup\diagdown}} + NH_4Cl + H_2O + CO_2\uparrow$$

$$HN=\overset{S}{\underset{S}{\diagup\diagdown}} + (C_2H_5O)_2\overset{\|}{\underset{O}{P}}-Cl + NH_4HCO_3 \xrightarrow[10\sim20\,℃]{苯,水}$$

$$\begin{matrix}C_2H_5O\\C_2H_5O\end{matrix}\overset{O}{\underset{}{P}}-N=C\overset{S-CH_2}{\underset{S-CH_2}{\diagup\diagdown}} + NH_4Cl + H_2O + CO_2\uparrow$$

这里介绍第一种方法。

【生产流程】

```
                                    O,O-二乙
              氨    盐酸  碳酸氢铵  基磷酰氯
               ↓     ↓     ↓        ↓
二硫化碳┐
       ├→ 加成 → 环合 → 中和 → 缩　　合 →成品
环氧乙烷┘
```

【生产配方】（份）

二硫化碳	168.0
环氧乙烷	90.0
乙酸乙酯	175.0
苯	480.0
液氨	38.0
三氯化磷	364.0
乙醇(95%)	317.0
液氯	134.0
碳酸氢铵	640.0

【生产工艺】

(1)加成　将乙酸乙酯 840 g,二硫化碳 235 g,水 6~12 g 和预冷至 0 ℃以下的环氧乙烷 140 g,依次加入 8L 不锈钢高压釜中,迅速密闭,开动搅拌,升温至 30 ℃,缓慢通氨 54 g。反应放热,温度和压力同时升高,注意控制反应温度和压力。通氨结束,保温反应 3 h,得 2-羟乙基二硫代氨基甲酸酯的乙酸乙酯溶液约 1 270 g。该溶液在 75 ℃以下减压脱去溶剂,得 2-羟乙基二硫代氨基甲酸酯约 410 g,收率 90%以上。

(2)环合　在装有搅拌器、温度计和滴液漏斗的三口烧瓶中,加入含量 90%以上的 2-羟乙基二硫代氨基甲酸酯 100 g,乙酸乙酯 42.5 g,开动搅拌,升温至 25~30 ℃,使之充分溶解为含量 65%~70%的乙酸乙酯溶液,加苯 180 mL,缓缓滴加 30%盐酸 90.8 g,反应放热,温度自动上升,调节滴加速度,控制反应温度

35～45 ℃,不得超过 50 ℃。滴加完毕,保温反应 3 h。加水
140 mL,继续搅拌 20～30 min,使 2-亚氨基-1,3-二硫环盐酸盐溶
解,静置 0.5 h,分出下层水液,得含量 30％左右的环盐水溶液约
270 g,收率 80％以上。

(3)O,O-二乙基磷酰氯制备　　在装有搅拌器、温度计、滴液漏
斗的三口瓶中,加入工业乙醇 85 g,在冰盐浴中冷却至 5 ℃以下。
启动真空泵,使真空度达到 600×133.3 Pa 以上,于液面下滴加三
氯化磷 86.4 g,滴加温度 10～20 ℃,滴加时间 20～30 min。滴加
完毕,立刻通氯氯化,真空度可适当降低。通氯约 0.5 h,反应液
由无色变为黄绿色,反应温度明显下降,表明氯气不再消耗,即为
反应终点。停止通氯,提高真空度,缓慢升温,并通入干燥空气,鼓
泡排除过量氯气和反应生成的氯化氢,得 O,O-二乙基磷酰氯约
102 g,收率均在 85％以上。

(4)缩合　　称取含量为 30％ 2-亚氨基-1,3-二硫环盐酸盐水溶
液 120 g 加入装有搅拌、温度计、滴液漏斗的三口瓶中,加苯
140 mL,慢慢加入碳酸氢铵 90 g,物料温度控制在 10～20 ℃,碳
酸氢铵加完后,滴加 O,O-二乙基磷酰氯 54 g,滴加时间 30～
40 min,滴加完毕,用碳酸氢铵调节 pH 值,使反应液始终保持在
pH 值≥7,在 20～30 ℃保温反应 4 h。静置 0.5 h,分出下层水
液,用 36 mL 苯萃取 1 次,萃取液与上层苯液合并,得硫环磷苯溶
液,含量 28％左右,收率接近 90％。硫环磷商品为 25％的乳油或
35％的乳油,根据需要脱去部分溶剂,控制原油含量 30％或 40％
即可。脱溶过程,硫环磷约损失 3％。以原油计,缩合收率 85％
以上。

【产品用途】　硫环磷是内吸性杀虫剂,用于防治刺吸式口器
害虫,螨和鳞翅目幼虫。尤其对棉蚜、叶螨、金龟子、地老虎、蛴螬
等害虫效果好。

2.51　氯辛硫磷

氯辛硫磷(Chlorphoxim),化学名称 O,O-二乙基-O′-(2-氯苯乙腈肟)硫代磷酸酯 N-(二乙氧基硫代磷酰氧基)-2-氯苯甲亚氨基腈。分子式($C_{12}H_{14}ClN_2O_3PS$),分子量 332.75。结构式为:

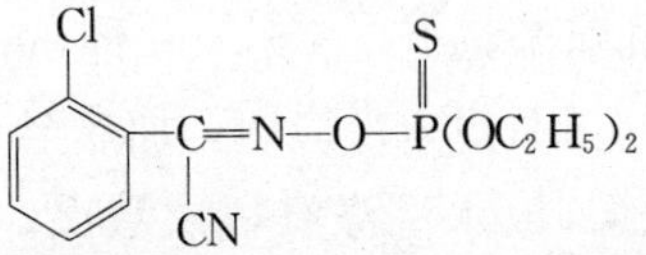

【产品性能】　白色结晶,熔点 65.5～66.5 ℃。在中性介质和酸性介质中稳定,在碱性介质中易分解。毒性低于辛硫磷。是广谱性有机磷杀虫剂。

【生产方法】　邻氯甲苯与亚硫酰氯氯化,再与氰化钾反应得邻氯苯乙腈,然后在乙醇钠存在下与亚硝酸正丁酯作用得邻氯苯乙腈肟钠,最后与 O,O-二乙基硫代磷酰氯缩合得氯辛硫磷。

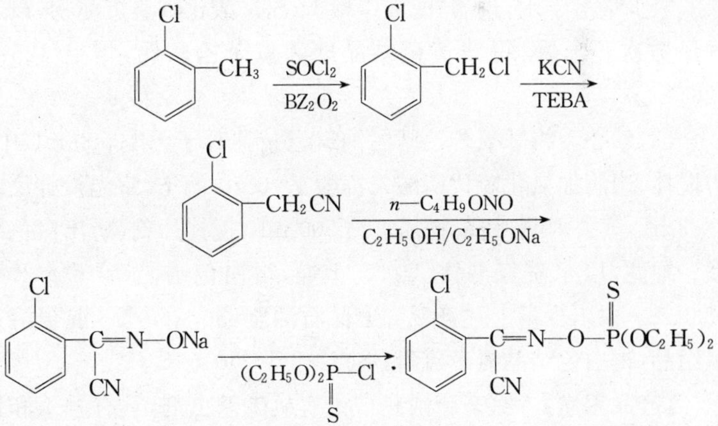

【生产流程】

```
                          乙醇钠,亚    O,O-二乙基
           过氧化物  氰化钾  硝酸丁酯   硫代磷酰氯
             ↓        ↓       ↓         ↓
邻氯甲苯─┐ ┌────┐ ┌────┐ ┌────┐ ┌──────┐
         ├→│氯化 │→│氰 化│→│缩 合│→│缩   合│→成品
亚硫酰氯─┘ └────┘ └────┘ └────┘ └──────┘
```

【生产工艺】

(1)氰化　将邻氯苄氯 160.5 g,氰化钾 89.1 g,氯化三乙基苄基铵 9.9 g 和水 140 mL 投入反应瓶。加热至 90 ℃搅拌反应 5～8 h。冷却,分去水层,以水洗涤有机层数次。加入无水 Na₂SO₄ 干燥。过滤,减压蒸馏,收集沸点 126～128 ℃/12×0.133 kPa 馏分 135～143 g,得邻氯苯乙腈。

(2)缩合　将金属钠 12 g 分批加入无水乙醇 250 mL 中,搅拌反应至钠完全消失。冰浴下加入邻氯苯乙腈 75.8 g,滴加新制备的亚硝酸正丁酯 55.6 g。加毕,室温搅拌反应 3 h。抽滤,以乙醚洗涤滤饼 3 次。干燥,得黄色粉末状固体,即邻氯苯乙腈肟钠 56.3 g,产率 55.6%,熔点 267～269 ℃。

取少量溶于水,过滤,滤液以稀 H₂SO₄ 酸化收集沉淀物,以苯洗涤数次。干燥,得浅黄色结晶即邻氯苯乙腈肟,熔点 125～126 ℃。

(3)缩合　将邻氯苯乙腈肟钠 50.5 g 悬浮于丙酮 500 mL 中,边搅拌、边滴加氯化硫代磷酸二乙酯 47.0 g。滴毕,室温搅拌反应 2～3 h。蒸去丙酮,残留物加水约 500 mL,搅拌片刻,析出白色结晶。抽滤,以水洗涤滤饼 3 次。干燥,得白色结晶 79.5 g 产率 96.0%。取出少量上述产品,以苯-石油醚(30～60 ℃)混合溶剂里结晶,得白色结晶氯辛硫磷,熔点 65.5～66.5 ℃。

【产品用途】　氯辛硫磷是广谱有机磷杀虫剂,具有触杀和胃毒作用,持效期较辛硫磷长。对各种鳞翅目幼虫和马铃薯甲虫有显著效果,对蚜虫、飞虱、叶蝉、蚧类、红蜘蛛等也有效,可用于防治仓储、土壤、卫生（蚊、蝇等）害虫，以及对辛硫磷产生抗性的害虫。

2.52　酚线磷

酚线磷（dichlofenthion）又称除线磷，氯线磷，O-2,4-二氯苯基-O,O′-二乙基硫代磷酸酯（O-2,4-dichlorophenyl-O,O′-diethyl phosphorothioate），O-(2,4-二氯苯基)硫代磷酸二乙酯。国外相应的商品名有 Dichlofention，ECP，ENT-17470，Hexanema，VC-B Nemacide，Bromex，Mobilawn，Nemacide，OVS-13，Tfi-VC-13，VC-13，VC-13 Nemacide。分子式 $C_{10}H_{13}Cl_2O_3PS$，相对分子质量315.17。结构式为：

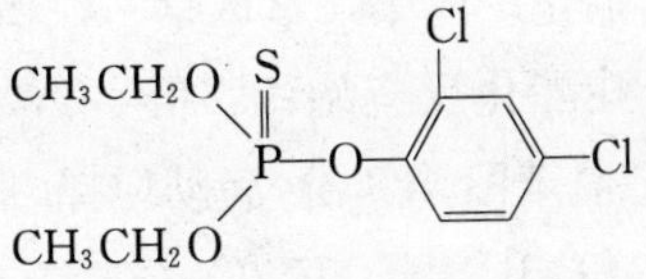

【产品性能】　无色液体。有异臭。沸点 108 ℃（1.33 Pa）、120～123 ℃（26.6 Pa）。相对密度（d_4^{20}）1.313。折射率（n_D^{25}）1.531 8。易溶于多数有机溶剂，25 ℃下水中溶解 0.245 mg/L。

【生产方法】　在碱性条件下，O,O′-二乙基硫代磷酰氯与2,4-二氯苯酚酯化得到。

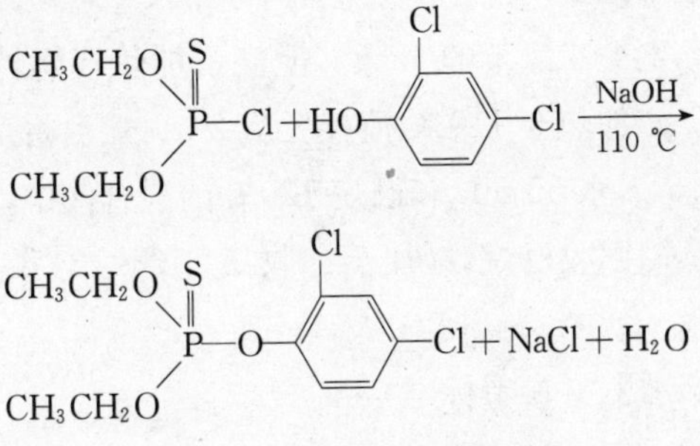

【生产流程】

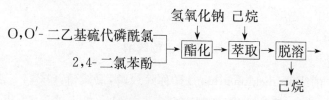

【生产配方】（质量，份）

2,4-二氯苯酚　　　　　　　　　　420

O,O'-二乙基硫代磷酰氯　　　　　461.5

氢氧化钠（98%）　　　　　　　　118.5

【主要设备】　酯化反应罐　萃取锅　贮槽　减压蒸馏釜

【生产工艺】　在酯化反应罐中，加入 O,O'-二乙基硫代磷酰氯 461.5 份，2,4-二氯苯酚 420 份，启动搅拌，加热溶解。于 50 ℃加入 50%烧碱 206 份，升温至 110 ℃，搅拌反应 2 h。反应完毕，将物料缓慢滴入已盛有 25%烧碱 62 份，水 549 份和己烷混合液 1 205 份的萃取锅中，搅拌后静置分层，分出有机层（己烷层），蒸馏回收己烷，然后减压蒸馏，收集 93～100 ℃/5×133.3 Pa 馏分得酚线磷原油（工业品）。

【实验室制法】　在三口反应瓶中，加入 O,O'-二乙基硫代磷酰氯 46.2 g，2,4-二氯苯酚 42 g。搅拌下加热溶解，于 50 ℃加入 50%烧碱 21 g，加热至 110 ℃搅拌反应 2 h。然后将反应物滴加至 25%烧碱 6.5 g，水 55 mL 和己烷 120 g 的混合液中，静置分层，分出己烷层，蒸馏回收己烷，减压蒸馏收集 116～124 ℃（28 Pa）馏分得酚线磷。

【产品标准】（参考标准）

外观　　　　　　　　　　　　　无色液体

纯度（%）　　　　　　　　　　　95～98

折射率　　　　　　　　1.530～1.533

相对密度(d_4^{20})　　　　1.30～1.32

【产品用途】　接触性杀线虫剂和土壤杀虫剂。可防治不结囊的线虫和地下害虫,药效可达1～2年,但由于无内吸作用,对已蛀根内的线虫无效。对防治葱蝇、种蝇和黄条跳甲也有效,3%粉剂每亩沟施2～6 kg,最好拌土后播施。

【安全措施】

(1)原料O,O'-二乙基硫代磷酰氯有毒(具有有机磷农药的毒性),对眼、黏膜及皮肤有刺激性。原料2,4-二氯苯酚有毒,生产设备应密闭,防止冒漏,车间内加强通风,操作人员应穿戴劳保用品。

(2)本产品为有机磷剧毒农药。毒性:大白鼠急性口服 LD_{50} 250 mg/kg,人口服致死最低量50 mg/kg。发现急性中毒应立即组织抢救。

(3)产品采用陶瓷或搪瓷容器密封包装,贮存于阴凉、通风、干燥处,按有机磷剧毒农药规定贮运。

2.53　溴甲烷

溴甲烷(Bromomethane)又称甲基溴(Methyl bromide),溴代甲烷。分子式 CH_3Br,分子量94.95。结构式为:CH_3—Br

【产品性能】　无色气体。沸点4.5 ℃,凝固点-93.6 ℃,相对密度(d_4^{20})1.675 5,折光率1.421 8,具有类似氯仿的气味。溶于大多数有机溶剂,如乙醇、乙醚、二硫化碳、油类等,也能溶于脂肪、树脂、橡胶、蜡等,水中溶解度1.75%。1932年,发现该化合物有熏蒸杀虫作用。剧毒,空气中含量达10～20 mg/L时,即可使人致死。空气中最高允许浓度为0.002%。

【生产方法】

(1)氢溴酸法　在溴化铝存在下,氯甲烷与氢溴酸反应制得。

$$CH_3Cl \xrightarrow[AlBr_3]{HBr} CH_3Br$$

(2)溴素法　在硫磺存在下,溴与甲醇发生取代反应得到溴甲烷。

$$CH_3OH + Br_2 \xrightarrow{S} CH_3Br$$

(3)溴化钠法　在搪瓷反应锅中,先加入溴化钠 550 kg,再压入甲醇 201 kg,滴加硫酸 980 kg,通过夹套蒸汽加热,当反应温度升到 60 ℃时,通过控制硫酸加入速度控制反应速度。反应生成的溴甲烷经紫铜冷凝器冷却进入碱洗塔(5%NaOH),再经硫酸干燥塔,后压缩至 0.98 MPa 得溴甲烷。

$$2CH_3OH + 2NaBr + H_2SO_4 \rightarrow 2CH_3Br\uparrow + Na_2SO_4 + H_2O$$

【生产流程】

溴素法

溴素
　　　→ 混合 5%NaOH 硫酸 　无水氯化钙
硫磺

甲醇→ 反应 → 碱洗 → 酸洗 → 干　燥 → 压缩 → 成品

【生产配方】

生产方法	溴素法	溴化钠法
甲醇	380	401
溴化钠	—	1 100
溴素	890	—
硫磺	90	—
硫酸	—	1 960
氢氧化钠	15	15

【生产工艺】　将溴素 89 kg 与硫磺 9 kg 混合制备溴化硫。在搪瓷反应釜中,加入甲醇 38 kg,在搅拌下滴加溴化硫,于 50～

65 ℃下反应,反应生成的溴甲烷气体先经 5% 氢氧化钠溶液洗涤去酸(碱洗塔),再进入酸洗塔用硫酸洗涤并去水,然后经干燥塔用无水氯化钙干燥。最后于 0.98 MPa 下压缩液化得溴甲烷。

【产品标准】　(GB434—82)

贮存于钢瓶内为无色或带微黄色的透明液体,常温下为无色、无臭的气体。

溴甲烷含量(%)	≥99
游离酸(以 HBr 计,%)	≤0.1
不挥发物(35 ℃,%)	≤0.3

【产品用途】　溴甲烷对菌、杂草、线虫、昆虫和鼠都有效,空间熏蒸可杀灭大米,小麦和豆类中的谷象、米蛾、赤拟谷盗、粉螨、豆象等害虫。土壤熏蒸可杀青枯病、立枯病、白绢病等病原菌和根瘤线虫。

2.54　杀螟松乳液

【产品性能】　杀螟松乳液为接触性杀虫剂,用于防治稻粟穗螟虫特别有效,它也是选择性杀螨剂。纯杀螟松为黄棕色液体,不溶于水,故通常加入乳化剂使其形成乳液。该乳液配方为日本公开专利 90—108603。

【生产配方】

杀螟松	80
甘油 EP 型聚醚	8
乙二醇	5
水	57

【生产方法】　先将甘油 EP 型聚醚与水混合,然后加入乙二醇和杀螟松,搅拌乳化。该乳化液农药可在室温下稳定 90 d 无沉淀。

【使用方法】　采用喷雾施药杀虫。

2.55　可湿性粉状杀螟松

在粉状杀螟松中加入润湿渗透剂,使其获得可湿性。日本公开专利88—54301。

【生产配方】

杀螟松	42
三苯乙烯基酚聚氧乙烯醚硫酸钠	3
纯炭粉	40
硅藻土	20

【生产方法】　先将杀螟松与纯炭粉均化,再与润湿剂混合均匀,然后与硅藻土混合研磨,得到含杀螟松40%的产品。

【使用方法】　与一般粉状杀螟松相同。

2.56　松焦油农药

松焦油农药为高效低毒杀虫剂,适于防治柑橘、梨子和茶叶等经济作物的蚧类害虫,例如,红腊蚧、黑点蚧、长白蚧、糖片蚧、吹棉蚧、圆蚧等,其防治效果可达90%以上。此外,该农药对地衣苔鲜、螨类虫也有很好的防治效果。

【生产方法】　取松树根干馏得粗松焦油,把粗松焦油蒸馏,截去135 ℃(于700 mmHg)以前的馏分,待黏度达(60±5)秒(恩氏黏度计)时即可放料,过滤。然后置于氧化反应器中,控制适当温度,通空气约3 h,氧化反应后降温至95～100 ℃时,在搅拌条件下,加入20%NaOH,皂化反应完成后,即可降温出料。

【使用方法】　先用少量水配成母液,然后再用水稀释至30～80倍,搅拌均匀后即可装入喷雾器进行喷洒。使用时还可考虑加入少量纯碱,以提高药效。

2.57 复合型水稻防病灵

随着种植技术的发展和病虫害抗药性的增强,迫切需要具有综合防治植物病虫害的复合型农药。这种复合型水稻防病灵以春雷霉素和克瘟散为有效成分复配而成,对水稻病虫害能发挥综合防治作用。

【生产配方】

春雷霉素盐酸盐(2 000 IU)	0.6
克瘟散(40%乳油)	8
黏土	22.2
白炭黑	6
木质素磺酸	1.2
十二烷基硫酸钠	2

【生产方法】 将各物料充分混合,经粉碎后得到复合型水稻防病灵。

【产品用途】 可有效地防治稻瘟病、稻穗枯病、叶枯病、纹枯病等。也可用于防治玉米叶斑病、麦类赤霉病等。喷洒前以防病灵 1 g 加水 0.4 L 稀释,于第一次喷洒约 6 d 后,进行第二次喷洒,2 次均以 100 mL/m² 之量喷洒于稻禾上。

2.58 农用杀虫乳剂

一般杀虫剂为油状有机物,不溶于水,故不能用水稀释。因此,商品农用杀虫剂一般将杀虫原药配制成乳剂,本品就是配制这种乳剂,以便农户直接加水稀释使用。

【生产配方】

配方一

原料名称	(一)	(二)
西维因(Sevin)	115	137.5

柠檬酸	0.2	0.2
多聚甲醛	0.25	0.25
丙二醇	25	37.5
四甲基癸炔二醇	0.25	0.25
分散剂(Darvan No.2)	5.0	8.75
汉生胶	0.2	0.1
水	103.1	64.5

配方二

西维因(Sevin)	115
柠檬酸	0.18
丙二醇	20
分散剂(DarvanN$_{0.1}$)	3.75
硅酸铝镁	1.0
多聚甲醛	0.25
曲拉通 AG98	0.25
汉生胶	0.15
曲拉通 N	0.25
水(L)	109.2

【生产方法】

除汉生胶外,将其余物料依次加入研磨机中,研磨至粒度 7.5~8.0 μm。若用球磨机研磨,约需 5~6 h。然后加入汉生胶,研磨至需要细度,完全溶解分散均匀,得到杀虫剂乳液。

【产品用途】 用于农作物杀虫,用水稀释后喷雾。

2.59 乐果乳油

【产品性能】 乐果乳油由乐果原药、有机溶剂和乳化剂组成。黄色或棕色液体。对酮类、酯类稳定,对醇类、酚类不稳定。具有优良的乳化性和较好的耐温性。

【生产方法】 采用多种表面活性剂,经乳化、分散制得乐果乳油。

【生产流程】

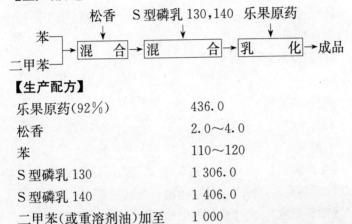

【生产配方】

乐果原药(92%)	436.0
松香	2.0~4.0
苯	110~120
S 型磷乳 130	1 306.0
S 型磷乳 140	1 406.0
二甲苯(或重溶剂油)加至	1 000

【生产工艺】 在乳化混合釜中,加入苯、二甲苯及松香,搅拌使之溶解均匀,然后加入 S 型磷乳 130,S 型磷乳 140,混合均匀得乳化液。于搅拌下,将乐果原药加入乳化液中,加料完毕,继续搅拌至均匀的单相半透明液体乳油,即得乐果乳油。

【产品标准】 40%乐果乳油(HG2—1212—79)

外观	淡黄色或浅棕黄色透明液体
乐果含量(%)	≥40
水分(%)	≤0.5
酸度(以硫酸计,%)	≤0.3
乳油分散时间	合格
乳液稳定性	合格
热稳定性	合格

【产品用途】 乐果乳油对昆虫既有触杀作用,又有良好的内吸作用。主要用于棉花、果树、蔬菜及其他作物,防治多种蚜虫、红蜘蛛、叶跳甲、盲蝽象、潜叶蝇、蓟马、叶蜂、果实蝇、幼龄食心虫、介

壳虫及稻螟虫等。

2.60　松钙剂

【产品性能】　本品由松针汁、茶枯、石灰组成,用于防治卷叶虫效果可达 90% 以上。

【生产配方】

松针	20.0
茶枯(茶子饼)	2.5~3.5
石灰	2.5~3.5
水加至	100

【生产工艺】　先将松针碾成糊状,茶枯、石灰碾成粉末,然后将 3 种原料混匀,加水,搅拌后过滤得松钙乳剂。

【产品用途】　用于防治卷叶虫,也可防治稻负泥虫。

2.61　乳油型杀虫剂

【产品性能】　合成农药原药一般不能直接使用,必须加入助剂复配成一定的剂型,乳油型是杀虫剂通常加工的剂型之一。其杀灭害虫效果和使用范围由其中的有效成分(合成农药)决定。

【生产配方】

配方一

敌敌畏(89%)	80.0
农乳 657 型(L∶H=0∶1)	3.0
二甲苯	6.0

用于防治水稻害虫,每亩(666.7 m², 下同)使用 80% 乳油 50 g,用水 50~60 kg 稀释后喷雾。用于防治棉花害虫,每亩使用 80% 乳油 75 g,用水 75~100 kg 稀释后喷洒。

配方二

杀螟松(75%)	65.0

乳化剂	7.5
甲苯	25.0

将各物料混合均匀得到 50% 杀螟松乳油。用于防治水稻害虫、棉花害虫、果树害虫和蔬菜害虫。每亩用量 50% 乳油 50～75 g,每克用水 1.0～1.5 kg 稀释。

配方三

敌百虫(90%)	25.0
杂醇油(6～8 个碳醇)	25.0
甲醇	6.0
二线油	34.0

将敌百虫加入杂醇油、甲醇、二线油的混合液中,分散均匀得 25% 敌百虫乳油。主要用于防治水稻二化螟、玉米螟、稻纵卷叶螟、稻飞虱及棉花、蔬菜害虫。

配方四

乐果(90%)	43.0
苯	12.0
松香	3.5
S-型复配乳化剂	12.0
二甲苯	26.0

将松香溶于苯和二甲苯混合溶剂中,加入乳化剂,然后加入乐果,分散均匀得 40% 乐果乳油。用于防治各种作物上的蚜虫、红蜘蛛,每亩使用 40% 乳油 50 g,对水 50～75 kg;用于防治甘薯小象鼻虫等害虫,每亩使用 40% 乳油 50～60 g,稀释 1 000～1 500倍。

配方五

马拉硫磷(92%)	50.0
乳化剂	5.0
二甲苯(或苯)	37.0

　　将马拉硫磷加入二甲苯中,再加入乳化剂得 50％马拉硫磷乳油。用于防治水稻害虫和棉花害虫,每亩用 50％乳油 60～75 g,用水稀释 1 000 倍。

2.62　夜蛾防治剂

【产品性能】　果园夜蛾种类很多,不仅传播虫卵,而且对柑橘、苹果、梨、桃等各种果树的果实产生危害。该防治剂由诱蛾剂和杀蛾剂组成。

【生产配方】

敌百虫	3.0
红薯饴糖	6.0
籼米甜酒汁	3.0
烂橘子汁	3.0
水	60.0

【生产工艺】　将敌百虫溶于水,加入其余物料,充分搅匀即得成品。

【产品用途】　将该防治剂置于钵或其他容器中,放在果园中,可有效诱杀夜蛾。

2.63　可湿性杀虫粉剂

【产品性能】　可湿性杀虫粉剂是合成农药重要的加剂型,一般由原药、乳化剂、分散剂和填料等组成。

【生产配方】

溴氰菊酯原药(98％)	2.56
月桂醇聚氧乙烯醚	1.0
萘磺酸钠	0.8
BHT(稳定剂)	0.1
乙二醇衍生物	3.0

高岭土	85.34

该配方为溴氰菊酯的 2.5％可湿性粉剂。主要用于防治蜚
蠊、灶蟋蟀、蚂蚁等害虫。使用时每 100 份 2.5％可湿性粉剂加石
膏粉 520～733 份，用水 1 500～2 000 份稀释。

2.64　打杀磷乳液

打杀磷乳液是一种高效低毒的有机磷农药，该乳液可直接用
于稀释后喷雾。日本公开专利 91—161407(1991)。

【生产配方】

打杀磷	4.0
尿烷预聚物	1.0
十二烷基苯磺酸钙(50％)	1.0
二甲苯	4.0
聚氧乙烯二苯乙烯基酚醚乙酸酯	5.0

【生产方法】　将打杀磷与二甲苯混合，再加入其余物料，搅拌
均匀，得到打杀磷乳液(商品农药)。

【产品用途】　高效低毒的有机磷农药，用水稀释后喷雾。

2.65　十三合剂

【产品性能】　该剂由黄藤根、草乌、百部、毛老虎、槐树子
(叶)、号筒秆、称秆荷、烟秆、老虎花、茶枯浸汁及生石灰、煤油和皂
料组成。主要用于防治水稻害虫。

【生产配方】

黄藤根	10.0
草乌	1.0
百部	5.0
毛老虎	5.0
槐树子(叶)	10.0

号筒秆	15.0
称秆荷	5.0
烟秆	2.5
老虎花	15.0
茶枯	2.5
生石灰	1.0
煤油	1.0
皂料	0.25

【生产工艺】　将黄藤根、草乌、百部、毛老虎、槐树子(叶)、号筒秆、称秆荷、烟秆、老虎花切碎捣烂,茶枯、生石灰粉碎,混合用水200份,煎熬至酱色,过滤,加入皂料,分散均匀后,于搅拌下喷雾加入煤油,熬制至40份(原水量的1/5)得十三合剂。

【产品用途】　用于防治稻飞虱、浮尘子,对稻苞虫、卷叶虫也有防治效果。用40倍水稀释,每公亩用原药0.2 kg。

2.66　十合剂

【产品性能】　该合剂由老虎花、石蒜、蚊子艾等7种植物浸汁、茶饼浸汁和煤油及皂料组成的水剂。防治稻飞虱、浮尘子效果达80%以上,防治稻苞虫、卷叶虫、棉蚜效果达70%以上。

【生产配方】

老虎花	20.0
石蒜	5.0
蚊子艾	5.0
黄藤根	5.0
号筒秆	20.0
毛老虎	5.0
烟秆	2.0
茶枯	2.0

| 煤油 | 1.0 |
| 皂料 | 0.24 |

【生产工艺】　将老虎花、石蒜、蚊子艾、黄藤根、号筒秆、毛老虎、烟秆切碎,茶枯粉碎,混合后加水 150 份煎熬,熬至药液 30～40 份,过滤,将皂料溶化于药液中,搅拌加入煤油(喷雾加入),充分拌匀得十合剂。

【产品用途】　用于防治稻飞虱、浮尘子,也可用于防治稻苞虫、卷叶虫及棉蚜。使用时用 20 倍水稀释,每公亩需原药 0.36～0.40 kg。

2.67　七合剂

【产品性能】　七合剂是由烟草等 5 种植物和石灰、滑石粉组成的粉剂。

【生产配方】

烟草(叶或秆)	10.0
辣椒	5.0
号筒秆	20.0
老虎花	20.0
黄藤根	16.0
石灰	7.5
滑石粉	2.0

【生产工艺】　各植物料分别切碎晒干,研细过筛,然后与石灰粉、滑石粉混合均匀,得七合粉剂。

【产品用途】　用于防治稻飞虱、浮尘子、钻心虫等水稻多种害虫。

使用时,每千克原药粉用黄土粉 20 kg 拌和均匀,于早上露水未干前喷撒。每公亩使用原药粉 0.2～0.3 kg。

2.68　六合剂

【产品性能】　该剂中含有烟叶、辣蓼、号筒秆、茶枯熬浸汁以及石灰和尿。防治水稻害虫和棉蚜效果好,并有一定肥效。

【生产配方】

烟叶	5.0
辣蓼	10.0
号筒秆	15.0
茶枯	7.5
石灰	7.5
尿(原尿)	5.0

【生产工艺】　先将辣蓼用 1 倍水熬 0.5 h,过滤,得辣蓼浸汁;另将号筒秆加 2 倍水熬 0.5 h,过滤得号筒秆浸汁。茶枯研成粉末,石灰消化过筛,烟叶加 3 倍开水浸液。将水 100 份加热至沸,加入消石灰粉,煎 15 min,加入茶枯粉、烟叶及浸液,熬 20 min,过滤得石灰、茶枯、烟叶熬制液。将人尿煎 10 min,加入辣蓼浸汁、号筒秆浸汁,熬 10 min,然后加入石灰、茶枯、烟叶熬制液,煮 20 min,过滤,得六合剂原液药 60~65 份。

【产品用途】　用于防治稻螟、稻苞虫、浮尘子、钻心虫及棉蚜等害虫。使用时用 50 倍水稀释,每公亩用原药 0.15 kg。

2.69　五合剂

【产品性能】　该剂由黄藤根、烟叶、艾叶、茶枯、号筒秆浸汁组成的水剂,防治稻飞虱效果可达 100% 为纯植物农药,安全无污染。

【生产配方】

黄藤根	10.0
烟叶	3.0

艾叶	7.0
茶枯(茶饼)	5.0
号筒秆	5.0

【生产工艺】　将艾叶用水 70 份熬煎,过滤,用艾叶浸水浸取其余物料,并适当加热熬制,过滤,得五合剂。

【产品用途】　用于防治稻飞虱,对浮尘子等水稻、蔬菜害虫也有防治效果。使用时以 20 倍的水稀释。每公亩使用原药 0.3 kg。

2.70　烟饼杀虫剂

【产品性能】　该杀虫剂由烟草、茶枯浸汁与敌百虫组成,药剂性能稳定,能长期使用,杀虫效果显著。

【生产配方】

烟草	1.0
茶枯	1.0
敌百虫	0.6～0.7
水	14.0

【生产工艺】　将烟草 1 kg 用水 8 kg 浸 24 h 或熬 0.5 h,过滤,得烟草浸汁。另将茶枯 1 kg 研细后用水 6 kg 浸 24 h 或熬 0.5 h,过滤,得茶枯浸汁。将烟草浸汁与茶枯浸汁混合后加入敌百虫(一般为浸汁重的 5%)即得烟饼虫杀剂。如果是空仓消毒剂则在浸汁混合液中加液重 5%的敌敌畏。

【产品用途】　适用于粮食仓库空仓消毒、实仓诱杀活米象、拟谷盗、大谷盗及其他害虫。使用时,取烟饼杀虫剂 0.5 kg 拌南瓜丝 1.25～1.5 kg,用于实仓打堆诱杀或门窗防线诱杀;或用烟饼杀虫剂 0.5 kg 拌红糖 1.25～1.5 kg,用于门窗防线或空仓诱杀消毒;烟饼剂(含敌敌畏)0.5 kg 对水 10L,用于空仓喷雾消毒。用 50～60 倍水稀释喷雾,可杀灭绳蚊等害虫;稀释 80～100 倍喷雾,可杀灭农作物害虫。

2.71　植物复合农药

【产品性能】　这里介绍的农药系由多种植物成分混制而成，具有安全、无污染等特点。

【生产配方】

配方一

大叶柳	15.0
香树皮	15.0
荷树皮	15.0
苦楝子树皮	15.0
硫磺粉	0.3
松香粉	0.3
煤油	0.3

将大叶柳、香树皮、荷树皮、苦楝子树皮按配方量加入已盛有水150份的熬制锅中，当锅内水熬制30份时，过滤去渣，再加入硫磺粉，熬制硫磺、松香充分溶化，停止加热，加入煤油搅拌均匀得乳剂。

用于防治棉蚜、稻负泥虫。使用时乳剂0.5 kg对水5～10 kg喷雾。

配方二

茶枯(茶籽饼)	10.0
红辣椒	20.0
水	40.0

将红辣椒20 kg研烂，再茶枯10 kg烘干研磨成粉，混合后加入水40L浸24 h，过滤去渣得辣茶合剂。用于防治稻飞虱、浮尘子，其效果在60%左右。

配方三

辣鲁根	3.0

红辣椒	2.0
黄药	5.0
水	20.0

将辣鲁根、红辣椒和黄药用水熬制,过滤得黄药辣椒合剂。用于防治螟虫幼虫。具有辣叶,残效期较长。

配方四

黄藤根	20.0
樟树叶	20.0
号筒秆	30.0
松香粉	0.4
硫磺粉	0.4
煤油	0.4
水	200

将黄藤根、樟树叶、号筒秆用水熬制,至溶液量为原来的 1/5 时,过滤去渣,然后向滤液中加入松香粉、硫磺粉充分混合,溶化后,停止加热(熄火),加入煤油,搅拌,过滤得黄藤乳剂。

用于防治棉蚜、稻负泥虫。使用时,以黄藤乳剂 0.5 kg 用水 5～10 kg 稀释。注意沾上药的杂草在 1 周内不能喂牲口。

配方五

硫磺粉	20.0
马钱子	1.0
石灰	25.0
生姜	4.0
辣椒	8.0
水	200.0

分别将硫磺、马钱子研细,将生姜、辣椒切碎。在熬制锅中,先加入水,加热至沸,再依次加入硫磺粉、石灰、马钱子、生姜、辣椒,每加入 1 种原料间隔约 10 min,并不断搅拌。溶液由黄绿色→橘

红色→深酱色。熬制应大火。熬制后过滤,得原液约 80 份。

用于防治棉红蜘蛛、棉蚜,效果可达 95％以上。对幼龄棉铃虫、水稻螟虫等也有一定防治效果。

配方六

| 茶枯 | 10～15 |
| 烟粉 | 1～2 |

将茶枯磨细,与烟粉混匀即得茶枯烟粉合剂。用于防治水稻螟虫,且有肥效。每公亩使用 1.6～2.5 kg。于晨露水未干时喷撒。

配方七

樟油	1.0
黄药	2.0
水	20.0

将黄药浸于水中,浸制 24 h,过滤,滤液与樟油混合均匀得黄药樟油合剂。用于防治稻飞虱、浮尘子、螟虫等。

配方八

樟油	1.0
山漆树根	2.5
水	17.5

将山漆树根切碎,用水煎熬,至溶液量达 7.5 份,过滤,滤液与樟油混合均匀得山漆樟油合剂。配方中的樟油也可使用煤油代替。

使用时,以 1：(3～4)的比例加水稀释,每公亩喷稀释药液 4.5～6.0 kg。用于防治水稻各种害虫。

配方九

樟油	1.0
乌桕叶	40.0
水	80.0

将乌桕叶捣烂,加水浸 3 d,过滤,滤液用樟油(也可用煤油),

搅拌均匀即得。用于防治稻飞虱、浮尘子，效果在 95% 左右。对稻瘟病也有一定效果。

配方十

樟树皮	2.0
雷公藤（黄药）	10.0
茶枯	1.0
菝骨	0.8
水	40.0
煤油	1.0
肥皂	0.4

将樟树皮、雷公藤、菝骨和茶枯用水煎熬，过滤，滤液加入皂粉和煤油，混合均匀即得。用于防治稻飞虱、浮尘子。使用时，以 1:(75~100) 对水。每公亩施原药 1 kg。

配方十一

樟树叶	7.5
茶枯	2.5
肥皂	0.5
水	75.0

将茶枯粉碎、樟树叶捣碎，用水熬制，至水溶液为原来 1/2，过滤，加皂料，再加水 50 份，得樟叶茶枯合剂。用于防治稻飞虱、浮尘子，每公亩施用 11 kg。

配方十二

樟树皮	30.0
花椒子（根、叶）	10.0
号筒管	10.0
鱼杂子	2.0
水	50.0

将各物料用水熬制，过滤即得。用于防治稻卷叶虫。傍晚时

喷洒,0.5 kg 原药用水 5 kg 稀释。

配方十三

辣椒粉	6.0
木防己果(磨碎)	4.0
黄樟油	2.0
雪松叶油	2.0
萘	16.0
1,4 二氯苯	4.0
煤油	260.0

将各物料加至煤油中,搅拌,放置 1 周,其间隔不时搅拌,过滤,滤液即得原药。

对臭虫、蚂蚁、蟑螂、各种虫蛾均有杀灭效果。

配方十四

烟叶	3.0
生石灰	7.5
硫磺	11.25
煤油	0.75
皂料	0.18
水	112.5

生石灰用水消化并过筛;硫磺研成细粉用热水调成糊状;烟叶切碎后煎熬取汁;皂料用水溶化,加入煤油,制成煤油乳剂。在熬制锅中,先将清水加热至 80 ℃,加入石灰乳,至 100 ℃加入硫磺浆。大火熬制 30~40 min,加入烟叶汁,小火熬制 10~20 min,停火,加入煤油乳剂。得棕色原液,即烟硫合剂。

注意加煤油乳剂时,应熄火,并保持通风。

该合剂是 1 种具有触杀作用的农药,可防治棉红蜘蛛。还可用于防治棉蚜、棉叶跳虫、水稻浮尘子、稻飞虱等害虫。也可加三氯杀螨砜和乐果,以增加药效。使用时,一般以 1:(80~100)加水稀释。

配方十五

黄藤根	6.0
老虎花	6.0
号筒秆	6.0
水	72.0

将植物洗净切碎捣烂,用水煎熬,煮沸后继续煮沸 0.5～1.0 h,冷却过滤得三合剂。

用于防治稻飞虱、浮尘子、稻螟等害虫。使用时,以 1∶(15～20)对水,每公亩喷洒 9 kg。

配方十六

苦参(干、全株)	适量
煤油	50.0
皂料	25.0
敌百虫	100.0
水	5 000.0

将适量苦参加水煮沸后再焖浸 0.5 h,过滤得滤液;皂料溶化于水中,然后于 70 ℃下加入煤油,得煤油乳化剂,再加入敌百虫,充分搅拌,加入苦参滤液,得苦参四合剂。

使用时,每千克原药用水 120～150 kg 稀释。可用于防治菜蚜、菜青虫、甘蓝夜蛾、果树蚜虫、棉蚜、棉铃虫、玉米蚜等。

配方十七

硫磺	5.0
苦楝树叶	200.0
桉树叶	300.0
水	1 000.0

将苦楝树叶、桉树叶切碎,与硫磺一同用水熬煎 3 h 后过滤。滤液即为硫磺桉苦合剂。用于防治棉蚜、棉红蜘蛛、菜青虫等。用

时以 1∶(10～15)对水稀释。

配方十八

羊角扭枝叶	1.5～2.0
毒鱼藤根	1.5～2.0
大茶药枝叶	4～5
松针	1～1.5
甲六粉	适量
水	30.0

将羊角扭枝叶、毒鱼藤根、大茶药枝叶切碎,用水煎熬 1.5 h,再加切碎的松针,继续熬 0.5 h。过滤,每 50 份原液加六甲粉 2 份。使用时,以 1∶1 对水作喷雾剂。

该合剂用于防治稻叶蝉、稻纵卷叶螟、低龄三化螟和稻苞虫等。

配方十九

黄蒿	21.6
苦楝树叶	7.6
辣蓼	11.4
硫磺	7.2
石灰	7.6
水	144.8

将黄蒿、苦楝树叶、辣蓼切碎;石灰研细过筛;硫磺研细。将黄蒿、苦楝树叶和辣蓼用水煎熬 1 h,加入石灰粉,继续熬 15 min,加入硫磺粉,继续熬煎至药液呈桐油色停火。过滤得到浓度在 $10°\sim15°\mathrm{Be}'$ 的灭蛛灵原药。

用于防治棉花红蜘蛛。使用时,以 1∶(30～40)比例对水。

配方二十

大叶桉树叶	10.0
桃树叶	5.0～7.0

松针	20.0
茶枯	5.0
硫磺	2~2.5
石灰	3.0
水	120.0

将大叶桉树叶、桃树叶、松针切碎捣烂用水煎熬,然后加入茶枯、硫磺、石灰,熬 1.5~2 h,过滤得土敌稻瘟原液。

用于防治稻瘟病。使用时加 10 倍水稀释。

配方二十一

山乌桕	24.0
松针	26.0
樟树叶	24.0
黄桐木	26.0
水	100~200

将新鲜的山乌桕、松针、樟树叶、黄桐木切碎用水煎熬至叶色变黄,过滤,得土杀菌剂。

可用于防治稻瘟病、红苕黑斑病、柑橘根腐病。用 5 倍的水稀释,并加少量石灰,过滤后喷洒。

配方二十二

苦楝子	13.0
烟秆	5.0
茶枯	1.0
生石灰(CaO)	1.0
水	52.0

将苦楝子、烟秆、茶枯切碎,生石灰研细,用水熬煎至液量为原来的 3/5 时,过滤得四合剂。

可用于防治螟虫、浮尘子、稻飞虱、卷叶虫等。使用时,每千克原药用 0.5 kg 水稀释,每公亩用原药 3 kg。

配方二十三

菖蒲根	35.0
烟草(根、叶、茎)	15.0
水	112.5

将菖蒲根、烟叶切碎捣烂,用水熬煎至药量为原来的 3/5,过滤得菖蒲烟草合剂。

用于防治水稻螟虫、稻飞虱、浮尘子及蔬菜害虫。每千克原液对水 0.5 kg,每公亩使用原药 3 kg。

配方二十四

黄藤根	30.0
苦楝子树皮	20.0
大叶柳	10.0
辣蓼	10.0
烟秆	10.0
号筒秆	10.0
荷树皮	10.0

将各植物原料洗净、切碎、晒或烘干后,按配方比例混合均匀,研成粉末,过筛得黄藤根粉剂。

该粉剂用于防治稻飞虱,效果达 100%,并可兼治浮尘子、钻心虫、卷叶虫、稻苞虫。每公亩使用原粉剂 1.1～1.2 kg,于早上露水未干前喷粉。也可掺填充粉料后喷撒。

2.72　粮食防虫片

【产品性能】　该防虫片由植物药物复配而成,无污染,能有效地防治粮食贮仓害虫。

【生产配方】

| 薄荷 | 35～40 |
| 大料 | 8～12 |

小茴香	6~10
花椒	8~12
陈皮	4~7
孜然	3~5
薄荷脑	0.8~1.2
冰片	0.8~1.2
酒曲	15~25

【生产工艺】 先将薄荷、大料、花椒、小茴香、陈皮干燥后混合粉碎,然后与其余物料混合均匀,经压片机成型得粮食防虫片。

【产品用途】 适用于粮食贮仓中防虫。

2.73 颗粒剂型杀虫剂

【产品性能】 有机合成农药一般不能直接使用原药,必须加入助剂调配成一定剂型的产品,颗粒剂是农药通常使用的剂型之一。

【生产配方】

配方一

对硫磷	1.0
松香	1.0
铜山土	3.0
硅砂	95.0

该配方为1%对硫磷颗粒剂。

配方二

对硫磷	0.5
包衣型滴滴涕	2.0
铜山土	2.0
AS	0.2
硅砂	95.3

该配方为 0.5％对硫磷颗粒剂。

配方三

倍硫磷	2.0
克瘟散	2.5
填充助剂	95.5

该配方为倍克颗粒剂,主要用于防治水稻稻瘟病、二化螟、飞虱等病虫害。

配方四

杀螟松	2.0
仲丁威	2.0
填充助剂	96.0

该配方为松丁微粒剂,用于防治水稻叶蝉、飞虱、蟓象、二化螟、稻负泥虫。

2.74　灭蚊片

【产品性能】　灭蚊片采用三氯杀虫酯,具有杀虫力强、对人畜毒性低、残毒易分解的特点。对蚊子的杀灭率为 100％,对苍蝇的杀灭率达 80％。

【生产配方】

配方一

三氯杀虫酯(≥90％)	40.0
硫酸铵	10.4
氯酸钾	36.0
硝酸钾	24.0
白土(100 目)	60.0
锯末(100 目)	24.0
滑石粉(100 目)	4.0
香精	1.6

配方二

三氯杀虫酯	16.0
硝酸钾	15.0
氯酸钾	17.0
硫酸铵	3.0
锯末	14.0
白土	31.0
滑石粉	4.0

【生产流程】

香原料 → 粉碎 → 过筛 → 混合 → 压片 → 干燥 → 包装

【生产工艺】 将各原料分别粉碎。在粉碎氯酸钾时应特别小心,防止发生爆炸事故。粉碎后都过 100 目筛。然后,将各种原料按配方比混合均匀,并加少量水调和后,经压片机压片。将药片置于烘箱在 56～60 ℃下烘干(也可经日光晒干)。检验合格后包装。

说明:

(1)三氯杀虫酯又称蚊蝇净,化学名称为 2,2,2-三氯-1-(3,4-二氯苯基)乙基乙酸酯,纯品为白色结晶,工业品为黄色结晶。不溶于水,易溶于有机溶剂。纯品熔点 82～84 ℃。

(2)干燥温度不能高于 60 ℃,以防事故。氯酸钾、硝酸钾具有爆炸性,粉碎和生产过程中应小心操作,严禁烟火。

【产品用途】 用于杀灭蚊虫。使用时,关闭门窗,点燃灭蚊片,几分钟后即可杀灭蚊蝇。

2.75 灭蚊烟熏纸

【产品性能】 灭蚊烟熏纸中的主要有效成分为三氯杀虫酯,是一种高效低毒杀虫药。对蚊虫熏杀率为 96%～100%。

【生产配方】

硝酸钠(kg)	10.0
丙酮(kg)	15.0
水(L)	25.0
香精(kg)	0.5
三氯杀虫酯(kg)	15.0
黄板纸(张)	75

【生产工艺】　在溶解缸中加入水和硝酸钠,搅拌溶解,将黄板纸浸入,每张增重应控制在 80～85 g(吸收硝酸钠水溶液),浸入时间 8～10 s(室温 25～30 ℃)。干燥备用。

在另一溶解缸中按配方加入丙酮和三氯杀虫酯,使之溶解(可适当加热使其溶解)。再加入香精,搅拌均匀。将吸收有硝酸钠的干燥黄板纸浸入三氯杀虫酯溶液中,尽量使其吸收。控制每张黄板纸吸收三氯杀虫酯 190～210 g。如吸收量不足,要补浸药液。然后干燥,切成 49 mm×61 mm 或 42 mm×71 mm 大小一致的纸片,用塑料袋密封包装,每 10 张一盒。

说明:

(1)生产过程严禁烟火。

(2)硝酸钠吸收量过多,燃烧过快,吸收量太少,则不容易点燃。三氯杀虫酯吸收量必须符合标准。

【产品用途】　用于熏灭蚊虫。使用时,关闭门窗,熏杀 20 min。

2.76　灭害灵

【产品性能】　灭害灵采用高效低毒的菊酯类杀虫剂,对蚊、蝇、蟑螂、虱、蚤、蚁有特效。使用方便、安全可靠。

【生产配方】

二氯苯醚菊酯	0.7

胺菊酯	0.3
香精	0.3
乙醇(95%)	200
水	132
色素	适量

【主要原料】

(1)二氯苯醚菊酯　又称为除虫精、苄氯菊酸、氯菊酯,化学名称为(3-苯氧苄基)甲基-顺、反-(±)-3-(2,2-二氯乙烯基)-2,2-二甲基环丙烷羧酯酯。熔点 34～39 ℃,沸点 200 ℃/1.33 Pa。几乎不溶于水,可溶于大多数有机溶剂。工业品含量 60%～80%。

(2)胺菊酯　胺菊酸化学名称为 3,4,5,6-四氢酞酰亚胺甲基(±)顺、反-菊酸酯(分子式 $Cl_9H_{25}NO_4$)。外观为白色或微黄色晶体。工业品熔点 70～80 ℃(含量≥70%)。相对密度 1.108。

【生产工艺】　在搪瓷混合釜中,加入 95%乙醇 180 kg,在搅拌下慢慢加入 80%二氯苯醚菊酯 0.7 kg,然后加入胺菊酯 0.3 kg 和香精 0.3 kg 及色素适量。搅拌均匀得原液。

另取 95%乙醇 20 kg,与水 132 kg 混合,混合均匀后倒入原液中,搅拌得灭害灵成品。

可用喷雾器喷雾。也可采用抛射剂,制得喷雾剂型。

【产品用途】　用于家庭、饭店、医院、食品厂或公共场所杀灭蚊、蝇、蟑螂、蚊等害虫,也用于杀灭花卉上的害虫。使用喷雾器进行喷雾,每 10 m² 左右房间用量 10～20 mL,喷后关闭门窗 15 min 左右。

2.77　冰晶石

冰晶石(Cryolite)是铝氟化钠的矿物学名称,又称为氟铝酸钠(Sodium aluminum fluoride)、氟化铝钠。分子式 Na_3AlF_6,分子量 209.94。

【产品性能】　天然冰晶石为单斜晶体,相对密度 2.95～3.00。合成产物为无定形粉末,两者均不溶于水,可溶于稀碱溶液,遇硫酸即分解。

【生产方法】

(1)**氟硅酸法**　由氟硅酸和碳酸钠反应制得氟化钠,另由氟硅酸与氢氧化铝作用制得氟化铝。然后,氟化钠与氟化铝作用生成冰晶石。有毒。

$$H_2SiF_6+3Na_2CO_3 \rightarrow 6NaF+SiO_2+H_2O+3CO_2$$

$$H_2SiF_6+2Al(OH)_3 \rightarrow 2AlF_3+SiO_2+4H_2O$$

$$AlF_3+3NaF \rightarrow Na_3AlF_6$$

(2)**碱法**　将碳酸钠、萤石(氟化钙)、硅砂经焙烧、粉碎、浸取后与硫酸铝反应得到冰晶石。

$$CaF_2+Na_2CO_3+SiO_2 \rightarrow 2NaF+CaSiO_3+CO_2 \uparrow$$

$$12NaF+Al_2(SO_4)_3 \rightarrow 2Na_3AlF_6+3Na_2SO_4$$

(3)**磷肥副产法**　磷肥(过磷酸钙、钙镁磷肥)生产中的含氟废气经回收成氟硅酸钠后,与氨水氨化,得到的氟化钠和氟化铵与硫酸铝反应,制得冰晶石。

$$Na_2SiF_6+4NH_3 \cdot H_2O \rightarrow 2NaF+4NH_4F+SiO \cdot nH_2O$$

$$4NaF+8NH_4F+Al_2(SO_4)_3+2NaCl \rightarrow$$

$$Na_3AlF_6+3(NH_4)_2SO_4+2NH_4Cl$$

【生产流程】

(1)**碱法**

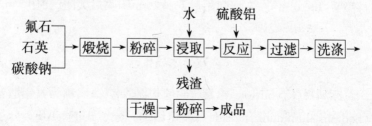

(2)磷肥副产法

磷肥生产的含氟废气→ 吸收 → 复分解反应 → 氨　取 →
　　　　　　　　　↑水　　↑氯化钠　　　　↑氨水
　　　　　　　　　　　　　　　　　　pH 值 8.5～9.0

　　　　　　　↑硫酸 ↑硫酸铝,氯化铝
过滤 → 酸化 → 反　　应 → 沉降 → 分离 →
　　　　　　　pH 值 = 5.5
↓硅胶(制白炭黑)

洗涤 → 干燥 →成品

【生产配方】

	碱法	磷肥副产法
萤石(CaF₂80%以上)	1 630	—
碳酸钠(≥96%)	1 040	—
硫酸铝(≥52.6%)	2 310	—
硫酸铝(Al,≥8.5%)	—	1 600
氨水(18%)	—	3 500
硫酸(≥98%)	220	100
硅砂(100%计)	790	—

【生产工艺】

(1)碱法　将氟化钙(萤石)粉碎至 60 目。将萤石 520 kg,石英粉 280 kg 和碳酸钠 100 kg 混合,投入反射炉中,灼烧至 900～950 ℃,物料熔融后放出冷却,得到氟化物的烧结物。将烧结物粉碎后,投入盛有 10 倍量水的浸取槽中,搅拌浸取氟化钠。残渣经洗涤后弃去,将氟化钠溶液送入反应器内,用硫酸调整 pH 值至 5左右,并加热至 85 ℃,于搅拌下加入化学计量(理论量)的硫酸铝配成的溶液,反应生成冰晶石,过滤后洗涤,经干燥粉碎得冰晶石。

(2)磷肥副产法　磷肥生产过程中的含氟废气用水吸收,得到的氟硅酸溶液与含 24%～26% 的氯化钠饱和食盐水反应,得到氟硅酸钠结晶,将氟硅酸钠加适量水配制成含氟 50 g/L 左右的溶液,于强烈搅拌下,缓慢加入氨水至 pH 值 8.5～9.0,析出硅胶($SiO_2 \cdot nH_2O$)。滤除硅胶,得到的氟化钠、氟化铵溶液加稀硫酸,调整 pH 值至 5.5。加热至 90 ℃ 以上,于不断搅拌下,慢慢加入固体硫酸铝,反应 0.5 h 后,再加入氯化钠溶液,然后继续搅拌反应1 h。此时 pH 值一般降至 1～2,再加氨水调 pH 值至 3～4,析出冰晶石沉淀,分出沉淀反复漂洗至 pH 值 6～7,离心分离,干燥得冰晶石。

【产品标准】

氟(F,一级,%)	≥54
铝(Al,%)	≥15
钠(Na,%)	≥29
氧化物($Fe_2O_3 + SiO_2$,%)	≤0.4
硫酸根(SO_4^{2-},%)	≤1.2
附着水(H_2O,%)	≤1.0

【产品用途】 冰晶石为胃毒性和触杀性杀虫剂,通常应用 0.2% 的悬浮液。还用作炼铝的助熔剂、搪瓷乳白剂、树脂橡胶的耐磨填充剂。

2.78 磷化铝

磷化铝(Aluminium phosphide,Celphos),分子式 AlP,分子量 57.95。

【产品性能】 浅黄色或灰绿色松散固体、无气味。加热至1 000 ℃ 也不分解,1 100 ℃ 升华。易吸水分解,放出磷化氢(磷化氢是无色气体,在空气中易燃,对人、虫都有剧毒,空气中含量达0.01 mg/L,对人就非常危险)。

【生产方法】 赤磷和铝粉混合后,经高温燃烧即得。

$$P+Al \xrightarrow{燃烧} AlP$$

【生产流程】

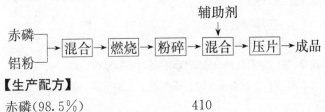

【生产配方】

赤磷(98.5%)	410
铝粉(92%)	390

【生产工艺】　将赤磷和铝粉按配方比混合后,经高温燃烧,生成磷化铝,然后冷却粉碎,过筛,与辅助剂混合压片,制得片剂(56%片剂),用马口铁包装或瓶装。

【产品标准】　56%片剂(GB5452—85)

外观	灰绿色圆片或绿色圆片
含量(%)	≥56
片重(g)	3.2±0.1
强度(MPa)	≥0.7
碎片和粉末(%)	≤1.5

【产品用途】　磷化铝分解,产生剧毒气体磷化氢达到杀死害虫的作用。除螨粉外,对其他仓贮害虫都有效,如谷物中的米象、谷象、豆象、谷蛾、锯谷盗、杂拟谷盗、赤拟谷盗、长角谷盗、烟草甲、谷蠹等多种粮仓害虫的成虫、蛹、幼虫及卵都能杀死。每立方米用药 3~6 g。

参 考 文 献

1　谭本祝,陶贤鉴,于正英,曹修祗. 蔬果磷的合成与田间药效. 农药,1998
　　(9):17
2　成俊然,邵瑞链,毕富春,马治华,黄润秋. 用分子内环化反应合成蔬果磷

　　的研究. 农药,1998,37(10):15

3　张方波. 蝇毒磷原粉合成工艺研究[J]. 辽宁化工,2001,30(2):84

4　U. S. Pat. ,1712351

5　U. S. Pat. ,3651266

6　U. S. Pat. ,3393202

7　王现全,等. 醚菊酯的合成研究,农药,1996,35(3):13

8　武汉农药厂. 三氯杀螨砜缩合后处理工艺的革新. 医药工程设计,1972,
　　(4):12

9　张苏绵. 精制三氯杀螨砜. 山西化工,1987,(2):61

10　韩邦友. 六氯环戊二烯合成方法评述. 江苏农药,1997,3:16

11　王清文,隋淑娟,肖春明. 由 C_5 馏分合成六氯环戊二烯. 化学工程师,
　　1992,28(4):19

12　焦飞鹏,刘平乐,王良芥,罗和安. 高纯乙酰甲胺磷分离新工艺,农药,
　　2003,42(5):14

13　薛光才,张义芳,赵渊. 乙酰甲胺磷结晶工艺改进. 化学与生物程,
　　1998,(81):87

14　何红东. 甲胺磷醋酐法生产乙酰甲胺磷的工艺研究. 四川化工与腐蚀
　　控制,1992(2):26

15　U. S. Pat. ,4326059;4323678

16　U. S. Pat. ,5034529

17　柳庆先,张南燕. 农药. 1994,33(5):12

18　U. S. Pat. ,3907815

19　DE　3114349

20　肖文精,等. 农药,33(1):14(1994)

21　陈雄飞. 有机磷杀虫剂三硫磷的制备. 化学世界,1965,(7):301

22　U. S. Pat. 2947788

23　邱玉娥. 94％无臭马拉硫磷原油合成新工艺. 应用化工,2004,33
　　(1):48

24　Ger. Offen,2326077(1974);2544150(1976)

25　JP77—125150(1977);JP76—141843(1976)

26 秦琪. 甲基毒死蜱合成工艺的比较与制备. 宁波化工, 1998, (01):17

27 杨伟. 甲基毒死蜱的最新合成工艺. 农药, 1990, 29(3):51

28 U. S. Pat. , 4703123(1987)

29 特开昭 50—174768(1985), 特开昭 62—39570(1987)

30 Can. 1018163(1977)

31 上海东风农药厂, 湖南省化工研究所. 冷法叶蝉散小试验技术总结, 精细化工中间体, 1978, (4):17

32 USP, 3960924

33 Ger Offen, 2841714

34 Eur Pat Appl, 200429

35 Ger Offen, 2403326

36 Eur Pat Appl, 192421

37 余立新, 等. 杀虫剂戊氰威的特性与合成. 农药, 1998, 37 (5):10

38 陈宝珊, 浦定一, 许金燊. 有机氯杀虫剂三氯杀虫酯的研究. 农药, 1982, (2)

39 易先苹, 李义柱, 郑亚华, 周命炎. 直接法合成三氯杀虫酯. 农药, 1984, (6)

40 齐平. 国外西维因生产方法及合成技术进展. 农药, 1974, (2):58

41 U. S. Pat. , 2903478

42 B. P. 841441

43 U. S. Pat. , 3009855; U. S. Pat. , 2904463

44 B. P. , 1324293 (1970)

45 Ger. Pat. , 2123236 (1971)

46 USP. , 3989842 (1976)

47 黄绵霞, 等. 杀虫畏合成方法的研究. 农药, 199130(4):21

48 Ger. , 1223824 (1966)

49 HU, 31631 (1984)

50 合成与工艺条件研究沈阳化工研究院农药二室. 新型杀虫剂杀螟丹研究

51 B. P. , 1126204

52 河南省化工研究所. 杀螟丹中试工艺技术研究

53 蒋兴材,戎玉芬,林维铭. 农药杀螟松简易合成法. 天津化工,1991,
    (4):7

54 双溶剂法合成杀螟松. 农药 1979,(1):13

55 Japan. 7964(1963)

56 Brit. 919874(1963)

57 王治顺. 毛织品防蛀剂—米丁 FF. 化学世界. 1988,(12):538

58 日本公开特许公报平 3—271273,平 5—178833,平 5—178834

59 程志明,等. 吡虫清的合成. 农药,37 (9):12 (1998)

60 DE,4111215;3800179;3830238

61 U. S. Pat. ,4742060;5010201

62 E. P. ,546418;192060

63 陆阳,陶京朝,张志荣. 吡虫啉的合成方法研究. 化工中间体,2008,
    (8):22

64 U. S. Pat. ,3907815;3972887;4016225;4814448

65 许丹倩. 浙江化工,1995(1):4

66 孙致远,等. 农药,199837(4):13

67 胥璋. 一步法合成高收率毒死蜱. 中国农药,2008,(4):26

68 宓爱巧,肖,陈元伟,吴兰均,陈振婉,欧储湘,杨桂树,李泽珍,曹建华,李
    敏. 一种氟氰菊酯的合成方法. 中国专利 CN1034708,1989—08—16

69 蒋木庚,邢月华,王鸣华,冯仁杏,于康平. 高效立体选择性戊菊酯和氰
    戊菊酯的合成. 南京农业大学学报,1990,13(4):110

70 张文. 敌百虫生产工艺的某些改进. 农药,1996,35(6):15

71 焦永秋. 敌百虫合成中生产配方的探讨. 氯碱工业,2001(12):28

72 杜辉. 敌敌畏敌百虫清洁生产工艺. 现代农药,2006,5(5):20

73 刘士忠,梅世俊. 倍硫磷工艺改进研究. 农药,1979(4):19

74 沈阳农药厂,高效低毒有机磷杀虫剂倍硫磷投入生产,辽宁化工 1974,
    (1):48

75 段湘生,等. 农药,1998,37 (3):7

76 王俊谦,郑琛. 乙基硫环磷合成. 农药,1993,32(6):19

77　山西省化肥农药研究所. 硫环磷小试总结(1972)

78　王浦海,等. 杀虫剂氯辛硫磷的合成,农药,1998,37(6):14

79　Lehmann C. et al.,Swiss,496721

80　Lorenz W et al,Ger,1238902

81　汤崇铭,李康龄,王守良. O,O-二乙基硫代磷酰氯及 O,O-二甲基硫代磷
　　酰氯新合成工艺的研究. 云南师范大学学报(自然科学版),1993,13
　　(4):55

82　刈谷昭范奈部川修吉,原义房,田口纯二. 有机二硫代磷酸酯、制备该二
　　硫代磷酸酯的方法及其含该二硫代磷酸酯的杀虫剂[P]. 中国专利:
　　CN86106243,1987—03—04

第三章 杀菌剂

3.1 氟三唑

氟三唑(Fluotrimazole)也称三氟苯唑,化学名称为 3'-三氟甲基-1,2,4-三唑三苯基甲烷,1-(3-三氟甲基)三苯甲基-1,2,4-三唑。分子式 $C_{22}H_{16}F_3N_3$,分子量 379.4。结构式为:

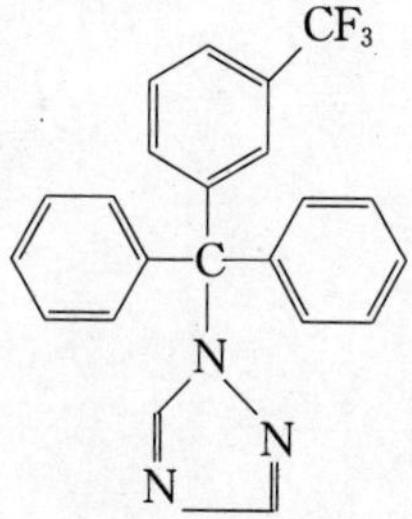

【产品性能】 无色结晶固体。熔点 132 ℃。20 ℃时的溶解度:水中 1.5 mg/L,二氯甲烷中 40%,环己酮中 20%,甲苯中 10%,丙二醇中 50 g/L。在 0.1 mol/L 氢氧化钠溶液中稳定,在 0.2 mol/L 硫酸中分解率为 40%,氟三唑因含有氟原子,生物活性高,毒性降低,对黄瓜、大麦、葡萄等白粉病的防治有特效。

【生产方法】 以间溴代三氟甲基苯为起始原料,经形成格氏试剂后,与二苯酮进行亲核加成,然后用氯化铵水解,制得 3-三氟甲基三苯甲醇。

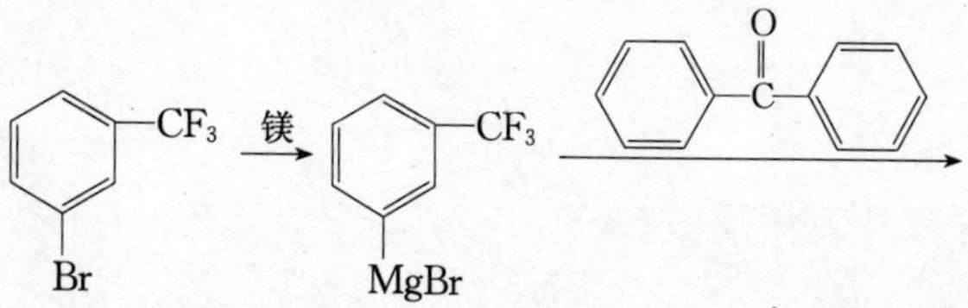

然后继续与浓盐酸反应生成 3-三氟甲基三苯基氯代甲烷,最后以三乙胺作缚酸剂,以 N,N-二甲基甲酰胺为溶剂,在氮气保护下,与 1,2,4-三唑反应得到氟三唑:

【生产配方】

间溴代三氟甲基苯	225.0
镁屑	24.0
氯化铵	200.0
盐酸(35%)	208.0
1,2,4-三唑	65.0
三乙胺	102.0
N,N-二甲基甲酰胺(溶剂)	适量

【生产流程】

間　　　　　　　　　　　　镁　　二苯酮　氯化铵　浓盐酸
间溴代三氟甲基苯→格氏化→加成→水解→氯代→

　　　　　　　　1,2,4-三唑
　　　　　　　　　↓
　　　　　　　　取代→成品

【生产工艺】

(1)将镁屑 4.8 g 和小粒碘放入反应瓶中,滴入含有间溴代三氟甲苯的无水乙醚溶液 30 mL(间溴代三氟甲苯 45 g 溶于无水乙醚 100 mL 中),于水浴上温热。在搅拌下缓慢滴入剩余的间溴代三氟甲苯无水乙醚溶液,加毕,回流 0.5 h 后,蒸除乙醚,冷却,滴入含有二苯酮的苯液(二苯酮 36 g 溶于苯 150 mL 中)。滴加完后,加热回流 2 h,冷却,滴入含有氯化铵 40 g 的水溶液,使产物分解。分离苯层,脱苯,脱水,减压蒸馏,收集 180~184 ℃(80 Pa)馏分。静置冷却,而得无色块状物,熔点 50~52 ℃,即为 3-三氟甲基三苯甲醇。

(2)将 3-三氟甲基三苯甲醇 32 g 和苯 15.6 g,浓盐酸 22 g,一起振摇,直至块状物完全溶解,然后分去苯层,经干燥,脱苯而得浅黄色油状物,即为 3-三氟甲基三苯基氯代甲烷。

(3)将上述所得油状物 34.6 g,1,2,4-三唑 7 g,N,N-二甲基甲酰胺 250 mL 和三乙胺 11 g,加入反应瓶中。在氮气保护下,加热至 93~100 ℃反应 3 h。减压脱去溶剂,残留物用水洗涤,然后用二氯甲烷萃取。其萃取液,经干燥、蒸除二氯甲烷而得浅黄色固体。用丙酮重结晶而得氟三唑,熔点 128~130 ℃。配制成 50% 可湿性粉剂,125 g/L 乳油。

【产品用途】　用于黄瓜、大麦、葡萄等作物的白粉病的防治。

3.2　敌磺钠

敌磺钠（fanaminosulf）又称敌克松，地可松，对二甲胺基苯重氮磺酸钠（sodium p-dimethy-laminobenzenediazo sulfonate）。分子式 $C_8H_{10}N_3NaO_3S$，相对分子质量 251.24。结构式为：

$$(H_3C)_2N\text{—}\underset{\bigcirc}{}\text{—}N\text{=}N\text{—}SO_3Na$$

【产品性能】　淡黄色结晶。熔点 200 ℃（分解）。可溶于水（40 g/L，20 ℃），溶于高极性溶剂，如二甲基甲酰胺、乙醇等，不溶于大多数有机溶剂。极易吸潮，在水中呈重氮离子状态而渐渐分解，光照能加速分解，同时放出氮气生成二甲氨基苯酚。对碱性介质稳定。敌磺钠对人皮肤有刺激性。

【生产方法】　N,N-二甲基苯胺经亚硝化，得到的对亚硝基二甲苯胺，用铁粉还原后重氮化和磺化得敌磺钠。

$$(H_3C)_2N\text{—}\underset{\bigcirc}{}\xrightarrow{NaNO_2}(H_3C)_2N\text{—}\underset{\bigcirc}{}\text{—}NO\xrightarrow{Fe}$$

$$(H_3C)_2N\text{—}\underset{\bigcirc}{}\text{—}NH_2\xrightarrow[HCl]{NaNO_2}(H_3C)_2N\text{—}\underset{\bigcirc}{}\text{—}N_2Cl$$

$$\xrightarrow{Na_2SO_3}(H_3C)_2N\text{—}\underset{\bigcirc}{}\text{—}N\text{=}N\text{—}SO_3Na$$

【生产流程】

N,N-二甲基对氨苯胺 / 亚硝酸钠 → 亚硝化 → 还原（铁粉）→ 过滤（渣）→ 重氮化（NaNO₂,HCl）→

亚磺化（亚硫酸钠）→ 分离 → 成品

【生产配方】（kg/t）

N,N-二甲基对氨基苯胺	440
亚硝酸钠（98%）	250
盐酸（31%）	800
亚硫酸钠（98%）	480

【主要设备】　亚磺化反应锅　贮槽　过滤器　重氮化反应锅

【生产工艺】　在重氮化反应锅中,先加入适量水、碎冰,然后加入 N,N-二甲基对氨基苯胺 44 kg,盐酸 80 kg 和亚硝酸钠 25 kg 于 0～5 ℃下进行重氮化。重氮化完毕,加入亚硫酸钠 48 kg 进行亚磺化。随着反应进行,敌磺钠沉淀出来,分离后干燥得敌磺钠。

【实验室制法】　对氨基二甲苯胺于 0～5 ℃下进行重氮化,然后用亚硫酸钠进行亚磺化,分离沉淀物后经精制得敌磺钠。

【产品标准】

外观	黄棕色粉末
含量（%）	≥98
pH 值	6～8

【产品用途】　苗田杀菌剂。对由腐霉菌属及丝囊菌属引起的病毒有特效,对一些真菌病毒也有效。有内吸作用,根部和叶部均能吸收。可防治水稻苗期立枯病、黑根病、烂秧病、高粱丝黑穗病、散黑粉病、玉米大斑病、棉花苗期根腐病、炭疽病、立枯病等。可用于种子和土壤处理。

3.3　菌核净

【产品性能】　菌核净（Dimetachlone）又名纹枯利,学名 N-(3,5-二氯苯基)琥珀酰亚胺。该品为白色磷状结晶,熔点 137.5～139 ℃。易溶于四氢呋喃、二甲基甲酰胺、二氧六环、苯、氯仿,溶于甲醇、乙醇,难溶于正己烷、石油醚;30 ℃时在水中的溶解度为

2.4×10^{-4}。

【生产配方】

3,5-二氯苯胺	243
丁二酸	186
硫酸	2.5

【生产工艺】　将3,5-二氯苯胺243 kg,丁二酸186 kg和硫酸2.5 kg加入搪玻璃反应锅内,搅拌加热至170 ℃,直至反应生成的水全部蒸出。反应完成后趁热出料,冷却,即得菌核净原粉。收率87.4%。

【产品用途】　该品为农用杀菌剂,对水稻纹枯病、油菜菌核病、烟草赤星病等有良好的防治效果。每亩施有效成分40～100 g。

3.4　萎锈灵

【产品性能】　萎锈灵(Carboxin)学名5,6-二氢-2-甲基-N-苯基-1,4-氧硫杂环己烯-3-甲酰胺。该品为白色针状结晶。熔点93～95 ℃。25 ℃在丙酮中溶解度60%,二甲亚砜中150%,乙醇中21%,苯中15%(均为重量/重量)。除强酸、强碱外,在一般介质中较稳定,水中溶解度为1.7×10^{-4}。

【生产配方】

乙酰乙酰苯胺	177
硫酰氯	142
巯基乙醇(100 计)	78

【生产工艺】

(1)将乙酰乙酰苯胺和干燥的工业苯(用作溶剂)投入反应锅内,搅拌,使物料均匀混合成乳白色悬浮液。按比例向反应锅滴加硫酰氯,反应温度控制在30～35 ℃,滴加完毕,继续反应0.5～1 h,整个反应过程为无水操作(避免水分带入)。然后过滤,水洗,干燥,得到 α-氯代乙酰乙酰苯胺,熔点 131～134 ℃。

(2)将 α-氯代乙酰乙酰苯胺、苯(溶剂)和比例量的巯基乙醇,混合成悬浮液,不断搅拌,在 30 ℃滴加 12%的碳酸氢钠水溶液,加完后继续搅拌至所有固体都进入溶液,此时 pH 值为≥7。分出苯层,水洗至中性,用对甲苯磺酸酸化,加热回流通过共沸物除去水,冷却,水洗至中性,减压脱苯得到棕红色产物,用甲醇重结晶,干燥得萎锈灵。

注:碳酸氢钠水溶液也可使用碳酸氢铵或碳酸氢钾溶液,对甲苯磺酸也可使用 30%的盐酸代替。[英国专利 1099242 (1965)]。

【产品用途】　本品为选择性较强的内吸杀菌剂,对人畜低毒,但不可与眼睛接触。采用搅种、闷种、浸种等方法防治大小麦、燕麦、玉米、高粱、谷子等禾谷类的黑穗病,亦可用于叶面喷洒防治小麦、豆类、梨等锈病,棉花苗期病害及黄萎病,立枯病。对作物具有生成刺激作用。

3.5　氯化苦

氯化苦(chloropicrin)又称三氯硝基甲烷(trichloronitromethane),硝基氯仿(nitrochloroform)。分子式 CCl_3NO_2,相对分子质量 164.38。结构式为:

$$
\begin{array}{c}
\text{Cl} \\
| \\
\text{Cl}-\text{C}-\text{NO}_2 \\
| \\
\text{Cl}
\end{array}
$$

【产品性能】　纯品为无色油状液体,工业品为无色或微黄色透明油状液体。有强烈刺激性臭味。相对密度(d_4^{20})1.655 8。沸点 112.4 ℃。凝固点 -64 ℃。折射率 1.595。难溶于水,可与丙酮、苯、四氯化碳、甲醇等混溶。化学性质较稳定,无爆炸、燃烧危险。吸附力很强,特别在潮湿物体上,可保持很久。在碱的乙醇溶液中分解加快。遇发烟硫酸分解成光气和亚硝基硫酸。蒸汽有毒,具有强烈催泪和刺激作用。

【生产方法】

工业生产中有三氯苯法和苦味酸法。苦味酸法是将苦味酸与氢氧化钙(或纯碱)成盐,然后通氯气氯化,经分离处理得产品。

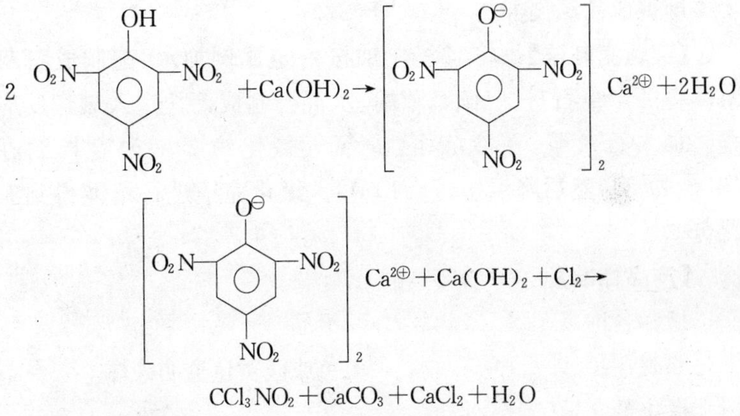

$$CCl_3NO_2+CaCO_3+CaCl_2+H_2O$$

【生产流程】

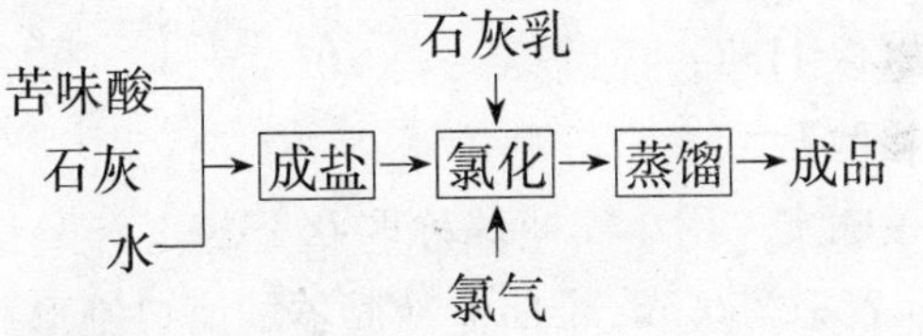

【生产配方】（kg/t）

苦味酸(三硝基苯酚)	555
氯气(99.0%)	1 762
氢氧化钙(≥90%)	1 800

【主要设备】　成盐锅　氯化反应釜　打浆槽　蒸馏锅　分离锅

【生产工艺】　先将氢氧化钙(石灰)加到水中,搅拌得到石灰

浆。在成盐锅中加入水和石灰,搅匀后加入苦味酸,于 25～30 ℃
搅拌 0.5 h,生成苦味酸钙盐。

　　将石灰浆加入氯化釜中,开动搅拌,夹套通冷冻盐水,加入钙
盐,冷却至(6±1)℃开始通氯,于 20～32 ℃通氯约 3 h。取样检
验,确定反应终点。氯化完成后,将氯化液转入蒸馏锅中进行蒸
馏,同时蒸出氯化苦和水,经冷凝收集于分离锅内,分去水,再进行
干燥即得成品氯化苦。

　　【实验室制法】　将氢氧化钠按一定比例加水,配制成石灰
浆。将一定量石灰、三硝基苯酚、水混合制成钙盐送入氯化反应
釜。加入石灰浆,在冷冻下,通氯气氯化约 2 h,温度控制在
(32±1)℃,然后降温至(7±1)℃。氯化完毕进行蒸馏得到氯
化苦。

　　【产品标准】　(GB 435—84)

指标名称	一级品	二级品
外观	无色或浅黄色透明液体	
氯化苦含量(%)	≥99	≥98
密度(d_4^{20},g/cm³)	1.654～1.663	1.652～1.663
游离酸(以 HNO_3 计,%)	≤0.01	≤0.01

　　【质量检验】

　　(1)含量测定　用小安瓿球称取 0.15～0.20 g 试样(准确至
0.000 2 g),置于 250 mL 带回流冷凝器的磨口锥形瓶中,加入无
水乙醇 25 mL,5%亚硫酸钠溶液 25 mL,用玻棒小心地击碎小安
瓿球。装上回流冷凝器,水浴加热,30～40 min 内使试样达沸腾,
并保持 1.5 h,停止加热。加入 6 mol/L 硝酸 25 mL,不时摇动,使
瓶内气体驱逐干净。冷却至室温,准确加入 0.1 mol/L 50 mL 硝
酸银标准溶液,40%硫酸铁铵溶液 3 mL,然后用 0.1 mol/L 硫氰
酸钾标准溶液回滴至淡红色,在 30s 内不消失即为终点。同时做
空白试验。

$$含量(\%) = \frac{(V_2 - V_1) \cdot c \times 0.054\ 79}{G} \times 100$$

式中　V_1——试样消耗硫氰酸钾标准溶液体积，mL；

　　　　V_2——空白消耗硫氰酸钾标准溶液体积，mL；

　　　　c——硫氰酸钾标准溶液的摩尔浓度，mol/L；

　　　　G——试样质量，g。

(2)密度(d_4^{20})的测定　在量筒中注入氯化苦约 80 mL 样品，加盖，置恒温水浴中于(20 ± 0.1)℃恒温。当量筒内外温度达平衡时，即可用密度计测定，从密度计弯月面下缘准确读取密度值。平均测定误差≯0.005 g/mL。

【产品用途】　氯化苦是一种优良的粮食熏蒸剂，主要用于仓库、面粉厂、土壤及鼠穴的熏蒸，有杀鼠、杀虫和杀菌作用。还可用于木材防腐、房屋、船舶、车辆以及土壤、种子等消毒。

【安全措施】

(1)生产中使用苦味酸和氯气，且产品剧毒，生产设备应密闭，操作人员应穿戴劳保用品。车间内加强通风。

(2)产品采用镀锌铁桶包装，包装上应有明显的"剧毒"标志。不得与食物、种子、饲料混贮运，避免与皮肤接触，防止由口、鼻吸入。按有剧毒化学品规定贮运。

3.6　氯苄丁苯脲

氯苄丁苯脲化学名称为 N-(对-氯苄基-N-仲丁基-N-苯脲)。分子式 $C_{18}H_{21}N_2O$，分子量 281.38。结构式为：

【产品性能】

白色结晶，熔点 80~81 ℃。对水稻纹枯病菌具有防治效果。

【生产方法】

(1)苯基异氰酸酯法　N-(对-氯苄基)仲丁基胺与苯基异氰酸酯加成得到氯苄丁苯脲。

$$Cl-\!\!\!\!\!\!\!\!\!\!\!\!\!\!\!\!\!\!\!\bigcirc\!-CH_2-NH \atop C_2H_2-CH-CH_3 \quad + \quad \bigcirc\!-NCO \longrightarrow$$

$$Cl-\!\!\!\!\!\!\!\!\!\!\!\!\!\!\!\!\!\!\!\bigcirc\!-CH_2 \atop C_2H_5-CHCH_3}N-\overset{\displaystyle O}{\overset{\|}{C}}-NH-\bigcirc$$

(2)氨基甲酰氯法　N-(对氯苄基)-N-仲丁基氨基甲酰氯缩合得到氯苄丁苯脲。

$$Cl-\!\!\!\!\!\!\!\!\!\!\!\!\!\!\!\!\!\!\!\bigcirc\!-CH_2\,NCOCl \atop H_3C-CHCH_2CH_3}\!\!+H_2N-\bigcirc \longrightarrow$$

$$Cl-\!\!\!\!\!\!\!\!\!\!\!\!\!\!\!\!\!\!\!\bigcirc\!-CH_2 \atop C_2H_5-CHCH_3}N-\overset{\displaystyle O}{\overset{\|}{C}}-NH-\bigcirc$$

【生产流程】

$$\text{2-丁胺}\quad\text{苯基异氰酸酯}$$

苄氯→胺化→缩　　　　合→过滤→干燥→成品

【生产工艺】

(1)胺化　将水 150 mL 放入三口瓶中,加入氢氧化钠 36 g,搅拌,溶解,冷却,再加入 2-丁胺 131.4 g,在室温下滴加对氯苄基氯 144.9 g,在 60~70 ℃下反应 3 h,冷却,分去水层,回收 2-丁胺,残液加甲苯,以水洗涤,蒸去甲苯,减压蒸馏,即可得到 N-(对氯苄基)-2-丁胺 173.4 g,收率 91%。

(2)缩合　将 N-(对氯苄基)-2-丁胺 59.3 g 投入三口瓶口,加入正己烷 1 000 mL,搅拌,加入苯基异氰酸酯 65.1 g(溶于100 mL

正己烷中),在 50 ℃下反应 3 h,冷却,过滤,干燥,得到氯苄丁苯脲,收率为 92.4%,熔点 80~81 ℃。

【产品用途】　主要用于防治水稻纹枯病。

3.7　氯喹菌灵

氯喹菌灵化学名称为 N-(2-苯并咪唑基)氨基甲酸甲酯-5,7-二氯-8-羟基喹啉-铜(Ⅱ)。分子式 $C_{18}H_{12}N_4O_3Cl_2Cu(Ⅱ)$,分子量 466.77。结构式为:

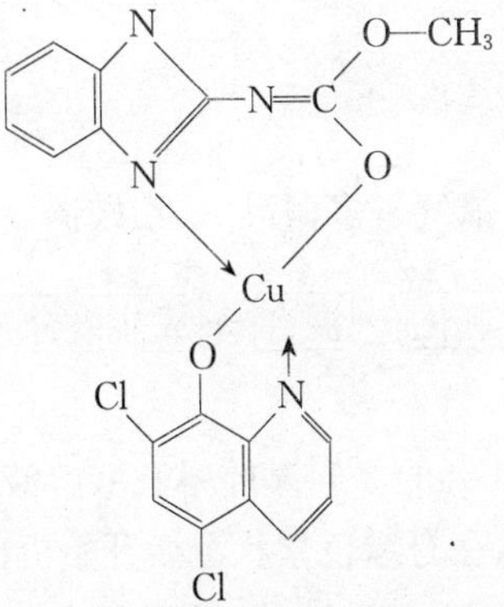

【产品性能】　黄绿色晶体粉末。溶点 318~320 ℃(分解)。对稻瘟病菌,大刀镰孢菌,葡萄孢菌有很强的抑制性。

【生产方法】　将 8-羟基喹啉氯化,得到的 5,7-二氯-8-羟基喹啉与多菌灵混合,混合物与乙酸铜成盐络合得到氯喹菌灵。

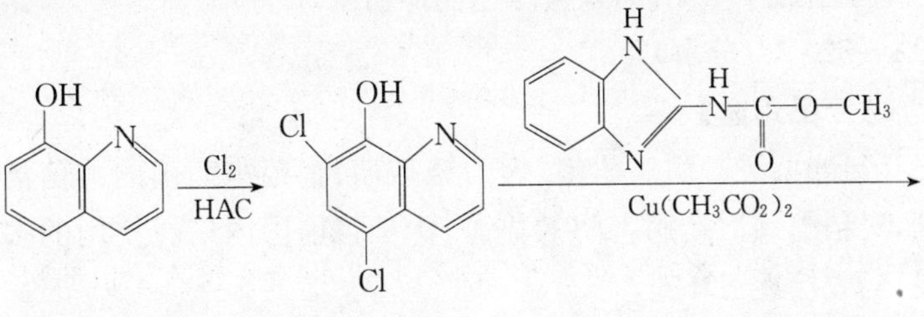

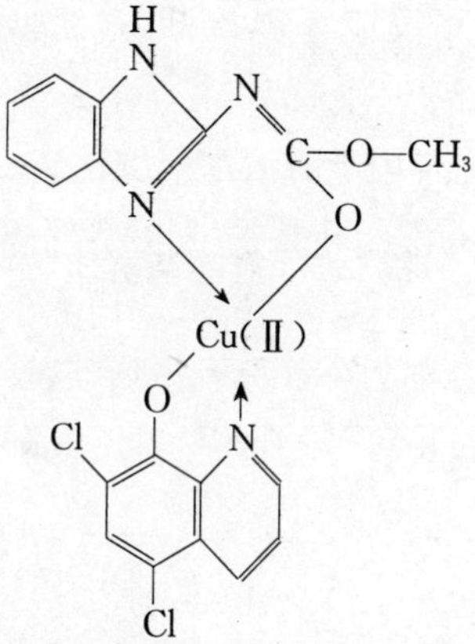

【生产流程】

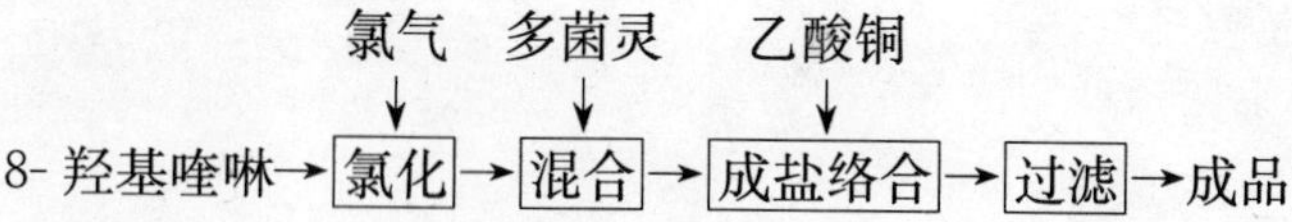

8-羟基喹啉→ 氯化 → 混合 → 成盐络合 → 过滤 →成品

（氯气、多菌灵、乙酸铜）

【生产工艺】

（1）氯化　在 10％的 8-羟基喹啉乙酸溶液中通氯气直至使深棕色溶液变成黄色,在有绿色絮状沉淀开始析出时停止氯化,将混合物倒入水,过滤,用乙醇重结晶,得到 5,7-二氯-8-羟基喹啉无色针状晶体,熔点 179～180 ℃。

（2）成盐络合　将 5,7-二氯-8-羟基喹啉 42.8 g 与多菌灵 38.2 g 混合加入甲醇 600 mL 中,加热搅拌,加入乙酸铜-水合物 40.0 g 溶于水 160 mL 中的溶液,充分反应,冷却过滤,洗涤,在二甲基甲酰胺中重结晶,呈黄绿色晶体粉末,产率 85％～90％,熔点 318～320 ℃(分解)。

【产品用途】

氯喹菌灵对稻瘟病菌、大刀镰孢菌、葡萄孢病菌的抑菌活性高,对稻穗颈稻瘟病害防效显著,优于目前国内广泛使用的多菌灵,药效接近三环唑。

3.8 稻瘟净

稻瘟净（kitazinc）化学名称 O,O-二乙基-S-苄基硫代磷酸酯或 S-苄基 O,O-二乙基硫代磷酸酯（O,O-diethyl-S-benzylphosphorothioate；S-benzyl O,O-diethyl phosphorothioate；EBP）。分子式 $C_{11}H_{17}O_3PS$，相对分子质量 260.29。结构式为：

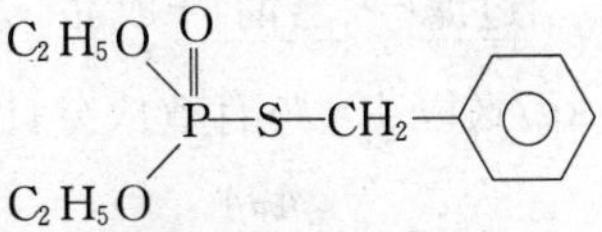

【产品性能】 纯品为无色透明液体。工业品为淡黄色液体。稍有特殊臭味，含量 80% 以上，难溶于水，易溶于乙醇、乙醚、二甲苯、环己酮等有机溶剂。沸点 120～130 ℃/13.3～20 Pa。相对密度（d_4^{20}）1.525 8。折射率 n_D^{20} 1.156 9。蒸汽压 1.2 Pa/20 ℃。对日光和酸性条件较稳定。遇碱易分解。温度过高或在高温情况下时间过长会引起分解。

【生产方法】 由乙醇与三氯化磷反应制得二乙基亚磷酸酯，再在甲苯溶液中，碱性条件下与硫磺、氯化苄反应制得稻瘟净。

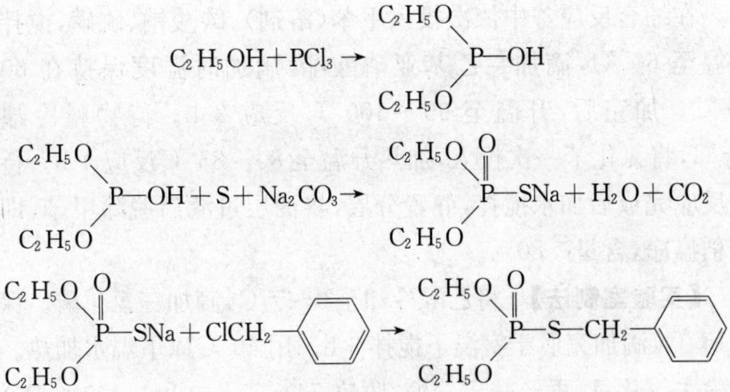

【生产流程】

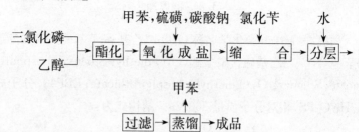

【生产配方】 ［kg/t(以 100％有效成分计)］

乙醇(＞95％)　　　　　　494

硫磺粉(工业品)　　　　　70

三氯化磷(＞95％)　　　　445

氯化苄(＞95％)　　　　　360

【主要设备】 酯化反应釜　缩合反应釜　过滤器

【生产工艺】 将乙醇和三氯化磷按配比量加入酯化反应釜,加入速度以三氯化磷计为 100 kg/h 左右。反应釜压力控制在 260×133.3 Pa 下,反应温度为 70～120 ℃。反应副产物氯化氢和氯乙烷经冷凝器冷却后由吸收塔吸收。反应液经冷却即得二乙基亚磷酸酯。

在缩合反应釜中依次投入甲苯(溶剂)、碳酸钠、硫磺,搅拌下升温至 60 ℃,滴加二乙基亚磷酸酯,滴加时温度保持在 60～80 ℃。加完后,升温至 90～100 ℃反应 2 h。待物料冷却至 70 ℃,将氯化苄一次投入,加热升温至 80～85 ℃反应 4 h。待缩合反应完成后加水搅拌,静置分层,将油层过滤后脱除甲苯,即制得稻瘟净,含量＞80％。

【实验室制法】 将乙醇冷却至0～5 ℃,滴加三氯化磷。保温0～5 ℃,滴加完后于室温下搅拌 3 h。用 40 ℃以下温水加热。减压除去氯化氢,再经减压蒸馏,收集 74～75 ℃(14×133.3 Pa)馏分,得二乙基亚磷酸酯。

另将甲苯、碳酸钠、硫磺加入反应瓶中,再滴加二乙基磷酸酯,于 90 ℃下反应 2 h,冷却至 70 ℃,加入氯化苄,于 80 ℃下反应 4 h,制得稻瘟净。

【产品标准】

(1)原油

外观	淡黄色液体
含量(%)	≥80

(2)40%乳油

含量(%)	≥40
水分(%)	≤0.5
酸度(以硫酸计,%)	≤0.5
乳化稳定性	合格

【质量检验】

(1)含量的测定(气相色谱法)　标准样品溶液的配制:取 10 mL 容量瓶,称取 0.1 g(准确至 0.2 mg)稻瘟净标准品,再称取 0.1 g(准确至 0.2 mg)内标物邻苯二甲酸二丁酯,用丙酮溶解定容至 10 mL,充分摇匀。

样品测定称取样品稻瘟净约 0.1 g(准确至 0.2 mg),再称入 0.1 g(准确至 0.2 mg)内标物邻苯二甲酸二丁酯,用丙酮 5 mL 溶解,充分摇匀。当仪器进入操作条件稳定状态后,用微量注射器进样。进样顺序为:①标准溶液;②样品溶液;③样品溶液;④标准溶液。

稻瘟净百分含量(x)的计算:

根据①、④两针标准溶液测得的色谱图,分别测量稻瘟净和内标物邻苯二甲酸二丁酯的峰高,求出校正因子(f)。

$$f = \frac{h_3 \times m_1 \times P}{h_1 \times m_3}$$

式中　h_1——标准品峰高,mm;

h_3——内标物峰高,mm;

m_1——标准品质量,g;

m_3——内标物质量,g;

P——标准品纯度,%。

根据②、③两针样品所得的色谱图,分别测量稻瘟净和内标物邻苯二甲酸二丁酯的峰高,按下式计算稻瘟净百分比含量(x)。

$$x = \frac{h_2 \times m'_3 \times f}{h'_3 \times m_2} \times 100\%$$

式中　h_2——样品峰高,mm;

h_3——测定样品时内标物峰高,mm;

m_2——样品质量,g;

m_3——测定样品时内标物质量,g;

f——校正因子。

【产品用途】　高效低毒有机磷杀菌剂,有较强的内吸作用,残效期 4～5 d。主要用于防治水稻稻瘟病。

【安全措施】

(1)生产中使用有毒或腐蚀性原料,产品也是有机有毒品,生产设备应密闭,生产场地通风良好,操作人员穿戴劳保用品。

(2)产品用玻璃瓶包装,密封贮存于阴凉、干燥处。贮运时严防潮湿和暴晒,保持良好通风。本品易燃,应防火、防震。

3.9　霜脲氰

霜脲氰(curzate),代号 DPX—3217。化学名称 2-氰基-N-[(乙胺基)甲酰基]-2-(甲氧亚胺基)乙酰胺。分子式 $C_7H_{10}N_4O_3$,相对分子质量 198.42。结构式为:

$$
\begin{array}{c}
\quad\quad\ \ \ \text{NOCH}_3 \\
\quad\quad\ \ \ \|\\
\text{NC—C—C—NH—CNH—C}_2\text{H}_5 \\
\quad\quad\ \|\quad\quad\quad\quad\ \| \\
\quad\quad\ \text{O}\quad\quad\quad\quad\ \ \text{O}
\end{array}
$$

【产品性能】 无色针状结晶固体。溶解度(g/kg)：水 1.0，丙酮 105，氯仿 103，二甲基甲酰胺 185。熔点 160～161 ℃。在中性或弱酸性介质中稳定。

【生产方法】 由氰乙酸和 N-乙基脲在乙酸酐存在下缩合，得 N-氰乙酰基-N-乙基脲。缩合产物与亚硝酸钠作用成肟后，经甲基化反应即得霜脲氰。

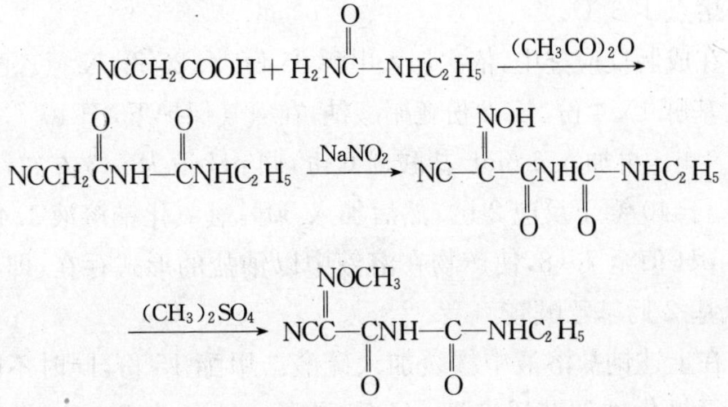
NCCH2COOH + H2NC—NHC2H5
(CH3CO)2O
NCCH2CNH—CNHC2H5
NaNO2
NC—C—CNHC—NHC2H5
NOH
(CH3)2SO4
NOCH3
NCC—CNH—C—NHC2H5

【生产流程】

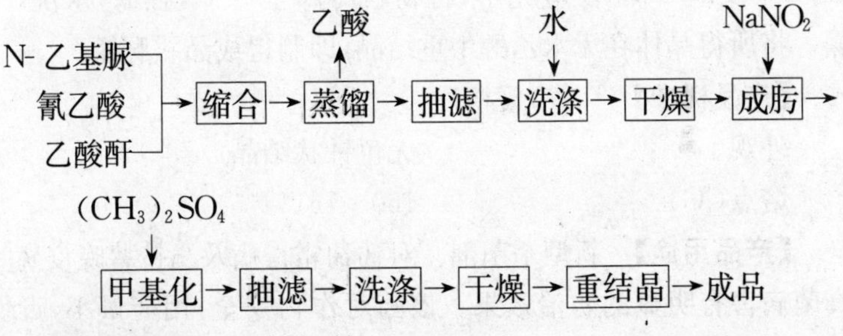
N-乙基脲
氰乙酸
乙酸酐
缩合
乙酸
蒸馏
抽滤
水
洗涤
干燥
NaNO2
成肟
(CH3)2SO4
甲基化
抽滤
洗涤
干燥
重结晶
成品

【生产配方】（质量，份）

氰乙酸	18.8
N-乙基脲	19.6
乙酸酐	40

【主要设备】 缩合反应釜　成肟反应釜　反应锅　抽滤器　干燥箱　重结晶槽

【生产工艺】 在缩合反应釜中,加入氰乙酸 18.8 份,N-乙基脲 19.6 份和乙酸酐 40 份,混合均匀。搅拌下缓缓升温至 60 ℃,维持此温度进行缩合反应。反应 3 h 后,停止搅拌,静置,待充分冷却后析出结晶。减压下(78 ℃/680×133.3 Pa)蒸除乙酸。蒸尽后,再添加水 26 份继续减压蒸馏除去残存的酸。将产物抽滤,水洗至中性,干燥后即得到 N-氰乙基-N-乙基脲,为白色细针状结晶。熔点 173 ℃。

在成肟反应釜中,依次加入甲醇 25 份,水 25 份,N-氰乙酰基-N-乙基脲 15.4 份。7.2 份亚硝酸钠,在氮气保护下,于 40 ℃搅拌反应 1 h。再加入 6 mol 盐酸 3.6 份,调 pH 值为 5.3 左右,继续搅拌,于 40 ℃下反应 2 h。然后加入 50%氢氧化钠溶液 1.4 份,调节 pH 值至 7～8,使产物在溶液中以钠盐的形式存在,即得到 2′-氰基-2-肟基乙酰胺。

在上述钠盐溶液中缓缓加入硫酸二甲酯 15 份,同时不断用 50%氢氧化钠调节反应液 pH 值,维持 pH 值为 7～8。继续在 40 ℃下反应 2 h。反应完毕,将物料冷却至 5 ℃,抽滤,水洗,干燥。将所得晶体在无水乙醇中重结晶,即制得成品霜脲氰。

【产品标准】 (参考规格)

外观	无色针状结晶
熔点(℃)	160～161

【产品用途】 新型杀菌剂。对葡萄霜霉病及马铃薯晚疫病等真菌病害有明显的防治效果。该药对作物安全,用药量小,毒性低。在土壤中 7 d 内损失 50%。

【安全措施】

(1)生产中使用氰乙酸有毒原料等,可经呼吸或皮肤吸收而中毒。生产设备应密闭,严防泄露,操作人员应穿戴劳保用品。

(2)产品用塑料桶或瓶包装。贮运时防晒、防热、防潮。

3.10　乙蒜素

乙蒜素(ethylicin)又称抗菌剂,抗菌剂 401,乙基硫代磺酸乙酯(Ethyl ethylsufonothiolate)。分子式 $C_4H_{10}O_2S_2$,分子量 154.25。结构式为:

$$H_3CH_2C-\overset{\overset{O}{\|}}{\underset{\underset{O}{\|}}{S}}-S-CH_2CH_3$$

【产品性能】　纯品为无色油状透明液体。工业品为微黄色油状透明液体,具有大蒜臭味。该抗菌剂由我国研制开发,1964 年正式投产,产品有 2 种剂型:10％乙酸溶液和 80％乳油。纯品沸点 80～81 ℃/66.7 Pa、56 ℃/26.7 Pa,相对密度(d_4^{20})1.198 7,折射率(n_D^{20})1.512。水中溶解度为 1.2％,易溶于乙醇、乙醚、氯仿、冰乙酸等有机溶剂。加热到 130～140 ℃时分解。可燃,有强腐蚀性,对人畜有毒,对多种真菌和细菌的生长具有抑制作用。与铁、锌、铝等金属或碱接触对其药效有降低作用。

【生产方法】　硫磺与硫化钠作用生成过硫化二钠,然后与氯乙烷烃化,最后用硝酸氧化得乙蒜素。

$$S+Na_2S \rightarrow Na_2S_2$$

$$Na_2S_2+2CH_3CH_2Cl \rightarrow CH_3CH_2-S-S-CH_2CH_3$$

$$CH_3CH_2-S-S-CH_2CH_3 \xrightarrow{HNO_3} H_3CH_2C-\overset{\overset{O}{\|}}{\underset{\underset{O}{\|}}{S}}-S-CH_2CH_3$$

【生产流程】

硫磺、硫化钠 → 过硫化 → 烃化（氯乙烷）→ 氧化（硝酸）→ 成品

【生产配方】 （份）

硫化钠(65%)	1 000
硫磺	300
氯乙烷	1 000
冰乙酸(98%)	60
硝酸(98%)	480

【生产工艺】 在反应釜中,先加入硫化钠水溶液,搅拌下加入硫磺,于80~100 ℃下反应1~2 h,得到过硫化二钠溶液。将过硫化钠溶液投入烃化反应釜中,于50~60 ℃通入氯乙烷,烃化压力为0.12 MPa,最终反应温度80~90 ℃。蒸馏分出二乙基二硫化物。将二乙基二硫化物与冰乙酸混合,于40~55 ℃下用40%硝酸进行氧化,经分离制得乙蒜素。

【产品标准】 80%乳油

外观	淡黄色或黄色单相透明液体
含量(%)	≥80
乳液稳定性	合格

【产品用途】 可防治水稻烂秧、稻瘟病、棉苗病害、棉花枯萎病、油菜霜霉病、番薯黑斑病、大豆紫斑病、马铃薯晚疫病、家蚕白僵病。

3.11 乙酸铜

【产品性能】 乙酸铜(Copper Acetate)又名醋酸铜。分子式 $C_4H_6CuO_4$,分子量181.6,一水乙酸铜($C_4H_6CuO_4 \cdot H_2O$)为暗绿色单斜结晶。熔点115 ℃,在240 ℃分解,相对密度1.882。溶于水、乙醇,微溶于乙醚及甘油,在干燥空气中微有风化,有乙酸气味。

【生产方法】 先将硫酸铜与碳酸钠作用生成碱式碳酸铜,再与醋酸作用得到乙酸铜。

$$2CuSO_4 \cdot 5H_2O + Na_2CO_3 \rightarrow Cu_2(OH)_2CO_3 + {}_2NaHSO_4 + 8H_2O$$
$$Cu_2(OH)_2CO_3 + 4CH_3CO_2H \rightarrow 2Cu(CH_3CO_2)_2 + CO_2\uparrow + 3H_2O$$

【生产配方】

五水合硫酸铜	50
十水合碳酸钠	57
氨水	2
冰醋酸	22

【生产流程】

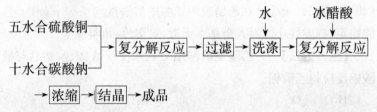

【生产工艺】 将五水合硫酸铜 50 份溶于水 500 份中,过滤另取十水合碳酸钠 57 份溶于水 240 份中,加热至 60 ℃,慢慢加入硫酸铜溶液,并不断搅拌。静置,滤出沉淀物,用热水洗涤至无硫酸为止,将沉淀物放在水 300 份中,加入氨水 2 份搅拌,静置倾出上层溶液,如此洗涤,沉淀数次。

在烧杯中加入水 180 份,热至 60 ℃,加入醋酸 22 份,然后加入上述洗好的碱式碳酸铜,直至容器底部略有剩余。过滤,滤液蒸发浓缩至原体积 1/3 时,冷却,过滤,用水 2 份洗涤,于室温干燥,得成品。母液继续蒸发,并在快出结晶时加入 25％乙酸 5 份,又可获得部分成品。共得 32～35 份。

【产品标准】

外观	暗绿色单斜晶体
含量(一水物,％)	≥98
熔点(一水物)	115 ℃

【产品用途】 用作杀虫剂、杀菌剂及印染固色剂。

3.12　乙磷铝

乙磷铝又称 O-乙基磷酸铝。分子式 $C_6H_{18}O_9PAl$,分子量 290.14。结构式为:

$$\left[\begin{array}{c} C_2H_5O \quad O \\ P \\ H \quad O \end{array} \right]_3 Al$$

【产品性能】　白色结晶。熔点＞300 ℃。在水中溶解度 (20 ℃)为 120 g/L。在乙腈或丙二醇中溶解度均＜80 mg/L。性能稳定,挥发性小。对人畜基本无毒,对蜜蜂、鱼类安全。

【生产方法】　二乙基亚磷酸酯与氨水反应成铵盐,然后与硫酸铝反应得乙磷铝。

$$\begin{array}{c} C_2H_5O \quad O \\ P \\ H \quad OC_2H_5 \end{array} +NH_3 \cdot H_2O \longrightarrow \begin{array}{c} C_2H_5O \quad O \\ P \\ H \quad ONH_4 \end{array} +C_2H_5OH$$

$$6\begin{array}{c} C_2H_5O \quad O \\ P \\ H \quad ONH_4 \end{array} +Al_2(SO_4)_3 \longrightarrow 2\left[\begin{array}{c} C_2H_5O \quad O \\ P \\ H \quad O \end{array} \right]_3 Al\downarrow$$

$$+3(NH_4)_2SO_4$$

【生产流程】

二乙基亚磷酸 氨水 →成盐→（硫酸铝）复分解→过滤→干燥→成品

【生产配方】

二乙基亚磷酸酯	1 148.5
氨水(浓)	938
硫酸铝(≥98%)	997

【生产工艺】　在成盐反应釜中,投入 O,O-二乙基亚磷酸酯

574.3 kg,于室温下搅拌加入浓氨水 469 kg,控制加料速度,保持温度＜30 ℃。加料完毕,控温在 40～50 ℃,得到的 O-乙基亚磷酸钠与硫酸铝 498.5 kg 发生复分解反应,经过滤,干燥得到乙磷铝。

【产品用途】　用于柑橘、蔬菜、烟草、棉花、橡胶、胡椒、剑麻等多种植物的藻菌、真菌、细菌等病害的防治。

3.13　6,7-二甲氧基香豆素

6,7-二甲氧基香豆素(6,7-Dimethoxycoumarine)又称香豆素二甲醚。分子式 $C_{11}H_{10}O_4$,分子量 206.20。结构式为:

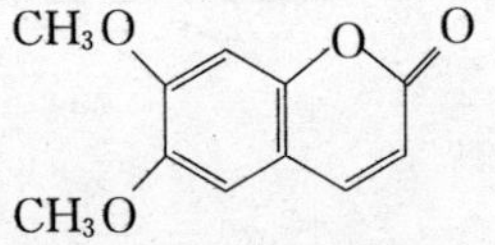

【产品性能】　白色或黄白色针状结晶。熔点 144 ℃。易溶于丙酮、氯仿,溶于乙醇溶液和热氢氧化钠,不溶于石油醚和水。无臭、味苦。可作为安全农药用于防治各种植物病虫害。

【生产方法】

(1)合成法　苯醌和乙酐酰化然后与苹果酸环化得到 6,7-二羟基香豆素,再与硫酸二甲基醚化得 6,7-二甲氧基香豆素。

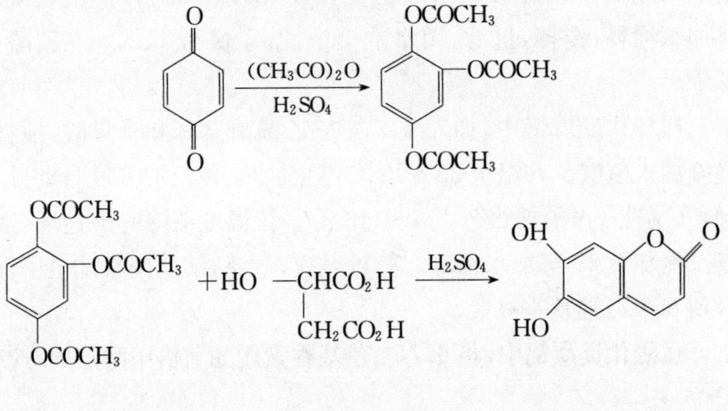

$$\xrightarrow[\text{CH}_3\text{OH} \cdot \text{NaOH}]{\text{(CH}_3)_2\text{SO}_4}$$

（2）提取法　将柑橘皮磨碎后用丙酮提取，浓缩后柱层析分离，重结晶得 6,7-二甲氧基香豆素。该方法引自日本公开特许公报，昭 63.19483。

【生产流程】

（1）合成法

对苯二醌 → 乙酰化 → 环合 → 过滤 → 醚化 → 析晶

（乙酐、苹果酸、硫酸二甲酯）

过滤 → 成品

（2）提取法

柑橘皮 → 研磨 → 抽提 → 过滤 → 吸附 → 浓缩

（丙酮、活性炭）

→ 柱层析 → 重结晶 → 成品

【生产工艺】

（1）合成法　在乙酰化反应锅中，加入乙酐，冷却并搅拌下缓慢加入硫酸和苯醌，反应温度控制在 50 ℃以下，至反应液延凝固时加水稀释，搅拌，过滤，用水洗至中性，干燥得 1,2,4-三乙酰氧基苯。

在环化反应锅中，加入 1,2,4-三乙酰氧基苯和苹果酸，搅拌，慢慢加入硫酸。升温至 88～90 ℃停止加热，使反应温度自动升至 104 ℃左右，再稍加热至 108～110 ℃。待温度下降时即达环合终点。冷却至 40 ℃加水稀释。静置过夜，过滤，结晶用水洗至中性，得到 6,7-二羟基香豆素。

在醚化反应锅中，将 6,7-二羟基香素用 3.9 倍甲醇溶解，搅拌加热至 55 ℃,加 0.1 倍量氢氧化钠溶液(17%)。其余 0.72 倍量氢氧化钠和 3.58 倍量的硫酸二甲酯同时滴入醚化锅中,反应温度 55~60 ℃,pH 值为 8。加完后保温反应 1 h。冷却至室温,用氨水调节 pH 值至 7.0~7.5,冷冻结晶,过滤,滤饼用氢氧化钠溶液洗涤,再用冰水洗至中性,得到 6,7-二甲氧基香豆素。

(2)提取法 将柑橘皮磨碎,用丙酮提取,过滤。将提取物悬浮于蒸馏水中,用活性炭吸附,吸附后再用丙酮提取,然后进行浓缩。将浓缩物用薄层色谱分离法或柱形色层分离法收集紫外线下发荧光的部分,再用丙酮-水或乙醚重结晶,得到白色针状物 6,7-二甲氧基香豆素。

【产品用途】 可用作安全农药,对环境无污染。用 0.025%~0.05% 浓度的 6,7-二甲氧基香豆素配成植物病害防治剂,可以用于防治柑橘黑点病、疱痂病、溃疡病、黄瓜炭疽病、杨梅灰色霉病、芝麻叶枯病及水稻稻瘟病。

本品也是一种药物,具有平喘、祛痰、镇咳作用。还用作有机合成中间体。

3.14 二氯三唑醇

二氯三唑醇(Vigil)也称苄氯三唑醇,化学名称为 2RS,3RS)-1-(2,4-二氯苯基)-4,4-二甲基-2-(1H-1,2,4-三唑-1-基)戊-3-醇,(R*,R*)－(＋－)-beta-[(2,4-二氯苯基)甲基]-alpha-(1,1-二甲基乙基)-1H-1,2,4-三唑-1-乙醇。分子式 $C_{15}H_{19}Cl_2N_3O$,分子量 329.10。结构式为:

【产品性能】 白色结晶,熔点 149～150 ℃。高效,广谱杀菌剂,且对植物生长具有调节作用。

【生产方法】

(1)2,4-二氯苄氯法　1,2,4-三唑与 α-溴代片呐酮反应,制得的中间体 1-(1,2,4-三唑-1-基)-3,3-二甲基丁-2-酮与 2,4-二氯苄基氯缩合制备 1-(2,4-二氯苯基)-2-(1,2,4-三唑-1-基)-4,4-二甲基-戊-3-酮,最后用 KBH$_4$(或 NaBH$_4$)还原制得二氯三唑醇。

$$(CH_3)_3C\!-\!\overset{\displaystyle O}{\overset{\|}{C}}\!-\!CH_2Br \;+\; HN\!\!\diagdown \!\!\longrightarrow\; H_2C\!-\!\overset{\displaystyle O}{\overset{\|}{C}}\!-\!C(CH_3)_2$$

$$\text{2,4-二氯苄基氯} + H_2C\!-\!\overset{\displaystyle O}{\overset{\|}{C}}\!-\!C(CH_3)_3 \xrightarrow{\text{缩合}}$$

$$\text{2,4-二氯苯基}\;CH_2\!-\!CH\!-\!\overset{\displaystyle O}{\overset{\|}{C}}\!-\!C(CH_3)_3$$

$$\text{2,4-二氯苯基}\;CH_2\!-\!CH\!-\!\overset{\displaystyle O}{\overset{\|}{C}}\!-\!C(CH_3)_3 \xrightarrow{KBH_4}$$

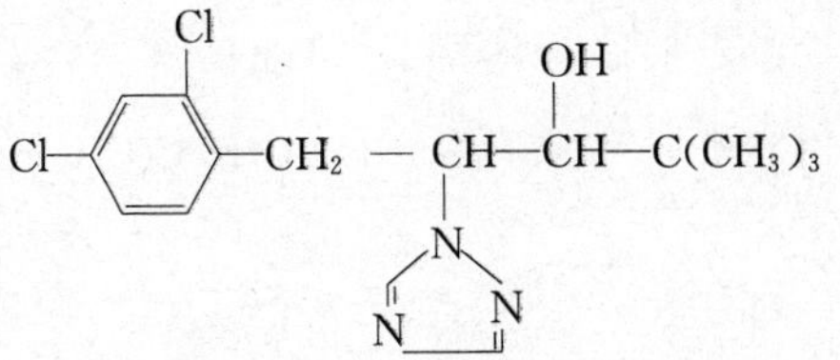

(2)2,4-二氯苯甲醛法　片呐酮氯化得到α-氯代片呐酮，再与1,2,4-三唑缩合，得到的1-(1,2,4-三唑-1-基)-3,3-二甲基丁酮-2与2,4-二氯苯甲醛发生缩合，然后用连二亚硫酸钠还原得二氯三唑醇。

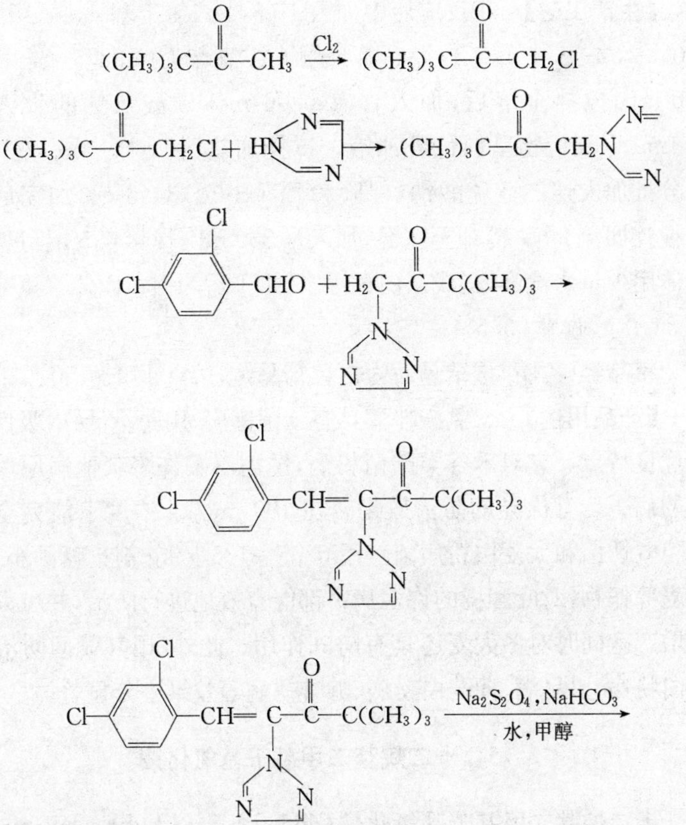

$$\text{Cl}_2\text{C}_6\text{H}_3-\text{CH}_2-\text{CH}-\text{CH(OH)}-\text{C(CH}_3)_3$$

（2,4-二氯苯基，三唑基，OH，C(CH₃)₃ 结构式）

【生产流程】

Cl₂　　三唑　2,4-二氯苯甲醛　　连二亚硫酸钠

片呐醇→ 氯化 → 缩合 → 缩合 → 还原 →成品

【生产工艺】　于反应瓶中加入 1-(2,4-二氯苯基-4,4-二甲基-2-(1,2,4-三唑-1-基）戊-1-烯-3-酮（二氯烯酮）32.5 g，甲醇100 mL，搅拌全溶后，加入含有 0.06 mol 碳酸氢钠的水溶液700 mL。反应物呈白色乳浊液。搅拌加热至回流。然后在 5 h内分批加入连二亚硫酸钠（保险粉，$Na_2S_2O_4$）34.8 g。加完后继续搅拌回流 2 h。冷却至室温，加入水 300 mL，搅拌 0.5 h。过滤，固体用少量水洗涤，得浅灰白色固本，烘干后为白色固体二氯三唑醇 34.0 g，收率 95.5%。

粗品经（乙腈）重结晶后为白色结晶体，熔点 149～150 ℃。

【产品用途】　二氯三唑醇具有杀菌谱广，用药量低，内吸性强等优良特点。它对禾谷类的白粉病，锈病以及许多其他病原菌引起的病害均有优异的防治效果。在 100 mg/kg 浓度下能完全抑制隐匿锈菌和大麦白粉病菌。用 62.5～125 g/kg 剂量喷洒小麦、大麦等作物，对叶和穗的许多病害都能有效地进行防治，并可大幅度增产。同时对冬大麦还具有防冻作用。此外，用其喷洒防治苹果白粉病、黑星病、葡萄白粉病、咖啡锈病等效果十分显著。

3.15　十二烷基二甲基苄基氯化铵

十二烷基二甲基苄基氯化铵（dodecyl dimethyl benzylammomum chloride)又称匀染剂 TAN(Levelling agent TAN)，1227 表面活性剂（1227 surface active agent），苯扎氯铵（benzalkomum chlofide），洁而灭，列韦如 PAN（levegal PAN）。分子式 $C_{21}H_{38}ClN$，相对分子质量 340.0。结构式为：

$$\left[C_{12}H_{25}-\underset{\underset{CH_3}{|}}{\overset{\overset{CH_3}{|}}{N}}-CH_2-\bigcirc \right]^{+} Cl^{-}$$

【产品性能】　黄白色蜡状固体或胶状体。易溶于水，微溶于乙醇。具芳香气，味极苦。振摇时能产生大量泡沫。性质稳定，耐光，耐热，无挥发性，可长期贮存。在空气中易吸潮。是一种重要的季铵盐型阳离子表面活性剂，具有优良的泡沫性、杀菌、抑霉防蛀性，还具有乳化、柔软调理和抗静电性。对皮肤和眼睛有刺激作用。对金属、塑料、橡胶等器皿无腐蚀作用。

【生产方法】　该表面活性剂的制备有 3 种方法。

（1）溴化法　以十二醇、氢溴酸、二甲胺、氯化苄等为主要原料，经溴化、胺化（先制成叔胺，再与氯化苄反应即为季铵化）缩合而得。

①溴化：由十二醇，以硫酸为催化剂，与溴氢酸起反应，生成溴代十二烷。

$$C_{12}H_{25}OH+HBr \xrightarrow{H_2SO_4} C_{12}H_{25}Br+H_2O$$

②胺化：由溴代十二烷和二甲胺在 140～150 ℃下进行反应，生成十二烷基二甲基叔胺。

$$C_{12}H_{25}Br+NH(CH_3)_2 \xrightarrow{140～150\,℃} C_{12}H_{25}N(CH_3)_2+HBr$$

③缩合：由十二烷二甲基叔胺与氯化苄加水缩合而成季铵盐化合物（烷基苄基氯化铵）。

$$C_{12}H_{25}-\underset{\underset{CH_3}{|}}{\overset{\overset{CH_3}{|}}{N}}+ClH_2C-\bigcirc \xrightarrow{H_2O} \left[C_{12}H_{25}-\underset{\underset{CH_3}{|}}{\overset{\overset{CH_3}{|}}{N}}-CH_2-\bigcirc \right]^{+} Cl^{-}$$

(2)**十二胺法**　　以十二胺(伯胺)、甲酸、甲醛、氯化苄等为主要原料,经胺化(先制成叔胺再与氯化苄反应)缩合而成季铵盐化合物。先由十二胺、甲酸和甲醛起反应生成十二烷基二甲基叔胺。

$$C_{12}H_{25}NH_2 + HCOOH + HCHO \longrightarrow C_{12}H_{25}N(CH_3)_2 + CO_2 + H_2O$$

由十二烷基二甲基叔胺与氯化苄缩合而成十二烷基二甲基苄基氯化铵。

(3)**十二醇法**　　由十二醇与二甲胺直接进行胺化,但在生产过程中要用14~15 MPa压力的高压反应釜,技术条件要求较高。

由十二醇与二甲胺,以三氧化铝作催化剂,在14~15 MPa下进行高压反应,生成十二烷基二甲基叔胺。

$$C_{12}H_{25}OH + NH(CH_3)_2 \xrightarrow{Al_2O_3} C_{12}H_{25}N(CH_3)_2 + H_2O$$

再由叔胺与氯化苄缩合而成十二烷基二甲基苄基氯化铵。

这里介绍十二胺法。

【生产流程】

【生产配方】　(kg/t)

十二胺(工业品)	367
乙醇(95%)	420
甲醛(37%)	316
液碱(40%)	334
甲酸(工业品)	295
氯化苄(工业品)	164

【主要设备】　反应釜(回流)　减压蒸馏装置　贮液槽　季铵化反应釜

【生产工艺】　先将 95％工业酒精 420 kg 和十二胺 367 kg 投入反应釜中,搅拌均匀,温度加热至 50 ℃,加入甲酸 295 kg,搅拌几分钟后,于 60～65 ℃加入 37％甲醛 316 kg。搅拌下升温至 75～80 ℃,回流反应 2 h。然后用 40％液碱中和至 pH 值>10(大约用 40％液碱 334 kg)。静置分层。放出水层,减压蒸馏回收乙醇,得到纯度大约为 75％的 N,N-二甲基十二胺 424 kg。

将 N,N-二甲基十二胺 424 kg 投入反应釜中,加水 400 kg,缓慢加入氯化苄 164 kg,控制 2 h 内加完,温度 40～50 ℃,加完后,继续保持 40～50 ℃反应 1 h。用二甲基十二胺调 pH 值至 6.7～7.0,放料,得成品约 1 000 kg。

【实验室制法】　将十二烷醇加热到 100 ℃,通入干燥的溴化氢。反应后用水洗去反应物中剩余的溴化氢,然后用浓硫酸处理。将生成的十二烷基溴用等体积的 50％甲醇混合,加 25％氨水至酚酞呈碱性反应。将下层用 50％甲醇洗涤,用氯化钙干燥,过滤,真空蒸馏,收集 134～136 ℃(6×133.3 Pa)馏分即得十二烷基溴。

将十二烷基溴溶于稍过量的二甲胺溶液中,在室温保持 13～15 d,得到二甲基十二烷胺氢溴酸盐。将其溶解于乙醚中,用水洗涤,再用 5％HCl 萃取,用浓氢氧化钠成盐,干燥。在 111～114 ℃(2.5×133.3 Pa)真空蒸馏,收率 47％

取二甲基十二烷胺 213 份,在不超过 100～110 ℃下投入苄基氯 126.5 份,在 120 ℃加热 2 h,得淡黄色黏稠液体,冷却成固体。收率 90％以上。

【产品标准】

外观	无色透明黏稠液体
总胺(％)	<4
活性物(季铵盐)含量(％)	45±1

pH 值　　　　　　　　　　　　　6～7

【质量检验】

(1)活性物含量测定　阳离子表面活性剂(季铵盐)试样与阴离子表面活性剂在水溶液中生成水不溶的物质。以待测的季铵盐溶液滴定阴离子表面活性剂标准溶液,当终点时,稍过量的季铵盐(阳离子表面活性剂)与溴酸蓝阴离子结合生成蓝色络合物而进入有机层,有机层出现蓝色即表示达到终点。

①试剂:

0.003 mol/L 月桂醇硫酸钠标准溶液;

溴酚蓝指示剂:50 mg 溴酚蓝溶解后定容为 100 mL;

缓冲溶液:取 0.1 mol/L NaOH 43.2 mL,加入 0.1 mol/L Na_2HPO_4 50 mL,加水至 100 mL,pH=12;

二氯乙烷:1%NaOH 水洗 2 次,脱水后蒸馏收取 82～84 ℃馏分,置棕色瓶中备用。

②测定:吸收 0.003 mol/L 月桂醇硫酸钠标准溶液 5.0 mL于滴定瓶中,加 10 mL pH=12 的缓冲溶液,加入 NaCl 0.5～2.0 g,二氯乙烷 10 mL 和溴酚蓝指示剂 8 滴;充分摇匀后,用待测季铵盐滴定,当二氯乙烷层出现蓝色为终点。

$$活性物含量(\%)=\frac{C_1V_1\times0.340}{G}\times100$$

式中　C_1——月桂醇硫酸钠标准溶液浓度。mol/L;

　　　V_1——月桂醇硫酸钠标准溶液体积。mL;

　　　G——滴入的试样质量,g。

(2)pH 值测定　采用电位法或 pH 值试纸测定。

【产品用途】　在水溶液中离解成阳离子活性基团,具有净洁、杀菌作用。广泛用于杀菌、消毒、防腐、乳化、去垢、增溶等方面,又是阳离子染料染腈纶纤维的匀染剂。用于餐馆、酿酒业、食品加工设备和手术器械的消毒杀菌,也用于日用化学品的配制。

【安全措施】

(1)生产中使用十二胺、甲醛、苄氯等有毒或刺激性物质,其中苄氯具有催泪性。设备必须密闭,防止跑、漏,车间通风良好。

(2)密封包装,贮于通风、干燥处。防潮、防晒。

3.16 三唑醇

三唑醇化学名称为 1-(4-氯苯氧基)-3,3-二甲基-1-(1,2,4-三唑-1-基)丁醇-2(1-(4-Chlorophenoxy)-3,3-dimethyl-1-(1H-1,2,4-trizol-1-yl)-2-butanol)。分子式 $C_{14}H_{18}ClN_3O_2$,分子量 295.8。结构式为:

$$(CH_3)_3C-CH-CH-O-\langle\text{苯环}\rangle-Cl$$

【产品性能】 白色固体,熔点 112~116 ℃。通过抑制病原菌细胞膜结构成分麦角甾醇的生成而达到杀菌作用。

【生产方法】 片呐酮用氯气直接氯化生成 α-氯化片呐酮,在碳酸钾存在下,对氯苯酚与 α-氯代片呐酮醚化,生成 1-(4-氯苯氧基)-3,3-二甲基—丁酮-2,再溴代,然后与 1,2,4-三唑缩合,得到的三唑酮用连二亚硫酸钠还原得到三唑醇。

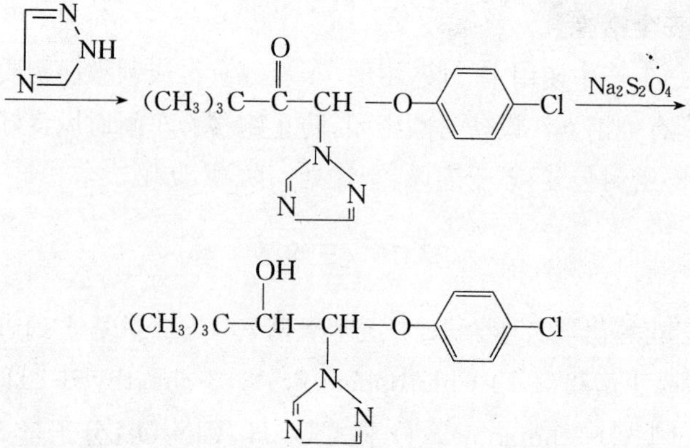

最后一步由三唑酮还原为三唑醇的还原方法还有：胨磺酸还原法，硼氢化钠(钾)还原法，异丙醇铝还原法，甲醇/三乙胺加成物还原法，甲酸/甲酸钠/氯化亚铜还原法。

【生产流程】

片呐铜 → 氯代 → 醚化 → 溴代 → 缩合 → 还原 → 成品

其中：氯气（氯代上方）、对氯苯酚（醚化上方）、溴（溴代上方）、三唑（缩合上方）

【生产配方】

α-氯代片呐酮	876
对氯苯酚	850
1,2,4-三唑	200
连二亚硫酸钠	1 185

【生产工艺】　于反应瓶中加入 92％三唑酮 31.9 g,甲醇 100 mL,搅拌全溶后加入含有 0.03 mol 碳酸氢钠的水溶液 700 mL。搅拌加热至回流。然后在 4 h 内分批加入连二亚硫酸钠 34.8 g,加完保险粉后,再回流 2 h。冷却至室温,加入水 300 mL,搅拌 0.5 h。滤出固体、水洗、干燥,得白色固体,熔点 112～116 ℃,收率 98.62％。

【产品标准】

外观	白色或微黄色粉末
有效成分(一级品,%)	≥90
水分(%)	≤0.5
酸度(以硫酸计,%)	≤0.3
丙酮不溶物(%)	≤0.5

【产品用途】 高效、广谱、内吸杀菌剂。特别是作为种子处理的拌种剂,防治谷物类的散黑穗病、腥黑穗病、锈病、白粉病等,比当前广泛应用的三唑酮效果更佳。

3.17 邻酰胺

邻酰胺(mebenil)又称灭萎胺,2-甲基苯酰苯胺(2-methyl-benzanilide)。1969 年由巴斯夫公司开发的杀菌剂。分子式 $C_{14}H_{13}NO$,相对分子质量 211.26。结构式为:

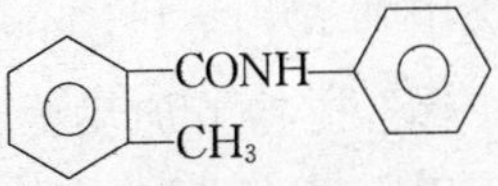

【产品性能】 无色结晶固体。熔点 130 ℃,20 ℃的蒸汽压为 3.6 Pa。溶于丙酮、二甲基甲酰胺、二甲基亚砜、甲醇、乙醇等大多数有机溶剂,难溶于水。对酸、碱、热均较稳定。对皮肤无明显刺激作用。

【生产方法】 以甲苯为溶剂,邻甲苯甲酸在三氯化磷催化下与苯胺反应,得到产品。或邻甲苯甲酸与三氯化磷反应生成邻甲苯甲酰氯,再与苯胺缩合得到邻酰胺。

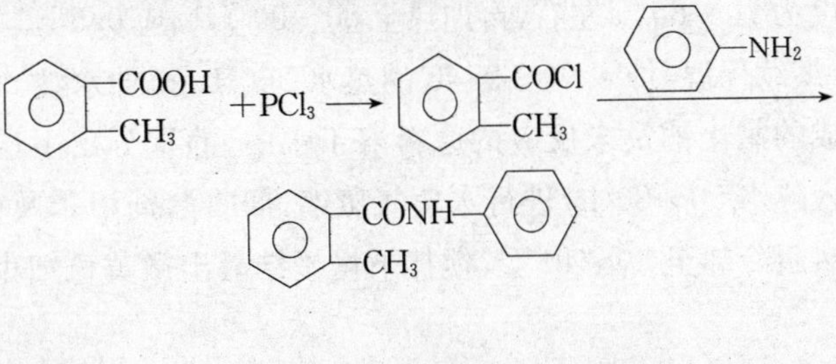

【生产流程】

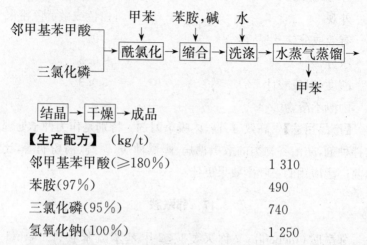

【生产配方】（kg/t）

邻甲基苯甲酸（≥180％）	1 310
苯胺（97％）	490
三氯化磷（95％）	740
氢氧化钠（100％）	1 250

【主要设备】　氯化反应锅　蒸馏锅　缩合反应锅　贮槽　水蒸气蒸馏釜　结晶锅　过滤器　干燥箱

【生产工艺】　将邻甲基苯甲酸 131 kg,甲苯 250 kg 和三氯化磷 74 kg 投入氯化反应锅,搅拌下加热至 65～70 ℃,保温反应 1 h,反应生成的氯化氢用水吸收,反应完毕,静置分层,放出亚磷酸。常压回收甲苯和未反应三氯化磷（釜温从 100 ℃升至 140 ℃,顶温从 70 ℃升至 105 ℃左右）。冷却后取样分析。若粗邻甲苯甲酰氯中三氯化磷含量<1.0％,则可转入缩合工序。

将苯胺 49.0 kg,氢氧化钠溶液 125 kg(折 100％,按摩尔比为苯胺的 1.7 倍),甲苯 200 kg 依次加入搪玻璃反应锅。在搅拌下常温滴加邻甲基苯甲酰氯,约 0.5 h 加完 106 kg。反应放热,加完时温度为 70～80 ℃左右,再加热至 80～90 ℃反应 0.5 h。反应结束后,继续保温,加入 90～95 ℃的热水 200 L,搅拌水洗 20 min,使生成的氯化钠及未反应的原料溶于水中,静置分出下层废水。再加入热水 50～80 L,进行水蒸气蒸馏,回收溶剂甲苯及微量苯胺。然后冷却至 30～40 ℃,搅拌下慢慢结晶出微黄色细小颗粒。

经过滤,水洗,于 70～80 ℃下干燥,得含量为 93％～98％的邻酰胺。

【产品标准】 25％悬浮剂。

外观	灰白色胶状悬浮液
pH 值	7～7.5
有效成分含量(％)	≥25
悬浮率(％)	≥98

【产品用途】 本品为内吸性杀菌剂,对担子菌有高效的防治效果,特别对小麦、谷类、花生的锈病,马铃薯立枯病,小麦菌核性根腐病及丝核菌引起的其他根部病害均有良好的防治效果。也可用于防治棉花苗期立枯病、棉红腐病、花生叶枯病,甜菜褐斑病、水稻稻瘟病、纹枯病等。施药后,本品对多种作物有一定抗倒伏作用。本品对水稻稻瘟病、纹枯病、小麦锈病,每亩以 100～150 g 喷洒 1～3 次。

【安全措施】

(1)原料苯胺剧毒,三氯化磷为一级无机酸性腐蚀物品。设备必须密闭,防止冒、漏。车间内保持良好通风状态。操作人员应穿戴劳保用品。

(2)低毒农药。贮存于阴凉、干燥处。

3.18 叶枯唑

叶枯唑(yekuzuo)又称叶枯宁,噻枯唑,叶青双,川化-108,化学名称 N,N′-亚甲基-双(2-氨基-5-巯基-1,3,4-噻二唑)[N,N-methylene-bis(2-amino-5-mercapto-1,3,4-thiadiazole)]。分子式 $C_5H_6N_6S_4$,相对分子质量278.4。结构式为:

【产品性能】　　纯品为浅黄色细粉或白色柱状结晶。熔点 189～191 ℃。难溶于水。溶于乙醇、甲醇、吡啶、二甲基甲酰胺、二甲基亚砜等有机溶剂。

【生产方法】　　由硫酸肼同硫氰酸铵作用制得双硫脲,再将双硫脲于盐酸中催化闭环制得 2-氨基-5-巯基-1,3,4-噻二唑,然后同甲醛缩合制得叶枯唑。

$$H_2NNH_2 \cdot H_2SO_4 + 2NH_4SCN \rightarrow H_2N-\overset{\displaystyle S}{\overset{\|}{C}}-NHNH-\overset{\displaystyle S}{\overset{\|}{C}}-NH_2 + (NH_4)_2SO_4$$

$$H_2N-\overset{\displaystyle S}{\overset{\|}{C}}-NHNH-\overset{\displaystyle S}{\overset{\|}{C}}-NH_2 \xrightarrow[\text{催化剂}]{HCl} \underset{HS}{\underset{}{}} \overset{N-N}{\underset{S}{\bigcirc}} \underset{NH_2}{} + NH_4Cl$$

$$\underset{HS}{} \overset{N-N}{\underset{S}{\bigcirc}} \underset{NH_2}{} + HCHO \rightarrow HS \overset{N-N}{\underset{S}{\bigcirc}} NHCH_2NH \overset{N-N}{\underset{S}{\bigcirc}} SH$$

【生产流程】

硫酸肼→|回流|→|冷却|→|过滤|→|水洗|→|闭环|→|真空吸滤|

　　　　　　↑　　　　　　　　　　　　　　　　　　↑
　　　　硫氰酸铵　　　　　　　　　　　　盐酸,催化剂

→|缩合|→|离心|→|水洗|→|干燥|→成品

↑
甲醛

【生产配方】　（kg/t）

水含肼(40%)	1 700
硫氰酸铵	2 130
硫酸	2 250
甲醛	700

【主要设备】　耐酸反应釜　过滤器　缩合反应釜　环化反应釜　离心机　干燥箱

【生产工艺】

在带搅拌装置的反应釜中,加入硫酸肼 144 kg 和催化剂少量,于搅拌下加入硫氰酸铵 132 kg,加热,进行回流反应。反应完成后将物料冷却,过滤,水洗,制得双硫脲。

在反应釜中加入工业盐酸 280 kg,加入溶剂适量和催化剂少量。在搅拌下,投入上述制得的双硫脲,于 105 ℃下回流反应。反应完毕,过滤,洗涤滤饼,抽滤。得到的 2-氨基-5-巯基-1,3,4-噻二唑投入缩合反应釜中,在搅拌下加入过量的甲醛,慢慢加入盐酸,调 pH 值至<1.0。反应物料经离心分离后,水洗,干燥得到叶枯唑。

【实验室制法】　在带搅拌装置的三口反应瓶中,加入 85% 水合肼 180 g。启动搅拌,在冷却下滴加稀硫酸。控制温度 40 ℃,调节 pH 值至 4.0～4.5,滴完后继续搅拌 10～15 min。再加入 96% 硫氰酸铵 285 g。当温度自动下降至 30～35 ℃时,加入适量丙酮。搅拌下,缓慢加热升温至 112～114 ℃,回流反应。反应完成后,趁热倒入烧杯中。静置、冷却、析出黄色晶体。过滤后水洗,干燥即制得氨基硫脲。将所得氨基硫脲加入反应瓶中,再加入 N,N-二甲基甲酰胺和二硫化碳,搅拌、加热回流反应。反应完成后,减压脱溶,制得 2-氨基-5-巯基-1,3,4-噻二唑,然后与甲醛作用即制得叶枯唑。

【产品标准】　25% 可湿性粉剂。

外观	黄色疏松细粉
悬浮率(%)	≥40
有效成分(%)	≥25.0
水分(%)	≤3.0
湿润时间(min)	≤1
细度(过 200 目筛,%)	≥95
pH 值	5～6

【产品用途】　用于防治早、中、晚稻秧田和本田的白叶枯病，是高效、安全的内吸杀菌剂，具有优良的预防和治疗效果，持效期15 d 以上。

【安全措施】

(1)毒性 LD_{50} 为 4 600 mg/kg(大白鼠口服)。本品毒性较低。使用中或使用后，身体不适时，应去医院检查治疗。

(2)生产过程中使用二硫化碳等有毒或腐蚀性物品，同时环合反应产生硫化氢气体，因此，设备必须密闭，车间应保持良好的通风状态，硫化氢气体须经吸收处理才能排空。

(3)按农药有关规定贮运。

3.19　甲霜安

甲霜安(metalaxyl)又称甲霜灵，瑞毒霉，化学名称为 N-(2-甲氧基乙酰基)-N-(2,6-二甲苯基)-外消旋-2-氨基丙酸甲酯。分子式 $C_{15}H_{21}NO_4$，相对分子质量 279.2。结构式为：

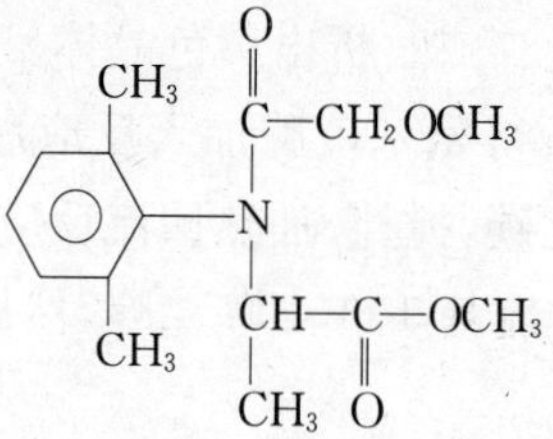

【产品性能】　纯品为白色结晶体。熔点 71～72 ℃。相对密度(d_4^{20})1.21。在不同介质中的溶解度：水 7.1 g/L，苯 550 g/L，二氯甲烷 750 g/L，异丙醇 270 g/L，甲醇 650 g/L。20 ℃时蒸汽压为 293.3 mPa。在中性或酸性介质中稳定。工业品原粉(含量90%)为黄色至褐色粉末，闪点约 155 ℃(闭杯)，不易燃、不爆炸，无腐蚀。

【生产方法】　首先将 2,6-二甲基苯胺在碳酸氢钠存在下与2-溴丙酸甲酯发生亲核取代反应，得到 DL-N-(2,6-二甲苯基)-

α-氨基丙酸甲酯。然后与甲氧基乙酰氯进行酰化反应,得到甲霜安。

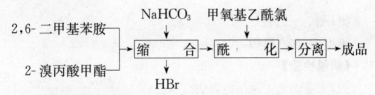

【生产流程】

```
                              NaHCO₃      甲氧基乙酰氯
2,6-二甲基苯胺
                      ┌──────────┐   ┌─────────┐   ┌──────┐
                  ────┤  缩    合 ├──→┤ 酰    化 ├──→┤ 分离 ├──→ 成品
2-溴丙酸甲酯           └──────────┘   └─────────┘   └──────┘
                           ↓
                          HBr
```

【生产配方】 (kg/t)

2,6-二甲基苯胺	1 166
2-甲氧基乙酰氯	940
2-溴丙酸甲酯	1 390
碳酸氢钠	156

【主要设备】 缩合反应釜　酰化反应釜　贮槽　过滤器

【生产工艺】 将 10% 碳酸氢钠溶液 187 kg 投入缩合反应釜中,加入 2,6-二甲基苯胺 141 kg 和 2-溴丙酸甲酯 167 kg。启动搅拌并加热至 92 ℃,保温缩合 8～9 h,生成的 HBr 经冷凝器排出后用碱液吸收。冷却后分出油层。将油层转入酰化反应釜中,加入甲氧基乙酰氯 110 kg,搅拌并升温至 125 ℃,回流反应 10～12 h。生成的副产物氯化氢用碱吸收。反应完毕,冷却后过滤,得到甲霜安约 120 kg。

【产品标准】

(1)原药

指标名称	优级品	一级品	二级品
外观	橙色至褐色固体		
含量(%)	≥90	≥85	≥80
酸度(以硫酸计,%)	≤0.30	≤0.30	≤0.30
丙酮不溶物(%)	≤0.30	≤0.30	≤0.30

(2)35%粉剂

外观	浅黄色或玫瑰色疏松粉末
有效成分(%)	3.40～37.0
水分(%)	≤4.0
pH 值	5～8
细度(过 320 目筛,%)	≥98

【质量检验】

(1)含量测定　采用色谱法。

(2)水分测定　按 GB 1600《农药水分测定方法》进行。

【产品用途】　该品是高效内吸杀菌剂,可被植物根、茎、叶吸收,可透入亲脂性小的卵菌的细胞膜,起到杀菌作用。主要用于防治黄瓜、葡萄、大白菜、洋葱、烟草等霜霉病及番茄早疫病、烟草黑茎病、马铃薯晚疫病、苗期猝倒病、绵腐病等。可喷雾、灌根或拌种。一般每公顷使用有效成分 200～300 g。

【安全措施】

(1)毒性,LD_{50} 为 669 mg/kg(大鼠口服)。对兔的眼、耳有轻微刺激作用。对鱼类和野生动物毒性低。

(2)生产设备应密封,操作人员应穿戴劳保用品,车间通风良好。

(3)密封包装,不能与食品、饲料混放,注意防潮、防日晒。

3.20　四氯苯醌

四氯苯醌（Tetrachloroquinone）又称四氯醌，2,3,5,6-四氯-1,4-苯醌（2,3,4,6-Tetrachloro-1,4-benzoquinone）。分子式 $C_6Cl_4O_2$，分子量 245.89。结构式为：

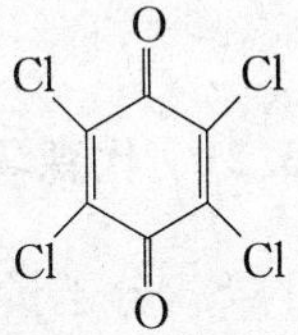

【产品性能】　黄色叶状结晶。熔点 290 ℃（升华）。在室温水中溶解度为 0.025%，微溶于热乙醇，溶于乙醚。稳定，无腐蚀性。大白鼠口服 LD_{50} 为 4 000 mg/kg。

【生产方法】　五氯苯酚氧化制得四氯苯醌。

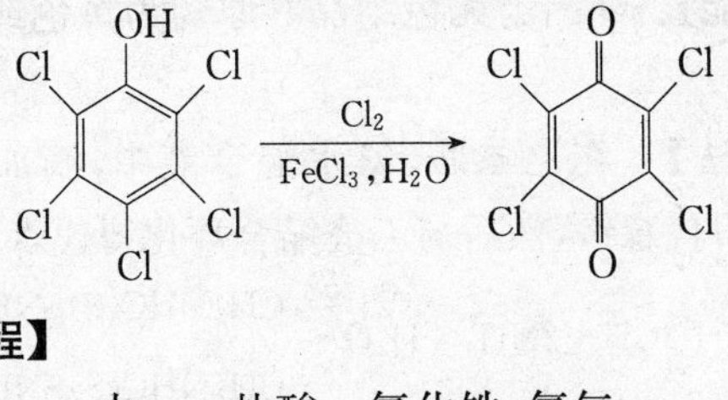

【生产流程】

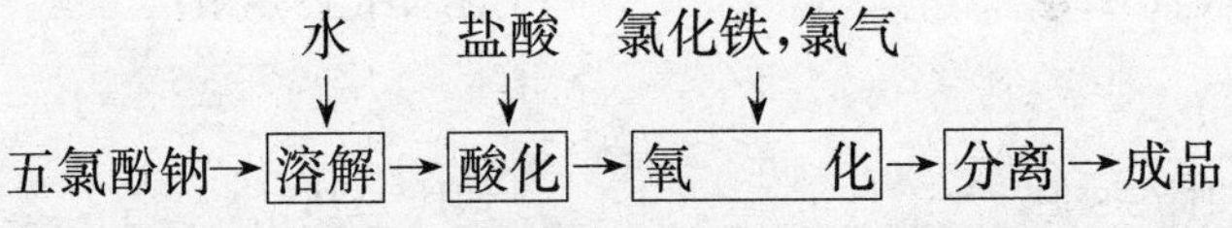

【生产工艺】　在溶解锅中，加入水 80 kg，再加入五氯酚钠 20 kg，溶解，配成 20% 五氯酚钠溶液，加入 35% 盐酸 7.83 kg 进行酸化，搅拌成糊状，加入无水氯化铁 1.2 kg，升温至 70 ℃ 以上，开始通入氯气，保持反应温度 95 ℃ 以上，至反应油状物完全澄明无颗粒为终点。分去水层，取油状物加浓硫酸酸化，得到四氯苯醌。

【产品标准】

外观　　　　　　　　　　　　　黄色叶状体或菱柱形晶体

含量(%)　　≥96

熔点(℃)　　≥286

含量分析:用 KI 和乙酸将四氯苯醌还原为四氯氢醌,然后滴定游离碘。

【产品用途】 非内吸性杀菌剂,主要用于蔬菜种子处理(拌种剂)。

3.21　代森环

代森环分子式 $C_{12}H_{22}N_4S_4$,分子量 350.24。结构式为:

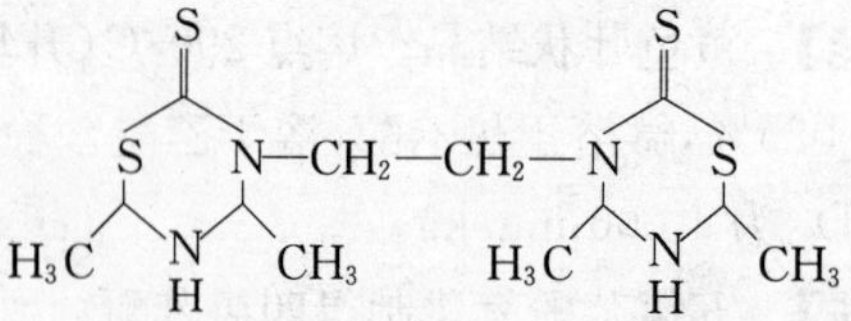

【产品性能】 纯品为无色结晶。原药为黄色或灰白色粉末。广谱杀菌剂。

【生产方法】 在乙二胺、氨水混合液中,滴加二硫化碳,于 30 ℃下反应得代森铵,然后与乙醛缩合环化得代森环。

$$\begin{matrix}CH_2NH_2\\|\\CH_2NH_2\end{matrix} + 2CS_2 + 2NH_3 \cdot H_2O \rightarrow \begin{matrix}CH_2NHC(S)SNH_4\\|\\CH_2NHC(S)SNH_4\end{matrix} + 2H_2O$$

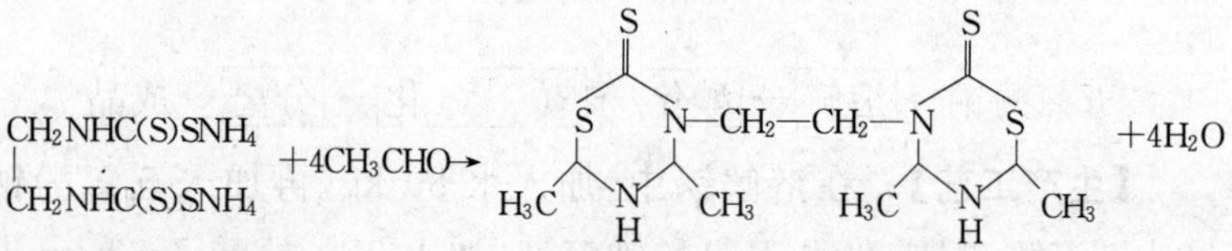

【生产流程】

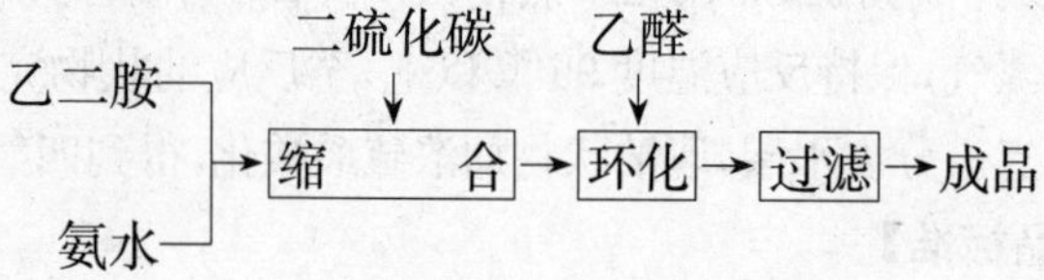

【生产配方】

乙二胺(98%)	130.0
二硫化碳(98%)	340.0
氨水(20%)	430.0
乙醛(30%)	1 640.0

【生产工艺】

(1)缩合 将70%乙二胺15 kg加入搪瓷反应釜中,开启搅拌,滴加17.5%氨水40.3 kg,通过调整反应釜夹套冷却水调节反应液温度于28 ℃左右,1 h内滴加95%二硫化碳29.4 kg,控制滴加温度不超过35 ℃左右,在此温度下反应6 h,停止反应,得到50%代森铵84 kg,收率97%。

注意滴加二硫化碳时反应温度升高,控制反应温度不超过40 ℃,保温反应时也不能超过40 ℃,温度太高易引起产品分解。

(2)环化 将代森铵47.2 kg(50%)投入反应釜中,调节反应液温度28 ℃,搅拌下75 min内加入(30%)乙醛77.4 kg,环化反应为放热反应,控制反应不超过40 ℃,加完后保温10 min,离心过滤,干燥得代森环干品32.4 kg,含量96%,收率92.4%。

【产品用途】 代森环与代森系列其他品种相比,除药效高外,还能刺激植物的生长,对多种病害均有良好的防治效果。主要用于防治果树、烟草、麦类、水稻等作物上的藻菌纲和半知菌类所引起的霜霉病、斑病、疫病、赤霉病等。

3.22 代森锌

代森锌(Zineb)的化学名称为亚乙基双二硫代氨基甲酸锌(zinc ethylene-1,2-bisdithiocarbamate)。分子式$C_4H_6N_2S_4Zn$,相对分子质量275.75。结构式为:

$$H_2C-NH-\overset{\displaystyle S}{\overset{\|}{C}}-S$$
$$H_2C-NH-\underset{\displaystyle S}{\overset{\|}{C}}-S \diagdown Zn$$

【产品性能】　纯品为白色粉末。熔化前分解。对光、热和潮气不太稳定。溶于吡啶和二硫化碳,室温下在水中的溶解度为 10 mg/kg,不溶于大多数有机溶剂。遇碱性物质、或含铜、汞的物质易分解为二硫化碳而失效。毒性 LD_{50} 为 5 200 mg/kg(大白鼠口服)。

【生产方法】　在乙二胺溶液中,滴加二硫化碳,再滴加烧碱,得到中间体代森钠。在代森钠溶液中,于 pH 值 6.5 条件下滴加氯化锌溶液,即生成代森锌。

$$\begin{array}{l} CH_2-NH_2 \\ | \\ CH_2-NH_2 \end{array} + 2CS_2 + 2NaOH \rightarrow \begin{array}{l} CH_2-NH-\overset{S}{\overset{\|}{C}}-SNa \\ | \\ CH_2-NH-\underset{S}{\overset{\|}{C}}-SNa \end{array}$$

$$\begin{array}{l} CH_2-NH-\overset{S}{\overset{\|}{C}}-SNa \\ | \\ CH_2-NH-\underset{S}{\overset{\|}{C}}-SNa \end{array} + ZnCl_2 \rightarrow \begin{array}{l} CH_2-NH-\overset{S}{\overset{\|}{C}}-S \\ | \qquad\qquad\qquad\quad Zn \\ CH_2-NH-\underset{S}{\overset{\|}{C}}-S \end{array}$$

第二步置换反应中,除用氯化锌外,还可用氧化锌、硫酸锌等锌盐。

【生产流程】

乙二胺,二硫化碳 → 合成 → 中和 → 置换 → 压滤 → 成品
（合成上方 NaOH，中和上方 HCl，置换上方 $ZnCl_2$）

【生产配方】（kg/t）

乙二胺（98%）	258
氯化锌（98%）	580
二硫化碳（98%）	650
氢氧化钠（30%）	1140

【主要设备】　反应罐　中和罐　置换反应罐　板框压滤机
贮槽

【生产工艺】　先用真空泵将乙二胺吸入反应罐中,加水配成
22.5%溶液;然后逐渐加入二硫化碳,控制反应温度在28～30 ℃;
最后滴入碱液,加碱液速度以维持 pH＝9～10 为限,加完碱继续
搅拌 10 min,反应完毕,转入中和罐用盐酸中和至 pH 值为 6.0～
6.5。用压缩空气将 15%氯化锌溶液压入置换罐中,再将中和罐
中的合成反应液压入置换罐中,控制温度为 50～55 ℃,加毕继续
反应 10 min,即生成代森锌悬浮液,打入压滤机,经压滤后真空干
燥得成品。

若使用氧化锌,则将代森钠和氧化锌加入水中,搅拌,于 20～
25 ℃反应 1.5 h,过滤,水洗。滤饼真空下干燥,得到代森锌原药。

【实验室制法】　15%的氯化锌溶液与 24%的亚乙基双二硫
代氨基甲酸钠等摩尔反应,反应温度 50～55 ℃。生成代森锌悬浮
液,抽滤即得。

【产品标准】

(1)原药(HG 2-1462—82)

外观	灰白色或浅黄色粉状物	
含量（%）	≥90（一级品）	≥85.0（二级品）
水分（%）	≤2.0	

(2)80%可湿性粉剂(HG 2-1463—82)

外观	灰白色或浅黄色粉状物
润湿时间（min）	5.0

含量(%)	≥8.0
pH 值	6～8
水分(%)	≤2.0
细度(通过 320 目筛,%)	396

【质量检验】

(1)含量测定　用酸分解,将生成的二硫化碳导入 KOH-甲醇溶液中,首先通过 10%CdSO₄ 溶液吸收 H₂S,然后滴定所生成的黄原酸盐(CIPAC 法)。

HG 2-1462—82《代森锌原粉》中的测定方法如下:

准确称取样品 0.5 g(准确至 0.000 2 g)放入反应瓶中,经分液漏斗缓慢加入 0.55 mol/L 硫酸溶液 50 mL,加热使其沸腾 45 min,待试样全部分解后停止加热。反应瓶所连冷凝管上端排出的气体经第一吸收管(装有 10%乙酸铅溶液 50 mL)吸收后,进入第二吸收管(装有 2 mol/L 氢氧化钠-乙醇溶液 60 mL)。反应完成后,将第二吸收管中的溶液定量移入 500 mL 锥形瓶中,加酚酞指示剂 2～3 滴,用 30%乙酸溶液中和,并过量 4～5 滴。然后用 0.05 mol/L 碘溶液滴定至近终点时,加水 200 mL 及淀粉指示液 10 mL,继续滴定至刚呈现蓝色即为终点。以同样条件做空白试验。

含量由下式计算:

$$代森锌含量(\%)=\frac{2c(V_1-V_2)\times0.137\ 9}{G}\times100$$

式中　V_1——滴定样品耗用碘标准溶液的体积,mL;

　　　　V_2——滴定空白所消耗碘标准溶液的体积,mL;

　　　　c——碘标准溶液的摩尔浓度。mol/L;

　　　　G——样品质量,g。

(2)水分含量测定　按 GB 1600《农药水分测定方法》中"共沸蒸馏法"进行。

【产品用途】　代森锌为叶面保护性杀菌剂,主要用于防治麦类、蔬菜、苹果、烟草等多种真菌病毒,对白菜霜霉病、番茄炭疽病、葡萄白腐病、苹果及梨的黑星病、小麦锈病、水稻叶枯病等都有良好的防治效果。一般施用80%可湿粉剂的500~800倍稀释液。

【安全措施】

(1)本品对人黏膜有刺激作用。对植物安全,不易引起药害。本药剂不可与铜、汞药剂和碱性药剂混用。

(2)纸袋外加塑料袋(1 kg)包装。贮于干燥阴凉处。防止吸潮或受热。不得与食物、饲料、种子混放。

3.23　百菌清

百菌清(chlorothalonil)又称2,4,5,6-四氯-1,3-苯二甲腈,四氯间苯二腈(tetrachloroisophthalonitrile, daconil, bravo)。分子式$C_8Cl_4N_2$,相对分子质量265.91。结构式为:

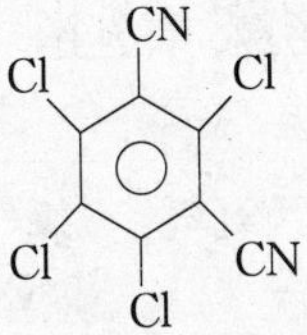

【产品性能】　纯品为白色结晶体,熔点250~251 ℃,沸点350 ℃。25 ℃,水中溶解度为0.6 mg/kg,丙酮中2 g/kg,环己醇中3 g/kg,二甲基甲酰胺中3 g/kg,二甲苯中8 g/kg,丁酮中2 g/kg,二甲亚砜中2 g/kg。对碱和酸性水溶液及对紫外光的照射均稳定。无腐蚀作用。有刺激味。

【生产方法】

(1)气相催化氯化法　采用载于活性炭上的三氯化铁作催化剂,由间苯二腈在不锈钢反应器中进行气相催化氯化,制得百菌清。

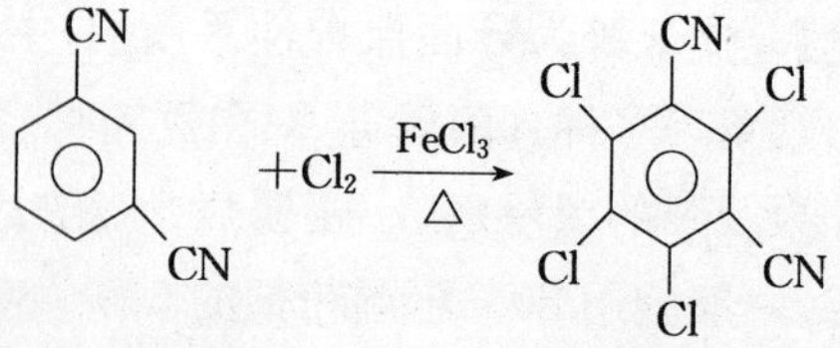

(2)氨化、氧化、氯化法　由二甲苯经氨化、氧化制得间苯二腈,然后在催化剂存在下,通入氯气氯化,制得百菌清。

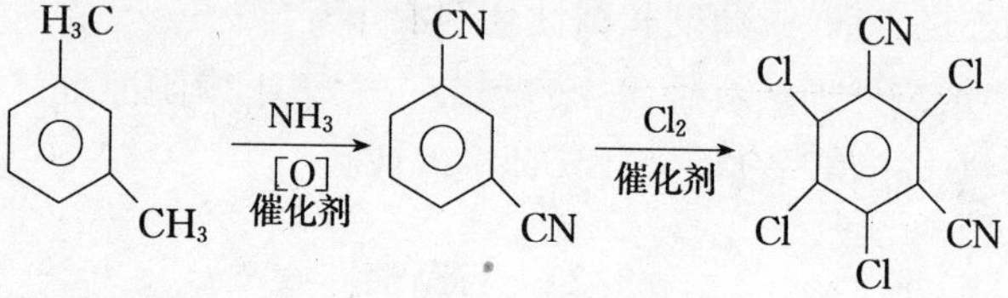

【生产流程】

(1)气相催化氯化法

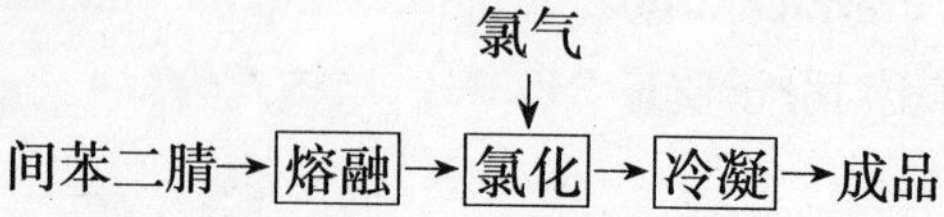

(2)氨化、氧化、氯化法

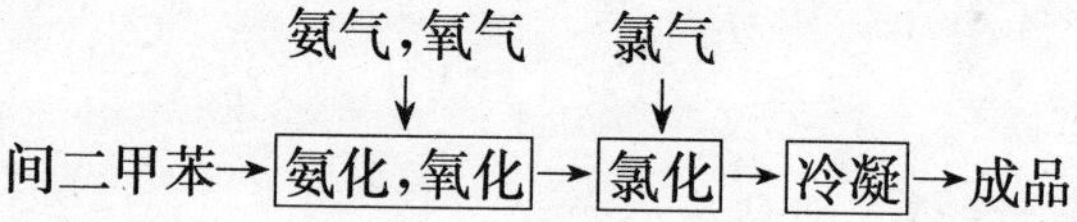

【生产配方】　(kg/t)

间苯二腈	480
氯气	3 410

【主要设备】　氯化反应器　真空干燥器　气化器　过滤器　干燥箱　捕集器　熔融罐　气体计量器

【生产工艺】　气相催化氯化法。

催化剂的制备:将活性炭于100 ℃左右真空干燥后,趁热倒入浓度为18%的三氯化铁水溶液中(80~90 ℃),再加入盐酸少量,搅拌一定时间后,于搅拌下加热蒸出一半水分,然后冷却至室温、过滤、烘干,即制得催化剂。

将催化剂装入氯化反应器,加热升温至 100 ℃左右,通氮气,并逐渐升温至反应温度;继续通氮,除去催化剂中残余的水分,然后改通氯气进行预氯化。另将粉状间苯二腈于熔融罐中预熔后输入气化器中,氯气经干燥计量后与气化器输出的间苯二腈蒸气一并通入氯化反应器的预反应底部,经主催化阶段进行反应。反应后的混合气体进入冷凝器,即得成品。少量未冷凝产品由捕集器收集。

【产品标准】

(1)原药

	优等品	一等品	合格品
外观	白色至灰白色或微黄色疏松粉末,有微臭		
百菌清含量(%)	96	90	85
pH 值	5.0～7.0		
丙酮不溶物(%)	≤0.3		
堆积密度(g/mL)	≤0.6		

(2)75%可湿性粉剂

外观	疏松粉末,无团块
悬浮率(%)	≥60
百菌清含量(%)	≤75.0
润湿性(min)	≤2.5
pH 值	5.0～8.0
细度(过 320 目筛,%)	≥98.0

(3)10%油剂

外观	绿黄色油状均相液体
相对密度(d_4^{20})	1.17
挥发度(%)	22.7
酸度(以 H_2SO_4 计,%)	≤0.3

| 有效成分含量(%) | ≥10 |
| 水分(%) | ≤0.3 |

【质量检验】　百菌清含量的测定(采用气相色谱法)。

内标溶液的制备:称取内标物邻苯二甲酸二丁酯 8 g,置于 1 000 mL 容量瓶中,用二甲苯定容并充分混合。

标准溶液的制备:称取百菌清 3 g,准确到 0.2 mg,置于 100 mL 容量瓶中,加内标溶液 100 mL,盖上瓶塞并振摇,至固体全部溶解。

样品溶液的制备:称取样品百菌清 1 g(75%),称准确至 0.2 mg,置于 50 mL 容量瓶中,加内标溶液 25 mL,盖上瓶塞振摇,至固体溶解。

样品的测定:使适当的百菌清和内标的浓度进入气谱流路,并重复注射标准溶液 1 μL 校正这个方法。然后再注射样品溶液 1 μL,由数据系统打印出结果,即测得百菌清的百分含量。

【产品用途】　高效、广谱、安全的农、林用杀菌剂及植物保鲜剂。具有预防和治疗作用,持效期长,而且稳定。还有一定的熏蒸作用。可叶面施药和种子处理。广泛用于防治果树、蔬菜及小麦、水稻、棉花等农作物的多种病虫害。一般每亩用 75% 可湿性粉剂 125～150 g,对水 100 kg,喷施;或对水稀释成 20 倍溶液后,取适量稀释液将种子拌湿。

【安全措施】

(1)原料间苯二腈和氯气均有毒,生产设备必须严格密闭,防止泄漏。

(2)产品易燃、有毒,用铁桶包装,内衬塑料袋。贮运时远离火源和防止日晒。

(3)产品对人的皮肤及黏膜有刺激作用,接触后立即用肥皂水洗净。若溅入眼内,立即用大量清水冲洗 15 min,涂上眼药。

3.24　杀菌灭藻剂 JC-963

【产品性能】　本品为橙红色液体，主要成分的化学名称为二硫氰基甲烷或二硫氰基甲撑酯。对细菌、霉菌、藻类是一种高效、广谱的杀菌剂，它可以同液氯等杀菌剂交替使用，也可与其他水处理剂同时使用而不影响药效。

JC-963 杀菌灭藻剂在水中易于降解，投药 24 h 后已检不出药剂，排放符合环保要求。

JC-963 的半衰期与 pH 值的关系

pH 值	6	7	8	9	11
半衰期(h)	12	19	5	1	数秒

从表中可见，溶液的 pH 值越高，半衰期越短。

【生产配方】

二氯甲烷(工业级)	85
硫氰化钠(工业级)	162
乙醇(工业级)	150
去离子水	300

【生产方法】　二氯甲烷在乙醇水介质中，于温度 75 ℃压力 0.3~0.4 MPa 下与 2 mol 的硫氰化钠反应制成本品。

$$ClCH_2Cl + 2NaSCN \xrightarrow{\triangle 加压} NCS-CH_2-SCN + 2NaCl$$

在乙醇-水混合溶剂中，能加大产品的溶解度。

在夹套反应釜中，加入配方量的乙醇和水，加入硫氰化钠和二氯甲烷后，不断搅拌下升温至 75 ℃，并用氮气对反应物料加压至 0.3~0.4 MPa，维持 2 h 左右反应完成。降温至 40 ℃出料即得产品。

【产品标准】

外观　　　　　　　　　　　　橙红色液体

二硫氰基甲烷含量（%）	$\geqslant 16$
其他成分及溶剂含量（%）	$\leqslant 84$
相对密度（d_4^{20}）	1.15～1.20
pH 值	3～4

说明：原料 NaSCN 和产品二硫氰基甲烷有一定毒性，应注意保管。

【产品用途】 本品广泛用于造纸厂、炼油厂、化肥厂、热电厂等循环冷却水系统，控制细菌、霉菌和藻类繁殖。

本品一般使用浓度为 20 mg/L，也可与其他杀菌剂交替使用。可根据菌灌生长情况确定投加周期。本品 pH 值适用范围为 2～8。

3.25　多菌灵

【产品性能】 多菌灵（Carbendazim），又名棉萎灵，棉萎丹，学名 2-(甲氧基氨基甲酰)苯并咪唑。本品为白色结晶。熔点 302～307 ℃（分解）。24 ℃时，在 pH 值为 4 的水中溶解度 29 mg/L，pH 值为 7 的水中 8 mg/L，乙醇中 300 mg/L，二氯乙烷中 68 mg/L。

【生产配方】

石灰氮（氰胺化钙 $CaCN_2$，100%）	92
氯甲酸甲酯（100%计）	50
邻苯二胺（100%计）	44

【生产方法】 多菌灵有多种合成方法，我国采用氰胺化钙法，即由氰胺化钙（石灰氮）与水作用制取氰胺氢钙，过滤分离产生的氢氧化钙和残渣（也可以不先过滤，利用氢氧化钙作为后续工序的脱酸剂，在合成氰胺基甲酸甲酯后再过滤，这称为后过滤法。但此法分离的残渣含有毒的有机杂质），然后将氰胺氢钙溶液与氯甲酸甲酯在氢氧化钠存在下进行反应，生成氰胺基甲酸甲酯溶液，再与邻苯二胺缩合得到多菌灵。

$$CaCN_2 \xrightarrow{H_2O} Ca(HCN_2)_2 \xrightarrow{ClCOOCH_3} NCNHCOOCH_3$$

【生产工艺】

(1)氰胺氢钙的合成　将水 400 L 加入到 500 L 氰胺化锅内,并在搅拌下投入石灰氮(100%计)92 kg 控制反应温度在 25～28 ℃,反应 1 h 后放入离心机过滤,并以水 40 L 分 2 次洗涤滤饼,得到氰胺氢钙溶液(滤渣为氢氧化钙残渣)。

(2)氰胺基甲酸甲酯溶液制备　将上述氰胺氢钙溶液加到 500 L 搪玻璃反应锅,搅拌冷却至 20 ℃以下,滴加氯甲酸甲酯 50 kg,滴加温度控制在 35 ℃以下,约 0.5 h 加完。在 45 ℃以下滴加氢氧化钠溶液,加料完毕,在 40～45 ℃继续反应 1 h,即得氰胺基甲酸甲酯溶液。

(3)多菌灵的合成　将制得的氰胺基甲酸甲酯溶液在 65～75 ℃(60～160×133.3 Pa)下减压浓缩蒸馏水,当蒸出的水量达原体积的 60%时,停止蒸水,然后降温到 50 ℃,投入邻苯二胺(以 100 计)44 kg。将盐酸 88 L 分 2 批加入,在第二批加酸时,应掌握加酸速度,使反应液的 pH 维持在 6 左右。加酸结束后,在 98～100 ℃下保温 2 h,出料用离心机甩水,以水 300 L 洗 3 次,干燥后得多菌灵,收率约 88%。[美国专利 3010968(1961)]。

【产品用途】　多菌灵为苯并咪唑类杀菌剂,目前已成为我国产量大的内吸杀菌剂品种。该品可被植物吸收并经传导转移到其他部位,干扰病菌细胞的有丝分裂,抑制其生长。它的杀菌谱较广,通常加工成粉剂,可湿性粉剂和悬浮剂使用,作种子处理或叶面喷洒,用于防治粮、棉、油、果、蔬菜、花卉的多种真菌病害,还可用于水果的保鲜。

3.26　异稻瘟净

异稻瘟净(简称 IBP)的化学名称为 O,O-二异丙基-S-苄基硫代磷酸酯。分子式 $C_{13}H_{21}O_3PS$,分子量 288.3。结构式为:

$$(CH_3)_2CH-O \quad \underset{P}{\overset{O}{\|}} \quad S-CH_2-C_6H_5$$
$$(CH_3)_2CH-O$$

【产品性能】　异稻瘟净纯品为无色透明油状液体。沸点 126 ℃(5.3 Pa)。折光率 1.510 6。难溶于水(18 ℃时水中溶解度为 0.1%)。易溶于多种有机溶剂。对光照及酸性介质较稳定,在碱性介质中易分解失效。不宜与碱性农药混合使用。

【生产配方】

三氯化磷	145.0
异丙醇	189.0
氯化苄	133.0
硫磺	33.0
甲苯(用作溶剂,可回收)	适量

【生产方法】　由异丙醇与三氯化磷反应制取中间体异丙基亚磷酸酯($C_6H_{15}O_3P$),再将其与氨、氯化苄和硫磺反应制得本品。

(1)异丙基亚磷酸酯的制备

$$(CH_3)_2CHOH \xrightarrow{PCl_3} \quad \begin{array}{c} (CH_3)_2CHO \\ \\ (CH_3)_2CHO \end{array} \underset{PH}{\overset{O}{\|}}$$

(2)异稻瘟净的制取

$$(CH_3)_2CHO \quad \underset{(CH_3)_2CHO}{\overset{O}{PH}} \xrightarrow[\text{甲苯}]{NH_3, S} (CH_3)_2CHO \quad \underset{(CH_3)_2CHO}{\overset{O}{PSNH_4}} \xrightarrow{ClH_2C-\text{苯环}}$$

$$(CH_3)_2CHO \quad \underset{(CH_3)_2CHO}{\overset{O}{P}-S-CH_2-\text{苯环}}$$

【生产工艺】 异丙醇以每小时 215 kg,三氯化磷以每小时 150 kg(摩尔比为 3∶1)的速度连续进料,混合后猛烈反应,产生的氯化氢气体通过真空泵从混料锅迅速排除,生成的粗酯进入降膜式甩盘脱酸器。加热,进一步脱酸,以 120～130 ℃的温度离开脱酸器。冷却至 40 ℃以下,得含量为 92%～95%的中间体,收率 95%～98%。混料锅抽出的气体尚含异氯丙烷,当氯化氢吸收后,常压冷冻可作为副产物回收。O,O-二异丙基硫代磷酸铵及原药合成在同一反应锅内进行合成。将异丙基亚磷酸酯、氯化苄、硫磺(摩尔比为 1∶1.05∶1.02)加入甲苯中,缓慢通入氨,控制温度 85～90 ℃,通氨 1.5 h,按摩尔比,氨用量为亚磷酸酯的 1.3 倍。通氨后继续保温搅拌 2 h,使反应完全。加水洗去杂质和氯化铵,所得粗品进行连续蒸馏脱除水分和溶剂甲苯,即得含量 85%～90%的异稻瘟净原油,收率约 90%。

【产品标准】

(1)原油

外观	淡黄色或浅棕色液体
有效成分(%)	≥80
水分(%)	≤0.5

(2)乳油

指标名称	40%乳油	50%乳油
外观	浅黄色或浅棕色透明油状液体	
有效成分(%)	≥40	≥50

水分(%)	≤0.5	≤0.5
酸度(以 H_2SO_4 计,%)	≤0.5	≤0.5
乳液稳定性	合格	合格

【产品用途】 为内吸性杀菌剂,具有良好的内吸杀菌力。通过植物根部和水面下的叶鞘吸收。主要用于防治早稻、晚稻穗颈瘟,对水稻小球菌核病等也有效。

3.27 麦穗宁

麦穗宁(fuberidazole)化学名称为 2-(2-呋喃基)苯并咪唑[2-(2-furyl) benzimidazole]。分子式 $C_{11}H_8N_2O$,相对分子质量 184.2。结构式为:

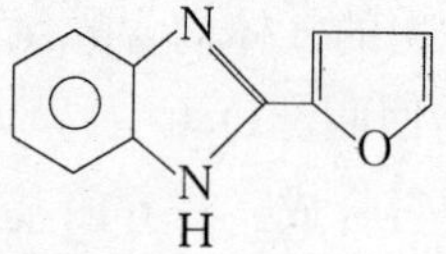

【产品性能】 结晶性粉末。熔点 284～288 ℃。室温下的溶解度(g/kg):二氯甲烷 10,异丙醇 50,水 0.078。对光很不稳定。毒性:大白鼠 LD_{50} 为 1 100 mg/kg(急性口服)。

【生产方法】 将糠醛与亚硫酸氢钠浓溶液反应生成呋喃基羟基甲磺酸钠。然后与邻苯二胺缩合得到麦穗宁。

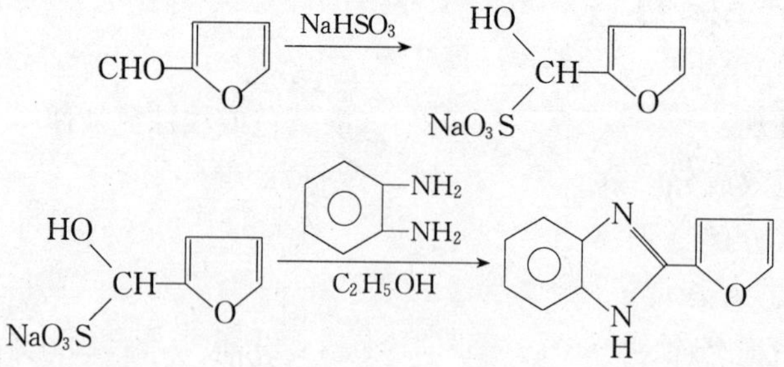

【生产流程】

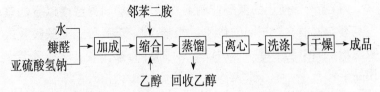

【生产配方】 （质量，份）

亚硫酸氢钠（87.6％）	125
乙醇（92％，可回收）	760
糠醛（工业品）	96
邻苯二胺（85.6％）	93

【主要设备】 加成反应锅　缩合反应锅　贮槽　离心机　干燥箱

【生产工艺】 在搪玻璃的加成反应锅中加入水 34 kg，87.6％的亚硫酸氢钠 32.8 kg，搅拌 20 min。分次加入糠醛 25.2 kg，控制温度不超过 50 ℃。静置 2～2.5 h，生成浅黄色稠浆状的呋喃基羟基甲磺酸钠（加成物），降温至 30 ℃以下。

在缩合反应锅内加入 92％乙醇 200 kg，搅拌升温至 20～30 ℃，加入 85.6％邻苯二胺 24.4 kg，搅拌至完全溶解。将上述加成物加入，缓缓升温至 85 ℃左右，回流 4 h，然后搅拌升温，蒸馏回收乙醇 75～80 kg，在搅拌下趁热出料。静置，离心过滤，水洗，干燥得麦穗宁（专利 DAS1209799）。

【产品标准】 （参考标准）

外观	白色结晶粉末
熔点（℃）	≥282

【产品用途】 内吸性杀菌剂。1966 年作为杀菌剂推广。本品用作拌种剂，可防治小麦黑穗病、大麦条纹病、白霉病、瓜类萎蔫病。也可用作塑料、橡胶制品的杀菌剂、胶片乳液防霉剂及牛羊驱虫剂。

【安全措施】

(1)生产中使用的糠醛能刺激皮肤和黏膜，1%浓度以下的蒸气具有与催泪气体相同的作用。邻苯二胺有毒，可经皮肤吸收或吸入粉尘而引起中毒。生产设备必须密闭，操作人员应穿戴劳保用品。

(2)按农药有关规定包装、贮运。

3.28　克菌丹

克菌丹(captan)，别名开普顿，化学名称为 N-(三氯甲硫基)-环己-4-烯-1,2-二甲酰亚胺(orthocide；N-(trichloromethylthio)-4-cyclohexene-1,2-dicarboximide)。分子式 $C_9H_8Cl_3NO_2S$，相对分子质量 300.57。结构式为：

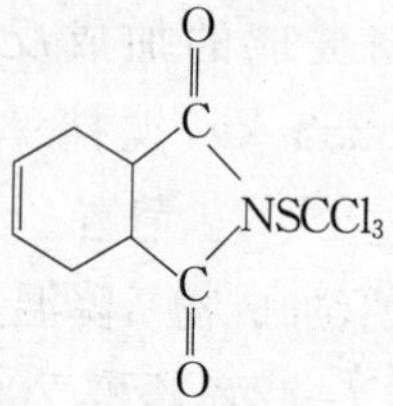

【产品性能】　白色结晶。熔点 178 ℃，25 ℃蒸气压＜1.33 MPa。室温时水中溶解度＜0.05 mg/kg，不溶于矿油。25 ℃时，二甲苯 70 g/kg，氯仿 50 g/kg，环己酮 23 g/kg，丙酮 21 g/kg。工业品为带有刺激性气味的黄色或白色无定形粉末，纯度 90%～95%。熔点 160～170 ℃。遇碱不稳定，接近熔点时分解。能与许多农药混配。无腐蚀性，但分解产物有腐蚀性。

【生产方法】　由二硫化碳在盐酸存在下与氯气作用制得三氯甲次磺酰氯。另由顺丁烯二酸酐与丁二烯作用，再与氨水反应制得 1,2,3,6-四氢苯二甲酰亚胺，该亚胺与三氯甲次磺酰氯反应制得灭菌丹。

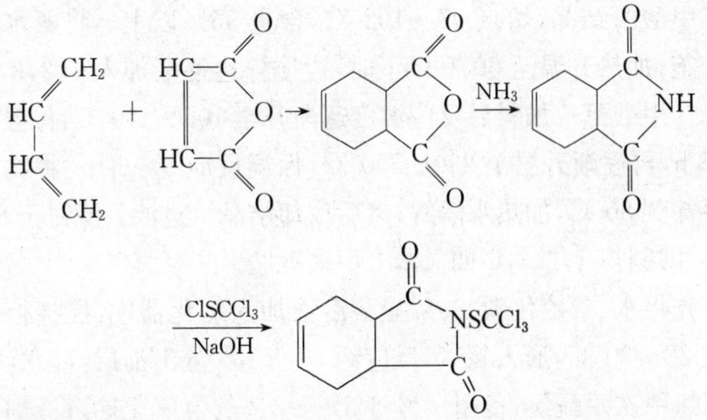

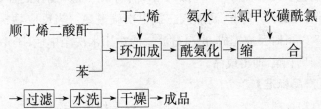

【生产流程】

　　　　　　　　　　丁二烯　　氨水　　三氯甲次磺酰氯
　　　　　　　　　　　↓　　　　↓　　　　　↓
顺丁烯二酸酐┐
　　　　　　├→│环加成│→│酰氨化│→│缩　　　合│
　　　　　┘
　　苯

→│过滤│→│水洗│→│干燥│→成品

【生产配方】　（kg/t）

二硫化碳(95％)	480
顺丁烯二酸酐(95％)	510
氯气	1 200
氨水(30％)	680
丁二烯(70％)	390

【主要设备】　氯化器　环加成反应釜　氨化反应釜　缩合反应釜　结晶槽　过滤器　干燥箱

【生产工艺】

　　将顺丁烯二酸酐的苯溶液投入反应釜中,搅拌加热溶解,70 ℃时通入等摩尔的丁二烯,保温 75 ℃左右,通丁二烯约 20 h,直至 5 倍摩尔量,反应到达终点。将反应料倒入结晶槽,冷却至室温,过滤,回收溶剂。滤饼于 50～70 ℃干燥,即制得 1,2,3,6-四氢苯二甲酸酐结晶,熔点 97～102 ℃,含量 95％以上。将氨水加入反应釜,加热升温至 50 ℃以下时,边搅拌边逐渐加入 1,2,3,6-四氢苯二甲酸酐。加料后反应温度逐渐升至 105～110 ℃,保温反应 4～5 h,再逐渐升温至 230～250 ℃,保温反应 5～6 h。将物料放出冷却到 80 ℃,加热水溶解,然后冷却结晶。过滤。滤饼于 80 ℃干燥,即制得 1,2,3,6-四氢苯二甲酰亚胺。

先将水、二硫化碳、36％盐酸溶液加入氯化器中,搅拌控制温度在 28～30 ℃,通入氯气,反应约 2～3 h。分出油层,经水洗,制得三氯甲次磺酰氯,备用。另将 5％～6％的氢氧化钠溶液加入缩合反应釜中,冷却至 -2 ℃,加入溶于苯中的亚胺,搅拌混合 15～20 min,在 0～5 ℃下,滴加入三氯甲次磺酰氯。当反应物料 pH 值达 8 以下时反应完成,出料过滤。滤饼用水洗至中性,于 100～105 ℃下干燥,即得成品。

【产品标准】

原粉	略带棕色的粉末
熔点(℃)	172
有效成分含量(％)	≥193
可湿性粉剂含量(％)	50

【质量检验】

(1)克菌丹含量的测定　采用气相色谱法或液相色谱法进行测定。

(2)熔点的测定　参见 GB 1602 中农药熔点测定方法。

【产品用途】　有机杀菌剂,主要用于农作物叶面保护。可防治苹果疮痂病、黑星病、梨黑星病、葡萄蔓霜霉病、黑腐病,草莓灰霉病,用 50％可湿性粉剂的 300～500 倍液喷施;对三麦、水稻、玉米、棉花、瓜果、蔬菜、烟草等作物多种病害均有良好的防治效果。与五氯硝基苯混用,可防治棉花苗期病害。拌种可防治玉米病害。

【安全措施】

(1)生产中使用氯气等有毒原料,设备要密闭,严防泄露。产品对皮肤有刺激作用,操作人员应穿戴劳保用品。

(2)产品贮运时不能与碱性农药和化肥混放。防止药液溅在皮肤上或眼内。

3.29　谷种定

谷种定(Guazthine)又称双胍辛乙酸盐,化学名称为(1,1′-亚胺基二辛基甲撑)三醋酸双胍盐。分子式 $C_{24}H_{52}N_7O_6$,分子量535.7。结构式为:

$$\left[\begin{array}{c} \overset{\displaystyle NH_2}{\|} \\ H_2N-C-NH(CH_2)_8-NH-(CH_2)_8-NH-C-NH_2 \end{array} \right] \cdot 3CH_3CO_2^-$$

【产品性能】　白色粉末。熔点 140 ℃。溶解度(g/100 mL):水 74.6,甲醇 77.7,乙醇 11.7。不溶于有机溶剂。谷种定是新的广谱杀菌剂,对农业和园艺的主要真菌有很高的生长抑制活性,其作用方式是抑制类酯的生物合成。

【生产配方】

二辛基撑三胺	271.0
S-甲基异硫脲盐($CH_3S-\overset{NH}{\overset{\|}{C}}-NH_2$)	90.0
纯碱	适量

【生产方法】　以 1,17 二氨基-9-氮杂十七烷(简称三辛胺)和 S-甲基-异硫脲硫酸盐为原料进行反应而得。

$$NH_2(CH_2)_8NH(CH_2)_8NH_2 + CH_3S-\overset{NH}{\overset{\|}{C}}-NH_2 \cdot \frac{1}{2}SO_3$$

$$\rightarrow H_2N-\overset{NH_2}{\overset{\|}{C}}-NH(CH_2)_8-NH_2(CH_2)_8-NH-\overset{NH_2}{\overset{\|}{C}}-NH_2$$

【生产工艺】

(1)辛三胺的制备　将辛二胺冷却凝固,小心地分次加入浓硝酸,至物料全部熔融。开动搅拌,导入氮气加热缓慢升温。待料温升至 160 ℃时,水已蒸发完。用水吸收反应过程中释放的氨,待料温升至 205 ℃时,保持反应 5 h。反应毕,自然降温至 80 ℃,停通氮气。加入碱液,使胺游离出来,分出水层,用苯萃取,收集苯萃取液,先脱苯,后减压蒸馏,收集 110 ℃(11×133.3 Pa)馏分即为辛二胺,再收集 210 ℃(3×133.3 Pa)馏分即为辛三胺,冷却呈无色蜡状物。

(2)谷种定的制备　将辛三胺 10 g,S-甲基异硫脲硫酸盐 14 g 加水 200 mL,加热回流 1 h。冷却至室温,加入 1.5 mol/L 硫酸 12 mL 而得硫酸双胍盐沉淀。过滤,用 50%乙醇洗涤沉淀物,合并滤液洗液浓缩而得硫酸双胍盐。将其溶于热水,与碳酸钠水溶液混合,迅速出现大量白色沉淀。经冷却、过滤、洗涤、干燥而得谷种定。再将它溶于计算量的乙酸水溶液中,得到双胍辛乙酸盐。配制成 3%膏剂,25%液剂。

【产品用途】　谷种定用于防治谷类种子和柑橘贮藏防腐,如抑制青绿霉、酸腐、黑腐、蒂腐等非常有效。

3.30　担菌宁

担菌宁(Mepronil)化学名称 3-异丙氧基-2′-甲基苯酰替苯胺。分子式 $C_{17}H_{19}NO_2$,分子量 269.35。结构式为:

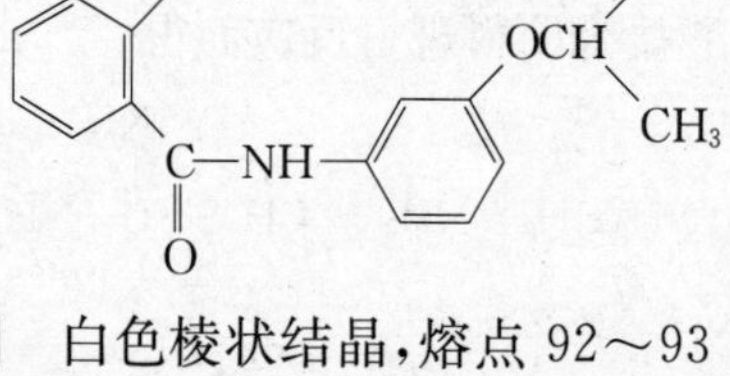

【产品性能】　白色棱状结晶,熔点 92~93 ℃。沸点 186 ℃ (10.7 Pa),143~145 ℃(1.33 Pa)。相对密度 1.222(15/4 ℃)。

蒸汽压（20 ℃）为 5.6×10^{-5} mmHg。20 ℃时水中溶解度＞ 12.7 mg/L，丙酮、甲醇中溶解度＞50 mg/L，苯中溶解度为 28.2 mg/L。在水和弱酸、弱碱（pH 值为 5～9）中稳定，对光、热 也较稳定。

【生产配方】

间氨基苯酚	251.0
乙酸	180.0
乙酐	269.0
氢氧化钠	88.0
溴代异丙烷	320.0
三乙胺	222.0
邻甲基苯甲酰氯	309.0

【生产流程】

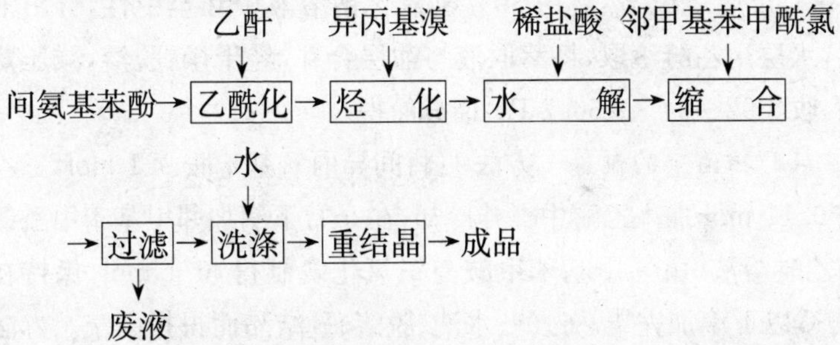

```
                 乙酐      异丙基溴    稀盐酸  邻甲基苯甲酰氯
                  ↓          ↓         ↓         ↓
间氨基苯酚→ 乙酰化 → 烃 化 → 水  解 → 缩  合
                         水
                         ↓
  → 过滤 → 洗涤 → 重结晶 → 成品
      ↓
    废液
```

【生产方法】　由间氨基苯酚、乙酐、异溴丙烷、邻甲基苯甲酸、 三氯化磷经下述步骤制得：

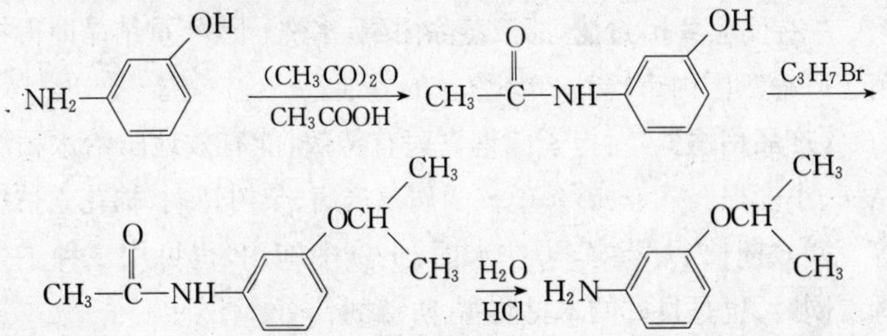

【生产工艺】

(1)N-乙酰基间氨基苯酚的制备　将间氨基苯酚 0.23 mol，乙酸 0.3 mol，乙酐 0.264 mol 加入水中，搅拌溶解。冷却至 5 ℃过滤，水洗、干燥而得。熔点 146～148 ℃。

(2)间异丙氧基苯胺的制备　将 N-乙酰基间氨基苯酚与异丙基溴发生醚化，得到 N-乙酰基间异丙氧基苯胺。将 N-乙酰基间异丙氧基苯胺 0.2 mol，35%盐酸和水一起搅拌加热，在 100～110 ℃反应 2 h。然后用 30%氢氧化钠溶液中和至中性，分出油层，水层用乙醚萃取，将萃取液与油层合并，经干燥、脱溶，减压蒸馏，收集92～94 ℃(66.7 Pa)馏分而得。

(3)担菌宁的制备　方法 1：将间异丙氧基苯胺 0.1 mol，三乙胺 0.11 mol 加入乙醚中搅拌冷却，在 5 ℃下滴加邻甲基苯甲酰氯的乙醚溶液(由邻甲基苯甲酸与三氯化磷制得)0.1 mol，保持在10 ℃以下滴加完毕。过滤、水洗、脱溶、重结晶而得担菌宁。方法2：将间异丙氧基苯胺 0.1 mol，碳酸钠 0.05 mol 和丙酮一起搅拌，冷却至−3～−5 ℃，慢慢地滴加邻甲基苯甲酰氯 0.1 mol，保持0 ℃左右反应 2 h，过滤，滤液蒸除丙酮，水洗、干燥、重结晶即得担菌宁原粉。国内市售品 20%含量的乳油。

【产品用途】　对担子菌纲真菌有特效，能有效地防治水稻纹枯病、小麦根腐病、马铃薯丝核菌病及疫病、梨树锈病、棉花立枯病等。残效期长，无药害，可在水面、土壤中施用，也可用于种子处理。同时，也是良好的木材防腐、防霉剂。

3.31　三氯异氰尿酸

三氯异氰尿酸又称氯氧三嗪。分子式 $C_3Cl_3N_3O_3$，分子量 232.41。结构式为：

【**产品性能**】　白色结晶。具有消毒杀菌作用。

【**生产方法**】　脲在高温下脱氨环化生成氰尿酸。氰尿酸在碱性条件下通氯进行氯化得到三氯异氰尿酸。氯化也可用次氯酸钠进行氯化，即将氰尿酸配成浆液，以预制的次氯酸钠氯化，反应迅速，收率高。由于氯化剂与被氯化物可采用化学计算量，爆炸性副产物 NCl_3 的生成比氯气法少，而且尾气也较少，用碱液吸收后循环使用，可大大改善操作环境；同时采用敞口反应器，在轻微负压下合成，可使偶尔产生的 NCl_3 能够即时排除。

【生产流程】

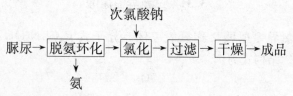

【生产工艺】

(1)脱氨环化　将尿素 500 g 和氯化铵 25.0 g 置于瓷盘中拌和均匀,放进缩合炉中加热缩合。炉温升至约 150 ℃后,保持 0.5 h,充分溶化后,再继续升温至 190～220 ℃缩合 2 h,最后在 250 ℃保持 0.5 h。冷却得白色粗氰尿酸。捣碎后加入带有回流冷凝管的反应瓶中,加入 10%盐酸 100 mL,加热回流酸解 2 h,冷却,过滤,洗至中性,120 ℃烘 2 h,得白色氰尿酸 260.0 g,纯度 98.0%,收率 72%。

(2)氯化　将氰尿酸 77.4 g 加入装有一定量水和表面活性剂的氯化器中,然后向反应液导入次氯酸钠,用电极控制 pH=3～4,于低温,微带负压下进行反应。反应完毕,过滤,冷水洗涤,滤饼于 110 ℃干燥,得到白色结晶状三氯异氰脲酸 128.0 g,有效氯含量为 89%,收率为 92%。

【产品用途】　新型高效消毒杀菌剂。用于家庭、医院(如病房、浴室、手术器械、卧具、餐具等)的消毒杀菌,也用于日用化学品的制造。

3.32　拌种灵

【产品性能】　拌种灵的化学名称为 2-氨基-4-甲基噻唑-5-甲酰苯胺,2-氨基-4-甲基-5-甲酰苯胺噻唑。产品为白色结晶粉末,熔点 222～224 ℃,275～285 ℃分解。易溶于二甲基甲酰胺,难溶于水及一般有机溶剂。在碱性介质中易分解。

【生产配方】

乙酰乙酰苯胺(＞98％)	880
亚硫酰氯(100％)	700
硫脲(＞95％)	410
氨水(25％)	520

【生产方法】 乙酰乙酰苯胺与亚硫酰氯发生氯化生成 α-氯化乙酰乙酰苯胺,再与硫脲缩合,然后中和、过滤、烘干得到产品。

【生产工艺】 将乙酰乙酰苯胺和甲苯加入反应器,搅拌下在20 ℃左右滴加亚硫酰氯,控制反应温度在25～30 ℃,0.5 h滴加完毕,继续保温反应2.5 h,即得 α-氯代-乙酰乙酰苯胺的甲苯悬浮液。

将上述得到的甲苯悬浮液,加入硫脲和水,升温至回流,反应0～5 h。反应完毕,静置分层,上层为甲苯层,可继续循环套用,下层为拌种灵盐酸盐水溶液。分出水层,并加水稀释,搅拌下加氨水中和至 pH 值8,过滤生成的沉淀用水洗至近中性,烘干得白色粉末状产品,含量约96％。总收率约88％。

【产品用途】 拌种灵为内吸性杀菌剂,兼有植物激素的作用。本品主要使用途径为拌种或浸种,一般使用量为种子重量的0.3％～0.5％。对禾谷类黑穗病、棉花角斑病、水稻白叶枯病及花生锈病也有防治效果。

3.33 春雷霉素

春雷霉素(kasugamycin)的化学名称为[5-氨基-2-甲基-6-(2,3,4,5,6-五羟基环己基氧代)吡喃-3-基]氨基-2-亚氨乙酸盐酸盐。分子式 $C_{14}H_{26}ClN_3O_9 \cdot H_2O$,相对分子质量 433.84。结构式为：

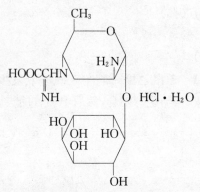

【产品性能】 白色针状或片状结晶。熔点 206～210 ℃(分解),有甜味。含有效成分约 65% 的原粉为棕色粉末。春雷霉素是弱碱性水溶性抗生素,在酸性溶液中稳定,在碱性溶液中易破坏失活。它易溶于水,不溶于甲醇、乙醇、丙酮、苯、氯仿。其水溶液的 pH 值为 4～6。对人、畜、禽、鱼都无毒。

【生产方法】 由小金色放线菌(actinomyces microaureus)的培养液经用强酸性离子交换树脂分离而得。

【生产流程】

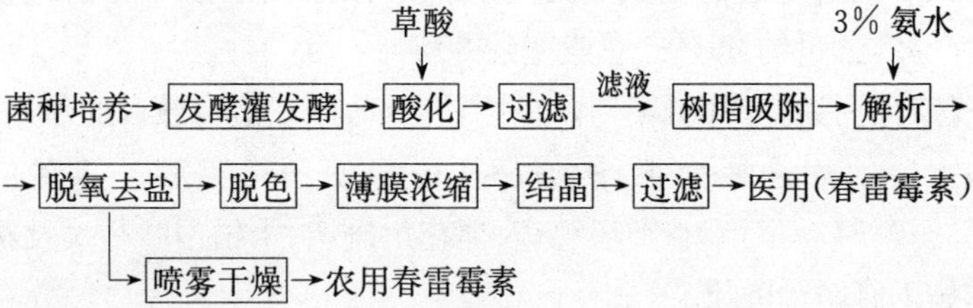

菌种培养→发酵灌发酵→酸化(草酸)→过滤--滤液-→树脂吸附→解析(3% 氨水)→

→脱氧去盐→脱色→薄膜浓缩→结晶→过滤→医用(春雷霉素)

→喷雾干燥→农用春雷霉素

【生产工艺】

(1)斜面孢子的制备 培养基成分为黄豆饼粉(热榨)1%,葡萄糖1%,蛋白胨0.3%,氯化钠0.25%,碳酸钙0.2%,琼脂2%～2.5%,pH 值 7.2～7.3。将黄豆饼粉加入 10 倍量体积水,于80～

85 ℃加热搅拌 10 min,用 4 层纱布过滤;取滤液,稀释至 1%,再加
入其他成分做成培养基。将培养基分装入试管,在 120 ℃高压灭
菌 0.5 h,取出后放成斜面。于 37 ℃培养 2~4 d,无杂菌及表面无
冷凝水者即可使用。培养好的斜面孢子取出放入冰箱保存备用。
保存时间以不超过一个半月为宜。

(2)种子瓶培养　培养基成分为葡萄糖 1.5%,黄豆饼粉(冷
榨)1.5%,氯化钠 0.3%,磷酸二氢钾 0.1%,硫酸镁 0.05%,pH
值 6.5~7.0。装于 750 mL 三角瓶中。每瓶装 200 mL,120 ℃高
压灭菌 0.5 h,接种后于 28 ℃下振荡培养。

(3)种子罐培养培养基与种子瓶的培养基相同,只是将葡萄糖
1.5%改为玉米油(或豆油)1%。120 ℃蒸汽灭菌 0.5 h,接种量约
1%。罐温(28±0.5)℃,通气量每分钟为 1:(0.5~0.6)(体积
比),连续搅拌。当 pH 值上升至 6.8 左右,镜检菌丝量多而长,原
生质尚未分化或部分分化,无杂菌即可。种龄约 20.24 h。

(4)发酵罐发酵培养基成分为黄豆饼粉(冷榨)5%,玉米油
4%,氯化钠 0.3%,接种量 5%~10%。发酵条件同种子罐,泡沫
大时可以加少量消泡剂。

接种后 16 h 左右,pH 值上升至 7.8 以上,即加入玉米浆
0.2%~0.5%(依 pH 值上升幅度而定),4 h 后若 pH 值仍在 7.8
左右,可再加入玉米浆 0.2%~0.5%,直至 pH 值降到 7.2 以下为
止。在发酵 144 h 后,发酵液表面无残油或很少残油,效价不再上
升,即可放罐。

(5)提取发酵液用草酸酸化后过滤,滤液用南开强酸 1×3 氢
型树脂吸附,再用 3%氨水解析。解析液用强酸 1×25 氢型树脂
脱氨去盐,脱氨液用盐酸调 pH 值至 5.0,经喷雾干燥得农用春雷
霉素。脱氨液用间苯二胺树脂脱色。脱色液采用薄膜浓缩,
浓缩液加 95%乙醇,冷却结晶后过滤,经干燥得医用口服春雷霉
素。医用注射用品须进一步精制。

【产品标准】 （农用）

指标名称(%)	6	4	2	0.4
有效成分(%)	6±0.2	4±0.2	2±0.1	0.4±0.02
矿物细粉等(%)	≥88.8	≥90.8	≥92.9	≥98.58
水分(%)	≤5	≤5	≤5	≤1
细度(通过200目,%)	≥90	≥90	≥90	≥95

【产品用途】 本品是农、医两用抗生素。春雷霉素对稻瘟病有强烈抑制作用,用春雷霉素 400 $\mu g/mL$(每亩用量 4 g)喷雾,对苗瘟、叶瘟、穗颈瘟具有显著的治疗和保护作用,防治效果达 70%～85%,略优于或相当于 600 倍稻瘟净。与稻瘟净混用,可将防治效果提高到 97%,还可延缓抗药菌株的产生。药用级用于绿脓杆菌、大肠杆菌等创面感染和尿道感染。

【安全措施】

(1)该品为农、医两用抗生素类药,医用级必须严格执行药用级标准。

(2)农用采用纸箱包装,贮存于阴凉、通风处。

3.34 甲酸乙酯

甲酸乙酯(Ethyl methanoate)也称蚁酸乙酯。分子式 $C_3H_6O_2$,分子量 74.08。结构式为:$HCOOC_2H_5$

【产品性能】 无色透明易流动液体,有芳香气味。熔点 -80 ℃,沸点 54.3 ℃,折射率 1.359 75,闪点 -20 ℃(开杯)。相对密度 d_4^{20} 0.916 8。微溶于水,能与苯、乙醚、乙醇混溶。

【生产方法】 由甲酸与乙醇在硫酸存在下进行酯化反应,再经干燥、过滤、精馏后制得甲酸乙酯。

$$HCOOH + CH_3CH_2OH \xrightarrow{H_2SO_4} HCOOC_2H_5 + H_2O$$

【生产配方】

甲酸	160
乙醇	132
浓硫酸	2
氯化钙(无水)	18

【生产流程】

【生产工艺】 在搪瓷反应釜中加入甲酸 160 kg 和乙醇 132 kg,向冷凝器中通入冷凝水,再向反应釜夹套中通蒸汽,控制温度<50 ℃,将浓硫酸 2 kg 缓缓滴入反应釜中,加热使温度维持在 67 ℃左右,回流 2 h,进行酯化反应。回流期间不断将分水器中的水分出,提高产率。

酯化反应完成后继续向夹套中通入蒸汽,蒸馏物料,收集 64~100 ℃的馏分,并将其转入干燥釜内,再加入无水氯化钙 18 kg 进行干燥,密封干燥 1 h,然后过滤。将滤液转入蒸馏釜,向蒸馏釜夹套内通入蒸汽进行精馏,收集 53~58 ℃的馏分,即制得甲酸乙酯成品。

【产品标准】

外观	无色透明易流动液体
含量(%)	≥98
相对密度	0.917~0.921
沸程 54~56 ℃时馏出量(%)	≥95
折射率	1.359~1.361
不挥发物(%)	≤0.02
水分	合格

【产品用途】 可用作食品、谷类、干燥水果、香烟和杀菌剂、杀幼虫剂和熏蒸剂。还可用作食品和酒类的香料及有机合成工业、医药工业的合成中间体。

3.35 甲酸甲酯

甲酸甲酯（Methyl methanoate）也称蚁酸甲酯。分子式 $C_2H_4O_2$，分子量 60.05。结构式为：$HCOOCH_3$

【产品性能】 无色透明液体。有愉快的气味。在潮湿空气中易水解。熔点 $-99.8\ ℃$，沸点 $31.8\ ℃$，相对密度 $d_{20}^{20}\ 0.950$，折射率 1.344，闪点 $-19\ ℃$，自燃点 $456\ ℃$。能与醇混溶，20 ℃时水中溶解度为 30 mL/100 mL。其蒸气有麻醉和刺激作用，严禁吸入。严格密封，按易燃有毒品贮存。

【生产方法】 由甲酸与甲醇在回流条件下酯化，然后经冷却、蒸馏，无水碳酸钠干燥及过滤，即可制得甲酸甲酯。

$$HCOOH + CH_3OH \rightarrow HCOOCH_3$$

【生产配方】

甲酸	108
甲醇	75.6

【生产流程】

【生产工艺】 在搪瓷反应釜中加入甲酸 108 kg 和甲醇 75.6 kg，在反应釜夹套内通入蒸汽升温至回流，冷凝器上通冷却水，回流时不断将分水器中的水分出，使反应向生成产物的方向进行，提高产率。加热回流 2.5 h，使酯化反应完成。

酯化反应完成后，继续在夹套内通入蒸汽，收集馏出液，即为甲酸甲酯粗品，相对密度为 0.974（15 ℃）。将粗品甲酸甲酯加入干燥釜中,再加入少量无水碳酸钠进行干燥,密封干燥 1 h,然后过滤即得成品。

【产品标准】

外观	无色透明液体
含量(%)	≥98
相对密度	0.972~0.976
沸程(95%)	31.5~34.5
不挥发物(%)	≤0.006

【产品用途】 用作杀虫剂、杀菌剂、军用毒气等的合成中间体。还可用作谷类和烟草处理剂。

3.36 对氨基苯磺酸钠

对氨基苯磺酸钠(sodium sulfanilate)又称敌诱钠、磺胺酸钠。分子式 $C_6H_{10}NNaO_5S$,相对分子质量 231.2。结构式为:

$$H_2N-\bigcirc-SO_3Na \cdot 2H_2O$$

【产品性能】 纯品为有光泽的白色结晶,含 2 个结晶水。原药为红褐色或浅玫瑰色结晶。易溶于水,水溶液呈中性。不溶于一般有机溶剂,遇钙产生沉淀。

【生产方法】 苯胺与浓硫酸发生磺化后,用纯碱中和即得。

【生产流程】

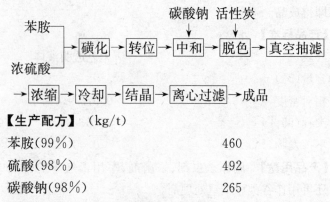

【生产配方】（kg/t）

苯胺(99%)	460
硫酸(98%)	492
碳酸钠(98%)	265

【主要设备】　转鼓反应器　脱色锅　离心机　贮槽　结晶槽

【生产工艺】　先在转鼓反应器内加入 98%硫酸 246 kg,开动转鼓在 1 h 内慢慢加入 99%苯胺 230 kg。加热,使转鼓内温度升至 160 ℃,用喷射泵抽真空至 $5.32×10^4$ Pa 以上。再将转鼓内温度升至 200 ℃,保温 0.5 h,再继续升温至 260 ℃,保温,直至视镜出现黑粉并发出响声,即达终点。真空经回转 10 min 后,排风冷却至 80 ℃。加水开动转动混合,放入贮槽。将槽内物料升温至 70~80 ℃,加入碳酸钠 132 kg 中和至 pH=7~7.5。然后送到已有母液的脱色锅中,调整密度至约 1.12 g/cm³,加热至沸腾,加入活性炭脱色并搅拌 0.5 h。趁热过滤,滤渣用热水洗剂;滤液浓缩至密度为 1.18 g/cm³,送入结晶槽,经 8 h 冷却至 30 ℃。离心过滤。滤液作下批母液,滤饼即为产品。

【实验室制法】

在 125 mL 干燥的三口烧瓶中加 99 ℃苯胺 9.3 g,边振摇、边滴加 98% H_2SO_4 10 g。在 400×133 Pa 下加热使温度慢慢升至 200 ℃,保温 0.5 h,再继续升温至 260 ℃,保温约 10 min。冷却,使温度降至 70~80 ℃,加入饱和 Na_2CO_3 溶液,调 pH=7~7.5,加热至沸腾。稍冷后加入适量活性炭脱色,搅拌煮沸,趁热过滤。

冷却析出结晶,抽滤,水洗,抽干即得。

【产品标准】

外观	粉红色或浅玫瑰色结晶
含量(%)	≥97
水不溶物(%)	≤0.2
游离苯胺(%)	≤0.2

【质量检验】

(1)含量测定　准确称取 25 g 试样(准确至 0.000 2 g),置于 500 mL 烧杯中,加蒸馏水 200 mL,加热溶解后冷却至室温,移入 500 mL 容量瓶中。定容后用移液管取 50 mL 试液于 600 mL 烧杯中,加蒸馏水 300 mL,盐酸 120 mL,10%KBr 溶液 10 mL,冷却至 10~15 ℃,以 0.5 mol/L NaNO$_2$ 标准溶液滴定。近终点用 KI-淀粉试纸滴定,用玻璃棒取 1 滴被滴试液滴在 KI-淀粉试纸上,出现浅蓝色斑点。3 min 后,再取 1 滴试液做同样试验仍出现浅蓝色斑点即为终点。同时做一空白试验。

$$含量(\%)=\frac{c(V-V_1)\times 0.231\ 2}{G}\times\frac{500}{50}\times 100$$

式中　c——亚硝酸钠标准溶液的摩尔浓度,mol/L;

　　　V——滴定试样耗用亚硝酸钠标准溶液体积,mL;

　　　V_1——空白试验耗用亚硝酸钠标准溶液体积,mL;

　　　G——试样质量,g。

(2)苯胺含量测定　将样品溶于水并酸化,蒸馏。馏出物加溴化钾,以 0.01 mol/L 亚硝酸钠滴定,用 KI-淀粉试纸确定终点。并在同样条件下做空白试验。亚硝酸钠 1 mmol 相当于苯胺 0.093 g。

【产品用途】　本品可用于防治小麦锈病及其他作物锈病,用原药 250~300 倍液喷雾。也是染料的重要中间体,还用于制造印染助剂、香料及有机合成中。

【安全措施】

(1)生产中使用苯胺、浓硫酸等有毒或腐蚀性物品,设备应密闭,车间保持良好通风状态。操作人员应穿戴劳保用品。

(2)内衬塑料铁桶包装。贮于阴凉、通风、干燥库房,防止受潮变质。

3.37　2-羟基联苯

2-羟基联苯(2-hydroxydiphenyl)又称邻苯基苯酚(o-phenyphenol)2-苯基苯酚(2-biphenylol)。分子式 $C_{12}H_{10}O$,分子量 170.21。结构式为:

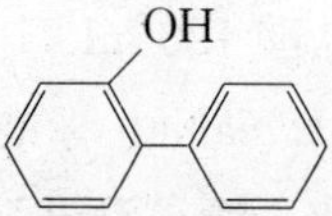

【产品性能】　白色针状结晶或结晶性粉末,有轻微苯酚臭。熔点 55.5~57.5 ℃,沸点 154 ℃(1.87 kPa)。易溶于脂肪、植物油及大部分有机溶剂,几乎不溶于水,溶于碱溶液。大白鼠经口服 LD_{50}2.7~3.0 g/kg。

【生产方法】　一般用磺化法生产苯酚的蒸馏残渣中分离得到。

磺化法生产苯酚的蒸馏渣中约含 40% 的混位(对位和邻位)苯基苯酚,用分馏和在三氯乙烯中溶解度的不同,分离回收 2-羟基联苯。将蒸出苯酚的蒸馏残渣在 53.3~66.7 kPa 的真空度下减压分馏,收集 65~100 ℃馏分,即为混位苯基苯酚。将混位物加热溶解于三氯乙烯中,冷却后先析出对位苯基苯酚。离心过滤后,用碳酸钠溶液洗涤母液,使邻苯基苯酚成为钠盐。静置后取上层钠盐,经酸化后得 2-羟基联苯。

【生产流程】

三氯乙烯

蒸出苯酚后的残渣→ 减压分馏 → 溶解 → 析晶 → 离心 → 中和

硫酸钠

酸化 → 离心 → 干燥 →成品

对羟基联苯

【生产工艺】　碘化法生产苯酚的蒸馏残渣,经真空蒸馏,分离出邻-苯基苯酚和对苯基苯酚混合物馏分段,真空度为 53.3～66.71 kPa,温度在 65～75 ℃开始截取至 100 ℃以上,但不得超过 135 ℃。然后利用邻、对位羟基联苯在三氯乙烯中溶解度的不同,将二者分离为纯净物。将混位物(主要是 2-羟基联苯和 4-羟基联苯)加热溶解于三氯乙烯中,经冷却,先析出 4-羟基联苯结晶,经离心过滤,干燥得到 4-羟基联苯。母液用碳酸钠溶液洗涤,再加稀碱液使 2-羟基联苯转变为 2-苯基苯酚钠盐。静置分层后,取上层 2-羟基联苯钠盐减压脱水,即得钠盐成品。2-羟基联苯钠盐为白色至淡红色粉末。极易溶于水,在水 100 g 中可溶 2%的水溶液 122 g,pH 值为 11.1～12.2。也易溶于丙酮、甲醇,溶于甘油,但不溶于油脂。2-羟基联苯钠盐经用盐酸酸化可制得 2-羟基联苯,经离心分离得 2-羟基联苯成品。

【产品标准】　(日本)

含量(%)	≥97.0
熔点(℃)	55～58
灼烧残渣(%)	≤0.05
对苯基苯酚(%)	≤0.1
重金属(以 Pb 计,%)	≤0.002

【产品用途】　用作水果贮藏期防腐剂、防霉剂。我国

GB2760 规定,用于柑橘保鲜,最大用量为 3.0 g/kg,残留量应＜12 mg/kg。主要采用其钠盐,以 0.3%~2.0% 的水溶液浸渍,喷洒或槽式洗涤。也可采用添加 0.68%~2.0% 量于蜡中,然后涂膜保鲜。

3.38　咪菌腈

咪菌腈化学名称是 α-丁基-α-苯基-1H-咪唑-1-丙腈。分子式 $C_{16}H_{19}N_3$,分子量 253.35。结构式为:

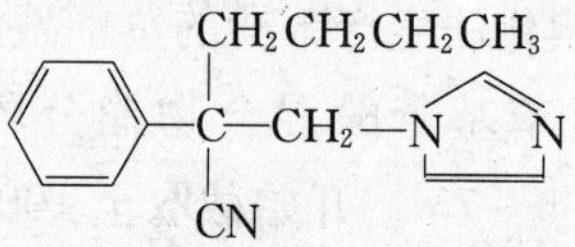

【产品性能】　黏稠的深褐色液体。沸点 200 ℃(93 Pa),蒸汽压(25 ℃)为 0.133 Pa。溶解度:在水中为 1%,在乙二醇中为 25%,在丙酮和二甲苯中均为 50%。在酸性或碱性介质中稳定。其盐酸盐的熔点为 160~162 ℃。咪菌腈是一种新的广谱内吸杀菌剂,系麦角甾醇生物合成抑制剂。对子囊菌、担子菌、半知菌等许多真菌有良好的生物活性。

【生产配方】

苯乙腈	119.2
氢氧化钠(50%)	569
四丁基溴化铵	12.37
二甲亚砜	330.7
氯丁烷	185.2
二氯甲烷	140.5
咪唑	218.2
二甲苯	165.3

【生产方法】　以苯乙腈、氯丁烷、咪唑为原料经烷基化、氯甲基化、缩合而得:

$$\text{C}_6\text{H}_5\text{CH}_2\text{CN} \xrightarrow{\text{C}_4\text{H}_9\text{Cl}} \text{C}_6\text{H}_5\underset{\text{CN}}{\overset{\text{C}_4\text{H}_9}{\text{CH}}} \xrightarrow{\text{CH}_2\text{Cl}_2}$$

$$\text{C}_6\text{H}_5\underset{\text{CN}}{\overset{\text{C}_4\text{H}_9}{\text{C}}}\text{CH}_2\text{Cl} \xrightarrow{\text{咪唑}} \text{C}_6\text{H}_5\underset{\text{CN}}{\overset{\text{C}_4\text{H}_9}{\text{C}}}\text{CH}_2\text{—N} \text{(咪唑)}$$

【生产工艺】

(1)α-正丁基苯乙腈的制备　将含量为 98% 苯乙腈 119.2 g,氯丁烷 185.2 g,四丁基溴化铵 1.61 g,在不断搅拌下慢慢地加入 50% 氢氧化钠溶液 160 g 中。反应液由浅黄色逐渐变为棕红色,因反应放热,1 h 内温度由 25 ℃升至 88 ℃,并开始回流,然后慢慢降温至 65 ℃继续反应 4~5 h。加水 300 mL,静置分层,分出有机层,减压蒸馏,收集 70 ℃(2×133.3 Pa)馏分,即为 α-正丁基苯乙腈($\text{C}_{12}\text{H}_{15}\text{N}$)。

(2)1-氯-2-氰基-2-苯基己烷的制备　将 α-正丁基苯乙腈(含量 98%)91 g,二氯甲烷 85 g,四丁基溴化铵 5~6 g,在氮气保护下,均匀搅拌,慢慢地加入 50% 氢氧化钠溶液 160 g。反应放热,温度升至 65 ℃,回流 4~5 h。冷却后加水 300 mL,静置分层,分出有机层,减压蒸馏即得 1-氯-2-氰基-2-苯基乙烷。

(3)咪菌腈的制备　在反应器中加入咪唑 132 g,二甲基亚砜 200 g,及 50% 氢氧化钠溶液 87.6 g,搅拌加热,待温度升至 85 ℃时,减压蒸馏出前馏分。当料温达 120 ℃时,部分水和低沸物被蒸出来。继续升温至 135 ℃时,逐渐将 1-氯-2-氰基-2-苯基乙烷 109 g 加入,于 135 ℃反应 8 h,减压蒸出前馏分,加水 150 mL,通氮气保护,加二甲苯 100 g,静置分层。分出有机层,减压脱溶而得到褐色液体,再经处理后得白色固体,含量 95%~99%。加工成 25% 乳油使用。

【产品用途】　用作禾谷类和园艺作物的多种真菌病害,具有内吸杀菌活性,对小麦叶锈病、锈秆病、蚕豆灰毒病、花生褐斑病、棉花枯萎病和立枯病等均有较好的防效。还用作拌和剂。

3.39　树干杀菌剂

果树、油桐等树枝树干容易发生子囊菌引起的溃烂病,本剂喷涂于树干,可以起到有效的防治作用。

【生产配方】

菜油	500
柴油	100
钛白粉	200
N-甲氨基甲酸萘酯	10

【生产方法】　将各组分混合均匀,加入喷射剂即得产品。

【使用方法】　使用喷雾器喷洒于树干或用刷子涂布于树干。

3.40　植物煎汁杀菌剂

【产品性能】　该杀菌剂由植物煎汁组成,可防治稻瘟病和其他作菌病害。

【生产配方】

山乌桕(或苦楝)	1.0
黄桐木	1.0
鸭脚木(或樟树叶)	1.0
岗松针(或松针)	1.0
水	8.0

【生产工艺】

将各原料切碎,用水熬沸至叶色变黄,过滤得到植物煎汁杀菌剂。

【产品用途】　用于防治稻瘟病,每亩使用原药 0.9 kg,每千克用 5 kg 水对稀。

3.41　水稻综合杀菌剂

【产品性能】　本剂是以春雷霉素和克瘟散为有效成分混配而成的多效杀菌剂,对多种水稻病害具有显著的防治效果。

【生产配方】

克瘟散(40%乳油)	40.0
春雷霉素盐酸盐(2 000 IU)	3.0
白炭黑	30.0
木质素磺酸	6.0
十二烷基硫酸钠	10.0
黏土	111.0

【生产工艺】　将各物料充分混合均匀,粉碎得水稻综合杀菌剂。

【产品用途】　用于防治稻瘟病、稻穗枯病、叶枯病、纹枯病等,具有综合防治效果。也用于防治谷子瘟病、玉米叶斑病、麦类赤霉病。使用时用水稀释至春雷霉素浓度为 0.001%～0.001 5%。

3.42　可湿性杀菌粉剂

【产品性能】　该剂由杀菌剂、润湿剂、分散剂、填料等助剂组成,其杀菌谱由配方中的杀菌剂决定。

【生产配方】

配方一

福美甲胂	13.0
福美锌	13.0
多硫化物(总硫)	23.5
皂角粉	6.0
拉开粉	3.0
陶土加至	100.0

该配方为 50％退菌特可湿性粉剂。

配方二

拌种灵	15.0
福美锌	15.0
润湿分散剂	5～6
增稠剂	0.5～4.0
防冻剂	5
消泡剂	适量

该配方为拌福可湿粉。可以 1∶1 比例加水配制成 30％胶悬剂。主要用于防治橡胶炭疽病。

3.43　多效灭腐灵

【产品性能】　该品为复配型粉剂,对果树菌害具有良好的防治效果。

【生产配方】

硫酸锌	5.0
硼砂	5.0
赤霉素	0.08～0.11
细胞分裂素	0.03～0.06
平平加	4.0～5.0
可湿性福美砷(40％)	40.0～50.0

【生产工艺】　将硫酸锌、硼砂粉碎后,与其余物料混合均匀得到多效灭腐灵。

【产品用途】　可用于根治果树腐烂病疤,还可防治果树干腐病、炭疽病、心腐病和白粉病。

使用时,用 50 倍水稀释,喷涂果树。也可用 3 年 1 次的果园整体喷涂除菌。

3.44 杀菌防霉剂

【产品性能】 该剂由双组分组成,使用前混合喷雾,对霉病有良好防效。

【生产配方】

A 组分

次氯酸钠	10.0
氢氯化钠(98%)	1.0
水	89.0

B 组分

α-烯烃磺酸钠	5.0
聚乙烯醇	1.0
水	93.5
亮蓝	0.5

【生产工艺】 将次氯酸钠、氢氧化钠溶于水得 A 组分。将α-烯烃磺酸钠、聚乙烯醇、亮蓝溶于水中,分散均匀得 B 组分。A组分、B组分分别包装。

【产品用途】 将 A 组分、B 组分分别置于两层板机型喷雾器的两层中,喷雾前混合。用于植物霉病的防治。

3.45 松酚杀菌剂

【产品性能】 该杀菌剂由五氯酚钡、松香、枞酸钠等组成,可用于防治农业菌害以及防霉杀菌。

【生产配方】

五氯酚钡	2.0
松香	6.0
枞酸钠	2.0
消石灰($Ca(OH)_2$)	190.0

【生产工艺】 将粉状五氯酚钡、松香和枞酸钠混合加热至100~120 ℃,混匀,冷却、粉碎后再与消石灰混合均匀得到松酚杀菌剂。

【产品用途】 用于防治农作物病菌害。

3.46 杀菌乳油

【产品性能】 杀菌乳油由杀菌剂、乳化剂和溶剂组成。

【生产配方】

配方一

稻瘟净(90%)	55.6
乳化剂	13.0
苯	31.4

该配方中乳化剂由油酸聚氧乙基酯与十二烷基苯磺酸钙组成。将各物料混合均匀制得30%稻瘟净乳油。

配方二

稻瘟净(71.07%)	40.0
657型农乳(L∶H=7∶3)	5.0
二甲苯	26.0

该配方为40%稻瘟净乳油。用于防治稻瘟病,每亩(666.7 m²)使用40%乳油100~125 g对水50 kg;用于防治稻飞虱、叶蝉,每亩(666.7 m²)使用40%乳油100 g,加50%马拉硫磷乳油75 g,对水300~400 kg。

配方三

托布津(91%)	11.0
乳化剂	13.5
甲苯	75.5

该配方为10%托布津乳油,可用于防治水稻稻瘟病、纹枯病、麦类赤霉病、油菜菌核病和果树病害。

3.47　种子杀菌剂

【产品性能】　本品由 2-溴-2-溴甲基戊二腈和双(二甲基硫代氨基甲酰)二硫化物组成,对水稻种子恶苗病菌具有显著防治效果。

【生产配方】

2-溴-2-溴甲基戊二腈	20.0
双(二甲基硫代氨基甲酰)二硫化物	20.0
水	60.0

【生产工艺】　将 2 种物料分散于水中即得种子杀菌剂。

【产品用途】　用于防治水稻恶苗病菌。

3.48　土壤消毒剂

【产品性能】　该剂由含有杀菌剂、杀虫剂和除草剂组成,能消除栖息和生存于土壤中的病虫害、菌类和杂草。

【生产配方】

配方一	
氯化苦	35.0
溴甲烷	15.0
聚甲基丙烯酸甲酯	12.0
煤油	38.0
配方二	
溴甲烷	45.0
氯化苦	105.0
聚甲基丙烯酸甲酯	12.0
煤油	138.0
配方三	
氯化苦	8.0
二氯丙烯	2.0
聚甲基丙烯酸甲酯	1.0

二甲苯　　　　　　　　　　　　　　　　　9.0

【生产工艺】　将各物料溶于煤油或二甲苯中,搅拌均匀得土壤消毒剂。

【产品用途】　适用于农业园艺作物、珍贵药材栽培土壤和连作作物栽培土壤消毒。

3.49　溴

溴的分子式:Br_2,分子量 159.82。

【产品性能】

为暗红色发烟液体。熔点-7.2 ℃,沸点 58.78 ℃,相对密度 3.119,在低温时(-20 ℃)为红色针状结晶体,由于溴有高的蒸汽压力,所以在常温时蒸发极快,其蒸汽呈红棕色,有窒息性刺激味,剧毒! 能强烈地灼伤皮肤,剧烈刺激人体的呼吸组织,灼伤黏膜。溶于水,水溶液称为溴水,20 ℃时每 100 mL 水可溶解 358 g 溴,易溶于乙醇、乙醚、氯仿及二硫化碳等溶液,也溶于盐酸、氢溴酸和溴化钾溶液,化学性质特别活泼。

【生产方法】

(1)蒸汽蒸馏法　反应式

$$MgBr_2 + Cl_2 \rightarrow Br_2 + MgCl_2$$

【生产流程】

含溴卤 → 预热 → 氧化蒸馏 → 冷凝 → 分离 → 精馏 → 溴

氯气,蒸汽（氧化蒸馏）

溴水（分离） 蒸汽（精馏）

【生产配方】　(kg/t)

原料名称	蒸汽蒸馏法	空气吹出法
液氯(Cl_2 99.5%)	550	1 273
苦卤料液(Br_2 7~13 g/L,m³)	130 000	—

纯碱($NaCO_3$,98%)	—	1 471
硫酸(H_2SO_4,98.5%)	—	4 062
海水($Br_2$55～65 mg/kg,m^3)	—	200～2 300
电力(°)	550	—
煤	6 500	—

【生产工艺】　(1)日蒸汽蒸馏法　将含溴苦卤料液以泵打入高位槽内,再流进预热器,预热到65～75 ℃。预热过的浓苦卤料液由溴反应塔顶部喷下,由塔底通入蒸汽和氯气进行逆流置换反应。进塔卤水流量大小,与塔的构造、进塔蒸汽量和氯气量有关。如塔的构造固定,则卤水流量加大时,进塔蒸汽量及氯气量亦须相应加大。通常采用填料塔,塔是用花岗岩制成的圆筒状塔节垒砌而成,塔高与塔径有关,一般为13～17节,每节高约0.46～0.8 m,塔内径为0.6～1.0 m。塔内乱堆瓷环,每二节或三节装一块筛板,起收缩卤水的作用,防止塔内卤水倒流至塔顶部装有泡罩的分料板,使卤水能均匀地淋在瓷环上。一般从塔底上数第一节进蒸汽,第三节进氯气,最上部一节出溴。废液由塔底经液封管流出。理论上讲,每制取溴1 kg需耗氯气0.44 kg,但在实际生产中,用氯量稍多,配氯率一般为理论量的110%～115%。配氯率高低与溴的产量、质量和消耗定额的关系极为密切。如氯气量通入不足,则溴的氧化不完全,收率降低;如配氯率过高,则不仅造成排空尾气中含氯量增多,增加氯的消耗,而且会降低溴的质量。因此,必须选择适当的配氯率。氯化置换出来的溴溶解于浓厚卤中,当用蒸汽加热含溴浓厚卤时,溴被气化,随着水蒸气一同从塔上部出溴口排出。废卤水则从塔底排出。蒸馏过程中,掌握出溴口温度是个关键。出溴口温度要根据塔的结构、卤水质量及处理卤水量等条件来确定。一般控制废液温度在115～120 ℃。出溴口温度可达80～90 ℃,温度过高,则出溴口排出大量水蒸气,溴水增加;温度过低,则溴不能完全蒸出、收率降低,出塔溴蒸气与水蒸气

混在一起。通过蛇形管冷凝后成为液溴和溴水。冷却水温度对溴的收率和质量有一定的影响,以控制在 20～30 ℃为宜,冷凝后的液溴和溴水的比重相差很大,在分离器中自动分离。下层为液溴,从分离器下口排出,因含杂质较多,称为粗溴;上层为溴水,从分离器中部排出。返回溴反应塔。出溴反应塔的未凝气体中,含有部分过剩的氯气和未冷凝的溴气,由分离器顶部排出,进入回收塔,用浓厚卤回收。回收溴后的浓厚卤与预热卤一起进入溴反应塔,重新提溴。不凝的尾气从回收塔顶部排空。在粗溴中含有杂质氯,需要进入精制。精制在精馏塔中进行。精馏塔用耐酸陶瓷制成,塔底为加热釜,塔顶温度一般控制在 50 ℃左右。粗溴从塔上部进入塔内,容易挥发的氯上升由塔顶逸出,溴则下流到塔底排出。从精馏塔顶部出来的混合气体,进入冷凝器,溴气经过冷凝,仍回流到精馏塔中,而杂质氯则从冷凝器上方排出,进入回收塔,从塔底排出的溴,经冷却后,流入贮溴缸贮存,然后包装。

(2)空气吹出法

【生产方法】

化学反应式

$$MgBr_2 + Cl_2 \rightarrow MgCl_2 + Br_2$$

$$3Br_2 + 6NaOH \rightarrow 5NaBr + NaBrO_3 + 3H_2O$$

$$5NaBr + NaBrO_3 + 3H_2SO_4 \rightarrow 3Br_2 + 3Na_2SO_4 + 3H_2O$$

【生产流程】

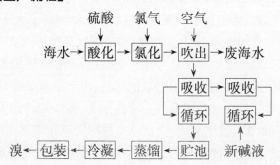

【生产工艺】　将除去悬浮物的海水,用转子流量计计量,加入工业硫酸,调至 pH 值 3～3.5,与氯气一并送入溴游离塔,在塔中进行氧化反应。海水酸化的目的是为了防止氯与溴的水解作用。配氯率为 160%,此时氧化电位＋970 mV 左右(饱和甘汞电极),氧化率可达 95%。溴被游离后,进入吹出塔,用空气吹出。在喷淋密度为 35 m³/(m²·h)、气液化为 50：1 时,吹出率可达 95%以上。温度对氧化海水的溴的蒸汽分压有很大影响,从而影响气液化吹出率的关系,温度高时,气液比较低,对吹出有利。在冬季生产时,应考虑海水的温度,北方沿海最好使用温海水。从吹出塔中吹出的含溴空气进入吸收塔,用纯碱溶液吸收,生成溴化钠和溴酸钠。为使吸收完全,可用两个塔串联吸收。吸收液碱度不同,吸收率也不同。吸收率随吸收液游离碱度降低而降低。吸收液含溴量增加,吸收率随之降低,当第一吸收塔碱液的游离碱度＜0.15 M 时,即打入高位槽,再经回收塔流入分解槽,加硫酸酸化,调至 pH 值为 2 左右,使溴化钠和溴酸钠游离出溴。游离出的溴在蒸馏塔中用蒸汽蒸出,通过冷凝流入溴水分离器,出溴口温度控制在80 ℃,冷却水温度为 24～27 ℃,分离器中的溴气进入回收塔,为吸收液中的游离碱所回收。分离器中的溴水则引入蒸馏塔中重新蒸馏,分出的溴即为成品。

【产品标准】

色泽	赤褐色液体
气味	有刺激性恶臭味
溴含量(%)	95.00
氯含量(%)	3.00

【质量检验】

(1)定性检验

①应用试剂　品红试纸:量取 0.5%品红溶液 100 mL,加亚硫酸氢钠至红色消失为止,再加浓盐度 10 mL,同时取滤纸条在该

溶液内浸润后即得。

②测定操作

外观应为赤褐色液体。

溴遇品红试纸呈红色。

(2)含量测定

①原理:样品加过量的碘化钾,能析出定量的碘,用硫代硫酸钠标准溶液滴定。

②试剂:碘化钾,淀粉指示剂(0.5%溶液);品红试纸;硫代硫酸钠(0.05 mol/L 标准溶液)。

③操作:用玻璃管吹得中间突出、两端拉成毛细管的取样器。先在干燥器中放置 0.5 h,取出称重,然后小心用手持着取样管的长端毛细管,将取样管插入溴样瓶中,则溴经毛细管导入,导入溴量约 0.2~0.35 g 时立即取出,仔细用小火先封短端,再封长端,封好后置于玻璃表面皿上约 10 min,以品红试纸检查到无红色反应,证明取样管外壁上的附着的溴已逸尽,将取样管放入干燥器内 0.5 h,称重。然后置于带磨口塞的 500 mL 锥形瓶内,注入水60~70 mL,10%碘化钾溶液 30 mL,放入约 10 个玻璃珠,塞紧瓶塞,强烈振摇使取样管破碎,待溴与碘化钾溶液充分反应,开启瓶塞,以水冲瓶塞和瓶壁,再加水稀释至 100~150 mL,用 0.05 mol/L 硫代硫酸钠标准溶液滴定至浅黄色,加 5 mL 淀粉指示剂,继续滴定至蓝色消失为止。

④计算:

$$含量(\%)=(1.598Vc/G)-2.2538\,m$$

式中　　V——滴定耗用硫代硫酸钠标准溶液体积,mL;

　　　　c——硫代硫酸钠标准溶液的摩尔浓度;

　　　　G——样品质量,g;

　0.079 90——溴的毫克当量,g;

　　　　m——Cl_2 含量(%);

2.253 8——将 Cl_2 换算为 Br_2 的系数。

⑤说明:淀粉指示剂必须在近终点时加入,如加入过早,则大量的碘与淀粉结成蓝色物质,这一部分碘就不容易与硫代硫酸钠标准溶液反应,使滴定的结果产生误差。

【产品用途】 农药工业用于制造杀菌剂、熏蒸剂、杀虫剂及植物生长激素。医药工业用于生产溴化钠、溴化钾和溴化樟脑等镇静剂,及氯霉素、合霉素等抗生素和激素的中间体、含溴药品;石油工业用于制造二溴乙烯、一溴化合物,与四乙基铅混合用作汽油防震剂和航空燃料防震剂,染料工业用于生产还原染料,化学工业用于生产溴盐,有机溴化合物,分析试剂等,感光工业用于制造溴化银,溴化银是照片、电影胶片的主要原料。国防工业用于制造催泪弹、消防工业用作制造高效低毒灭火剂,工业生产中常用作氧化剂、杀菌剂和漂白剂。此外,还用于冶金、食品、鞣革、化纤、香料和净水等方面。

3.50 碘

碘(Iodine)分子式 I_2,分子量 253.81。

【产品性能】 紫黑色鳞晶或片晶,有金属光泽。相对密度4.93,熔点113.5℃,沸点184.35℃。性脆,易升华,蒸气呈紫色。碘对光的吸收带在可见光谱的中间部分,故透射的光只是红色和紫色。碘微溶于水,溶解度随温度升高而增加,不形成水合物;难溶于硫酸,易溶于有机溶剂;在不饱和烃、甲醇、乙醇、乙醚、丙酮、吡啶中呈褐色,在苯、甲苯、二甲苯、溴化乙烷中呈褐红色,在氯仿、石油醚、二硫化碳或四氯化碳中呈美丽的紫色;碘也易溶于氯化物、溴化物及其他盐溶液;更易溶于碘化物溶液,形成多碘离子。水微溶于液碘。液碘是一种良好溶剂,可溶解硫、硒、铵和碱金属碘化物、铝、锡、钛等金属碘化物及许多有机化合物。具有特殊刺激臭。有毒!

【生产方法】　碘的生产方法受原料的影响很大。以海藻为原料,有浸出法、灰化法、干馏法、发酵法。除浸出法外,其他各法多已淘汰。从海藻浸出液提碘,现都用离子交换法。从石油井水、地下卤水提碘,有离子交换法、空气吹出法、活性炭法、沉淀法(铜法和银法)、淀粉法及有机溶剂萃取法。目前工业生产主要采用离子交换法和空气吹出法。

(1)离子交换法　系将料液(如以海藻为原料,需经浸泡,取浸泡液)加酸,通氯氧化,在离子交换柱中吸附,然后解吸,碘析,精制即得成品碘。

$$2I^- + Cl_2 \xrightarrow{H^+} I_2 + Cl^-$$

(2)空气吹出法　系将料液酸化,通入氯气,使碘盐氧化游离,同时吹入空气。将游离碘吹出。吹出的碘以二氧化硫吸收,然后通氯使碘游离,再经精制而得。

粗碘的精制有升华法、熔融法和蒸汽蒸馏法。升华法是将粗碘加热,在不高于 113.6 ℃下,使碘蒸气冷凝,即得较大颗粒结晶碘;蒸汽蒸馏法是以过热水蒸气通过粗碘层,使碘升华,冷凝收集于 50 ℃以下的水中,然后冷却结晶,过滤而得纯碘;熔融法是将粗碘在浓硫酸中熔融,冷却结晶,即得精碘。此法耗酸较多,但简单易行。

【生产流程】

(1)离子交换法

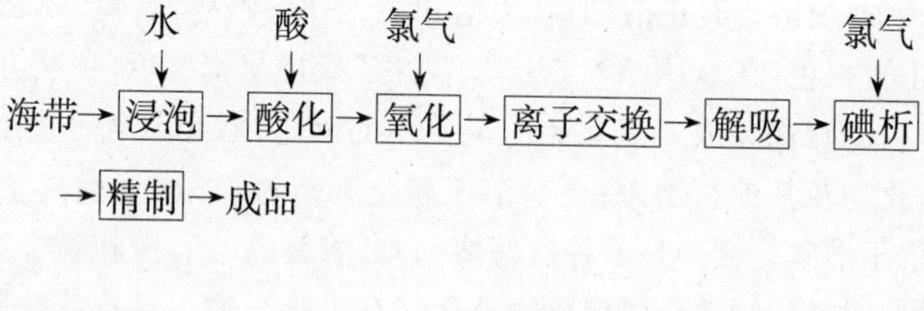

海带 → 浸泡 → 酸化 → 氧化 → 离子交换 → 解吸 → 碘析
（水）（酸）（氯气）　　　　　　　　　　（氯气）
→ 精制 → 成品

(2)空气吹出法

盐酸　　　氯气　　　空气　　二氧化硫　氯气
　↓　　　　↓　　　　↓　　　　↓　　　↓
合碘料液→ 酸化 → 氧化 → 吹出碘 → 吸收 → 碘析 → 抽滤

→ 精制 →成品

【主要原料】

(1)离子交换法

海带	311 000
液氯(99%)	1 020
焦亚硫酸钠(≥61%)	700
亚硝酸钠	240
硫酸(98%)	16 000
氯酸钾	170

(2)空气吹出法

含碘料液(制盐母液)	3 680
液氯(≥99%)	2 250
二氧化硫(SO_2,99%)	640
硫酸	22 070

【生产工艺】

(1)离子交换法　将海带加 13～15 倍量的水浸泡,一遍浸泡水含碘量在 0.3 g/L 以上,如浸泡 2 遍,则可达 0.5～0.55 g/L 左右。浸泡水由于含有大量褐藻糖胶和其他杂质,影响联产品甘露醇的提取,故需加碱除去。碱液浓度为 36%～40%。加碱后充分搅拌,使 pH 值为 12,澄清 8 h 以上。上部清液用泵打入酸化槽,加酸酸化,控制 pH 值在 1.5～2。沉渣再次加温澄清后,上部清液仍泵入酸化槽内,废渣可加酸及氧化剂氧化,通入专柱吸附提碘。上清液酸化后,送入氧化罐,通入氯气或次氯酸钠,氧化使碘游离。氯酸钠处理液经酸化后,加氧化剂,使所含碘沉淀后回收,通过交换柱的废碘水则用以提取甘露醇。

(2)空气吹出法　在含碘料液中加盐酸酸化,控制 pH 值在 1～2。然后送入预热器,预热至 40 ℃左右,再通过高位槽进入氧化器,同时通入适量氯气,使料液中的碘离子氧化为碘分子。当氧化电位达到 520～530 mV(饱和甘汞电极)时,氧化率为 95％。将此氧化液送入吹出塔,从上部均匀淋下,从吹出塔下部鼓入已预热至 40 ℃的空气,将碘吹出,含碘空气自下部进入填充式吸收塔,空气中的碘被由塔上部喷淋下来的二氧化硫水溶液吸收,并被还原,生成氢碘酸溶液(吸收液)。

吸收液用泵打入吸收塔内,循环吸收多次,以提高所含碘化氢的浓度。当吸收液浓度达到 20°Bé(含碘约 150 g/L)时,即送入碘析器。在不断搅动下,徐徐通入氯气,使碘游离沉淀。

再经过滤器用真空泵抽滤,所得粗碘加浓硫酸熔融精制,冷却结晶,即得成品碘。粉碎后,分装于棕色玻璃瓶中,或装入内衬塑料袋的木桶中,密封入库。

【产品标准】　(药用级,％)

碘(I_2)	≥99.5
氯化物及溴化物(Cl^-)	≤0.028
不挥发物	≤0.08
硫酸盐(SO_4^{2-})	≤0.04
有机物	无

【产品用途】　在农业上,碘是制农药的原料,也是家畜饲料添加剂。

用作照相感光乳剂,也用于制造电子仪器的单晶棱镜、光学仪器的偏光镜、通透过红外线的玻璃。

碘是制造无机和有机碘化物的基本原料,主要用于医药卫生方面,用以制造各种碘制剂、杀菌剂、消毒剂、脱臭剂、镇痛剂、放射性物质的解毒剂;碘化物也被用作饮水净化剂、游泳池消毒剂。在工业上,用于生产合成染料、烟雾灭火剂、切削油乳剂的抑菌剂。

3.51 硫磺

硫磺(Sulfur)有 χ-硫(斜方硫)、β-硫(单斜硫)和 γ-硫(无定形硫)。分子式 S_8,相对分子质量 256.512。

【产品性能】 黄色或浅黄色无定形或结晶性粉末或块状固体。有结晶形和无定形两种,结晶形硫磺主要有 α-硫和 β-硫两种同素异构体。α-硫(斜方硫)的熔点 112.8 ℃,相对密度 2.07(20 ℃),折射率 1.957;β-硫(单斜硫)的熔点 119.25 ℃,相对密度 1.96(20 ℃),折射率 2.038;γ-硫(无定形硫)的熔点约 120 ℃,相对密度 1.92。沸点均为 444.6 ℃,燃点 363 ℃。不溶于水,易溶于二硫化碳、四氯化碳和苯,稍溶于乙醇和乙醚。无定形硫主要是弹性硫,是将熔融硫迅速注入冷水中而得,不稳定,很快转变为 α-硫。在 95.6 ℃下稳定的是 α-硫,95.6 ℃以上稳定的是 β-硫。工业上使用较多的是硫磺粉和不溶性硫磺(insoluble sulfur)。硫磺燃烧时生成二氧化硫,可与大多数金属反应生成硫化物。

【生产方法】

(1)还原法 硫铁矿沸腾焙烧产生二氧化硫气体与鼓风混合,在还原炉中加入白煤(或通入半水煤气)进行还原,再经转化器、冷凝器、泡罩塔放空。液态硫由冷凝器、泡罩塔放出。

主要反应如下:

$$4FeS_2 + 11O_2 = 2Fe_2O_3 + 8SO_2$$
$$3FeS_2 + 8O_2 = Fe_3O_4 + 6SO_2$$
$$2SO_2 + 2C = 2CO_2 + S_2$$
$$4CO + 2SO_2 = 4CO_2 + S_2$$

(2)高炉法 将硫铁矿与煤、碳石灰石及石英混合后加入高炉,经焙烧、熔融、冷却、结晶制成的硫磺块,或在沸腾炉中硫铁矿

通过白煤、煤粉或煤气还原得到硫磺块。将硫磺块在 150～160 ℃
下熔化,并经过去渣、除酸后,冷却、粉碎,即得硫磺粉。高炉中的
化学反应:

$$7FeS_2 \rightarrow FeS_8 + 3S_2$$

$$2H_2O + \frac{3}{2}S_2 \rightarrow 2H_2S + SO_2$$

$$SO_2 + C \rightarrow CO_2 + \frac{1}{2}S_2$$

$$CO_2 + C \rightarrow 2CO$$

$$2CO + SO_2 \rightarrow 2CO_2 + \frac{1}{2}S_2$$

$$CaCO_3 \rightarrow CaO + CO_2$$

$$2FeS_2 + 3O_2 + SiO_2 \rightarrow (FeO)_2 \cdot SiO_2 + 2SO_2$$

$$CaO + SiO_2 \rightarrow CaO \cdot SiO_2$$

$$FeS + H_2O \rightarrow FeO + H_2S$$

　　另外,还有半磁化焙烧高浓度二氧化硫还原法、天然气法等。
这里介绍第一种方法。

【生产流程】

黄铁矿→ 粉碎 → 焙烧 →空气→ 气体除尘 →白煤→ 还原 → 转化 → 冷凝 →

硫雾捕集 → 硫磺块 → 熔化精制 → 冷却 → 粉碎 →成品

【主要设备】

沸腾炉——三级扩大圆柱形硅钢焙烧炉(内衬耐火砖,耐火砖
与壳体之间用石棉粉作隔热层)。

管式电除尘器——由 24 根管子,2 个灰头和 4 个集气箱组
成,前后 2 个电场,每个电场又分 2 组,2 并 2 串。

转化器——为 2 台平底普通硅钢制的圆柱形设备。

硫磺冷凝器——圆柱形列管式硅钢设备。

其他设备:鼓风机、炉气冷却器、旋风除尘器、还原炉、热交换

器、泡罩雾硫捕集器等。

【生产工艺】

工艺一

黄铁矿(也称硫铁矿)先用破碎机破碎,再粉碎成精矿粉,经螺旋加料器加入沸腾焙烧炉,与鼓入的空气混合燃烧,控制温度在950 ℃左右,炉气出口温度为750 ℃,沸腾层的风速1.5~2.0 m/s。炉气中的二氧化硫浓度以11%~14%为宜。炉气从焙烧炉进入除尘器除去炉气中的矿尘,先经两级旋风除尘,再经串联的两个列管式除尘,进入电除尘器的气体温度在340~380 ℃,出管口温度约200 ℃。再与被加热的空气混合,进入还原炉中的混合气体含SO_2为8%~12%,与加入的白煤(或通入的半水煤气)进行还原反应,再经转化器、冷凝器、泡罩塔后放空。液态硫由冷凝器、泡罩塔放出,经过滤、冷凝即得硫磺块。废气排空。

将硫磺块投入熔融精制锅中,于150~160 ℃下熔化,待硫磺或天然硫磺矿熔融,继续升温,接近沸腾时,硫磺大量升华。升华的硫磺气导入一系列的密闭室内,迅速冷却至90 ℃以下,凝成细粉状的硫磺。待锅内的硫磺升华近于完全时,将残留的褐色黏稠液体趁热放出,同时将制得的升华硫磺粉迅速出料,即得硫磺粉成品。

说明:

(1)每1 000 kg硫磺约消耗3 600 kg硫铁矿。

(2)不溶性硫磺制法　将硫磺粉加热至沸腾,倾于冷水中急冷,生成透明的无定形弹性硫磺,即为不溶性硫磺。也可将过热硫磺蒸气用惰性气体稀释,喷在冷水雾中冷却至90 ℃以下制得,或将硫磺块溶于氯中立即喷雾干燥,制得不溶性硫磺。

(3)胶体硫制法　胶体硫又称高分散性硫磺,平均粒径为1~3 μm,沉降速度慢。分散均匀。

通常将硫磺粉与分散剂一起投入球磨机中或者胶体磨中,进行研磨。一直磨至平均径达到要求后,成为硫磺的糊状即为胶体硫。

工艺二

(1)把黄铁矿先用破碎机破碎,再粉碎成精矿粉。

(2)将精矿粉用气流干燥,使水分减少到10%以下,由人工或螺旋加料器加到沸腾炉中。

(3)在沸腾炉下面用鼓风机鼓入空气,把物料吹起悬浮燃烧,呈沸腾状进行焙烧,焙烧温度约为950 ℃,燃烧的炉气含SO_2约10%~14%。

(4)将炉渣从炉下部出渣口排出,炉气从炉顶经管道送到冷却器进行冷却除尘,再经第一和第二两级旋风除尘;然后再进入串联的2个列管式电除尘器进一步除尘,进入电除尘器的气体温度在340~380 ℃,含尘粒约为10~30 g/m²,出管的温度约200 ℃,含尘粒为20~70 mg/m²。

(5)然后与用鼓风机送来的加热后的热空气混合,从还原炉底进入还原炉。进入还原炉的混合气体含SO_2为8%~10%,通过炉中炽热的煤层被还原成元素硫(蒸汽)。

(6)从还原炉出来的炉气中除硫蒸气外,还有燃烧生成的CO、残余SO_2等气体,一同输入到第一转化器,经过热交换器,再进入第二转化器,在这里,各种含硫气体均转化成单质硫;转化后的含硫炉气进入冷凝,再由硫雾捕集器收集即得成品,废气排空。

【产品标准】

指标名称	一级品	二级品	三级品
硫(S,%)	≥99.5	≥99.5	≥98.5
灰分(%)	≤0.04	≤0.20	≤0.40
酸度(H_2SO_4,%)	≤0.005	≤0.01	≤0.03
砷(As,%)	≤0.001	≤0.02	≤0.05
铁(Fe,%)	≤0.003	≤0.005	不规定

有机物(%)	≤0.05	≤0.30	≤0.80
水分(%)	≤0.10	≤0.50	≤1.00
100目筛余物(%)	无	无	不规定
200目筛余物(%)	≤0.5	≤1.0	不规定
机械杂质(%)	不允许	不允许	不允许

【产品用途】　硫磺是农业、轻工业、重工业和国防工业重要原料之一。农药、医药、橡胶、化学纤维、炸药、火柴、硫酸、制糖以及其他多种化工产品都需要硫磺。

硫磺粉是橡胶的最主要的硫化剂。它在胶料中的溶解度随胶种而异。室温下较易溶于天然胶、丁苯胶,较难溶于有规律构丁二烯橡交和丁腈橡胶。使用不溶性硫可避免胶料喷硫,也不易使胶料产生早期硫化,并使胶料保持较好的黏性,不溶性硫常用作特殊橡胶制品的硫化剂。某些促进剂如促进剂 M 的配用,会增加喷硫现象。为防止未硫化橡胶的喷硫,硫磺宜在低温下混入。在加硫磺之前加入软化剂,掺入再生胶、炭黑及硒代替部分硫磺,均能减少喷硫现象。采用不溶性硫也是消除喷的主要方法。胶体硫可用作乳胶制品的硫化剂。在软质橡胶中,一般用量为 0.2%～0.5%,硬质胶中用量可达 25%～40%,硫磺还用于生产硫酸、亚硫酸、硫化物、二硫化物、二硫化碳、黑色火药、杀虫剂、药物等。

3.52　二氧化氯

二氧化氯(Chlorine Dioxide)。分子式 ClO_2,分子量 67.45。

【产品性能】　常温下为黄绿色或红黄色气体,有类似 Cl_2 和 O_3 的窒息性刺激臭味。温度在 10 ℃以下时,转变成液体,呈红褐色,温度＜－59 ℃时呈固态,橙红色,有水合结晶时($ClO_2 \cdot 8H_2O \pm 1H_2O$)呈黄色。常压下气体密度为 3.09 g/L,液体密度 1.64 kg/L,沸点 11 ℃,熔点－59 ℃。溶于水和有机溶剂四氯化碳、冰乙酸中。其水溶液不稳定,逐渐分解成 Cl_2 而逸出溶液外。

二氧化氯受热或杂有有机物等能促进氧化作用的物质时,容易引起爆炸。受阳光照射,遇高温物体、电火花等都可以产生爆炸。气体二氧化氯用空气冲稀到 10% 以下的浓度,液体水溶液浓度 6～10 g/L 以下较为安全。二氧化氯气体有毒,对呼吸系统、眼、中枢神经系统产生危害作用,刺激性比氯气大,但没有光气那样产生组织变性作用。二氧化氯的腐蚀性很强,对大部分金属均能腐蚀,耐二氧化氯的材料有含钼合金钢,玻璃,铅,陶瓷,聚四氟乙烯塑料,钛材。

【生产方法】　二氧化氯的生产方法有多种:

(1)甲醇法制二氧化氯　将氯酸钠溶液用硫酸酸化,再加入甲醇作还原剂,制得二氧化氯。

$$6NaClO_3+CH_3OH+6H_2SO_4 \rightarrow 6ClO_2+CO_2+5H_2O+6NaHSO_4$$

(2)硫酸-氯化钠法制二氧化氯　氯酸钠与硫酸作用得氯酸,氯化钠与硫酸作用得盐酸,盐酸作还原剂与氯酸作用制得二氧化氯。

$$2NaClO_3+2NaCl+2H_2SO_4 \rightarrow 2ClO_2+Cl_2+2Na_2SO_4+2H_2O$$

(3)硫酸法制二氧化氯　在硫酸介质中,用二氧化硫还原氯酸钠,制得二氧化氯。

$$2NaClO_3+SO_2+H_2SO_4 \rightarrow 2ClO_2+Na_2SO_4+H_2SO_4$$

(4)单质碳法制二氧化氯　采用单质碳质材料作还原剂,在硫酸存在下与氯酸钠作用制得二氧化氯。

$$4NaClO_3+2H_2SO_4+C \rightarrow 4ClO_2+2Na_2SO_4+CO_2+2H_2O$$

(5)盐酸法制二氧化氯　将盐酸直接与氯酸钠作用制得二氧化氯。

$$NaClO_3+2HCl \rightarrow ClO_2+\frac{1}{2}Cl_2+NaCl+H_2O$$

【生产工艺】

(1)甲醇法制二氧化氯　将浓液为 400～500 g/L 的氯酸钠溶液在铅制热交换器内与 78% 硫酸,25%～35% 甲醇溶液一起预热至 60～65 ℃,然后用钛制离心泵同时以一定速度送进第一个内衬铅或铸石粉涂料的耐腐蚀钢制反应器,在夹套内通热水,控制反应温度为 60 ℃,进行还原反应。经反应后的物料送入第二个换热器预热到 65~70 ℃,再转入第二个反应器,此时混合溶液中含氯酸钠 350 g/L,硫酸 330~350 g/L,与少量甲醇,应补加甲醇后在第二个反应器中继续反应。由第二个反应器出来的溶液经第三个换热器预热到 75~80 ℃后进入第三个反应器。最后,由第三个反应器出来的溶液成分为 NaClO₃ 5%,H₂SO₄ 200~230 g/L,NaHSO₄ 350~370 g/L。溶液回收处理,由于循环几次后 NaHSO₄ 在溶液中的含量可提高到 600 g/L,此时结晶析出,堵塞管道。可加浓硫酸,冷却溶液温度至 0~2 ℃,使 NaHSO₄ 析出,分离出 NaHSO₄ 晶体回收利用。各个反应器内生成的 ClO₂ 气体被用以搅拌的压缩空气稀释到 10%以下的浓度,用真空泵吸入水喷淋吸收塔,使 ClO₂ 与 Cl₂ 分离,制得纯净的二氧化氯。氯酸钠在第一个反应器中有 70%被还原,在第二个反应器中有 20%被还原,第三个反应器中有 10%被还原,总的氯酸钠的利用率为 95%~97%。每制得 1 t 二氧化氯消耗:氯酸钠 1.51 t,硫酸 1.58 t,甲醇 0.16 t。

(2)硫酸-氯化钠法制二氧化氯 将氯酸钠和氯化钠的混合水溶液按配比(NaClO₃/NaCl=1/1.05 摩尔比)送入内衬防腐材料的反应器内,加入 98%硫酸进行还原反应。反应温度控制在 35~55 ℃,温度高反应收率高,但温度太高会发生 ClO₂ 爆炸性分解反应。空气经流量计和调节阀后,通过设置在反应器底部的气体分散板而吹入反应器中将反应生成的 ClO₂ 和 Cl₂ 吹出。气体送入 ClO₂ 吸收塔,同吸收用水对流接触,绝大部分 ClO₂ 和一小部分 Cl₂ 溶于水中,变成二氧化氯水溶液,未溶解的氯气进入下一个氯气吸收塔,用烧碱或石灰乳吸收生成次氯酸钠或漂白液。从 Cl₂ 吸收塔中排出的尾气,用喷射泵抽吸而排入大气。废液中含有硫酸和硫酸钠回收后利用。

反应物料氯酸钠浓度为 3 mol/L,氯化钠浓度为 3.15 mol/L

为最佳浓度,若高于此浓度,溶液接近饱和状态,容易析出结晶,给操作带来困难。反应中硫酸浓度应维持在 5.25 mol/L 左右,酸度过高,在反应液中易生成硫酸钠结晶,酸度过低则反应缓慢。反应结束后产生的废液中还含有很高浓度的硫酸(约 4.5 mol/L),将废液冷却到 0 ℃ 以下,结晶出硫酸钠。滤去硫酸钠,酸液可回收循环再使用。

(3)硫酸法制二氧化氯　将 600 g/L 氯酸钠水溶液与 95% 硫酸连续定量地从液面下送入反应器,经空气稀释后的 5%～8% 二氧化硫气体经气体分布板进入反应器内。反应器有 2 个,反应大部分在第一个反应器内完成,使用 2 个反应器可提高氯酸钠的利用率。第一个反应器内温度为 30～40 ℃,反应完成后氯酸钠含量 20～22 g/L,硫酸浓度 4.5 M,氯化钠含量 5～6 g/L。第二个反应器温度 40～45 ℃,氯酸钠含量 2 g/L,硫酸浓度 4.15 M,氯化钠含量 7 g/L。第一反应器产生的气体送到洗气器中,氯酸钠溶液从洗气器上部进入,除去 ClO_2 气体中所夹带的硫酸、盐酸和未起反应的二氧化硫气体后进入第二个反应器。ClO_2 气体经洗去杂质后送入吸收塔,用冷水吸收,制得 6～8 g/L 的二氧化氯水溶液。从第二个反应器排出的废液则进入气提塔,从气提塔底部送入少量空气以提出溶解在液体中的二氧化氯。提取的二氧化氯气体也送入洗气塔中除去杂质后进入二氧化氯吸收塔。反应废液做回收处理,提取硫酸钠等。

用硫酸法制二氧化氯时,二氧化氯的产率和发生速度与多方面因素有关,需加以控制。在一定浓度范围内,氯酸钠浓度越高,二氧化氯的产率越高。二氧化氯的产率可以用反应器中反应物的 ClO_2/Cl_2(质量比)比值来衡量。此比值越高,二氧化氯的产率也越高。若采用 3 个发生器串联使用,第一个反应器内氯酸钠浓度控制在 80 g/L,第二个反应器内氯酸钠的浓度控制在 30 g/L,第三个反应器控制在 2 g/L,二氧化氯的发生效率可明显提高。

硫酸的浓度对反应速度有明显影响，一般控制各个反应器内硫酸浓度在 4 mol/L 左右，其中水分达 710 g/L。硫酸浓度过高会使反应速度过快，副反应速度也快，致使副产物氯气增多，二氧化氯的产率降低。硫酸浓度过低，又使反应不在最佳酸性介质条件下进行。生产的二氧化氯浓度太低。

在反应过程中二氧化硫的通入量应保持均匀恒定，以保证二氧化氯发生稳定。若要求发生的气体二氧化氯浓度为 15% 时，二氧化硫浓度应控制在 10%～11%。如采用多个串联反应器，二氧化硫气体的分配要成比例。即有 2 个反应器时，主反应器发生二氧化氯占总量 80% 时，则二氧化硫-空气混合气也要有 80% 进入主反应器，而 20% 进入次反应器。直到次反应器排出残液中残余 $NaClO_3$ 过高或过低时，再根据分析结果调整 2 个反应器的进气比。二氧化硫-空气混合气进入反应器，需通过二氧化硫分布器。二氧化硫分布器上打许多小孔，均匀分布，小孔直径大小应保证气体出口速度在 2.1 m/s。

制备二氧化氯时，必须严格控制反应温度，温度太高时，反应激烈，可发生爆炸。反应温度太低时，反应速度下降，反应不完全。因此，反应器有时需用冷水冷却，而有时温度不够还需加温。一般反应温度控制在 38～40 ℃。二氧化氯气体爆炸是在一定条件下产生的。此时二氧化氯分解成氯气和氧气。当二氧化氯浓度＞15% 时，温度＞50 ℃，或原料氯酸钠和硫酸溶液混有机油、铁锈等杂质时，会引起爆炸。硫酸加料时滴到液面上局部发热也会促使二氧化氯爆炸，因此加硫酸的操作应谨慎进行。

(4) 单质碳法制二氧化氯 将浓度为 469 g/L 的氯酸钠溶液由计量槽准确计量后加入设有搅拌器和夹套加热装置的搪瓷反应器，再加入木屑或其他碳素材料(木炭、焦炭、炭黑)等，每千克氯酸钠约加 0.1 kg 木屑。开始反应时加入 65% 硫酸，开动反应器内的搅拌装置，同时通入空气作为补充搅拌，并且冲稀生成的二氧化氯气体至 10％的安全浓度范围。每生产 1 t 二氧化氯需消耗:氯酸钠 1.87 t,硫酸 4.97 t,木屑 0.211 t。反应生成的废液回到反应器配成 65％硫酸循环使用,可使硫酸损耗降低 35％～40％。废液经 3 次回收循环后,废液中含有的硫酸氢钠、硫酸和少量未反应的氯酸钠逐渐增加,可能析出硫酸氢钠结晶,堵塞反应器和管道,应先使之结晶析出除去。最后排出的废液中仍含有硫酸氢钠、硫酸和少量氯酸钠,可送给纤维厂用于煮炼和分解泡沫。

采用碳质材料作制备二氧化氯的还原剂,其价格低,来源广泛,可减少原料成本。单质碳法制二氧化氯副反应较少,反应过程中不产生氯气,制得二氧化氯气体较纯。但反应物中有炭末沉积,增加了处理炭末的手续。

(5)盐酸法制二氧化氯　将浓度为 400 g/L 的氯酸钠溶液在 29 ℃温度下进入串联 6 个反应器中的第一个反应器(反应器是钛制的,有较强的耐腐蚀性),再在同一温度条件下加入 32％的盐酸。反应物料依次从第一个反应器流到第六个反应器,各反应器的温度分别为 20、40、60、80、100、103 ℃,从第一个反应器到最后一个反应器物料温度逐渐升高到沸点,这样可使盐酸和氯酸钠作用充分。从第六个反应器中出来的产物中含有二氧化氯、氯气、空气,在逆流供给蒸汽和空气的情况下进行二氧化氯和氯气的分离。分离塔为填充瓷环的填料塔,气体从下部进入,硫酸从塔上部进入喷淋吸收二氧化氯。未被吸收的氯气和空气从塔上部排出,送往制备盐酸或次氯酸盐的工序。吸收有二氧化氯的酸从第二个填料塔上部进入,从下部用空气吹出较纯的二氧化氯。

反应生成的氯化钠可以回收作为制取氯酸钠的原料盐水。反应生成的氯气可与电解制氯酸钠时生成的氢气一起燃烧制备盐酸,也可用来制备次氯酸钠等其他次氯酸盐。因此,盐酸法生产二氧化氯的副产物能进行综合利用,可使二氧化氯的制造成本降低。但这种方法设备投资费用大,增加了处理盐酸和氯化钠的处理设

备。另外,生产耗电较大,产物气体中氯气约占二氧化氯气体的
50%(体积),必须分离,收率较低。用盐酸法制二氧化氯时反应温
度较高,为多级反应,反应过程不容易控制。为防止产生过多的氯
气,故不必使反应进行到底,不待氯酸钠全部反应完即停止反应,
从而可使二氧化氯的生成率增加。未反应完的氯酸钠和氯化钠回
收后随母液一起再进行电解,循环使用,降低生产成本。

【产品标准】

二氧化氯含量(%)　　　　　　　　　　　　5~8

【产品用途】　水产养殖中用于灭菌、杀病毒,防治病害。也广
泛用作漂白剂,如纸、纸浆、纤维的漂白;牛脂、鱼油等精制、漂白;
淀粉、面粉的漂白及饮用水的消毒杀菌处理。

3.53　多硫化钙

多硫化钙(Lime sulphur. Eau grison)又称石硫合剂(Farm-
rite lime-sulfur solution)。1821年开始用于果树防病,1900年以
后得到广泛应用。

【产品性能】　褐色液体,具有强烈的臭蛋气味,相对密度
1.28(15.5 ℃)。呈碱性反应,遇酸分解。在空气中特别是高温及
日光照射下易被氧化,生成游离的硫磺及硫酸钙。具有杀虫和杀
菌效力。

【生产方法】　多硫化钙的主要成分是五硫化钙,并含有多种
多硫化物和少量硫酸钙及亚硫酸钙。由生石灰、硫磺和水按比例
混合熬煎制得。

【生产配方】

生石灰　　　　　　　　　　　　　　　　　380.0

硫磺(≥98.5%)　　　　　　　　　　　　250

水　　　　　　　　　　　　　　　　　　380

【生产工艺】　将硫磺250 kg与1%过磷酸钙水溶液混合研磨

得硫磺浆料;石灰 380 kg 用水消化研磨,然后将两者混匀,用搪瓷锅熬煎得到 45%晶体石硫合剂。

【产品标准】　45%晶体石硫合剂。

外观	黄色结晶固体
四硫化钙含量(%)	≥45
水不溶物(%)	≤1

【产品用途】　可防治多种病虫害,对锈病、白粉病引起的病害,防治尤其有效。对红蜘蛛、锈壁虱也有较好防治效果。

3.54　多硫化钡

多硫化钡(Barium polysulfide)又称硫钡粉。分子式 BaSx。

【产品性能】　深灰色粉末。可溶于水,水溶液呈黑褐色或棕红色,有很强的恶劣气味。有毒! 能被酸分解。

【生产方法】

(1)重晶石法　重晶石与无烟煤经粉碎于 950～1 100 ℃下还原焙烧,再加硫磺,磨碎即得。

$$BaSO_4 + 2C \rightarrow BaS + 2CO_2$$

$$BaS + 3S \rightarrow BaS \cdot S_3 \text{ 或 } BaS + 4S \rightarrow BaS \cdot S_4$$

(2)简易混合法　将硫化钡熔体与硫磺混合制得。

$$BaS + 3S \rightarrow BaS \cdot S_3 \text{ 或 } BaS + 4S \rightarrow BaS \cdot S_4$$

【生产流程】

　　　　　　无烟煤　　　　硫磺

重晶石→粉碎→焙烧→加硫→成品

【生产配方】

重晶石(含 BaSO₄≥85%)	878.0
无烟煤(还原煤)	510.0
硫磺(≥95%)	270.0

【生产工艺】　重晶石与无烟煤经粉碎后于 $950\sim1\,100$ ℃下还原焙烧,得到的硫化钡熔体应在 24 h 内加工成多硫化钡(因硫化钡暴露在空气中易氧化或吸收二氧化碳)。

将硫化钡熔体 750 kg(含 BaS≥65%)与硫磺粉 250 kg 混合,用颚式破碎机破碎后,再粉碎至一定细度,过筛即得多硫化钡。密封包装。

【产品标准】

硫化钡(BaS,%)	≥40
硫磺(S,%)	≥20.5
细度(100 目,%通过)	100

【产品用途】　用作杀菌剂和杀螨剂,可防治小麦锈病和各种果树病虫害。

3.55　波尔多液

波尔多液(Bordeaux mixture. Ortro-Bordo mixture)又称硫酸铜-石灰混合液。1882 年在法国波尔多市发现能防治葡萄霜霉病,并得到广泛应用。结构式为 $CuSO_4 \cdot xCu(OH)_2 \cdot yCa(OH)_2$。

【产品性能】　波尔多液有效化学成分组成为 $CuSO_4 \cdot xCu(OH)_2 \cdot yCa(OH)_2$,式中 x、y 因配方比不同而异。几乎不溶于水,而呈极小的蓝色粒悬浮在液体中,放置后,悬浮的小颗粒就会沉淀,并产生结晶,变成紫色。对金属有腐蚀作用。

【生产配方】

(1)等量式波尔多液

硫酸铜($CuSO_4 \cdot 5H_2O$)	1.0
生石灰	1.0
水	100.0

(2)倍量式波尔多液

生石灰	1.0

硫酸铜	0.5
水	100.0

（3）半量式波尔多液

硫酸铜	1.0
生石灰	0.5
水	100.0

【生产工艺】 将硫酸铜和生石灰分别用水溶解，然后将硫酸铜溶液加至氢氧化钙悬浮液中，搅拌均匀即得波尔多液。

【产品用途】 用于防治多种大田作物病害和果树、蔬菜病害。如防治水稻霜霉病，用配合比 1∶1∶240（硫酸铜∶生石灰∶水）的药液喷雾；防治棉花角斑病、茎枯病、炭疽病、轮斑病、红腐病用配合比 1∶1∶200 的药液喷雾；防治苹果炭疽病，用配合比 1∶1∶（180～200）的药液。

3.56　硫酸铜

硫酸铜（Copper sulfate）又称胆矾、蓝矾、铜矾。分子式 $CuSO_4 \cdot 5H_2O$，分子量 249.60。1807 年发现其有杀菌作用，1880 年进入工业生产。

【产品性能】 蓝色结晶（$CuSO_4 \cdot 5H_2O$ 纯度为 98%）。含杂质多时呈黄色或绿色（孔雀石）。无臭，对人、畜比较安全，皮肤接触不致中毒，但口服会产生急性中毒。密度 2.286 kg/m^2。在水中溶解度为 31.6 $g/100\ mL$，不溶于乙醇。在干燥空气中慢慢风化，45 ℃失去 2 个结晶水；110 ℃开始失去 4 个结晶水；加热至 258 ℃时变成白色无水硫酸铜粉末，吸潮后还能变成天蓝色五水合硫酸铜。过于潮湿可潮解，但不影响药效。

【生产方法】

（1）氧化铜法　先使铜焙烧氧化成氧化铜，然后将氧化铜溶解于硫酸，制得硫酸铜。

$$2Cu + O_2 \rightarrow 2CuO$$
$$CuO + H_2SO_4 \rightarrow CuSO_4 + H_2O$$

(2)电解液法 所用原料为废电解液,其中含 Cu 50~60 g/L, H_2SO_4 180~200 g/L;另一种原料为铜泥。将铜泥应先回转窑焙烧(控制高温区温度 680~720 ℃),将其中所含油类及可燃物烧去,即得粗铜粉,再经 8~10 目筛筛选,得细铜粉,其组成为 Cu 65%~70%,CuO 20%~30% 及少量 Cu_2O 和其他不溶物。

将铜粉及水解液连续从鼓泡塔顶加入。空气在进塔前先在混合罐中与蒸汽混合,控制混合气体温度(80±2)℃,压力≤0.035 MPa,然后自塔底气室,穿过筛孔鼓入塔内,塔内反应温度为 87~90 ℃。在塔内铜被氧化为氧化铜,进一步与硫酸反应生成硫酸铜。

从鼓泡塔溢流口连续溢出的反应液组成为铜 140~160 g/L;硫酸 100~150 g/L 及少量固体铜。反应物料经过分离器及沉降槽后,反应液中固体铜含量下降至 0.2~0.3 g/L。清液经冷却结晶、离心分离、常温气流干燥后,即为硫酸铜成品。

【生产流程】

废铜片(屑)→煅烧→粒化→浸溶→结晶→干燥→成品

浸溶步骤上方标注:硫酸,空气

【生产配方】

废铜(含 Cu≥95%)	260~315
硫酸(98%)	460

【生产工艺】 将废铜料(屑)投入熔化炉中,加热升温至 1 000 ℃以上使其熔化,用耙将浮在铜液面上的杂质扒除。如铜内含杂质较多,则为便于渣化,应加适量助熔剂。

然后,向沸腾的铜液中加入硫磺(为铜的 1%~1.5%)。通过炉底喷嘴,将铜液注入盛水的粒化槽中造粒。铜滴在水中急骤冷却而凝结,其中所含的二氧化硫会立即猛烈逸出,在铜滴表面开始

"沸腾"而发泡,将铜滴吹成空心而具薄壁的小粒。要求粒化直径5~15 mm、视密度≤2 kg/L。

将空心铜粒放入溶浸塔内,从塔顶喷入浓度为5%的硫酸和16%~17%的硫酸铜母液,同时从塔底经筛孔鼓入空气和蒸汽的混合汽,沿塔上升。使溶液加热至70~80 ℃,铜粒发生氧化和溶解。喷入塔内的混合液密度为1.21~1.26 g/cm³(30 ℃),经8~12 h循环,当密度达到1.36~1.37 g/cm³时,即可出料,制得硫酸铜混合液。

将硫酸铜混合液送入结晶釜内,浓缩结晶。一般控制结晶溶液的酸度不得>15 g硫酸/L。经离心机甩干,分离的母液含硫酸铜16%~17%,送回浸溶塔循环使用。硫酸铜结晶用清水洗涤3次,于100~105 ℃下烘干(约2 h),包装。

【产品标准】 (GB437—80)

外观　　　蓝色或蓝绿色结晶体(呈白绿色粉末仍有效)无杂质

含量($CuSO_4 \cdot 6H_2O$,一级品,%)　　　≥96

水不溶物(%)　　　≤0.2

游离酸(以 H_2SO_4 计,%)　　　≤0.1

【产品用途】 硫酸铜水溶液有强力的杀菌作用。主要用于防治果树、麦类、马铃薯、水稻等作物多种病害。是一种预防性杀菌剂,须在发病前使用。也可用于稻田、池塘除藻。

3.57　氯氧化铜

氯氧化铜(Copper oxychloride)又称碱式氯化铜、壬铜。分子式 $CuCl_2 \cdot xCuO \cdot 4H_2O(x=1,2,3,4\cdots)$。代表性的组成有 $3CuO \cdot CuCl_2 \cdot 4H_2O$(或 $3Cu(OH)_2 \cdot CuCl_2 \cdot H_2O$),$2CuO \cdot CuCl_2 \cdot 4H_2O$。

【产品性能】 是一种组成变化的化合物。$3CuO \cdot CuCl_2 \cdot 4H_2O$是浅绿色粉末,不溶于水和有机溶剂,对阳光、水、空气中的氧气和二氧化碳是稳定的。溶于氨水形成铜的络合物,被酸分解形成能溶于水和酸的化合物。对人体稍具毒性。$2CuO \cdot CuCl_2 \cdot 4H_2O$ 是蓝绿色结晶粉末,加热到 140 ℃失去 3 分子水。不溶于冷水,可溶于酸和氨水中,在沸水中分解。两者对铁、白铁都有强腐蚀性。氯氧化铜早在 19 世纪就用作杀菌剂。

【生产方法】

(1)金属铜法 将铜屑置于氯化铜-氯化钠溶液(或氯化钙、氯化铵溶液)中,通入空气反应得到氯氧化铜。

(2)氯化亚铜法 氯化亚铜溶液于 45～50 ℃下通入空气氧化,控制氧化时间,制得氯氧化铜。

(3)氯化铜法 氯化铜溶液与石灰乳或碳酸钙作用,生成氯氧化铜沉淀。

$$4CuCl_2 + 3Ca(OH)_2 + H_2O \rightarrow 3CuO \cdot CuCl_2 \cdot 4H_2O + 3CaCl_2$$

或 $4CuCl_2 + 3CaCO_3 + 4H_2O \rightarrow 3CuO \cdot CuCl_2 \cdot 4H_2O + 3CaCl_2 + 3CO_2 \uparrow$

【生产流程】

水,盐酸　石灰乳　　　　水

氯化铜→溶解→沉淀反应→过滤→洗涤→干燥→成品

【生产工艺】 在溶解锅中,加入水和适量盐酸,然后加入氯化铜,搅拌溶解,得到的氯化铜溶液与石灰乳反应,生成氯氧化铜沉淀。静置,分离,洗涤后干燥得到氯氧化铜成品。

【产品标准】 (参考)

外观	绿色至蓝绿色粉末
铜含量(Cu,%)	≥14.5
水分(%)	<5
通过 4 900 孔/cm² 筛余物(%)	<5

【产品用途】 是农业上重要的无机杀菌剂,用作波尔多液代用品的活性成分。还用于木材防腐、制造涂料等。

3.58　碱式碳酸铜

碱式碳酸铜(Basic cupric carbonate)也偶称碳酸铜。分子式 $CuCO_3 \cdot Cu(OH)_2$ 或 $CuCO_3 \cdot Cu(OH)_2 \cdot xH_2O$,分子量 221.11。

【产品性能】 孔雀绿色、细小无定形粉末。是铜表面生成绿锈的主要成分。相对密度 3.85。不溶于冷水和乙醇,溶于酸生成相应的铜盐,溶于氰化物、氨水、铵盐和碱金属碳酸盐的水溶液中,形成铜的络合物。碱式碳酸铜有十几种,因 $CuO : CO_2 : H_2O$ 的比值不同而异。工业品含 CuO 在 66.16% ～ 78.60% 范围。有毒!

【生产方法】

(1)硝酸铜-碳酸钠法　将硝酸铜与碳酸钠反应生成碱式碳酸铜。

$$2Cu(NO_3)_2 + 2Na_2CO_3 + H_2O \rightarrow CuCO_3 \cdot Cu(OH)_2 + 4NaNO_3 + CO_2 \uparrow$$

(2)硫酸铜法　硫酸铜与碳酸氢钠(或碳酸钠)溶液反应而得。工业上一般采用此法。

$$2CuSO_4 + 2Na_2CO_3 + H_2O \rightarrow CuCO_3 \cdot Cu(OH)_2 + 2Na_2SO_4 + CO_2 \uparrow$$

$$2CuSO_4 + 4NaHCO_3 \rightarrow CuCO_3 \cdot Cu(OH)_2 + 2NaSO_4 + CO_2 \uparrow + H_2O$$

(3)氨法　将含铜原料,用碳酸铵的氨水溶液处理,于 25 ℃用空气搅拌使之与氧接触。反应完毕,过滤,将滤液加热至 80 ℃,用蒸汽和 CO_2 处理,生成碱式碳酸铜。

【生产流程】

(1)硝酸铜-碳酸钠法

铜(电解铜)
浓硝酸　→ 溶解 → 提纯 → 过滤 → 反应 → 分离 → 干燥 → 成品
纯水　　　　　　　　　　　　↑
　　　　　　　　　　　过滤 ← 溶碱 ←　水
　　　　　　　　　　　　　　　　　　碳酸钠
　　　　　　　　　　　　　　　　　　碳酸氢钠

（2）硫酸铜法

<pre>
                    碳酸钠
                     ↓
硫酸铜→ 反应 → 沉淀 → 离心 → 干燥 →成品
</pre>

【生产配方】

（1）硝酸铜-碳酸钠法

电解铜（Cu≥99%）	620
硝酸（98%）	1 880
碳酸钠（98.5%）	1150
碳酸氢钠（98%）	750

（2）硫酸铜法

硫酸铜（98%）	1 550
碳酸钠	1 140
碳酸氢钠	740

【生产工艺】 将碳酸氢钠配制成相对密度为 1.05 的溶液。另将硫酸铜配制成相对密度为 1.05 的溶液。在合成反应器中，先加入碳酸氢钠溶液，加热至 50 ℃，搅拌下缓慢加入硫酸铜溶液，控制反应温度在 70～80 ℃（温度不宜过高，过高则产生黑色氧化铜）。同时，注意控制硫酸铜的加入速度，太快则盐基度和色泽不易掌握。反应以沉淀变为孔雀绿色为度。pH 值应保持在 8，<8 时硫酸根不易洗净。

反应完毕，静置沉降。用 70～80 ℃水洗涤，至洗液无硫酸根。再离心分离。干燥制得碱式碳酸铜。

【产品标准】 （参考）

铜（Cu,轻质,%）	≥55.9
总硫磺（%）	≤0.20
盐酸不溶物（%）	≤0.03
水分（%）	≤1.6

乙酸不溶物(％)　　　　　　　≤0.03
水溶性盐类(％)　　　　　　　≤1.65

【产品用途】　在农药工业,用作谷类种子处理,可有效地防治小麦锈病,也用作杀虫剂、种子杀菌剂、饲料中铜的添加剂。与沥青混合,可防止牲畜及野鼠啃树苗。还用于有机催化剂、烟火、颜料、其他铜盐的制造中。

参 考 文 献

1　米佳丽. 新型氟三唑化合物的合成与抗微生物活性研究. 重庆医科大学硕士论文,2008—05—01

2　丹东农药厂. 合成敌克松支农早育秧. 辽宁化工,1977,(1);16

3　于敏,刘福军. 农药氯化苦新工艺的开发[J]. 农药,2003,42(5):16

4　菱湖化学厂,省化工研究所. 碳酸氢铵法合成农药稻瘟净扩大(工业规模)试验总结,今日科技,1972,(1):20

5　彭永冰,刘风萍,方仁慈,李树正,张树华. 新杀菌剂霜脲氰的开发研究[J]. 农药,1991,30(4):14

6　于秀霞,杨建春,葛岩. 霜脲氰合成方法改进[J]. 江苏化工,1996,24(4):26

7　U. S. Pat,3957847;U. S. Pat. ,3919284

8　过戌吉. 乙蒜素杀菌产品登记实录,农化新世纪,2005,(2)18

9　Brit. ,1595698

10　李煜昶. CN87-10637.6,CN87-104783.7

11　王亚林. 十二烷基二甲基苄基氯化铵合成新工艺. 辽宁化工,1991,(1);33

12　U. S. Pat. ,385893(1968)

13　U. S. Pat. ,328741(1966)

14　沈阳化工研究院农药一室杀菌剂二组. 邻酰胺研究报告. 农药,1975,(4):4

15　Ger. offen 1907436

16　S. African 6802762

17　叶挺镐,黄瑞明. 叶青双研究简报. 农药,1984,(4):2

18　黄文平,汪正发. 甲霜安的一种高效合成方法. 咸宁学院学报,2005,25
　　(3):101

19　Kerkenaar A., et al. Metalaxyl synthesis. Pestic. Biochem. Physol.,
　　1981,(15):71

20　黄志刚. 代森锌合成新工艺[P]. 中国专利:CN1648120,2005-08-03

21　沈阳农药厂. 国内行业标准-化工. HG 3288-2000,代森锌原药,2000-
　　06-05

22　王鸿畴. 百菌清的现状及展望. 云南化工,2003,30(3):32

23　刘扬. 百菌清复合床氯化循环合成新工艺. 中国氯碱,2002,(11):30

24　曹红,张丽,马宁,侯俊卿. 农药麦穗宁合成工艺研究. 河南化工,2000,
　　(1):17

25　田焕平,张前糶,张敏生. 农药杀菌剂麦穗宁. 河北化工,1989,(4):29

26　邓旭忠,梁亮,李红. 相转移催化合成麦穗宁. 农药,2007,46(1):22

27　新农药克菌丹的试制. 江苏化工,1974,(2):31

28　颜亨宸. 春雷霉素生产工艺研究—Ⅱ. 春雷霉素发酵培养基配方改革.
　　中国抗生素杂志,1981,(4):10

29　安徽师范大学生物系微生物生产性实验室. 春雷霉素生产和应用的初
　　步研究,安徽师范大学学报(自然科学版),1974,(2):40

30　江西农药厂科学研究所. 内导杀菌剂——对-氨基苯磺酸钠的制备. 化
　　学世界,1959,(12):599

31　U. S. P. ,3087969(1963)

32　Wenkert,E. el al. ,j. Am Chem,Soc,1960,82,4671

33　U. S. P. ,2862035(1958)

第四章　除草剂

4.1　利谷隆

利谷隆(Linuron)化学名称为 3-(3,4-二氯苯基)-1-甲氧基-1-甲基脲,N-(3,4-二氯苯基)-N′-甲氧基-N′-甲基脲(N-3,4-Dichloro-phenyl)-N′-methoxy-N′-methy N′-urea)。分子式 $C_9H_{10}Cl_2N_2O_2$,分子量为 249.11。结构式为：

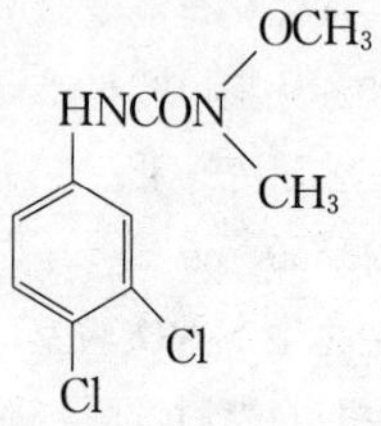

【产品性能】　白色结晶。熔点 93~94 ℃。24 ℃时蒸汽压为 2.0×10^{-3} Pa。水中溶解度(25 ℃)为 0.007 5%。微溶于脂肪烃,在乙醇、芳烃溶剂中具有中等溶解度,溶于丙酮。可被酸、碱及湿土缓慢分解,无腐蚀性。大白鼠急性口服 LD_{50} 为 4 000 mg/kg。

【生产配方】

3,4-二氯苯异氰酸酯	188.0
硫酸羟胺	82.0
硫酸二甲酯	126.0

【生产方法】　由 3,4-二氯苯异氰酸酯与硫酸羟胺反应生成 3,4-二氯苯羟基脲,然后与硫酸二甲酯反应制得利谷隆。

【生产工艺】

(1)3,4 二氯苯羟基脲的制备 将 3,4-二氯苯异氰酸酯甲苯溶液,硫酸羟胺水溶液,氢氧化钠溶液按计算量分别抽入各计量槽。将水和硫酸羟胺同时加入搪玻璃反应锅,搅拌冷却,在 20 ℃左右开始滴加氢氧化钠溶液,约 1 h 滴完,温度控制在 20 ℃左右。滴加完毕 pH 值应在 7.5～7.9(否则补加氢氧化钠或硫酸羟胺)。然后开始滴加 3,4-二氯苯异氰酸酯甲苯溶液,此时控制温度(30±2)℃,约 1.5 h 内滴完,并在此温度下继续反应 2 h。静置 2 h 后,将上层甲苯清液抽出。下层物料加水搅拌后进行离心分离,得到固体湿品 3,4-二氯苯羟基脲。收率 87%。

(2)利谷隆的制备 将上述湿品羟基脲加入搪玻璃反应釜,然后加入计算量的硫酸二甲酯,搅拌 20 min。滴加 20%的氢氧化钠溶液,温度控制在 20～30 ℃,约 1.5 h 内滴加完毕。在 30 ℃左右反应 2 h,至 pH 值 7 为反应终点。若偏酸性时,可适当补加氢氧化钠。反应结束后加水搅拌,甩滤,干燥,即得利谷隆原粉,收率 90%。

【产品用途】 利谷隆可用于玉米、小麦、棉花、大豆、高粱、花生、豌豆、马铃薯、陆稻、向日葵、甘蔗、亚麻以及多种蔬菜和果树、森林苗圃等作物田中防治各种单、双子叶杂草及某些多年生杂草。

4.2 伴地农乳油

伴地农乳油(Pardner),化学名称为 2,6-二溴-4-氰基苯基辛酸酯,是法国罗纳普朗克公司推出的溴苯腈辛酸酯乳油。分子式 $C_{15}H_{17}Br_2NO_2$,分子量 403.11。结构式为:

$$NC - \underset{Br}{\overset{Br}{\bigcirc}} - OC(CH_2)_6CH_3$$
$$\underset{O}{\parallel}$$

【产品性能】　该产品为 32.7% 溴苯腈辛酸酯乳油。乳液分散性和稳定性好。小鼠急性经口毒性 LD_{50} 为 1 532 mg/kg(属中等毒性农药)。是选择性苗后茎叶处理触杀型除草剂。

【生产方法】　2,6-二溴-4-氰基苯酚与辛酰氯缩合,然后与表面活性剂、溶剂混合乳化得到成品。

$$NC - \underset{Br}{\overset{Br}{\bigcirc}} - OH + CH_3(CH_2)_6COCl \rightarrow NC - \underset{Br}{\overset{Br}{\bigcirc}} - OCO(CH_2)_6CH_3 + HCl$$

【生产流程】

辛酰氯　表面活性剂,二甲苯

2,6-二溴-4-氰基苯酚 → 缩合 → 混合乳化 → 成品

【生产配方】（kg）

辛酰氯	212.2
溴苯腈	285.3
十二烷基苯磺酸钙	27.4
辛基酚聚氧乙烯醚	44.1
二甲苯(L)加至	1 192.7

【生产工艺】

(1)缩合　在装有搅拌器,温度计,回流冷凝管(接干燥管和尾气吸收装置)和加料器的四口烧瓶中,加入辛酰氯 212.2 g 和溴苯腈 285.3 g,开动搅拌,升温至 130 ℃进行反应。当反应器中 HCl 逸出不明显时,再加入溴苯腈 92.1 g。如此重复一次,直至累积加入溴苯腈 285.3 g 为止。再反应 8 h。通入氮气鼓泡,以赶净 HCl 和

过量辛酰氯,辛酰氯通入冷凝器回收。然后冷却到室温,得到蜡状固体溴苯腈辛酸酯406.4 g。熔点44～46 ℃,收率96.8%,纯度96%。

(2)乳化 在2 000 mL烧杯中,分别加入96%溴苯腈辛酸酯406.4 g,乳化剂71.5 g(由十二烷基苯磺酸钙27.4 g和辛基酚聚氧乙烯(10)醚44.1 g调配而成),二甲苯650 mL,搅拌至溴苯腈辛酸酯溶解,然后补加二甲苯总量1 192.7 mL,并搅拌至混合均匀,制得伴地农乳油。

【产品标准】

溴苯腈辛酸酯含量(g/L)	≥320
分散性	合格
乳油稳定性	合格

【产品用途】 伴地农乳油是选择性苗后茎叶处理触杀型除草剂,主要用于麦田、玉米、高粱、亚麻等旱田防除蓼、藜、苋、麦瓶草、龙葵、苍耳、猪毛菜、麦家公、田旋花、荞麦蔓等阔叶杂草。

4.3 苯达松

苯达松(bentazone)又称灭草松,排草丹,百草克,苯并硫二嗪酮,3-异丙基-(1H)-苯并-2,1,3-噻二嗪-4-酮-2,2-二氧化物(basagran; thianon, 3-isopropyl-1H-2, 1, 3-ben, Zothiadiazin-4 (3H)-one-2,2-dioxode)。分子式 $C_{10}H_{12}N_2O_3S$,相对分子质量240.28。结构式为:

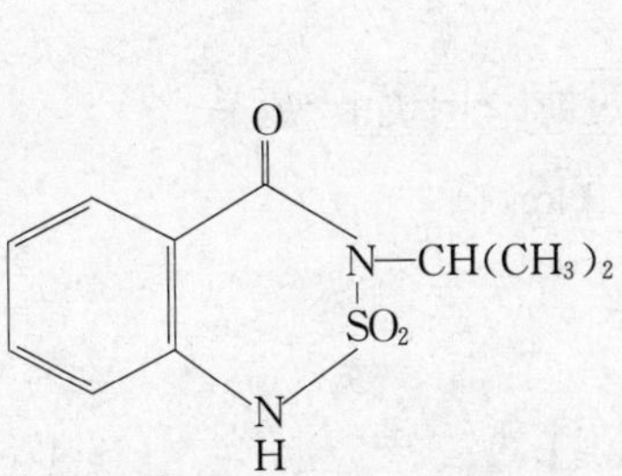

【产品性能】 白色结晶。熔点137～139 ℃,200 ℃分解。20 ℃时在不同溶剂中的溶解度为(质量/质量):水0.05%,丙酮

150.7‰,苯 3.3‰,乙醇 86.1‰,氯仿 18‰。原药有效成分含量 60‰,深褐色液体,相对密度约为 1.23 g/cm³。

【生产方法】 由异丙胺与盐酸反应得盐酸盐后,与硫酰氯作用,制得异丙胺基磺酰氯,再与邻氨基苯甲酸甲酯缩合,最后在甲醇钠存在下进行闭环,即制得苯达松。

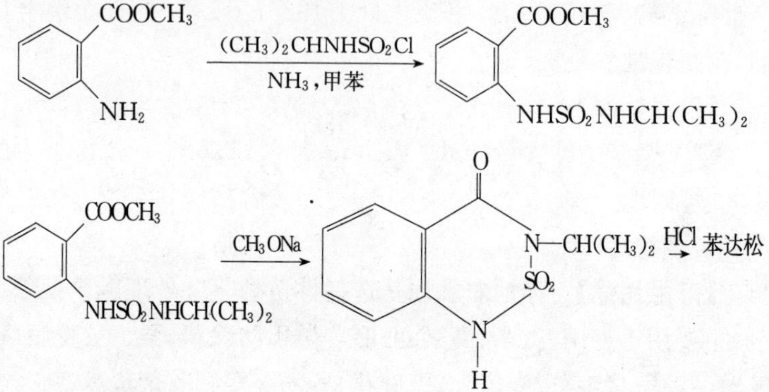

【生产流程】

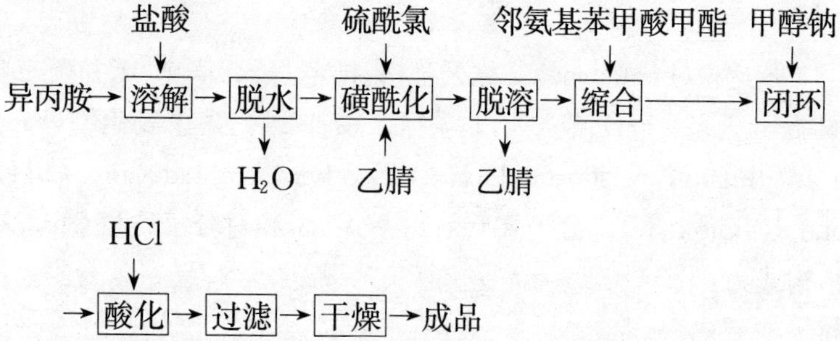

【生产配方】 (kg/t)

异丙胺(98‰)	465
甲醇钠(30‰)	2 535
硫酰氯(SO_2Cl_2)	2 475
甲苯(工业品)	440
乙腈(98‰)	270

盐酸(30%)	1 488
邻氨基苯甲酸甲酯(工业品)	960
液氨(99%)	80

【主要设备】　溶解锅　磺酰化反应釜　缩合反应锅　贮槽
过滤器　干燥器

【生产工艺】

在溶解锅中加入盐酸,然后加入异丙胺,加热脱去水分制得异
丙胺盐酸盐。在磺酰化反应釜中加入乙腈 520 kg,异丙胺盐酸盐
96 kg,搅拌下加入硫酰氯 405 kg,加热回流反应 16 h,反应最终温
度 65～70 ℃。反应完毕,蒸出乙腈(回收)和剩余的硫酰氯(回
收),得到异丙胺磺酰氯粗品,收率 90% 以上。

在缩合反应锅中,加入甲苯 550 kg,邻氨基苯甲酸甲酯 136 kg
(100% 计)和异丙胺磺酰氯 157.5 kg(100% 计),以氨为缚酸剂,
于 50～55 ℃、pH 值 5～6.5 条件下缩合反应 1 h,生成 N-异丙胺
磺酰基邻氨基苯甲酸甲酯。然后加入 30% 甲醇钠 360 kg,于 60～
65 ℃闭环反应 0.5 h。反应液用盐酸酸化至 pH 值为 5,析晶,过
滤,洗涤,干燥,得到有效成分>82% 的苯达松原药。商品有 25%
的水剂和 48% 的液剂。

【实验室制法】　在圆底烧瓶中加入盐酸,冷却后加异丙胺,制
得异丙胺盐酸盐后,于 150 ℃下脱净水分。冷却后,按异丙胺盐酸
盐∶硫酰氯∶乙腈=1∶3∶6(摩尔比)加进硫酰氯和乙腈。换上
回流装置,加热回流反应,回流温度维持 60 ℃以上,回流时间
16 h。制得异丙胺磺酰氯,蒸出反应体系中的乙腈和剩余的硫酰
氯。将所制得产品按异丙胺磺酰氯∶邻氨基苯甲酸甲酯∶甲苯(溶
剂)=1∶0.9∶6(摩尔比)的比例加入圆底烧瓶中,加适量氨水,控
制料液 pH 值为 5～6.5,进行缩合反应,反应温度 50～55 ℃,反应
时间 1 h。缩合反应完成后,按异丙胺磺酰氯∶甲醇钠=1∶2(摩
尔比)的比例加入甲醇钠,反应温度控制在 60～65 ℃,反应时间

0.5 h,进行闭环反应,即制得苯达松。

【产品标准】

指标名称	25%水剂	48%液剂
外观	深黄色或褐色液体	黄褐色液体
苯达松含量(%)	25±1	≥48
pH 值	7~8	—
相对密度	1.20~1.30	1.19
酸度(以硫酸计,%)	≤0.5	—

【产品用途】 是选择性、触杀性除草剂,可防除恶性难除杂草。为内吸传导型除草剂,主要用于防除水稻、三麦、玉米、高粱、豆类、花生等作物中多年生深根性杂草。对阔叶杂草和莎草科杂草有优异的防治效果。具有高效、低毒、广谱杀草、无药害、与其他除草剂混用性好等优点。

【安全措施】

(1)生产中使用异丙胺、硫酰氯、邻氨基苯甲酸酯、甲醇钠等有毒或强腐蚀性原料,反应设备应密闭,防止冒漏,操作人员应穿戴劳动保护用品,车间内加强通风。

(2)本品有毒。25%水剂用埋料桶包装。贮存于阴凉、通风处。不能与食物、饲料、种子等混放。

4.4　苯黄隆

苯黄隆(Tribenuron)分子式 $C_{15}H_{17}N_5O_6S$,分子量 395.40。结构式为:

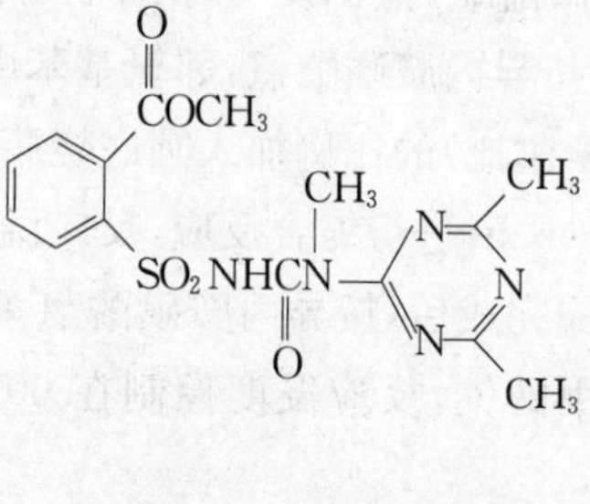

【产品性能】 白色结晶固体。酸性解离度 pKa=33。雄性大白鼠急性经口服毒性 $LD_{50}>5\,000$ mg/kg。属高效广谱除草剂。其性能与甲黄隆类似。

【生产方法】 邻甲氧基羰基苯磺酰胺与氯甲酸三氯甲酯作用,生成邻甲氧基羰基苯磺酰异氰酸酯,然后与 2-甲氨基-4-甲基-6-甲氧基-1,3,5 三嗪(简称甲基三嗪胺)加成得苯黄隆。

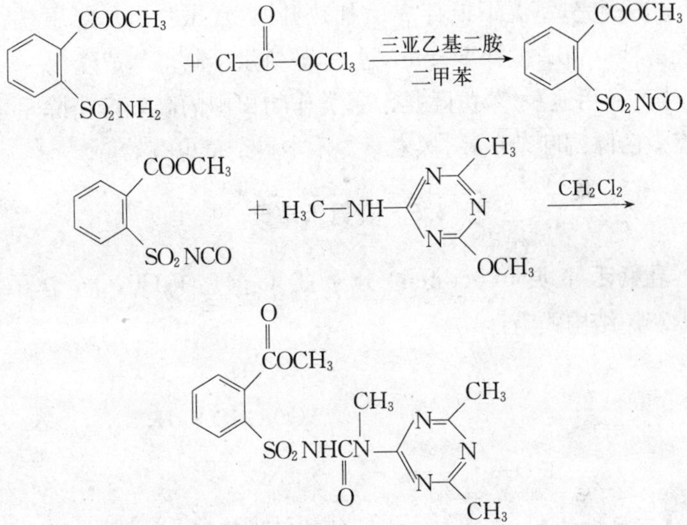

【生产流程】

氯甲酸三氯甲醋 甲基三嗪胺

邻甲氧基羰基苯磺酰胺→缩合→加成→过滤→成品

【生产工艺】

(1)缩合 在装有搅拌器,温度计,回流冷凝管及恒压滴液漏斗的四口烧瓶中,加入邻-(甲酸甲酯)苯磺酰胺 43 g,二甲苯 240 g,无水三亚乙基二胺 0.4 g,10%异氰酸正丁酯二甲苯液 200 g 加热回流 2.5 h,降温至 90 ℃,开始滴加氯甲酸三氯甲酯(冷凝管用-15 ℃的盐水冷凝,管出口接液碱吸收系统)。3 h 左右滴完氯甲酸三氯甲酯 79.1 g,逐渐升温至 139 ℃,回流 2 h,反应结束后,用水循环泵负压脱溶,回收异氰酸正丁酯二甲苯液,残液冷却,加入二氯甲烷 160 mL,搅拌 0.5 h,装入恒压滴液漏斗中,待用。

(2)加成　在装有搅拌器,温度计,冷凝管,恒压滴液漏斗的四口烧瓶中,加入甲基三嗪胺 30.8 g,无水二氯甲烷 200 mL,室温下搅拌 0.5 h,滴加前面制备的邻-(甲酸甲酯)苯磺酰异氰酸酯溶液,0.5 h 内滴完,室温下搅拌 3 h,加热升温,常压脱出二氯甲烷,加入乙醇 300 mL,搅拌 15 min,过滤,滤饼烘干制得苯黄隆。

【产品用途】　苯黄隆是禾谷类作物田中的高效广谱除草剂。可有效防除阔叶杂草,对黑麦草等禾本科杂草也有效。

4.5　乳氟禾草灵

乳氟禾草灵(Lactofen)分子式 $C_{19}H_{15}F_3ClNO_7$,分子量 461.78。结构式为:

【产品性能】　是具有选择性的芽后除草剂。

【生产方法】　间羟基苯甲酸与 3,4-二氯二氟甲苯在碱催化下成醚,然后与混酸硝化,硝化产物与 2-氯丙酸乙酯成酯制得乳氟禾草灵。

$$\text{F}_3\text{C} \overset{\text{Cl}}{\underset{}{\bigcirc}} \text{—O—} \overset{\text{COOH}}{\underset{\text{NO}_2}{\bigcirc}} \xrightarrow{\text{CH}_3\text{CHClCO}_2\text{C}_2\text{H}_5}$$

$$\text{F}_3\text{C} \overset{\text{Cl}}{\underset{}{\bigcirc}} \text{—O—} \overset{\overset{\text{CH}_3}{\overset{|}{\text{COCOOCHCOOC}_2\text{H}_5}}}{\underset{\text{NO}_2}{\bigcirc}}$$

【生产流程】

3,4-二氯二氟甲苯　　混酸 2-氯丙酸乙酯

邻羟基甲酸 → [醚化] → [磷化] → [酯化] → [过滤] → 成品

【生产工艺】

(1)醚化　在装有温度计,回流冷凝器和搅拌器的三口反应烧瓶内,投入间羟基苯甲酸钾盐 176 g,二甲基砜 250 mL 和碱性催化剂,升温至 100 ℃,1 h 内滴加 3,4-二氯二氟甲苯 215 g,滴毕后升温至 135 ℃;保温反应 15 h,减压回收二甲基亚砜,加入甲苯 400 mL 和水 200 mL,用盐酸调至 pH 值 1～2,充分搅拌后静置分层,分出水相,用 2×100 mL 甲苯萃取,合并有机相,用 3×200 mL 水洗,脱溶后倒入培养皿中,干燥得白色固体 3-[2-氯-4-(三氟甲基)苯氧基]苯甲酸 273 g,收率 82.5%。

(2)硝化　向装有搅拌器,温度计,平衡滴液漏斗及回流冷凝器(出口与碱水吸收瓶相连)的四口烧瓶中,加入 3-[2-氯-4-(三氟甲基)苯氧基]苯甲酸 63.5 g,乙酸酐 50 mL,二氯甲烷 150 mL,搅拌溶解后 1 h 内滴加预先配好的 63%硝酸 24 g,98%硫酸的混酸 48 g,升温回流 5 h,分出下层无机酸,用 2×100 mL 二氯甲烷萃取,合并有机相,用 3×100 mL 水洗,脱溶后倒入培养皿中干燥,得浅黄色固体的目的产物 71.4 g,收率 84.5%。

(3)酯化　向装有搅拌器,温度计,滴液漏斗及回流冷凝器的四口烧瓶中,加入 85%的 5-[2-氯-4-(三氟甲基)苯氧基]-2-硝基苯

甲酸 85.3 g,无水碳酸钾 28 g,乙腈 200 mL,催化剂 1.0 g,室温下滴加 90%氯丙酸乙酯 36.4 g,滴加完毕后 2 h 内缓慢升温至回流,保温回流 5 h 后降至室温,滤出无机盐,滤液脱溶,得到棕黑色黏稠液状产品乳氟禾草灵 98.8 g,收率 86.2%。

【产品用途】 乳氟禾草灵是具有选择性的芽后除草剂,能有效地防除大豆、花生、棉花、水稻、葡萄等多种作物田间的阔叶杂草。乳氟禾草灵与同一系列其他除草剂比较,具有杀草谱和除草效果相近但用药量低的特点。

4.6　草灭平

【产品性能】　草灭平(Chloramben)又称豆科畏,学名 3-氨基-2,5-二氯甲酸。该品为白色结晶固体,熔点 200~201 ℃,溶于水、丙酮、乙醇、异丙醇。

【生产配方】

对二氯苯	133
多聚甲醛(94%)	60
氢氧化钾(90%)	89.3
高锰酸钾	211.5

【生产工艺】

(1)将 92.5%硫酸 300 g 和 20%发烟硫酸 360 g 混合,搅拌冷却至 20 ℃,加入多聚甲醛(含量 94%)60 g,冷却至 5 ℃,待溶解完全后,逐渐加入无水氯化钙 135 g,此时温度逐渐上升至 10 ℃,在 0.5 h 内加完,温度上升至 25 ℃。加入对二氯苯 133 g,25~30 ℃搅拌 0.5 h。此时物料呈均匀稠厚糊状,升温至 60 ℃,保温搅拌 5 h,然后静置过夜,取上层油层,减压蒸馏出未反应的对二氯苯(约 10 g),取 121~124 ℃/14×133.2 Pa 馏分,即为 2,5-二氯氯苄 94 g,收率 53.4%。

(2)将 2,5-二氯氯苄 94 g 与 90%氢氧化钾 89.3 g 和水

1 400 mL一起搅拌加热,在90～95 ℃下分批加入固体高锰酸钾,约在6 h内加完,共加入211.5 g,加完后保温搅拌3 h。取样用水稀释,如不呈红色则到达终点。趁热过滤,除去二氧化锰沉淀。滤液冷却后用稀盐酸酸化,析出2,5-二氯苯甲酸沉淀,过滤、水洗、烘干得白色粉状物152 g,收率83%。

(3)将2,5-二氯苯甲酸60 g和96%硫酸300 mL搅拌混合,再滴加硝酸(相对密度1.52)160 mL,控制温度防止升温过快。硝酸加完后再慢慢升温至80 ℃,继续反应2 h。然后将反应混合物水析,过滤水洗,干燥,得2,5-二氯-3-硝基苯甲酸粗品54 g,收率接近73%。

硝化反应时放出大量氧化氮,升温宜慢,防止冲料。硝化物有爆炸性,干燥操作应严格控制温度。

粗品可用氯苯重结晶。2,5-二氯-3-硝基苯甲酸可直接用作除草剂,但药效不及草灭平。

(4)将2,5-二氯-3-硝基苯甲酸12 g,锡粒10 g,36%盐酸50 mL与水50 mL配成的溶液依次加入反应器搅拌加热,温度慢慢升到90～100 ℃,反应液渐变澄清,继续保温反应6 h,趁热过滤。滤液冷却至0 ℃过滤,母液浓缩后再冷却过滤,将两批滤饼干燥,得成品7.5 g,收率71.6%。美国专利3703546(1973),英国专利1453405(1977)。

【产品用途】　用作大豆田的选择芽前除草,也可用于小麦、玉米、西红柿及蔬菜田中的除草。作用对象主要是稗草、马唐、看麦娘、狗尾草等1年生杂草。药害少,不受雨天的影响。

4.7　草甘膦

草甘膦(Glyphosate)又称N-(膦羧甲基)甘氨酸,N-(膦酰基甲基)甘氨酸,N-(膦酰基甲基)氨基乙酸,Phosphonomethyl Imino Acetic Acid。分子式$C_3H_8NO_5P$,分子量169.08。结构式为:

$$\text{HOCCH}_2\text{NHCH}_2\overset{\text{O}}{\underset{\text{O}}{\text{P}}}(\text{OH})_2$$

【产品性能】　白色固体。约在 230 ℃溶化并伴随分解。25 ℃水中溶解度为 12 g/L,不溶于有机溶剂,其异丙胺盐完全溶解于水。为内吸传导型广谱灭生性除草剂。

【生产方法】

(1)常压法　以氯乙酸、氨水、氢氧化钙为原料,合成亚氨基二乙酸。然后与甲醛三氯化磷反应,生成双甘膦,双甘膦用浓硫酸氧化制得草甘膦。

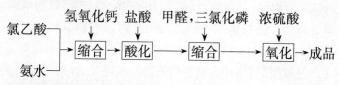

$$\text{ClCH}_2\text{CO}_2\text{H}+\text{NH}_3 \xrightarrow{\text{Ca(OH)}_2} \xrightarrow{\text{HCl}} \text{NH}(\text{CH}_2\text{CO}_2\text{H})_2$$

$$\xrightarrow{\text{HCHO}} \overset{1)\text{PCl}_3}{\underset{2)\text{H}_2\text{O}}{}} (\text{HO}_2\text{CCH}_2)_2\text{NCH}_2\overset{\text{O}}{\text{P}}(\text{OH})_2 \xrightarrow{\text{浓 H}_2\text{SO}_4} \text{HOCCH}_2\text{NHCH}_2\overset{\text{O}}{\underset{\text{O}}{\text{P}}}(\text{OH})_2$$

(2)亚磷酸二烷基酯法　甘氨酸与甲醛亚磷酸二烷基酯缩合,然后水解,酸化制得草甘膦。

【生产流程】

氯乙酸、氨水 → 缩合 →（氢氧化钙）盐酸 → 酸化 → 缩合（甲醛,三氯化磷）→ 氧化（浓硫酸）→ 成品

【生产配方】　(常压法)

氯乙酸(96%)	3 350
盐酸(30%)	7 810
三氯化磷(95%)	1 920
硫酸(98%)	2 310

【生产工艺】　由氯乙酸、氨水、消石灰、盐酸、甲醛和三氯化磷等原料,在常压的条件下,经制备亚氨基二乙酸而合成双甘膦,双

甘膦用浓硫酸氧化,得到与 H_2SO_4 混合的草甘膦,再加氨水中和,产品为含草甘膦 10% 的水剂,褐色或深棕色,含 25%～30% 的 $(NH_4)_2SO_4$,长时间放置或遇低温天气,会有少量 $(NH_4)SO_4$ 晶体析出。

将 10% 草甘膦水剂 10 kg 投入反应锅,加入活性炭 0.2～0.3 kg,加热至 95～100 ℃,搅拌,脱色 5～10 min,抽滤,去炭渣取滤液,滤液为淡棕色至透明浅蓝色。

取经脱色的草甘膦滤液,真空或常压浓缩,至草甘膦含量>25%,停止浓缩,冷却至 10 ℃ 以下,静置 16 h,结晶硫酸铵,然后过滤,回收 $(NH_4)_2SO_4$ 晶体。液相草甘膦含量一般在 26%～30%。

由于草甘膦的溶解度很小(25 ℃ 为 1.2 g/100 mL 水),所以水溶液草甘膦一般以铵盐或钠盐的形式存在,pH 值不同而存在有一盐、二盐和三盐。

草甘膦氨盐浓缩液,如果加入过量的盐酸,直接析出晶体草甘膦;如果加入适量的盐酸,在常温条件下。需经过 24 h 左右,以结晶形式析出晶体草甘膦。用盐酸调至 pH 值 1.5,加入少量晶种,结晶 16 h,析出含量 50%～60%(经烘干、粉碎)的白色粉状草甘膦。

称取经盐酸处理析出的草甘膦,以粗品:水＝1:(3～4),加热回溶,滴加适量盐酸,常温重结晶 16 h,抽滤烘干可得到含量 90% 左右的草甘膦原粉。

【产品标准】

(1)水剂

外观	红棕色	
有效成分(%)	10	15
pH 值	4～7	4～7

(2)原药

外观	白色或微黄色粉状物

有效成分(一级品,%)	≥93
干燥减量(%)	≤1.0
水不溶物(%)	≤1.0

【产品用途】　草甘膦为内吸传导型广谱灭生性除草剂。可用于玉米、棉花、大豆田和非耕地防除 1 年生和多年生禾本科、莎草科、阔叶杂草、藻类、蕨类和杂灌木丛,对茅草、香附子、狗牙棉等恶性杂草的防效也很好,因而广泛用于森林、橡胶园、果园、茶园、桑园、甘蔗、农田以及铁路、机场、仓库、油库附近和牧场更新方面除草。

4.8　草枯醚

【产品性能】　草枯醚(Chlorinitrofen)学名 2,4,6-三氯苯基-4′-硝基苯醚。分子式 $Cl_2H_6Cl_3NO_3$,分子量 318.43。该品为黄色结晶粉末,熔点 107 ℃,沸点 210 ℃/6～7×133.3 Pa,密度 1.642 4。易溶于苯、甲苯,微溶于醚,难溶于水。

【生产配方】

苯酚	94
氯气	216
对氯硝基苯	157

【生产工艺】

(1)将融熔的苯酚加入氯化锅,在 60～65 ℃通入氯气,副产物氯化氢气体用水吸收。随着氯化的进行,锅内出现三氯苯酚结晶,将反应温度提高到 70～75 ℃,至反应液相对密度达到 1.498～1.501(75/4 ℃)时,停止通氯。反应完成后,得到的 2,4,6-三氯酚用亚硫酸钠溶液处理(相当于三氯酚重量 5%的亚硫酸钠,用 40 倍重量的水溶解)。得到精制的 2,4,6-三氯酚,收率 97.3%。

(2)将 2,4,6-三氯苯酚加入反应锅中,搅拌加热到 70 ℃,慢慢加入碱液,成盐后升温脱水,当温度达 120 ℃时,加入熔融的对氯硝基苯。然后再升温至 230～250 ℃保温 10 h,出料至水洗锅,加水搅拌 0.5 h。静置降温分层,吸去上层废水,再水洗 1 次。减压蒸馏,得成品草枯醚。收率 85%。(C. A. 63,6897)。

【产品用途】　草枯醚为高效低毒、低残留的除草剂,具有适应性强、杀草谱广、药效稳定、残效期长(40 d)及使用安全等特点。对防除水田瓜皮草、鸭舌草、稗草等有效,也可用于旱地作物中防马唐、狗尾草杂草。

4.9　氟甲消草醚

氟甲消草醚(Fluorodifen)又名消草醚,化学名称为 2-硝基-1-(4-硝基苯氧基)-4-(三氟甲基)苯。分子式 $C_{13}H_7F_3N_2O_5$,分子量 328。结构式为:

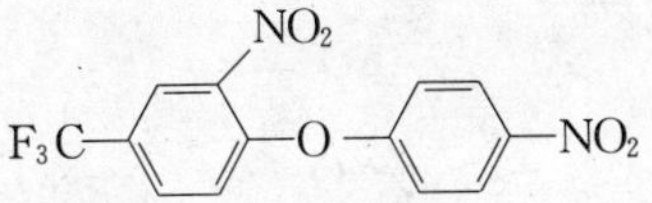

【产品性能】　黄棕色结晶。熔点 93～94 ℃. 蒸汽压(20 ℃)为 $9.3×10^{-6}$ Pa。溶解度(20 ℃),水中为 2 mg/kg,丙酮为 75%(W/V),苯为 52%(W/V),二氯甲烷为 68%(W/V),异丙酮为 12%(W/V)。

【生产配方】

对甲基氯苯(95%)	133.1
氯气(99%)	215.0
氟化氢(100%计)	62.0
硝酸(100%计)	69.0
对硝基苯酚	139.0
氢氧化钠(98%)	42.0

【生产流程】

氯气　　氟化氢　　　混酸　　对硝基苯酚

对甲基氯苯→ 氯化 → 氟化 ─── 硝化 ──── 醚化 →成品

　　　　　　　　　　　　　　　　　　　氢氧化钠

【生产方法】　对甲基氯苯氯化后,用无水氢氟酸氟化,得到的对三氟甲基氯苯用混酸消化,最后在碱性条件下与对硝基苯酚发生醚化制得氟甲消草醚。

CH_3—〈　〉—Cl $\xrightarrow{Cl_2}$ CCl_3—〈　〉—Cl $\xrightarrow{HF}$ CF_3—〈　〉—Cl

$\xrightarrow[\text{H}_2\text{SO}_4]{\text{HNO}_3}$ CF_3—〈　〉(NO_2)(Cl) $\xrightarrow[\text{NaOH}]{HO—〈　〉—NO_2}$

CF_3—〈　〉(NO_2)—O—〈　〉—NO_2

【生产工艺】

(1)对氯三氯甲苯的制备　将 506 g(4 mol)对氯甲苯加热至 80~90 ℃,通入氯气,用高压汞灯光照,维持 110~130 ℃反应 5~10 h。用氮气吹赶余氯及溶解的氯化氢气体,得浅黄色透明液体,相对密度 1.488 1,纯度为 96%~97%的对氯三氯甲苯。

(2)对氯三氟甲苯的制备　将 460 g(2 mol)对氯三氯甲苯和无水氟化氢 120 g(6 mol)和少量催化剂加入高压釜中,于 50~60 ℃反应 5~10 h,取出反应液,洗涤、干燥,常压蒸馏,收集135~136 ℃馏分,得纯度为 97%以上的对氯三氟甲苯。

(3)3-硝基-4-氯-三氟甲苯的制备　先加入相对密度为 1.83 的浓硫酸 1 000 g,低温下边搅拌、边慢慢地滴加相对密度为 1.40 的浓硝酸 210 g。滴加完毕,升温至 55~60 ℃,小心地滴加对氯三氟甲苯 361 g,滴加时温度控制在 55~60 ℃。滴加毕,冷却至室温,分离,水洗,干燥,得纯度为 95%的 3-硝基-4-氯-三氟甲苯。

（4）氟甲消草醚的制备　将对硝基苯酚 14 g,氢氧化钾 6.1 g,N,N-二甲基甲酰胺 50 mL 及 3-硝基-4-氯-三氟甲苯 22.6 g 搅拌加热,回流 3～5 h,脱溶而得块状物。水洗,过滤得氟甲消草醚粗品,经 95%乙醇重结晶而得浅黄色针状晶体,即氟甲消草醚原粉。

【产品用途】　本品为触杀型芽前或芽后除草剂。适用于大豆、花生、水稻田间除草,持效 8～12 个星期。

4.10　绿黄隆

【产品性能】　绿黄隆（Chlorsulfuron）学名 1-(2-氯苯基磺酰)-3-(4-甲氧基-6-甲基-1,3,5-三嗪-2-基)脲。分子式 $C_{15}H_{12}ClN_5O_4S$,分子量 357.78。结构式为:

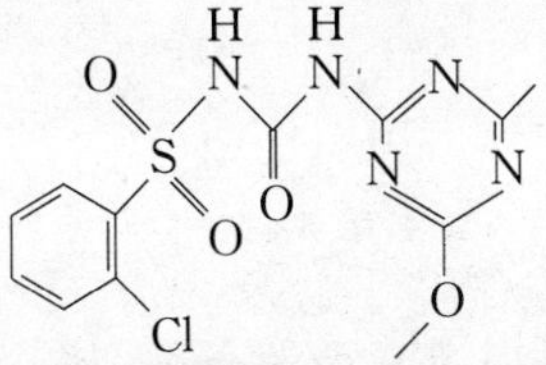

原药纯品为白色无味的晶体,熔点 174～178 ℃,分解温度 192 ℃,不易光解。20 ℃溶解度(g/100 mL):丙酮 5.7,二氯甲烷 10.2,甲醇 1.4。

【生产方法】　以邻氯苯胺经重氮化、磺酰氯化、氨解后异氰酸酯化得到邻氯苯磺酰异氰酸酯;另将双氰胺经亲核加成后再成环得到 2-氨基-4-甲氧基-6-甲基-1,3,5-三嗪。然后将邻氯苯磺酰异氰酸酯与 2-氨基-4-甲氧基-6-甲基-1,3,5-三嗪进行加成得到绿黄隆。

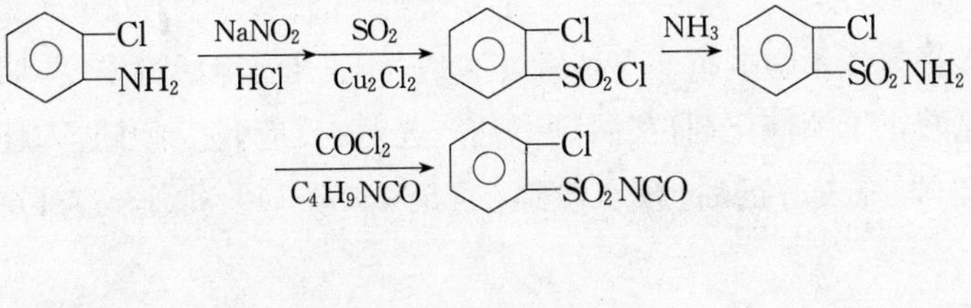

【生产工艺】

(1)邻氯苯磺酰基异氰酸酯的合成　将邻氯苯胺 57.4 g,浓盐酸 150 mL,冰醋酸 45 mL 加入反应瓶中,不断搅拌,于 0 ℃下缓慢滴加含亚硝酸钠 31.5 g 的水溶液 40 mL,重氮化后加入含氯化亚铜 6 g 的二氧化硫-冰醋酸溶液 600 mL,反应 1.5 h 后,倒入冰水后,用乙醚提取,提取液用碱水洗至中性干燥,先蒸出乙醚,然后减压蒸馏收集 96～98 ℃/133.3 Pa 馏分,得邻氯苯磺酰氯。

先加入浓氨水 275 mL,搅拌下缓慢滴加邻氯苯磺酰氯 28.5 g 和乙醚 40 mL 的混合液,于 70 ℃下反应 1 h,过滤干燥后得邻氯苯磺酰胺。

将邻氯苯磺酰胺 9.5 g 和氯苯 85 mL,升温至回流温度,加入异氰酸正丁酯催化剂,在回流下通入光气,反应完毕,用氮气赶走光气,先脱去溶剂后,减压蒸馏,收集 130～140 ℃/133.3 Pa 馏分,得到邻氯苯磺酰基异氰酸酯。

(2)合成 2-氨基-4-甲氧基-1,3,5-三嗪 将二水合氯化铜173 g,甲醇 800 mL 投入反应锅中,然后慢慢加入双氰胺 176 g,回流 4 h,得桃红色铜络合物。将铜络合物 100 g 和水 600 mL 加到另一反应器中,通入硫化氢,反应完毕,滤去硫化铜沉淀,滤液减压脱去大部分溶剂后,加入异丙醇即析出白色晶体,过滤,再重结晶,得到 O-甲基-3-脒基异脲盐酸盐。

将上述产品 50 g,乙腈 250 mL 投入反应锅中,冷却至 0 ℃以下,加入氢氧化钠 40 g 的水溶液 200 mL。另将乙酰氯 50 g 溶于乙腈 100 mL 中,滴加到上述溶液中,控制温度在 0 ℃以下。反应完毕,静置,减压脱去溶剂后得粗品 2-氨基-4-甲氧基-6-甲基-1,3,5-三嗪。

(3)绿黄隆制备 将 2-氨基-4-甲氧基-6-甲基-1,3,5-三嗪28 g和无水乙腈 400 mL;另将邻氯苯磺酰基异氰酸酯 43.5 g 于无水乙腈 100 mL 中,室温下滴入上述液中,搅拌反应 6~8 h 后,过滤得白色粉末,洗涤、干燥后得绿黄隆。[美国专利 4379769,4127405(1977);德国专利 2715786]。

【产品用途】 绿黄隆是 1981 年才商品化的低毒广谱的磺酰脲类新型除草剂,其突出特点是具有超高活性,每公顷用药量为5~35 g,即可防除大多数阔叶杂草和某些禾木杂草。该除草剂已引起世界各国的高度重视。

4.11 喹禾灵

喹禾灵(Quizalofop-ethyl)又称禾草克,精禾草克,化学名称2-[4-(6-氯-2-喹喔啉氧基)-苯氧基]丙酸乙酯,(RS)-2-(4-(6-氯-2-喹喔啉氧基)苯氧基)丙酸乙酯,2-[4-(6-氯-2-喹喔啉氧基)苯氧基]丙酸乙酯。分子式 $C_{19}H_{17}ClN_2O_4$,分子量 372.81。结构式为:

【产品性能】 白色结晶体。是日本日产化学工业公司开发的芽后选择性除草剂。

【生产方法】

(1)氯乙酰氯法　将 2-硝基-4-氯苯胺与氯乙酰氯缩合,还原后环合,再与亚硫酰氯氯化得 2,6-二氯喹喔啉,然后与对苯二酚成醚,最后与 2-氯丙酸乙酯缩合得喹禾灵。

（2）双烯酮法　将 2-硝基-4-氯苯胺与双烯酮缩合,在碱性条件下环合,生成物经选择性还原后用亚硫酰氯氯化制得 2,6-二氯喹喔啉,最后与 2-(4-羟基苯氧基)丙酸乙酯缩合得喹禾灵。

【生产流程】

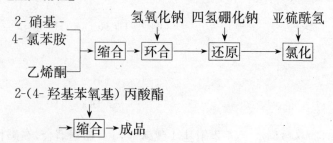

【生产工艺】

(1)缩合　在三口瓶中,加入 2-硝基-4-氯苯胺 34.6 g,苯 320 mL,加热至 80 ℃,搅拌下慢慢滴加双烯酮 18.6 g 和苯 40 mL 的混合液,加毕,回流反应 4 h,蒸去苯,残余物用乙醇重结晶,得 2-硝基-4-氯乙酰乙酰苯胺 45.6 g,收率 89%。

(2)环合　在三口瓶中,加入 2-硝基-4-氯乙酰乙酰苯胺 25.7 g和10%的氢氧化钠溶液 200 mL。混合物加热至60~65 ℃ 反应 1 h,冷却至室温,用 500 mL 水稀释,过滤,滤液碳化,再过滤,滤得的固体用水洗,干燥得 2-羟基-6-氯喹喔啉-4-氧 18.1 g,收率 92.1%。

(3)还原　在三口反应瓶中,依次加入 2-羟基-6-氯喹喔啉-4-氧 39.3 g,10%的氢氧化钠溶液 120 mL,5%的硼氢化钾溶液 100 mL。室温反应 3 h。冷却下慢慢加入适量 5%盐酸,使 pH 值 为 5~6,过滤,滤得的固体用水洗涤,干燥,得 2-羟基-6-氯喹喔啉 32.7 g,收率 90.6%。

(4)氯化　在三口反应瓶中,依次加入 2-羟基-6-氯喹喔啉 21.6 g,甲苯 360 mL,加热至 110 ℃,慢慢滴加亚硫酰氯 28.6 g。 加毕,回流反应 3 h。冷却后倾入 300 mL 5%的氢氧化钠溶液中。 分出有机层,用水洗至中性。蒸去甲苯,残余物用乙醇重结晶,得 2,6-二氯喹喔啉 20.8 g,收率 87.1%。

(5)缩合　在三口反应瓶中,依次加入 2,6-二氯喹喔啉 20 g,

2-(4-羟基苯氧基)丙酸乙酯 21 g,无水碳酸钠 10.6 g,乙腈 300 mL。加热回流 10 h。蒸去乙腈,残余物溶解于甲苯 600 mL 中,用水洗涤,然后用无水硫酸钠干燥、过滤、蒸去甲苯,得到的粗品用乙醇重结晶,得喹禾灵 32.8 g,收率 88%,含量 95.4%。

【产品用途】 喹禾灵是芽后选择性除草剂。它除草性高,对 1 年生及多年生的禾本科杂草,在任何生育期间均有防效,对阔叶作物安全,可广泛用于棉花、油菜、大豆、花生等田禾本科杂草的防除。

4.12 2,4-滴丁酯

2,4-滴丁酯(2,4-D-butylate),化学名称为 2,4-二氯苯氧乙酸正丁酯(2,4-dichlorophenoxyacetic butyl ester; butyl-2,4-dichloro-phenoxyacetate]。分子式 $C_{12}H_{14}Cl_2O_3$,相对分子质量 277.15。结构式为:

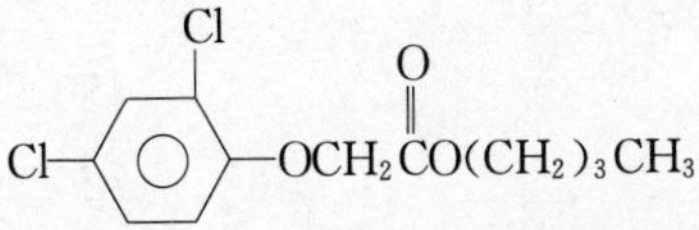

【产品性能】 纯品为无色油状液体,沸点 169 ℃/266.6 Pa,相对密度 1.242 8,凝固点 9 ℃。难溶于水,易溶于多种有机溶剂。挥发性强,遇碱分解。原油为褐色液体,20 ℃时相对密度为 1.21。

【生产方法】 苯酚氯化后在碱性条件下与氯乙酸钠缩合,缩合产物经酸化后,与正丁醇酯化,即制得 2,4-滴丁酯。

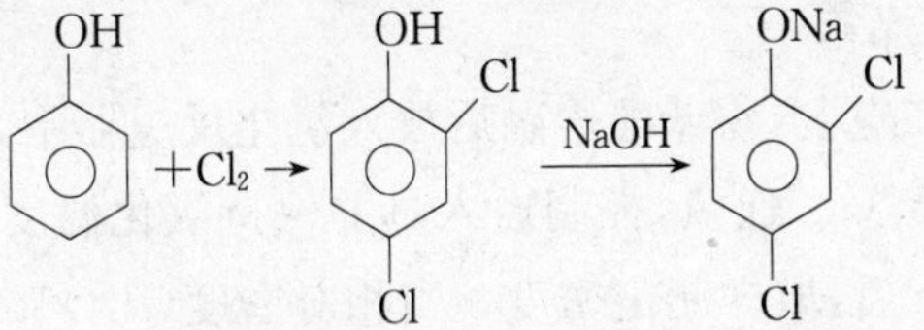

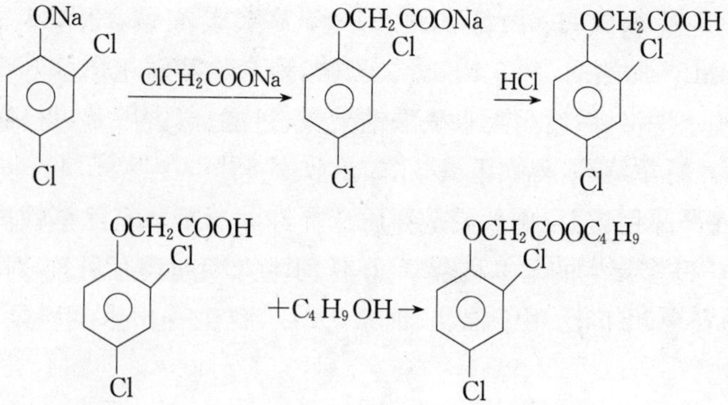

【生产流程】

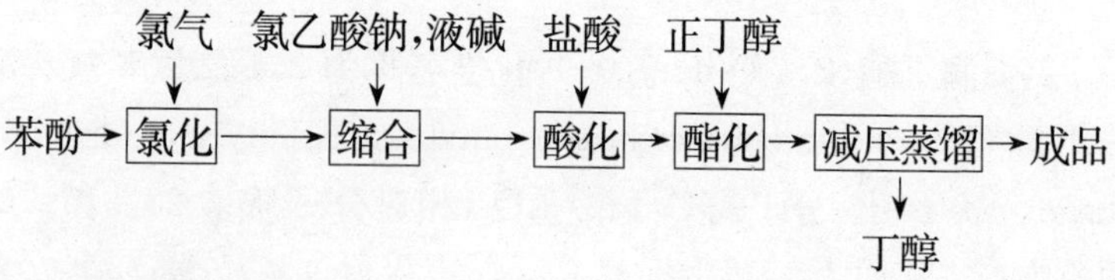

【生产配方】（1 g/t）

苯酚	480
液氯	720
氯乙酸	510
盐酸（30%）	520
丁醇	320
液碱（100%）	630

【主要设备】　氯化反应器　缩合反应器　酸化器　酯化器
抽滤器　干燥箱

【生产工艺】　将苯酚熔融后放入氯化反应器中,通夹套水冷
却至 45～65 ℃。通氯,控制通入量并保持氯化温度 45～65 ℃。
通氯 8～9 h 后,取样测定密度。当相对密度(d_4^{40})1.406 时,物料
容积增加 30%～33%,为氯化终点。将氯化产物 2,4-二氯酚于
50～70 ℃加入 30%氢氧化钠溶液,使物料 pH 值为 10。升温至

105 ℃,开始滴加氯乙酸钠溶液,回流 4~5 h,至缩合反应完成,得 2,4-滴钠悬浮液。将物料降温至 70%左右,加入 30%盐酸,调 pH 值至 1~2。然后加入苯,使 2,4-二氯苯氧乙酸全部溶解。趁热分出有机层,然后冷却,析出白色结晶,抽滤,干燥,得 2,4-二氯苯氧乙酸。

将丁醇加入溶解锅,搅拌下加入 2,4-二氯苯氧乙酸,加热至 100~110 ℃,保温 2 h,脱除部分水,丁醇回流。然后补加丁醇,氮气压料至酯化釜。升温至 120~140 ℃,维持 4 h,充分酯化。由醇水分离器分除水分,丁醇回流,当不再出水时停止回流。升温至 160~170 ℃,减压蒸出丁醇,即制得 2,4-滴丁酯。

【实验室制法】 将苯酚熔融后加入反应瓶,水浴降温至 45~65 ℃,通氯气氯化,即生成 2,4-二氯酚。将 2,4-二氯酚用 30%氢氧化钠调节 pH 值为 10,升温至 105 ℃,加入氯乙酸钠进行缩合反应,反应期间维持 pH 值为 9,沸腾下保温反应 2 h。加 30%盐酸调节物料 pH 值为 5,蒸馏回收未反应的 2,4-二氯酚,然后在 70~80 ℃,调节 pH 值为 1~2,冷却到 30 ℃,过滤,水洗,得 2,4-二氯苯氧乙酸。另将正丁醇加入反应瓶中,于搅拌下加入湿 2,4-二氯苯氧乙酸进行酯化反应。保持温度在 120~140 ℃,反应 4 h,即制得 2,4-滴丁酯。

【产品标准】

(1)原油

外观	褐色油状液体
含量(%)	≥90

(2)72%乳油

外观	褐色油状液体
游离碱(%)	≤2
含量(%)	≥(72.5±0.5)
pH 值	5~7
游离 2,4-滴含量(%)	≤2.5

乳液稳定性　　　　　　　　　　合格

酚(%)　　　　　　　　　　　　≤3.5

【质量检验】

(1)2,4-滴丁酯含量测定(液相色谱法)　称取含有相当2,4-滴丁酯的样品0.3 g(准确至0.2 mg),置于具塞玻璃瓶中,准确加入皂化-内标溶液25 mL溶解,摇匀。样品溶液和标准溶液应同时配制。分别注射标准溶液和样品溶液于色谱仪中,测出2,4-滴丁酯与内标物峰高比。

2,4-滴丁酯的百分含量(x)按下式计算:

$$x=\frac{R_2 \times m_1 \times P \times 1.254}{R_1 \times m_2} \times 100\%$$

式中　R_1——标准品与内标物峰面积(或峰高)的比值;

　　　R_2——样品与内标物峰面积(或峰高)的比值;

　　　m_1——标准品质量,g;

　　　m_2——样品质量,g;

　　　P——标准品纯度,%;

1.254——2,4-滴丁酯/2,4-滴相对分子质量比。

说明:

①测定原理:分离出样品中2,4-滴丁酯皂化生成的游离酸。在内标物对溴苯酚存在下,通过酸性流动相的反相柱,用带有280nm紫外检测器的高压液相色谱仪定量测定。

②皂化-内标溶液:称取4 g分析纯对溴苯酚,溶于1 000 mL 0.2 mol/L氢氧化钾的异丙醇溶液中。必要时可调节异丙醇和水的比例,以使样品完全溶解。

③2,4-滴标准品:纯度≥99%,在100 ℃烘箱中干燥15 min备用。

④2,4-滴标准溶液:称取干燥过的2,4-滴标准品0.3 g(准确至0.2 mg),置于具塞玻璃瓶中,准确地加入皂化-内标溶液25 mL

溶解,摇匀。

(2)其他指标的检测　参见黑 Q/HG 8—80,辽 564—84,宁 Q/HG 4-80。

【产品用途】　内吸选择性除草剂。主要防除禾本科作物田中的双子叶杂草、阔叶杂草、异性莎草科和某些恶性杂草。

【安全措施】

(1)生产中使用的原料及产品均有一定毒性,生产设备应密闭,特别是氯化反应器应严防泄漏,生产场地通风良好,操作人员必须穿戴劳保用品。

(2)产品用玻璃瓶或铁桶包装。防水、防潮,贮存于阴凉、干燥处。严禁与酸、碱类物质接触。

4.13　燕麦枯

燕麦枯(difenzoquat,avenge,finaven)又称野燕枯,双苯唑快,草吡唑;化学名称为 1,2-二甲基-3,5-二苯基-1H-吡唑硫酸甲酯盐 (1,2-Dimethyl-3,5-diphenyl-1H-pyrazolium methyl sulfate)。分子式 $C_{18}H_{20}N_2O_4S$,相对分子质量 360.43。结构式为:

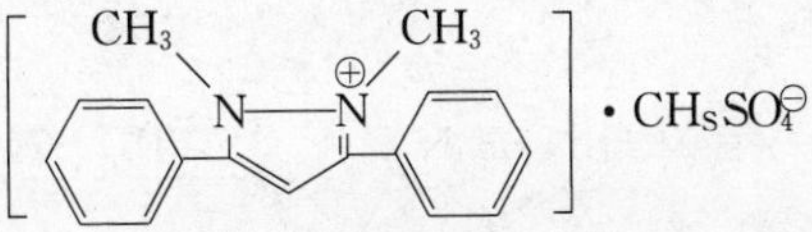

【产品性能】　白色固体,略有吸湿性,相对密度(d_4^{25})1.13,熔点 155～157 ℃,水中溶解度:25 ℃时为 760 g/L,37 ℃时为 580 g/L,稍溶于乙醇和乙二胺,不溶于石油烃类,对光和酸稳定,对碱不稳定,120 ℃放置 169 h 无分解性。20 ℃时蒸汽压为 13.33 μPa。是选择性苗后茎叶处理剂。

【生产方法】

(1)环氧化法　苯乙酮在碱性条件与苯乙醛缩合得到 1,3-二苯基-2-丙烯-1-酮(查耳酮)。缩合物与双氧水发生环氧化,得到的

　　环氧化物与水合肼发生 1,3-环加成,得到 3,5-二苯基吡唑,最后与硫酸二甲酯甲基化、成盐,制得燕麦枯。

　　(2)氯化法　查尔酮与氯加成后,得到的二氯查尔酮与水合肼环化,再与硫酸二甲酯发生甲基化、成盐,制得燕麦枯。

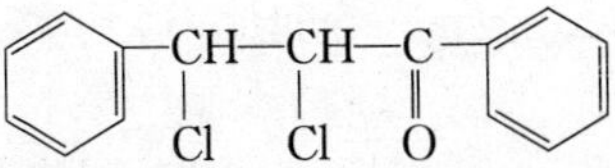
CH
CH
C
Cl
Cl
O

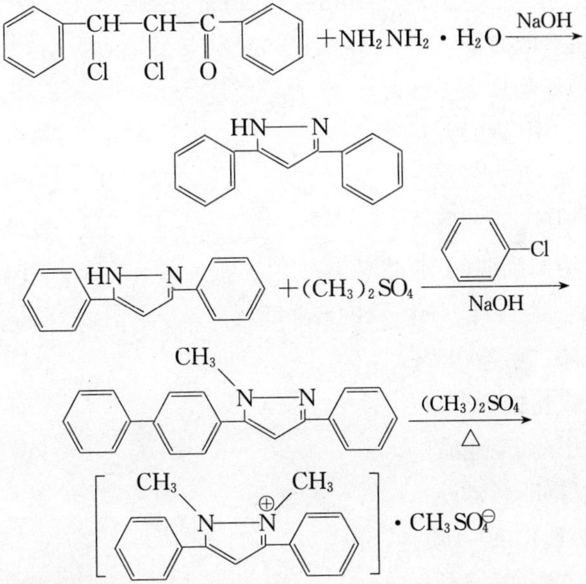
CH
CH
C
Cl
Cl
O
+NH2NH2 · H2O
NaOH
HN
N
+(CH3)2SO4
Cl
NaOH
CH3
N
N
(CH3)2SO4
△
CH3
CH3
N
N
· CH3SO4

【生产流程】

(1)环氧化法

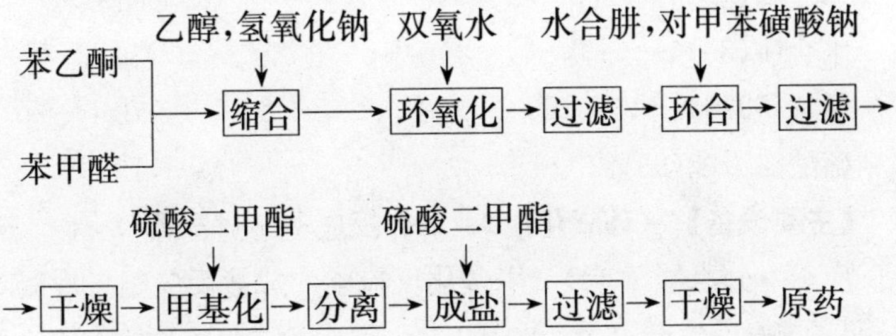
苯乙酮
苯甲醛
乙醇,氢氧化钠
缩合
双氧水
环氧化
过滤
水合肼,对甲苯磺酸钠
环合
过滤
硫酸二甲酯
干燥
甲基化
分离
硫酸二甲酯
成盐
过滤
干燥
原药

(2)氯化法

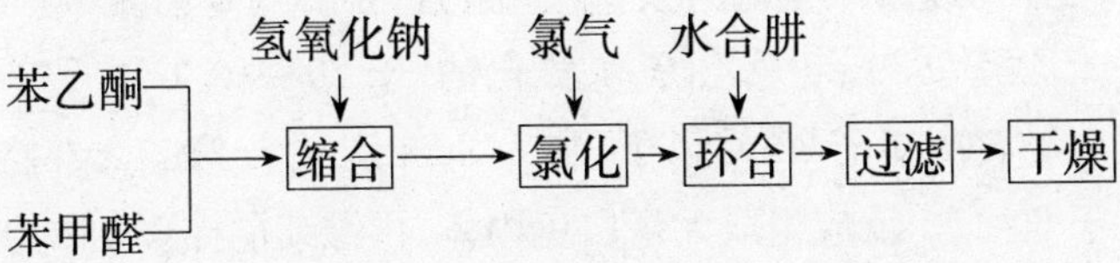
苯乙酮
苯甲醛
氢氧化钠
缩合
氯气
氯化
水合肼
环合
过滤
干燥

硫酸二甲酯,氢氧化钠　硫酸二甲酯　水
　　　　↓　　　　　　　↓　　　　↓
→ 甲基化 ────→ 成盐 → 萃取 → 浓缩 →40％水剂产品

【生产配方】

(1)环氧化法　(kg/t)

苯乙酮(≥95％)	654
双氧水(30％)	769
苯甲醛(≥95％)	589
对甲苯磺酸(工业品)	21
水合肼($NH_2NH_2 \cdot H_2O$,≥85％)	288
硫酸二甲酯(95％)	711
氢氧化钠(98％)	184
二甲苯(工业品)	267
乙醇(95％)	134

(2)氯化法　(质量,份)

苯乙酮(≥95％)	126
氢氧化钠(98％)	8
苯甲醛(≥95％)	113
水合肼(85％)	56
氯气(99％)	70
硫酸二甲酯(95％)	137

【主要设备】　(环氧化法)　缩合反应釜　过滤器(3台)　环合反应釜　分水器(2台)　甲基化反应釜　成盐反应釜　冷凝干燥箱　贮罐

【生产工艺】　在缩合反应釜中,加入95％苯乙酮65.4 kg,95％苯甲醛58.9 kg及乙醇、氢氧化钠,于20~30 ℃下反应4 h。将反应物料冷却至20 ℃以下,加入30％双氧水76.9 kg,控制温度低于60 ℃。反应生成大量白色固体,再继续搅拌0.5 h,冷却至室温,过滤。滤饼用水洗涤,压干,得对应的环氧化物。

在环合反应釜中,加入上述制得的环氧化物,85%水合肼 28.8 kg,对甲苯磺酸 2.1 kg 和溶剂二甲苯,搅拌加热回流 1 h。稍冷后,继续加热回流和分水,直至分水器中上层的二甲苯透明为止。冷却至室温,过滤,滤饼用少量二甲苯洗涤 1 次,干燥得黄褐色结晶,3,5-二苯基吡唑。

在甲基化反应釜中,加入 3,5-二苯基吡唑,二甲苯和氢氧化钠,加热至 120 ℃。于搅拌下滴加硫酸二甲酯。滴加完毕,回流 0.5 h。降温至 80 ℃时加水,再用 50%氢氧化钠调整 pH 值至 10~11,继续搅拌 15 min。静置分层,分出的二甲苯层,用水洗涤 1 次,得到 1-甲基-3,5-二苯基吡唑的二甲苯溶液。转入成盐反应釜,蒸出约 75%的二甲苯,加入二氯乙烷,加热到 60 ℃,加入硫酸二甲酯,回流 4 h。冷却,过滤,干燥,得燕麦枯。

【实验室制法】 将乙醇 800 mL,苯乙酮 126 g,苯甲醛 116 g 加入三口反应瓶中,加入氢氧化钠 8 g,室温反应 2 h。反应完毕,加热蒸出全部乙醇,趁热加入氯苯 1 200 mL,静置。分出水相,得到查耳酮(即 1,3-二苯基-2-丙烯-1-酮)的氯苯溶液,于 1 h 内向该溶液通入氯气 70 g。通氯结束后,加热反应物料以驱赶未反应的氯气,水洗,得二氯查耳酮。再加入 85%水合肼 50 g 及氢氧化钠 50 g,在 80 ℃反应 5 h。趁热分出水相,有机相冷却后,过滤析出二苯基吡唑,干燥。按苯乙酮计收率约为 84%。

在三口反应瓶中,加入二苯基吡唑和氯苯、氢氧化钠和四丁基溴化铵,加热回流。然后滴加硫酸二甲酯进行甲基化,控制滴加速度,勿使反应过于剧烈。反应 1~2 h 后,降温,水洗,以除去硫酸钠,即得到 1-甲基二苯基吡唑氯苯溶液。再加入稍过量的硫酸二甲酯,升温至 100 ℃以上反应 2~3 h。反应结束后,加入适量的水,萃取所生成的燕麦枯,浓缩制得燕麦枯 40%水剂。

【产品标准】

40%水剂

外观	棕红色透明液体
有效成分(g/100 mL)	≥40.0
pH 值	≥2

【产品用途】 主要用于小麦、大麦田防除野燕麦,也用于油菜、亚麻等作物田除草。

【安全措施】

(1)原料水合肼属无机碱性腐蚀品。有毒。具有强腐蚀性、渗透性。双氧水为一级无机酸性腐蚀品,为强氧化剂,能使有机物质燃烧。硫酸二甲酯剧毒,对呼吸系统黏膜和皮肤有强烈的刺激及腐蚀作用,空气中最高允许浓度为 0.5 mg/m³。生产设备必须密闭,操作人员应穿戴防护用品。

(2)燕麦枯毒性:雄大白鼠急性经口 LD_{50} 为 470 mg/kg,雄兔急性经皮毒性 LD_{50} 为 3540 mg/kg。对眼睛和皮肤无刺激作用。中毒者如神志清醒,可先服吐根糖浆 15~50 mL,再喝一杯水,使中毒者呕吐并立即请医生治疗。

(3)用玻璃瓶或内涂塑料的钢桶密封包装。贮于通风、干燥处。

4.14 甲黄隆

甲黄隆(metsulfuron)化学名称为 2-[(4-甲氧基-6-甲基-1,3,6-三嗪-2-基脲基)磺酰基]苯甲酸甲酯。英文名有 Ally、Escort、Finesse、DPX-T6376 等。分子式 $C_{14}H_{16}N_5O_6S$,相对分子质量 381.4。结构式为:

【产品性能】 纯品为白色结晶固体,熔点 163～166 ℃。水中溶解度因 pH 值不同而异,pH 值 4.59 时 270 mg/L,pH 值 6.11 时 9 500 mg/L。酸性离解度 pKa=33。在土壤中,因微生物降解及水解而被破坏,其半衰期为 7～30 d。毒性 LD_{50} 为 5 000 mg/kg(雄大鼠口服),对鱼类毒性低。

【生产方法】 将糖精用甲醇进行醇解后,在异氰酸正丁酯催化下,与光气反应得到 2-(磺酰基异氰酸酯)苯甲酸甲酯,然后与 2-氨基 4-甲氧基-6-甲基均三嗪缩合得到甲黄隆。

【生产流程】

【生产配方】 （质量，份）

糖精（100％计）	183
光气（$COCl_2$）	118
甲醇（工业品）	48
2-氨基-4-甲氧基-6-甲基均三嗪	112

【主要设备】 醇解反应釜　光气化反应釜　减压蒸馏釜　蒸馏釜　过滤器　缩合反应罐　研磨机　贮槽

【生产工艺】

将糖精钠和过量二甲醇投入醇解反应釜，冷却至 0 ℃通入氯化氢气体。反应后蒸馏回收过的甲醇，残余物经重结晶得熔点122～124 ℃的 2-磺酰胺基苯甲酸甲酯。然后以二甲苯为溶剂，加入 2-磺酰胺基苯甲酸甲酯和催化量的异氰酸正丁酯及二胺。加热至 120 ℃通入光气。反应完毕，升温至 136 ℃以驱赶反应器内残余气体，然后冷却，过滤。滤液先蒸去二甲苯，然后减压蒸馏收集 140～150 ℃/266.4 Pa 的馏分，得到 2-（磺酰基异氰酸酯）苯甲酸甲酯。

将上述得到的中间体投入盛有二氯甲烷溶剂的缩合反应罐中，加入 2-氨基-4-甲氧基-6-甲基均三嗪。于室温下反应 14～16 h。过滤，滤液蒸发回收二氯甲烷，残留物加氯丁烷研磨，得到白色晶体甲黄隆。

【实验室制法】 在三口反应瓶中加入糖精 30 g 和甲醇250 mL，于 0 ℃下通氯化氢气体进行反应。反应完成后，蒸馏物料，除去过量的甲醇。再在物料中加入乙酸乙酯，过滤，除去未反应的糖精。蒸馏滤液，除去乙酸乙酯，所得固体经重结晶即制得熔点为 122～124 ℃的 2-磺酰胺基苯甲酸甲酯。取上述所得 2-磺酰胺基苯甲酸甲酯 13.4 g，加入反应瓶中，再加入二甲苯 100 mL 和催化量的异氰酸正丁酯，以及少量 1,4-二氮杂二环[2,2,2]辛烷。搅拌，并加热，于 120 ℃时通入光气。反应完成后，升温至 136 ℃，然后冷却至室温。过滤,滤液脱溶后减压蒸馏,收集 140～150 ℃ (2.0×133.3 Pa)馏分,即制得 2-磺酰基异氰酸酯苯甲酸甲酯。

取 2-磺酰基异氰酸酯苯甲酸甲酯 2.4 g 加入反应瓶中,再加 2-氨基-4-甲氧基-6-甲基均三嗪 1.4 g 和二氯甲烷 30 mL,于室温 搅拌反应 16 h。然后静置,过滤。滤去溶剂后所得固体用氯丁烷 磨碎得白色晶体,熔点为 158～164 ℃的甲黄隆。配制成 20%乳 油,5%颗粒剂即为成品。

【产品标准】 (参考指标)

外观	白色结晶固体
熔点(℃)	161～165

【产品用途】 是禾谷类作物田间的高效广谱除草剂。施药时间在杂草苗前或苗后均可。每亩施量为 0.26～0.53 g 有效成分。对阔叶杂草及小麦芽前芽后除草尤为有效。

【安全措施】

(1)生产过程中使用光气等有毒或腐蚀性物品,设备必须密封。操作人员应穿戴劳保用品。严格执行操作规程。

(2)产品毒性,LD_{50} 5 000 mg/kg(雄大自鼠口服)。对眼睛有刺激。

(3)密封包装,按农药的有关规定贮运。

4.15 二甲四氯钠盐

【产品性能】 二甲四氯钠盐工业品为黄橙色固体,熔点 99～107 ℃。纯品为白色固体,熔点 118～129 ℃,难溶于水,易溶于醇、醚、苯及四氯化碳等有机溶剂,其钠盐能溶于水。

【生产配方】

邻甲酚(96.5%)	650
氯气(工业品>99%)	531
氯乙酸(97%以上)	609

烧碱(工业品,＞95%)	476
盐酸(31%)	251

【生产方法】　先将邻甲酚与烧碱配制成邻甲酚钠,氯乙酸与烧碱配制成氯乙酸钠,二者在碱性介质中进行缩合,制成 2-甲基苯氧乙酸钠盐,酸化后生成 2-甲基苯氧乙酸,然后再以卤代芳烃(如氯苯)作溶剂,三氯化铁作触媒,进行氯化,制成 2-甲基-4-氯苯氧乙酸,再加烧碱中和成钠盐,并蒸去溶剂,即得二甲四氯钠盐产品。

【生产工艺】

(1)缩合　首先将配制好的邻甲酚钠投入缩合釜中,然后加一定量的烧碱液和水,加热至 95～100 ℃,搅拌 0.5 h,逐渐加入氯乙酸钠的水溶液,并在一定温度下反应 1.5～2 h 即缩合完毕,缩合液冷却后,放入中和釜中,加适量的盐酸中和至微酸性(pH=5～

6),然后加入氯苯以提取未反应的邻甲酚钠。中和液抽至分离器中分层,上层萃取液放入蒸馏釜,下层水层送至酸化釜中加盐酸酸化至 pH＝1～2 之后,又加入氯苯溶剂,抽提出 2-甲基苯氧乙酸氯苯提取液放入蒸馏釜中,蒸出的氯苯和水混合物经蒸馏塔、冷凝器及分离器,使氯苯与水分离,氯苯回收使用。蒸馏釜中留下的2-甲基苯氧乙酸、氯苯溶液放入氯化釜中以进行氯化。

(2)合成 从蒸馏釜放至氯化釜中的 2-甲基苯氧乙酸氯苯液,加热至 50～100 ℃时,在催化剂无水三氯化铁存在下,通氯气进行氯化,氯化结束后,用氮气排除氯化氢,然后将氯化液送至成盐锅中,加入烧碱中和成盐。中和后,又压至蒸馏釜蒸去氯苯和水,待完全除去氯苯之后,趁热放出二甲四氯钠盐,粉碎包装即得产品。

【产品标准】

外观	深褐色粉末
二甲四氯(钠盐)含量(%)	≥56.0
干燥减重(%)	≤9.0
水不溶物含量(%)	≤1.0

【产品用途】 二甲四氯钠盐是一种优良的除草剂,可用于水稻、麦类、玉米和高粱等作物防除双子叶杂草和某些单子叶杂草,如鸭舌草、三棱草、水白菜、水芹、衫叶藻、狠巴草、水葱、水上漂等杂草。

4.16 甲酯除草醚

甲酯除草醚(Modown)又称治草醚,化学名称是 5-(2,4-二氯苯氧基)-2-硝基苯甲酸甲酯。分子式 $C_{14}H_9Cl_2NO_5$,分子量342.1。结构式为:

【产品性能】　该品是黄色结晶,熔点 84～86 ℃,290 ℃时分解,相对密度 1.155。蒸汽压(30 ℃)为 $3.2×10^{-4}$ Pa。溶解度(g/kg):丙酮 400,二甲苯 300,氯苯 50,乙醇 10,水 0.35 mg。其水溶液为 pH 值 5～7.3 时是稳定的,当 pH 值为 9 时,则立刻分解。

【生产方法】　苯甲酰氯氯化得到间氯苯甲酰氯,然后与甲醇发生酯化反应,得到的间氯苯甲酸甲酯用混酸硝化,生成 2-硝基-5-氯苯甲酸甲酯,最后在碱性条件下与 2,4-二氯苯酚发生威廉逊醚化,得到甲酯除草醚。

【生产配方】　(份)

苯甲酰氯(98%)	143.5
氯气(99%)	71.0
甲醇(98%)	35.2
硝酸(100%计)	76.0
2,4-二氯苯酚	163.0

【生产工艺】

(1)间氯苯甲酰氯的制备　将苯甲酰氯 281 g,铁粉 1.4 g 及硫磺 0.56 g 投入反应瓶中。保持温度 20 ℃,通氯氯化,约 2.5 h。然后通氮气赶除光气和反应生成的氯化氢气体而得。

(2)间氯苯甲酸甲酯的制备　将甲醇慢慢地加入在搅拌下的间氯苯甲酰氯中(酰氯:甲醇=1.0:1.1摩尔比)。在 25～68 ℃进行酯化反应,回流 2～3 h,反应过程中有大量氯化氢放出,回收过量的甲醇而得。

(3)5-氯-2-硝基苯甲酸甲酯的制备　向反应瓶中加入间氯苯甲酸甲酯 853 g,1,2-二氯乙烷 500 g,冷却至—10 ℃,滴加 95%的发烟硝酸 338 g(5.1 mol)和 96%硫酸 816 g(8 mol)的混合酸,约 3 h 滴完。在—10 ℃下搅拌反应 2 h,再升温至 30 ℃搅拌反应 3 h。分出有机层,过滤,干燥而得。

(4)甲酯除草醚的制备　将固体碳酸钾(97%)189 g,加入在搅拌下的 2,4-二氯苯酚(97%)419 g 及二甲基甲酰胺溶剂 960 mL 中,加热回流 1 h,伴有二氧化碳放出,约 50%的二甲基甲酰胺蒸出之后,将 5-氯-2-硝基苯甲酸甲酯(80%)638 g 加入搅拌下的 95 ℃的酚盐中。加完后,在 100 ℃反应 3 h,脱溶后加甲醇使产品溶解,冷却,滤除氯化钾,滤液冷却结晶而得甲酯除草醚,熔点 84~86 ℃。配制成 10%颗粒剂,21%乳油,25%可湿性粉剂。

【产品标准】

外观	黄色或黄棕色粉末
有效成分(%)	≥90
熔点(℃)	≥71
水分(%)	<2
pH 值	7~8

【产品用途】　是光合作用抑制剂,能被叶片较快地吸收,但在植物体内传导速度较慢。它是芽前除草剂,主要用于大豆除草。具有施药量少,除草谱广,对土壤适应性强,不受气温影响等特点。

4.17　杀草丹

杀草丹(benthiocarb)又称禾草丹,稻草完,灭草丹,化学名称为 S-(4-氯苄基)-N,N-二乙基硫代氨基甲酸酯[S-(4-chloro-benzyl)-N,N-diethylthioc arbamate],对应商品名有 Saturn、Saturno、Thiobencarb。分子式 $C_{12}H_{16}ClNOS$,相对分子质量 257.8。

结构式为：

$$\text{Cl}-\langle\!\bigcirc\!\rangle-\text{CH}_2\text{SC}\overset{\displaystyle O}{\underset{\displaystyle \|}{}}\text{N}\!\overset{\displaystyle C_2H_5}{\underset{\displaystyle C_2H_5}{}}$$

【产品性能】　琥珀色液体(纯品为无色透明油状液体)。熔点 3.3 ℃。沸点 126～129 ℃(1.07 kPa)。蒸汽压(23 ℃)2.93× 10^{-3} Pa。相对密度 1.145～1.180,闪点 172 ℃。易溶于二甲苯、丙酮、醇类等有机溶剂,20 ℃时在水中的溶解度约为 30 mg/L。在酸和碱性条件下稳定,对热、光较稳定。

【生产方法】　以甲苯为溶剂,氧硫化碳与二乙胺反应,生成 N,N-二乙基硫代氨基甲酸二乙胺盐,再进一步与对氯苄基氯反应得到杀草丹。

$$COS+2(C_2H_5)_2NH \rightarrow (C_2H_5)_2N\overset{\displaystyle O}{\underset{\displaystyle \|}{}}C-SH \cdot NH(C_2H_5)_2$$

$$(C_2H_5)_2N\overset{\displaystyle O}{\underset{\displaystyle \|}{}}C-SH \cdot NH(C_2H_5)_2 + \ ClCH_2-\langle\!\bigcirc\!\rangle-Cl \rightarrow$$

$$(C_2H_5)_2N\overset{\displaystyle O}{\underset{\displaystyle \|}{}}C-SCH_2-\langle\!\bigcirc\!\rangle-Cl + (C_2H_5)_2NH \cdot HCl$$

【生产流程】

```
                    双氯苄氯   水
   二乙胺  ┐           ↓       ↓
   氧硫化碳 ├→ 胺化 →  缩合 →  水洗 → 脱溶剂 → 蒸发 → 成品
   甲苯   ┘                    ↓       ↓        ↓
                              ↓      甲苯      甲苯
                            中和 ← 氢氧化钠
                              ↓
                            蒸馏
                              ↓
                            二乙胺
```

【生产配方】 （kg/t）

二乙胺(98%)	420
氧硫化碳(≥97.5%)	600
对氯苄氯(≥99%)	700

【主要设备】 胺化反应罐　缩合反应罐　高位槽　水洗罐
中和罐　脱溶器　薄膜蒸发器

【生产工艺】

在胺化反应罐中加入二乙胺和适量溶剂甲苯,然后在搅拌下通入气态氧硫化碳,并循环至反应终点。反应液压入缩合反应罐,加入对氯苄氯进行缩合反应。缩合反应完毕,物料进入水洗罐,加水洗涤后静置分层。水层进中和罐用烧碱中和后,蒸馏回收二乙胺。有机层进入脱溶器,回收溶剂甲苯,然后进入薄膜蒸发器,进一步浓缩回收溶剂,得到杀草丹。

【产品标准】

指标名称	优级	一级	合格
外观	淡黄色至棕色油状液体		
有效成分(%)	≥93.0	≥90	≥85
水分(%)	≤0.2	≤0.2	≤0.4
酸度(以 H_2SO_4 计,%)	≤0.2	≤0.4	≤0.5
丙酮不溶物(%)	≤0.05	≤0.05	≤0.1

通常制剂有 50%乳油和 10%颗粒剂。

【质量检验】

(1)有效成分测定　采用气相色谱法。气相色谱仪:带有火焰离子化检测器;色谱柱:长 1 m,内径 3 mm 不锈钢柱;固定相:5% DEGA 涂于 CEllTE545 60～80 目担体上;柱温:180 ℃;载气: N_2,流速 60 mL/min;氢气流速:50 mL/min;空气流速:0.85 L/min;进样量:3 μL。

先绘制标准曲线,再测定样品杀草丹和内标的峰高,从标准曲线上查出相应的质量比。

$$含量(\%)=\frac{m_1 \times k}{m_2} \times 100$$

式中　m_1——内标物质量，mg；

　　　　m_2——样品质量，mg；

　　　　k——按样品与内标物的峰高比由曲线图上查出质量之
　　　　　　比值。

【产品用途】　主要用于水田防除杂草，如稗草、牛气毡、三棱草、鸭舌草等，也可用于棉花、大豆、花生等旱地作物防除马唐、藜、苋、繁缕等杂草。

【安全措施】

(1)生产中使用氧硫化碳、对氯苄氯等有毒化学品，生产设备必须密闭，操作人员应穿戴劳保用品，车间内保持良好的通风状态。

(2)本产品毒性：大白鼠急性口服 LD_{50} 为 1 300 mg/kg。鲤鱼 TL_m(48 h)为 1.7～3.6 mg/kg。

(3)铁桶包装，贮放于阴凉、干燥处，远离火源。

4.18　杀草胺

杀草胺(Shacaoan)化学名称为 N-异丙基-α-氯代乙酰替邻乙基苯胺。分子式 $C_{13}H_{18}ClNO$，分子量 239.59。结构式为：

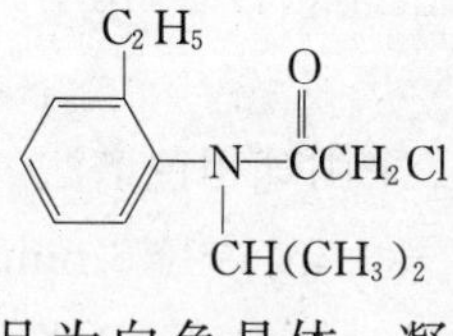

【产品性能】　纯品为白色晶体。凝固点 38～40 ℃，沸点 159～161 ℃/6×133.3 Pa。难溶于水，易溶于乙醇、丙酮、苯、甲苯、二氯乙烷。一般对稀酸稳定，碱性下可水解。工业品为红棕色油状液体。小白鼠急性经口服毒性 LD_{50} 为 432 mg/kg。对皮肤有刺激,接触高浓度药液有灼痛感。对鱼有毒。

【生产方法】 邻硝基乙苯在酸性条件下用铁粉还原,得到的邻氨基乙苯与异丙溴发生烃化,然后与氯乙酸发生酰化得到杀草胺。

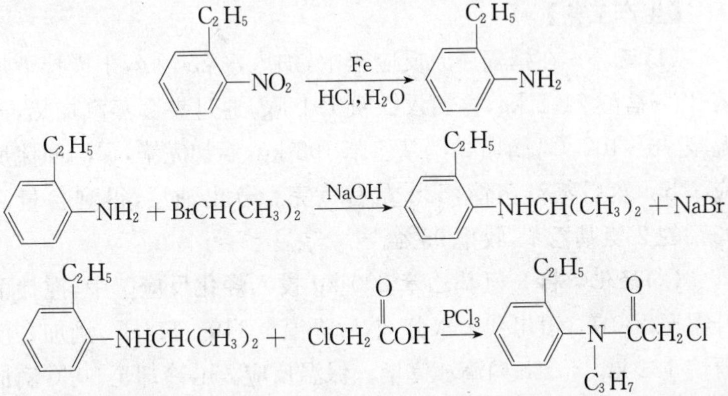

【生产流程】

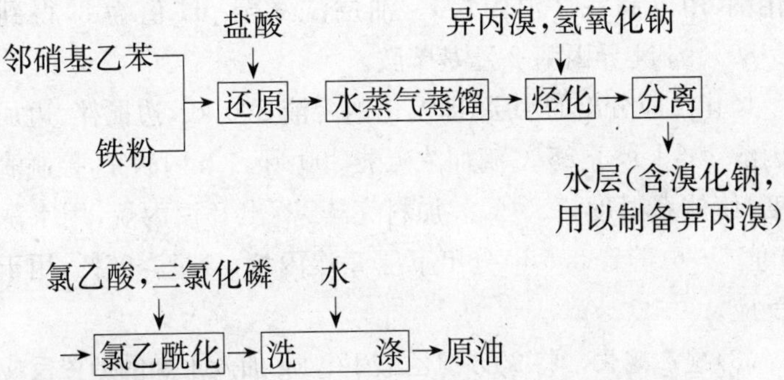

【生产配方】

2-硝基乙苯(95%)	600.0
铁粉(40~60目)	579.0
盐酸(30%)	65.0
溴化钠(70%)	220.0
异丙醇(95%)	304.0
氢氧化钠(40%)	440.0

氯乙酸(≥95%)	540.0
三氯化磷(≥95%)	230.0
硫酸(98%)	795.0

【生产工艺】

(1)还原　在搪瓷还原反应釜中,加入水 250 kg,于搅拌下加入 30%盐酸 21.5 kg,再加入铁粉 191 kg,通过夹套蒸汽加热,升温至 98～102 ℃,滴加 2-硝基乙苯 198 kg,滴加完毕,保温回流反应 2 h。然后蒸汽蒸馏,5 h 左右蒸完。分出油层,得到含量≥93%的 2-氨基乙苯,收率 95%。

(2)烃化　将 2-氨基乙苯 200 kg 投入烃化反应釜中,搅拌下升温至 130 ℃,蒸出残余水分,然后降温至 110～114 ℃,滴加 2-溴丙烷 182 kg,于 5 h 内滴加完毕。保温反应 2 h,冷却至 90 ℃滴加 40%氢氧化钠中和至 pH 值为 9～10,静置分层,分出水层(含有溴化钠,用以制备 2-溴丙烷)。油层洗涤至 pH 值为 8,得到含量>80%的 N-异丙基-2-乙基苯胺。

烃化反应分出的水层,即溴化钠溶液 200 kg,边搅拌、边加入异丙醇 196 kg,于 25 ℃滴加浓硫酸 300 kg,1 h 内滴完,控制滴加速度,使体系温度≤50 ℃。加料完毕,蒸出 2-溴丙烷,用水洗至 pH 值 5～6,静置 0.5 h,分出下层 2-溴丙烷,含量>95%,用于烃化反应。

(3)氯乙酰化　将 95%氯乙酸 179 kg 加入干燥的搪瓷反应釜中,再加入三氯化磷 76 kg,搅拌下滴加 N-异丙基-2-乙基苯胺 208 kg,约 1 h 加完。然后在 90～106 ℃分段提高温度,反应 4 h。用水吸收副产物氯化氢气体。反应完毕,降温至 90 ℃,加水洗涤,将油层洗至 pH 值为 2,得到含量 90%的杀草胺。

【产品标准】

60%乳油

外观　　　　　　　　　　　　　　　　　红棕色油状液体

有效成分含量(%)	≥60
乳液稳定性	合格

【产品用途】　芽前除草剂。土壤处理可杀死萌芽期杂草。持效期 15～20 d。主要用于水稻田、大豆等旱田作物防除 1 年生单子叶和部分双子叶杂草。如水稻田的稗草、鸭舌草、水马齿苋、球三棱、牛毛草及旱田的狗尾草、马唐、灰菜、马齿苋等。

4.19　异丙隆

异丙隆(Isoproturon、Arelon)的化学名称为 N-4-异丙基苯基-N',N'-二甲脲。分子式 $C_{12}H_{18}N_2O$,分子量 206.29。结构式为:

$$(CH_3)_2CH-\!\!\!\!\diagdown\!\!\!\!-NHC(CH_3)_2$$
$$\overset{\displaystyle O}{\overset{\|}{}}$$

【产品性能】　纯品为无色结晶。熔点 155～156 ℃。相对密度 1.16。20 ℃时在水中溶解度为 0.005 5%,溶于大多数有机溶剂。20 ℃时蒸汽压为 3.33 μPa。大白鼠经口服毒性 LD_{50} 为 4 640 mg/kg。属取代脲类选择性除草剂。

【生产方法】

(1)光气法　异丙苯经混酸硝化,生成对硝基异丙苯,然后用铁粉还原生成对异丙基苯胺,以氯苯为溶剂,对异丙基苯胺与光气反应,开始反应温度 0～5 ℃,然后升温至 60～70 ℃,生成对异丙基苯基异氰酸酯。最后在常温下与二甲胺反应生成异丙隆。

$$(CH_3)_2CH-\!\!\!\!\diagdown\!\!\!\!- \xrightarrow[HNO_3]{H_2SO_4} (CH_3)_2CH-\!\!\!\!\diagdown\!\!\!\!-NO_2 \xrightarrow[HCl]{Fe}$$

$$(CH_3)_2CH-\!\!\!\!\diagdown\!\!\!\!-NH_2 \xrightarrow{COCl_2} (CH_3)_2CH-\!\!\!\!\diagdown\!\!\!\!-N=C=O$$

$$\xrightarrow{(CH_3)_2NH} (CH_3)_2CH-\!\!\!\!\diagdown\!\!\!\!-NHCON(CH_3)_2$$

(2)非光气法　将对异丙基三氯乙酰苯胺与二甲胺在无机碱

的催化作用下,于 60~80 ℃反应 0.5 h,得到异丙隆。

$$(CH_3)_2CH- \!\!\!\!\bigcirc\!\!\!\!- NHCCCl_3 \ (=O) \ +HN(CH_3)_2 \xrightarrow[\text{溶剂}]{\text{碱}}$$

$$(CH_3)_2CH- \!\!\!\!\bigcirc\!\!\!\!- NHCN(CH_3)_2 \ (=O) \ +CHCl_3$$

【生产配方】

(1)光气法(kg/t 产品)

对异丙基苯胺(95%)	980.0
二甲胺(40%)	950.0
光气(80%)	840.0

(2)非光气法

对异丙基苯胺	135.0
三氯化磷	140.0
三氯乙酸(95%)	172.0
二甲胺(40%)	205.0

【生产工艺】

(1)酯化　将对异丙基苯胺 135.0 g 和 95%三氯乙酸 172.0 g 加入反应瓶中,搅拌下滴加三氯化磷 140 g,温度控制在 100~110 ℃,滴加完毕,恒温反应 0.5 h,然后加入冰水 1 000 mL,抽滤收集固体并用水洗至中性,用乙醇/水重结晶,得到白色晶体对异丙基乙酰苯胺,收率 91%,熔点 123~125 ℃。

(2)取代　将对异丙基三氯乙酰苯胺 140.0 g,氢氧化钠 50 g,40%二甲胺 112.5 g 和二甲亚砜 800 mL 加入反应器中,加热搅拌 0.5 h,温度控制在 60~80 ℃,反应结束之后,将反应液倾入水中,抽滤收集固体,用乙醇/水重结晶,得到白色固体异丙隆,收率 95%,熔点 155~156 ℃。

【产品用途】　本除草剂适用于小麦、大麦、大豆、马铃薯、花生、玉米、番茄、水稻、棉花等作物,可防除看麦娘、野燕麦、早熟米、雀舌草、藜、繁缕等1年生禾本科杂草和阔叶杂草。

4.20　异噁草酮

异噁草酮化学名称为 2-(2-氯苯甲基)-4,4-二甲基-3-异噁唑酮。分子式 $C_{12}H_{14}ClNO_2$,分子量 239.70。结构式为:

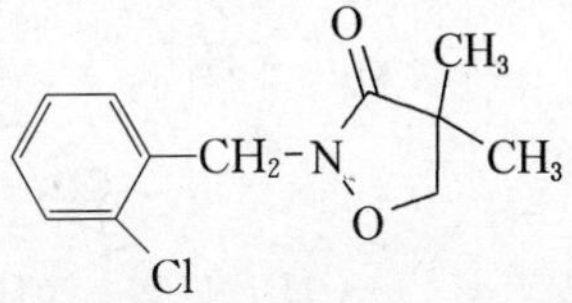

【产品性能】　为油状物。在植物体内抑制叶绿素及叶绿素保护色素的产生,使植物在短期内死亡。

【生产方法】

(1)邻氯苄基溴法　将三甲基乙酸经氯代后与羟胺缩合,环合得 4,4-二甲基-3-异噁唑酮,然后在碱性条件下与邻氯苄基溴烃化得异噁草酮。

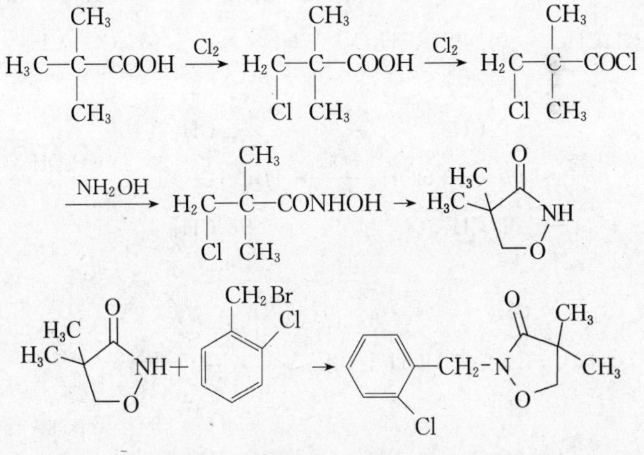

(2)邻氯苯甲醛法　将邻氯苯甲醛与羟胺成肟,还原得邻氯苄基羟胺,再与 2,2-二甲基-3-氯丙酰氯缩合,环化得异噁草酮。

（3）3-羟基-2,2-二甲基丙醛法　将 3-羟基-2,2-二甲基丙醛与乙酸发生酯化，再氧化，溴代溴化得 3-溴-2,2-二甲基丙酰氯，然后与羟胺酰化、成环，最后与邻氯苄氯发生 N-烃化得异噁草酮。

这里介绍第三种方法。

【生产流程】

3-羟基-2,2-二甲丙醛 →[酯化]→(乙酸) [氧化]→(氧气) [溴　　代]→(溴化氢) [氯化]→(亚硫酰氯)

(羟胺) (邻氯苄氯)
↓　　　　　↓
[缩合]→[环合]→[烃化]→成品

【生产工艺】

(1)酯化,氧化　在配有分水器、回流冷凝管的圆底烧瓶中,以苯为溶剂,加入 3-羟基-2,2-二甲基丙醛及乙酸,回流酯化 7 h,蒸去苯及少量乙酸。减压蒸馏(85 ℃/14×133.3 Pa),得到的 3-乙酰氧基-2,2-二甲基丙醛,将其溶于丙酮中,通氧反应 2 h,反应完成后,蒸去丙酮,粗产品用丙酮重结晶得 3-乙酰氧基-2,2-二甲基丙酸,收率 75%,熔点 60～61 ℃。

(2)溴代,氯代　将上述产物投入圆底烧瓶中,加入适量氢溴酸,加热回流 10 h,石油醚萃取,蒸去石油醚,得 3-溴-2,2-二甲基丙酸,收率 80%,熔点 48 ℃。

3-溴-2,2-二甲基丙酸与亚硫酰氯混合,回流反应 4 h,蒸去二氯亚砜,减压蒸馏(98～100 ℃/65×133.3 Pa)得 3-溴-2,2-二甲基丙酰氯。收率 98%。

(3)缩合　将盐酸羟胺溶于水中,滴加等摩尔的氢氧化钠水溶液。然后滴加 3-溴-2,2-二甲基丙酰氯。搅拌反应 16 h,过滤,水洗并干燥,得 N-羟基-3-溴-2,2-二甲基丙酰胺。收率 60%,熔点 153～155 ℃。

（4）环合，烃化　将 N-羟基-3-溴-2,2-二甲基丙酰胺溶解在甲醇中，滴加氢氧化钠的甲醇溶液。搅拌过夜，加水稀释后，用二氯甲烷萃取。蒸去二氯甲烷，得到 4,4-二甲基-3-异噁唑酮，收率75%，熔点 64～67 ℃。

将等摩尔的 4,4-二甲基-3-异噁唑酮和邻氯氯苄投入到圆底烧瓶中，加入 N,N-二甲基甲酰胺及适量 K_2CO_3。室温下搅拌反应18 h。减压除去二甲基甲酰胺。用二氯甲烷萃取，蒸去二氯甲烷，得到 2-(2-氯-苯甲基)-4,4-二甲基-3-异噁唑酮，即异噁草酮，收率40%。

【产品用途】　异噁草酮是一种色素抑制类除草剂，在植物体内抑制叶绿素及叶绿素保护色素的产生，使植物在短期内死亡。但当它被大豆吸收后，经过代谢作用，异噁草酮的有效杀草性质会转变为无杀草能力的降解物，使大豆植株不受其害，为此，特别适用于大豆田的除草，且具有很高的除草，增产效果。

4.21　苄嘧黄隆

苄嘧黄隆(Iondax、DPX-F5384、bensulfuronmethyl)又称苄黄隆、农得时，化学名称 2-[[(4,6-二甲氧基嘧啶-2-基)氨基酰基]氨磺酰甲基]苯甲酸甲酯。分子式 $C_{16}H_{18}N_4O_7S$，相对分子质量410.41。结构式为：

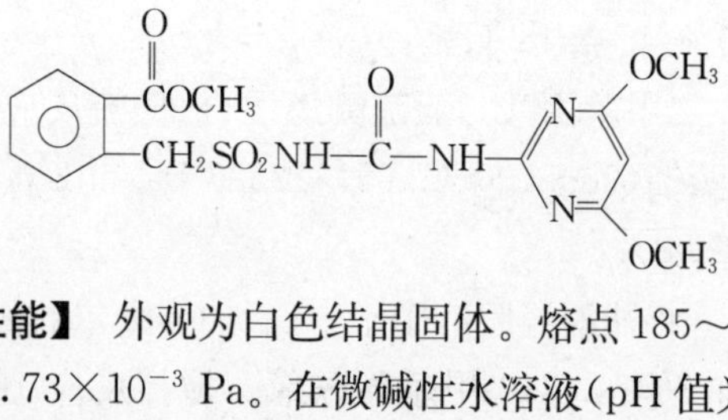

【产品性能】　外观为白色结晶固体。熔点 185～188 ℃，蒸汽压(200 ℃)$1.73×10^{-3}$ Pa。在微碱性水溶液(pH 值为 8)中稳定，酸性条件下缓慢分解，在乙酸乙酯、二氯甲烷、乙腈、丙酮中稳定，但在甲醇中要降解。溶解度(20 ℃)：丙酮中 1 380 mg/kg，二氯甲

烷中 11 720 mg/kg,乙腈中 5 380 mg/kg,乙酸乙酯中 1 660 mg/kg,
甲醇中 990 mg/kg。毒性:小白鼠急性口服 LD_{50} 为 10 985 mg/kg。

【生产方法】 首先邻甲基苯甲酸与甲醇酯化后氯化,得到的
邻(甲酸甲酯)苄氯与硫脲反应,再经氯化、酰胺化得到邻(甲酸甲
酯)苄基磺酰胺。然后与光气缩合得到邻(甲酸甲酯)苄基磺酰基
异氰酸酯。最后与 2-氨基-4,6-二甲氧基嘧啶加成得到苄嘧黄隆。

【生产流程】

光气　氨基二甲氧基嘧啶

| 缩　合 | → | 缩　合 | → | 过滤 | → | 干燥 | →成品 |

【生产配方】（质量，份）

邻（甲酸甲酯）苄基磺酰异氰酸酯　　　　　　　　255

2-氨基-4,6-二甲基嘧啶　　　　　　　　　　　　155

【主要设备】　酯化反应釜　氯化反应罐　磺酰氯化反应锅　取代反应锅　氨化反应锅　缩合反应锅　过滤机　析晶锅　干燥箱

【生产工艺】

邻（甲酸甲酯）苄基磺酰异氰酸酯和 2-氨基-4,6-二甲氧基嘧啶的制备参见实验室制法。在缩合反应锅中，加入乙腈 300 份，然后在搅拌下加入邻（甲酸甲酯）苄基磺酰异氰酸酯 51 份，2-氨基-4,6-二甲氧基嘧啶 31 份以及三亚乙基二胺少许。于室温下搅拌反应 10 h。过滤，滤液回收乙腈。用氯丁烷洗涤，干燥后得苄嘧黄隆原药。配制成 10%可湿粉剂。

【实验室制法】

（1）邻（甲酸甲酯）苄基磺酰基异氰酸酯的制备　将邻甲基苯甲酸（90%）100 g，甲醇 290 mL 投入反应瓶中，搅拌下滴加浓硫酸 29 mL。然后加热回流 6 h，蒸除过量的甲醇后，倒入水中，用乙醚抽提。提取液洗至中性、干燥、蒸馏收集 221～224 ℃馏分，得到邻甲基苯甲酸甲酯。将邻甲基苯甲酸甲酯 820 g 和偶氮二异丁腈 8 g 投入反应瓶中，加热至 80 ℃，通入氯气。控制温度在 85 ℃左右及氯化程度，通氯完毕，减压蒸馏得到邻（甲酸甲酯）苄氯。将硫脲 450 g，无水乙醇 1 500 mL 和邻（甲酸甲酯）氯苄 1 070 g 投入反应瓶中。加热回流 1 h，冷却至 60 ℃，加入氯丁烷 1 500 g，冷却至室温而产生沉淀。过滤，洗涤，干燥而得白色固体成品，熔点 208～210 ℃。即得到邻（甲酸甲酯）苄基异硫脲盐酸盐。

将邻（甲酸甲酯）苄基异硫脲盐酸盐 600 g 和水 4 000 mL 投

入反应瓶中,在冰水冷却下,通入氯气1 h,并在15～20 ℃下搅拌反应0.5 h。过滤,水洗,干燥得白色固体,熔点82～86 ℃,即得到磺酰氯。再将邻(甲酸甲酯)苄基磺酰氯700 g,无水乙醚3 500 mL投入反应瓶中,在5～15 ℃下通氨,并在15～20 ℃下搅拌反应1.5 h。蒸出乙醚,加入水,过滤、水洗、干燥而得到白色晶体,熔点98～100 ℃,即磺酰胺。将邻(甲酸甲酯)苄基磺酰胺47 g,二甲苯380 mL以及催化剂异氰酸正丁酯和三亚乙基二胺投入反应瓶中,搅拌并于120 ℃时通入光气。反应毕,通氮气赶出多余的光气,然后蒸出二甲苯得到邻(甲酸甲酯)苄基磺酰基异氰酸酯。

(2)2-氨基-4,6-二甲氧基嘧啶的制备 在反应瓶中,依次加入乙醇钠溶液(2.8 mol/L)2 000 mL,丙二酸二乙酯365 g和硝酸胍278 g。加热搅拌回流8 h,冷却过滤。所得白色固体物溶于水中,用5%乙酸酸化。过滤、水洗、干燥得到2-氨基-4,6-二羟基嘧啶。将2-氨基-4,6-二羟基嘧啶60 g和三氯氧磷460 mL投入反应瓶中,加热搅拌回流4～5 h。冷却后,倒入冰水中。然后加浓氨水调节pH值至8,用乙醚抽提,蒸除乙醚而得到淡黄色固体成品,熔点220～224 ℃,即2-氨基-4,6-二氯嘧啶。将甲醇75 mL和金属钠2.35 g投入反应瓶中,待其溶解后,再加入2-氨基-4,6-二氯嘧啶6.5 g。加热回流4 h,冷却后过滤,甲醇洗涤。滤液减压蒸除甲醇。残留物中加水,析出固体,过滤,干燥而得淡黄色固体,熔点94.95 ℃。

(3)苄嘧黄隆的制备 将邻(甲酸甲酯)苄基磺酰异氰酸酯32 g,乙腈200 mL,2-氨基-4,6-二甲氧基嘧啶19 g以及少许三亚乙基二胺投入反应瓶中,于室温下搅拌反应10 h,过滤,用氯丁烷洗涤,干燥即得成品,熔点184～186 ℃。

【产品标准】

10%可湿粉剂

有效成分(%) ≥10

悬浮率(%)	≥80
pH 值	7.0 左右

【产品用途】　苄嘧黄隆是一种新型的广谱稻田除草剂,用于芽前和早期芽后处理,可高效地防除许多 1 年生和多年生的阔叶杂草及莎草,施入水田后迅速释出有效成分,被植物吸收,很快抑制敏感杂草的生长。施药量 13.3~26.6 g 10%可湿粉/亩。

【安全措施】

(1)生产中使用光气、氯气有毒气体和有毒或腐蚀性化学品,设备必须密闭,防止泄漏,车间内保持良好通风状态,操作人员应穿戴劳保用品。

(2)密封包装,贮于阴凉、干燥处,应远离火源、食物、饲料和种子。按农药的有关规定贮运。

4.22　莠去津乳液

莠去津乳液是一种有效的除草剂。该乳液贮存稳定,使用方便。

【生产配方】

莠去津(22 业品)	184
汉生胶	0.32
多聚甲醛	0.4
丙二醇	30.0
分散剂(Darvan NO.6)	8
四甲基癸炔二醇	2.0
水	165.7
三乙醇胺	调 pH 值至 7

【生产方法】　将丙二醇和水混合,加入分散剂、多聚甲醛、莠去津和四甲基癸炔二醇,经研磨机分散后,再加入汉生胶,研磨至完全溶解分散后,添加三乙醇胺,调 pH 值至 7.0。

【产品用途】 除草剂,用水稀释后喷雾施药。

4.23 可湿性除莠粉

可湿性除莠粉即除草剂,多为氨基甲酸酯衍生物,由于原药是油性有机物,故难以直接用水稀释使用。这种可湿性除莠粉通过将除草剂原药与乳化等助剂进行处理,制得可直接用水稀释的可湿性除莠粉。日本公开专利 92—5204(1992)。

【生产配方】

3-叔丁基苯基-6-甲氧基-2-吡啶基甲基硫代氨基甲酸酯	50
烷基烯丙基醚硫酸铵(50%)	3.5
壬基酚聚氧乙烯醚/甲醛缩合物(50%)	3.5
三聚磷酸钠	1.0
炭黑	1.0
桂酮乳液	0.1
白土	40.9

【生产方法】 将各物料混合均匀后,研磨得到可湿性粉状除莠剂。

【产品用途】 除草剂。

4.24 氯酸钠

氯酸钠(Sodium Chlorate)也称氯酸碱,白药钠,氯酸曹达。分子式 $NaClO_3$,分子量 106.44。

【产品性能】 通常是白色或微黄色等轴晶体,在稳定状态呈晶体,或斜方晶体。无臭,味咸而凉。易溶于水,微溶于乙醇。加热至 300 ℃左右开始放出氧气,温度再升高即完全分解。在酸性溶液中有强氧化作用。与磷、硫及有机物混合受撞击时,易发生燃烧和爆炸。易吸潮,潮解后变成溶液。熔点 248~261 ℃。相对密度 2.49。折光率 1.513。有毒,可经人体皮肤、黏膜吸收,以强血液毒性作用于血红蛋白及正铁血红素。

【生产方法】　　电解法是工业制造氯酸钠的主要方法。将食盐加水溶解后,在精制槽中加入纯碱、烧碱和氯化钡,除去钙、镁和硫酸根等杂质,调酸并加入红矾钠,送入电解槽进行电解,电解过程中需不断地补加盐酸。所得氯酸钠电解液,加盐酸保温除去溴酸盐、次氯酸和游离氯,再将过滤澄清的电解液进行蒸发,溶解度小的氯化钠析出结晶,分离后放出浓液经保温沉降、过滤除去固相杂质,进入结晶器,再经分离、干燥、冷却,即得到氯酸钠成品。

$$NaCl + 3H_2O \xrightarrow{\text{电解}} NaClO_3 + 3H_2$$

【生产配方】

食盐(NaCl>90%)	287
盐酸(31%)	41

【生产流程】

【生产工艺】　　将食盐在化盐槽内用清水(70 ℃)溶解,将溶解完全的饱和食盐水送入钙镁处理槽,除去原料食盐中所含的钙镁等杂质离子及泥沙等污物,若让这些杂质随盐水进入电解槽,会与电解槽阴极的碱发生作用,生成氢氧化物沉淀,沉淀物增加了电解槽的电阻,使槽电压升高,增加了电能的消耗。另外,Mg^{2+}生成的氢氧化物还会使电解液起泡沫,对电解过程不利。在钙镁处理槽中,加入氢氧化钠,除去 Mg^{2+},使其生成絮状 $Mg(OH)_2$沉淀。加入碳酸钠除去 Ca^{2+},使其生成 $CaCO_3$ 沉淀。所加氢氧化钠和碳酸钠的用量根据盐水中所含 Mg^{2+} 和 Ca^{2+} 的量确定。处理完后,将物料送入钙镁沉降槽,加入助沉剂聚丙烯酸钠,使生成的碳酸钙、氢氧化镁和污泥一起沉淀除去。将沉淀槽中的上层液与沉淀物分离,送到砂滤器进行过滤,沉淀物用水洗涤、压滤,滤渣需进行三废处理,洗液回收至化盐槽用于溶解食盐制饱和食盐水。由沉淀槽中分离出的上层液送入硫酸根处理槽。

用于电解的盐水溶液中,含有一定量的硫酸盐,若硫酸根离子含量较多时,当电解槽电压达到一定值,特别是当电解过程进行到末期,电解液中的氯化钠浓度降低时,硫酸根会在阳极放电,电化学反应的结果放出氧气和生成硫酸根,如此反复不断,使电能消耗在生产不必要的氧气上。另外,如果电解槽使用石墨作阳极,上述电解反应中生成的氧与石墨中的碳化合生成二氧化碳,加速了电极的腐蚀,缩短了石墨电极的使用寿命。由于石墨电极的损耗,使阴阳两极间的距离增加,也增加了电能的消耗,因此,必须除去盐水中的硫酸根离子(SO_4^{2-})。去除硫酸根离子主要采用加入氯化钡溶液到盐水中沉淀出硫酸钡的方法。氯化钡溶液的加入量由盐水中所含硫酸根的量确定。在加入氯化钡溶液之前,先将盐水用盐酸酸化至 pH=5~6,以防止盐水中的添加剂铬酸盐与钡离子形成沉淀。将盐水和生成的硫酸钡沉淀送入硫酸钡沉淀槽静置,充分分离,过滤后将滤渣硫酸钡进行三废处理。上层盐水送入除溴设备中进行除溴处理。

由工业食盐制得的盐水,常混有一定数量的溴盐(NaBr),使溶液中含溴离子(Br^-),如果不除去溴离子,盐水进行电解时,溴离子与氯离子相似,也能形成 $NaBrO_3$,消耗电能,同时溴酸盐混入氯酸盐中,使产品的吸湿性更强,严重影响产品质量。除溴的具体操作有 2 种方式:

(1)在盐水中加入盐酸调节 pH 值为 5 呈微酸性,通入氯气或加入次氯酸钠溶液,将溴离子氧化为溴分子。将饱和盐水加热至

70 ℃左右。并通入压缩空气进行搅拌,将盐水中的溴吹出,吹出的溴分子在吸收塔中被碱液吸收成溴酸钠或溴化钠后回收。

(2)用吸附法除去盐水中的溴,采用苯乙烯型碱性阴离子交换树脂或其他对溴选择性强的吸附剂进行吸附操作。先将盐水酸化到 pH 值为 4,通入氧气或次氯酸钠将 Br^- 氧化成 Br_2,氧化完全后,将盐水通过硬聚氯乙烯交换柱设备内的碱性阴离子交换树脂,经吸附除去盐水中的溴。若离子交换树脂采用 717 号树脂,当树脂颜色由浅黄转为黄色,溴的吸附达饱和。一个交换柱内的树脂达饱和后,将盐水转到另一个交换柱内进行吸附。达饱和的交换柱内则通入洗涤水逆流冲洗交换柱内的杂物和使酸性变小。然后再通入氢氧化钠溶液,将 Br_2 转为 NaBr,离子交换树脂即得再生,重复使用。除溴完成后的盐水,即可送入电解槽内,通过电解制备氯酸钠。

盐水在进行电解时,有间歇电解和连续电解 2 种操作方式。

(1)间歇电解　电解槽在未通电之前先充满盐水,然后通电。通电后 0.5 h 内应经常检查电极是否发生火花、发热,以免因为阴阳极短路造成电解槽爆炸。通电后盐水中的次氯酸钠和氯酸钠的浓度不断增加,氯化钠浓度不断降低,因此必须经常添加酸盐水。当氯化钠浓度降低到规定的操作数值后,停止送电,将电解槽内的电解液全部放出,送下一工序蒸发(或冷却)结晶。这样完成了一个周期的操作,对电解槽进行维修后,再充入盐水进行下一周期的操作。

(2)连续电解　连续电解生产氯酸钠可提高生产效率。具体方式是:在导电线路的连接上,电解槽电流接线大多是串联的。电解槽排列成阶梯形,每槽位差约 25 cm 以上,盐水从最高位的电解槽流入,再从第一槽溢流出进入第二槽至最后从最低一个电解槽流出已是电解完成液。一般由 4~7 个电解槽串联成组,在同一组内的各个电解槽生产工艺指标不同,氯化钠浓度变化的每一个时期均处于电解最佳状态,使电解效率最高。因在电解过程中,随着氯化钠浓度的降低,氯酸钠浓度的上升,电流效率逐渐降低。在连续电解操作中,可及时把反应生成的氯酸钠移走,并及时补充氯化钠进入电解液中,即在串联的第二槽里补充氯化钠,并在冷却槽里析出小部分氯酸钠结晶,然后电解液才流入第三槽。从第三槽流出的电解液也不马上流入第四槽,而是在冷却槽补充氯化钠达饱和状态,同时冷却析出少量氯酸钠后进入第四槽。这样可以保证串联电解中的任何一个槽内的氯化钠浓度≮140~150 g/L,维持正常的电解效率。

电解操作完成后,通过蒸发浓缩、冷却结晶、盐析冷却结晶 3 种方法从电解液中分离出氯酸钠。

(1)蒸发浓缩法　蒸发浓缩结晶是在双效蒸发器内进行,电解完成液先进入第二效蒸发器,将电解完成液蒸发至含 $NaClO_3$ 500 g/L 左右后进入第一效蒸发器继续蒸发,蒸发至溶液含氯酸钠 800 g/L 以上,氯化钠 80~90 g/L 左右。在 90~100 ℃ 温度下,溶液先被氯化钠饱和,因此在蒸发过程中氯化钠先形成结晶析出,在蒸发器的盐分离罐中分离出来,回收送到盐水工段配制精盐水,或用来配制酸盐水。自蒸发器内放出的浓氯酸钠溶液送至结晶器中,冷却至 30 ℃析出固体氯酸钠,经离心机甩干,送入干燥器内于 100 ℃ 以下烘干,包装,并进行防结块处理后即得成品。

(2)冷却结晶法　用冷却法结晶析出氯酸钠时,电解的深度应加深,使电解完成液的氯酸钠含量提高至 550~600 g/L,氯化钠含量为 120~140 g/L(蒸发结晶法中,电解完成液中氯酸钠的含量为 400~450 g/L,氯化钠含量为 140 g/L)。电解液先经自然冷却至室温 30 ℃ 左右,再用冰水冷至 15 ℃,最后经冷冻盐水继续冷却到一5 ℃以下。此时氯酸钠含量在母液中因结晶析出固体氯酸钠而降低。电解液分离出固体氯酸钾后补加氯化钠,使之浓度达 170~180 g/L,氯酸钠含量相对为 460~500 g/L,送回电解槽作为电解原料液循环进行电解。

（3）盐析冷却结晶法　将含氯酸钠 540 g/L，氯化钠 100 g/L 的电解完成液送入除杂槽。澄清除去杂质后转入加热器，在加热器内将电解液加热到 50～60 ℃后进入饱和塔。饱和塔内填充固体氯化钠，高度在 600 mm 以上，电解完成液流过氯化钠层时控制操作温度在 35～40 ℃，这时氯化钠溶解于电解液中，当电解液流出饱和塔时，氯化钠浓度增加到 150～160 g/L 送入结晶器。结晶器为强制循环真空结晶器，使用泵循环溶液，促进溶液的均匀混合，以维持有利的结晶条件。利用水喷射泵使结晶器造成真空，结晶器夹套内通冷却盐水，使结晶温度维持在 −2～−4 ℃。析出的氯酸钠经离心机或真空吸滤罐与溶液分离，所得结晶经干燥后包装，并做防结块处理，即制得氯酸钠成品。

氯酸钠易燃，因而干燥时不能使用明火等，只能使用蒸汽，采用干燥橱或气流式干燥器。氯酸钠成品在烘干包装后贮存时有结块现象，应采取以下方式防止结块：

①结晶操作时，尽可能生产大颗粒的晶体，对太细的结晶则筛去。

②降低成品包装温度，在干燥后不可将未冷却至室温的成品装袋，应使温度下降，水分充分逸出后包装，降低成品中水含量。

③用一些惰性粉末隔开颗粒表面。防止颗粒之间接触面过大而产生搭桥作用。添加少量（即控制在成品纯度达到要求的质量标准内）固体 NaOH 粉末，无定型长石、镁粉、轻质碳酸镁等。

④降温包装时，在包装袋内另加一小袋干燥剂 $CaCl_2$，CaO，以保持袋内产品干燥。

⑤添加微量表面活性剂烷基苯磺酸钠，烷基醇磺酸钠，二烃基磺化丁二酸钠等，用量 0.01％左右，改变氯酸钠晶体表面的亲水性及其他表面特性。

【产品标准】

外观	白色或略带黄色晶体
含量（$NaClO_3$，％）	≥99

氯酸钾(%)	≤0.6
氯化钠(%)	≤0.06
溴酸盐(%)	≤0.07
铬酸盐(%)	≤0.007
碳酸镁(%)	0.23～0.35
水分(%)	≤0.01
水不溶物(%)	≤0.03

【产品用途】　用于农药除草剂的制备。还广泛用于制造二氧化氯、亚氯酸钠及其他高氯酸盐、氯酸盐。也可用于氧化剂、造纸、印染、鞣革、医药及冶金矿石处理等方面。

4.25　氯酸钙

氯酸钙（Calcium Chlorate），分子式 $Ca(ClO_3)_2$，分子量206.98。

【产品性能】　针状晶体(氯酸钙的二水合物)。加热到100 ℃时熔化脱水，加热至 334 ℃以上分解。有潮解性。相对密度2.711。易溶于水、醇和丙酮。

【生产方法】　由石灰水中通入氯气制得氯酸钙。

$$6Ca(OH)_2+6Cl_2 \rightarrow Ca(ClO_3)_2+5CaCl_2+6H_2O$$

【生产流程】

水　　　氯气
生石灰→ 化灰 → 氯化 → 净化 →成品

【生产工艺】　将生石灰在化灰池内加水，搅拌化成石灰乳，浓度为130～140 g/L，含 $CaCl_2$<13 g/L。经自然沉淀式的曲流钩或水力除砂器除去石灰渣沉淀，制得石灰乳。将制成的石灰乳用泵打入氯化塔与氯气进行氯化反应。氯化塔一般采用波纹填料，附设冷却蛇管。塔体材料用塑料、陶瓷，或钢板内衬瓷砖或铸石制

成。将氯气用空气冲稀到 55% 左右，抽入氯化塔，塔内保持在微负压 300～400 Pa 下操作，防止氯气逸出造成环境污染。间歇操作的氯化过程需要 1.5～2 h，至游离石灰完全消失为止。反应终点判定：取一小杯物料，滴加酚酞溶液，若不显红色即为反应完全。反应控制的最佳温度 70 ℃左右，反应液的最佳 pH＝7～7.4。

　　氯化完成后的物料放入衬有防腐材料的净化池中，开动净化池中的搅拌器，打开蛇管加热器的蒸汽阀门，将物料加热至沸腾，加入细木屑或 Ca(SH)$_2$，还原次氯酸钙和少量氯气。其他金属杂质也同时被破坏形成沉淀。用淀粉-碘化钾试液滴入少量物料中，不显蓝色即表示净化完全。净化完成后，将物料静置，充分沉淀，过滤，将滤液浓缩，制取氯酸钙成品，滤渣用水洗涤，洗涤水用于配制石灰乳。

【产品标准】

外观　　　　　　　　　　　　针状结晶
含量(%)　　　　　　　　　　≥98

　　【产品用途】　主要用作无选择性除草剂和去叶剂，也可用于杀虫剂，消毒剂和农药制造；还可用于制造氯酸钾和其他氯酸盐。

参 考 文 献

1　廖道华,等. 农药.36 (6) 26 (1997)
2　成四喜. 国内外除草剂苯达松的合成方法[J]. 化学与生物工程,1990,(1):31
3　吴佩琛,俞雪英. 除草剂苯达松合成工艺综述[J]. 江苏化工. 市场七日讯,1986,(1):29
4　U. S. P, 4305884
5　曹顺民,等,双光气法合成苯黄隆. 农药,1997,36(1):6
6　张立康. 江苏化工,(4),39(1991)
7　孔繁,胡兴华,王兰青,曹维群. 新型除草剂苯黄隆的合成. 化学世界,

1992,(3):117

8　孙克,等. 农药.35(2):17(1996)

9　U. S. P,4429146(1984);4031131(1977)

10　Can,1079303(1980)

11　孟庆虎. 草甘膦异丙胺盐制剂新助剂研究成功. 农药,1987,(4):18

12　甘杰. 亚氨法常压草甘膦后制备工艺. 农药,1992,13(2):15

13　JP61-158947(1986);JP61-83144(1986)

14　U. S. P. ,4736562(1987)

15　E. P,295815(1988)

16　D. E. ,3925969(1991)

17　夏洪林,俞小妹. 国内精喹禾灵不同工艺路线的比较[J]. 现代农药,
　　2002,(03):9

18　沈阳化工研究院. 2,4-滴丁酯原药、乳油制剂 HG2319-92、HG2320-
　　92 国家科技成果,2004-01-01

19　李稳宏,严建亚,孙晓红,刘源发. 盐析法制备燕麦枯原粉中间试
　　验研究. 化学工程,1998,26(3):42

20　薛平,杜静雄,王茂,王健,张健. 硫磺脱氢法合成燕麦枯原粉工艺[P].
　　中国专利:CN1331075,2002-01-16

21　沈阳农药厂. 甲黄隆. 国家科技成果,2000-01-01

22　赵天荣,除草剂治草醚的合成,应用化工,1979,(3):39

23　雷得漾. 杀草丹合成路线评述. 农药,1980,33

24　特开昭 48-28427

25　U. S. Pat. ,3914270

26　Ger. Offen. 1817622

27　US,4405357;US,3251376

28　张所波,等. 新除草剂异噁草酮的合成,农药,199332(2):25

29　吴仲芳. 稻田除草剂苄嘧黄隆的合成. 农药,1991,30(5):7

30　EP96002

31　特开昭 60-67469

第五章　化学肥料

5.1　硝酸铵

硝酸铵又称硝铵,分子式 NH_4NO_3,分子量 80.04。

【产品性能】　外观为无色、无臭的透明结晶体或白色小颗粒。密度 1.725 g/cm^3(25 ℃)熔点(69.6 ℃),有潮解性,极易溶于水,溶解度随温度升高而迅速增加,溶于水时大量吸热。溶于丙酮,氨,微溶于乙醇,不溶于乙醚。慢慢加热到210 ℃时,开始分解,生成水和一氧化二氮,继续加热即爆炸,具有氧化性,与有机物可燃物,酸类及金属屑等接触能发生燃烧或爆炸。

【生产方法】　$NH_3 + HNO_3 \rightarrow NH_4NO_3$

【生产流程】

```
                氨气
                 ↓
硝酸→[中和]→[一段蒸发]→[二段蒸发]→[结晶]→[包装]→成品
```

【生产配方】　(kg/t)

氨气(以 100%计,%)	215
硝酸(以 100%计,%)	719.5

【生产工艺】

将气体氨和47%~49%的硝酸加入中和器中,中和器是由2个套在一起的圆筒组成,内部的空间是中和部分称中和室,内筒与外壳之间的环状空间是溶液的蒸发部分称蒸发室。氨和硝酸在中和器的中和室内进行反应生成硝酸铵溶液,即溢流到蒸发室,借反应生成的热量使硝酸铵溶液中水分得到初步蒸发。将生成的硝酸铵溶液用泵加入一段蒸发器中,利用中和反应生成的蒸发蒸汽并保持在一定真空度下进行蒸发,使溶液浓度提高到82%～84%,并由蒸发器中部放出流入硝酸铵溶液槽中。然后用泵加入二段蒸发器中,也在一定的真空度下进行蒸发,使溶液浓缩到92%左右。借真空泵抽送到真空结晶机中,进行最后的浓缩,此时,硝酸铵即结晶析出。

【产品标准】

指标名称	工业			农业	
	结晶状	颗粒状		一类	二类
		一级	二级		
硝酸铵含量(%)	≥99.5	≥99.5	≥99.5	—	—
水分含量(%)	≤0.4	≤0.7	≤1.2	≤1.0	≤1.7
总氨含量(以干基计,%)	—	—	—	≥34.6	≥34.4
酸度(以硝酸计,%)	≤0.02	≤0.02	≤0.02	≤0.02	≤0.02
水不溶物含量(%)	≤0.05	≤0.05	≤0.05	—	—
填料含量(以硝酸钙计,%)	—	—	—	—	0.4～1.2

【质量检验】

(1)硝酸铵含量(总含氮量)的测定

①应用试剂:氢氧化钠(45 g/L水溶液),硫酸(0.25 mol/L溶液);氢氧化钠(0.5 mol/L标准溶液);甲基红;亚甲基蓝;95%乙醇溶液;硅脂;混合指示剂(甲基红0.1 g溶于乙醇50 mL中,再加亚甲基蓝0.05 g,用乙醇稀释至100 mL)。

②测定操作:称取10 g试样(称准至0.001 g)溶于少量水,转移至500 mL容量瓶中,再用水稀释至刻度。摇匀,备用。

a.蒸馏:用移液管移取试样溶液50 mL于蒸馏瓶中,加水约

350 mL,再加少量防爆沸石。用移液管加入 0.25 mol/L 硫酸 50 mL 于吸收瓶中,并加入水 80 mL 左右(使水能封住双连球与瓶连接口)和混合指示液 4~6 滴,然后将装置连接好,各连接处涂以硅脂,并固定以确保蒸馏装置的严密性。然后通入冷却水于冷凝器中,经滴液漏斗往蒸馏烧瓶中注入氢氧化钠溶液 30 mL,用少量水冲洗漏斗,并使漏斗中保留数毫升水。加热蒸馏,直至吸收瓶中收集到 250~300 mL 馏出液(蒸馏时间 45 min)停止加热,打开漏斗上活塞,拆出防溅球管,仔细冲洗冷凝管。将洗涤液并入馏出液,最后拆下吸收瓶。

b. 滴定:用 0.5 mol/L 氢氧化钠标准溶液回滴吸收瓶中过量的硫酸。直至溶液呈现灰色即为终点。

空白试验:按上述过程进行空白试验,除不加试样外,操作手续和应用的试剂均与测定样品时相同。

③计算:

$$
\text{硝酸铵(以干基计,\%)} = \frac{(V_1-V_2)\times N\times 0.080\ 04}{\dfrac{V_3}{V_4}\times G\times\dfrac{100-X_1}{100}}\times 100
$$

$$
= \frac{(V_1-V_2)\times N\times 800.4\times V_4}{V_3\times G\times(100-X_1)}
$$

$$
\text{总氮(以干基计,\%)} = \frac{(V_1-V_2)\times N\times 0.014\ 01\times 2}{\dfrac{V_3}{V_4}\times G\times\dfrac{100-X_1}{100}}\times 100
$$

$$
= \frac{(V_1-V_2)\times N\times 800.4\times V_4}{V_3\times G\times(100-X_1)}
$$

含填料硝酸铵总氮(以干基计,%)

$$
\frac{(V_1-V_2)\times N\times 0.014\ 01\times 2}{\dfrac{V_3}{V_4}\times G\times\dfrac{100-X_1}{100}}\times 100 + 0.170\ 7X_2 =
$$

$$
\frac{(V_1-V_2)\times N\times 280.2\times V_4}{V_3 G\times(100-X_1)} + 0.170\ 7X_2
$$

式中　V_1——空白试验时用去氢氧化钠标准溶液的体积,mL;

　　　V_2——滴定试样时用去氢氧化钠标准溶液的体积,mL;

　　　V_3——所取试样溶液的体积,mL;

　　　V_4——试样溶于水后的总体积,mL;

　　　N——氢氧化钠标准溶液的摩尔浓度,mol/L;

　　　G——试样质量,g;

　　　2——由氨态氮换算为总氮的系数;

　　　0.170 7——填料(以硝酸钙计)含量折算为氮含量的系数;

　　　X_1——按二项所测得硝酸铵中水分含量,%;

　　　X_2——按五项所测得填料含量,%。

(2)水分含量的测定

①测定操作:用预先干燥,并在 100～105 ℃恒重的称量瓶称取试样 5 g(称准至 0.000 2 g),打开瓶盖放入温度控制在 100～105 ℃的恒温烘箱中,干燥至恒重。

②计算:

$$硝酸铵中水分(\%) = \frac{G_1}{G} \times 100$$

式中　G_1——干燥前试样质量,g;

　　　G——干燥失重,g。

(3)酸度测定——容量法

①应用试剂:氢氧化钠(0.1 mol/L 标准溶液);甲基红;亚甲基蓝(95%乙醇);混合指示剂(甲基红 0.1 g 溶于乙醇 50 mL 中,再加亚甲基蓝 0.05 g,并用乙醇稀释至 100 mL)。

②测定操作:溶样水:将混合指示剂 1 mL 加于水 1 000 mL 中,此时水溶液应呈灰色,如不呈灰色,可用氢氧化钠中和至灰色为止。

称取 20 g 试样,(称准至 0.1 g)。溶于水 100 mL 中(如试样混浊,可用于速滤纸过滤,收集滤液于另一个 250 mL 锥形瓶中,再补加一滴混合指示剂）。如试样水溶液呈现紫红色，则此试样为酸性，用氢氧化钠标准溶液定至溶液呈灰色即为终点，记下消耗氢氧化钠标准溶液的体积。如试样呈现绿色，则此试样为碱性。

③计算：

$$酸度（以硝酸计，\%）=\frac{V\times V\times 0.063}{G}\times 100$$

式中　　V——滴定用去氢氧化钠标准溶液的体积，mL；

　　　　N——氢氧化钠标准溶液的摩尔浓度，mol/L；

　　　　G——试样质量，g。

【产品用途】　硝酸铵在农业上用作农作物的肥料，效果特别好。还用于制造含钾、磷、钙等的复合肥料。在炸药工业上用作制造高氯酸盐炸药，铵油炸药和浆状炸药等的原料。硝酸铵与木屑、硝基化合物和其他有机化合物按一定比例混合后就成为混合炸药。在医药工业上用于制造一氧化二氮（麻醉剂）、维生素 B。玻璃工业上用于制造无碱玻璃。此外，还可用于制造冷冻剂、微生物菌种培养剂、烟花、杀虫剂、催化剂等。

5.2　硝酸钠

硝酸钠（Sodium nitrate），分子式 $NaNO_3$，分子量 84.99。

【产品性能】　无色透明或白微带黄色菱形结晶。密度为 2.257(20/4 ℃)，熔点为 309.5 ℃。味咸微苦。易溶于水和液氨，微溶于甘油和酒精中。易潮解，在含有极少量氯化钠杂质时，更易潮解。在 380 ℃开始分解，400～600 ℃时放出 N_2 和 O_2，加热至 700 ℃时放出 NO，775～865 ℃时才有少量 NO_2 和 N_2O 生成，分解残物为 Na_2O。硝酸钠为氧化物，与有机物、硫磺或亚硫酸氢钠混在一起能引起爆炸。

【生产方法】

（1）中和法　用硝酸和纯碱反应而得。

(2)吸收法 用纯碱溶液吸收硝酸尾气中氧化氮而得。

(3)复分解法 用硝酸钙和硫酸钠或硝酸铵与氢氧化钠反应而得。反应式如下：

$$Ca(NO_3)_2 + Na_2SO_4 \rightarrow 2NaNO_3 + CaSO_4 \downarrow$$

$$NH_4NO_3 + NaOH \rightarrow NaNO_3 + NH_3 \uparrow + H_2O$$

这里主要介绍复分解法的工业生产法。

【生产配方】 （kg/t）

硝酸钙	900
硝酸钠（工业用）	900
蒸汽（m³/t）	2 000
水	10 000

【主要设备】 粉碎机 反应器 过滤器 压滤机 蒸发器 结晶器 离心机 干燥器

【生产流程】

硫酸钠 ┐
硝酸钙 ┘ → 反应 → 过滤 → 压滤 → 蒸发 → 冷却、结晶 →

离心脱水 → 干燥 → 成品

【生产工艺】 在反应器中加入 50%～52% 硝酸钙溶液和硝酸钠溶液及粉碎过的工业硫酸钠，保持反应温度 50～55 ℃，在搅拌下反应 3～4 h。

用真空过滤机滤去沉淀物 $CaSO_4$，滤液送入压滤机，进一步过滤除去杂质。硫酸钙滤渣用水洗涤 2 次后排出，洗液与滤液合并。合并液的一部分经蒸发浓缩，冷却结晶，离心分离，干燥即得成品。

将上步的合并液中另一部分返回反应器中稀释料浆，分离出的母液返回蒸发器。

【化学试剂制法】

制法一 在瓷皿中加入工业硝酸钠 1 000 g，加水 200～

300 mL,使水面稍能盖住结晶。搅拌 3~4 h,抽滤干结晶,每次用水 30 mL 洗涤 2~3 次。可制得纯度较高的硝酸钠 800 g,氯离子含量可由原来的 0.5% 降至 0.01% 以下。

提纯后的硝酸钠,用格利斯试剂测定其亚硝酸盐含量,若超过 0.000 5%,可按下述方法处理。将硝酸钠 500~600 g 溶于热水 400~430 mL 中,按计算量加入硝酸铵,加热沸腾 2 h,以分解亚硝酸根。趁热过滤,滤液冷却至室温,抽滤析出的结晶,每次用水 30 mL 洗涤 2~3 次。产量约 350 g。

制法二　将工业硝酸钠的饱和溶液加热至沸,加入相对密度为 1.35 的硝酸,其重量为硝酸钠重量的 1/10。搅拌至冷却,析出的结晶用 10% 硝酸洗涤。然后小心加热以除去附着的硝酸。

制法三　将工业硝酸钠 100 g 加水 200 g,加热溶解,用碳酸钠溶液调至弱碱性。所含杂质形成沉淀,过滤除去。滤液浓缩至 150 g,不时搅拌下冷却至析出结晶,抽滤,用少量水洗涤结晶,将所得的结晶用水重结晶 3 次,可得高纯度产品。

【产品标准】

指标名称	一类		二类	
	一级	二级	一级	二级
$NaNO_3$(%)	≥99.2	≥98.3	≥99.2	≥98.3
NaCl(%)	≤0.40	—	≤0.40	—
$NaNO_2$(%)	≤0.02	≤0.15	≤0.02	≤0.15
NaCl(%)	≤0.10		≤0.10	
水分(%)	≤2.0	≤2.0	≤2.0	≤2.0
水不溶物(%)	≤0.08		≤0.08	
铁(Fe,%)	≤0.005		≤0.005	
松散度	≤10.0	≤10.0		
(筛分试验)				

注:①外观允许带淡灰色或淡黄色;②从 $NaNO_3$ 至 Na_2CO_3

4 个项目指标均以干基计;③水分含量以出厂测定为准;④一类产品为添加防结块剂的硝酸钠,不适用于医药卫生及食品工业;⑤一类产品的松散度指标,以出厂日期为准,稳定期应保证 6 个月。

用作食品添加剂的硝酸钠应符合下列产品标准。

外观	白色结晶,允许带浅灰色或浅黄色
$NaNO_3$(以干基计,%)	$\geqslant$99.3
干燥失重(%)	$\leqslant$2.0
水不溶物(%)	$\leqslant$0.10
重金属(以 Pb 计,%)	$\leqslant$0.002
砷(%)	$\leqslant$0.000 2

【产品用途】 在农业上用作氮肥。用以制硝酸、药物、火药、炸药、烟火、玻璃、颜料、染料等,以及保藏食物和腌肉等。还用于金属清洗剂、铝合金热处理剂、烟草助燃剂等

【安全与贮运】 本品属一级无机氧化剂。与可燃物、有机物、硫磺或亚硫酸氢钠接触可形成爆炸混合物,着火立即燃烧或爆炸。燃烧时火焰呈黄色。爆炸后产生有毒和刺激性氧化氮气体。安全要求同硝酸钡。失火时先用沙土盖,然后再用水扑救,但应注意防止水溶液流到易燃货物处。

5.3 硝酸铜

硝酸铜(Cupric nitrate),分子式 $Cu(NO_3)_2 \cdot 3H_2O$,分子量 241.60。

【产品性能】 深蓝色三棱形晶体。密度为 2.32(20/4 ℃),熔点为 114.5 ℃,易潮解,极易溶于水和乙醇。溶于浓氨水中,生成二硝酸四氨铜的络盐[$Cu(NH_3)_4 \cdot (NO_3)_2$]。此络盐加热即爆炸。硝酸铜于 114.5 ℃分解生成难溶的碱式盐 $Cu(NO_3)_2 \cdot Cu(OH)_2$。继续加热则转化为氧化铜。

【生产方法】

(1)用金属铜与硝酸反应而得　反应式为：

$$3Cu+8HNO_3(稀)\rightarrow 3Cu(NO_3)_2+4H_2O+2NO\uparrow$$

(2)用工业含铜废料提取氧化铜与硝酸反应而得　反应式为：

$$CuO+2HNO_3\rightarrow Cu(NO_3)_2+H_2O$$

这里主要介绍金属铜法的工业生产方法。

【生产配方】　(kg/t)

铜(不含铅铁等杂质)	190
稀硝酸(工业品,不溶物应<1%)	900

【主要设备】　耐酸反应器　蒸发器　离心机　过滤器　结晶器

【生产流程】

铜、硝酸 → 反应 → 过滤 → 浓缩,结晶 → 干燥 → 成品
　　　　　　　　　　↓
　　　　　　　　去杂质

【生产工艺】

(1)在硝酸容器中加入计量的30%～32%硝酸,分批加入铜屑。反应放出大量的NO用碱吸收。反应约6～8 h完成。再将反应液加热到60～70 ℃,至反应体系无NO放出时即达终点。

(2)将反应液稍加水稀释后,过滤,将沉淀用离心机甩干。在滤液中加适量浓硝酸酸化,再注入蒸发器,于60～70 ℃下蒸发结晶,至相对密度为1.78～1.8。

(3)将浓缩后的溶液在结晶器中冷却结晶,2～3 d后结晶用离心机甩干,稍用水洗一下,放在温室中干燥,即得成品。

【化学试剂制法】　在瓷皿中加入水220 mL及相对密度为1.40的硝酸220 mL,在毒气橱中分次加入铜丝55 g。反应完毕后,加热溶液到60 ℃保持到氮的氧化物不再放出为止。加入水

110 mL,混匀过滤,于 60~70 ℃蒸发滤液至相对密度为 1.79~1.8,冷却。吸滤结晶并用少量水洗,抽干后立即装瓶。产量150~170 g。

【产品标准】

硝酸铜[$Cu(NO_3)_2 \cdot 3H_2O$,%]	≥99.0
氯化物(以 Cl^- 计,%)	≤0.005
硫酸盐(以 SO_4^{2-} 计,%)	≤0.02
水不溶物(%)	≤0.005
硫化氢不沉淀物(%)	≤0.1

【产品用途】 在农业上用作肥料,也用于无土栽培营养液添加剂。用于染料和印染工业、搪瓷着色、电镀铜等,也可用作铜触媒。

【安全与贮运】 本品属二级无机氧化剂。与容易于氧化物品接触能急剧反应,着火剧烈燃烧或爆炸。与炭末、硫磺或其他可燃物加热、撞击或摩擦,能引起燃烧或爆炸。本品有毒,在 170 ℃分解并放出有毒的氧化氮气体。安全要求与硝酸银相同。

5.4 硝酸锌

硝酸锌(Zinc nitrate),分子式 $Zn(NO_3)_2 \cdot 6H_2O$,分子量 297.47。

【产品性能】 无色棱形或四方结晶。密度 2.065(14/4 ℃),熔点 36.4 ℃。溶于水和乙醇。易潮解。常温下六水物最稳定。水溶液呈酸性(pH=4)。硝酸锌加热时,分解放出氧化氮气体,先变成碱式盐 $Zn(NO_3)_2 \cdot 3Zn(OH)_2$,然后形成氧化锌。

【生产配方】 (kg/t)

氧化锌(100%)	280
浓硝酸(100%,工业)	471
锌粉	适量

【主要设备】　反应器　过滤器　精制槽　蒸发器　结晶器

【生产流程】

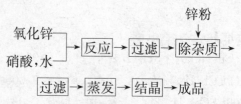

【生产工艺】　在反应器中加入一定量的水,在搅拌下加硝酸,边加氧化锌,配料比为 HNO_3：$ZnO=1.6$：1(按含量 100％计),反应至溶液 pH 值为 3.5～4.0 时为止。

将反应液静置 24 h,用叶片真空过滤机将清液抽至精制槽,加水稀释到 30％～36％,用硝酸调 pH 值为 3,投入锌粉。搅拌数分钟。锌粉可置换出 Cu^{2+},Pb^{2+} 等离子。经澄清,抽滤得清液。

将清液酸化后送入蒸发器,减压蒸发,至 60°～63°Bé,然后放入结晶器中,在搅拌下冷却至 50 ℃以下,直接装入内衬塑料袋的铁桶中,即得成品。

氧化锌与硝酸反应后的锌盐废渣,用少量硝酸酸化,以热水反复洗涤,吸滤后的洗液可作投料用,废渣中含有的稀有元素,如镉、锗、铟等可分别提炼。

【化学试剂制法】　取水 450 mL 及硝酸(相对密度 1.4) 320 mL 置于大瓷皿中。加热至 50 ℃,在通风下将锌粒 125 g(或 160 g氧化锌)分次少量加入溶液内。至全部溶解后静置,过滤,蒸发滤液至相对密度为 1.61 时,在搅拌下冷却至 5～10 ℃。吸滤出结晶,置于磨口瓶中保存。产量 380～400 g,产率 66％～70％。其中反应如下:

$$3Zn+8HNO_3 \rightarrow 3Zn(NO_3)_2+2NO+4H_2O$$
$$ZnO+2HNO_3 \rightarrow Zn(NO_3)_2+H_2O$$

【产品标准】

指标名称	固体产品	液体产品
$Zn(NO_3)_2 \cdot 6H_2O(\%)$	$\geqslant 98.0$	$\geqslant 80.0$
游离酸(HNO_3,%)	$\leqslant 0.03$	$\leqslant 0.03(pH=3\sim4)$
含铅(Pb,%)	$\leqslant 0.5$	$\leqslant 0.4$
含铁(Fe,%)	$\leqslant 0.01$	$\leqslant 0.008$

【产品用途】　农业上可用作锌肥,也用作无土栽培营养液。用于工业电镀、媒染剂、配制钢铁磷化剂及化学试剂等。

【安全与贮运】　本品属二级无机氧化剂。与有机物或易氧化的物品接触,会增大燃烧和爆炸的可能性。燃烧时放出有毒的氧化氮气体。安全要求同硝酸银。

5.5　硝酸镁

硝酸镁(Magnesium nitrate)。分子式 $Mg(NO_3)_2 \cdot 6H_2O$,分子量 256.40。

【产品性能】　白色单斜晶体。有苦味,易潮解,易溶于水、液氨和乙醇。密度 1.466 3(25/4 ℃),熔点 95 ℃。在高于熔点时,即脱水生成碱式硝酸盐。在 330 ℃分解,在 400 ℃则完全分解为氧化镁和氧化氮气体。有强氧化作用。

【生产方法】

(1)氧化镁法　用氧化镁或氢氧化镁与硝酸反应而得。

(2)碳酸镁法　用碳酸镁或菱镁矿与硝酸反应而得。主要反应如下:

$$MgCO_3 + 2HNO_3 \rightarrow Mg(NO_3)_2 + CO_2 \uparrow + H_2O$$

这里主要介绍碳酸镁法的工业生产方法。

【生产配方】　(kg/t)

菱镁矿(以 100%计。使用 75%~85%)	350
硝酸(以 100%计,使用 39%~41%)	520

要求菱镁矿含 MgO 在 75%～85%,使用的硝酸浓度在 39%～41%。

【主要设备】 搪瓷反应釜　颚式破碎机　粉碎机(40～50 目筛)　过滤器　结晶器　三足式离心机(或真空吸滤器)

【生产流程】

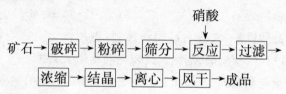

【生产工艺】

(1)先用破碎机将矿石破碎成 3～5 cm 大小的颗粒。再用粉碎机粉碎以后,过 40～50 目的钢筛。

(2)将浓度为 39%～41%的硝酸加入反应釜中,再把矿石粉慢慢加入反应釜中,不断搅拌。反应中溶液温度很快上升,是由于产生的大量二氧化碳所致。为防止溢釜,在减慢加入矿粉的同时,再用水冷却,且停止搅拌。控制反应温度以 40～50 ℃为宜。

(3)当溶液不冒气泡时表示反应完毕。此时物料中应过剩 2%～3%的矿石粉。将物料过滤,用少量水洗滤渣,洗液和过滤液合并送去浓缩(滤液中含 $Mg(NO_3)_2$ 为 520～600 g/L,$Ca(NO_3)_2$ 为 8～10 g/L)。溶液浓缩到相对密度为 1.46～1.52,$Mg(NO_3)_2$ 浓度为 50%～75%时为止,让其自然冷却、结晶。再将结晶放入离心机中甩水。后将结晶自然风干,即可密封包装。

(4)母液送到浸溶工段溶解矿石,或送去浓缩。

【制化学试剂法】

制法一　将 60%硝酸 84 mL 注入水 100 mL 中,在搅拌下分次少量加入三水合碱式碳酸镁 36 g。待不再产生 CO_2 后,过滤,除去不溶物。滤液在水浴上加热浓缩至原体积的 1/3。于室温下放置数小时。抽滤析出的结晶,用少量褒进漾,置于空气中自然干燥。产量约 90 g。其反应如下：

$$3MgCO_3 \cdot Mg(OH)_2 + 8HNO_3 \rightarrow 4Mg(NO_3)_2 + 3CO_2 + 5H_2O$$

制法二　将工业氧化镁 200 g 分次少量加入相对密度为 1.4 的硝酸 700 mL 中。反应终止后，应有部分未反应的氧化镁。加饱和硫化氢水 20 mL，沉出重金属杂质，加热，过滤。滤液用硝酸酸化后，浓缩至表面结成结晶膜，冷却，抽滤析出的结晶，产量约 600 g。再用水重结晶数次。其反应为：

$$MgO + 2HNO_3 \rightarrow Mg(NO_3)_2 + H_2O$$

【产品用途】　在农业上用作小麦灰化剂，也用作于无土栽培营养液添加剂，及制烟火、炸药、催化剂、浓缩硝酸的脱水剂和化学试剂。

【安全与贮运】　本品属二级无机氧化剂。与有机物及易被氧化的物品接触会燃烧、爆炸。燃烧时放出有毒的氧化氮气体。安全要求与硝酸银相同。

5.6　硝酸钙

硝酸钙(Calcium nitrate)。分子式 $Ca(NO_3)_2 \cdot 4H_2O$，分子量 236.15。

【产品性能】　透明菱形结晶，在空气中潮解，溶于水、甲醇、乙醇、戊醇、乙酸甲酯和丙酮，遇有机物、硫磺等即发生燃烧和爆炸。相对密度为 1.80，熔点 42.5 ℃（α-晶体）。无水硝酸钙灼烧后即转为 CaO。硝酸钙是氧化剂，遇有机物、硫磺即发生燃烧和爆炸，并发出红色火焰。

【生产方法】

(1)氢氧化钙法　氢氧化钙与硝酸铵反应，生成硝酸钙。

$$Ca(OH)_2 + 2NH_4NO_3 \rightarrow Ca(NO_3)_2 + 2NH_3 + 2H_2O$$

(2)高纯硝酸钙制法　由分析纯硝酸钙经除杂提纯制得。

【生产工艺】

(1)氢氧化钙法

　　　　　　　　　　水　　硝酸铵
　　　　　　　　　　↓　　　↓
氢氧化钙→制浆→反应→过滤 —滤液→

　　　硝酸
　　　↓
酸化→浓缩→析晶→分离→成品

(2)高纯硝酸钙制法

　　　　　　电导水　通H₂S　　　　CaO
　　　　　　↓　　　↓　　　　　↓
分析纯硝酸钙→溶解→除杂→静置→置换→过滤→
　　　　　　　　　　　　　　　　　　　↓
　　　　　　　　　　　　　　　　　　　渣

高纯硝酸
↓
析硫→过滤→浓缩→过滤→浓缩→分离→高纯品
　　↓　　　　　↓
　　硫　　　　CaSO₄

【生产工艺】

　　(1)工业品制备　用破碎机把石灰石破碎成小块,再用粉碎机粉碎成粉末,用 100 目筛过筛。若用轻质碳酸钙,可以省去粉碎。

　　将计量的石灰石粉装入反应釜中,加入计量约 25% 的稀硝酸。加温,在沸腾温度下发生中和反应,反应为 1 h 左右;反应完毕后,再煮 0.5 h,此时溶液的 pH 值约为 0.75。

　　将溶液送到澄清桶澄清,除去杂质泥沙,如沉淀不好,可加石灰乳调至弱碱性,即可澄清。过滤,过掉沉淀,把溶液调成弱酸性。

　　将溶液送到蒸发器浓缩,到(60±2)°Bé 为止;把溶液入结晶器,在搅拌下冷却到 50 ℃以下,静置 1~2.5 h,即得结晶,然后用分离机分离。过滤后母液返回到蒸发器,浓缩后参加循环。

干燥　把滤饼在 150~200 ℃下烘干,包装。

(2)氢氧化钙法　将水 200 mL 加入瓷皿中,加入硝酸铵 110 g。另取氧化钙 31.5 g 加水 35 mL 制得氢氧化钙。将氢氧化钙分次少量加入硝酸铵溶液中,混合后,水浴加热,不时补加因蒸发而失去的水分。当微弱氨味消失,停止加热。过滤,用水洗涤不溶物。向滤液中滴加 65% 的硝酸,直至滤液对石蕊呈弱酸性。加热至 40~50 ℃,热滤。滤液浓缩至 200 mL 时,趁热以除去硫酸钙结晶。滤液进一步浓缩至体积 175 mL 左右,加少许四水合硝酸钙作晶种。冷却至室温,分离晶体,得到试剂纯四水合硝酸钙。

(3)化学试剂制法　将硝酸铵 220 g 溶于水 400 mL 中,置于瓷皿中,放在通风橱内。再取氧化钙 63 g,加水 70 mL 制得氢氧化钙。将此粉状氢氧化钙分次缓缓加入硝酸铵溶液中。混合后,于水浴上加热。不时搅拌并补充因蒸发失去的水分。当微弱的氨味刚刚消除时,停止加热。过滤,用水洗涤不溶物。向滤液中滴加相对密度 1.4 的硝酸,直至滤液对石蕊呈弱酸性。加热至 40~50 ℃,过滤。滤液浓缩至体积约为 400 mL 时,趁热过滤以除去硫酸钙结晶。滤液继续加热蒸发至体积约为 350 mL,加少许 $Ca(NO_3)_2 \cdot 4H_2O$ 作为晶种。冷却至室温。吸滤析出的结晶,即得硝酸钙。产量为 140 g 的产品。

(4)高纯品制备　将分析纯硝酸钙 1 000 g,溶于电导水 1 000 mL中,加入分析纯 $(NH_4)_2S$ 10~15 mL,或通入 H_2S 0.5 h 左右。放置 48 h,先倾出上面透明的溶液,再进行过滤。将滤液移至烧杯中,加入高纯 CaO 数克,使溶液内有过量的 CaO 存在,然后放在电炉上煮沸,冷却至室温,过滤。滤液用高纯硝酸调至 pH 值为 2,即有大量的白色硫磺析出,过滤,浓缩。在浓缩过程中可能有白色沉淀物 $CaSO_4$ 生成,再过滤除去之。浓缩至 125 ℃左右,待完全冷却后,投入 99.99% $Ca(NO_3)_2$ 晶体,立即出现结晶,然后进行吸干或甩干。可得 99.99% 的高纯硝酸钙 600 g。

说明：

(1)硝酸钙溶解后，加硫化铵，过数小时即过滤。滤液中加入 CaO 静置过夜，由于未经煮沸，这样虽经重结晶后，但重金属离子及镁离子都不能除尽。

(2)硝酸钙溶解后，加硫化铵静置两天两夜，过滤，或在滤液中加入 CaO 静置过夜，经煮沸，可不进行重结晶。此时，重金属离子亦能合格，但 Mg^{2+} 不稳定。

【产品标准】 （%）

阳离子	符合光谱规定
酸度	合格
碱度	合格
水不溶物	$\leqslant 2\times10^{-3}$
氯化物(Cl^-)	$\leqslant 5\times10^{-4}$
硫酸盐(SO_4^{2-})	$\leqslant 1\times10^{-3}$
铵(NH_4^+)	$\leqslant 2\times10^{-3}$
砷(As)	$\leqslant 2\times10^{-4}$

【产品用途】　在农业上用作肥料，也用于无土栽培营养液添加剂。用于电子、仪表及冶金工业。也用作烟火材料和分析试剂。

【安全与贮运】　本品属一级无机氧化剂。加热放出氧，遇有机物、硫磺即发生燃烧和爆炸。火灾时放出有毒的氧化氮气体。安全要求与硝酸钡相同。

5.7　硝酸锰

硝酸锰（Manganese nitrate）又称硝酸亚锰（Manganous nitrate），分子式 $Mn(NO_3)_2 \cdot 6H_2O$，分子量 287.03。

【产品性能】　浅玫瑰色长针状菱形晶体。熔点 25.9 ℃。沸点 129.4 ℃。易潮解，极易溶于水，溶于乙醇。于 160～200 ℃氧化分解为二氧化锰。

【生产方法】

(1)单质锰法　单质锰与硝酸反应,经提纯、浓缩得硝酸锰。

$$3Mn+8HNO_3 \rightarrow 3Mn(NO_3)_2+2NO+4H_2O$$

(2)复分解法　碳酸锰与硝酸反应生成硝酸锰。

$$MnCO_3+2HNO_3 \rightarrow Mn(NO_3)_2+CO_2+H_2O$$

【生产流程】

(1)单质锰法

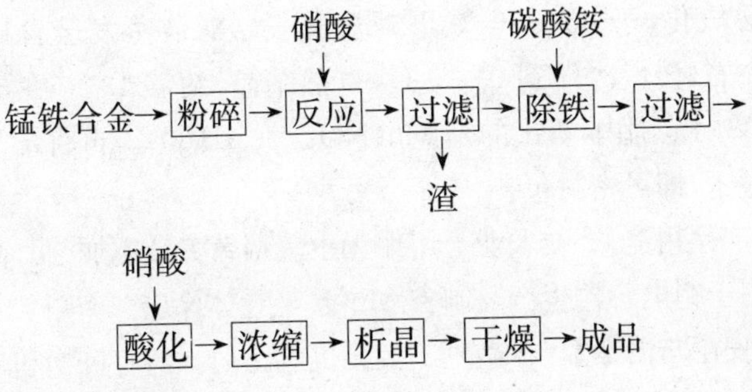

(2)碳酸锰法

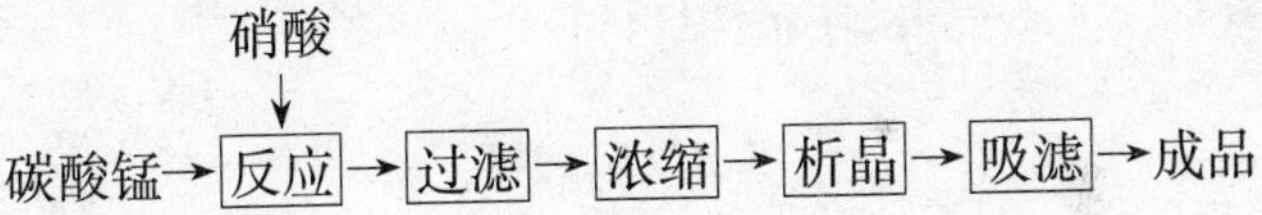

碳酸锰→ 反应 → 过滤 → 浓缩 → 析晶 → 吸滤 →成品

【生产工艺】

(1)单质锰法　将含 76%锰的锰铁合金粉碎,取锰铁合金粉末 100 g 于通风条件下搅拌少量分次加入 34%硝酸 500 mL 中。待反应完毕(不再产生氧化氮气体),置沙浴加热,过滤。取出滤液 100 mL,加碳酸铵至溶液呈弱碱性,产生氢氧化铁和碳酸锰沉淀,过滤,沉淀用水洗涤后,加至其余的 400 mL 滤液中。于 90~95 ℃加热 0.5 h,此时 Fe^{3+} 以氢氧化铁形式沉淀出来,趁热过滤。滤液用硝酸酸化,在<70 ℃下浓缩,冷却析晶(必要时加六水合硝酸锰晶种),分离,于氢氧化钠干燥器中放置一昼夜,以除去游离硝酸,得六水合硝酸亚锰。

（2）**碳酸锰法**　将碳酸锰 200 g 加入 35％硝酸 400 mL 中,至溶解反应完全。过滤,滤液用硝酸调至微酸性,于 60～70 ℃浓缩,至相对密度 1.65(40 ℃),析晶,分离,得六水合硝酸锰。

耐酸容器中加定量的硝酸(所加硝酸不能超过容器的 2/3),再加入稍过于计算量的碳酸锰。不断搅拌。反应液中未溶解的碳酸锰可除去杂质铁。溶液中若有 SO_4^{2-},需加适量硝酸钡,并在 70～80 ℃下保温 2～3 h。将反应液过滤,滤液转入蒸发器,加适量硝酸酸化,于 60～70 ℃下减压蒸发。滤液蒸发至含硝酸锰 85％左右,慢慢冷却到 0～5 ℃,自然结晶,约需 12 h(在 −29～23.5 ℃的范围内,析出的是 $Mn(NO_3)_2 \cdot 6H_2O$)。再将结晶用离心机甩干,即可密封包装。

【**产品用途**】　在农业上用作无土栽培营养液添加剂。高纯硝酸锰用于钽电容器生产及制备 MnO_2 半导体涂层。

【**安全与贮运**】　本品属二级无机氧化剂。与有机物和易氧化物品接触立即着火燃烧或爆炸。本品有毒,燃烧时放出有毒的氧化氮气体。安全要求与硝酸银相同。

5.8　硝酸钾

硝酸钾(Potassium nitrate)又称硝石,盐硝,火硝,分子式 KNO_3,分子量 101.10。

【**产品性能**】　无色透明斜方或菱形晶体或白色粉末。相对密度(d_4^{15})2.109 1。易溶于水,不溶于无水乙醇与乙醚。在空气中不易潮解。在 334 ℃熔融,400 ℃分解放出氧,并转变成亚硝酸钾,继续加热则生成氧化钾。

【**生产方法**】

（1）**复分解法**　氯化钾与硝酸钠或硝酸铵发生复分解反应,得硝酸钾。

$$KCl + NaNO_3 \rightarrow KNO_3 + NaCl$$

$$KCl + NH_4NO_3 \rightarrow KNO_3 + NH_4Cl$$

(2)**硝酸法**　硝酸与氯化钾在较低温度下反应,直接生成硝酸钾。

$$KCl + HNO_3 \rightarrow KNO_3 + HCl$$

若反应温度高时,将发生副反应:

$$HNO_3 + 3HCl \rightarrow NOCl + Cl_2 + 2H_2O$$

(3)**吸收法**　苛性钾(或碳酸钾)吸收硝酸生产中的尾气,经加硝酸及后处理得硝酸钾。

$$NO_2 + NO + H_2O \rightarrow 2HNO_2$$

$$N_2O_4 + H_2O \rightarrow HNO_3 + HNO_2$$

$$2KOH + 2HNO_2 \rightarrow 2KNO_2 + 2H_2O$$

$$2KOH + HNO_3 + HNO_2 \rightarrow KNO_2 + KNO_3 + 2H_2O$$

$$3KNO_2 + 2HNO_3 \rightarrow 3KNO_3 + 2NO + H_2O$$

【生产流程】

(1)复分解法

```
                        氯化钾            硝酸铵
                          ↓                ↓
硝酸钠→ 溶解 → 反应 → 过滤 → 净化 → 结晶 → 分离 →

 重结晶 → 过滤 → 干燥 →成品
```

(2)吸收法

```
            水   含硝尾气  硝酸              NH₄NO₃
            ↓      ↓       ↓                  ↓
氢氧化钾→ 溶解 → 吸收 → 转化 → 过滤 → 净化 →

 蒸发 → 冷却析晶 → 分离 → 重结晶 → 干燥 →成品
```

【主要原料】

复分解法

硝酸钠	930
氯化钾	920

硝酸铵　　　　　　　　　50

【生产工艺】　在反应器内加入适量的水,用蒸汽加热,在搅拌下,使硝酸钠全部溶解,再按 $NaNO_3$:$KCl=100$:85 配料比逐渐加入氯化钾。当反应物料加热蒸发浓度达 45°～48°Bé,温度达 119 ℃时,氯化钠首先析出。经真空过滤,用少量热水洗涤氯化钠晶体,以减少硝酸钾的损失。滤液送入结晶器。用滤液量 10%～15% 的水稀释,边搅拌、边冷却,24 h 后,硝酸钾呈晶体析出,再经真空过滤,水洗,控制 Cl^- 含量在 0.5% 以下。经过滤、离心分离后,送至气流干燥器,在 80 ℃ 以上干燥,即得成品。

分离母液送入反应器,循环使用。若母液中含 Mg^{2+} 高时需加 NaOH 溶液以除去 $Mg(OH)_2$ 沉淀。

试剂级硝酸钾制备:将工业硝酸钾 150 g 溶于热水 120 mL 中。加入碳酸钾 0.15 g,煮沸,以除去杂质铁。过滤,滤液在搅拌下冷却。吸滤,干燥得试剂纯产品。

【产品标准】　(工业品)

指标名称(%)	一级品	二级品	三级品
硝酸钾(KNO_3)含量	≥99.80	≥99.0	≥98.50
水分	≤0.10	≤0.30	≤0.60
氯化物(以 NaCl 计)	≤0.03	≤0.20	≤0.60
碳酸盐(以 K_2CO_3 计)	≤0.01	≤0.010	≤0.10
水不溶物	≤0.03	≤0.05	≤0.10
可氧化物	≤0.01	≤0.10	
钙镁盐	≤0.01	≤0.10	—
铁(Fe)	≤0.001	≤0.01	
硫酸盐(以 K_2SO_4 计)	≤0.001	≤0.01	≤0.10

【产品用途】　在农业上用作钾肥和无土栽培营养液添加剂。也用作制显像管、玻璃、火药,电镀业和氧化剂、助熔剂、玻璃澄清剂。

5.9 磷酸三铵

磷酸三铵(Triammonium phosphate)又称磷酸铵(Ammonium phosphate),三盐基磷酸铵(Ammonium orthophosphate)。分子式 $(NH_4)_3PO_4 \cdot 3H_2O$,分子量 203.13。

【产品性能】 无色透明薄片或棱形结晶。易溶于水,不溶于乙醇及乙醚,性质不稳定,水溶液加热则失去 2 个分子氨,生成磷酸二氢铵。露置空气中能失去部分的氨。

【生产方法】 氨与磷酸或氨水与磷酸氢二铵反应,得到磷酸三铵。

$$3NH_3 + H_3PO_4 \rightarrow (NH_4)_3PO_4$$
$$NH_3 + (NH_4)_2PO_4 \rightarrow (NH_4)_3PO_4$$

【生产流程】

磷酸、氨气 → 反应 → 冷却析晶 → 离心 → 成品

【生产工艺】 将磷酸氢二铵在反应器中加热水使其溶解,当完全溶解后,即缓慢地通入(27%~28%)氨水,边加、边搅拌以防止磷酸二氢铵析出,一直加至 pH 值为 14。反应生成磷酸三铵。

放置冷却,直至磷酸三铵全部析出。再经离心分离,充分除去母液后即得成品。可采用重结晶法来提高产品中磷酸三铵含量。

【实验室制法】 将磷酸氢二铵 60 g 溶解于水 600 mL 中,与氯化铵 75 g 溶于水 600 mL 的溶液相混合,加热至 60 ℃,加入 19%的氨水 600 mL,于密闭容器中充分冷却析晶。吸滤,用浓氨水洗涤,干燥得磷酸三铵。

【产品用途】 在农业上用作氮磷复合肥料,也用于无土栽培营养液添加剂。还用于显像管生产和可用作木材等的防火剂。

5.10　磷酸二氢铵

磷酸二氢铵也称磷酸一铵。分子式 $NH_4H_2PO_4$，分子量115.03。

【产品性能】　无色至白色结晶或结晶性粉末，无臭。相对密度1.803。在空气中稳定，加热变为偏磷酸盐。易溶于水，1%的水溶液 pH 值为4.3～5.0,微溶于乙醇。加热至190 ℃熔融，并放出氨气，转变成偏磷酸铵。

【生产方法】　由磷酸与氨气进行中和反应制得。

【生产配方】

| 磷酸(100%) | 93.5 |
| 氨(100%) | 16.2 |

【生产流程】

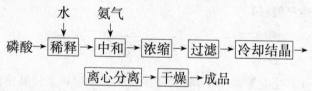

【生产工艺】　将磷酸用水稀释[H_3PO_4：H_2O=1：(1.3～1.4)]后加入反应釜，或在反应釜内稀释，再通入氨气，控制 pH 值为3～4 左右。通氨时应不断搅拌并不断冷却。中和反应完成后，将物料进行浓缩至液面刚出现结晶薄膜为度，趁热抽滤，将滤液转入结晶器中进行冷却结晶，然后经离心分离，干燥后即制得磷酸二氢铵成品。

离心分离后的母液，可回收磷酸二氢铵。若母液中含铁量太高，则需先用氨调整 pH 值为4 以上，再加入硫化铵除铁。除铁后的溶液用磷酸调整 pH 值至3～4,送回反应器中浓缩，再经趁热过滤，冷却结晶，离心分离，干燥等工序而制得成品磷酸二氢铵。

【产品标准】

外观　　　　　　　　　　　　无色结晶或白色结晶粉末

含量(%)   96～102

氟化物(mg/kg)   ≤10

砷(以 As 计,mg/kg) ≤3

重金属(以 Pb 计,mg/kg) ≤10

【产品用途】 在农业上用作氮磷复合肥料,也用于无土栽培营养液添加剂。主要用作酿造发酵促进剂,可促进酵母的增值和发酵。还可用作缓冲剂,面团调节剂,膨松剂,酵母食料。

5.11　磷酸二氢钾

磷酸二氢钾(Potassium dihydrogen phosphate)又称磷酸一钾(Monopotassium phosphate)。分子式 KH_2PO_4,分子量 136.09。

【产品性能】 无色易潮解结晶或白色粉末。熔点 252.6 ℃。相对密度 2.338。溶于水,水溶液呈酸性,pH 值 4.4～4.7,不溶于乙醇。400 ℃ 失水生成偏磷酸二氢钾。小鼠经口服 LD_{50} 2.33 g/kg 体重(1.60～3.39 g/kg)。

【生产方法】

(1)中和法　磷酸用碳酸钾或氢氧化钾中和生成磷酸二氢钾。

$$H_2PO_4 + KOH \rightarrow KH_2PO_4 + H_2O$$

$$2H_2PO_4 + K_2CO_3 \rightarrow 2KH_2PO_4 + CO_2 + H_2O$$

(2)复分解法　饱和的氯化钾溶液与过量的 75% 磷酸于 120～130 ℃下进行复分解反应。副产物氯化氢用水吸收得盐酸,用氢氧化钾中和过量的磷酸至 pH 值 4.2～4.6。经冷却、离心、干燥得到磷酸二氢钾。

【生产流程】

(1)中和法

碱
↓
磷酸→ 中和 → 蒸发 → 过滤 → 冷却析晶 → 离心 →成品

（2）复分解法

```
                水      75％磷酸  氢氧化钾
                ↓         ↓        ↓
氯化钾→ 溶解 → 复分解反应 → 中和 → 离心 → 干燥 →成品
                       ↓
                     氯化氢→ 吸收 →盐酸
                             ↑
                             水
```

【主要原料】

中和法

磷酸（50％）	1 400
氢氧化钾（工业品）	450

或使用碳酸钾

碳酸钾法	538
磷酸（50％）	1 480

【生产工艺】　在反应器中,加入水 2 L,搅拌下加入相对密度 1.7 的磷酸 0.7 L,加入氢氧化钾或碳酸钾进行中和反应,至刚果红试纸呈紫色为止,加热 1 h,过滤,滤液浓缩到相对密度 1.32。冷却,吸滤,得约磷酸二氢钾 1 000 g。

【产品标准】

指标名称	FCC(IV)	日本食品添加物公定书
含量（％）	≥98.0	≥98.0
不溶物（％）	≤0.2	
干燥失重（％）	≤1.0	≤0.5
氟化物（％）	≤0.001	—
重金属（以 Pb 计,％）	≤0.001 5	≤0.002
砷（以 As 计,％）	≤0.000 3	≤0.000 4（以 As_2O_3 计）
铅（Pb,％）	≤0.000 5	—
硫酸盐（以 SO_4 计,％）	—	≤0.019

氟化物(％)　　　　　　—　　　　　≤0.011

溶液澄清度和颜色　　　—　　　　　合格

pH 值(1∶100 水溶液)　—　　　　　4.4~4.9

【产品用途】　在农业上用作磷钾复合肥料,也用于无土栽培营养液添加剂。用作食品品质改良剂、发酵助剂、膨松剂、水分保持剂、缓冲剂。

5.12　硫酸锌

硫酸锌(zinc sulfate)又称皓矾(white vitriol),无水物分子式 $ZnSO_4$,分子量 161.54。七水合物分子式 $ZnSO_4 \cdot 7H_2O$,分子量 287.54。

【产品性能】　一般应用的硫酸锌均含结晶水。在−5.8 ℃ (含 27.87％ $ZnSO_4$ 的冰盐共晶点)~38.8 ℃范围内,从水溶液中结晶出来的硫酸锌是无色斜方结晶 $ZnSO_4 \cdot 7H_2O$,在 7.6~24.9 ℃出现介稳的 $ZnSO_4 \cdot 7H_2O$ 单斜晶型结晶,$ZnSO_4 \cdot 6H_2O$ 结晶的稳定范围是 38.8~70 ℃。<11.4 ℃时,介稳的 $ZnSO_4 \cdot 6H_2O$ 不可逆转变为单斜结晶 $ZnSO_4 \cdot 7H_2O$。>70 ℃时结晶出 $ZnSO_4 \cdot H_2O$。超过 280 ℃转变为无水硫酸锌,767 ℃分解为 ZnO 和 SO_3。

七水合硫酸锌为无色结晶,相对密度(d_4^{25})1.957。在干燥空气中逐渐风化,低毒性,小白鼠经口服 LD_{50} 1.18 g/kg。

【生产方法】

(1)复分解法　硫酸与氧化锌、氢氧化锌或其他含锌原料发生复分解反应,经精制得硫酸锌。将锌料慢流加入相对密度 1.16 的稀硫酸中,温度控制在 80~90 ℃,约 2 h 后溶液 pH 值达 5.1~5.4 反应完毕,此时溶液相对密度约 1.35。加入少量的高锰酸钾或漂白粉,使铁、锰氧化沉淀,过滤弃渣。滤液倒入置换桶,加入少量锌粉,在 75~90 ℃下搅拌 40~50 min,置换出铜、铅、镉等重金属杂质。过滤后,滤液再用少量的高锰酸钾或漂白粉氧化,进一步除去少量的铁、锰,过滤得相对密度为 1.28～1.32 的硫酸锌溶液,此溶液冷却后在结晶锅中结晶 2～3d,分离结晶,并甩干后在 40～50 ℃下烘干得成品。

$$ZnO + H_2SO_4 \rightarrow ZnSO_4 + H_2O$$
$$Zn(OH)_2 + H_2SO_4 \rightarrow ZnSO_4 + H_2O$$

(2)煅烧法　闪锌矿在 600 ℃下氧化焙烧得硫酸锌。

$$ZnS + 2O_2 \rightarrow ZnSO_4$$

(3)菱锌矿法　菱锌矿用盐酸浸取,氧化、除铁后水解富集锌,与镁分离。富集的锌用硫酸溶解,除重金属后,蒸发,冷却析晶得硫酸锌。

$$ZnCO_3 + 2HCl \rightarrow ZnCl + H_2O + CO_2 \uparrow$$
$$MgCO_3 \cdot CaCO_3 + 4HCl \rightarrow MgCl_2 + 2CO_2 + 2H_2O$$
$$ZnCl + 2H_2O \rightarrow Zn(OH)_2 \uparrow + 2HCl$$
$$Zn(OH)_2 + H_2SO_4 \rightarrow ZnSO_4 + 2H_2O$$
$$MgCl_2 + Ca(OH)_2 \rightarrow Mg(OH)_2 \downarrow + CaCl_2$$

(4)高纯硫酸锌制法　将 99.99% 的金属锌 150 g,放入 1 000 mL 烧杯中,加入高纯电导水 50 mL,再加 50% 高纯酸,使锌溶解(可加热至 100 ℃加快反应)。冷却,过滤,蒸至形成一整片结晶膜出现为止。冷却并进行搅拌,析晶后离心甩干,得光谱纯硫酸锌。

$$Zn + H_2SO \rightarrow ZnSO_4 + H_2$$

另外,制备超纯硫酸锌的方法还有吸附络合沉淀色层法、重结晶法、配合沉淀法、硫化氢分步沉淀、萃取法和离子交换法。

用离子交换法制备超纯硫酸锌的基本原理是在普通硫酸锌溶液中添加一种配合剂,它能与 Fe^{3+}、Ni^{2+}、CO^{2+} 等杂质阳离子形成稳定的配合阴离子,而难以与 Zn^{2+} 形成稳定的配合阴离子,锌仍以阳离子状态存在于溶液中,然后利用阴子离子交换树脂交换吸附配合阴离子,从而使硫酸锌溶液中的杂质得以除去。配合剂的选择十分重要。通常选 α-亚硝基 β-萘酚磺酸盐(简称亚基 R 盐)作为配合剂。阴离子交换树脂可选用 370 型和 390 型树脂,它们均属于弱碱性阴离子交换树脂。

树脂通过水洗、碱、酸处理后装柱。普通硫酸锌配制成 15%、密度为 1.17 g/mL 左右的 $ZnSO_4$ 溶液,调节 pH 值在 5～6。按 1% R 盐 3 mL 加 15% $ZnSO_4$ 100 mL 配制 R 盐溶液,调节 pH 值至 4.5 左右,然后进行交换反应。树脂通过淋洗、转型再生可循环使用。

【生产流程】

(1)复分解反应法

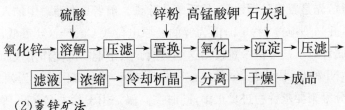

(2)菱锌矿法

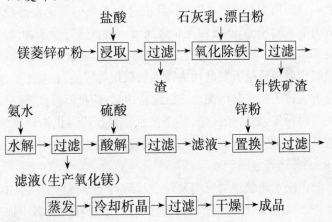

【主要原料】

复分解法

硫酸(98%)	369
氧化锌(ZnO,以 100%计)	240

【生产工艺】

(1)复分解法　含锌物料经球磨机粉碎,用 18%~25%的硫酸溶解。溶解是在衬有耐酸材料(如衬铅)并有搅拌器的反应釜中进行。由于反应放热,温度上升到 80~100 ℃(锌矿溶解时温度在 90~95 ℃),如果物料中含有大量金属锌时,因产生氢气,反应器必须装有强烈的排风装置。为了加速反应后期的反应速度,可以加过量的含锌物料。反应结束后(此时溶液中的游离酸含量降至 1~2 g/L)。溶液经澄清压滤,滤液中 $ZnSO_4$ 约 400 g/L,并有 $FeSO_4$、$CuSO_4$、$CdSO_4$ 等杂质。除去锌钒溶液中的杂质,可分两步进行,先是置换除铜镍等,然后氧化除铁。前者是在滤液中加入锌粉,并强烈搅拌 4~6 h,因为锌的还原电位较 Cu、Ni、Cd 等低,则金属锌可从盐溶液中置换出这些金属。其中铜的沉淀作用快而完全,Ni 和 Cd 因为与 Zn 的电位序非常接近,使分离困难。为使 Ni 充分凝聚要求锌粉过量很多,同时需高温。用于除去 Cu、Ni 等的锌粉应预先用少量稀硫酸处理,除去金属表面的氧化物薄膜。置换后的溶液经压滤,除去细泥状金属渣。滤液进行除铁,可加氧化剂使 Fe^{2+} 变 Fe^{3+}。常用氧化剂是二氧化锰、高锰酸钾、次氯酸钠等。氧化后加适量石灰乳使高铁的氢氧化物沉淀,石灰不要过量,以免形成锌的碱式盐沉淀。在沉淀析出后,应把溶液煮沸,破坏剩余的漂白粉等,然后经过滤,其洗涤水送回反应器供稀释硫酸用。滤液经浓缩、结晶、分离、干燥得七水硫酸锌。过滤后的滤泥回收铅、锡、镉、锗等金属。

制备一水硫酸锌的反应及除杂过程与七水硫酸锌大致相同。制备一水硫酸锌,可将生产七水硫酸锌的溶液在置换器中加热至 90 ℃,再加入锌粉置换除去杂质,经过滤、澄清,得精制硫酸锌溶液,蒸发至溶液密度约为 1.53 g/mL,然后在浓缩器中进一步浓缩,至析出大量结晶为止,经离心脱水、干燥后即得一水硫酸锌。母液经冷却可得七水硫酸锌。

(2)氧化锌法　在耐酸反应器中配制 20°Bé 的稀硫酸,在搅拌下,将氧化锌粉慢慢加入,并用蒸汽加热至 80~90 ℃,约 2 h 后,溶液 pH 值达 5.1~5.4,浓度为 38°Bé 时,反应完毕。

在已反应完的溶液中加入少许高锰酸钾(或漂白粉),使铁、锰氧化沉淀,过滤,滤渣弃去。在滤液中加入锌粉(或锌料),控制温度 75~90 ℃,浓度 30°~35°Bé,搅拌 40~50 min,置换出铜、铅、镉等杂质。再过滤,滤液用高锰酸钾氧化,进一步除去少量的铁、锰后,过滤得 32°~35°Bé,80~85 ℃ 的精制硫酸锌溶液。

将浓缩好的热液,移入结晶器中冷却结晶。需 2~3 d,每天搅动 2~3 次。将结晶投入离心机中离心脱水,再放入瓷盘中,在 40~45 ℃ 烘箱中烘干。烘干冷透后,用篦筛过筛(头子用打粉机轧细),即得纯度为 98% 以上的成品。

(3)菱锌铁法　菱锌矿经粉碎后。以 3:1 液固比调成矿粉浆,搅拌下缓慢加入浓盐酸至无明显气泡冒出后,再过量少许盐酸,保持 pH 值在 1.0 左右,继续搅拌浸取 0.5 h,过滤、洗涤滤渣。

根据浸出液中亚铁含量,加入过量 5% 的氧化剂(如漂白粉),加热到 90 ℃ 以上时,搅拌下缓慢加入石乳中和游离酸,使铁以针铁矿形式沉淀。pH 值控制在 4.0~5.0 范围内,除铁率可稳定在 98% 以上,而锌、镁损失甚微。

滤液主要阳离子含量(g/L):Zn^{2+} 32.23,Mg^{2+} 38.74。将锌镁有效分离是综合利用菱锌矿制硫酸锌的关键。可以用氟化铵来沉淀镁、钙离子,实现锌镁分离,但该法不经济。也可用氨水做沉淀剂使硫酸锌水解成碱式硫酸锌 $ZnSO_4 \cdot 3Zn(OH)_2$ 沉淀,但锌的水解沉淀率最高只能达到 94%,并且用氨水调节 pH 值时,必须严格控制,否则过量氨水将与锌形成配合物,降低锌镁分离效果。

利用氢氧化锌与钙、镁氯化物在溶解度上的差异,可将锌、镁有效分离。分离镁、钙后的滤饼主要是氢氧化锌。

氢氧化锌用 18%~25% 硫酸于搅拌下溶解,溶解完成后,料液经压滤,沉渣可加硫酸进行二次浸出。滤液除硫酸锌外,还含铁、铜、镍等杂质。在滤液中加入锌粉,并强烈搅拌 4 h,置换出铜、镍、镉等,而锌则生成硫酸锌。向滤液中加入适量氧化剂(MnO_2、$KMnO_4$ 等),氧化后加入适量石灰乳,使高价铁生成氢氧化铁沉淀(石灰乳不要过量)。杂质沉淀析出后,溶液煮沸以破坏剩余的氧化剂,然后过滤、洗涤液返回配硫酸用。滤液经浓缩,冷却析晶,离心分离,干燥得七水硫酸锌。

(4)化学试剂制法　　在室外或通风橱中向 20%硫酸 1 150 g中缓慢加入锌粒 170 g(注意防止锌中杂质砷形成的三氢化砷中毒)。反应完毕后加热,溶液中应留有少量锌,于溶液中加入由过氧化氢 1 mL,碳酸锌 2 g 或氧化锌和水 2 mL 所组成的糊状物,搅拌后静置,使杂质铁以氢氧化铁形式充分沉出,过滤。蒸发滤液至出现结晶膜。在不断搅拌下用冷水冷却、过滤所得结晶,于室温下干燥。其反应如下:

$$Zn + H_2SO_4 \rightarrow ZnSO_4 + H_2 \uparrow$$

【产品标准】

指标名称	化学级	一级	二级
硫酸锌($ZnSO_4 \cdot 7H_2O$,%)	≥98.0	≥99.0	≥98.0
含铁(Fe 量,%)	≤0.001	≤0.005	≤0.01
含铜(Cu 量,%)	≤0.003		
含锰(Mn 量,%)	≤0.03	≤0.01	—
氯化物(Cl 含量,%)	≤0.2	≤0.05	≤0.2
水不溶物(%)	≤0.15	≤0.02	≤1.05
游离酸(H_2SO_4,%)	—	≤0.05	≤0.1
遇 H_2S 试验	液体呈乳白色		

【产品用途】　　是微量元素肥料之一。在农业上用作锌肥,用于土壤补锌。是镀锌电镀液和无机颜料锌钡白及锌盐的原料。常用作人造纤维的凝固剂,印染工业的媒染剂,木材、皮革的防腐剂,

还可用作防治果树的病虫害。另广泛用于电解工业。

5.13　硫酸锰

硫酸锰(Manganese sulfate)又称硫酸亚锰,分子式 $MnSO_4 \cdot H_2O$,分子量 169.02。

【产品性能】　淡玫瑰红色细小晶体,属单斜晶系。易溶于水,不溶于醇。在空气中风化。相对密度 2.95。850 ℃开始分解,因条件不同放出 SO_3、SO_2 或 O_2,残留黑色的不溶性 Mn_3O_4,约在 1 150 ℃完全分解。

【生产方法】

(1)软锰矿法　将软锰矿用碳粉还原,再用硫酸浸取。其反应如下:

$$2MnO_2 + C + 2H_2SO_4 \rightarrow 2MnSO_4 + CO_2 \uparrow + 2H_2O$$

(2)菱锰矿法　用菱锰矿与硫酸作用,再经精制而得硫酸锰。

(3)副产法　生产氢醌时有大量的硫酸锰副产物。由苯胺氧化生产氢醌时反应如下:

$$2C_6H_5NH_2 + 4MnO_2 + 5H_2SO_4 \rightarrow$$
$$2(O{=}C_6H_4{=}O) + 4MnSO_4 + (NH_4)_2SO_4 + 4H_2O$$

这里主要介绍软锰矿法的工业生产方法。

【生产配方】　(t/t)

软锰矿粉(MnO_2,以 100％计)　　0.574

煤粉　　　　　　　　　　　　　0.178

硫酸(100％,H_2SO_4)　　　　　　0.675

【主要设备】　破碎机　还原焙烧炉　钢反应器　水夹套转鼓冷却器　压滤机　蒸发器　离心机　结晶器

【生产流程】

$$\boxed{浓缩}\rightarrow\boxed{结晶}\rightarrow\boxed{分离}\rightarrow\boxed{干燥}\rightarrow 成品$$

【生产工艺】 将 MnO_2 含量在 65% 以上的软锰矿粉与白煤粉以 100∶20 重量配料比混合,在还原焙烧炉中进行还原焙烧以生成 MnO。

在水夹套转鼓冷却器中,于隔绝空气的条件下冷却至室温。将冷却后的 MnO 在稀硫酸中进行酸解,硫酸浓度为 15%~20%。

软锰矿粉中杂质(Ca、Mg、Fe、Al 等)皆在酸解过程中生成相应的硫酸盐,可借 MnO_2 作氧化剂使 Fe^{2+} 变为 Fe^{3+},控制 pH 值≤5.2,Fe^{3+} 与部分 Al^{3+} 可水解而生成氢氧化物沉淀。经压滤和静置可除去 Fe^{3+} 及部分铝和一些酸不溶物。

上述反应液经 48 h 静置后,经压滤得硫酸锰精滤液,精滤液经蒸发、浓缩、结晶、离心分离后,再经热风干燥而得成品。

【产品标准】

指标名称	一级	二级	三级
硫酸锰($MnSO_4 \cdot H_2O$,%)	≥98.0	≥95.0	≥90.0
铁(Fe,%)	≤0.004	≤0.008	≤0.015
氯化物(Cl^-,%)	≤0.02	≤0.05	≤0.10
水不溶物(%)	≤0.05	≤0.10	≤0.20

【产品用途】 是微量元素肥料之一。在农业上用作锰肥,用于土壤补锰。也用于无土栽培营养液添加剂。

为油墨、油漆的催干剂,合成脂肪酸的催化剂,用于制取其他锰盐。农业中用作微量元素肥料、饲料添加剂,以及用于冶金、国防工业等。在印染、造纸、陶瓷等工业上,也有着广泛的应用。

5.14　硫酸镁

硫酸镁(Magnesium sulfate)又称七水合硫酸镁。分子式 $MgSO_4 \cdot 7H_2O$,分子量 246.469。

【产品性能】 硫酸镁系透明棱柱形结晶,易溶于水而不溶于乙醇,有苦咸味。相对密度 1.68,在空气中微微风化,脱水即形成含 6、2、5、1 分子水和 0.5 分子水的含水结晶物。无水 $MgSO_4$ 是白色粉末。

【生产方法】

(1)硫酸法 硫酸与含氧化镁 85% 的菱苦土中和反应经分离提纯得到。

在中和罐中先将菱苦土慢慢加入水和母液中,然后用硫酸中和,颜色由土白色变成红色为止。控制 pH=5,相对密度 1.37～1.38(39°～40°Bé)。中和液于 80 ℃下过滤,然后用硫酸调节 pH 值至 4,加入适量的晶种,并冷却至 30 ℃结晶。分离后于 50～55 ℃下干燥得成品,母液返回中和罐。

低浓度的硫酸也可以与氧化镁含量 65% 的菱苦土中和反应,经过滤、沉淀、浓缩、结晶、离心分离、干燥,制得七水合硫酸镁。

$$MgO + H_2SO_4 + 6H_2O \rightarrow MgSO_4 \cdot 7H_2O$$

(2)海水晒盐苦卤法 将海水晒盐得到苦卤,用兑卤法蒸发后,得到高温盐,其组成为 $MgSO_4 > 30\%$、$NaCl < 35\%$、$MgCl_2$ 约为 7%、KCl 约为 0.5%。苦卤可用 200 g/L 的 $MgCl_2$ 溶液在 48 ℃浸溶,NaCl 溶解较少,而 $MgSO_4$ 溶解较多。分离后,浸液冷却至 10 ℃便析出粗的 $MgSO_4 \cdot 7H_2O$。粗品经二次重结晶得到硫酸镁。

由高纯氧化镁(制法见氧化镁)和高纯稀硫酸在电导水中反应制得。

$$MgO + H_2SO_4 \rightarrow MgSO_4 + H_2O$$

【生产流程】

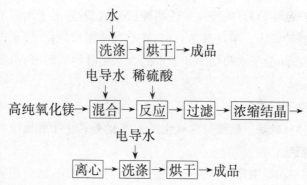

【生产工艺】

工艺一　将氧化镁 4 kg 放入白瓷缸内,加水 4 000 mL 将氧化镁搅拌成糊状;然后缓慢滴加 30%稀硫酸,反应激烈,伴有泡沫,待泡沫较少时,停止加酸,少留一些氧化镁(如不小心加酸过量,可再加一些氧化镁),静置 15 min,过滤。将滤液移到搪玻璃的反应锅中,用蒸汽加热浓缩,待溶液上层四周形成一层薄膜时停止蒸发,放出热水,通入冷水冷却,并搅拌之。取出结晶,用离心机甩干,并用冷水洗涤 2 次,将结晶铺在白搪瓷盘内,在电烘箱中进行低温干燥,得到硫酸镁。

说明:合成中留少量氧化镁使溶液呈弱碱性,这样通过过滤可分离一部分金属阳离子(以氢氧化物沉淀的形式除去)。产品结晶用冷水洗涤可以除去 Cl^-、NO_3^- 等阴离子杂质。

工艺二　将高纯氧化镁 4 kg 放入小白瓷缸内,用电导水 4 000 mL 将氧化镁搅拌成糊状;然后缓慢滴加 30%高纯稀硫酸,反应激烈,伴有泡沫,待泡沫较少时,停止加酸,少留一些氧化镁(如不小心酸加过量,可再加一些氧化镁),静置 15 min,过滤。将滤液移到搪玻璃的反应锅中,用蒸汽加热浓缩,待溶液上层四周形成一层薄膜时停止蒸发,放出热水,通入冷水冷却,并搅拌之。取出结晶,用小型不锈钢离心机甩干,并用冷电导水洗涤 2 次,将结晶铺在白搪瓷盘内,在电烘箱中进行低温干燥。得到光谱纯硫酸镁

(如不能达到产品标准,可再重结晶 1 次)。

说明:

(1)合成中留少量氧化镁使溶液呈弱碱性,这样通过过滤可分离一部分金属阳离子(以氢氧化物沉淀的形式除去)。产品结晶用冷电导水洗涤可以除去 Cl^-、NO_3^- 等阴离子杂质。

(2)也可采用试剂级硫酸镁重结晶得到高纯硫酸镁。提纯时在碱性条件下过滤 1 次,可除去一部分能生成氢氧化物的阳离子杂质;蒸发浓缩前用少量高纯硫酸调 pH 值至 5~6,使蒸发出来的结晶成为中性,而且溶液呈透明。

【产品标准】

指标名称	FCC(Ⅳ)	日本食品添加物公定书
含量(灼烧后 $MgSO_4$,%)	≥99.5	≥99.0
砷(以 As 计),%	≤0.003	≤0.000 4(以 As_2O_3 计)
重金属(以 Pb 计,%)	≤0.001	≤0.001
灼烧失重:一水物(%)	13~16	25.0~35.0(干燥品)
三水物(%)	22~28	40.0~52.0(结晶品)
硒(%)	≤0.003	—
溶液澄清度颜色	—	合格
氯化物(%)	—	≤0.014
光谱纯(%)		
酸度(以 H_2SO_4 计)	≤0.005	
阳离子	符合光谱规定	
水不溶物	≤0.002	
氯化物(Cl^-)	≤0.001	
磷酸盐(PO_4)	≤0.001	
钙(Ca)	≤0.02	
铁(Fe)	≤0.000 4	
重金属(以 Pb 计)	≤0.000 2	

砷(As)　　　　　　　　　≤0.000 05

锌(Zn)　　　　　　　　　≤0.000 4

【产品用途】　是微量元素肥料之一。在农业上用作镁肥,用于土壤补镁。也用于无土栽培营养液添加剂。

用作食品镁强化剂。光谱纯氧化镁用于显像管生产。

5.15　硫酸铜

硫酸铜(Cupric sulfate)又称蓝矾(Blue vitriol)、胆矾(Salzbur vitriol),结晶硫酸铜。分子式 $CuSO_4 \cdot 5H_2O$,分子量249.68。

【产品性能】　蓝色结晶。温度高于 100 ℃时,开始失去结晶水,依次转变为天蓝色水合物: $CuSO_4 \cdot 4H_2O$、$CuSO_4 \cdot 3H_2O$ 和 $CuSO_4 \cdot H_2O$;到 200 ℃时形成无水 $CuSO_4$,相对密度为 3.606。650 ℃分解为氧化铜和氧化硫。其水溶液呈弱酸性。大白鼠经口服 LD_{50} 为 0.333 g/kg。

【生产方法】

(1)**废铜屑法**　废铜屑焙烧成氧化铜,再与稀酸反应生成硫酸铜。

$$2Cu+O_2 \rightarrow 2CuO$$
$$CuO+H_2SO_4(稀) \rightarrow CuSO_4+H_2O$$

(2)**硫铁矿渣法**　硫铁矿渣中含有的铜以各种化合物的状态存在,其中 $CuSO_4$、$CuSO_3$、Cu_2O、Cu_2S、CuS、$CuFeS_2$。硫酸铜和亚硫酸铜容易用水浸出,而氧化铜可用稀酸浸出,矿渣中有 20% 的铜呈硫化物形态存在。既不溶于水,也不溶于酸,但加热时则与三价铁的硫酸盐或氯化物相互作用而进入溶液。

$$CuS+Fe_2(SO_4)_3 \rightarrow CuSO_4+2FeSO_4+S$$
$$Cu_2S+2Fe_2(SO_4)_3 \rightarrow 2CuSO_4+4FeSO_4+S$$

通空气使 Fe(Ⅱ)氧化为 Fe(Ⅲ),再用石灰处理可除去硫酸铜溶液中的铁。

$$Fe_2(SO_4)_3+3CaCO_3+3H_2O \rightarrow Fe(OH_3)\downarrow+3CaSO_4\downarrow+3CO_2\uparrow$$

$$2CuFeS_2+7Cl_2 \rightarrow 2CuCl_2+2FeCl_3+2S_2Cl_2$$

烧渣浸取铜：在用 1%的硫酸溶液以固液比为 1：3 条件下冷浸烧渣 1 h 后，则 60%～80%的铜转入溶液中，经过 4～6 次浸取可得到 15～18 g/L 铜溶液，溶液中杂有铁化合物 5～6 g/L，在通空气或氯气氧化后，可加入石灰石从溶液中除去；净化后的溶液蒸发至铜浓度为 80～85 g/L，可结晶制取铜矾。

(3)废电解液法　某些镀铜电解液，一般含 Cu 50～60 g/L，可以用来制备硫酸铜，以满足市场需要。该法一般是先除去废电镀液中各种可溶杂质，再加入 Na_2CO_3 形成碱式碳酸铜，再与硫酸反应而得。

$$Cu^{2+}+Na_2CO_3+H_2O \rightarrow Cu_2(OH)_2(CO_3)\downarrow+2H^+$$

$$Cu_2(OH)_2(CO_3)+2H_2SO_4 \rightarrow 2CuSO_4+CO_2+3H_2O$$

将电镀废液放入中和槽内，视含量多少，加入碳酸钠中和至 $Cu_2(OH)_2(CO_3)$ 沉淀析出，并过量使沉淀完全，静置，抽滤，用水洗涤滤饼。再加硫酸，使滤饼刚好溶解（反应放出大量的热和 CO_2 气体，应缓慢加入 H_2SO_4）。冷却，结晶，即可得到硫酸铜产品。

(4)低温氧化法　将紫铜置于硫酸和硫酸铜的混合液中，利用空气中的氧作为氧化剂，使金属铜不断溶解，经后处理得硫酸铜。

$$Cu+CuSO_4 \rightarrow Cu_2SO_4$$

$$2Cu_2SO_4+O_2 \rightarrow 2CuO+2CuSO_4$$

$$CuO+H_2SO_4 \rightarrow CuSO_4+H_2O$$

(5)光谱纯硫酸铜制法　以电解铜为原料，经硝酸浸洗后，与高纯硫酸加热，经浓缩，得到的硫酸铜再用电导水重结晶 1 次得光谱级硫酸铜。

$$Cu+2H_2SO_4 \rightarrow CuSO_4+SO_2+2H_2O$$

【生产工艺】

(1)废铜屑法　废铜屑于焙烧炉中，在 600～700 ℃焙烧 5～

12 h,杂质氧化成金属氧化物渣,硫化亚铜与焙烧熔融时产生的氧化亚铜发生反应。在铜熔融液沸腾期间加 1%～1.5% 的硫,所产生的二氧化硫溶于铜中;熔融铜呈细流状放入粒化池的水中固化成铜粒,同时伴随二氧化硫的逸出,再将铜粒装入浸溶塔中,由塔顶喷淋硫酸铜母液的混合液,使铜氧化和溶解。该过程属于放热反应。喷淋液的组成是 20%～30% $CuSO_4 \cdot 5H_2O$ 和 12%～19% H_2SO_4,温度控制在 55～60 ℃;从浸溶器中放出的溶液组分为:42%～49% $CuSO_4 \cdot 5H_2O$ 及 4%～6% H_2SO_4,温度为 74～76 ℃。然后,将此接近饱和的硫酸铜溶液送入结晶器,离心分离,结晶物用 100 ℃ 左右的空气干燥,母液返回浸溶器循环使用。

(2)低温氧化法　在反应器中,加入水、硫酸和硫酸铜,硫酸浓度 25%～35%,硫酸铜含量为 200 g/L 左右。将压缩空气管置于反应器中间靠底部。将紫铜围绕压缩空气管周围均匀放置,让混合液全部覆盖住金属紫铜,通入蒸汽加热,并向反应器中通入压缩空气,反应温度维持 80～85 ℃,反应时间约 12 h,当溶液中硫酸铜浓度达到 500～660 g/L 时,关闭压缩空气,让溶液保温自然沉降 0.5 h,吸滤上清液至另一搪瓷反应釜中,开动搅拌,并向夹套中通水冷却,至室温时关闭冷却水,析晶,放料离心,滤饼用纯水洗涤 2 次,离心甩干后出料得结晶硫酸铜。滤液、洗液加入反应器中,补加硫酸至 25%～35% 重复使用。

(3)光谱纯硫酸铜制备　将 99.9% 的电解铜 2 000 g 切割成小片或块状,用 10% 硝酸浸洗一下,以除去表面的杂质,然后用电导水洗尽残酸。将小铜片(块)轻轻地放入烧瓶中,移置通风橱内,加入高纯硫酸 1 250 mL,加热使其反应(加热温度视当时反应情况而定),当反应完成后,从剩余的铜中吸滤、浓缩,浓缩到此溶液上层形成薄膜时,冷却。第二天滤出结晶,并用少量电导水洗涤。将 $CuSO_4$ 结晶溶于热的电导水中(每 100 g $CuSO_4 \cdot 5H_2O$ 用电导水 1 200 mL 进行溶解),过滤,蒸发滤液,结晶,吸干或甩干,在烘箱中低温干燥,得到光谱纯硫酸铜。

产品标准

指标名称	FCC(Ⅳ)	日本食品添加物公定书
含量(%)	98.0～102.0	98.0～104.5
硫化氢不沉淀物(%)	≤0.3	—
砷(以 As 计,%)	≤0.000 3	≤0.000 4(以 As_2O_3 计)
铅(以 Pb 计,%)	≤0.001	≤0.001
铁(%)	≤0.01	
溶液澄清度和酸度	—	合格
碱金属和碱土金属(%)	—	≤0.03

【产品用途】 是微量元素肥料添加剂。在农业上,用作种子处理和根外追肥,也用作基肥。还用作食品铜强化剂。

5.16　氯化锌

氯化锌(Zinc chloride)又称锌氯粉(Butter of Zinc)。分子式 $ZnCl_2$,分子量 136.28。

【产品性能】 白色粉末,极易吸潮。熔点 283 ℃,沸点 732 ℃。400 ℃熔融 $ZnCl_2$ 导电率 0.026 $\Omega^{-1} \cdot cm^{-1}$。能自空气中吸收水分而溶化。易溶于水,及吡啶、苯胺等含氮溶剂,极易溶于甲醇、乙醇、甘油、丙酮、乙醚等含氧有机溶剂;不溶于液氨。氯化锌毒性很强,应密闭贮存。

【生产方法】

(1)盐酸法　锌或氧化锌与盐酸反应,生成氯化锌。

$$Zn + 2HCl \rightarrow ZnCl_2 + H_2$$
$$ZnO + 2HCl \rightarrow ZnCl_2 + H_2O$$

(2)菱锌矿法　菱锌矿主要含有碳酸锌,伴生元素及杂质有 Pb、Fe、Mg、Ca、Co、Cd 等。用盐酸浸取后,通过沉淀分去 $PbCl_2$,

氧化后调 pH 值除去铁,再脱钙、镁,用锌粉置换除去其余杂质得到氯化锌。

$$ZnCO_3 + 2HCl \rightarrow ZnCl_2 + H_2O + CO_2$$

$$PbO + 2HCl \rightarrow PbCl_2 \downarrow + H_2O$$

【生产流程】

(1)盐酸法

　　　　　　　盐酸　氯化钡　石灰,漂白粉　　　　　　锌粉

氧化锌→反应→沉淀→一次提纯→过滤→二次提纯→

过滤→蒸发→粉碎→成品

(2)菱锌矿法

　　　　　　　　盐酸　　　　　　次氯酸钠

菱锌矿→粉碎→浸取→过滤→氧化除铁→置换→

过滤→浓缩→结晶→粉碎→成品

【生产配方】

氧化锌(ZnO,98%)	614
盐酸(31%)	1 745
锌粉(Zn,96%)	25

【生产工艺】

(1)盐酸法　将 98%氧化锌 122.8 kg 和 31%盐酸 349 kg 加入搪瓷反应釜中。反应剧烈,但因后期反应缓慢,所以总的反应时间仍在 10 h 以上。当溶液无氢气鼓泡,pH 值达 3.5～4 时,则反应基本完成。然后将反应液沉淀,沉淀物返回反应器。如果原料中含有铅化物、二氧化硅等杂质,在反应时会生成沉淀,则应除去。一次提纯主要是除铁,一般用氧化剂,如氯气、氯酸钾、漂白粉等,常用漂白粉。溶液中未反应完的酸用石灰中和,可使铁沉淀出来;如果溶液中有硫酸根离子,可同时加入氯化钡除去。然后使溶液

澄清,将清液倾析出来,或通过过滤。再加锌粉 5 kg 进行置换,使铜、镍、镉等金属离子沉淀出来。二次提纯后,过滤的滤液送去蒸发,采用石墨坡板蒸发器,直接用火加热,石墨坡板温度分布在800~1 300 ℃,浓度 45% 的稀氯化锌溶液从高处向低处同火方向并流,出口处浓度达 98% 以上,并析出结晶,经粉碎即得成品。

(2)菱锌矿法　菱锌矿经研磨后,用 1:1 的工业盐酸浸取。先加入 1 000 kg 1:1 盐酸,加热至 50~70 ℃,搅拌下,慢慢加入菱矿粉 1 000 kg,加热升温至 95 ℃左右,再加入 1 000 kg 左右1:1盐酸(具体用量根据锌含量计算)。加毕搅拌反应 3 h,冷却,待料液 pH 值上升到 4.5~5.0 时过滤,滤饼用冷水洗涤 3 次。

滤液中的铁以二价铁的形式存在,在 pH 值 4.5~5.0 下,加入氧化剂如 $KClO_4$ 或 $KMnO_4$,充分搅拌 15 min,并将料液加热至70~80 ℃,继续搅拌 0.5 h,让氢氧化铁凝聚沉降,冷却至室温后过滤。除铁后的滤液加入脱钙、镁剂,再加入锌粉置换铜、镍、铅。然后加盐酸调 pH 值至 0.5,过滤,滤液浓缩、结晶,粉碎后得到成品。

【化学试剂制法】

制法一　将氧化锌溶于 5 倍盐酸(1:1)中,通入氯气至饱和。过滤,滤液用 2% 盐酸酸化后,蒸发至溶液相对密度为 1.25~1.3。将溶液于 300~350 ℃加热至完全透明为止。冷却,粉碎后立即装瓶。

制法二　将用盐酸清洗过的锌块 400 g 置于水 1 L 中。在通风下加入相对密度为 1.19 的盐酸 1 L。当氢气逸出减慢时,在水浴上加热至停止产生气泡,放置过夜。倾出上部清液,通入氯气10~15 min,加入碳酸锌 20~25 g,于水浴上加热 1 h 并时时搅拌。静置后以玻璃纱芯漏斗过滤。滤液在水浴上蒸发浓缩至原有体积的 1/3,再置煤气喷灯上灼烧至全干(盐的温度为 230 ℃)。加入浓盐酸 1 mL,在 400 ℃下加热熔融,如熔融物带颜色,须稍冷却后加入 30%过氧化氢 1～2 滴或浓硝酸及浓盐酸 2～3 滴,继续加热熔融至无气泡为止。将熔体倾入搪瓷盘内,冷却、砸碎,立即装瓶。产量 650 g。其中化学反应如下:

$$Zn+2HCl \rightarrow ZnCl_2+H_2 \uparrow$$

【产品标准】

指标名称	电池用	一级品	二级品
外观	白色粉末或棒状、块状		
氯化锌($ZnCl_2$,%)	≥98	≥98	≥95
重金属(以 Pb 计,%)	≤0.0005	≤0.001	≤0.002
铁(Fe,%)	≤0.0005	≤0.001	≤0.001
硫酸根(SO_4^{2-},%)	≤0.005	≤0.005	≤0.01
钡(Ba,%)	≤0.1	≤0.1	≤0.15
酸不溶物(%)	≤0.1	≤0.1	≤0.2
碱式盐(以 ZnO 计,%)	1.8～2.5	1.4～2.5	1.4～2.5

【产品用途】　是微量元素肥料之一。在农业上用作锌肥,用于土壤补锌。

广泛用于电池工业、电镀工业以及医药、农药、染料的合成,还用作木材防腐剂、石油净化剂、氢化裂解催化剂、染织工业助剂及载热体。

【安全与贮运】　氯化锌烟尘在高浓度时毒性极大。应防潮、密封保存。搬运时要防止溅入眼睛、触及皮肤,如触及皮肤应用水冲洗,防止腐蚀皮肤。不可与食品共贮、混运。

5.17　氯化钾

氯化钾(Potassium chloride)。分子式 KCl,分子量 74.55。

【产品性能】　外观为白色或蓝白色细小结晶体,类似于食盐,味极咸,无臭、无毒。相对密度 1.984,熔点 770 ℃,加热到 1 500 ℃时升华。易溶于水、醚、甘油及碱类,微溶于乙醇,不溶于无水乙醇。有吸湿性，易结块。在水中的溶解度随温度的升高而迅速地增加，与钠盐常起复分解作用而生成新的钾盐。

(1)分解洗涤法

【生产流程】

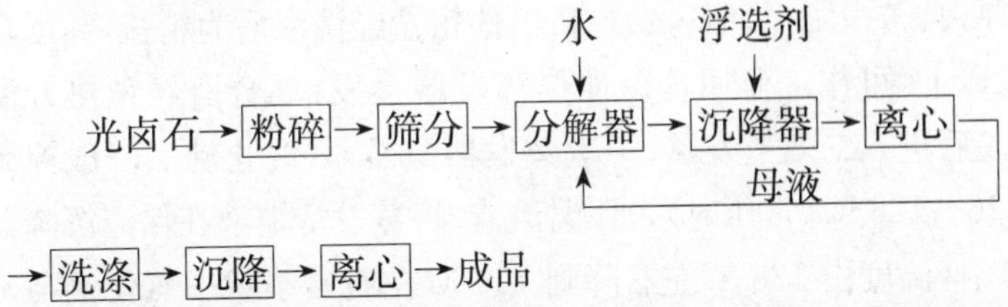

【生产工艺】　将盐湖光卤石(纯度 75% 以上,氯化钠≤10%,硫酸钙≤0.7%,硫酸镁 0.1%,水不溶物≤0.5%)经双辊玻璃碎裂机破碎后,加入分解器中,在搅拌下,以水,浮选剂,精钾母液和少量粗钾母液进行分解。然后将粗钾料浆用泵送入沉降器中沉降后,清液由导管送入母液槽中,沉降料浆由沉降器底部放出,离心分离,脱去母液,即得粗氯化钾。分离后的母液送入母液槽,与粗氯化钾母液合并,粗氯化钾在洗涤器中经室温下搅拌后,粗氯化钾中氯化钠大部分溶解于水。然后将溶液泵入精钾沉降器中,沉降分离,母液(粗氯化钾母液)送入母液槽中。料浆经离心脱水,干燥,即得成品。生产中的粗氯化钾母液大部分用泵送至盐田,制取再生蓝光卤石和六水氯化镁,小部分粗氯化钾母液送回分解器中。精氯化钾母液用泵送回分解器中,循环使用,在分解器沉积的废盐洗涤后可作工业用盐。

(2)兑卤法

【生产流程】

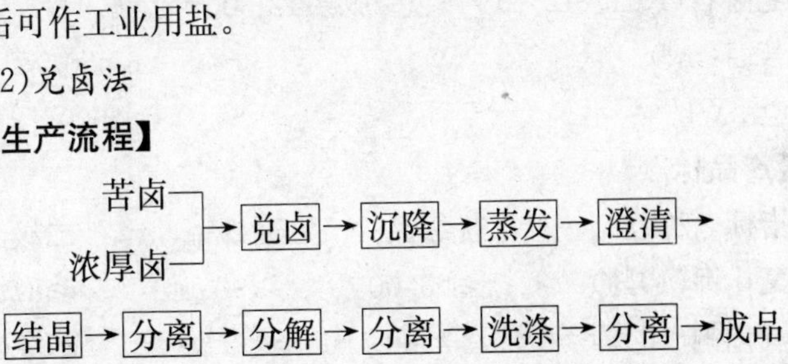

【生产工艺】 原料是盐田苦卤和浓厚卤。经兑卤、蒸发澄清、结晶、分解、洗涤、脱水等工序而制成氯化钾。兑卤：将苦卤（约32°Bé）和浓厚卤（析出光卤石后的母液，浓度：35°～36°Bé）以及循环料液在兑卤槽中按比例掺兑。兑卤体积比控制在 2：8～3：7（浓厚卤：苦卤加循环料液）。析出的粗盐经洗涤后为精盐，纯度在95％以上，可作工业用盐。加热蒸发器蒸发：混合卤经预热升温后，先后进入二效蒸发器、一效蒸发器蒸发，其终止沸点一般控制在126～128 ℃（常压时）。保温澄清：将蒸发浓缩液在保温沉降器中澄清（温度由 128 ℃左右降到 100 ℃左右），浆状中氯化钠与硫酸镁混合盐沉于底部，用盐浆泵吸出，以洗涤兑卤法回收其中的氯化钾。余下的混合盐可用来生产芒硝和硫酸镁。多雨地区还将它直接用作农肥。冷却结晶：将沉降清液送入真空结晶器和液膜冷却器沉降，溢流出的浓厚卤返回作兑卤用，循环多出来的浓厚卤再去提溴，沉降料浆经离心分离，得光卤石。一般含氯化钾 20％～25％，氯化镁 30％～33％，氯化钠 6％～10％，硫酸镁 2％左右。分解洗涤：以完全分解两次加水、两次洗涤的方法为好。首先加水将半光卤石恰好全部分解，经分离得粗钾，再加水洗去粗钾中残留的氯化钠等杂质。经分离脱水，即得成品。分解光卤石粗钾加水量约等于光卤石重量的 45％，洗涤温度最好控制在 10 ℃以下。

【生产配方】 （kg/t）

原料名称	分解洗涤法	兑卤法
光卤石（KCl>12％）	9 700～12 300	86.4
苦卤（m³）	—	6 650
电 kWh	—	～900

【产品标准】

指标名称	优级品	一级品	二级品
氯化钾（10％）	≥93.00	≥90.00	≥87.00
氯化钠（10％）	≤2.00	≤3.80	≤5.00

| 镁离子(%) | ≤0.35 | ≤0.45 | — |
| 硫酸根(%) | ≤1.00 | ≤1.50 | ≤2.50 |

【质量检验】

定性试验

①试剂:硝酸,硝酸银(0.1 mol/L溶液),氨水,高氯酸(1:10溶液),氢氧化钠(1 mol/L溶液)。

②测定操作:

(a)外观应为白色或暗白色的细小结晶。

(b)样品水溶液用硝酸酸化加入硝酸银溶液,即产生白色凝状沉淀,此沉淀能溶于氨水(氯化物)。

(c)样品用少量水溶解,加入高氯酸溶液,即产生白色凝状沉淀,沉淀不溶于氢氧化钠或浓氨溶液中(钾盐)。

水不溶物的测定

①测定操作:称取25 g样品(称准至0.001 g)置于400 mL烧杯中,加入水200 mL,加热近沸,不断地以玻璃棒搅拌,至完全溶解后。静置10 min,待残渣下沉后过滤[滤纸用热水洗涤数次并在(105±2)℃烘至恒重]。以热水用倾泻法洗涤至洗液不含氯离子(以硝酸银试液检查)。最后将沉淀全部移入滤纸上,收集滤液及洗液于500 mL容量瓶中,冷却后,加水至刻度,摇匀,供分析其他项目用——溶液甲。将带有不溶物残渣的滤纸折叠后,放入原盛该滤纸一同恒重的称量瓶中,于(105±2)℃,烘至恒重(2次质量之差不超过0.001 g)。

②计算:

$$水不溶物(\%)=\frac{G_1}{G_2}\times100$$

式中　G_1——水不溶物质量,g;

　　　G_2——样品质量,g。

钾离子的测定

①原理:在乙酸溶液中加入四苯硼钠溶液使与钾离子生成白色四苯硼钾沉淀,过滤后洗涤,干燥至恒重。

②试剂:无水乙醇,甲基红指示剂(0.1%乙醇溶液),乙酸(10%溶液),四苯硼钠(0.1 mol/L 乙醇溶液)(称取四苯硼钠3.4 g溶于无水乙醇100 mL中过滤后备用),四苯硼钾5%乙醇饱和溶液[取四苯硼钾1 g(或试验后的四苯硼钾),加乙醇500 mL,水950 mL充分振摇后,过滤备用]。

③测定操作:称取5～5.5 g样品(称准至0.000 2 g,溶于水,移入500 mL容量瓶中稀释至刻度,摇匀,用干滤纸,干漏斗,过滤于干烧杯中,弃去最初滤液约20 mL,准确吸取50 mL澄清液置于250 mL容量瓶中,用水稀释至刻度,摇匀——溶液乙。再准确吸取20 mL溶液乙移入100 mL烧杯中,加水40 mL,甲基红指示剂1滴和10%乙醇1滴(调至溶液呈红色),加热到40 ℃取下,在不断搅拌下逐滴加入0.1 mol/L四苯硼钠乙醇溶液8.5 mL沉淀之,静置10 min,立即用已在120 ℃烘至恒重的4号玻璃坩埚过滤,用四苯硼钾饱和溶液将沉淀全部转移入坩埚内,并洗涤数次(约5～6次),抽干后,取下坩埚,用无水乙醇2 mL沿坩埚壁冲洗1次,再抽干,把坩埚连沉淀放在烘箱中120 ℃烘至恒重。

④计算:

$$总钾量(以 K 计,\%) = \frac{G_1 \times 0.109\,11}{G_2 \times \dfrac{50}{500} \times \dfrac{20}{250}} \times 100$$

$$总钾量(以 KCl 计,\%) = \frac{G_1 \times 0.208\,05}{G_2 \times \dfrac{50}{500} \times \dfrac{20}{250}} \times 100$$

式中　G_1——四苯硼钾沉淀质量,g;

　　　G_2——样品质量,g;

　　　0.109 11——$KB(C_6H_5)_4$ 换算成 K 的系数;

0.208 05——KB(C_6H_5)$_4$换算成 KCl 的系数。

⑤说明：

(a)沉淀时所用烧杯必须充分洗净，否则沉淀易黏附在烧杯壁上。

(b)部标准用四苯硼钠水溶液，但四苯硼钠水溶液不能久贮，夏季二三天即产生混浊，现改用乙醇溶液，可放置 2 周不混浊，并有利于沉淀的洗涤。

(c)最后用无水乙醇洗涤是为了除去残存的四苯硼钾洗液，提高检验结果的准确性。

硫酸根测定

①硫酸钡质量法原理：在盐酸溶液中，加入氯化钡溶液，使与硫酸盐生成白色硫酸钡沉淀、过滤、洗涤、灼烧至恒重。

②试剂：盐酸(2 mol/L 溶液)，甲基红指示剂(0.2％的溶液)，氯化钡[0.02M 溶液(称取氯化钡 2.4 g 溶于水 500 mL 中，在室温下放置 24 h 以上，使用前过滤)]，硝酸根(0.1 mol/L 溶液)。

③测定操作：准确吸取 100 mL(样品中硫酸根含量＞1％时取 50 mL)溶液甲置于 300 mL 烧杯中，加水至约 150 mL，加甲基红指示剂 2 滴，滴加 2 mol/L 盐酸至溶液则呈红色，加热近沸，迅速加入 0.02 mol/L 氯化钡热溶液 40 mL，剧烈搅拌 2～3 min，静置澄清(约 1 h)，再加入少许氯化钡溶液，检查是否沉淀完全。用预先在 120 ℃烘至恒重的 4 号玻璃坩埚抽滤，先将上层清液倾入坩埚，用水将杯内沉淀清洗数次到氯离子基本洗净，然后将杯内沉淀移入坩埚，继续洗涤坩埚及沉淀至洗液不含氯离子(用硝酸银试液检查)，以少量水冲洗坩埚外壁后，于 120 ℃干燥至恒重。

④计算：

$$SO_4^{2-}(\%)=\frac{G_1\times0.041\,16}{G_2\times\frac{100}{500}}\times100$$

式中 G_1——沉淀质量，g；

G_2——样品质量,g;

0.041 16——$BaSO_4$ 换算为 SO_4^{2-} 系数。

⑤说明:坩埚的处理:将使用过的坩埚浸入热的 10%EDTA 溶液(每 100 mL 溶液加入氨水 10 mL)中,稍后用水煮沸片刻,取出抽洗数次,烘干备用。

氯的测定

①原理:在中性溶液中,以铬酸钾作指示剂,用硝酸银标准溶液滴定氯离子。

②试剂:硝酸银(0.1 mol/L 标准溶液),铬酸钾(10%溶液)。

③测定操作:准确吸取 100 mL 溶液乙于 150 mL 锥形瓶中加入 10%铬酸钾溶液 3~4 滴,在充分振摇下用 0.1 mol/L 硝酸银标准溶液滴定,直到出现稳定的淡橘红色悬浊液为终点。

④计算:

$$Cl^-(\%)=\frac{V \times N \times 0.035\ 45}{G \times \frac{50}{500} \times \frac{100}{250}} \times 100$$

式中　V——滴定耗用硝酸银标准溶液体积,mL;

　　　N——硝酸银标准溶液当量浓度,mol/L;

　　　G——样品质量,g。

水分测定

①测定操作:于已恒重的扁形称量瓶中,称取 10 g 样品(准确至 0.001 g,在(105±2)℃下干燥至恒重。

②计算

$$水分(\%)=\frac{G_1}{G_2} \times 100$$

式中　G_1——干燥质量,g;

　　　G_2——样品质量,g。

【产品用途】 农业上用作一种钾肥,用作基肥或追肥,也用于无土栽培营养液添加剂。氯化钾主要用于无机工业,是制造各种钾盐的基本原料。医药工业用作利尿剂及防治缺钾症的药物；染料工业用于生产 G 盐、活性染料等；此外，还用于制造枪口或炮口发出火焰的消焰剂，钢铁热处理剂，以及用于照相，电镀及制造烛芯等。

5.18　碳酸钾

碳酸钾(Potassium carbonate)，俗称钾碱。分子式 K_2CO_3，分子量 138.21。

【产品性能】　白色粉末或颗粒状结晶，单斜晶系。密度为 2.428(19/4 ℃)，熔点 891 ℃。在湿空气中潮解，极易溶于水而呈碱性反应，难溶于乙醇和乙醚。冷却饱和水溶液，有玻璃状单斜晶体水合物 $2K_2CO_3 \cdot 3H_2O$ 结晶析出，在 100 ℃即失去结晶水。在空气中吸收 CO_2 变成碳酸氢钾，有一水、二水及三水合物 3 种水合物。与氯气作用生成氯化钾，但比碳酸钠反应要困难些。

【生产方法】

(1)草木灰法　草木灰是碳酸钾、硫酸钾、氯化钾的混合物。用浸取、蒸发、结晶的方法加以分离。

(2)路布兰法　用硫酸钾经拌料、还原、焙烧、浸取、碳化、蒸发、结晶、煅烧而得。

(3)电解法　将氯化钾电解，先得氢氧化钾，然后以 CO_2 碳化，得碳酸氢钾后，再经煅烧而得。

(4)离子交换法　用阳离子交换树脂与氯化钾交换，再用碳酸氢铵洗脱成碳酸氢钾。然后煅烧而得。其反应如下：

$$R—Na+KCl \rightarrow R—K+NaCl$$
$$R—K+NH_4HCO_3 \rightarrow R—NH_4+KHCO_3$$
$$R—NH_4+KCl \rightarrow R—K+NH_4Cl$$

(5)复盐法　用碳酸镁将水溶液中的氯化钾制成水溶性复盐($KHCO_3 \cdot MgCO_3 \cdot H_2O$)，然后再分解复盐而得。

(6)有机胺法　先将有机胺碳化，再与氯化钾反应，所得碳酸氢钾经煅烧后,即得成品。

这里介绍离子交换法的生产方法。

【生产配方】 (kg)

氯化钾	1 200
离子交换树脂	10
碳酸氢铵	2 000

【主要设备】 离子交换柱　预热器　蒸发器3台　碳化炉

【生产工艺】

(1)将氯化钾配成250 g/L溶液,加入少量碳酸钾以除去钙、镁离子。碳酸氢铵用水配成200 g/L溶液:将氯化钾溶液逆流通入离子交换器,使树脂变为钾型。然后用软水洗掉树脂间隙中残留的氯离子。洗净后,将碳酸氢铵溶液顺流通过树脂交换柱,使树脂变为"铵"型。得到碳酸氢钾和碳酸氢铵混合液。

(2)将混合液经预热器送入第一蒸发器,使碳酸氢铵分解。溶液浓缩至40%左右(以K_2CO_3计),再经第二蒸发器,蒸发至59%左右。此时大部分碳酸氢钾分解为碳酸钾。浓缩液放入冷却器中冷却,将析出的氯化钾结晶过滤除去。再经第三蒸发器,蒸发至54%,过滤除去"钾钠复盐"。

(3)最终的浓缩液送至碳化塔中进行碳化,使碳酸钾成为碳酸氢钾,经结晶、分离、水洗后,在锻烧炉中煅烧,即得成品。

在(2)、(3)步骤,可将氯化钾溶液送入交换柱,使"铵"型树脂再生为"钾"型,供循环使用。

【产品标准】

指标名称	一级	二级	三级
碳酸钾(K_2CO_3,%)	≥98.5	≥96.0	≥93.0
氯化钾(KCl,%)	≤0.20	≤0.50	≤1.5
硫化合物(以K_2SO_4计,%)	≤0.15	≤0.25	≤0.50

磷(P,%)	≤0.05	≤0.10	—
铁(Fe,%)	≤0.004	≤0.02	≤0.05
水不溶物(%)	≤0.05	≤0.10	≤0.50
灼烧失量(%)	≤1.00	≤1.00	≤1.00

说明:

(1)以上指标除灼烧失量外,均系以 270~300 ℃烘干的干样试验。

(2)灼烧失量指标仅适用于产品出厂时检验用。因成品在贮运过程中,往往因吸收水或二氧化碳而增加灼热失量。用户在验收重量时,可扣除增加的灼烧失量。

【制化学试剂法】 把工业碳酸钾投入陶缸中,加入等量洁净蒸馏水。搅拌,加热溶解。再加入 0.1% 左右的活性炭,搅拌片刻。加入按原料杂质分析所确定的草酸钾量,搅拌,加热至沸,趁热过滤。把所得滤液置于浓缩锅中,蒸发至表面层薄膜为止。让浓缩液冷却结晶。结晶完全后,取出结晶置于离心机中甩干。再将甩干后的结晶置于银釜内,加热至脱水完毕,冷却后立即包装、密封。

【产品用途】 在农业上用作钾肥。用于生产光学玻璃、电焊条和染料工业的原料,清除工业气体中的 H_2S 和 CO_2,与纯碱混合可作灭火剂,在丙酮及酒精生产中作辅料。在油墨、炸药、电镀、制革、陶瓷和建材生产中都有广泛用途。

5.19 硼酸

硼酸(Boric acid)。分子式 H_3BO_3,分子量 61.83。硼酸实际上是氧化硼的水合物($B_2O_3 \cdot 3H_2O$)。

【产品性能】 白色粉末状结晶,或磷片状带光泽结晶。有滑腻手感,无臭味。相对密度为 1.435,溶于水、乙醇、醚葜、甘油及香精油中。水溶液呈弱酸性,加热至 70~100 ℃时逐渐脱水成偏硼酸,150~160 ℃时成焦硼酸,300 ℃时成硼酸酐(B_2O_3)。本品有毒！人误服,影响神经中枢。

【生产方法】

(1)**硫酸硼砂法** 利用工业硼砂与硫酸作用制得。其反应如下:

$$Na_2B_4O_7 \cdot 10H_2O + H_2SO_4 \rightarrow 4H_3BO_3 + Na_2SO_4 + 5H_2O$$

(2)**碳氨法** 将硼砂粉与碳酸氢铵溶液混合,经加热后分解得到含硼酸铵的料液,再经脱氨即得硼酸。

这里主要介绍硫酸硼砂法的工业生产方法。

【生产配方】 (t/t)

硼砂	1.8
硫酸(92.5%)	0.52

【主要设备】 溶解罐 过滤机 酸解罐 结晶器 干燥器

【生产流程】

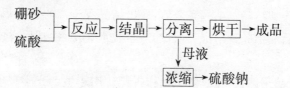

【生产工艺】

(1)取工业硼砂 800 kg,加水溶解成密度为 30°~32°Bé 的溶液,滤去杂质,然后放入反应锅内,再徐徐加入硫酸约 225 kg,控制温度在 107 ℃下进行反应,反应后加水使溶液浓度为 30°Bé,酸度为 pH 值 3~4。

(2)反应完成后,将反应物放入结晶池冷却至 33 ℃(此温度必须严格控制,以免硫酸钠同时析出),然后取出结晶,离心脱水后再烘干,即得成品。在含硫酸钠的母液中分层结晶后回收部分硼酸。

【化学试剂制法】

制法一 将经重结晶精制的硼砂 100 g 溶于沸水 250 mL 中,

加入 25％的盐酸 150 mL，放置过夜。在玻璃棉上吸滤，用少量水洗涤。再用 3.5 倍的沸水重结晶数次，至所得结晶在氧化焰上呈纯粹的绿色。再用冷水溶解(1∶25)，重结晶以除去氯离子。将所得结晶夹在滤纸中间干燥，再放到装有浓硫酸的真空干燥器中干燥，得成品。

制法二　将硼酸反复进行重结晶。直到取少量硼酸，在坩埚里熔融成无色玻璃状。如果为灰色，说明含有机物。可将硼酸和硝酸铵混合熔融成为均匀溶体，再使其固化为三氧化二硼，然后加水煮沸溶解，蒸发结晶，即得成品。

【产品标准】

指标名称	一级品	二级品
硼酸(H_3BO_3，％)	≤99.0	≤96
水不溶物(％)	≤0.05	≤0.15
硫酸盐(％)	≤0.10	≤0.40
氯化物(％)	≤0.02	≤0.05
铁(Fe，％)	≤0.002	≤0.005

【产品用途】

在农业上用作微量元素肥料。用于玻璃、搪瓷、电镀、医药、冶金、皮革、化妆品等工业，还用于照相、染料、人造宝石等方面。并用作食物防腐剂和消毒剂。

5.20　硼酸锌

硼酸锌的化合物组成有多种，它们的分子通式为 xZnO·yB$_2$O$_3$·zH$_2$O。目前开发的主要品种的分子式为 2ZnO·3B$_2$O$_3$·3.5H$_2$O，其中含 ZnO 37.45％、B$_2$O$_3$ 48.05％。

【产品性能】　硼酸锌为白色细微粉末，密度为 2.8 g/cm^3，熔点为 980 ℃。吸油量是 45 g/100 g。不易吸潮，易分散。

硼酸锌为膨胀型阻燃颜料，具有无毒防锈、防霉、防污特性。

当今已发展成为具有多种性能的化工材料。

【生产方法】 硫酸锌或碳酸锌（氧化锌）与硼砂反应生成硼酸锌。

$$2ZnSO_4 + 2Na_2B_4O_7 + 6.5H_2O \rightarrow$$
$$2ZnO \cdot 3B_2O_3 \cdot 3.5H_2O + 2Na_2SO_4 + 2H_3BO_3$$
$$1.5ZnSO_4 + 1.5Na_2B_4O_7 + 0.5ZnO + 3.5H_2O \rightarrow$$
$$2ZnO \cdot 3B_2O_3 \cdot 3.5H_2O + 1.5Na_2SO_4$$
$$2ZnSO_4 + 1.5Na_2B_4O_7 + NaOH + 3H_2O \rightarrow$$
$$2ZnO \cdot 3B_2O_3 \cdot 3.5H_2O + 2Na_2SO_4$$
$$2ZnCl_2 + 2Na_2B_4O_7 + 6.5H_2O \rightarrow$$
$$2ZnO \cdot 3B_2O_3 \cdot 3.5H_2O + 4NaCl + 2H_3BO_3$$

碱式碳酸锌与硼酸的饱和溶液作用得到结构为 $ZnO \cdot 2B_2O_3 \cdot 4H_2O$ 的硼酸锌。

这里主要介绍硫酸锌、氧化锌、硼砂工艺。

【主要原料规格】

(1)硫酸锌($ZnSO_4 \cdot 7H_2O$)为无色针状结晶或粉状结晶。分子量为287.54。密度是1.957 g/cm³。熔点100 ℃。易溶于水，微溶于乙醇和甘油。干燥空气中逐渐风化。39 ℃时,失去1个结晶水。在280 ℃时,脱水为无水物。加热至767 ℃时,分解为ZnO和SO₃。其产品标准如下:

指标名称	二级
硫酸锌($ZnSO_4 \cdot 7H_2O$,%)	≥98
游离酸(H_2SO_4,%)	≤0.1
水不溶物(%)	≤0.05
氯化物(Cl^-,%)	≤0.2
铁(Fe,%)	≤0.01
重金属(Pb,%)	≤0.05
锰(Mn,%,≤)	—

(2)氧化锌分子式 ZnO。白色粉末。无臭、无味、无砂性。受热变成黄色,冷却后又恢复白色。相对密度 5.606。熔点 1 975 ℃。遮盖力比铅白小。不溶于水和乙醇,溶于酸、碱、氯化铵和氨水中。一级品产品标准如下:

氧化锌(%)	≥99.5
锌(%)	≤无
氧化铅(%)	≤0.06
盐酸不溶物(%)	≤0.08
灼烧减量(%)	≤0.2
200 目筛余量(%)	≤0.1
遮盖力(g/m²)	≤100
吸油量(%)	≤20

【生产流程】

硫酸锌溶液
↓
硼砂 ─┐
　　　├→ 反应 → 洗涤 → 过滤 → 干燥 → 粉碎 → 硼酸锌
氧化锌 ─┘

【生产工艺】

将硫酸锌配制成规定的浓度,按所需的量由计量高位槽加入反应釜中,然后投入规定的硼砂及氧化锌的需要量进行升温加热反应,随时记录反应温度、控制一定的固液比,直到中途抽样检验控制分析合格才终止反应。固体物料经压滤、漂洗、干燥、粉碎,即得成品。在生产过程中产生的含锌废水采用碱中和、结晶浓缩等方法进行治理。

【产品标准】（参考指标）

外观	白色细微粉末
相对密度(g/cm³)	2.8
折光率	1.58
吸油量(g/100 g)	45

| 细度(平均粒度,μm) | 2～10 |
| 熔点(℃) | 980 |

【产品用途】

在农业上用作微量元素肥料。也用于无土栽培营养液添加剂。

硼酸锌广泛应用到高分子材料上。在化工、钢铁、煤炭等行业中主要用于制作各种耐燃胶带(管)、耐燃电缆等。本品是一种廉价阻燃剂,可作为锑白代用品,对卤化聚合物有良好的阻燃性,在不饱和聚酯中可以完全代替三氧化二锑(锑白),在软质聚氯乙烯树脂中可部分代替三氧化二锑以降低成本。可适于高温加工的需要。与含卤阻燃剂并用也有良好的协同效应。本品适用于不饱和聚酯、聚氯乙烯、环氧树脂、聚烯烃、聚碳酸酯、聚氨酯、ABS树脂等塑料的阻燃。也适用于纤维织物、木材涂料的阻燃添加剂。此外,还用于医药、杀菌剂、陶瓷釉彩。同时硼酸锌又是一种良好的无毒防锈颜料。

5.21　氰氨化钙

氰氨化钙(Calcium Cyanamide)又称氰氨钙,石灰氮。分子式$CaCN_2$,分子量80.10。结构式为:

$$[^-N=C=N^-]Ca^{2+}$$

【产品性能】　纯品为无色六方晶体。工业品为深灰色粉末,有电石或氨气味。熔点1 300 ℃,在>1 150 ℃时升华。在潮气存在下,水解成氢氧化钙和盐$Ca(HCN_2)_2$,该盐在土壤中转变成脲。氰氨化钙对人体有毒!对皮肤、口腔、消化系统有刺激!

【生产方法】　电石粉在氮化炉中与氮气反应,生成氰氨化钙。

$$CaC_2+N_2 \xrightarrow{\Delta} CaCN_2+C$$

【生产流程】

```
                萤石    氮气
电石→ 破碎 → 球磨 → 氮化 → 冷却 → 破碎 → 球磨 →成品
```

【生产配方】

电石(发气量 280 L/kg)　　　　　　888

氮气(99.8%,m³)　　　　　　　　640

萤石(CaF₂ 90%,kg)　　　　　　　18

【生产工艺】

将电石送入颚式破碎机中破碎后,提升至电石料仓。将电石和萤石(用量为电石的 2%～3%)同时送入管式磨碎机中球磨。将磨碎的电石送入氮化炉中,加热至 1 000 ℃左右时,向炉内通入纯净的氮气,反应 42～48 h,生成氰氨化钙熔块,冷却后用颚式破碎机破碎,再用管式磨碎机磨细得到氰氨化钙。

【产品标准】

总氮含量(一级品,%)　　　　　　≥18

剩余碳化钙(%)　　　　　　　　≤2

细度(过 30 目筛)　　　　　　　≤2.5

【产品用途】　氰氨化钙主要用作肥料,是一种碱性肥料,宜用于酸性土壤。也是高效低毒多菌灵农药的主要原料。也可用作除草剂、杀菌剂、杀虫剂(防止血吸虫病的蔓延,预防根腐病、锈病、白霉病,可杀死蚁、虫、钉螺、蝗蝗等)。还可用作棉花落叶剂。氰氨化钙也是有机合成工业、塑料工业的基本原料。

5.22　骨粉化肥

骨粉化肥是由骨粉与硫酸作用生成磷酸质化学肥料——过磷酸钙,其中含有水溶性磷酸钙,易被农作物吸收,起着促进作物结实和早熟的作用。

【生产配方】

骨粉	100(脱胶后)
稀硫酸	70(为 63%~65%)

【生产工艺】　先将硫酸在缸内稀释至 50°Bé(注意只能将硫酸慢慢加入水中),然后将骨粉称好堆在砖地平台上,在骨粉堆中间扒个窝,把稀硫酸分批注入骨粉中混合(稀硫酸分 3 次加入,第一次 1/6,第二次 2/3,第三次 1/6)。混合时要用铁铲急速搅拌均匀(勿使它黏结成团状),然后移至另一地方露天堆放(高约 70~80 cm),维持 60~70 ℃,经过 15 d 熟化后,在露天用日光自然干燥,经过日晒 2~3 d 即可。有效 P_2O_2 达 18%~20%。

【产品用途】　用作底肥,每亩施用量为 5~15 kg。同一般的过磷酸钙化肥。

5.23　复合壮穗宝

复合壮穗宝主要用于水稻、高粱和玉米的齐穗期,能有效地增加千粒重。

【生产配方】

硝酸钾	2.4
尿素	0.5
元素硼	0.08
水	100

【使用方法】　将各组分溶于水,每亩稻田用量为 50 kg 水溶液。

5.24　颗粒碳铵化普钙

颗粒碳铵化普钙易吸潮结块,碳铵易分解,以普钙、碳铵为原料生产的碳铵化普钙则能克服以上的缺点。同时,又可在碳铵化普钙的基础上,加入其他微量元素肥料,即可制得氮、磷和微量元素复合肥料。

【生产配方】

碳铵 含氮 16.5%,水分 6%,细度 40 目   10

普钙 有效磷 12%,水分 15%,游离酸 3.6%,细度 40 目   100

【生产工艺】

(1)混料 按配比将原料置于取样盘中充分混合,碾压混匀置于室内存放 10 d 左右。

(2)造粒 将混碾后存放 10 d 的碳铵化普钙置于 $\phi800 \times 200$ 的圆盘造粒机内,以角度 55°,转速 27 r/min,填充度 10%,停留时间 3 min,喷水量 250 mL/min 的最佳条件进行造粒,可制得水分为 13%,粒度为 4 mm,成球效为 93.1% 的碳铵化普钙。

(3)干燥 将粒状碳铵化普钙放在烘箱中以 70 ℃恒温干燥 2 h 即得成品。

【产品用途】 氮、磷和微量元素复合肥料。若在此基础上加入适量钾,即得复合化肥。

5.25 腐植酸铵肥料

该肥料制作简单,肥效颇好,适于农村自产自用。

【生产配方】

煤矸石粉末(含腐植酸 20%~30%)	100
碳酸氢铵	5
水	15

【生产方法】 先把碳酸氢铵与水混合,搅拌溶解,得到碳酸氢铵水溶液。将碳酸氢铵水溶液与经烘干的煤矸石粉末混合,充分搅匀,然后将其密封一星期左右,即可施用。

【使用方法】 可用浓度为 12%~15% 的氨水 7~8 份,代替配方中的碳酸氢铵水溶液,所得产品肥效相当。

5.26　园林气雾剂型泡沫肥料

这种肥料采用喷雾法施于植物叶片上,该配方为日本公开专利89—230490。

【生产配方】

C_{12}-脂肪醇聚氧乙烯醚	3
磷酸二氢钾	2.6
磷酸氢钾	2
硫酸铵	10
正烷烃	1
二甲醚	97.7
水	874.7

【生产方法】　将各物料混合均匀,灌入带有喷头的容器内。

【使用方法】　直接喷雾于叶面。

5.27　土壤肥力增强剂

该剂能有效地改善土壤内部结构,使土壤疏松,增强土壤肥力。并能有效地防治多种农作物的根部病虫害。

【生产配方】

稻壳粉	16.6
豆饼粉	3.5
蔗渣粉	8.7
矿灰(硅酸炉渣)	110
尿素	16.40
过磷酸钙	26.0
硝酸钾	2.0
硼	0.2

【生产方法】　将各物料粉碎,然后混合均匀即得。

【产品用途】　一般用作底肥,每亩施肥量为 10 kg 左右。

5.28　长效缓释氮肥

将氮肥尿素与甲醛缩合后,使其在外界环境下缓慢分解为单体(尿素),进而逐步被植物吸收,肥效可长达 3 年。贮存稳定,不固结,即使在含水状态下,长期存放也不结块。

【生产配方】

原料名称	(一)	(二)
尿素	100	100
甲醛(37%)	135	124
氢氧化钠(调 pH 值)	至 pH 值为 8	
磷酸(40%)	至 pH 值为 3~5	

【生产方法】　先将尿素与甲醛水溶液混合,用氢氧化钠调节 pH 值至 8,加适量水,在 1 h 内升温至 95 ℃,反应 0.5 h 后,再用氢氧化钠调 pH 值至 8.0,急冷却至室温,得尿素甲醛初缩物(呈白浊液)。将得到的白浊液装入捏合机,升温至 70~80 ℃,按白浊液的体积计,添加浓度为 40% 的磷酸约 3.0%,在保持 70~80 ℃下,反应 2.5~3.0 h。捏合机内之物料,随着水分的蒸发,逐渐从最初的液体状态,变成浆状、膏状,再成为团、粒、粉。最后得到粉状的长效缓释氮肥。

【使用方法】　适用于各种农作物作基肥。土壤中施加氮素的残存率,1 年后为 82%~84.3%,3 年后仍高达 32.1%~38.2%。

5.29　长效缓释复合化肥

这种长效缓释复合化肥,以纸浆废渣作包覆材料,工艺简单,便于生产,缓释效果好,可提高化肥的利用率,减少化肥成分的流失。

【生产配方】

氯化钾　　　　　　　　　　　1

硫酸铵	1
过磷酸钙	1
膨胀珍珠岩	6.5
纸浆废渣(含水 75%~85%)	30
聚乙烯醇(10%水溶液)	16.5

【生产方法】 先将珍珠岩与氯化钾、硫酸铵和过磷酸钙充分混合,再将纸浆废渣压榨脱水后,与上述物料混合,然后加入聚乙烯醇水溶液,经充分混合均匀后,在加热不超过 200 ℃条件下,干燥至适当湿度进行造粒,得到长效缓释复合化肥。

【使用方法】 作基肥、追肥等施用,适用于农作物和经济作物。

5.30　长效铁肥

硫酸亚铁作为肥料主要补给缺铁植物,铁是一些植物酶、叶绿素等的重要组成元素。我国农作物缺铁,北方较为常见,大多出现于果树、园林、豆科植物等。普通的硫酸亚铁水溶性强,具有速效性,但遇雨水易流失,时效短。这里介绍的长效铁肥是于硫酸亚铁表面包覆水难溶物,从而控制硫酸亚铁的溶解速度,达到长效释放铁肥的效果。

【生产配方】

原料名称	(一)	(二)
硫酸亚铁(含一水物)	40	40
石蜡	—	4
硬脂酸	4	—
乙醇	1.6	—

【生产方法】 将包覆物熔化(或硬脂酸与乙醇混熔)后,加入粉碎至 2 mm 以下的硫酸亚铁,搅拌均匀,冷却(或待乙醇挥发)后形成包覆物,再经粉碎,取平均粒度 2 mm 以下,得到长效铁肥。

【使用方法】 可作基肥、追肥、穴施法。施于缺铁土壤。

5.31　液体复合叶面肥

这种复合肥料适于用作叶面喷施,可以代替土壤追肥,肥效高,增产效果明显。中国发明专利申请88105079。

【生产配方】

尿素	143
硝酸铵	91
硫酸亚铁	2.5
七水合硫酸锌	0.9
五水硫酸铜	0.5
钼酸铵	10
腐植酸	30
硫酸锰	0.75
硼酸	0.5
磷酸二铵	130
氯化钾	250
三聚磷酸钠	0.02
焦磷酸钠	0.02
六偏磷酸钠	0.03
膨润土	0.03
水	适量

【生产方法】　先将尿素 143 kg,硝酸铵 91 kg 投入到反应釜中,加入一定量水后加热,加热至 40～60 ℃制成氮液。在该氮溶液中加入硫酸亚铁 2.5 kg,七水硫酸锌 0.9 kg,五水硫酸铜 0.5 kg,钼酸铵 10 g,腐植酸 30 kg,硫酸锰 0.75 kg 和硼酸 0.5 kg,搅拌放置 1 h。在另一反应釜中加入磷酸二铵 130 kg,氯化钾 250 kg 和一定量的水,于常温下搅拌,再加入由三聚磷酸钠 20 g,焦磷酸钠 20 g,六偏磷酸钠 30 g 和膨润土 30 g,制成含微粒

的过饱和溶液。

　　将前一反应釜中的溶液加入后一釜中,搅拌后用胶体磨循环3次,再经均质机使该悬浮液中微粒直径≤10 μm,即得到复合液体肥料。根据作物需要的元素,可以类似地调配其他作物的液体肥料。

　　【产品用途】　适于用作叶面喷施,可以代替土壤追肥,肥效高,增产效果明显。直接喷施于植物叶面。

第六章 农用薄膜

6.1 聚氯乙烯农用薄膜

这里提供的是常用农用薄膜的配方。由于农用薄膜在户外使用,故应使用聚合度较高的聚氯乙烯,同时,配方中任一助剂的缺少都将会严重影响产品的质量。

【生产配方】

配方一

聚氯乙烯	100
氯化石蜡	5
邻苯二甲酸二-2-乙基己酯	29
环氧酯(ED^3)	1
邻苯二甲酸二丁酯(DBP)	14
硬脂酸钡	1.5
硬脂酸铅	1.0
硬脂酸	0.2
三盐基性硫酸铅	1.0
着色剂	适量

配方二

聚氯乙烯树脂	150
邻苯二甲酸二-2-乙基己酯	24.75
邻苯二甲酸二辛酯	24.75
硬脂酸镉	1.2
硬脂酸铅	1.8

硬脂酸	0.3
氯化石蜡	30.0
环氧酯	4.5
抗氧剂	0.75

【生产方法】　将各组分混合热辊炼,吹塑成型。

【产品用途】　农用薄膜。

6.2　透明消光农用薄膜

本薄膜具有透明且消光(减弱强光)的特点。如果要进一步提高产品的耐候性,可在配方中补加 0.2% 的聚二醇锡二月桂酸脂。

【生产配方】

聚氯乙烯(P1300)	150
磷酸三甲酚酯(TCP)	4.5~7.5
邻苯二甲酸二(2-乙基己)酯	67.5
镉-钡-锌系稳定剂	2.25
硬脂酸镉-钡系	1.5
有机锡稳定剂	0.3
环氧大豆油	6
螯合剂(CH-300J)	0.75

【生产方法】　将各组分混合热辊压混炼,吹塑成膜。其中有机锡稳定剂为聚二醇锡二月桂酸酯,该稳定剂具有润滑性能,是一种透明的光热稳定剂。

【产品用途】　普通农用薄膜。

6.3　耐寒透明薄膜

本透明薄膜具有很好的耐寒特性,适用于冬季寒冷季节使用。

【生产配方】

| 聚氯乙烯 | 15.0 |

己二酸二辛酯	1.5
邻苯二甲酸二-2-乙基己酯	6.0
磷酸三甲酚酯(TCP)	0.45
环氧大豆油	0.75
镉-钡-锌系(稳定剂,液体)	0.3~0.45
硬脂酸镉·钡系	0.075

说明:

(1)这里必须使用聚合度较高的树脂,使之添加较多的增塑剂。

(2)TCP可提高透明性,但耐寒性不好,故用量应控制在聚氯乙烯树脂重量的3%左右。

6.4　耐老化农用薄膜

这种薄膜由于增加了抗氧剂等防老助剂,使之具有良好的耐老化性能。

【生产配方】

配方一

聚氯乙烯	100
环氧酯	3
邻苯二甲酸二-2-乙基己酯	37
癸二酸二-2-乙基己酯(DOS)	10
硬脂酸锌	0.21
硬脂酸钡	1.5
硬脂酸镉	1.2
螯合剂(DDOF)	1
双酚A	0.2
三嗪-5	0.3
六磷酰三胺	5

配方二

聚氯乙烯树脂	100
环氧酯	3
磷酸三苯酚酯(螯合剂)	1
硬脂酸锌	0.2
硬脂酸钡	1.8
癸二酸二-2-乙基己酯	12
邻苯二甲酸二-2-乙基己酯	35
硬脂酸镉	0.6
双酚 A(抗氧剂)	0.4
双油脂	3

【生产方法】 将各组分混合经热辊混炼,吹塑成膜。

【产品用途】 普通农用薄膜。

6.5 农用防雾热塑树脂膜

这种聚氯乙烯树脂膜具有优异的防雾性能,系日本公开专利90—209940 配方。

【生产配方】

全氟代癸酸二丁基锡	3
磷酸三甲苯酯	50
聚氯乙烯	1 000
环氧树脂	20
邻苯二甲酸二辛酯	4.50
吐温-60	5
钡-锌稳定剂	30
司本-40	13

【生产方法】 经混合热混辗炼后,吹塑成 0.1 mm 薄膜。暴露户外防雾>3 个月。

【使用方法】　与普通农用膜相同。

6.6　农用无镉薄膜

这种农用无镉薄膜,使用无镉稳定剂:钡-锌系稳定剂配方
(一)为一般农用无镉薄膜;配方(二)是农用透明无镉薄膜。

【生产配方】

原料名称	(一)	(二)
聚氯乙烯(P1300)	10.0	10.0
邻苯二甲酸二-2-乙基己酯	4.5	4.5
磷酸三甲酚酯(TCP)	0.3~0.5	0.3~0.5
钡-锌系(液体)稳定剂	0.2	0.15
硬脂酸钡锌系	—	0.1
螯合剂	0.09	
环氧大豆油(ESBO)	0.4	0.4

【生产方法】　按配方比混合均匀后,经热混炼压延成型。

【使用方法】　与一般农用薄膜相同。

6.7　农用吹塑薄膜

该薄膜与压延成型薄膜相同,只是因工艺的需要而增减某些
添加助剂,这里介绍的是农用吹塑薄膜配方。

【生产配方】

原料名称	(一)	(二)
聚氯乙烯	10.0	10.0
邻苯二甲酸二-2-乙基己酯(DOP)	2.3	2.6
邻苯二甲酸二丁酯(DBP)	1.1	0.6
癸二酸二-2-乙基己酸酯(DOS)	0.7	0.4
环氧酯	0.4	0.4
月桂酸二丁基锡	0.05	0.05

硬脂酸单甘油酯	0.05	0.1
硬脂酸钡	0.17	0.15
硬脂酸镉	0.05	0.06
石蜡	0.03	0.03
滑石粉	0.1	0.1
碳酸钙	0.1	0.1
硬脂酸	0.1	0.1
亚磷酸三苯酯	—	0.1
亚麻酸苯二异辛酯	—	0.5

【生产方法】　按配方原料混合均匀经热混炼后,吹塑成膜。

【使用方法】　与一般农用薄膜相同。

6.8　低成本透明薄膜

这种透明薄膜,通过调整助剂,使其成本降低。其中包括降低环氧大豆油的用量(一般按理应在 0.4 以上,本配方只用 0.3);使用价格便宜的邻苯二甲酸二己酯部分代替邻苯二甲酸二-2-乙基己酯。薄膜厚度是压延成型的最低厚度为 0.06 mm,如果采用张力牵引,则薄膜有可能减薄,但这将会降低薄膜的厚度精度。

【生产配方】

邻苯二甲酸二-2-乙基己酯	3.0
镉-钡系(液体)	0.3
聚氯乙烯(P1100)	10.0
环氧大豆油	0.3
邻苯二甲酸二己酯	0.8
硬脂酸镉钡系	0.05

【生产方法】　经热混熔后压延成型,得到低成本透明薄膜。

【使用方法】　与一般薄膜相同。

6.9 含氟聚氯乙烯薄膜

这种聚氯乙烯薄膜中含有非离子全氟烷基乙氧基加合物,具有良好的耐候性能。

【生产配方】

锌-钙复合稳定剂	0.05
亚磷酸酯类螯合剂	0.05
聚氯乙烯	10.0
磷酸三苯酯	0.3
邻苯二甲酸二辛酯	4.5
环氧树脂	0.2
失水山梨醇单棕榈酸酯	0.15
非离子全氟烷基乙氧基加合物(Surf Lon145)	0.03

【生产方法】 经热混炼后吹塑成型,即得到农用含氟覆盖膜。

【使用方法】 与农用薄膜相同。

6.10 农用防雾透明膜

这种乙烯-醋酸乙烯共聚物的透明膜,具有良好的防雾性和保温性。日本最新专利配方。

【生产配方】

乙烯-醋酸乙烯共聚物	10.0
氧化硅-氧化铝(0.28∶1)	0.8
甘油单硬脂酸酯	0.03
失水山梨醇羟基硬脂酸酯	0.07
二甘油二硬脂酸酯	0.05

【生产方法】 先将后 3 种硬脂酸酯混合制得 A 组分,再将 A 组分与共聚物、填料(SiO_2/Al_2O_3)于 $130\sim180$ ℃下混炼 10 min,压粒,加入甲基丙烯酸-乙烯共聚物锌盐,挤压、吹制为透明膜。

【使用方法】　与一般透明膜相同。

6.11　农用防霉 PVC 薄膜

该 PVC 薄膜具有防霉特性,日本公开专利提供的配方。其中含有全氟脂肪醇聚氧乙烯醚和紫外光吸收剂二苯酮。

【生产配方】

聚氯乙烯	100
邻苯二甲酸二辛酯	45
醇酸树脂	2
磷酸三甲苯酯	5
钡-锌液体稳定剂	2
钡-锌粉稳定剂	1
失水山梨醇单棕榈酸酯	1
二苯酮	0.2
乙氧基(2)化失水山梨醇硬脂酸酯	1
全氟 C_8-脂肪醇聚氧乙烯(9)醚	0.1

【生产方法】　将各组分混合热混炼后,吹塑成型。

【使用方法】　与一般农用薄膜相同。

6.12　雨衣用半透明薄膜

本配方用以压延成型制得 0.07～0.1 mm 的雨衣用半透明薄膜。为了缩短混炼时间,提高压延速度,同时使用 D_nOP 和 DHP 两种增塑剂。

【生产配方】

聚氯乙烯(P1300)	10.0
巯基锡	0.1
邻苯二甲酸二正辛酯(D_nOP)	4.0
硬脂酸钙	0.03

邻苯二甲酸二己酯(DHP)　　　　　0.8

【生产方法】 将各物料混匀后热混炼,压延加工成膜。

【使用方法】 用做雨衣,裁料后热压(黏合)成雨衣。

6.13 农用含氟 PVC 膜

这种 PVC 薄膜含有防雾剂、硅烷以及全氟脂肪醇聚氧烯醚,具有优良的防雾和防水滴黏附性。

【生产配方】

二甲基硅烷	0.01
全氟脂肪醇聚氧乙烯醚	0.01
聚氯乙烯	10.0
邻苯二甲酸二辛酯	4.5
磷酸三甲苯酯	0.5
环氧树脂	0.2
钡-锌稳定剂	0.15
钡-锌皂	0.1
亚甲基双酰胺	0.02
失水山梨醇防雾剂	0.2

【生产方法】 经热混炼后,吹塑成 0.1 mm 薄膜。

【使用方法】 与一般农用薄膜相同。

6.14 民用薄膜

这只介绍 3 种(薄型、厚型和透明)民用薄膜配方,但不宜用于食品包装。

【生产配方】

配方一

癸二酸二-2-乙基己酯(DOS)	1.0
邻苯二甲酸二-2-乙基乙酯(DOP)	2.5

邻苯二甲酸二丁酯(DBP)	1.3
硬脂酸钡	0.125
聚氯乙烯	10.0
硬脂酸铅	0.125
环氧酯(ED$_3$)	0.5
硬脂酸	0.03

配方二

邻苯二甲酸二丁酯	1.2
聚氯乙烯	10.0
邻苯二甲酸二辛酯	1.2
氯化石蜡	1.0
硬脂酸铅	0.1
硬脂酸钡	0.1
三盐基性硫酸铅	0.1
硬脂酸	0.02
邻苯二甲酸二-2-乙基乙酯	1.2
癸二酸二-2-乙基己酯	0.5

配方三

聚氯乙烯	10.0
丁腈橡胶(NBR)	0.1
甲基丙烯酸酯/丁二烯/苯乙烯共聚物(MBS)	0.1
邻苯二甲酸二-2-乙基己酯	2.0
邻苯二甲酸二丁酯	1.5
镉-钡系(液体)稳定剂	0.25
癸二酸二-2-乙基己酯	0.5
硬脂酸	0.02

【生产方法】 经热混炼后,压延成型。

【使用方法】 与一般薄膜相同。

6.15　民用吹塑薄膜

考虑到熔融的流动性，吹塑薄膜中的聚氯乙烯树脂应选用P800 的树脂。配方中尽量少用液体添加剂，可增加薄膜的干爽感觉。

【生产配方】

原料名称	（一）	（二）
聚氯乙烯（PVC）	10.0	10.0
邻苯二甲酸二丁酯	1.7	0.9
癸二酸二-2-乙基己酯	0.4	0.4
邻苯二甲酸二-2-乙基己酯	0.9	1.2
环氧树脂	0.5	0.5
螯合剂	0.08	0.08
石蜡	0.03	0.1
硬脂酸钡	0.17	0.17
硬脂酸铅	0.10	0.10
碳酸钙	0.05	0.03
群青（着色剂）	0.1	0.05

【生产方法】　先混匀在辗辊机内热混炼后，吹塑成膜。

【使用方法】　用于做雨衣或包装袋，但不宜包装食品。

6.16　农用低温防雾聚烯烃薄膜

这种透明的农用防雾薄膜，具有良好的低温防雾性能，在 0 ℃和 40 ℃下经 30 d 后仍有良好的防雾性。日本公开特许公报JP03—59046(1991)。

【生产配方】

乙烯/乙酸乙烯酯共聚物（EVA）	100
脱水山梨醇/多甘油单硬脂酸酯	1.2

二甘油二硬脂酸酯　　　　　　　0.4

甘油单硬脂酸酯　　　　　　　　0.2

乙烯双(硬脂酰胺)　　　　　　　0.2

【生产方法】　捏合、造粒混炼成塑胶后,吹塑成 100 μm 的薄膜,其初始雾度为 1‰,30 d 后为 5%。

【产品用途】　用做农用薄膜。

6.17　农用透明消雾薄膜

这种薄膜具有很好的透明度,在低温时能消除雾对农作物的影响,还有持久的防雾性能。日本公开专利 JP03—59074(1991)。

【生产配方】

乙烯/乙酸乙烯酯(9∶1)共聚物　　10.0

失水山梨醇单硬脂酸酯　　　　　0.12

硬脂酸单甘油酯　　　　　　　　0.02

二硬脂酸二甘油酯　　　　　　　0.04

乙烯双(硬脂酰胺)　　　　　　　0.02

受阻胺化合物　　　　　　　　　0.05

【生产方法】　将上述各物料按配方量混合,于 130～150 ℃下热混炼 5 min,造粒,再在 170 ℃下吹塑成膜,制得 100 μm 厚的农用消雾薄膜。

【产品用途】　用作农用消雾薄膜。

适于雾多、有雾时间长的农村使用,以避免雾对农作物生长的影响。

6.18　透明防雾薄膜

这种透明的聚乙烯农用薄膜以乙烯/醋酸乙烯共聚物为基本树脂,具有良好的防雾性能。日本公开专利 91—5904(1991)。

【生产配方】

乙烯/醋酸乙烯(9:1)共聚物	10.0
司本-20	0.12
二聚甘油二硬脂酸酯	0.04
甘油单硬脂酸酯	0.02
双硬脂酰基乙二胺	0.02
受阻胺(M=3 300)	0.05

【生产方法】 将共聚物与其余物料混合后,在 130~150 ℃混炼 5 min,造粒,在 170 ℃吹塑,得到 100 μm 厚的防雾薄膜。

【产品用途】 农用薄膜。

6.19 抗静电透明 PVC 膜

这种抗静电透明聚氯乙烯薄膜,具有良好抗静电性和可印刷性,同时具有良好的耐渗出性和耐污染性,在 60 ℃水中放置 1 h 后的光雾度为 2.2%。日本公开专利 JP03—91550(1991)。

【生产配方】

聚氯乙烯(P1050)	100
邻苯二甲酸二-2-乙基己酯	45
钡-锌稳定剂	3
硬脂酸钙	3
乙烯双硬脂酰胺	0.5
二苯酮	0.2
单硬脂酸山梨醇酯	1.0
氢化滑石	2
单硬脂酸聚氧乙烯山梨糖醇酯	1
聚(2-乙基-2-噁唑啉)	5

【生产方法】 混合热炼、挤压成膜。

【产品用途】 抗静电透明聚氯乙烯薄膜。

6.20　农用覆盖薄膜

这种农用、农作物覆盖膜。可用做大田温室的覆盖物,防雾和耐候性能好。日本公开专利昭和 57—12070。

【生产配方】

聚氯乙烯	100
邻苯二甲酸二甲酯	45
磷酸三苯酯	3
锌钡稳定剂	3
环氧树脂	2
亚磷酸酯螯合剂	0.5
单棕榈酸失水山梨醇酯	1.5
聚二甲基硅氧烷	0.3

【生产方法】　将各物料混合热炼后,挤压成膜。

【产品用途】　农用薄膜。

6.21　低温防霉聚丙烯薄膜

这种低温防霉聚丙烯薄膜,在 80 ℃热水上不出现雾滴。日本公开专利昭和 58—79044。

【生产配方】

乙烯/丙烯共聚物(4.8∶95.2)	100
甘油单硬脂酸酯/二硬脂酸酯/	0.3
三硬脂酸酯(45∶45∶10)	
N,N-双(2-羟乙基)月桂酰胺	0.1
硬脂酸	0.2

【生产方法】　混合均匀后,挤压成 30 pm 的薄膜,即低温防霉薄膜。

【产品用途】　防霉薄膜,可用于农作物的贮藏。

6.22 加氟农用聚氯乙烯薄膜

这种农用薄膜含有氟表面活性剂,具有优良的防雾性。日本公开特许昭和 57—18740。

【生产配方】

聚氯乙烯	10
邻苯二甲酸二辛酯	4.5
氟表面活性剂(Soflon S-145)	30
锌-钙稳定剂	0.3
磷酸三甲苯酯	0.3
环氧树脂	0.2
失水山梨醇单棕榈酸醋	0.15
磷酸	50

【生产方法】 热混炼后,挤压成膜。

【产品用途】 用做农用薄膜。

第七章　农副化工产品

7.1　糠蜡

【生产配方】

毛蜡	1.8～2.2(以每糠蜡产品计)
次氯酸钠	0.07～0.11
烧碱(31%)	0.3

【主要设备】

皂化锅:碳钢质、有蒸汽加热盘管;

压榨机:操作压力 120 kgf/cm^2。

【生产工艺】

(1)压榨　将毛米糠油脱蜡得到的蜡类装入布袋,放在压榨机上加压,要轻压勤压。压力 120 kgf/cm^2,温度 36 ℃,压榨时间 24 h,压出的液体是米糠油,布袋内的固体是毛蜡。

(2)皂化　将毛蜡投入皂化锅内熔化,分析其含油量,按下式计算碱量,配成稀碱溶液。

理论需碱量(kg)＝毛蜡重量(kkg)×含油量(%)×185×0.72

式中含油量(%)即为丙酮溶解物(%)。

实际用碱量一般超过计算值的 10%～21%。将碱配成 5% 溶液。在 100 左右充分皂化约 3～4 h,停止皂化,静置分层。

(3)水洗　放出下层皂液,再用 70～80 ℃热水洗涤上层,一直洗到洗涤水呈中性漂白。

(4)漂白　如果蜡的色泽不好,可加入次氯酸钠进行漂白。

【产品标准】

酸值	1～2
纯度(丙酮不溶物,%)	＞92
碘值	10～30

【产品用途】 可用作电器绝缘材料、制造蜡纸、复写纸、蜡笔、地板蜡、皮鞋油、抛光膏以及除层型水果保鲜剂。从糠蜡中还可提取植物生长调节剂三十烷醇,它是一种良好的植物生长调节剂。

7.2 糠醛

糠醛(Furfural,Furfuraldehyde)又名呋喃甲醛,麸醛。分子式 $C_5H_4O_2$,分子量 96.09。

【产品性能】 糠醛是带苦杏仁味的无色油状液体,有类似苯甲醛的特殊气味。暴露在空气中和光照下,颜色很快变为红棕色。密度 $d(25/4\ ℃)1.156\ 3$ 。凝固点 $-36.5\ ℃$,沸点 161.7 ℃。自燃温度 316 ℃。其蒸气与空气可形成爆炸性混合物,爆炸下限为 2.1%。易溶于乙醇、乙醚,微溶于水。

糠醛分子中具有醛基和芳杂环。醛基既可被氧化,也能被还原。芳环被亲电物质进攻,得到硝化、氯化物(呋喃衍生物)。

【生产配方】

生产糠醛的原料,主要有玉米芯、甘蔗渣、燕麦壳、棉籽壳、稻壳等。此外,经提取栲胶后的阔叶材及橡椀(栲胶渣)、油壳、麦秸、高粱壳等含聚戊糖的均可作为原料。

玉米芯是我国生产糠醛的主要原料。通常生产 1 t 糠醛消耗的原料配比如下:

原材料	每 t 糠醛消耗				
	油茶壳	棉籽壳	玉米芯	甘蔗糠	稻壳
植物纤维原料(t)	20	15~18	10~13	22	22
工业硫酸(t)	0.8	0.45~0.6	0.32~0.4	0.45	0.45
纯碱(t)	0.6	—	0.009	0.006	0.44

【实验室制法】（试剂级）

将干燥并研碎的玉米芯 1.5 kg,10%的硫酸 5 L 和氯化钠 2 g 装入 12 L 圆底烧瓶中,摇匀。安装分馏柱、冷凝器及自动分液器。强热促使迅速蒸馏,在自动分液器中分出下层呋喃甲醛,上层水又回到烧瓶中,约需 6~10 h,蒸至不再有糠醛分出为止。于馏出物中加入适量的氢氧化钠,中和至微酸性,再把糠醛分离出来,约得到 180~220 g 产品。在油浴加热下进行真空蒸馏,油浴温度不得高于 130 ℃。收集 90 ℃/65×133.3Pa 的馏分,得到 165~200 g 产品。

【生产方法】　通常有常压硫酸法、高压硫酸法和木材干馏法。常压硫酸法每千克产品约需 H_2SO_4 8~10 kg,蒸汽 200~300 kg,成本较高;木材干馏法产率只有 1%,且产物不易分离。高压硫酸法是一种较为经济的方法,但需加耐压设备。

按水解工艺特点可分为直接法和间接法。直接法是植物纤维原料置于水解锅中,在催化剂和热的作用下,使戊聚糖水解成戊糖,戊糖又接着脱水生成糠醛,其反应式:

$$(C_5H_8O_4)n \xrightarrow{\text{水解}} nC_5H_{10}O_5 \xrightarrow{\text{脱水}} nC_5H_4O_2$$

间接法是水解和脱水两个反应,不在一台水解锅中进行。植物纤维先在水解锅中水解成戊糖,它与残渣纤维素分离后,再于脱水锅里脱水生成糠醛。

按水解反应过程中所用催化剂的不同(如硫酸、盐酸或过磷酸

钙等),水解方式又可分间歇或连续两种。常用硫酸作催化剂的间
歇式直接生产法。

【生产流程】

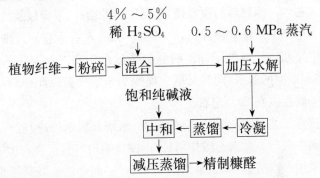

【主要设备】　锤式粉碎机　酸料搅拌器　水解锅　真空蒸馏
系统　常压蒸馏设备

【生产工艺】

工艺一　将粉碎的玉米芯(或棉子壳)∶水∶硫酸($66°Bé$)以
50∶15∶1的量加到混料器中,搅拌均匀。将拌匀的物料装入蒸
馏锅中,通入 0.5~0.6 MPa 的蒸汽,蒸煮 10~12 h。当蒸煮锅完
成加压水解反应后,打开锅上的出气阀(注意保持此压力),使蒸汽
过冷凝器冷凝,收集冷凝液。

将冷凝液送到蒸馏塔进行浓缩蒸馏,应注意保持进气量和塔
内压力,以保持蒸馏稳定。蒸馏塔蒸出的为粗糠醛,仍含有少量水
分和其他杂质,需加入纯碱进行中和。中和至 pH 值为 7.0。通
过减压蒸馏,得到精制糠醛,收率为 7.5%~8.0%。精制工艺
条件:

进料温度(℃)	103~105
塔顶温度(℃)	85~90
塔釜温度(℃)	98~106
回流比	1∶0.5

醛泥排放比(L/t 粗醛)　　0.7～1.0

收集馏分　　　　　　　　158～164 ℃/常压；

　　　　　　　　　　　　89～91 ℃/8 666 Pa

工艺二　原材料的预处理：包括原料的粉碎、干燥以及酸液的配制。生产上用锤式粉碎机，一般以 5 mm 左右为宜。过细易造成管道堵塞。原料的干燥。糠醛制造过程中要求反应中的水分少，有利木糖的脱水，同时又减少糠醛溶于水中。因此，原料中的水分一般控制在 20% 左右。

蒸煮工艺：植物纤维原料的蒸煮(水解和脱水反应)过程是在水解锅中进行。原料与酸拌匀后，由搅拌器出口直接装入水解锅，通常采用带汽装锅(即边装锅边通水蒸气)的办法。装料结束后，上盖升压。升压期间又有一次排除锅内空气的过程。使锅内蒸汽压力和蒸汽温度相适应。蒸煮反应过程带出的水蒸气中，糠醛浓度是按一定的规律变化的。开始浓度较低，逐渐上升到高峰后又缓慢下降。整个蒸煮过程包括增浓、高峰、低峰 3 个阶段，生产上通常采用双锅串联，即将前一台水解锅后半期(低峰阶段)抽出含醛较少的水蒸气，通到第二台水解锅，作为出醛时的加热蒸汽用。采用双锅串联可以提高并稳定糠醛浓度，同时也可节省蒸馏用加热蒸汽。此外，又可提高并稳定有机酸(以醋酸为主)浓度，可以发挥有机酸的催化作用。还可增加糠醛得率。

蒸煮工艺条件常用的工艺条件控制如下：

控制项目	油茶壳	其他原料
水解压力(MPa)	0.5～0.7	4～8
硫酸浓度(%)	9～10	5～8
水解温度(0℃)	150～160	140～170
液比(以气干原料计)	1∶0.4	1∶(0.3～0.5)
(以绝干原料计)	1∶0.5	1∶(0.4～0.6)

控制项目	油茶壳	其他原料
水解周期(rain)	240	240～280
其中装锅	30	
升温	40	
出醛	160	
排渣和检查	10	
排渣时锅内压力(MPa)	0.3	
快开阀开启压力(MPa)	0.4	

蒸煮时间随原料种类、蒸煮条件和水锅的容积而变化。如棉籽壳为原料,12～15 m³ 的水解锅,水解压力是 0.4 MPa,蒸煮时间约需 6～8 h。蒸煮用的水蒸气。一般用饱和水蒸气或过热较低的水蒸气,以防锅底原料焦化。

过磷酸钙法蒸煮工艺:用过磷酸钙生产糠醛时,一般是玉米芯100 kg 加过磷酸钙 40～50 kg,水 40～50 kg。水解压力0.5 MPa,每锅蒸煮时间 5.4 h,共得粗糠醛约 1 270 kg,平均粗糠醛得率为11.5%(同样条件,硫酸法一般为 11%),粗糠醛残渣 25～30 t,可用作腐植酸磷肥。

初馏(蒸馏):初馏的料液入塔温度为 80 ℃,塔顶和塔釜温度分别为 98 ℃ 和 103～104 ℃。初馏在常压进行,釜液含醛量(浓度%)≤0.04。分醛温度为 40～45 ℃。以除去杂质,提高糠醛的浓度。

中和:中和是除去醛汽中的有机酸。通常用 10%～12% 的Na_2CO_3 溶液,中和至 pH＝7～7.5。汽相中和管长 6 m 左右,醛汽流速 40～50 m/s,中和反应时间 0.1～0.15 h。中和时纯碱用量约为 3～6 kg/t 粗醛,中和后 pH 值为 7.0,一般在室温下搅拌中和 0.5 h。

真空脱水:脱去水分及低沸点馏分,得到脱水糠醛。其进料、塔釜和塔顶 3 个温度分别为室温、103～105 ℃和 45～55 ℃。

精馏(真空蒸馏):真空蒸馏后得到精制糠醛。其工艺条件:

进料温度(℃)	103～105
塔釜温度(℃)	98～106
塔顶温度(℃)	85～90
回流比	1∶0.5
收集馏分	89～91 ℃/8 666 Pa

【质量控制】

(1)原料的种类及保存情况直接影响糠醛的收率。戊聚糖含量除与原料种类本身含量有关外,还与原料的贮存保管有关。原料是要在 1 年内收购的,保管完好的。

常用植物原料的糠醛理论得率与实际得率。如下表:

原料	糠醛理论得率(%)	糠醛得率(%)
油茶壳	17～19	7
玉米芯	20～24	9～11
棉籽壳	17～20	7～10
稻壳	10～13	5～6
甘蔗糠	17～20	9
花生壳	10～12	6
向日葵壳	16～18	6～7

(2)糠醛在水解锅中生成后,应加快糠醛的引出速度,以减少糠醛的损失,提高糠醛得率。增加水蒸气的通入量可加快糠醛的引出速度,但水蒸气通入量应该控制恰当。此外,减少水解锅中积水量也是降低糠醛残留量的有效方法。

(3)提高反应温度,既可缩短反应时间,又可提高糠醛的得率。

(4)糠醛与氧气接触,在室温下也会被氧化,是一种自动氧化反应。如有酸等存在,同时温度较高,自动氧化反应会加剧,最终生成甲酸等有机酸和酸性聚合物。如果用惰性气体取代空气,就可降低糠醛的分解量提高糠醛得率。生产上可用先抽真空、后吹水蒸气的办法赶除原料颗粒间和毛细管里的氧气,也可达到同样的结果。

(5)催化剂的种类和浓度。常用的催化剂是硫酸;也有用过磷酸钙和不加任何催化剂的,也有用盐酸的。

糠醛生产上有单独使用过磷酸钙为催化剂的,也有用硫酸加过磷酸钙一起使用的。不加任何催化剂的方法称无酸水解法,实际上是利用植物原料中的乙酰基,在高温下裂解生成的醋酸作为催化剂。

催化剂的浓度直接影响糠醛得率,硫酸浓度低,水解反应速度慢、不完全,糠醛得率低;硫酸浓度过高,反应剧烈,糠醛易受破坏,糠醛得率也会降低。硫酸浓度在 0.05 mol/L 以下,随着酸浓度的增加得率增大;硫酸浓度超过 0.05 mol/L,提高酸浓度对糠醛得率影响不大。生产上通常采用液比 1:(0.3~0.5),硫酸浓度是5%~8%。用油茶壳为原料时,由于水解残渣易胶结,难于排渣。如果硫酸浓度提高到 9%~10%,残渣排放较为顺利。

【产品标准】

指标名称	优级	一级	二级
外观	具有苦杏仁味的浅黄色至琥珀色透明液体,贮存色泽加深至棕褐色		
糠醛含量(%)	≥99.0	≥98.5	≥98.0
相对密度(d_{20}^{20})	1.160~1.161	1.159~1.161	1.158~1.161
折射率(n_D^{20})	1.524~1.527	1.524~1.527	1.524~1.527
水分含量(%)	≤0.05	≤0.1	≤0.2

酸度(mol/L)	≤0.008	≤0.010	≤0.016
馏程:初馏点(℃)	≥155	≥150	—
158 ℃前馏分 (mL)	≤3	—	—
158~164 ℃馏分 (mL)	≥94.0	≥92.0	—
总馏出量(%)	≥99	≥98.5	—

【安全措施】 糠醛在我国列为有机毒品,危规编号 84081。其主要危险性是有毒、易燃性。与空气接触形成爆炸性混合物,而且有较低的可燃极限,爆炸极限为 2.1%~19.3%。车间内空气浓度达 13.5 mg/kg 时,可引起炎症、头痛、咽喉刺激、水肿、眼发红、刺激皮肤和黏膜等。我国规定的环境允许最大浓度 5 mg/m³。因此,生产必须在密闭中进行。

包装上必须有明显的“有毒品”、“易燃物品”标志。贮放于干燥阴凉通风的库房。要远离火源,避免阳光照射。不可与氧化剂、强酸共贮混运。搬运时小心轻放。

【产品用途】 糠醛是重要的有机合成原料,可制取糠醇、己二酸、顺丁烯二酸及呋喃、糠醛、糠酮等树脂。在合成医药、农药、兽药、塑料和橡胶助剂、染料、香料合成中都具有广泛的应用。

利用糠醛氢化制糠醇、四氢糠醇、四氢呋喃等有机溶剂是其产品用途。从 1979 年起,我国糠醛已成为世界主要出口国之一,产品标准亦已跃居国际先进行列。糠醛工业的发展对工业建设、外贸创汇及支援农业等方面均有一定作用。

7.3 糠醇

糠醇(Furfuryl alcohol, 2-Furancarbinol)又称呋喃甲醇,氧茂甲醇。分子式 $C_5H_6O_2$,分子量 98.10。

【产品性能】 糠醇为无色液体,暴露于日光或空气中会变成棕色或深红色。有毒！相对密度 1.128 2。沸点 171 ℃。闪点 75 ℃。自燃温度 414 ℃。折射率(n_D^{23} 1.485 15)。有特味和苦辣滋味。溶于水、乙醇、乙醚、苯和氯仿，不溶于石油烃。

遇酸易发生聚合并可能引起剧烈爆炸。蒸汽与空气形成爆炸性混合物。

【生产方法】　主要由糠醛催化加氢得到。由于所用的氢化催化剂不同，生产方法又有常压法、中压法和高压法。其反应式如下：

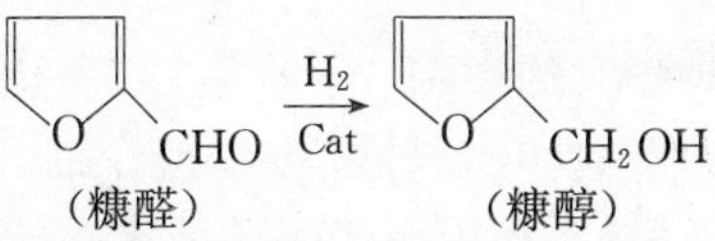

（糠醛）　　　　　　　　（糠醇）

【生产配方】　（kg/t）

糠醛(98.5%)	1 122
氢气(99%，m^3/t)	301
催化剂	14.48

【工艺流程】

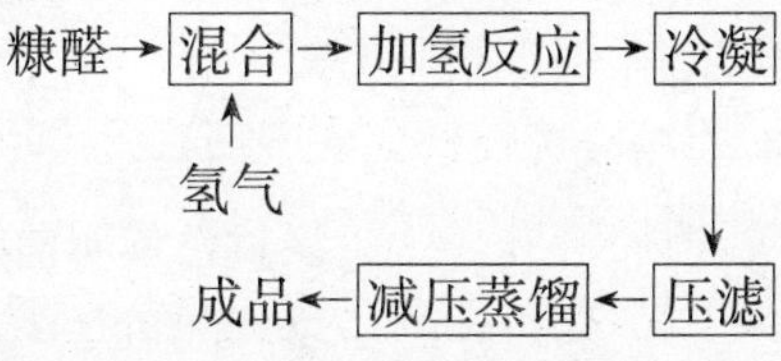

糠醛 → 混合 → 加氢反应 → 冷凝
　　　　↑
　　　氢气
成品 ← 减压蒸馏 ← 压滤

【生产工艺】

(1)铜铬催化剂的制备　糠醛的羰基还原一般使用铜铬催化剂，在 50～220 ℃/6～30 MPa 下加氢。使用铜铬催化剂比镍催化剂选择性高得多，它可有效地保护芳香杂环(呋喃环)不被氢化，减少生成副产物四氢呋喃甲醇。由于呋喃环和醛基都具有较高的反应活性，糠醛分子具有较高的树脂化倾向，固定床催化剂的活性降低较快，使用短时间后，催化剂需要再生，因此，通常采用悬浮状催化剂。

　　铜铬催化剂通常自行制备。它是由硫酸铜和重铬酸钠等制取的。先将硫酸铜和重铬酸钠分别溶于蒸馏水,混合搅匀,慢慢加入浓氨水,直到不再继续生成沉淀为止。冷却至室温后过滤。滤饼是碱式铬酸铜铵;用蒸馏水洗至无色,在 110 ℃烘箱中烘干,得率接近理论值。然后在马福炉中加热至 360 ℃,使其分解成铜铬氧化物。催化剂是片状颗粒,压片时要加 10％左右 CaO 作稳定剂,另加 3％～5％石墨粉,压成 4 cm×4 cm 的片状颗粒。

　　(2)糠醇的制备　　糠醛氢化是在液相中进行,因此,溶解氢的浓度对反应速度有较大的影响。氢在液体糠醛中的扩散速度随温度增高而加速,故采用选择性好的铜铬催化剂,用液相高压、高温反应可以缩短反应时间,提高得率。由于氢化反应是放热反应,反应器内应设冷却装置,使反应温度控制在 20～50 ℃范围内。生产时,反应压力为 10 MPa,温度是 175 ℃,催化剂用量为糠醛重量的2％。

　　(3)糠醇的精制　　糠醛在催化加氢中,除生成主要产物糠醇以外,还有其他副产物,通常采取真空下(精制)蒸馏。所得氢化产物,通过真空蒸馏精制,即得精制糠醇。

　　【质量标准】

外观	淡黄色透明油状液体
含量(％)	≥98.0
有机酸(CH_3CO_2H,％)	≤0.05
密度	1.126 0～1.135 0
折射率	1.485 6～1.486 8
残醛(％)	≤1.00
水分(％)	≤1.0
灰分(％)	≤0.01

　　【产品用途】　呋喃甲醇是重要的有机合成原料,它可以制果

酸、各种呋喃型树脂、糠醇脲醛树脂。用以制造有优良耐寒性的增塑剂。是清漆、颜料、呋喃树脂的优良溶剂,也是火箭的燃料。在医药、农药、纤维等合成工业中也有重要的用途。

【安全措施】　本品有毒、易燃。家鼠口服半致死量(LD_{50})为275 mg/kg。液体与皮肤接触能经皮肤吸收引起中毒。生产操作中,首先要保证设备的严密性,车间内应保持良好的通风。其蒸汽经呼吸道吸入,轻度引起头晕、恶心、呕吐、无力、气急、血压降低等,严重时可导致昏迷。

产品包装上应有"易燃"、"有毒物品"的明显标志。贮于干燥、通风、阴凉处。严禁火种。切忌与强酸性、强氧化性物品共贮运。

7.4　乳酸

乳酸的化学名叫 α-羟基丙酸,从发酵酸化的牛奶中发现而得名。乳酸为无色或淡黄色稠厚液体。

【生产配方】

番薯(kg)	105
大麦(或小麦)芽(kg)	9.5
磷酸氢二钾(g)	3
蛋白胨(g)	10
硫酸镁(g)	0.1
葡萄糖(g)	50
碳酸钙	适量
石灰乳(kg)	4
活性炭	适量
净水	需用量

【生产工艺】

(1)乳酸菌的培养　取新鲜番薯5 kg,切去霉烂、洗净、切碎煮熟,待冷却至60 ℃,将磨碎的麦芽150 g加入,搅拌均匀,在

60～65 ℃保温糖化 6 h,过滤,将滤出的糖化液加热浓缩至 7°Bé
(波美度),按每升糖化液中加入蛋白胨 10 g,磷酸氢二钾 3 g,硫酸
镁 0.1 g,葡萄糖 50 g,然后用碳酸钙粉调 pH 值约为 6。将此溶
液分装到若干个试管中,用棉花塞住管口,入高压锅加热消毒
0.5 h,冷却后备用。将购买的德氏乳酸杆菌分别接到接种箱的各
试管中,在 55 ℃保温 8 h,再在 50 ℃下培养 12 h,即得到一级营养
基的乳酸杆菌。

如上法按比例扩大培养基,逐步接种到 250 mL 的三角烧瓶
和 2 000 mL 的大烧瓶中。

(2)乳酸钙的制备　取新鲜番薯 100 kg,洗净切碎加水20 kg,
煮沸 2 h 成软浆状,滤去纤维,滤液移入发酵缸,当温度降至 60 ℃
时,加入磨碎的麦芽 8 kg,搅匀后在 60 ℃下保温 8～10 h。降温
至 52 ℃,加入上制得的乳酸杆菌培养液 10 kg,在 50 ℃下发酵
24 h,随时搅拌,每隔 2 h 检查溶液的酸度 1 次①。然后再加入麦
芽 1 kg,使其反应完全,3 d 后检查是否有淀粉和糊精的存在②。
5 d 后,在不断搅拌下缓慢加入石灰乳(用 2 kg 生石灰加水配制)
约 3 kg,然后煮沸 10 min,静置 3 h,待其澄清。吸取上层清液入
蒸发锅中,残渣用沸水洗涤 3 次,洗出液并入蒸发锅中一并蒸发。
当溶液浓缩至 13°Bé 时,放在木桶中结晶,在析出的晶体中开一小
孔让母液流出。用水将晶体洗涤除去色素,加水至 16°Bé,再加入
1%晶体重的石灰乳,煮沸 10 min。过滤,滤液加适量硫酸,调 pH
到中性,然后冷却、结晶、干燥、研磨,即得乳酸钙。

(3)乳酸的制备　在制得的乳酸钙中加 1 倍量的去离子水,加
热溶解之。取约 1/3 晶体重的浓硫酸,倒入水中配成稀硫酸后,在
搅拌下慢馒加入乳酸钙溶液中,间接加热使乳酸钙完全转化为乳
酸。过滤去除硫酸钙沉淀,加入 1%重量的活性炭进行脱色,间接
加热浓缩至 16°Bé,静置结晶,过滤后即得工业乳酸。

注:①酸度检查方法:取发酵液 1 mL 放入试管中,加蒸馏水

20 mL,酚酞 2 滴,再以 0.1 mol/L NaOH 滴定至红色。如消耗 NaOH 为 0.7 mL 时,就要加 CaCO$_3$ 0.3 kg 中和酸。

②检查淀粉和糊精的方法:取发酵液 1 mL,加蒸馏水 20 mL,再加 0.1 mol/L 碘酒液 1 滴,如不显蓝、绿、棕红色为合格。

【产品用途】　用于食品、医药、制革、纺织等工业生产中,用量视具体需要而定。

7.5　油酸

充分利用农副产品米糠中提取的米糠油,进一步加工制取油酸,在医药化工等部门有广泛用途。

【生产配方】

米糠油	100
烧碱(98%)	8
浓硫酸	15

【生产工艺】

(1)皂化　将米糠油加热水 100 份放入锅内煮沸 0.5 h,然后加碱进行皂化。第一次取固碱 2.5 份加水 10 份溶解,缓慢加入锅内(约 0.5 h 加完);第二次用固碱 2.5 份加水 7 份溶解,再缓慢加进锅内皂化 0.5 h;第三次取固碱 3 份加水 5 份溶解,一次性加入锅内,继续皂化 0.5 h,整个皂化期间都保持沸腾温度。当碱加完后,再加水 80 份,熬煮 7～8 h,至取样成透明无片状为皂化完全。

(2)碱解　将皂化液趁热转入搪瓷锅(或铝锅)内,加热至沸,然后加入事先配好的稀硫酸(将浓硫酸 15 份慢慢注入水 45 份中),边加边搅拌,待酸加完继续维持沸腾反应 4～6 h,至取样注入热水中漂浮于上层的油酸混合物,无油珠即可出锅。

(3)水洗　将酸解完全的油酸混合物倒入缸中,水洗 9～10次。开始以 80 ℃热水洗,将热水加入缸中,搅拌几分钟,静置 10 min,将水层放出,然后同法进行。最后洗至洗液呈微碱性(pH

值 7.5～8)为止。

(4)冷冻　水洗后的油酸混合物冷冻降温至 4 ℃,维持 2～3 h,待物料凝成固体为止。

(5)压榨　用白布包上凝固物,上压榨机压榨,榨出的液体为油酸,留在布里的为棕榈酸。

【使用方法】　作为常用化工原料,与一般其他原料获得的油酸相同。

7.6　谷维素

【生产配方】　(以每千克谷维素计)

甲醇(97%,kg)	20～22
盐酸(kg)	0.3
柠檬酸(kg)	0.4～0.5

【主要设备】　碱炼锅:碳钢,带搅拌器　皂化锅:碳钢质,有直接蒸汽盘管　搪瓷反应釜:带搅拌器,有回流冷凝器　过滤器:不锈钢　甲醇回收装置:不锈钢　真空泵:W 型　石油醚回收塔:不锈钢

【生产工艺】

(1)一次碱炼　分析米糠毛油的酸值,计算理论需碱量:

理论需碱量(kg)＝毛油重量(kkg)×酸值×0.713

按理论需碱量的 70% 称取烧碱,配成 10% 溶液。毛油温度控制在 60 ℃左右。在搅拌下加入碱液。最后加热到 70～80 ℃。静置一夜,分层。将上层清油进行二次碱炼。如毛糠油酸值<30,只采用一次碱炼即可,二次碱炼前最好用热水洗 1～2 次。

(2)二次碱炼　先分析清油的酸值,计算需碱量。实际用碱量可以比计算量超过 0.3%～0.5%。清油温度控制在 35 ℃左右,加入稀碱液。边搅拌、边加碱,碱加完毕,将温度升至 65 ℃左右。静置分层后,谷维素转移到下层皂脚中,上层是精制的米糠油。

（3）皂化 按下式计算理论需碱量：

理论需碱量(kg)＝皂脚含油量(t)×185×0.713

皂脚含油量(t)＝二次碱炼报油量－二次碱炼清油量(t)

按理论需碱量的一半称取烧碱，配成5%～10%的稀碱液，将皂脚置皂化锅内加热到50 ℃左右，均匀加入碱液，缓慢升温到95 ℃左右，皂化2 h。最后皂脚pH值应为8～9。

（4）甲醇碱液皂化 在搅拌下向皂胶加入5～6倍量的甲醇。按测定量的皂胶皂化值计算用碱量。

（5）过滤分离 待甲醇皂化液冷却到50 ℃左右，过滤。余下的滤渣为不皂化物，含有少量的谷维素，可考虑集中回收。

（6）酸析 将滤液加热至50～60 ℃，先加盐酸使pH＝7，再加弱酸(如柠檬酸、醋酸、硼酸)进行酸析，搅拌，过滤。滤渣即是粗谷维素。

（7）洗涤干燥 用石油醚洗涤，最后用蒸馏水洗涤。在70～80 ℃下烘干，即得精制谷维素。

安全：甲醇和石油醚为易燃、易爆物质，要注意防火、防爆。甲醇对人体有害，尤其是不能进入眼内，应采取防范措施。

【产品标准】

外观	白色或类白色粉末
含量(%)	＞95
挥发物(%)	＜1
灰分(%)	＜0.3

【产品用途】 主要用于治疗周期性精神病、经期间紧张症、血管性头痛及自主神经功能失调。

7.7 植醇

植醇又称叶绿醇或叶共烯醇，是一种不饱和的高碳醇，其分子式$C_{20}H_{40}O_9$。我国每年有数以万吨计的蚕砂可供利用。因此，利用蚕砂制取植醇其效益是很可观的。

【生产工艺】

(1)提取　将清洁的蚕砂 100 kg,加清水 30 kg 拌匀,放置 8 h后加入工业酒精 150 kg,搅拌 2 h 左右,让其静置,澄清后吸出上层清液。再加入适量工业酒精,按此再浸提一次。然后,合并 2 次浸提液,置入蒸馏塔中,蒸馏回收乙醇,得到叶绿素粗品。

(2)皂化　把所得的叶绿素粗品加入皂化锅内,每 10 kg 加30%的液碱 41 kg 和 80%的酒精 25 kg,加热,搅拌,煮沸反应 1 h,然后让其冷却,放料。

(3)分离　在皂化液中加入 3 倍量的 120 号溶剂汽油,搅拌20 min 左右,静置分层。油相含植醇,水相含水溶性叶绿素。

将油相置于蒸馏塔内,蒸馏回收汽油,得到粗品植醇料液。

(4)洗涤　把粗品植醇料液置于洗涤桶内,于 60 ℃温度以下,每 100 kg 料液加 60%酒精 25 kg 左右,充分搅拌后,让其静置分层,取出洗涤液。

(5)浓缩　将洗涤液置于减压蒸馏塔内,于真空度为 30×133.32 Pa 和温度为 120 ℃的条件下,减压蒸馏,去除溶剂,得到植醇浓缩料。

(6)初馏　把植醇浓缩料置于初馏烧瓶内,料液温度为 120～220 ℃和真空度为 1～1.5×133.32 Pa 的条件下,减压蒸馏,收集馏液。

(7)精馏　在初馏所得馏液中,加入少量饱和氢氧化钠水溶液后,置于精馏烧瓶内,料液温度为 156～170 ℃和真空度为 0.3×133.32 Pa 的条件下,进行减压精馏、收集馏液,得到植醇成品。

说明:

(1)蚕砂提取叶绿素后,可作饲料或肥料。

(2)用汽油提取植醇时,需重复提取 8～9 次,将所得油相合并后蒸馏回收汽油。

(3)植醇的化学合成物为无色油状液体,天然提取物为金黄色油状物。不溶于水,能溶于有机溶剂,密度 0.849 7。沸点 10×133.32 Pa 的条件下为 202~204 ℃,0.03×133.32 Pa 为 145 ℃。

(8)产品指标　折光率(20 ℃)1.459 5~1.465 0;馏程156~180 ℃/$0.3 \sim 0.5 \times 133.32$ Pa

【产品用途】　植醇是有机化工和医药工业等的重要原料。用作有机化工和医药原料,根据用途的不同而进行不同的深度再加工。

7.8　芳香油

山苍籽是一种野生植物,又名木姜籽,山鸡椒。四川、湖北、湖南、江西等省山区有大量的资源,山苍籽果实含有丰富的芳香油,主要成分为柠檬醛,含量在 60%~90%。柠檬醛具有柠檬香味,既可直接用作香精原料,也可用作制造 β-紫罗兰等其他香料的原料。

【生产配方】　(以每千克柠檬醛计)

山苍子油(含量 70%)	2.56
烧碱液(30%)	4.78
碳酸氢钠(工业品)	2.81
亚硫酸钠(工业)	3.13
苯	1.12

【生产工艺】　将含有柠檬醛的山苍子油 2.56 kg,在搅拌下加入亚硫酸钠 3.13 kg,碳酸氢钠 1.60 kg 和水 15 L 溶液(此配料比例是按原料含柠檬醛 50% 计算。如果含量不足 50%,可按实际含量折算)。室温下搅拌 7 h,将未参与反应的油用甲苯(或乙醚)提取除去。将加成物用 10%氢氧化钠溶液在室温下分解。再用苯进行萃取。将萃取液先蒸去溶剂,然后减压蒸馏可得到较纯的柠檬醛约 1 kg。

减压蒸馏在不同残压下,柠檬醛的沸点:

残压 23×133.32 Pa:沸点 120～122 ℃

残压 20×133.32 Pa:沸点 117～119 ℃

残压 12×133.32 Pa:沸点 110～112 ℃

【产品标准】　用于调香的柠檬醛要求:密度(20 ℃/20 ℃)0.888～0.895;折光率(20 ℃)1.486～1.489

【产品用途】　芳香油的主要成分为柠檬醛。柠檬醛具有柠檬香味,可直接用作单组分香精(柠檬香型),也可调配其他香型的香料。也可用作制造 β-紫罗兰等其他香料的原料。

7.9　松针油

松针又叫松手,即松叶,含高贵芳香油 0.51%。每 100 kg 鲜松叶可提取芳香油 0.5～0.7 kg,出油后的残渣具有香味,可作精饲料喂猪。

【生产工艺】

(1)备料　采集鲜松针,切短、打碎可增加装锅量。最后随采随用,时间稍久便要发热转黄;如果当时使用不完,可平摊在地上,最厚不要超过 35 cm,以免发热。

(2)蒸馏　将松针从入孔处装入蒸馏锅中,装得要松紧一致。大约每立方米可装鲜松针 300 kg。装满料后将入孔盖盖好,便可从锅底通进 2 kg/cm² 的蒸汽进行直接蒸汽蒸馏。

(3)分油与出料　蒸馏锅内的蒸汽连同蒸出的松针油一道,由出气管进入冷凝器冷凝。冷凝液流进分油器后由于松针油比水轻。且不相溶,油、水便在器内分层(油在上层、水在下层),油从上方溢流口流进贮槽且计量。按每 100 kg 已出油 0.5～0.7 kg 的出油量(一定时间内槽油量不再增加),便可停止蒸馏。随后从下边出料孔将残渣卸出便是良好的喂猪精饲料。

【使用方法】　用于调配香料,根据配方的需要而加入不同的量。

7.10　香茅油

香茅油又称香草油,是一种精油,可由香茅草通过蒸馏而得。本品系淡黄色液体,含有浓郁的山椒香气,可作香皂、洗洁精、驱蚊剂等的香料。

【生产配方】

香草醛	21.3
香豆素	7.1
糖	340.8
酒精	2.27
水	62.47
甘油	1.14
糖色(焦糖)	适量

【生产方法】　先将香草醛、香豆素、酒精置于陶瓷容器(或玻璃容器)中加以搅拌,使之完全溶解。再将水、糖、甘油置于陶瓷容器中,搅拌使之溶解,将前部分料液倒进后部分料液中,拌至均匀。最后加入糖色,着色即成。

【产品用途】　主要用于日用化学品,如香皂、洗洁精、驱蚊剂的调香,根据需要而使用不同的加入量,一般用量为 0.5%～4%。

7.11　十一烯酸

【生产配方】　(以每千克产品计)

粗蓖麻油	5.1
甲醇	1.5
氢氧化钠	1.4
硫酸	0.7

【主要设备】　酯交换釜:碳钢带搅拌器　　中和釜:搪瓷反应釜带反应搅拌器　裂解炉:不锈钢　精馏釜:不锈钢　皂化釜:碳

钢　真空泵:W 型

【生产工艺】

(1)酯交换　蓖麻油 100 份与甲醇 20 份,固体烧碱 0.1～0.5 份,投入酯交换釜中,在 30～35 ℃进行反应。搅拌 7 h,转入中和釜。

(2)中和　将酯交换后的产品用稀硫酸中和到 pH＝2～3,蒸馏回收甲醇。静置、分层。上层为蓖麻油酸甲酯,下层为甘油水溶液。用水洗涤蓖麻油酸甲酯,至中性。甘油水可回收甘油。

(3)裂解　将蓖麻油酸中甲酯预热到 180 ℃,与过热蒸汽(550 ℃)混合,通过 550～560 ℃的裂解炉内进行裂解。裂解后的气体经过冷凝后分层。下层为水,上层为裂解产物。经减压精馏。收集 130～140 ℃/(10～20)×133.32 Pa 馏分,即得十一烯酸甲酯。

(4)皂化　将十一烯酸甲酯和烧碱溶液在 90～95 ℃皂化(水解),生成钠盐和甲醇。在皂化过程中回收甲醇。

(5)酸化　将十一烯酸钠加硫酸酸化至 pH 值为 2～3,得到粗十一烯酸。经过水洗,再减压精馏,制得十一烯酸。不同压力下十一烯酸沸点为:

5×133.32 Pa	142.8 ℃
20×133.32 Pa	176 ℃
40×133.32 Pa	188.7 ℃
100×133.32 Pa	213.5 ℃

说明:甲醇蒸气有毒,注意设备的密封性。

【产品标准】

纯度(%)	≥96
凝固点(℃)	≥21
碘值	131～134
比重	0.910～0.913

【产品用途】　是医药上的杀菌药物,治疗皮肤真菌病(香港脚或称脚气)十分有效。也用于合成香料和尼龙 11。

7.12　亚油酸

亚油酸大量存在于大豆油脚中,其中含亚油酸为 15%～22% 左右。因此,大豆油皂脚具有很高的经济价值。

【生产配方】　(以每 kg 亚油酸计)

大豆油皂脚	5～5.9
烧碱	100～150
硫酸(98%)	500～800

【主要设备】　皂化锅:碳钢、有直接蒸汽加热盘管;酸化锅:不锈钢或搪瓷或耐酸瓷砖衬里,有直接蒸汽加热盘管;蒸馏塔及冷凝器为不锈钢制造;冷冻机(国内有定型产品);压榨机:压力 150 大气压;冷冻锅:不锈钢;真空泵:残压 5 mmHg 以下。

【生产工艺】

(1)将大豆油皂脚经皂化、盐析和酸化后,初蒸馏得到粗脂肪酸。

(2)将水洗至中性的粗脂肪酸吸入蒸馏锅,用间接蒸汽加热法加热到 80～90 ℃时,开动真空泵,进行减压脱水干燥。真空度要缓慢提高,以防止冲料现象发生。当蒸馏釜内温度逐步升高到 150～180 ℃时,真空度可以保持残压为 400×133.32 Pa 左右,减压蒸馏开始。

当残压为 5×133.32 Pa 以下,收集气相温度为 180～200 ℃的馏出物,此时再经冷凝管冷凝得到混合脂肪酸。

(3)将蒸馏得到的混合脂肪酸送入冷冻锅内冷冻至零下 7～8 ℃(−7～−8 ℃),装入布袋内,在压榨机上压榨。压力逐渐升高,要轻压勤压,始终保持压力在 135 kg/cm^2,压榨 10～12 h,压出的液体是粗亚油酸,留在布袋内是固体硬脂酸。

（4）将粗亚油酸用真空吸入蒸馏塔，再蒸馏一次，真空度保持残压 $5×133.32$ Pa 以下，收集 $180～200$ ℃馏出液，即是亚油酸成品。

【产品标准】

外观	无色或微黄色油状液体
酸值	195 以上
碘值	148 以上
凝固点（℃）	−5 以下
水分（％）	0.1 以下

【产品用途】　有降低胆固醇及血脂的作用，可预防或减轻动脉粥样硬化症的发生与发展。与乙醇作用生成的亚油酸乙酯具有类似的药理作用。

7.13　熬制桐油

【生产配方】　（催干剂，份）

季节	生桐油	二氧化锰 （土黑子）	密陀僧 （一氧化铅）
春、秋季	100	4	5
夏季	100	2	4
冬季	100	6	4

【生产工艺】　把生桐油倒入铁锅内，加热至 140 ℃，抽火慢熬，待 $4～10$ min 后，油里的水分蒸干（不再产生大量泡沫），再继续加热升温至 $150～180$ ℃，加入二氧化锰（土黑子），用木棍轻轻搅油，继续加大火力，迅速升温。当温度上升到 250 ℃时，开始试样。用木棍沾油提出滴在铲刀上，放进清水中冷却，用手指蘸油提起，如有 3 cm 以上不断的油丝，同时锅内油泡已由白色变为黄色，表明油已基本熬成。

当油温升至 260 ℃左右时，即加入密陀僧（若把桐油用作罩光剂,可以加入1％的松香粉末),搅拌均匀后,并反复将桐油掏起从上到下加快冷却。冷却后就是熟桐油,即可装桶备用。整个熬炼过程大约需要30~40 min。

注意在熬炼过程中要不断用木棍将油上下搅拌,要严格控制温度。如温度过高,可加适量冷油,防止成胶。如稠度太大可加少许煤油或松香水。加入的二氧化锰、密陀僧要预热干燥,以免油飞溅出来,操作时要戴防护用品,严防火灾。

【产品用途】 熟桐油是一种典型的干性油,油膜坚固耐用,光泽强,广泛用于油漆家具、船舶、油布、油纸、竹笠以及配制涂料,调配腻子等。

7.14 环氧大豆油

环氧大豆油又称环氧化大豆油,具有优良的热和光稳定性,无毒。

【生产配方】

大豆油	1 000
双氧水(40％)	670
苯	350
冰醋酸	105
硫酸	22.5

【生产工艺】

(1)先将大豆油、冰醋酸与苯按比例混合。再将硫酸与含量40％的双氧水按比例慢慢混合好。将硫酸、双氧水混合液慢慢加入大豆油混合料中。反应温度保持在56~57 ℃,必要时在反应釜通冷却水降温。

(2)反应11 h后测定碘值,当碘值降至6以下,停止反应。静置分层,放出废酸水。用弱碱洗涤油层,用水洗至中性。

(3)用水蒸气蒸出水-苯混合物,回收苯。

(4)用减压蒸馏,取 107 ℃/2~3×133.32 Pa 左右的馏分,即为产品环氧化大豆油。

【产品标准】

外观	黄色油状液体
酸值	≤0.5
比重	0.985~0.990
闪点(℃)	≥280
环氧值(%)	≥6.0

【产品用途】　主要用于改善聚氯乙烯的耐热性和耐光性。用量为聚氯乙烯重量的 2%~3%。

7.15　磷脂

目前有工业提取价值的是大豆磷脂,菜油磷脂也在逐步开发。

磷脂有吸水的性质,在无水状态下,磷脂能溶解于油,一旦吸收了水分,它在水里膨胀,形成乳浊状的胶体溶液。逐渐从油中析出,最后与油分离沉降至油脚中。磷脂进入水化油脚其含量不高,再经过真空浓缩,待磷脂含量达到规定指标,冷却后即得成品。

【生产工艺】

(1)预热　将毛油在锅内预热到 70 ℃左右,过滤,除去机械杂质,得到净油。

(2)水化　待水化锅内油温达到 50~60 ℃时,加入 70~80 ℃的热水。加水量为油重的 10%。然后以 70~80 r/min 转速搅拌0.5 h,使油脚充分水化。

(3)分层　待絮状物生成,降低搅拌转速,低速搅拌 0.5 h 后,静置一夜,让油水分层。上层即为精制油,下层是水化油脚,磷脂在油脚中。

(4)浓缩　水化油脚浓缩时为了防止磷脂在高温下颜色变暗,宜采用真空浓缩法。真空浓缩就是在浓缩装置系统中用真空泵将装置系统内的空气排走,以降低系统内压力,从而降低沸点,使水在 100 ℃以下蒸发。如果装置系统的真空度为 680 mmHg,温度保持在 80～90 ℃就可以进行浓缩。当磷脂含量达到 60％,水分降到 5％以下,即可停止浓缩。冷却后即得成品。

(5)漂白　如需要浅色磷脂,可将浓缩磷脂用的 30％双氧水进行漂白。双氧水用量为磷脂重量的 1％。经搅拌 1 h 可得到浅棕色的半固体。

【产品标准】

(1)内销要求　水分＜5％,丙酮不溶物 60％,乙醚不溶物 0.4％,酸值(KOHmg/g)≤35。

(2)外销要求　水分＜1％,乙醚不溶物 0.1％,其余与内销要求相同。

7.16　番薯渣制取柠檬酸

柠檬酸又叫橼酸,学名 α-羟基丙烷-1,2,3-三羟酸。柠檬酸主要存于柠檬、柑橘、菠萝、梅、李、梨、桃、无花果等果实中,以未成熟者含酸量较多。主要用于食品工业作酸味剂和油脂抗氧剂,制造药物、汽水、糖果等;也可用作金属清洁剂、媒染剂等。

【产品性能】　纯柠檬酸为无色半透明晶体或白色颗粒或白色结晶性粉末,无臭,虽有强烈的令人愉快的酸味,稍有一点后涩味。它在温暖空气中渐渐风化,在潮湿空气中微有潮解性。根据结晶条件的不同,它的结晶形态有无水柠檬酸和含结晶水柠檬酸。商品柠檬酸主要是无水柠檬酸 $C_6H_8O_7$ 和一水柠檬酸 $C_6H_8O_7$ · H_2O。一水柠檬酸是由低温(＜36.6 ℃)水溶液中结晶析出,经分离干燥后的产品,分子量 210.14,熔点 70～75 ℃,密度 1.542。放置在干燥空气中时,结晶水逸出而风化。缓慢加热时,先在 50～70 ℃开始失水,70～75 ℃晶体开始软化,并开始熔化。加热到 130 ℃时完全丧失结晶水,最后在 135～152 ℃范围内完全熔化。

一水柠檬酸急剧烈加热时,在 100 ℃熔化,结块变为无水柠檬酸,继续加热很准确地在 153 ℃熔化。无水柠檬酸是在>36.6 ℃的水溶液中结晶析出的。分子量是 192.12,密度 1.665 0。一水柠檬酸转变为无水柠檬酸的临界温度为(36.6+0.15)℃。

【生产工艺】　用番薯粉渣作原料发酵制取柠檬酸的生产工艺如下:

(1)菌种培养　在 4°~6°Bé 的麦芽汁内加入 25%~30%的琼脂,然后接入黑曲霉菌种(无菌操作)。在 30~32 ℃下培养 4 d 左右。将麸皮、水以 1∶1 的比例掺拌,再加入 10%的碳酸钙,0.5%的硫酸铵,拌匀后放入 250 mL 的三角瓶中,用高压锅(1.5 kgf)灭菌 1 h。加入上述培养出的菌种,培养 4~5 d 后即可使用。

说明:

①黑曲霉形态:在琼脂上成局限菌落,室温(24~26 ℃)下培养 10~14 d 直径达 2.5~3 cm,菌丝大部分在培养基内,生长丰富密集的直立分生孢子梗。典型菌落为炭黑色,但有时也为深褐黑色;反面通常无色,偶尔中心或全部呈淡黄色。有霉味,不典型。无分泌物或局限为微小液滴,无色。

分生孢子头:典型的大的呈黑色,初为球形,然后呈放射状。不典型的小的孢子头有时呈褐色,有时呈近球形。较大的孢子头有时不全部着色。

分生孢子梗:大小可变,常(1.5~3)mm×(15~20)μm;壁光滑,较厚(2~2.5 μm);无色或有淡褐色阴区。

顶囊:球形或近球形,直径一般 45~75 μm,常有较小者,偶尔也有 80 μm 的较大者。小梗:双层、褐色、遍生,初生小梗随菌株和孢子头的成熟度而变,在多数培养物中梗基(20~30)μm×(5~6)μm,但常有达(60~70)μm×(8~10)μm 者,甚至更大;成熟时有的具横膈。次生小梗较为均一,一般为(7~10)μm×(3~3.5)μm。

分生孢子:典型的成熟时呈球形,偶尔稍扁,不同(甚至同一)菌株中大小稍有不同,直径常为 4~5 μm,呈褐色;壁较厚;不规则较粗糙,或毛刺,一般不连续,从表面看上去似乎排列着明显的色条。

②菌种扩大培养:黑曲霉菌种的扩大培养一般要经过 3 个阶段,相应称为一级、二级、三级种子培养。麸曲生产方法在我国较为普遍,它的优点是操作简便,成本低,但孢子不易收集。

(a)斜面培养

培养基:蔗糖合成琼脂培养基:蔗糖 140 g,NH_4NO_3 2 g,KH_2PO_4 2 g,$MgSO_4 \cdot 7H_2O$ 0.5 g,$FeCl_3 \cdot 6H_2O$ 0.02 g,$MnSO_4 \cdot 4H_2O$ 0.5 g,麦芽汁 20 mL,琼脂 20 g,水加至 1 L。

米曲汁琼脂培养基:米曲 1 份加 4 倍重量水,于 55 ℃糖化3~4 h,加水调整浓度至 10°Bé,并调至 pH 值 6.0,加琼脂 20 g/L。

麦芽汁琼脂:大麦芽粉加 4 倍重量水,在 55~60 ℃下保温糖化 3 h,时常搅拌。以碘液检查不变色为终点,滤去麦芽渣,用水调至 10°Bé,煮沸,再过滤一次即得到澄清的麦芽汁。取少量加入琼脂 20 g/L,熔化后装入试管,在 100 kPa 表压下灭菌 0.5 h,摆成斜面。

察氏琼脂培养基:$NaNO_3$ 3 g,蔗糖 20 g,K_2HPO_4 1 g,KCl 0.5 g,$MgSO_4 \cdot 7H_2O$ 0.5 g,$FeSO_4$ 0.01 g,琼脂 20 g,水1 000 mL。

培养基制备一般在 500 mL 或 1 000 mL 三角瓶中进行,量多时在不锈钢锅内进行。先按配方仔细称量好主要原料,溶化于水,再加入其他少量原料。若原料太少不易称准,则配成一定浓度溶液,再准确量取用之,加完各种原料后,调节 pH 值,再加入琼脂,加热使琼脂熔化后再复测和调节 pH 值,培养基熔化均匀后分装试管,装液量在试管高度的 1/4 左右,塞上适当松紧和大小的棉塞,包扎好后按要求进行灭菌。一般采用 10 kPa 表压,0.5 h。灭菌后趁热摆成斜面,冷却固化。

接种室使用前应开紫外灯照射 0.5 h 以上,应无菌操作,物品或工作台要灭菌(用 75% 乙醇擦拭)。移接菌种时,管口要靠近火焰,动作迅速准确。斜面上应划波浪线,以充分利用培养基表面,多产孢子。使用净化工作台,要先将鼓风打开 10 min 以上,为防止孢子飞扬,应先用接种环蘸取无菌水或培养基,再进行挑种。移接后,灼烧管口,塞好棉塞。

培养在 32 ℃ 保温箱中进行,用于菌种保藏的斜面培养 3～4 d,直接使用的培养 5～6 d。培养时观察生长情况,用于保藏斜面只要一部分出现成熟颜色即可,直接用的需要全部成熟,但不宜培养过度。

(b)第二级扩大培养

培养基:琼脂固体培养(与斜面培养基相同)。液体表面培养液:麦芽汁 70°Bé,NH_4Cl 2 g/L,尿素 1 g/L。

琼脂培养基制备与前述相同,只是用 250 mL 或 500 mL 茄型瓶代替试管,制成较大斜面。瓶口包扎 8 层纱布或较松的棉塞,以防止培养时氧气不足。茄子瓶装液量:500 mL 装 80 mL,250 mL 装 50 mL,灭菌后摆成斜面,摆放时培养基前沿离瓶颈约 1 cm 即可。培养基冷却固化后,于 32 ℃ 培养 1 d,无污染即可使用。

表面培养在 1 000 mL 或 2 000 mL 三角瓶中进行。装液深度 4～5 cm,配制时将 NH_4Cl 加入麦芽汁内,在 100 kPa 表压下灭菌 15 min,而将尿素溶于少量麦芽汁中,煮沸灭菌后立即冷却,与前者定量混合即成。

接种时将斜面试管中注入适量无菌水,用接种环或无菌玻棒搅动,制成孢子悬浮液。用无菌吸管吸取孢子液移接。移接也可以用倾注法,但试管口必须在火焰上灼烧灭菌,冷却后才能倾倒。液体培养基接种后用手摇匀,而茄子瓶斜面上孢子液要来回颠倒振荡,使分布均匀。接种后均用 8 层纱布扎口,待培养。

培养温度均在 32 ℃左右,表面培养 7～10 d,琼脂固体培养 6～7 d。培养时观察整个表面着色均匀,显出成熟颜色即可。

琼脂固体培养物不必处理,直接制成孢子液用于下一级接种。表面培养物需小心吸去残留培养液,再用无菌水洗涤菌膜下部、吸去,用于制孢子液,或采用后述孢子收集法收集孢子。最后都要检查培养物有无异常或杂菌污染,剔去有缺陷的菌膜和污染菌落。

(c)第三级扩大培养

麸曲培养基:新鲜小麦麸皮 1 kg,水 1.1～1.31 L。

液体培养基:与二级扩大培养液体培养基相同。

琼脂固体培养基:与斜面培养基相同。

麸曲培养基制备时先拌料,麸皮原料应新鲜,用 60 目筛子筛去细粉,以减少蛋白质含量。拌料时先加等重量水,拌匀至无干粉或结团现象。过干加水,过湿加料。拌匀后分装到 1 000 mL 或 2 000 mL 三角瓶中。每只 1 000 mL 三角瓶装湿麸皮 50 g, 2 000 mL 三角瓶则加倍。用 8 层纱布封扎瓶口,在 10 kPa 表压下灭菌 40 min,再在 35 ℃培养 1 d,未发现气味异常或污染菌,即可使用。

接种可用干孢子或孢子悬浮液。茄子瓶中培养的二级种子,最好用无菌注射器注入无菌水,制成悬浮液后再抽出,注射到三角瓶麸曲或液体培养基中,因污染可能性小,几乎可不在无菌室中操作,但各容器必须用纱布或滤纸扎口,不宜用棉塞。干孢子接种可制成悬浮液按上述方法操作,也可用无菌空气喷粉器喷入。接种后振荡均匀使团块分散。

液体表面培养要求在 30～32 ℃,室内相对湿度在 70%以上。正常情况下,24 h 的菌盖占液面 1/3,白色,40 h 开始着生孢子,逐渐变黑,4～5 d 后孢子成熟。

麸曲培养时,温度为 30～32 ℃,14～16 h 后,白色菌丝已盖满曲层表面,这时应翻曲一次,使结块疏松、铺平。约培养 1 d 之后,可见培养基再次结成块状,这时白色菌丝生长旺盛,但未产孢子,应第二次翻曲。由于菌丝较多,翻曲比第一次困难,但必须充分使其疏散。铺平后继续培养。再经数小时后培养基重新结块,应翻转三角瓶使曲块凌空,再培养 3～4 d,使瓶内长满丰盛孢子即可使用。这种麸曲培养方法也可作二级种子,即 1 瓶麸曲用于 200 只相同三角瓶接种。培养法完全相同。

孢子培养成熟后,最好单独收集用于生产,菌体和培养基残余混入生产罐中可能有不良影响。孢子收集可用孢子收集器。

表面培养成熟之后,吸去残余培养液,将菌盖移至干燥柜内,通入 35～40 ℃无菌空气干燥 4～5 h。收集时,将干燥菌盖置于无菌室中的无菌箱中,以无菌刷刷落孢子,然后吸入收集器中。收集的干孢子可分别装入适量大小的玻璃瓶内,密封,于 5～10 ℃干燥条件下储存。每平方米可制干孢子 60～70 g,含干孢子数为 $2.5～3 \times 10^{10}/g$。琼脂固体培养基也用类似方法收集,但麸曲中的孢子不容易收集。

(2)原料处理　将加工酒、粉条后剩下的番薯粉渣,压榨除水,使含水在 60%左右(干粉渣则应补足水)。加入 2%碳酸钙,10.5%米糠,拌匀后,堆放 2 h。然后进行蒸煮。煮好后把原料破碎,再用加有抗污染药品的沸水,给原料补充水分。使含水在 60%左右。

(3)接种、发酵　当料温冷却到 37～40 ℃时,接入菌种悬浮液。接种后,送入曲室发酵,料温不低于 27 ℃。发酵室要注意消毒,定期用甲醛或硫磺熏蒸,其用量甲醛为 10 mL/m³。发酵过程中要注意适当通风,因黑曲霉菌是喜空气细菌。室内相对湿度控制在 86%～90%。在发酵过程中要控制好温度。

发酵过程	时间(h)	室温(℃)	料温(℃)
第一阶段	0～18	27～30	27～35

第二阶段	18～60	33	40～43
第三阶段	60 发酵完成	30～32	35～37

说明：

①固体发酵工艺：固体发酵的突出优点在于能利用液体发酵难以利用的原料，如甘薯渣、木薯渣等。

种曲培养基(kg)

麸皮　100　$CaCO_3$　10　$(NH_4)_2SO_4$　0.5　水　100

薯渣发酵醅(kg)

每 100 kg 干薯渣中加入 $CaCO_3$ 2 kg 和一定的含氮辅料(麸皮：16.0，或尿素：0.4，或硫酸铵：0.7)。

薯渣醅的加水量以原辅料能刚好润湿而不结块为准。对细渣(2 mm 以下)，约加水 0.7 kg/kg 干料，粗渣(2～4 mm)加水 0.85 kg/kg 干料。采用湿法粉碎的原料，加水量由观察而定。上述第一组产酸率高，且最稳定，其他各组产酸率也可达 70% 以上。

薯渣醅的配料：先将干料薯渣、$CaCO_3$ 及含氮辅料拌在一起，混匀(无机氮源此时不加，待蒸料后随补水加入)，先后洒水拌料。洒水量的多少直接影响蒸煮后熟料的物理性状及淀粉的膨胀与糊化程度，对发酵影响很大。如进锅的生料含水量＜40% 时，淀粉糊化不良，产酸量明显下降。水量过多，蒸料后物料发黏，给后续摊凉、补水接种及装盘操作带来麻烦，且曲醅的透气性差，产酸率低而易于染菌。洒水用的水温一般为自然温度，只是在 10 ℃ 以下时才加热，这样可加快对物料的浸润。操作时用喷水器喷洒，控制速度适当，使物料吃水均匀。洒水过程中至少要耙翻 2 次，洒完水再兜底翻拌 2 次，不得有结块。湿法粉碎的物料在扬麸机上粉碎时，加入辅料扬散拌和即可。如物料仍嫌太干，可按同法撒水。

拌好的物料让其浸润吸水膨胀，0.5 h 后送入锅内蒸煮。生料加水后不能久放，以防霉变。

旋转蒸锅蒸料前，先使物料浸润 20 min，这期间可间歇翻转，使物料松散。之后通入蒸汽,并打开排气阀排出锅内冷空气。关闭排气阀后继续通蒸汽升压。升至 150 kPa 后保压,旋转蒸锅蒸料 10 min 后,可停蒸汽自然降压 10 min。当表压降到接近零时,立即抽真空,加速物料冷却。至 40 ℃以下,立即出料。出料后立即通水清洗,以防残余物料在锅壁上结垢,初洗水可作补水。

蒸料的目的是杀死杂菌和使原料中淀粉膨胀糊化。应注意灭菌要求。霉变严重的不宜使用。为使物料受热均匀,蒸汽畅通,应发送蒸汽后逐步加料,即边蒸、边加料,注意把料加在冒汽处,逐层均匀加入。蒸料温度和时间按原料污染程度掌握。正常物料常压蒸 90 min,100 kPa 表压下蒸 50 min,有污染物料增加 10~15 min。也不宜蒸料时间太长,否则浪费能量,导致原料营养成分破坏,对黑曲霉生长和产酸都不利。

普通蒸锅蒸好的物料要采用摊凉法来加快冷却速度。熟料出锅后趁热用扬麸机扬散,摊在预先准备好的场地上。高温季节可通风冷却。整个过程必须严格执行无菌操作。料温降至 37 ℃以下,即可补水接种。

摊凉至 37 ℃以下要立即补水接种,否则搁置过久会使淀粉回生,降低淀粉利用率和产酸率,也增加污染杂菌的机会。在蒸料时为防止结块,先加的水分宜稍少(<65%),后补到含水量为71%~77%较好。

补水要先煮沸 10 min 或过滤除菌,种曲和抗菌剂等也随补水加入(如使用无机氮源也需灭菌后加入或溶到水中灭菌)。种曲的用量为甘薯渣干重的 0.2%~0.3%,先用少量无菌水捣散后再混到补水中,洒水方式与前面拌料相同。

薯渣培养基的 pH 值一般以自然(6.5 左右)为好,不需调节。若相差太大,可在补水时调节(酸度过高最好预先增加 $CaCO_3$ 的用量)。

为防止杂菌污染,固体发酵醅中常加入抗菌物质。每千克薯

渣(以干重计,下同)中加入痢特灵 160 mg 或呋喃西林。这两种
药物要先溶于少量 10%聚乙二醇水溶液中,再掺入补水中加入。
预防芽胞杆菌发育。加入苯菌灵 1 mg/kg 或苯甲酸钠 1.5 g/kg,
溶于少量无菌水中,随补水加入,可预防青霉感染。其中苯甲酸钠
对芽胞杆菌也有效。

　　曲醅要边疏松、边装入盘内,千万不可压实。装料厚度 6～
7 cm,务必均匀,如在不能保证降温条件的高温天气,曲层不能超
过 5 cm,以利散热。曲层也不能太薄,<4 cm 时,水分相对蒸发量
过大,造成浓缩效应使产酸下降。装好后立即送入曲房上架。由
于上层气温总是高于下层,因此上层盘中曲层可以较薄。

　　(a)薄层发酵法:曲醅入室的温度在 30～35 ℃,在孢子发芽和
菌丝开始发育时代谢热很少,温度逐渐下降,在此前 18 h 内,温度
应维持在 27～31 ℃,18～48 h 内由于代谢热量释放,温度(均指
固体发酵物)可维持在 38～43 ℃。但不得更高,48 h 后,温度很
快降至 35 ℃左右,直至发酵结束。温度主要通过室温加以控制,
一般室温控制在 26～30 ℃,任其物品温度自然变化,但生产上也
要时常测定物品温度,以便及时控制在上述水平。一般上层温度
高,下层温度低,所以在发酵 40 h 左右把上、下曲盘对调一下。为
减少这种温差,上盘曲层的厚度可少于下层,整个发酵期内不必
翻曲。

　　一般相对湿度在 85%～90%。低温季节直接通入蒸汽,高温
季节在地上洒水起到保湿效果。

　　发酵过程是否正常,开始主要靠观查菌丝的长势。接种 20 h
可见白色菌丝变成黄色,36 h 可见细小灰白色孢子头,孢子梗长
达 2 mm。48 h 孢子转棕色,以后逐渐加深。曲醅在发酵过程中
体积逐渐收缩,紧密结块。

　　发酵终点由酸度决定。测定由 48 h 开始,每 12 h 测一次,
72 h 后密切注意酸度变化,每 4 h 测一次,在酸度最高时出料,否

则时间拉长柠檬酸反而被菌体分解。如果出现杂菌污染,应根据杂菌的扩展情况提前出曲。芽胞杆菌显著污染时要立即出曲。如感染的是生长缓慢的青霉,但酸度仍在升高,可暂缓出曲,否则立即出曲。

(b)厚层通风发酵法:固体厚层发酵的特点是必须由容器的假底向上通风,以供给氧气和带走热量。发酵原料除了薯渣外,也用糖蜜、薯粉等。它们是将糖蜜吸附在干燥后的锯木屑上,再用糠等疏松剂制成。

厚层发酵过程的控制仍然是温度和湿度。温度控制程序与薄层发酵相似,但最高物品温度不得超过 40 ℃,温、湿度主要靠通风量和进风温、湿度加以控制,也可由水冷装置协助控制。厚层进风湿度都控制在接近 100%,以尽量防止水分蒸发,因厚层培养基中水分本来就少。曲层厚度在 20 cm 以下无需翻料,厚度>30 cm 一般配有翻料装置。厚层发酵的产酸率、产酸浓度、发酵时间与薄层法相近,但占地面积小、污染杂菌可能性小。

②表面发酵工艺:

培养基制备:以糖蜜发酵为例,糖蜜称重后送入煮沸锅内,锅内装有预先加热至沸的水,水体积与糖蜜相等。在搅拌和通蒸汽鼓泡下煮沸,并由计量槽加入硫酸或碳酸钠调节 pH 值在 6.8~7.2。

溶液煮沸 15~30 min(视糖蜜的微生物污染程度而定)后,添加预定量黄血盐(由小型发酵试验确定)煮沸约 10 min,再加预定量的 EDTA 二钠盐继续煮 20 min。用试纸检验黄血盐,当阴性反应(不显蓝色)时,加入预定用量 10%黄血盐,沸腾 5 min 后再检验,直至阳性为止。此时,若 pH 值不在 6.8~7.2 之间,用上述酸或碱调整。

表面发酵的糖蜜培养基浓度经常用 12%~16%(重量百分比)。浓度用无菌水调整,先加冷水到预定体积的 90%左右,搅拌下冷却至 60～70 ℃,再根据需要加入营养盐(如 KH_2PO_4、$ZnSO_4$ 等)溶液和抗菌剂溶液。利用某些糖蜜时尚需要补充 $CuSO_4$ · $5H_2O$,$Co(NO_3)_2$ · $6H_2O$ 等。最后用无菌水补充至预定体积,搅匀。

质量很差的糖蜜,混到正常糖蜜中用于发酵,比两者分开产酸率高。

采用稀释法生产时,初始培养糖蜜浓度只有 3%～5%,待菌膜长成后再补加30%的糖蜜溶液,这种工艺的培养基制备方法类似于上述方法,但营养盐一般加在开始用的稀溶液中,补料的 pH 值不必调至中性,但不得<5,以防黄血盐分解。

制备好的培养基在45～50 ℃输入发酵室内装盘,输送时仍要连续搅拌。当前几批发酵出现污染的情况下,装盘温度要在70 ℃。装盘顺序由上而下,以防上层盘底凝结水滴。盘装满后由第二组通风管(通往每个发酵盘)吹无菌空气使培养液冷却至35 ℃,冷却时空气流速为3.5～4 m/(m^2 · h)。

表面发酵接种物为黑曲霉干孢子。接种用专用喷雾器将孢子喷洒到培养液表面。接种量控制在每平方米75 mg 干孢子(2～2.3×10^9 个)。若糖蜜质量差,营养盐不足,可用较高接种量。

黑曲霉孢子有疏水性,可在培养基中加入少量表面活性剂(脂肪酸磺酸盐、二异丙基磺酸盐等)使之均匀分布,并对产酸有促进作用。

"继代培养"接种方法是将发酵菌盖上的孢子收集下来用于接种,但必须是前一批发酵良好,菌盖无污染迹象,产孢子较多的。孢子收集时严格执行无菌操作。

非置换法发酵规程又称为一次发酵法,原料培养液一次加入,发酵结束放料,弃去菌盖,进行下个周期操作。

培养基制备完毕并接种后的温度为35 ℃,这一温度为黑曲霉适宜生长温度,维持 3 d 左右,以促进孢子发芽及菌体发育。当接种温度逐渐下降时,由第一组通风管输入约 50 ℃的空气维持温度,通风量约需 3~5 m³(m²·h)。接种后 18~24 h 可见灰色很薄菌膜,72 h 菌膜已完全形成,相当厚并有皱褶。从接种 48 h 起,由于菌体耗氧显著增加,要由第二组风管向盘层通气,温度 40 ℃左右,风量为 7 m³(m²·h)。再过 30~36 h,进气温度降至 32~28 ℃,风量增加至 10 m³(m²·h),使培养液降到产酸适宜温度 28 ℃。进气湿度都要在 75%以上,以防培养液水分蒸发过快。约 80 h,进入产酸阶段,这时菌体代谢速率高,耗糖快,发酵液酸度急剧升高,释放大量热,但发酵最适宜温度 26~28 ℃。从 72 h后,风量要增大到 15~18 m³(m²·h),进风温度在 25 ℃以下,湿度 75%以上。7 d 之后,发酵即将结束时,释放热量减少,通风量可降 10~12 m³(m²·h)。整个发酵时间为 8~9 d。残糖约2%~3%,酸度约 20%。

发酵结束后及时放料,以避免菌体分解柠檬酸。先停通风,排放发酵液,再由进料管通入热水洗涤菌盖下部,1 h 后排出洗水,单独处理。菌盖收集集中处理,以回收残留菌体中的柠檬酸。

(4)浸取柠檬酸　将曲料放入浸取缸,用 90 ℃以上的开水连续浸泡 5 次,每次浸泡约 1 h。当浸液酸度<0.5%时,停止浸泡,进行出渣。将浸液倒入搪瓷锅,加温至 95 ℃以上,保持 10 min,停止加热,静置沉淀 6 h。

(5)清液中和　将经过沉淀的清液移入中和罐,加温至 60 ℃后,加入碳酸钙中和,边加、边搅拌。控制中和的终点很重要,碳酸钙过量会影响以后操作和柠檬酸钙的质量。因此,一般按碳酸钙总量=柠檬酸总量×0.714 加入,当 pH 值为 9.5~7.0,残酸为0.1%~0.2%时即达到终点。如碳酸钙过量,应补加发酵液或母液。这时柠檬钙即从发酵液中沉淀出来。升温到 90 ℃,保持0.5 h,待碳酸钙反应完成后,倒入沉淀缸内,抽去残酸,离心脱水,用 95%以上的热水洗涤沉淀,以除去杂质和糖分。检查糖分是否洗净的方法:用1%～2%高锰酸钾滴一滴到20 mL洗水中,3 min不褪色即说明糖分已洗净。

(6)酸解、脱色　把柠檬酸钙及时(如不能及时处理,应晾干存放)用水稀释成糊状,加热到85 ℃,按碳酸钙用量的92%～95%慢慢加入硫酸,在加入硫酸的量4/5后,测定酸的终点。测定方法:取甲、乙两支试管,甲管吸取20%硫酸1 mL,乙管吸取20%氯化钙1 mL,分别加入1 mL过滤后的酸解液,隔沸水加热。冷却后观察两管溶液,如果不产生混浊,再分别加入1 mL 95%酒精,如甲、乙两管仍不显示混浊,即认为达到终点。如果甲管有混浊,说明硫酸加量不足,需要补加硫酸。如果乙管有混浊,说明硫酸过量,应再补加一些柠檬酸钙。

酸解达到终点后,煮沸30～45 min,然后放后过滤槽抽滤。在滤液中,按柠檬酸量的1%～3%加入活性炭脱色,在85 ℃左右保温0.5 h,即可过滤。热水洗涤,洗至残酸<0.3%～0.5%为止。洗水可作为下次酸解时的底水使用。

说明:

酸解前准确分析柠檬酸钙盐中柠檬酸含量,以确定硫酸用量。一般说,硫酸过量不能超过0.2%。

称量好柠檬酸钙。在酸解桶内加入2倍钙盐重量的稀酸液或水,开动搅拌,小心倒入柠檬酸钙盐,调成浓浆状,同时用蒸汽升温至40～50 ℃,以1～3 L/min的速度加入30°Bé硫酸。当加到预定酸量的80%～85%时,用pH值试纸检测,放慢加酸速度。当pH值达到2时,要用双管法检查终点。达终点后升温至85 ℃,搅拌数分钟后进行净化操作。

视酸解后酸液色度深浅加入10～30 g/L粉状活性炭,直至保温0.5 h后酸液呈淡草黄色为度。

加入200 g/L亚铁氰化钙液,添加终点确定如下:取酸液用小漏斗滤去普鲁士蓝沉淀,于2支试管中各放1 mL,滴加100 g/L

黄血盐溶液的一管仍出现蓝色,说明 Fe^{3+} 未除尽,滴加 100 g/L $FeCl_3$ 溶液的一管出现蓝色说明亚铁氰化钙过量,过量后可补充柠檬酸结晶母液回调。

加入粒状硫化钡(每 100 kg 柠檬酸用量为 0.1~0.15 kg)以除砷等杂质,数分钟后取少量酸液过滤,滤液用 $AgNO_3$ 溶液检验,不得出现 Ag_3AsO_3 黄色沉淀。除杂后再次检查酸终点(仍用双管法)。

酸解完成后,移至抽滤桶中过滤。开始的滤液不够澄清,必须复滤。若净化操作在分离石膏后单独进行,操作与上述基本相同,最后单独过滤一次。

通过吸附脱色和离子交换净化柠檬酸溶液,除去前述溶液中含有色素和胶体物质,Fe^{3+}、Ca^{2+}、Cu^{2+}、Mg^{2+} 等多种金属阳离子,以及 SO_4^{2+} 等阴离子杂质。

粉状活性炭脱色是在未滤除石膏渣的酸解液中进行,方法前已述及。过滤后再经过离子交换除去金属离子即可。此法活性炭无法回收,也影响回收石膏的质量,而且细粉活性炭颗粒还会混入酸解液以及成品中,影响成品质量。

将澄清的酸解液由高位槽引入装有 122 树脂或 GH-15 活性炭的脱色柱中,控制流出液的速度,开始流出的稀酸液单独处理。待流出液 pH 值降到 2.5 时,表明柠檬酸大量流出,开始收集,使之流入脱色液贮槽。当流出液色泽超过规定标准时,停止脱色,进行再生操作,色泽应在白色背景下观察。

脱色液泵送至高位槽,引入装有 732 树脂的离子交换柱,控制流速。定时检查流出液的质量,常用指标是检查有无 Fe^{3+} 和 Ca^{2+} 漏出。

(7)浓缩、结晶 将脱色后的滤液用减压浓缩,当浓度达到 36.5°~37°Bé 时即可出罐。柠檬酸结晶后,用离心机将母液脱水(母液仍可重复使用)。再用冷水洗涤晶体,最后用沸腾干燥箱除去晶体表面的水。干燥箱的温度要控制在 35 ℃以下,如气温＞20 ℃时,可采用常温气流干燥。

【产品标准】

无色半透明结晶、白色颗粒或结晶性粉末,无臭,味极酸,在干燥空气中微有风化性,在潮湿空气中微有潮解性,水溶液呈酸性反应。

含量($C_6H_8O_7 \cdot H_2O$)(%)	≥99.0
硫酸盐(%)	≤0.03
灰分(%)	≤0.1
铁盐(%)	≤0.001
重金属(mg/kg)	≤5
砷盐(mg/kg)	≤1
草酸盐	试验合格
易炭化物	试验合格

7.17　歧化松香

歧化松香(DisprOpoTtionated Rosin)是松香在钯、碳、硒、碘或硫催化剂存在下,借助无机酸和热的作用发生歧化反应的产物。主要是脱氢松香酸、二氢松香酸和四氢松香酸的混合物。

【产品性能】

软化点＞70 ℃,不容易被空气氧化。其钠皂和钾皂具有表面活性剂的性能,常用于乳液聚合中作为乳化剂。具有增黏性。

【生产方法】

松香歧化是在一定温度下,经催化剂作用,枞酸型树脂酸中部分分子脱出两个氢原子,并使双键重排,三环母核的 C 环形成稳定的苯环结构,即为脱氢枞酸。脱去的氢原子为另一部分树脂酸所吸收,生成二氢枞酸和四氢枞酸。因此歧化作用是脱氢和加氢相结合的过程。通常有连续法和间歇法两种生产法。

枞酸的歧化反应如下：

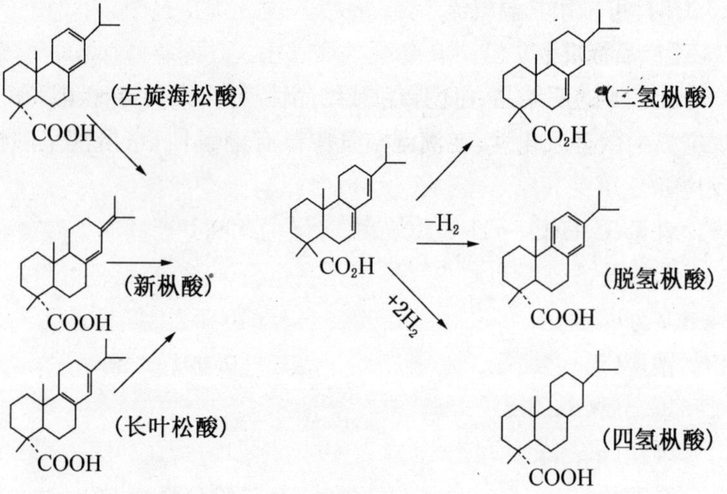

（左旋海松酸）

（新枞酸）

（长叶松酸）

（二氢枞酸）

（脱氢枞酸）

（四氢枞酸）

【生产流程】

钯炭催化剂

松香 → 熔化 → 催化歧化 → 过滤 → 歧化松香

热　　重油　　催化剂

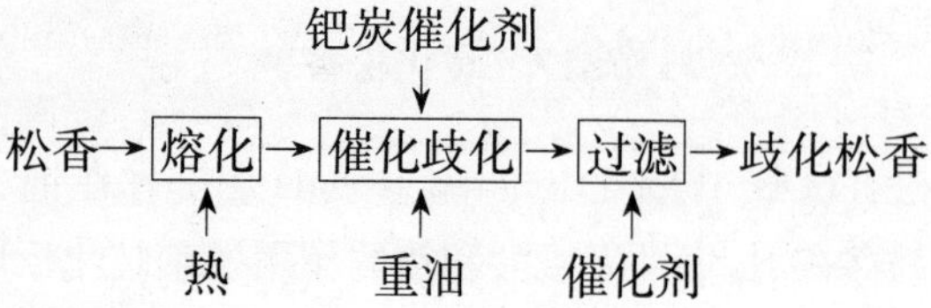

【生产配方】 （kg/t）

松香　　　　　　　　　　　1 050

钯-炭催化剂　　　　　　　　1.58～2.10

【主要设备】

松香溶解釜　分解物接受器　催化反应釜　中间体接受器
高温过滤器　歧化松香贮槽　重油贮槽　松香贮槽

【生产工艺】

(1)催化剂的选择　钯(Pd)、铂(Pt)、镍(Ni)等加氢催化剂和硫(S)、硒(Se)、碘(I_2)、二氧化硫(SO_2)等脱氢催化剂对松香的歧化均有效果,碘、硫虽效果较好,但有副反应,因此,用钯-炭作催化剂较多。

（2）歧化松香的制造　捣碎的松香放入熔化锅中，用间接蒸汽加热熔化，用泵或用蒸汽将熔化的松香压入反应釜并加入催化剂，然后通氮气入反应釜内，开动搅拌。反应釜用重油直接火加热或电加热，反应过程中定时测定枞酸含量，到合格时出料。在反应中有些重松节油和分解产物挥发，可由冷凝器冷却收集。歧化松香放入冷却罐待冷却至一定温度后，送入催化剂过滤器滤去催化剂。

（3）钯-炭催化剂的回收　钯是贵金属，对钯的回收再生具有重要的经济价值，将过滤得到的废钯-炭催化剂在高温下进行煅烧。取 50 kg 煅烧后的钯灰，用 10 L 37% 的甲醛、5.5 kg NaOH 和 80 L 软水在还原反应釜中进行还原反应，反应温度 80～85 ℃，还原 2 h。将还原物过滤，滤饼用 30 L 王水（HNO_3：HCl=1：3）进行溶解，控制温度 90～95 ℃，溶解 4 h。溶解物加 20 L 浓盐酸于 95 ℃处理 2 h 以除去硝酸根。然后用 120 L 软水于 95 ℃下溶解 1 h。再加入 150 L 15% 的氨水，缓缓升温，沸腾 1 h，保持 pH 值＞12 进行氨化，再冷却至室温。过滤，灰渣进行多次洗涤，合并洗液与滤液。滤液用 36 L HCl 酸化至 pH 值为 1.0，过滤，酸液弃去作它用，滤饼为二氯二氨钯。二氯二氨钯用稀 HCl 加热溶解，然后用活性炭进行吸附，过滤，滤液为剩余氯化钯溶液，可用作配稀 HCl 溶液循环使用。

滤饼用甲醛、氢氧化钠溶液还原，得到再生的钯-炭催化剂。

工艺条件：

将松香在 160 ℃下进行熔解，至熔解完全；催化歧化在 0.15%～0.20%%钯炭（对松香量）催化下，于 270 ℃反应 3 h；催化剂分离（过滤）温度为 230～240 ℃。

【产品标准】

名称指标	特级	一级
枞酸含量(%)	＜0.2	＜0.5

去氢枞酸含量(%)	≥50.0	≥45.0
软化点(环球法)	≥75.0	≥75.0
不皂化物含量	<10.0	<12.0
酸价(mgKOH/g)	≥155	≥150

【产品用途】　歧化松香主要制成钾皂,用作丁苯、氯丁、丁腈和丙烯腈、丁二烯以及苯二烯等合成橡胶生产中乳液聚合的乳化剂,还可改善合成橡胶的物理性能,如增加耐热强度、撕裂强度和耐磨强度,提高轮胎行驶里程。歧化松香还用于制造水溶性压敏胶粘剂,如用70%歧化松香钠盐水溶液60份、甘油30份、醋酸乙酯20份、水50份制得的压敏胶粘剂对纸、布、木材、合成树脂、玻璃、陶瓷及金属等均有胶黏作用。也用作制造松香胺和电气绝缘材料。

7.18　聚合松香

聚合松香(Polymerized Rosin)主要是枞酸借卤代烷、金属卤化物或无机酸的作用,发生聚合得到的二聚物。其主要成分的结构式表示为:

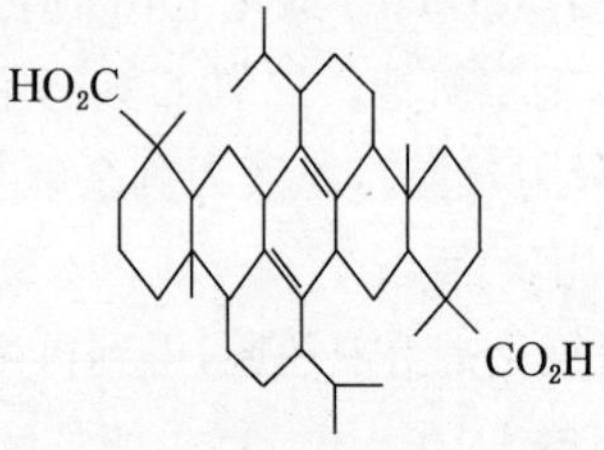

(枞酸二聚体)

【产品性能】

与松香相比,聚合松香不饱和性降低,酸值减小、抗氧化性能提高,软化点提高。其软化点>110°,酸值≤140。色泽浅,不结晶。在有机溶剂中有较高的黏性,可与醇发生酯化,也可与碱进行皂化形成盐。

【生产方法】

枞酸型树脂酸的共轭双键,在适当的条件下可发生聚合反应。反应产物是不均匀的二聚体。工业聚合松香经测定含有 20%～50%二聚体,此二聚体比较稳定不易氧化。

枞酸的聚合反应如下:

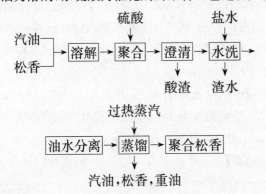

（枞酸）　　　　　　　　　（枞酸二聚体）

【生产流程】

以汽油为溶剂,浓硫酸为催化剂的聚合工艺过程如下:

```
                        硫酸          盐水
汽油                     ↓            ↓
     → 溶解 → 聚合 → 澄清 → 水洗 →
松香                      ↓           ↓
                        酸渣         渣水

            过热蒸汽
              ↓
 油水分离 → 蒸馏 → 聚合松香
              ↓
       汽油,松香,重油
```

【主要设备】

溶解釜　聚合反应釜　水洗设备(带有搅拌器的填料塔)　蒸馏塔(二段浮阀塔)　转鼓刮片机　锅炉(供热蒸汽)

【生产配方】（kg）

松香	200
汽油(200#)	260～300

　　工业硫酸(＞96％)　　　　　　　30～40

【生产工艺】

　　以 140# 聚合松香为例:取 200 kg 松香,加入 180 kg 200# 汽油,在 80～90 ℃溶解 2 h 至完全,然后转入聚合反应釜内,滴加 96％以上的工业硫酸 40 kg(作催化剂),1 h 滴加完毕,保持 80～100 r/min 的搅拌,于(50±3)℃下聚合反应 3 h。聚合完毕加入汽油稀释至松香:汽油为 1∶1.5(约加入 100 kg 汽油)。稀释后澄清 4 h。排除酸渣。

　　然后用 0.5％的盐水逆流洗涤以除去余酸,洗涤温度为 60 ℃,保持 80～100 r/min 搅拌速度;油水的重量比为 1∶5。水洗后转入另一塔静置分层,待油水分离后送入蒸馏塔进行蒸馏,蒸馏塔为一塔二段浮阀塔,每块塔板上装有加热盘管,每段塔釜设有活气喷管。上段 7 块塔板。蒸出溶剂汽油经冷凝器回收;下段 3 块蒸出高沸点的松香和未聚合松香。蒸馏的工艺条件如下:

　　预热温度:100～140 ℃;塔温控制:塔顶(汽油和水蒸气出口)(110±2)℃;塔底(235±5)℃;活气压力:上段 8～10×10⁴ Pa,下段 1.5～1.8×10⁵ Pa。

　　高沸点松香和未聚合松香进入松香分馏塔,塔顶温度为(150±2)℃,塔底温度为 180 ℃。经蒸出的聚合松香经转鼓刮片机以 3 r/min 的转速进行冷却,包装。

【产品标准】

指标名称	规　　格				
	115 号		140 号		
	115#	115 甲#	140#	140 甲#	140 乙#
酸化后甲苯不溶物(非机械杂质)	无		无		
热水不溶物(％)≯	0.25	0.20	0.25	0.20	0.25

指标名称		规 格				
		115 号		140 号		
		115#	115甲#	140#	140甲#	140乙#
软化点(环球法)(℃)		11～120	11～120	13～146	13～146	13～146
外观		透明	透明	透明	透明	透明
机械杂质(%)≯		0.07	0.07	0.07	0.07	0.07
酸值(mgKOH/g)≮		145	145	140	140	140
颜色	相当于松香级别	三级	三级	三级	三级	三级
	LY204-74 不低于罗维邦色号(黄/红)	4/3.4	40/3.4	40/3.4	40/3.4	20/2.1
	相当于加钠比色号	8～9	8～9	8～9	8～9	近 7

【产品用途】

用于制造各种油墨。如汽油影印油墨、醇溶性凹印油墨、罩光油墨、胶印油墨、高速轮转胶的彩色报纸油墨和铅印油墨等。用聚合松香制得的油墨,不仅有光泽好、固着快、保色性好和立体感强等优点,而且由于以汽油代替甲苯、苯等有毒溶剂,减少了环境污染。也可用于制油漆、肥皂、压敏胶带、热塑性塑料等。它既可以直接应用,也可以加工成酯或皂化成盐使用。

7.19 甘油松香酯

甘油松香酯(Glycerin Abierate,Ester Gum,Rosin ester)又称酯胶、甘油松香。是一元酯、二元酯和三元酯的混合物。

【产品性能】

软化点 55～65 ℃(毛细管法)。酸价＜10。与松香相比,酸价显著降低,发脆性和发黏性减小,对气候抵抗力增大。

【主要设备】

酯化反应釜　真空(产品)接受器　冷凝冷却器　松香熔融槽　树脂冷却盘

【生产配方】（kg）

松香	200
甘油	22～24
催化剂	0.083～0.092

【生产工艺】

首先向酯化反应釜中投入 1/2 量的松香,加热熔化,搅拌,通入二氧化碳或蒸汽搅拌速度为 85～100 r/min。升温至 250 ℃,加入余量松香,加催化剂,保温 220 ℃。开通直形冷凝器冷却水,停送 CO_2,逐渐加入甘油,加温反应,1.5～2.5 h 内升温至 260～270 ℃,保温反应 3～4 h,必要时升温至 290 ℃再反应 5 h。放去直形冷凝器冷却水,抽真空于 270 ℃蒸出剩余的甘油(2～3 h)。抽样化验合格后,产品于冷却盘中冷却得到产品。

【产品标准】

指标名称	136 甘油松香	138 甘油松香
软化点(环球法)(℃)＞	85	85
酸值(mgKOH/g)＜	10	10
色泽(铁钴法)＜	10	8
苯中溶解度(1∶1)	清	清
结晶法与醋酸乙酯(1∶1)	0 ℃,8 h 不结晶	0 ℃,8 h 不结晶

7.20　肝素

肝素是一种应用年代已久的抗凝血剂。它广泛分布于哺乳动物的组织中,如肠黏膜、十二指肠、肺、肝、心、胰脏、胎盘、血液等。

肝素和大多数粘多糖一样,在体内与蛋白质结合成复合体。

【产品性能】

肝素为白色粉末,对热稳定。肝素及其钠盐可溶于水,不溶于乙醇、丙酮、二氧六环等有机溶剂。游离酸在乙醚中有一定溶解性。肝素的分子量可以采用 12 000±6 000。对商品肝素的研究提示至少有 21 种分子个体,分子量为 3 000~37 500。因此,透析时,部分分子能缓慢透过一般玻璃纸。肝素是趋于螺旋形的纤维状分子,与其他粘多糖对比,其特性黏度较小,为 0.1~0.2。其比旋光度($[\alpha]_D^{20}$)为:游离酸(牛、猪),+53~+56;中性钠盐(牛),+42;酸性钡盐(牛),+45。

【生产方法】

组织内肝素与其他粘多糖在一起,并与蛋白质结合成复合物,所以肝素的制备,一般包括肝素-蛋白复合物的提取,肝素-蛋白复合物的分解和肝素的分级分离三步。

(1)提取　碱能打断肝素与蛋白质的结合,而对肝素影响较小,故组织内肝素的提取,都采用钠盐的碱性热水或沸水提取。这样的提取物内,仍存在可溶性肝素-蛋白质复合物。

(2)分解　有两类方法均从除去蛋白质上进行考虑。

①酶解:目前一般是在提取时就加入蛋白水解酶。已用过的酶有胰蛋白酶、胰酶、胃蛋白酶和木瓜蛋白酶等。在提取条件下,蛋白水解酶并不能使蛋白质彻底水解。由于水解后仍会存在蛋白质,且加入的酶本身也是蛋白质,所以要靠调 pH 值并加热除去。如在酸性条件下加热,会使肝素丧失部分活性。

②盐解:一般是用碱性食盐水提取,与热变性和凝结剂(明矾、硫酸铝)等变性措施结合除去蛋白质。不用凝结剂也可以。

(3)分级分离　用上述方法得到的产物,含有其他粘多糖,也含有未除尽的蛋白质和核酸类物质。目前,多用阴离子交换剂或长链季铵盐进行分级分离。然后再经乙醇沉淀和氧化剂氧化等步骤,进一步精制。

【生产流程】

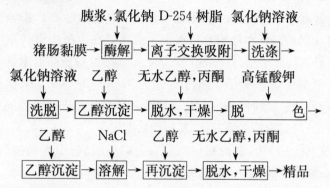

【生产工艺】

(1)**酶解**　每 100 kg 新鲜肠黏膜(总固体 5%～7%)加苯酚 200 mL,气温低时可不加。搅拌下加入 0.5～1 kg 绞碎的胰脏,用 30%～40%氢氧化钠调 pH 值约为 8.5,升温至 40 ℃左右,保温2～3 h,pH 值应保持在 8。加入 5 kg 粗盐。升温至约 90 ℃,用 6 mol/L 盐酸调 pH 值约 6.5,停止搅拌,保温 20 min,以布袋过滤。

(2)**离子交换吸附**　滤液冷却至 50 ℃以下,用 6 mol/L 氢氧化钠调 pH 值为 7,加入 5 kg D-254 强碱性阴离子交换树脂,搅拌5 h。交换完毕,弃去液体。

(3)**洗涤与洗脱**　用自来水漂洗树脂至水清。用约为树脂体积等量的 2 mol/L 氯化钠溶液搅拌洗涤 15 min,弃去洗涤液,再加 2 倍量的 1.2 mol/L 氯化钠溶液同法洗涤 2 次。

用半倍量的 5 mol/L 氯化钠溶液洗脱 1 h,收集洗脱液,然后用树脂体积的 1/3 量的 3 mol/L 氯化钠溶液同法洗脱 2 次。合并洗脱液。

(4)**乙醇沉淀**　用纸浆助滤,将洗脱液过滤 1 次,使之达到澄清。加 0.9 倍体积 95%乙醇(经活性炭处理过的)冷却沉淀 8～

12 h。虹吸上清液,沉淀按每 100 kg 肠黏膜加 300 L 蒸馏水,使溶解完全,加入 4 倍量 95％乙醇,冷处放置 6 h,收集沉淀。用无水乙醇脱水 1 次,丙酮脱水 2 次,五氧化二磷真空干燥,即得肝素钠粗品。

(5)粗制　将粗品用 2％氯化钠溶液配成 10％左右的肝素钠溶液,用 4％高锰酸钾 0.5 mL 脱色。先将药液调 pH 值至 8.0,并预热至 80 ℃,再将预热至 80 ℃ 的 4％高锰酸钾溶液在搅拌下 1 次加入,保温 2～5 h。以滑石粉为助滤剂过滤。将滤液调 pH 值为 6.4,用 0.9 倍 95％乙醇冷却处理沉淀至少 6 h。将沉淀物溶于 1％氯化钠溶液。用量可根据肝素钠粗品重量,按 60％～70％收率计,配成 5％肝素钠溶液。加入 4 倍量乙醇,冷处放置 6 h 以上。收集沉淀物,用无水乙醇和丙酮脱水;乙醚处理 1 次,在放有五氧化二磷的真空干燥器中干燥,即得肝素钠精品。

说明:

(1)D-254 树脂是一种聚苯乙烯二乙烯苯、三甲胺季铵型强碱性阴离子交换树脂。按上述工艺,用此树脂生产的肝素钠产品,最高效价可达 140 IU/mg 以上,收率平均约 2 万 IU/kg 肠黏膜。树脂在每批洗脱后可浸泡于 4 mol/L 氯化钠中,下次用前用水洗涤几遍,即可使用。

也可使用 714 树脂、1299×9 大孔树脂及其他类似树脂进行离子交换。低交联度的强碱性阴离子交换树脂 D-254 和 201×2 等,比交联度较高的大孔树脂 1299×9 等建立交换平衡快近 1 倍,交换能力较强,但机械强度比不上 1299×9 等大孔树脂,消耗较大。

(2)用高锰酸钾氧化去有机杂质(脱色)和热原,可采用滤纸分层法观察其氧化完全程度,即氧化开始每间隔 10 min 用滴管吸取药液一滴于滤纸上。若未氧化完全,则可见明显的两圈,内圈中心为二氧化锰聚集部分,显黑褐色,外圈为微褐色。

(3)肝素钠是一种重要的生化药品,它能阻止血液凝结,具有抗肿瘤、抗凝血、抗病素、净血脂等功效。由于该产品无固定分子量,不能人工合成,因此是国际市场走俏的生化制品。

肝素钠生产方法:

将鲜肠黏膜液放入铁锅中,按 3% 的比例加入食盐,用 30% NaOH 液缓缓加入调 pH 值到 9,加热升温到 50~55 ℃,保温2 h,再升温到 95 ℃,保温 10 min,然后降温冷却,用双层纱布过滤,加入离子交换树脂搅拌均匀,静置 10~14 h,弃去上层液,回收凝集树脂,用无离子水冲洗,澄清,滤干。用盐水洗涤滤干物,再用浓盐水将吸附在 D-254 阴离子交换树脂上的粗制品洗下。在洗脱液中加入 96% 的酒精等量沉淀,静置 10~14 h 收集沉淀物,即得肝素钠粗品。

将得到的肝素钠粗品用 1% 的盐水溶解,再用稀盐酸调 pH 值到 1.5,过滤。再用 NaOH 液调 pH 值到 11,再按 3% 的比例加入 30% 双氧水,静置 2 d。取出过滤,加稀盐酸调 pH 值到 6.5,用等量 95% 的酒精沉淀,再将沉淀物滤出,用丙酮脱水干燥,即得肝素钠精品。

【产品测定】

肝素的质量标准目前国内药典上均采用生物检定法。我国药典规定采用兔全血法。此方法系将肝素标准品和供试品用健康家兔新鲜血液,比较两者延长血凝时间的程度,以决定供试品药价的一种方法。

美国药典选用羊血浆法进行检定,即取柠檬酸羊血浆,加入标准品和供试品,重钙化后一定时间观察标准品和供试品肝素管的凝固度。如标准品和供试品配成相同的浓度又得到相同的凝固程度,则说明其效价也相同,以此来对比测定未知样品的效价。

【产品用途】

肝素为抗凝血药,能阻抑血液的凝结过程,用于防止血栓的形成。肝素在降血脂和免疫方面也有一定的作用。用肝素配合治疗暴发性流脑败血症和肾炎,效果较好。肝素可以清除肾病形成的尿毒。

7.21 胃膜素

【产品性能】

胃膜素是从猪的胃黏膜分离出来的粘蛋白,其粘多糖部分含有己醛糖、甘露糖、己酰葡萄糖胺和软骨糖胺等。胃膜素对胃、十二指肠溃疡灶面能起生理保护作用,可用于治疗胃、十二指肠溃疡。

胃膜素最先收载于美国《新的非法定药品集》(NNR)。NNR规定"胃膜素是从猪肠胃黏膜经胃蛋白酶和盐酸消化后的上层液中为约 60%乙醇所沉淀的组分。"

【生产流程】

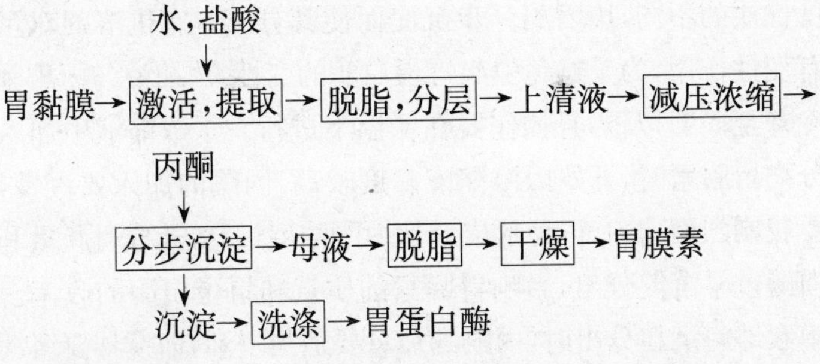

胃黏膜 →（水,盐酸）激活,提取 → 脱脂,分层 → 上清液 → 减压浓缩 →

（丙酮）分步沉淀 → 母液 → 脱脂 → 干燥 → 胃膜素

沉淀 → 洗涤 → 胃蛋白酶

【生产工艺】

(1)激活,提取

200 kg 胃黏膜,加 100 kg 水和约 4 L 工业盐酸,于 45～50 ℃搅拌提取 3～4 h。

(2)脱脂分层

提取液冷却至 30 ℃以下,加 16 kg 氯仿,充分搅匀,室温静置48 h 以上。

(3)减压浓缩

将上层清液吸入减压浓缩罐内,于 35 ℃以下浓缩至原体积的约 1/3(25 ℃比重 1.15 左右),得浓缩液。将浓缩液预冷至 50 ℃以下。下层残渣回收氯仿。

(4)胃膜素的分离

经预冷的浓缩液中在搅拌下缓缓加入 5 ℃以下的冷丙酮,至比重 0.96～0.98,即有白色长丝状的胃膜素沉淀。静置数小时。分取胃膜素。母液中再加丙酮,可得胃蛋白酶。

(5)清洗,脱酯,干燥

将分取的胃膜素用适量 60%(V/T)冷丙酮清洗 2 次,再用 70%丙酮浸洗过夜。次日捞出沥干,扯碎后,置丙酮中脱水,脱酯。于 70 ℃以下真空干燥,球磨即得。收率为 1.2%～1.4%。

说明:

(1)本工艺的基本原理是借胃膜素和胃蛋白酶两种蛋白质溶解度性质的不同,用丙酮分步沉淀而使其分离。有机溶剂对蛋白质有变性作用,为了避免引起胃蛋白酶的变性,浓缩液与丙酮都要预冷却至 5 ℃以下,且操作要在低温下进行。于浓缩液中加入丙酮分离胃膜素时,开始因浓缩液黏度较高,丙酮的加入要缓慢,搅拌要较剧烈而均匀,以免形成局部丙酮浓度过高,造成胃膜素和胃蛋白酶过早沉淀分出,影响胃膜素的质量和胃蛋白酶的收率。待胃膜素即将沉淀分出时,丙酮的加量要适当增和,而搅拌要缓缓而均匀,以免胃膜素散碎,不易收集分取。

(2)本工艺一次流程收得胃膜素和胃蛋白酶 2 种产品,又称联产工艺。国内生产胃膜素还有单产工艺。单产工艺又有 2 种。

①消化液的上清液乙醇沉淀工艺:

胃黏膜 → 消化 → 分层脱酯 → 真空浓缩 →

乙醇沉淀 → 胃膜素(收率 2%～3.5%)

②消化液整体乙醇沉淀工艺：

胃黏膜→│消化│→│中和│→│乙醇沉淀│→胃膜素(收率5％～7％)

【产品标准】

(1)NNR 标准

NNR 规定的胃膜素质量标准为：炽灼残渣(<6.5％)，酸度(pH 值 3.7～6.5)奥氏黏度(1.3～3.5)、总氮(8.1％～9.9％)；含量测定项目有：粘蛋白(73％～90％)，粘蛋白氮(7％～9％)，还原性物质(25％～35％)等的含量。

(2)国内不同工艺胃膜素的质量

联产工艺产品其产品标准，特别是粘蛋白氮皆可在 NNR 标准的规定范围内；且还原性物质在 NNR 高限水平，奥氏黏度高达 8 以上，这表明联产胃膜素的生产工艺是合理的。

消化液整体乙醇沉淀工艺的产品，可能主要由于沉淀胃膜素时乙醇浓度偏高和操作上的原因，其粘蛋白氮在 10％左右，还原性物质含量偏低(20％～25％)。产品中非粘蛋白蛋白质含量仍偏高。

消化液整体乙醇沉淀工艺的产品，黏度低，粘蛋白氮含量皆在 12.5％以上，有的高达 14％，而还原性物质的含量低至 10％以下，远离 NNR 标准。这表明此工艺不合理，其产品质量低劣，有待改良。

对于 NNR 胃膜素的质量标准应作全面完整的理解。胃膜素的制备方法，必须从胃黏膜的胃蛋白酶、盐酸消化液的上清液中有机溶剂沉淀来分取。粘蛋白含量测定时，将不溶于 70％乙醇的部分作为粘蛋白汁，方法本身无专属性，只对合理工艺的产品才有意义。胃膜素是蛋白质和粘多糖的结合蛋白，虽粘多糖组分含有己糖等含氮物质，但其含氮量比平均含氮量为 16％的单纯蛋白质要低得多。因此，在质量标准中严格控制粘蛋白氮的含量限度(7％～9％)，是确保胃膜素质量的关键性指标，不能放宽。粘蛋白的粘多糖部分,在以无机酸(如盐酸、硫酸)水解后可生成氨基葡萄糖或葡萄糖等还原性物质。因此,用碘量法测定还原性物质是控制胃膜素质量的重要项目。当然,用碘法测定还原性时,蛋白质肽链上的还原性基团亦可被作为还原性物质而被检出。现各地胃膜素的质量标准中皆未列还原性物质的测定。黏度是粘蛋白在水溶液中的一项物理性质,黏度高低,亦可直接反应胃膜素的质量水平。

7.22　胃蛋白酶

胃蛋白酶是动物胃液中最主要的蛋白酶。它以酶原的形式存在于胃黏膜的主细胞中,在基底部的黏膜中含量最为丰富。药用胃蛋白酶是胃液中多种蛋白水解酶的混合物,含有胃蛋白酶、组织蛋白酶和胶原蛋白酶等。本品为助消化药、消化蛋白酶,用于缺乏胃蛋白酶或病后消化机能减退引起的消化不良症。

【产品性能】

药用胃蛋白酶为粗酶制剂,外观为白色或淡黄色无晶形粉末,稍有肉臭及微酸味,吸湿性强,易溶于水,水溶液呈酸性反应。难溶于乙醇、氯仿或乙醚等有机溶剂。干燥胃蛋白酶对热较稳定,100 ℃加热 10 min 不被破坏。在水溶液中,其活力在 70 ℃以上被破坏,于室温或高于室温,在搅拌或贮存时,其活力也会下降。胃蛋白酶的最适 pH 值为 1.5~2.0(1.8),在 pH 值 4,其活力很低,在 pH 值 8 以上迅速失活。在酸性溶液中稳定,但在 0.5% 以上的盐酸中其活力破坏。

胃蛋白酸对多数天然蛋白质能起水解作用,尤其对两个相邻芳香族氨基酸的肽键最为灵敏。胃蛋白酸对蛋白质的水解不彻底,水解产物主要为肽、胨和少量氨基酸。其最适温度为 40 ℃。

【生产方法】

目前,国内生产胃蛋白酶有单一生产和胃蛋白酶、胃膜素联产两种工艺。这里主要介绍单产工艺。

单产工艺:将胃黏膜于盐酸溶液中提取,激活胃蛋白酶原,提取所得黏浆经氯仿或乙醚分层脱酯,并分去杂质,酶液直接低温干燥或低温浓缩后,再干燥即得。

【生产流程】

水,盐酸　　氯仿
　　　　↓　　　↓
胃黏膜→ 激活,提取 → 脱脂 → 分层 → 干燥 →胃蛋白酶

【生产工艺】

(1)激活,提取　在夹层罐内,加 100 kg 水和 4 000 mL 工业盐酸,搅匀,加入 200 kg 胃黏膜,于 45～50 ℃搅拌 3～4 h,经纱布过滤得胃浆。

(2)脱脂,分层　将胃浆冷却至 30 ℃以下,加入黏膜重量 10％的氯仿或 20％的乙醚,充分搅拌均匀后,静放 48 h 左右。

(3)干燥　分取脱脂后的酶液,在 35 ℃以下真空浓缩,或者酶液不经浓缩直接干燥,干物球磨成粉,过 60 目筛,即为胃蛋白酶(原药)。

说明:

联产工艺是根据胃蛋白酶和胃膜素 2 种蛋白蛋的溶解性质不同,利用有机溶剂分步沉淀来进行分离纯化。其方法是在胃浆的浓缩液中,于低温下加入冷丙酮至一定浓度,先分出胃膜素,再加入丙酮沉淀出胃蛋白酶。其工艺流程如下:

　　　　　→胃膜素　[沉淀胃蛋　　　　　[真空干
浓缩液→　　　　　　白酶]丙酮　　胃蛋　燥球磨]　胃蛋白酶
　　　　　→母液　　比重 0.90～0.92,　白酶　70 ℃以下　(原药)
　　　　　　　　　　.5 ℃以下

【产品标准】

胃蛋白酶是中国药典收载的品种,也是许多外国药典所普遍收载的品种,世界卫生组织列为基本药品之一。本品的比活力,以卵蛋白转化率表示,即在规定的 pH 值,温度与时间的条件下,以

每克酶所能消化的凝固卵蛋白的克数(倍数)来表示。酶促反应中,加入氯化钠做激活剂。按规定的方法操作,酶促反应结束后,如残留底物不超过 2 mL,即达到或超过预定的倍数。国外药典也多应用卵蛋白转化率法,但测定的条件不完全相同。在卵蛋白转化率测定中影响测定结果的因素较多,如鸡卵品种、产卵日期、饲料、通过凝固卵蛋白的筛孔大小和研磨程度等。如能严格控制这些条件,则结果的重现性尚好。

7. 23　胆红素

【产品性能】

胆红素是胆汁中的主要色素,为胆结石的主要成分,是橙色至暗红棕色的粉末或结晶体。加热时渐渐变黑,但不熔融。0.001%的氯仿溶液,在波长 400～490 nm 处有选择性吸收,最大吸收在波长 449～451 nm 处。干燥固体比较稳定,氯仿溶液避光时也较稳定,在碱溶液中或遇 Fe^{3+} 等极不稳定,很快被氧化。胆红素不溶于水,溶于苯、氯仿、氯苯、二硫化碳,微溶于乙醇、乙醚。胆红素分子中有 2 个丙酸基侧链,呈弱酸性,能与碱土金属离子,如 Ca^{2+} 生成不溶性盐(习惯上称胆钙盐)。这种不溶性盐与强酸(如盐酸)反应,可被置换出胆红素。

【生产流程】

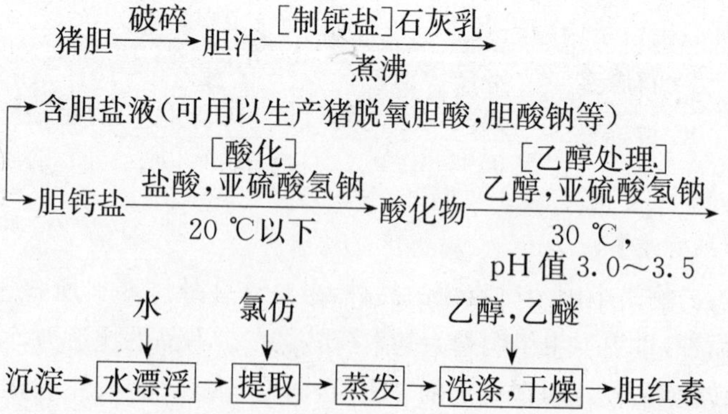

【生产工艺】

(1)制胆钙盐

取新鲜猪胆汁 70 kg,加 3～4 倍量的澄清饱和石灰水或比重为 2°～3°Bé 的新制石灰浮 0.5 倍,搅拌均匀。加热至沸,撇取浮于液面的橙红色胆钙盐(内含胆色素钙盐)。钙盐沥去胆汁液或趁热压干。

(2)酸化

于钙盐中加入适量水,捣成糊状,过 60 目筛,加入 1％的亚硫酸氢钠。在搅拌下缓缓滴加 1:1 工业盐酸液,至 pH 值 1～2,静置 0.5 h。用双层纱布沥去酸水,得泥状物。

(3)乙醇处理

泥状物中加入适量 95％的乙醇捣成稀糊状,再加入约 20 kg 95％乙醇和 10 g 亚硫酸氢钠的水溶液,充分搅拌均匀。乙醇液的 pH 值在 3.0～3.5,于约 3 ℃静置沉淀 18 h。虹吸去除上层乙醇。于下层中加入 45～50 ℃温水,静置分层,富集胆红素的漂浮物即浮于液面物。虹吸去除下层废水。

(4)提取

于漂浮物中加入约 30 kg 氯仿,回流提取 2 h。将提取液置分液器中分层,下层氯仿液过滤后,于常压下蒸发出氯仿,尽量蒸干。于残余物中加入适量 95％的乙醇,继续蒸发至馏出乙醇中几乎不带氯仿味,过滤分取胆红素,在过滤器上用温乙醇和乙醚洗涤,抽干,置无水氯化钙干燥器中,真空干燥,即得成品。

说明:

胆红素是人造牛黄的贵重原料,它在天然牛黄中含量达 72％～76％。它可治疗肝炎、肝硬变等肝脏疾病,还有解热、降压、促进红血球新生的作用。胆红素另一简便生产方法:

将新鲜猪胆汁用纱布过滤后,称取 100 kg 放入缸内,加 3.5～4 倍饱和石灰水,通蒸汽加热,搅拌,温度升到 50～60 ℃时,除去上浮的白泡沫,到 70 ℃时,开始出现胆红素钙盐小颗粒,到 95 ℃时橘黄色胆红素钙盐浮起,取出,用细布过滤,将滤出的钙盐用热水洗 1 次,得率为 4%～5%。再将母液降温至 50 ℃以下,用盐酸酸化至则果红色变蓝色,待黑色胶状的胆汁酸沉底,倾去乳状液,用水冲洗取出的胆汁酸,收率约 10%,供分离提取 2-猪去氧胆酸待用。

将提取的胆红素钙盐研磨成糊状,按钙盐量加入 0.5%左右的重亚硫酸钠,搅拌,用 10%的盐酸调 pH 值到 1～2,用细布滤去酸液,将凝成深红色固体块用 95%的酒精溶成浆状,再加同量的重亚硫酸钠,用 1∶1 的盐酸-乙醇调 pH 值为 1～2,加 80%的乙醇 10 倍量稀释。沉淀提取 3 次,用细布过滤,沸水洗涤,除去乙醇,用氯仿提取(可回收氯仿)残留物用乙醇回流精制,提取所得到的胆红素于 60～70 ℃的烘箱中干燥,即得到胆红素产品,得率约为 3%～5%。

【产品标准】

胆红素含量的测定方法,有标准曲线法和摩尔吸收系数法。

(1)标准曲线法

胆红素和重氮化的对氨基苯磺酸反应,产生偶氮染料。这种偶氮染料在强酸中呈蓝紫色,在 pH 值 2.0～5.5 呈红色,在 pH 值 5.5 以上呈绿色。

①重氮化试剂的配制:

溶液甲:10 g 对氨基苯磺酸,加浓盐酸 15 mL、水 985 mL。

溶液乙:0.5%亚硝酸钠溶液。

临用时取甲液 10 mL 加乙液 0.3 mL,混匀。

②胆红素标准曲线的绘制:

精密称取胆红素标准品 10.0 mL,置 50 mL 量瓶中,加乙醇至刻度,此即为标准品溶液。精密量取标准品溶液 0、1、2、3、4、5 mL 于带塞比色管中,分别加入乙醇 9、8、7、6、5、4 mL 使总量为

9 mL,再加入 1 mL 重氮化试剂混匀,于 20 ℃暗处静放 1 h(或 30 ℃静放 0.5 h)后,于波长 520 nm 处测定吸收度。以吸收度为纵坐标,以各管中胆红素的量为横坐标,绘制标准曲线图。

③胆红素样品测定:

另精密称取胆红素供测试品 25.0 mg,用氯仿溶解后,移置250 mL 量瓶中,边加氯仿、边振摇,使溶解完全并加至刻度。量取氯仿溶液 10 mL,置 50 mL 量瓶中,加乙醇至刻度摇匀。精密量取 5 mL 于带塞比色管中,加乙醇 4 mL,使总量为 9 mL,混匀,再加入 1.0 mL 重氮化试剂。与标准品在相同条件下显色后,于波长 520 nm 处测定吸收度。可由标准曲线图上直接读出测试品的百分含量。

(2)摩尔吸收系数法

精密称取供测试品 10.0 mg,用分析的纯氯仿少许研磨溶解,移入 100 mL 量瓶中,加氯仿至刻度摇匀。精密量取氯仿溶液 5 mL,置50 mL 量瓶中,再用氯仿稀释至刻度摇匀,于波长 450 nm 处测定吸收度 A,按下式计算供测试品中胆红素的百分含量:

$$胆红素(\%)=A\times104.03$$

式中系数 104.03 为胆红素的分子量(584.65)与其在氯仿中的摩尔吸收系数(562.0)的比值与 100 的乘积。胆红素在氯仿中摩尔吸收系数,目前国际上一般认为 $C_m=60\ 700$。

7.24 胆固醇

胆固醇又称胆甾醇,是脊椎动物细胞的重要组成部分,存在于有机体所有组织中,在动物神经组织、肾上腺、卵黄中含量尤为丰富。

【产品性能】

胆固醇的化学名为胆甾-5-烯-3β-醇,分子式 $C_{27}H_{46}O$,分子量386.64。胆固醇结构具有三个特征:含一条八个碳原子的饱和侧链;C_5 位有一个双键,C_3 位上有一个羟基,这都与胆固醇的化学性质和生理功能有关。

从稀醇中结晶所得的一水合物,为色白闪光片状结晶体,在 $70 \sim 80 \ ℃$ 变为无水物。无水物的熔点为 $148 \sim 150 \ ℃$。$[\alpha]_D^{20} = -31.5(C = 2,$ 乙醚中$)$;$[\alpha]_D^{20} = -39.5 \ ℃(C = 2,$ 氯仿中$)$。难溶于水(每 100 mL 约 0.2 mg);稍溶于乙醇(1.29% W/W,$20 \ ℃$);易溶于热乙醇(100 g 96% 乙醇的饱和溶液在 $80 \ ℃$ 可溶 28 g);1 g 溶于 28 mL 乙醚,4.5 mL 氯仿,1.5 mL 吡啶;也溶于苯、石油醚及油脂中。

【生产工艺】

(1)将动物脑、脊髓先制成干燥物,用丙酮选择性提取胆固醇　将丙酮提取液蒸发至近干燥,加入适量 95% 乙醇,加热使残余物溶解。将此乙醇液放冷,胆固醇即结晶析出。分取胆固醇粗结晶,用酸水解或用碱皂化或水洗,去除黏附的磷脂质等,再在 95% 乙醇中重结晶。将分取的结晶置 $70 \sim 80 \ ℃$ 干燥去除可能存在的水分,即得。熔点为 $147 \sim 150 \ ℃$。如此制备的胆固醇中可能含有少量二氢胆甾烷醇。

从脊椎中制备胆固醇,也可将起始材料用石灰乳在热压容器中于高温进行皂化。胆固醇用二氯乙烯进行萃取。将萃取液进行冷却,以除去非胆固醇物质,蒸除溶剂,回收胆固醇。脊髓亦可不先行皂化直接用二氯乙烯提取。

从脑组织制备胆固醇,也可将起始材料与无水硫酸钙混合,粉碎所得的坚硬物质。用乙醚提取得粗胆固醇,再行纯化。

(2)胆固醇也可从羊毛脂中提取　羊毛脂中的不皂化物,主要由羊毛蜡醇组成。制备胆固醇时,羊毛蜡醇中结晶的非胆固醇物质,可先以在苯和甲醇混合物中结晶的方法分去,所余的似蜡杂质,可用在醋酸中于 $30 \sim 50 \ ℃$ 进行选择性结晶的方法来除去。胆固醇可与许多化学物质,如乙醇、甲醇、苯、水、过氯酸、六氟磷酸、氯化钙、异化锂、氯化锰、卵磷脂、十六醇、甘油硬脂酸脂、异丙醇、异丁醇、戊醇和糖醛等，形成松弛的加成化合物。通常可用这一性质来进行胆固醇的分离纯化。如将羊毛蜡醇溶于乙醇，如氯化钙乙醇溶液于此溶液中，将混合物于室温静放 24 h，再加入丙酮，分取沉淀。将加成化合物加入水中，即分解得到胆固醇。在此法中亦可用琥珀酸代替氯化钙。

制造胆固醇的另一种主要方法，是利用胆固醇与草酸形成松弛加成化合物。将羊毛蜡醇溶于二氯乙烯，于此溶液中加入草酸，静置过夜后，滤取草酸加成物，经水处理后，即可将胆固醇与草酸分离开来。

【产品测定】

鉴别反应：于 1% 胆固醇的氯仿溶液中，加 1 mL 硫酸，氯仿层呈血红色，硫酸显有绿色荧光，将 5 mg 胆固醇溶于 2 mL 氯仿，加 1 mL 醋酸酐、1 滴硫酸，显紫色，随即变成红色，然后变成蓝色，最后呈亮绿色，系不饱和甾醇特有的颜色反应，此反应亦是比色法测定胆固醇含量的基础。

熔点 $147\sim150\ ℃$。

比旋度 $[\alpha]_D^{20}=-34\sim-38\ ℃$（200 mg 于 10 mL 二氧噁烷中的溶液）。

干燥失重，60 ℃真空干燥 4 h，其减少质量不超过 0.3%。

炽灼残渣，不得过 0.1%。

【产品用途】

胆固醇是一种医药和化工原料，是人工牛黄的成分之一。可以胆固醇为起始材料来合成其他甾类化合物，如维生素 D_3 等。胆固醇作为表面活性剂可用于药物制剂。胆固醇还广泛应用于化妆品工业。

7.25　胱氨酸

【产品性能】

胱氨酸是含硫氨基酸,呈六方形板状结晶。不溶于乙醇、乙醚,难溶于水。易溶于酸、碱溶液中,但在热碱溶液中被分解。等电点 pI=5.05。

【生产方法】

胱氨酸是氨基酸中最难溶解于水的,可根据这一溶解特性,从人发、猎毛等角蛋白的酸水解液中分离精制胱氨酸。

【生产流程】

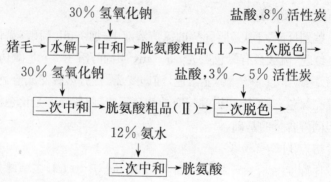

【生产工艺】

(1)水解　用计量罐量取 720 kg 10 mol/L 盐酸于水解罐中,加热至 70~80 ℃,迅速投入 400 kg 人发或猪毛,继续加热到 100 ℃,并于 1~1.5 h 内升温至 110~117 ℃,水解 6.5~7 h(从 100 ℃起计),冷却,放料,过滤。

(2)中和　滤液在搅拌下加入 30%~40%的工业氢氧化钠液,当 pH 值达 3.0 后,碱液减速加入,直到 pH 值 4.8 为止,静置 36 h,分取沉淀再离心甩干,即得胱氨酸粗品(Ⅰ)。母液中含谷、精和亮氨酸等。

(3)一次脱色　称取 150 kg 胱氨酸粗品(Ⅰ),加入约 90 kg

10 mol/L 盐酸,360 kg 水,加热至 65~70 ℃,搅拌溶解 0.5 h,再加入 12 kg 活性炭,升温到 80~90 ℃,保温 0.5 h,板框压滤。

(4)二次中和 滤液加热到 80~85 ℃,边搅拌、边加入 30% 氢氧化钠,直至 pH 值 4.8 时停止。静置,使结晶沉淀,虹吸上清液(可回收胱氨酸和),分取底部沉淀后再离心甩干,得胱氨酸粗品(Ⅱ)。

(5)二次脱色 称取脱氨酸粗品(Ⅱ)100 kg,加入 500 L 1 mol/L 盐酸(化学纯),加热至 70 ℃,再加入活性炭 3~5 kg。升温至 85 ℃,保温搅拌 0.5 h,板框压滤。按滤液体积加入约 1.5 倍蒸馏水,加热至 75~80 ℃,搅拌下用 12% 氨水(化学纯)中和至 pH 值 3.5~4.0,此时胱氨酸结晶析出。结晶离心甩干(母液可回收胱氨酸)。结晶以蒸馏水洗至无氯离子,真空干燥,即得到精品。

说明:

(1)收率如果生产工艺适当,一般来说,人发的收率可达 8%,猪毛的收率可达 5%。

(2)控制水解程度是提高收率的关键之一。影响毛发水解的因素很多,如酸的浓度、酸的加量、水解时间和温度等。最理想的水解条件,要通过实验,结合提取设备条件,经过试验来确定。对一定的原料,盐酸的用量要有一个适当的比例,即以盐酸的摩尔数计应有一定的适宜值。反应罐上应安装冷凝设备。使盐酸不至于大量逸出,以保持水解条件的相对稳定,罐内毛发与盐酸应混合均匀,避免水解开始阶段局部过热或局部毛发与盐酸不能接触。

(3)活性炭脱色后压滤要压干;被活性炭吸附的胱氨酸要进行回收。

(4)中和后的体积要掌握恰当,如体积过大,则收率降低;体积控制过小,则产品纯度降低。

【产品标准】

含量 98.5% 以上,$[\alpha]_D^{20} = -220 \sim -214°$,干燥失重 <0.5%,

炽灼残渣＜0.2％,铁盐＜0.001％,重金属＜0.002％。

胱氨酸的含量测定原理是溴能定量地将胱氨酸氧化成 α-氨基-β-磺基-丙酸,而过量的溴又能定量地将 KI 氧化成碘。因此,可用碘量法来测定胱氨酸的含量。

7.26　辅酶 A

辅酶 A 简称 COA,存在于动物的各种组织中,尤以肝脏中含量丰富,从猪肝中提取辅酶 A 是较成熟的工艺。辅酶 A 在医药上主要用于治疗细胞减少症、原发性血小板减少性紫癜、功能性低热等病症。对脂肪肝、肝昏迷、各种肝病、冠状动脉硬化及理性肾功能不全引起的疾病有辅助疗效。

【生产配方】

猪肝	1 000
5％三氯醋酸	400
乙醇氨液	40～50
0.01 mol/L 盐酸	400
丙酮	100
盐酸	200
0.01 mol/L 氯化钠	70～80
稀硝酸	200
去离子水	适量
LD-601 树脂	适量
CMA 树脂	适量

【生产工艺】

(1)提取和除蛋白　取新鲜猪肝去结缔组织后,绞碎成浆,投入 5 倍体积的沸水中煮沸,保温搅拌 15 min,迅速冷却至 30 ℃下过滤,得到的提取液在搅拌下加入含 5％的三氯醋酸除去蛋白,静置 4 h 虹吸上清液,沉淀过滤液与上清液合并。

(2)吸附与洗脱　清液(pH 值为 5)放入 CMA 树脂柱吸附，流速每分钟为树脂体积的 10%～15%，吸附完毕以去离子洗至液清。用 3～4 倍树脂体积的 0.01 mol/L 盐酸-0.01 mol/L 氯化钠液，洗脱辅酶 A，洗至无色，pH 值降至 3～2 为止。收集洗脱得的辅酶 A 浓集液，用盐酸调 pH 值 2～3 后滤去沉淀。

(3)吸附、脱盐和解吸　于树脂交换柱中装入 CMA 树脂 1/2 体积的 LD-601，以 5% 流速吸附辅酶 A 浓集液。大孔吸附剂用 1 倍体积、pH 值 3 的硝酸液洗去附于 LD-601 表面的氯化钠至液中无离子反应为止。后用 3～4 体积乙醇氨(乙醇：水：氨＝40：60：0.1)液，以 1%～2% 的流速解吸。弃去少量无色液，收集解吸液。

(4)浓缩、脱水干燥　将乙醇氨解吸液浓缩到原体积的 1/20，用稀硝酸酸化至 pH 值为 2.5，放置冰箱过夜，次日离心除去不溶杂质。将此清液在搅拌下逐滴加入 10 倍体积、pH 值 2.5～3.0 的酸性丙酮中静置、沉淀，离心分离沉淀物，以丙酮洗涤 2 次，置五氧化二磷的干燥器中真空干燥，即得辅酶 A 粉。

7.27　胰岛素

【产品性能】

胰岛素是一种蛋白质激素，在动物体内具有促进葡萄糖氧化及肝糖朊合成的生理功能，注射胰岛素后能使体内血糖降低，肝糖朊增加。当机体处于胰岛素分泌量不足的病理状态时，血糖上升，尿中有大量糖排出，即出现糖尿症状。胰岛素是治疗糖尿病的重要生化药物。胰岛素分子由 51 个氨基酸残基所组成，有 A 链和 B 链 2 条肽链。A 链含 21 个氨基酸残基，B 链含 30 个氨基酸残基。两链之间由 2 个二硫键相连，A 链还有一个链内二硫键。

胰岛素为白色或类白色结晶粉末，按柠檬酸-锌盐结晶法，其结晶形态有两种，一种为不规则的细微颗粒，称"无定形"；另一种为扁六面体结晶。胰岛素的分子量,根据氨基酸组成计算,牛胰岛素为 5733,猪胰岛素为 5764,人胰岛素为 5784。等电点 pI＝5.30～5.35。因蛋白质的等电点随溶液的离子强度和离子性质不同而有所差异,工艺过程中分离、纯化或结晶时采用的等电点并不一定在此值。胰岛素 pH 值在 4.5～6.5 范围内,几乎不溶于水,在室温下溶解度为 10 μg/mL;易溶于稀酸和稀碱溶液;在 80％的乙醇中溶解;在 90％以上乙醇或 80％以上丙酮中难溶;在乙醚中不溶。胰岛素在弱酸性水溶液或混悬在中性缓冲液中较为稳定,在碱性溶液中容易水解而失活,温度升高时失活更快。在 pH 值 8.6 时,溶液煮沸 10 min 即失活一半,而在 0.25％硫酸溶液中,则要煮沸 1 h 才能导致同等程度的失活。胰岛素分子在水溶液中因 pH 值、温度、离子强度等的影响,会发生聚合或解聚。胰岛素在 pH 值为 2 的酸性水溶液中,加热至 80～100 ℃,可发生聚合而转变为无活性的纤维状胰岛素。如及时用冷 0.05 mol/L 氢氧化钠处理,仍可变为结晶形有活性的胰岛素。胰岛素具有蛋白质的各种性质,如可被高浓度的盐(像饱和氯化钠、半饱和硫酸铵等)盐析,也能被蛋白质沉淀试剂(如三氯乙酸等)所沉淀,有茚三酮、双缩脲等蛋白质的显色反应。胰岛素能被胰岛素酶、胃蛋白酶糜蛋白酶等蛋白水解酶水解而失去活性。因此,胰岛素通常只能注射给药。胰岛素在血液和组织中也能被酶所水解,所以药效的时间较短。当与鱼精蛋白或珠蛋白形成复合物或制成难溶解的结晶,能延长药效。还原剂如硫化氢、甲酸、醛、醋酐、硫代硫酸钠、维生素 C 以及多数重金属(除锌、钴、镍、银、金外)都能使胰岛素失活。

【生产方法】

胰岛素的生产方法较多,目前,国内多采用酸醇提取减压浓缩法。此法工艺比较成熟,收率与质量也较稳定。

胰岛素在约 70％的酸性乙醇中,易溶解且稳定,而胰腺中的蛋白水解酶在此环境中溶解度甚小,且其活性又受抑制。酸性乙

醇溶液提取胰岛素后,通过调节提取液的 pH 值,除去碱性和酸性
杂蛋白,提取液经低温蒸去乙醇,分去油脂,用氯化钠盐析得胰岛
素粗品。粗品在适当丙酮浓度水溶液中调 pH 值,进一步去除杂
蛋白,在柠檬酸缓冲溶液中加入 Zn^{2+},通过重结晶即得到胰岛素
精品。

【生产流程】

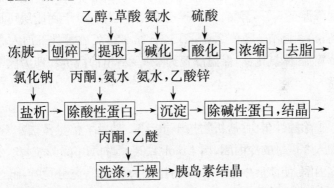

柠檬酸醋酸锌,丙酮氨水 pH 值 8,0.5 ℃以下过滤后调 pH
值 6.0。

【生产工艺】

(1)提取

将冻胰用刨胰机刨碎,加入 2.3～2.6 倍(W/W)的 86%～
88%乙醇和冻胰重 5%的草酸(pH 值 2.5～3.0),在 10～15 ℃搅
拌提取 3 h。离心分离。滤渣再用 1 倍量 68%～70%乙醇和
0.4%的草酸提取 2 h,离心分离。2 次提取液合并。

(2)碱化、酸化

提取液在不断搅拌下加入浓氨水调 pH 值 8.0～8.4(液温
10～15 ℃),立即过滤,除去碱性蛋白,得澄清滤液。滤液及时用
硫酸酸化至 pH 值 3.6～3.8,降温至 5 ℃,静置≮4 h,使酸性蛋白
充分沉淀。

（3）减压浓缩

吸上层清液至减压浓缩罐中，下层用帆布过滤。滤液并入上清液，在 30 ℃以下减压蒸去乙醇，浓缩至浓缩比重为 1.04～1.06（约为原体积的 1/9～1/10 为止）。

（4）去脂、盐析

浓缩液转入去脂锅内，于 5 min 内加热至 50 ℃后，立即用冰盐水降温至 5 ℃，静置 3～4 h，分离出下层清液（上面脂层可回收胰岛素）。调节 pH 值 2.3～2.5，于 20～25 ℃在搅拌下加入 27%（W/W）固体氯化钠，保温静置约 2 h。析出的盐析物即为胰岛素粗品。

（5）精制

①除酸性蛋白：盐析物按干重计算，加入 7 倍量蒸馏水溶解，再加入 3 倍量的冷丙酮，用 4 mol/L 氨水调 pH 值 4.2～4.3，然后补充丙酮，使溶液中水和丙酮的比例为 7∶3。充分搅拌，低温放置过夜，使溶液冷却至 5 ℃以下，次日在低温下离心分离，或滤取沉淀。

②锌沉淀：在滤液中加入 4 mol/L 氨水使 pH 值为 6.2～6.4，按溶液体积加入 3.6% 的 20% 醋酸锌溶液，再用 4 mol/L 氨水调至 pH 值 6.0，低温置过夜，次日过滤，分取沉淀。沉淀用冷丙酮洗涤，得干品（每 kg 胰脏可得 0.1～0.125 g 干品）。

③结晶：按干品重量每克加冰冷 2% 柠檬酸 50 mL、醋酸锌溶液 2 mL 65%，丙酮 16 mL，并用冰水稀释至 100 mL，使充分溶解，冷却到 5 ℃以下，用 4 mol/L 氨水调 pH 值 8.0，迅速过滤，滤液立即用 10% 柠檬酸溶液调 pH 值 6，补加丙酮，使整个溶液体系保持丙酮含量 16%。慢速搅拌 3～5 h，使结晶析出。在显微镜下观察，外形为似正方形或扁斜形六面体结晶，再转入 5 ℃左右的冷室放置 3～4 d，使结晶完全。离心收集结晶，并小心刷去上层灰黄色的无定形沉淀，用蒸馏水或醋酸铵溶液洗涤，再用丙酮、乙醚脱

水,离心后,置五氧化二磷真空干燥箱中干燥,即得胰岛素结晶。

说明:

(1)胰腺的采集和及时冷冻是影响胰岛素收率的关键之一。胰腺采集后,将胰头和胰尾分开,用胰尾作为生产胰岛素的起始材料,能提高胰岛素的收率和生产的经济效益。

(2)提纯时乙醇的浓度控制在 65%～67%较好。在此浓度下,胰腺中的酶类几乎不溶且活性受到抑制。如乙醇浓度<60%,则溶出杂质较多,影响收率。提取温度一般控制在 13～15 ℃,如提高提取温度,虽有利于胰岛素的提取,但杂质也溶出较多,影响胰岛素的分离纯化。提取的 pH 值一般为 2.0～3.0。此 pH 值既能抑制蛋白水解酶的活力,又能促进胰岛素的提取。

(3)草酸系弱酸,加草酸的酸醇提取液 pH 值较稳定,且提取液加氨水碱化后形成的草酸铵在乙醇中溶解度较低,在压滤去除碱蛋白时有助滤作用。胰岛素酸醇提取时,也可用硫酸、盐酸、硫酸和盐酸的混合酸或磷酸等。

(4)真空浓缩的设备和条件的控制,对胰岛素的收率影响很大。浓缩温度要严格控制在 30 ℃以下,有的厂改进真空浓缩设备,能显著提高收率。国外已普遍采用离心薄膜蒸发器,物料受热的时间极短,基本上避免了胰岛素在浓缩过程中的损失。

7.28　胆酸钠

胆酸钠是由牛胆汁或猪胆汁按一定的方法制得的胆盐混合物的药用名称,猪胆汁的胆酸钠主要是甘氨胆盐,牛胆汁的胆酸钠则以甘氨胆盐和牛磺胆盐皆用。

【产品性能】

本品为棕黄色或淡黄色的粉末,有新鲜胆汁的臭味,味先甜后苦,露置空气中易潮解,在水中或醇中易溶,在醚中不溶。

本品为利胆药。用于治疗胆汁缺乏、肠道消化不良、胆囊炎等症。亦可作为表面活性剂,用于药物制剂等。

【生产方法】

本品的成分以可溶性钠盐存在于胆汁中。将胆汁或提取胆钙盐(见前面胆红素工艺)后的胆汁液用盐酸沉淀出胆盐。将所得粗品溶于醇中加氢氧化钠或钠盐,结过滤、脱色、浓缩、干燥即得。

【生产工艺】

其具体方法之一是:将提取胆钙盐后的猪胆汁液,冷却至室温,在搅拌下缓缓加入 6 mol/L 的工业盐酸,使 pH 值为 3.0～3.5,即有胆盐析出。去除上层酸水,将粘膏状物真空干燥,即得粗胆盐。将粗胆盐溶于 6 倍约 90% 的酒精中,静置 24 h,过滤。滤液中加入氢氧化钠溶液至 pH 值为 9～10,加 1%～2% 的活性炭,脱色回流 1 h,过滤除炭。将滤液蒸干呈膏状,真空干燥,球磨,过筛即得。

【产品标准】

本品的标准规格,我国最早收载于上海药品规范 1959 年版。英国药典 1963 年版在附录部分也有收载。本品要求含胆汁酸的总量不得少于 65%;酸价不得超过 145(控制杂质);炽灼残渣应为 13%～17%。

含量测定是将供试品于 15% 的氢氧化钠中,长时间加热回流,使胆盐水解释出胆汁酸。反应混合物加稀硫酸使成酸性后,胆汁酸析出。用醚分次萃取完全。萃取液经过滤使澄清,蒸除乙醚后,残渣干燥至恒重,即得总胆汁酸含量。

7.29　猪脱氧胆酸

【产品性能】

猪脱氧胆酸是猪胆汁的主要胆汁酸,它是由猪胆酸经肠道微生物的作用降解而得。本品为类色白或白色粉末,无臭或微腥,味微苦,较易溶于乙醇和冰醋酸中,在丙酮、乙醚、醋酸乙酯、苯中微溶。本品可以从醋酸乙酯中结晶,熔点 196 ℃,$[\alpha]_D^{20} = +8°$(乙醇中)。

本品为降血脂药,可降低血中胆固醇。用于高血压脂症,也是人工牛黄配方中的重要原料。

【生产流程】

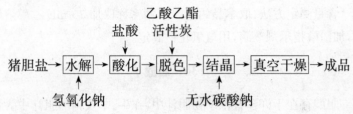

【生产工艺】

(1)水解

将胆酸钠水产中得到的不经真空干燥的粗胆盐,加入 1.5 倍(W/W)氢氧化钠和 9 倍水,加热水解 16 h 以上。冷却后,静止分层,虹吸除去上部淡黄色液体,沉淀物加入适量水使之溶解。

(2)酸化

水溶液中加入盐酸或硫酸至 pH 值 3.0～3.5。分取沉淀物,水洗至近中性,真空干燥,得猪脱氧胆酸粗品。

(3)脱色

取猪脱氧胆酸粗品加 5 倍量(V/W)醋酸乙酯,活性炭 15%～20%(W/W),加热回流溶解、脱色。放冷、过滤。滤渣再加 3 倍量醋酸乙酯回流、过滤。

(4)结晶

合并滤液,加 20%(W/V)无水硫酸钠脱水。滤除硫酸钠后,滤液浓缩至原体积的 1/5～1/3,放冷结晶。过滤分取结晶,结晶以少量醋酸乙酯洗涤,真空干燥,熔点为 160～170 ℃。

【产品标准】

本品是中国药典 1977 年版收载的品种,按干燥品计,含总胆汁酸的量(以 $C_{24}H_{40}O_4$ 计)不得少于 98.0%。

熔点:190~201 ℃(误差不超过 3 ℃);

比旋度:+6.5°~+90°;

干燥失重:不得超过 1.0%;

炽灼残渣:不得超过 0.2%。

含量测定方法:取本品约 0.5 g,精密称取加 30 mL 乙醇溶解后,加酚酞指示剂 2 滴,用氢氧化钠滴定。

7.30 胆酸

胆酸存在于许多脊椎动物胆汁中,在牛、羊及狗的胆汁中含量最为丰富,以胆盐形式存在。

【产品性能】

从稀醋酸中所得胆酸结晶为板状的一水合物,味先甜后苦。无水物熔点 198 ℃,$[\alpha]_D^{20}=+37$ ℃(醇中)。pKa=6.4。在水中的溶解度,15 ℃时为 0.28、醇中 30.56、乙醚中 1.22、氯仿中 5.08、苯中 0.36、丙酮中 28.24、冰醋酸中 152.12 g/L。溶于碱金属氢氧化物或碳酸盐的溶液中。其钠盐为结晶体,在水中的溶解度15 ℃时>568.9 g/L。

【生产工艺】

(一)乙醇结晶法

乙醇结晶法生产流程为:

```
              氢氧化钠 硫酸                    乙醇
                ↓     ↓                      ↓
牛、羊胆汁→ 水解 → 酸化 →粗胆汁酸→ 溶解、结晶 →
              乙醇
               ↓
            重结晶 →精制胆酸
```

(1)水解、酸化 牛、羊胆汁(或胆膏)加入 1/10 量的氢氧化钠

;(胆膏1∶1,另加9分水),加热至沸,水解18 h。中间不断补充因蒸发减损的水。水解液冷却,倾出上清液,下层过滤。上清液与滤液合并,加30%硫酸使pH值为2～3,此时粗胆酸浮在液层。取上浮物,加等量水煮沸10～20 min,使成颗粒状沉淀,反复用水漂洗至中性,50～60 ℃干燥,得粗胆汁酸。

(2)溶解、结晶　取粗胆汁酸,捣碎,加0.75倍75%乙醇,加热,搅拌,回流至固体物充分溶解。过滤,置0～5 ℃使析出结晶。结晶抽滤或离心甩干,用少量80%乙醇洗涤,干燥,得到胆酸粗结晶。

(3)重结晶　取胆酸粗结晶加4倍量95%乙醇和4%～5%活性炭,加热,搅拌,回流,待充分溶解后,趁热过滤。滤液浓缩至约1/4体积,置0～5 ℃结晶。分取结晶,以少量95%乙醇洗涤,干燥,得到精制胆酸。

(二)醋酸乙酯分离法

脱氧胆酸在醋酸乙酯中的溶解较大,而胆酸则较小。本法先用醋酸乙酯分离除去脱氧胆酸,使粗胆酸得到纯化,然后再在乙醇中进一步提纯。其工艺过程如下:

(1)醋酸乙酯分离

取粗胆汁酸,加入1～2倍量的5～10 ℃冷醋酸乙酯,在5～10 ℃充分搅拌2 h,尽量使粗胆酸中脱氧胆酸等成分溶解其中,滤取沉淀。如此重复2～3次,沉淀压干。自然挥发去除溶剂,真空干燥,得胆酸。测定含量。

(2)乙醇分离

取上述胆酸,加入0.7～1倍5～10 ℃的95%乙醇,在5～10 ℃充分搅拌2～3 h,滤取沉淀物。如此反复1～2次,沉淀压干。自然挥发除去乙醇,真空干燥得成品。

说明:

(1)提取胆酸以新鲜羊胆汁为佳。根据测定,其中胆酸可达

6％以上,实际收率也为 3％～4％之间。牛胆汁次于羊胆汁。胆汁贮藏日久,发霉变质,胆酸收率则大为下降,甚至在乙醇中不易析出结晶。其原因是胆酸受微生物的作用而脱氧转变为脱氧胆酸,这样胆汁中胆酸含量下降,而脱氧胆酸含量增加,造成胆酸提取、结晶困难。若牛、羊胆汁中混杂有猪胆汁,也影响胆酸的提取与精制。

(2)胆酸在乙醇中的溶解度 15 ℃时约为 3％(W/V),而脱氧胆酸约为 22％,两者相差 7 倍多,故可用乙醇结晶法使胆酸和脱氧胆酸相分离并得到纯化。在原料胆汁新鲜、质量较好的情况下,乙醇结晶法的纯化效果比较理想。脱氧胆酸易和一些化合物,如酸、醇、酮、酯、生物碱等形成分子间络合物,称为络胆酸,天然存在的乃是与软脂酸和硬脂酸形成的络胆酸。由于络胆酸在乙醇中的溶解度比脱氧胆酸要小得多,只稍大于胆酸在乙醇中的溶解度。在这种情况下,乙醇结晶法纯化胆酸的效果就不好。

【产品测定】

胆酸和许多其他甾醇类一样,能与糠醛-浓硫酸作用产生颜色反应。但此法无专一性,必须控制糠醛和硫酸的浓度,才可避免杂质的干扰。目前,常用该法来测定胆汁或成品中胆酸的含量。

(1)胆酸标准品溶液的制备

准确地称取胆酸国家标准品 12.5 mg,加 60％醋酸溶液溶解,并稀释至 25 mL。

(2)标准曲线的绘制

准确地量取胆酸标准品溶液 0.4、0.6、0.8、1.0 mL,分别置于带塞试管中,以 60％醋酸溶液分别补足每管至 10 mL。于各管中分别加入新配制的 1％糠醛溶液 1 mL,在冰浴中放置 5 min,加 13 mL 硫酸溶液(H_2SO_4：H_2O=50：65),在 70 ℃水浴中保持 10 min,取出立即在冰浴中放置 2 min,于波长 620 nm 处测定吸收度。以吸收度为纵坐标,胆酸浓度为横坐标绘制标准曲线图。

(3)供试品中胆酸含量的测定

取胆酸供试品 10～15 mg,精密称定,加少许 60％冰酸研磨溶解,必要时可在热水浴上加热溶解,移入 25 mL 量瓶中,并以 60％醋酸溶液稀至刻度,摇匀。取供试品溶液 1 mL,加入 1 mL 新鲜配制的 1％糠醛水溶液,在冰浴中放置 5 min,加 13 mL 硫酸溶液,在 70 ℃水浴中保持 10 min 取出,立即在冰浴中放置 2 min,于波长 620nm 处测定吸收度,并从标准曲线图上查得相应的胆酸量。按下式计算:

$$供试品中胆酸含量=\frac{标准曲线上查得的毫克数}{供试品毫克数}×25×100％$$

7.31　血红素

血红素是高等动物血液和肌肉中的红色色素,在体内充当氧和二氧化碳运载工具以及作为血红蛋白、细胞色素和过氧化物酶的辅基。

血红素的化学名为 1,3,5,8-四甲基-2,4-二乙烯基卟吩-6,7-二丙酸氯化铁,分子式 $C_{34}H_{32}ClFeN_4O_4$。

【产品性能】

血红素从乙酸或从氯仿-吡啶-冰乙酸中结晶为长的薄片状晶体,在透射光中呈棕色,在反射光中呈钢蓝色。易溶于稀氨水,在氢氧化钠溶液中生成羟铁血红素,即与铁原子键连的氯被羟基所取代。难溶于碳酸盐溶液,溶于强有机碱,如三甲胺或二甲基苯胺。难溶于盐酸、70％～80％乙醇和水。在水中稳定。

【生产工艺】

血红素可用加入抗凝剂的全血或红细胞为原料来制备,现介绍两种制备方法,其基本原理相同。

(1)取氯化钠 20 g 溶于冰醋酸 500 mL 中,在搅拌下滴入猪血(加入 0.1％草酸)100 mL,滴加完后加热至 79 ℃。停止搅拌,放

置冷却,离心,倾去上清液分取结晶。结晶先用醋酸和 0.1 mol/L
盐酸(5∶2)混合液洗 2 次,每次 50 mL,最后用水洗至中性,过滤,
干燥后得结晶 0.5 g。

(2)将以固体氯化钠饱和的冰醋酸 3 L,加热至 100~102 ℃,
在搅拌下缓缓加入除去纤维蛋白的猪血 1 L。在猪血加入期间,
液温控制在 90~103 ℃范围。猪血加完后,在 100 ℃反应15 min。
将反应混合物自然降温约 60 ℃,分取氧化铁血红素结晶。结晶用
50%醋酸液、水、乙醇和乙醚相继洗涤。

7.32　胰酶

药用胰酶是胰腺中酶的混合物,主要含有胰蛋白水解酶类、淀
粉酶和脂肪酶等。胰酶对蛋白质的水解作用,实际上是胰腺中各
种蛋白质水解酶协同作用的结果。α-淀粉酶可将淀粉水解为糊精
和麦芽糖。脂肪酶是水解脂肪中甘油酯键的酶。

【产品性能】

胰酶为类白色或淡黄色的无定形粉末。有特殊肉臭,但无霉
败的臭味,有吸湿性,在水中及低浓度的乙醇溶液中能部分溶解,
在高浓度的乙醇以丙酮、乙醚等有机溶剂中难溶解。胰酶水溶液
遇酸、热、重金属离子、鞣酸产生沉淀并失去活力。胰酶的活力在
中性或碱性介质中较高。

【生产方法】

根据目前中国药典对胰酶主要测定蛋白酶活力的标准规格,
以及胰蛋白酶原激活和胰脏中其他蛋白水解酶又多受胰蛋白酶激
活的原理,我国现行生产工艺一般采用稀醇提取、低温激活、浓醇
低温沉淀来制取。

【生产流程】

25% 乙醇,盐酸
↓
冻猪胰→|刨碎|→|提取,激活|→|过滤|→|激活,沉淀|—乙醇→

$$\boxed{沉淀} \rightarrow \boxed{过滤} \rightarrow \boxed{制粒} \rightarrow \boxed{脱脂,干燥,粉碎} \rightarrow 胰液原药$$

【生产工艺】

(1)提取、激活

取 200 kg 冻胰,用创胰机创成碎屑,在 10 ℃放置 24 h,时常翻动。另取 200 kg 25%~30%乙醇,加入 280 mL 盐酸,搅匀。投入胰脏碎屑,于 10~20 ℃搅拌提取 4~6 h,用 8~12 目尼龙筛网或双层纱布过滤,得到胰乳。胰渣用酸性乙醇再提取 1 次,过滤,滤液供下批投料用,胰乳于 0~5 ℃放置激活 24 h。

(2)沉淀

在激活后的胰液中边搅拌边加入预冷至 5 ℃以下的 88%以上浓乙醇,至酒精计测量值达 70%,于 0~5 ℃或更低一些的温度静置 18~24 h。

(3)粗制

次日虹吸除去上层溶液,将下层乳白色沉淀灌入布袋过滤,直至沥去大部分乙醇,压干。干块制成 12~14 目颗粒,即得粗酶。

(4)脱脂、干燥

将粗酶颗粒用乙醚脱除脂肪,在 40 ℃以下干燥。粉碎成 60 目以下细粉,即得胰酶原药。

说明:

(1)以上是适应中国药典胰酶标准规格的基本工艺,除此以外。目前,我国胰酶尚有其他 2 种规格的出口产品,皆按国外有关的企业标准生产。其中一种是每克胰酶含激肽释放酶不得低于 800 IU,主要作为血管舒缓素的起始材料;另一种是药用胰酶,每克胰酶中蛋白酶、沉粉酶和脂肪酶分别不低于 $3×10^4$ IU、$8×10^5$ IU 和 $8×10^5$ IU。作为血管舒缓素起始材料的产品,可在上述工艺路线中作些改进来生产,要注意激肽释放酶原在胰脏自溶时或在胰蛋白酶激活过程中也被激活。要求蛋白酶、淀粉酶和脂肪酶三酶配比的胰酶,可将胰脏经适当自溶后,用水或 25%~30%

丙醇提取,继用丙酮沉淀来生产。将上述醇沉淀工艺做些改良,亦可生产出蛋白酶、淀粉醇、脂肪酶有一定比例的胰膜。

(2)胰膜生产的经济效益取决于原醇的收率,比活力和溶剂的消耗。胰脏用 $0.8 \sim 1$ 倍的释醇提取,可减少沉淀时溶剂的总体积和减少溶剂的消耗用量,既有助提高收率,也可降低成本。适当地掌握激活程度和控制低的沉淀温度($5 \sim -5\ ℃$),是提高总收率的关键。冻胰用创胰机刨碎,或经胶体磨处理,都可提高收率。

【产品测定】

(1)胰酶酪蛋白转化力测定的原理与终点管的判断

中国药典胰酶蛋白转化力测定的基本原理是:胰酶在其最适 pH 值(8.5,硼酸缓冲液),于规定的温度和时间内,作用于底物酪蛋白,将底物转化为其水解产物。酶促反应结束后,于反应混合液中加醋酸盐缓冲液使其 pH 值下降至 $4.7 \sim 4.8$,以终止反应。纯化酪蛋白的等电点为 $4.6 \sim 4.7$,未被胰酶水解的酪蛋白在其等电点区沉淀析出。因各管供试液的加量不同,其酶促反应速度不一,反应终止后,依底物残留量的多少,显示不同程度的浊度,借以判断终点。药典规定,以溶液较澄明而含本品溶液最少的管为终点管。终点管中底物量被所加酶量除的量,即为胰膜原药或其制剂的比活力,即每 1 g 酶转化酪蛋白的克数。由于"较澄明"是目测判断,结果尚因人、因地、因酪蛋白标准品批号变换而异。按照中国药典 1977 年版"液较澄明"的判断原则,又根据酶促反应的动力学原理,对测定底物残留量的酶促反应,当底物有 99% 发生变化时,一般可以认为酶促反应已接近完全。因此,可采用含酪蛋白 0.1 mg(相当于底物残留量 1%)加醋酯盐缓冲液形成的浊度,作为终点管"较澄明"的参照管,这样可以消除酪蛋白转化力测定管判断的差异。

(2)胰酶的标准规格

现将各国药典的胰酶标准规格稍作介绍。

①稀释剂:药用胰酶通常用胰酶原药加稀释剂制成。中国药典1977年版规定用葡萄糖、蔗糖。

②脂肪:中国药典、日本药典、德国药典规定1g中不得超过20mg。

③干燥失重及灰分:中国药典未列此项。日本药典分别为不超过4%和5%;德国药典分别为不超过6%和5%。

④卫生质量标准:英国药典规定1g中不得检出大肠杆菌,10g中无沙门菌。

⑤酶活力:中国药典仅测定蛋白酶的活力,英国药典要求测定蛋白酶,淀粉酶和脂肪酶的活力,日本药典要求测定蛋白酶和淀粉酶。

【产品用途】

本品为助消化药,在肠液中消化淀粉、蛋白质及脂肪,用于缺乏胰液的消化不良,食欲不振及肝、胰腺疾病引起的消化障碍。

7.33 玻璃酸酶

玻璃酸酶也称透明质酸酶。它的专一性底物——玻璃酸亦称透明质酸。药用玻璃酸酶来源于哺乳动物羊、牛的睾丸,也存在于颌下腺、蜂毒、蛇毒及细胞溶酶体中。

【产品性能】

玻璃酸酶是一种碱性蛋白,属内切糖苷酶。能催化玻璃酸和结缔组织的某些其他酸性粘多糖,如骨素A和骨素C的己糖糖苷键的水解,产物主要为四糖和六糖等偶数寡糖。

玻璃酸酶对热和pH值均较稳定。42℃加热1h,活力不损失,100℃加热5min,活力可保留80%,酶受热失活后,进行冷却可恢复部分活力。在pH值<4或>10的溶液中,其活力在室温24h全部丧失。但在pH值4~9的溶液中,其活力并不丧失。在较低浓度的水溶液中,较易失活,但可加入适量的阿拉伯胶或者明胶保护。

药用玻璃酸酶为白色或米黄色粉末,无臭,易溶于水,不溶于乙醇、丙酮及乙醚等有机溶剂中。

【生产流程】

冰乙酸,盐酸　　硫酸铵　　硫酸铵　缓冲溶液
　　　↓　　　　　↓　　　　↓　　　　↓
羊,牛睾丸 → 绞碎,提取 → 分段盐析 → 二次盐析 → 透析 →

磷酸钠,乙酸钙　盐燥
　　↓　　　　　↓
去热原 → 过滤干燥 → 玻璃酸酶原药

【生产工艺】

(1)绞碎、提取

将冰冻的羊或牛睾丸用刀切开,剥除内外皮层及副睾丸,绞碎成糜浆。称取糜浆 100 kg 倒入预先配好的冷醋酸液(90 kg 水,600 mL 冰醋酸,10 L 1 mol/L 盐酸混合而成)中,在 -5 ℃以下冷室内激烈搅拌 3～4 min,以后每隔 5 min 搅拌一次,提取 4 h,然后过滤,得提取液为 125～140 L。浆渣做第二次提取,提取酸液量为第一次用量的 1/3。

(2)分段盐析

在不断搅拌下,每升提取液加 210 g 固体硫酸铵,使完全溶解后,静置 1 h 左右,用双层涤纶布袋吊滤过夜,得滤液约 110 L。在不断搅拌下,每升滤液再加入 290 g 硫酸铵,使完全溶解,静置 1 h,吊滤过夜,次日得玻璃酸酶粗品。

(3)二次盐析

将粗品溶于 5 L 冷蒸馏水中,在不断搅拌下加入 1 250 g 化学纯硫酸铵,使完全溶解,在 10 ℃左右放置过夜。次日除去液面脂肪,虹吸出上层清液,并经布氏漏斗过滤。最后,将上层脂肪和上层沉淀用布氏漏斗过滤,合并滤液,在不断搅拌下,再缓缓加入

750 g 化学纯硫酸铵,使完全溶解,在 10 ℃左右放置过滤。次日吸去上层清液,得盐析物。

(4)透析

将盐析物溶入 500 mL 冷的蒸馏水中,装入透析袋,置于 25 L,pH 值 6.5 磷酸盐-柠檬酸缓冲溶液(7.5 g 柠檬酸,60 g $Na_2HPO_4 \cdot 12H_2O$,70 g 氯化钠,用水配成 2 500 mL,用柠檬酸调整 pH 值为 6.5)中,约 10 ℃透析 24 h 后过滤,得透析液(每毫升约 2.5×10^3 IU)。

(5)除热原、冻干

透析液于冰浴中冷却,加入 50 mL 15% $Na_2HPO_4 \cdot 12H_2O$ 溶液,在不断搅拌下,缓缓加入 30 mL 20%一水乙酸钙溶液,并以 0.5 mol/L 氢氧化钠溶液调 pH 值至 8.5,继续搅拌 10 min,减压过滤(将滤液置水浴中),滤液以 0.5 mol/L 盐酸调 pH 值 7.0,冷冻干燥,得无热原玻璃酶精品。收率每 kg 睾丸得 2×10^4 IU 以上。

【产品测定】

原药纯度每毫克应不少于 300 IU,并要求进行鉴别反应和澄清度、pH 值、酪氨酸限量、热原和安全试验等项检查。

玻璃酸酶的效价测定方法,系采用药典所用的浊度法,即试管中加入一定量的酶和少量玻璃酸钾等物,在 37 ℃作用 0.5 h,玻璃酸酶使部分底物发生水解。剩余的底物与过量牛血清反应,生成难溶的底物-牛血清络合物,然后在波长 640nm 处进行比浊测定。在规定条件下,吸收度和酶浓度呈直线关系。以标准品不同浓度与其对应的吸收度绘制标准曲线,从而求出样品的效价单位。浊度法的关键,是制备新鲜适当的牛血清。

【产品用途】

玻璃酸是有机体组织基质的主要成分,能吸收水分形成黏度较高的胶状体液,有保护组织细胞,阻止体液扩散的作用。本品通过对玻璃酸的解聚作用,能促使皮下注射液或局部积聚液的扩散,加速药物吸收,是一种重要的药物扩散剂。

7.34　硫酸软骨素

硫酸软骨素 A、软骨素 B 和软骨素 C 广泛分布在人和动物的组织中。生化药物硫酸软骨素是从动物的软骨中提取的软骨素 A 和软骨素 C 等的混合物。

硫酸软骨素 A 和软骨素 C 都含有 D-葡萄糖醛酸和 2-氨基-2-脱氧-D-半乳糖,且含等量的乙酰基和硫酸基。

【产品性能】

硫酸软骨素为白色粉末,吸水性强,易溶于水而成黏度大的溶液,不溶于乙醇、丙酮和乙醚等有机溶剂,其盐类对热稳定。

软骨中的硫酸软骨素分子量在 10 000～30 000 之间,含 50～70 个双糖基本单位。

【生产方法】

生产方法主要有稀碱和浓碱提取两种,各厂在操作细节上也有差别,现介绍稀碱提取工艺。

【生产流程】

```
                    NaOH              胰酶
                     ↓                 ↓
猪喉(鼻)软骨→ 提取 → 过滤 → 酶水解 →
                          ↓      pH = 8.8～9.0
                          渣

   活性白土                          无水乙醇
     ↓                                 ↓
   吸附 → 过滤 → 沉淀 → 沉淀物 → 干燥 →干品
              盐,乙醇
```

【生产方法】

(1)提取

250 kg 2% NaOH 中加入 40 kg 洁白干燥软骨,在室温下间隔搅拌提取,过滤。残渣再用适量蒸馏水浸泡,过滤。2 次滤液合并,使滤液总体积为 200 L。

（2）酯水解

于上述滤液中,加入 1∶1 盐酸调节 pH 值至 8.8～9.0,加热,50 ℃时加入相当于 1∶250 倍胰酶 130 g。继续升温,控制温度在53～54 ℃,共水解 7 h。在水解过程中,用 10%氢氧化钠随时调节pH 值维持在 8.8～9.0。

（3）吸附

温度保持 53～54 ℃,用 1∶2 盐酸调节 pH 值至 6.8～7.0,加入 7 kg 活性白土、200 g 活性炭,搅拌,用 10%氢氧化钠重新调节pH 值至 6.8～7.0,搅拌吸附 1 h。用 1∶2 盐酸调节 pH 值至5.4,停止加热,静止片刻,过滤,滤液要澄清。

（4）沉淀、干燥

滤液迅速用 1%氢氧化钠调节 pH 值至 6.0,并加入滤液体积1%的氯化钠,溶解后,过滤至澄清。滤液在搅拌下加入乙醇,使醇含量为 75%每隔 0.5 h 搅拌 1 次,共搅拌 4～6 次。静置 8 h 以上,虹吸出上清液。硫酸软骨素沉淀用无水乙醇充分脱水 2 次,抽干,60～65 ℃干燥或真空干燥。

说明:

（1）本工艺为稀碱提取,生产的硫酸软骨素以含硫量计可达5%,相当于硫酸软骨素和硫酸软骨素钠的百分含量分别为 72%和 75%。有的工艺采用 2 次酶水解,可提高硫酸软骨素的纯度。

（2）原料处理很重要,要除去软骨上残留的肌肉、脂肪和其他结缔组织。

（3）软骨浸提时间过长,蛋白质含量则相应增多,从而会影响到成品的纯度。为此,有的工艺规定提取液密度的限度。

（4）用胰酶水解,可同时作用于蛋白质和糖原。为了避免水解反应局部过热而影响酶的活力,多采用循环水加热装置。

（5）在水解过程中,由于氨基酸等物质的产生,pH 值会下降,故需用氢氧化钠随时调整。

（6）由于此工艺的酶水解不可能完全彻底,而胰酶本身即为一种蛋白质,故需使活性白土作为吸附剂以去掉剩余的蛋白质和多肽。活性白土的比表面在一定范围内随着 pH 值的升高而增大,pH 值 5 以上粒子显著变细,因而在中性时吸附性能较好。但由于粒子过细不易过滤,所以过滤前将 pH 值调至 5.4,使过滤比较顺利。活性白土尚可吸附组织胺,与活性炭配合应用还有脱色和去热原的作用。

（7）酶水解与吸附过程温度控制在 53～54 ℃,既照顾到酶反应的需要,且能阻止微生物的生长。从过滤开始至乙醇沉淀以前,操作要迅速,以避免腐败。

（8）无论用浓碱还是稀碱提取,都可以在提取后用盐酸调 pH 值 3 左右,进行去除酸性杂蛋白工序。然后再用氢氧化钠调 pH 值为近中性和微碱性,以进一步除去杂蛋白。

（9）有的工艺用浓碱提取后,以霉菌蛋白酶和胰酶除蛋白质和糖原,然后用乙醇沉淀,所得产物收率较高,但纯度较低。

（10）浓碱工艺所用氢氧化钠溶液的浓度都在 10％以上,有的甚至达 40％以上。虽然较用稀氢氧化钠的工艺操作简便,提取时间短,但浓碱可能使硫酸软骨素降解,因而影响疗效。

（11）另外,软骨每千克用 4 800 mL 2％氯化钠和 1 200 mL 2％氢氧化钠的混合液提取 24 h,残渣用 2％氯化钠 3 200 mL 和 2％氯氧化钠 800 mL 的混合液提取一次,所得提取液经胰酶水解,加热除去蛋白质后,通过乙醇沉淀等工序,也能得到较纯的硫酸软骨素。

【产品测定】

含量测定方法

（1）分光光度法

用盐酸使硫酸软骨素水解产生氨基己糖,在碱性条件下与乙酰丙酮反应,再与对-二甲氨基苯甲醛反应,生成物显红色。

（2）重量法

使硫酸软骨素进行水解并氧化释出硫酸根,再加钡盐使之沉淀,称量经高温灼烧而残留的硫酸钡,换算成硫酸软骨素的含量。

（3）络合法

硫酸软骨素在进行水解和氧化生成硫酸根后,准确地加入过量的钡盐,使生成硫酸钡沉淀,过量的钡离子,以铬黑 T 为指示剂,用乙二胺四乙酸二钠盐标准溶液进行络合滴定,计算出硫酸钡含量,进而换算出硫酸软骨素的含量。

在有些原料药标准中规定了含氮量的限度。硫酸软骨素理论含氮量为 3.05%,而多余的氮则作为蛋白质和多肽等杂质的度量。

【产品用途】

本品用于因链霉素引起的听觉障碍症的预防和治疗,还用于偏头痛、神经痛、风湿痛等。

7.35 冠心舒

冠心舒是从猪十二指肠提取的类肝素类药物。类肝素是在结构上与肝素有一定程度类似的粘多糖。类肝素与肝素一样。有降血脂等作用,但其抗凝血活性较低。因此,可长期使用而无肝素在抗凝血方面可能产生的副作用。冠心舒对改善或消除心绞痛、心悸、胸闷、气短有明显疗效,适用于动脉粥样硬化性心脏病的治疗,对脑血管病也有较好疗效。

【生产流程】

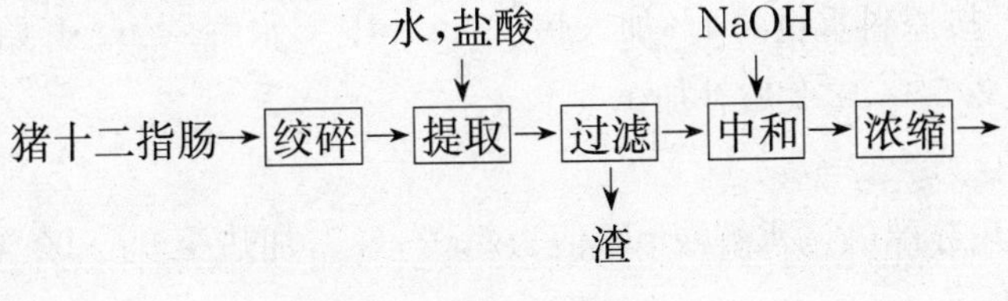

猪十二指肠 → 绞碎 → 提取 → 过滤 → 中和 → 浓缩 →

（水,盐酸 ↓ 提取）（↓ 渣）（NaOH ↓ 中和）

胰浆　　　　　汽油　乙醇
↓　　　　　　↓　　↓
酶水解 → 除蛋白 → 脱脂 → 沉淀 → 湿品 → 脱水干燥 → 干品

【生产工艺】

(1)原料处理

猪十二指肠以自来水冲洗,除去附着脂肪,冷冻贮存备用。投料时,解冻后用绞肉机绞成浆状。

(2)提取

将十二指肠浆投入耐酸容器中,加原料 4 倍量(以重量计)的自来水,在搅拌下缓慢加入盐酸,使 pH 值为 2.5~3.0。在搅拌下浸提 6 h,静置 4 h,虹吸上液。

料渣加入原料二倍量的自来水,每 kg 原料补加 2 mL 左右浓盐酸,使 pH 值为 2.5~3.0。搅拌浸提 3 h,静置 3 h,虹吸上层液。

所有的上层液 40% 氢氧化钠调至中性。

料渣加入与原料等量的自来水,搅拌约 1 h,用 40% 氢氧化钠调 pH 值为 6.7~7.0,加热至沸,迅速冷却,过滤。上层油脂弃去,滤液用 40% 氢氧化钠调至中性。

(3)浓缩

将 3 次提取液吸入浓缩罐中合并,减压浓缩至总量约为原料重量的 2/3,过滤。

(4)酶水解

将浓缩液放冷却至 45~48 ℃,加入苯酚使含量为 0.35%(每 kg 浓缩液加 4 mL 液体苯酚),以 40% 氢氧化钠调 pH 值 8.3~8.5。按原料重量的 4% 加入胰浆,43~45 ℃ 水解 24 h。开始可加胰浆 2.5%,12 h 后补加 1.5%。

(5)除蛋白质

用冰醋酸调水解液 pH 值为 6.0~6.5,加热至 85~90 ℃,保温约 5 h 后静置,迅速冷却至 30 ℃以下,过滤除去固体。液体减压浓缩至原料重量的 1/2。

（6）脱脂

浓缩液放冷至 30 ℃以下后,加入液重 1/4 的汽油（120 号）,搅拌或摇振 10 min,置分液器中,静置 8 h 分层。放出下层液,在减压下浓缩至原料重的 1/4。

（7）乙醇沉淀

上述浓缩液冷却后,在搅拌下缓慢加入乙醇,使含醇量达 55%～60%,静置沉淀,倾去上液。于沉淀中加水使充分溶解,加水量为上述浓缩液的 4/5,帆布过滤。滤液在搅拌下缓慢加入乙醇使含醇量达 60%～65%。静置沉淀,倾去上液,得冠心舒湿品。

（8）脱水、干燥

沉淀物以 3 倍量的 95%乙醇浸泡 24 h。分离后,再以沉淀物 3 倍量的 95%乙醇浸泡 24 h,抽干,将沉淀于 60～65 ℃真空干燥至干,密闭贮存。

说明:

粘多糖的结构和生理功能有密切关系,所以粘多糖的提取条件很重要。不同提取条件,可能得到不同的粘多糖。要避免在酸性较强的条件下加热,因为这样粘多糖会被水解。在酸性较强的条件下多次冷浸,有利于粘多糖与组织中其他成分的分离。这样提取的粘多糖与不经酸性较强的条件下处理者有所不同。

冠心舒的成分在中性条件下对热较稳定。中性加热提取,能提高收率。在酸性冷浸基础上,在盐的条件下（中和所产生）进行中性加热提取,是本工艺的一个特点。

【产品测定】

冠心舒具有还原性多糖的性质,能使裴林（Fehling）试剂还原产生氧化亚铜沉淀,还可与甲苯胺蓝发生变色反应。这两种反应都作为冠心舒的鉴别方法。

含量测定是将冠心舒水解，产生氨基葡萄糖，然后利用 Elson-Morgan 反应，以分光光度法测定。

7.36　血管舒缓素

【产品性能】

血管舒缓素是激肽释放酶的药品名称，也是一种蛋白内切酶（内断酶）。它不同于其他的酶，因为它对酪蛋白、血红蛋白等常用蛋白质底物几乎不起作用，而专一地作用于蛋白质底物激肽原而释出激肽。机体的激肽释放酶有两类，来源于血浆的称为血浆激肽释放酶，分子量较大（一般约为 1×10^5），作用于激肽原后生成的是(血管)舒缓激肽，即一种九肽；来源于腺体组织或尿的，称为组织激肽释放酶，分子量较小（约为 3×10^4），作用于激肽原后生成的是胰激肽，即一种十肽。血管激肽与胰激肽的生理功能相同，只有九肽的活性约为十肽的 2 倍。组织激肽释放酶广泛存在于人或哺乳动物的组织及分泌物中，在胰腺、唾液腺、颌下腺、肠壁、十二指脂液、尿液中含量较丰富。

猪胰激肽释放酶易溶于水和稀乙醇（50％），不溶于浓乙醇（95％）和常用的有机溶剂。在胰脏中以酶原的形式存在，在胰脏自溶时被激活。胰激肽释放酶是一种糖蛋白，含有唾液酸。从自溶胰脏中分离得到的酶，在 pH 值 8～9 电泳可分离出 K_A 和 K_B 两个组分。用唾液酸苷酸处理除去唾液酸，并不影响酶的活性。

【生产流程】

```
              丙酮   乙酸   丙酮  NaCl,氨水  丙酮
               ↓     ↓     ↓      ↓        ↓
猪胰脏 →[脱水]→[提取]→[沉淀]→[溶解]→[沉　淀]→

   乙酸缓冲液  乙酸缓冲液    NaCl 溶液
      ↓          ↓           ↓
  [离子交换]→[洗　涤]→[洗　脱]→[透析,冻干]→精品
```

第七章　农副化工产品

【生产工艺】

(1)粗品的制备

猪胰脏制成丙酮粉后,加 20 倍量 0.02 mol/L 醋酸,于 10 ℃
搅拌提取 12 h,离心,残渣加 10 倍量 0.02 mol/L 醋酸再提取 6 h。
提取液合并。加冷丙酮至浓度达 33%,过滤,滤液补加冷丙酮至
70%,静置 4 h,离心,收集沉淀。用丙酮、乙醚脱水,脱脂,真空干
燥,得血管舒缓素粗品。

(2)中间品的制备

血管舒缓素粗品加 50 倍量 0.2% 冷氯化钠溶液,用氨水调
pH 值至 8.0,搅拌溶解后过滤,滤液应澄清。澄清滤液冷却至 2~
3 ℃,加冷丙酮使浓度达 40%,冷室静置过夜,离心。离心清液补
加丙酮至浓度为 60%,静置 4 h,离心分取沉淀。沉淀用丙酮、乙
醚洗涤,真空干燥,得血管舒素中间品。

(3)精品的制备

将中间品溶于 0.001 mol/L,pH 值 4.5 醋酸缓冲溶液,离心
去除沉淀。清液中加入钠型弱酸性阳树脂 AmberliteCG-50(树
脂:中间品=50:1),搅拌吸附 2 h,吸附后的树脂用 0.001 mol/
L,pH 值 4.5 缓冲液洗涤后,用 2 倍 1 mol/L,pH 值 5.0 氯化钠溶
液搅拌洗脱 1 h,分离树脂。洗脱液透析脱盐,冻干,即得血管舒
缓素精品。

【产品用途】

激肽释放酶能使毛细血管的小动脉管舒张与能透性增加,使
冠状动脉、脑、视网膜等处的血液供应量增加。适用于高血压、冠
状血管及动脉血管硬化等症;对心绞痛、血管痉挛、闭塞性血栓脉
管炎、冻疮等症也有作用。

第八章　其他农用化学品

8.1　农药展着剂

植物的叶、茎及昆虫的表皮面等常常具有抗湿润性的成分或结构,而且叶面往往带有负电荷,对农药液体具有排斥作用。展着剂能增加已喷洒农药的湿润、浸透、扩展、固着等性能,增加药效。常用的展着剂有肥皂(用于硫酸烟碱、除虫菊等)、松脂钾皂(25%以上,用于松脂等)、椰子油脂肪酸酯类(用作油脂系的展着剂)、不饱和烃的硫酸化物(37%)和木质素磺酸盐(20%)的混合物(用作非解离性农药)及甘露醇月桂酸酯。这里介绍几类农药配方。

【生产配方】

配方一

丙烯酸铜	50.0
沉降硅酸	38.0
N-二甲基油酰胺牛胆酸	2.0
纤维素沥青	10.0

配方二

2,4-二氯酚基乙酸酯	20.0
混合二甲苯	70.0
十二烷基苯磺酸钙	10.0

配方三

农业喷雾油	97
吐温-85	2
失水山梨醇三油酸酯	1

配方四

| 氯丹 | 85 |
| 脂肪酸乙酯 | 15 |

配方五

2-氯硫氰化苯	20.0
丙酮	50.0
缩水山梨醇酯	30.0

8.2　树木枯萎防治剂

该剂通过调节树木根系土壤的 pH 值为 7,使之达到防治树木,枯萎病的目的。一般受病虫害侵袭而枯萎的树木其树液由正常值(pH 值为 7)降至 pH 值为 6.3。日本公开特许公报昭和 63—290806。

【生产配方】

多硫化钙(27.5％水溶液)	28.0
单宁酸	2
尿素	6

【生产方法】　将上述多物料搅拌溶解,得到茶褐色的混浊黏稠液体即枯萎防治剂。

【使用方法】　使用时,在树木根部打孔,注入该药剂,使病树根部直接吸收,从而调节树 pH 值,同时增加营养(氮肥)。如在一颗直径为50 cm的虫害松树根部开一个直径约 5 mm 的斜孔,注入 10 mL 药剂,约 40 d 后该树便不再有枯叶了。

8.3　硫氰酸钠

硫氰酸钠(Sodium thiocyanate)又称硫氰化钠。分子式 NaSCN,分子量 81.07。

【产品性能】　白色斜方晶系结晶或粉末。熔点 287 ℃,相对密度 1.735。易溶于水、乙醇、丙酮等溶剂中。与铁盐生成血红色的硫氰化铁，与亚铁盐无反应，与浓硫酸生成黄色的硫酸氢钠，与钴盐作用生成深蓝色的硫氰化钴，与银盐或铜盐作用生成白色硫氰化银沉淀或黑色的硫氰化铜沉淀。在空气中易潮解。有毒！对大白鼠急性经口 LD_{50} 为 764 mg/kg。

【生产方法】

(1)砷碱副产法

在以砷碱液脱除焦炉气时，在硫代砷酸盐与硫化氢反应的同时，溶液中过剩的碱与煤气中的硫化氢、氰化氢反应，生成硫氰化钠和氰化钠。当砷碱液通过再生塔时，转化成硫代硫酸钠和硫氰酸钠。将含有硫氰酸钠的母液经蒸发、分离，用硫酸破坏(将硫代硫酸钠转变为硫酸钠)，除去硫及硫酸钠，再用氢氧化钠和氢氧化钡中和，除铁及硫酸根，最后真空蒸发、分离、干燥得硫氰酸钠。

(2)氰化钠法

氰化钠与硫磺反应生成硫氰酸钠。

$$NaCN+S \rightarrow NaSCN$$

(3)硫氰酸铵法

硫氰酸铵与氢氧化钠发生复分解反应，得到硫氰酸钠。实验室常用此方法。

$$NH_4SCN+NaOH \rightarrow NaSCN+NH_3+H_2O$$

【生产流程】

(1)砷碱副产法

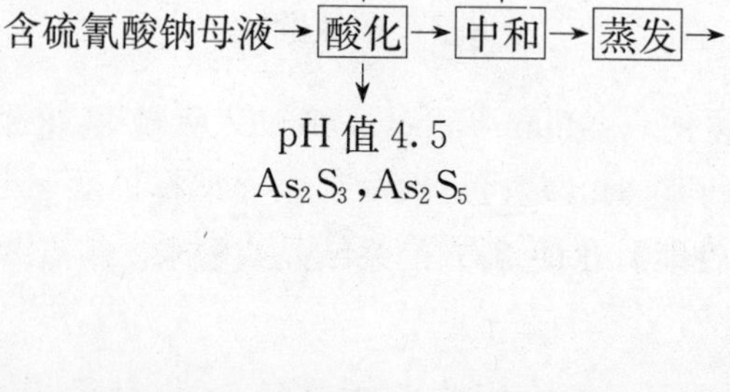

含硫氰酸钠母液→ 酸化 → 中和 → 蒸发 →

pH 值 4.5　　　硫酸　　纯碱

As_2S_3, As_2S_5

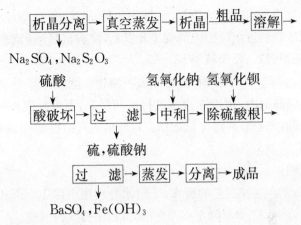

┌────────┐   ┌────────┐   ┌────┐ 粗品 ┌────┐
│析晶分离│→ │真空蒸发│→ │析晶│───→│溶解│→
└────────┘   └────────┘   └────┘   └────┘

Na₂SO₄,Na₂S₂O₃

硫酸   氢氧化钠 氢氧化钡

┌────────┐   ┌────┐   ┌────┐   ┌──────────┐
│酸破坏 │→ │过 滤│→ │中和│→ │除硫酸根 │→
└────────┘   └────┘   └────┘   └──────────┘

硫,硫酸钠

┌────┐   ┌────┐   ┌────┐
│过 滤│→ │蒸发│→ │分离│→成品
└────┘   └────┘   └────┘

BaSO₄,Fe(OH)₃

（2）氰化钠法

氰化钠 ┐ ┌────┐   ┌────┐   ┌────────┐   ┌────┐
        ├→│反应│→ │过滤│→ │真空浓缩│→ │过滤│
硫磺   ┘ └────┘   └────┘   └────────┘   └────┘
                                              ↓
                                             渣

┌────┐   ┌────┐
→│结晶│→ │分离│→成品
└────┘   └────┘

【生产配方】

（1）砷碱液

硫酸（92.5%）	250
氢氧化钠	25
氢氧化钡	90

（2）氰化钠法

氰化钠（98%）	440
硫磺（99.9%）	290
活性炭	2.8

【生产工艺】 在溶解槽中,将氰化钠用无离子水配制成35% 溶液。将氰化钠溶液加入反应器中,加入硫磺粉,搅拌反应。先将 反应终点调至呈深草蓝色,然后加氰化钠将色度调至微淡绿色。 pH 值为 9~10。反应过程生成的硫化氢和少量氰化氢经处理后

排空。反应液加 $Ba(SCN)_2$、活性炭以除去 Na_2SO_4、Na_2S、NH_3 等。反应物料置沉降槽内静置 4 h 以上,除去沉降渣(硫磺、活性炭、硫酸钡等)。反应液于 58～60 ℃/580～600×133 Pa 下蒸发,至溶液达 37°～38°Bé 时,过滤除去不溶物。滤液冷却至 50 ℃ 以下转入结晶锅内,用冷冻盐水进行冷却结晶,温度控制在 4 ℃ 左右。析晶,离心分离得硫氰酸钠。母液放入母液贮槽作溶解氰化钠之用。

说明:

(1)生产过程产生的废水,于污水处理池中以 10%NaOCl 氧化破坏,使 CN^- 含量降至 0.000 001% 以下排入污水道。

(2)生产过程产生(溶解 NaCN、生成硫氰酸钠时产生)的微量氰化氢、硫化氢、氨气经鼓风机送往氢氰酸吸收塔,10%硫代硫酸钠溶液喷淋吸收后放空。

(3)生产过程的废渣也应进行相应处理。

(4)生产过程中要加强劳动保护。

【产品标准】

硫氰化钠(NaSCN,%,合成法)	68～70
色度(50:50 溶液,%)	≤12
硫酸盐(%)	≤0.05
水不溶物(%)	≤0.001
氯化物(%)	≤0.01

【产品用途】 用作某些植物脱叶剂、机场道路除莠剂。还用做纤维拉丝溶剂、化学分析试剂、彩色电影胶片冲洗剂,也用于医药、印染、橡胶工业。

8.4　白蚁防除剂

【产品性能】 该复配型白蚁防除剂具有很好的渗透性和防治白蚁的效果。

【生产配方】

配方一

4,5,6,7,8,8-六氯-3α,4,7,7	5.0
α-四氯-4,7-亚甲桥茚	
聚氧乙烯烷基醚	0.4～0.6
十二烷基苯磺酸钙	0.6～0.4
润滑油	4.0

将各物料混合分散均匀得到白蚁防除剂。

配方二

氯丹	40.0
乳化剂 OP	10.0
木材防腐剂	6.0
十二烷基磺酸铵	20.0
甲氧基聚乙二醇	21.0
十二碳烷醇	3.0

将各物料混合分散均匀。使用时用 20 倍水稀释,施于电线和水管通道的缝隙中,可防治白蚁。

8.5　蜗牛驱避剂

【产品性能】　该剂主要由戊二醛等复配而成,可驱赶蜗牛、蜓蚰等软体动物。

【生产配方】

配方一

戊二醛	25.0
氯化亚苄基毒芹	10.0
甲醇	10.0
水	55.0

将戊二醛溶于水中,加入甲基和氯化亚苄基毒芹,充分分散均

匀得蜗牛驱避剂。

配方二

戊二醛	4.0
木炭	8.0
黏土	44.0
酸性白土	44.0

将固体物料混合粉碎,加入戊二醛,拌和均匀得蜗牛驱避剂。

配方三

戊二醛	25.0
木炭	30.0
月桂醇硫酸钠	5.0
高岭土	40.0

将固体物料混合粉碎,加入戊二醛,研磨分散即得。

【产品用途】 施于蜗牛、蜓蚰常出没的水池及潮湿场所,从而起到驱赶以至杀灭作用。

8.6　海涛林

海涛林(Hetolin)化学名称为 1-[β,β,β-三(对氯苯基)丙酰]-4-甲基呱嗪。化学式 $C_{26}H_{25}Cl_3N_2O$,分子量 487.9。结构式为:

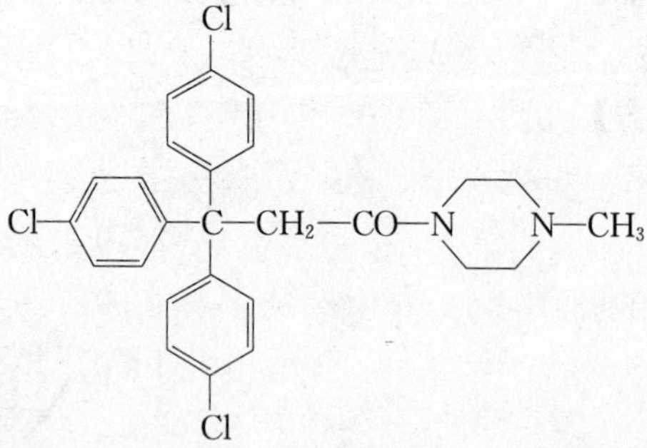

【产品性能】 该品熔点 213～215 ℃。做兽用驱虫药时常用

其盐酸盐,盐酸盐的熔点为 267~269 ℃,易溶于热水和乙醇。

【生产配方】

氯苯	250.0
氰乙酸	41.2
对氯三氯甲苯	80.0
无水三氯化铝	51.0
无水氯化锌	16.9
乙酸	87.2
乙酐	48.4
浓硫酸	136.0
五氯化磷	48.6
N-甲基哌嗪	18.4
甲苯(可回收)	508.6
丙酮(可回收)	220.4

【生产流程】

三(对氯甲苯)甲醇 ┐
　　　　　　　　├→ 反应 →（乙酸）水解 →（酸）酰氯化 →（五氯化磷）
氰乙酸 ┘

N-甲基哌嗪
　↓
→ 缩合 → 过滤 → 干燥 → 成品

【生产方法】　以三(对氯苯基)甲醇(A)为原料,与氰乙酸加成得 β,β,β-三(对氯苯基)丙腈(B),经浓硫酸水解得 β,β,β-三(对氯苯基)丙酸(C),再用五氯化磷酰氯化,得到 β,β,β-三(对氯苯基)丙酰氯(D),最后与 N-甲基哌嗪缩合制得海涛林。

$$\left(Cl-\bigcirc-\right)_3 COH \xrightarrow[CH_3COOH]{CNCH_2COOH} \left(Cl-\bigcirc-\right)_3 CCH_2CH$$

（A）　　　　　　　　　　　　　　　　　　　　（B）

$$\xrightarrow[\text{CH}_3\text{COOH}]{\text{H}_2\text{SO}_4} \left(\text{Cl}-\!\!\!\bigcirc\!\!\!-\right)_3\text{CCH}_2\text{COOH} \xrightarrow[\text{C}_6\text{H}_6]{\text{PCl}_5}$$

(C)

$$\left(\text{Cl}-\!\!\!\bigcirc\!\!\!-\right)_3\text{CCH}_2\text{COCl} \xrightarrow[\text{CH}_3\text{COCH}_3]{\text{HN}\diagup\diagdown\text{N}-\text{CH}_3}$$

(D)

$$\left[\text{Cl}-\!\!\!\bigcirc\!\!\!-\right]_3\text{CCH}_2\text{CO}-\text{N}\diagup\diagdown\text{N}-\text{CH}_3 \cdot \text{HCl}$$

上述反应过程从（A）制得（B）不经分离直接制得（C）。原料（A）由对氯三氯甲苯经弗里德尔-克拉夫茨反应制得：

$$\text{Cl}-\!\!\!\bigcirc\!\!\!-\text{CCl}_3 \xrightarrow[\text{AlCl}_3 \cdot \text{HCl}]{\bigcirc\!\!\!-\text{Cl}} \left(\text{Cl}-\!\!\!\bigcirc\!\!\!-\right)_3\text{COH}$$

【生产工艺】

（1）三（对氯苯基）甲醇的制备　于5 L三颈瓶内,加入2.5 kg氯苯和510 g无水三氯化铝,加热至55～60 ℃,在搅拌下滴加800 g对氯三氯甲苯,为2～3 h内加完。然后,继续反应4～5 h。反应毕,将反应液冷冻过夜。翌日过滤,取滤饼溶于5%盐酸中,于5 ℃水解1～2 h。水解毕,过滤,滤得固体经干燥,即得三（对氯苯甲）甲醇（A）884 g,收率70%,产物熔点97～98 ℃。

（2）三（对氯苯基）丙酸的制备　于三颈瓶内加入884 g三（对氯苯基）甲醇、412 g氰乙酸、872 g乙酸和169 g无水氯化锌,加热至130 ℃,搅拌回流4 h。回流毕,冷却,加入1 360 mL浓硫酸及484 mL乙酐,再加热至130 ℃,搅拌反应15 h。反应毕,冷却,将反应液倾入水中,过滤,滤得固体用水洗涤,经干燥得（C）的粗品967 g。然后,将粗品再用5 086 mL苯重结晶和3 g活性炭脱色,经处理得三（对氯苯基）丙酸（C）的精品787 g,收率80%。产物熔点185～186 ℃。

(3)三(对氯苯基)丙酸氯的制备 于 500 mL 圆底烧瓶内,加入 81 g(C)和 500 mL 无水苯,加热至 95 ℃,使固体全溶后,冷却至室温,加入 50 g 五氯化磷,待反应稳定,回流 0.5 h。回流毕,待残留液自然冷却结晶,经处理后得三(对氯苯基)丙酰氯(D)95 g,收率 95%。产物熔点 108~112 ℃。

(4)海涛林的制备 于 500 mL 三颈瓶内,加入 100.4 g(D)和 180 mL 丙酮,在搅拌下,滴加 20 g N-甲基哌嗪和 60 mL 丙酮的溶液。然后,于 50 ℃,搅拌反应 1 h。反应毕,待反应液冷却,过滤,滤得固体用丙酮淋洗,经干燥得海涛林粗品 91 g。在粗品中加入 800 mL 乙醇和 1 g 活性炭,加热回流 0.5 h,过滤,将滤液浓缩至黏稠状,冷却,析出固体。经过滤,干燥等处理后得海涛林精品 80 g。收率 76%。成品熔点 271~274 ℃,含量 98% 以上。

【产品用途】 本品为治疗牛、羊矛形腔吸虫病的高效药物,具有作用强、驱虫率高(96% 以上)、毒性低、适口性好等特点,国外畜牧业应用广泛。

8.7 鼠敌

鼠敌(Diphacinone)又名双苯东鼠酮,学名 2-(二苯基乙酰基)-1,3-茚满二酮。分子式 $C_{23}H_{16}O_3$,分子量 340.36。

【产品性能】 该品淡黄色结晶,熔点 146~147 ℃。溶于丙酮、乙酸,略微溶于苯和热乙醇。其钠盐(常称敌鼠钠盐)在 100 ℃ 水中溶解度为 5%。加热至 207~208 ℃ 时由黄色变为红色,325 ℃ 分解。

【生产配方】

甲醇钠(甲醇溶液,25%)(L)	1 710
邻苯二甲酸甲酯(kg)	1 210
偏二苯基丙酮(kg)	1 071

【生产方法】 由苯乙酸与乙酐经酰化反应生成苯基丙酮;苯

基丙酮经溴化、苯基化反应生成偏二苯基丙酮,最后与邻苯二甲酸二甲酯反应得鼠敌。

【生产工艺】　在 300 L 带分馏柱的搪玻璃反应锅中,加入 48 L 25％的甲醇钠/甲醇溶液,128 L 甲苯,加热蒸出甲醇-甲苯共沸液(共沸点 63 ℃)。当蒸出量达到 75 L 左右时,釜内温度达 110 ℃以上,形成乳白色甲醇钠-甲苯悬浮液。加入 34 kg 邻苯二甲酸二甲酯和 34 L 甲苯配成的混合液,随即在 1 h 内滴加完 30 kg 偏二苯基丙酮和 30 L 甲苯的混合液。反应生成的甲醇又与甲苯共沸蒸出。滴加完后继续保持 110～115 ℃反应 2 h,同时蒸尽共沸液(约 25 L),反应结束后趁热过滤,滤饼用 30 L 甲苯洗涤后,加入 2 倍体积的沸水中溶解,冷却,过滤,干燥,得含量在 80％以上的敌鼠钠盐,按偏二苯基丙酮计,收率 52％～60％。每批可得 27～31 kg 产品。敌鼠钠盐的乙醇溶液滴加盐酸可立即析出鼠敌。但商品一般为钠盐形成。

【产品用途】　该药属于抗凝血型杀鼠剂,目前已是我国主要杀鼠剂品种之一,它是广谱性杀鼠剂,对我国的主要鼠种均有较高的毒力和灭鼠效果,具有用量小、杀鼠率高、无拒食现象、对禽畜安全等优点。

8.8　安妥

安妥(Antu)化学名称为 1-萘基硫脲,或为 α-萘基硫脲。分子式 $C_{11}H_{10}N_2S$,分子量 202.27。结构式为:

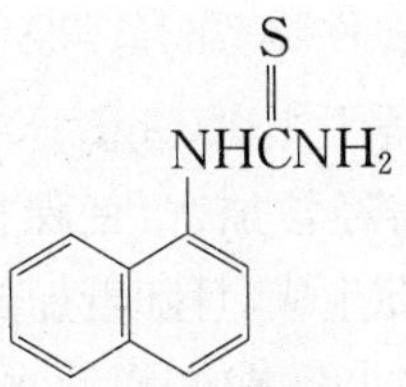

【产品性能】　安妥可从醇中得到白色棱状体结晶。熔点198 ℃。25 ℃时在水中的溶解度为 0.06 g/100mL,在丙酮中的溶解度为 2.43 g/100 mL,颇易溶于热乙醇。无嗅,味苦,剧毒。本品对鼠类毒性极大。

【生产配方】

α-萘胺	1 050.0
硫氰酸铵	480.0

【生产方法】　用 α-萘胺与硫氰酸铵(或硫氰酸钠、硫氰酸钾)反应而得。

(1)α-萘胺盐酸盐的制备

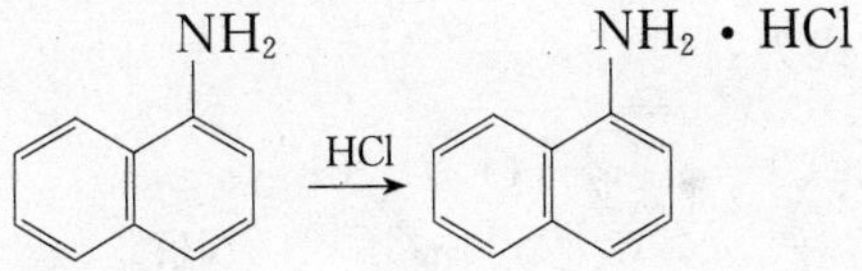

(2)α-萘硫脲的制备

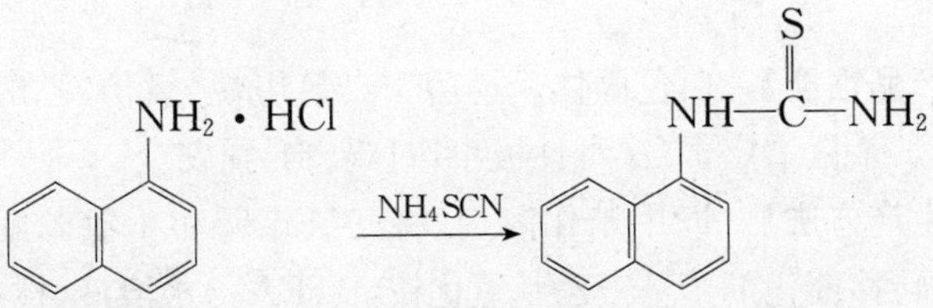

【生产工艺】　取 200 g α-萘胺,融化于约 1 000 mL 沸水中,搅拌,待其完全融化成油状层时,慢慢注入稀盐酸(1∶1)约300 mL并不断搅拌,即生成 α-萘胺盐酸盐结晶,冷却、吸干,得淡棕红色粉末状 α-萘胺盐酸盐粗制结晶。如需精制,可溶于热水中并加活性炭脱色,趁热过滤,冷却后滤取结晶,即得微粉红色的粉

末状精制结晶,约190 g,产率 76%。取 180 g α-萘胺盐酸盐与 135 g硫氰酸铵,加热溶解于 1 000 mL 水中,过滤,将滤液置水浴中加热约14 h,加热时需经常加水,使保持其原来体积。反应约 2 h后,便发现有灰色沉淀生成,且随着加热的时间而逐渐增多,至 14 h待反应完全后,滤取此结晶体,以沸水洗去未反应的 α-萘胺盐酸盐,硫氰酸铵及反应所生成的氰化铵后,干燥,即得粗制品 α-萘硫脲。重 195 g,得率约 95%,其熔点为 183～192 ℃。如果将粗制品 α-萘硫脲溶解于沸乙醇中,加少许活性炭脱色,趁热过滤,冷却后,滤取结晶,干燥,即得白色粉末状结晶,其熔点为 192～197 ℃。

【产品用途】　主要用于防治褐家鼠和黄毛鼠,对其他鼠种毒性低。

8.9　毒鼠磷

毒鼠磷(Phosazetim)化学名称为 O,O-二(4-氯苯基)-N-亚氨基逐乙酰基硫逐磷酰胺酯。分子式 $C_{14}H_{13}Cl_2N_2O_2PS$,分子量 375.09。结构式为:

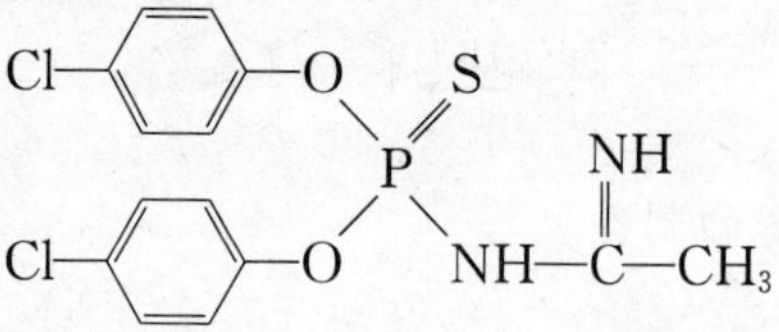

【产品性能】　白色固体。易溶于二氯甲烷、氯仿、乙醇等,不溶于水。杀鼠谱广,二次毒性极小,对鸡、狗、猫安全。

【生产方法】　以甲苯作溶剂,将三氯硫磷和 4-氯苯酚混合,加入相转移催化剂苄基三乙基氯化铵(BTEAC)水溶液,搅拌下在室温滴加液碱,制得中间体 O,O-二(4-氯苯基)硫逐磷酰氯,不分离,直接加入盐酸乙脒水溶液,再加入液碱,在室温条件下不断搅拌,逐渐析出毒鼠磷结晶。

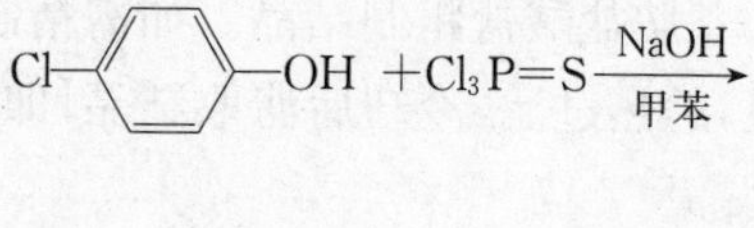

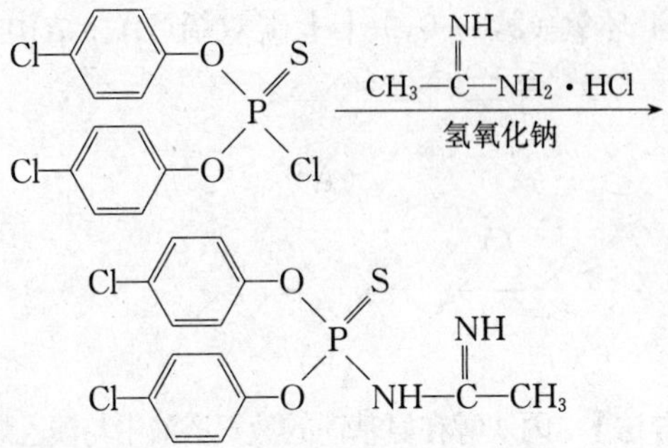

【生产流程】

二氯硫磷   盐酸乙脒

4-氯苯酚 → [酯化] → [缩合] → 成品

【生产配方】

4-氯苯酚(95%)	270.4
三氯硫磷(98%)	172.8
盐酸乙脒(100%)	60.4

【生产工艺】 在搪瓷釜中加入 80.6 kg 4-氯苯酚和 180 L 甲苯,溶解后加入 30.8 L 三氯硫磷和 0.8 kg 苄基三乙基氯化铵(BTEAC)(溶于 10 L 水中),搅拌,夹套通入冷却水,滴加 68 L 液碱(含氢氧化钠约 30%),滴加过程中温度不超过 80 ℃,滴完后继续反应 0.5 h,待液温降至 30~40 ℃时,加入 36 kg 盐酸乙脒(溶于 120 L 水中),再滴加液碱 68 L,反应温度升到 40~60 ℃,滴完后继续反应 1~2 h,待物料降至 20 ℃左右便可进行离心过滤,用水洗涤、干燥,收率 64.0%。

【产品用途】 适用于森林、草原、农田等大面灭鼠,杀灭家鼠效果亦好。使用浓度 0.2%~0.5%,润湿法、黏附法配饵。

8.10 槐尺蠖性信息素

槐尺蠖性信息素化学成分为(Z,Z,Z,)-3,6,9-十七碳三烯

（A）和顺 3,4-环氧-(2,2)-6,9-十七碳双烯(B)。结构式分别为：

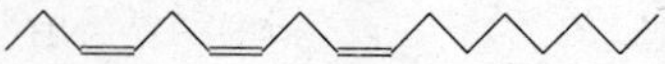

（A）

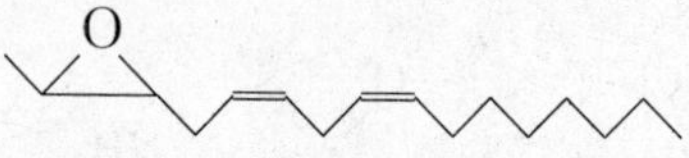

（B）

【生产方法】 丙炔醇在氨基锂的液氨浴液中与溴乙烷偶合,得到的2-戊炔-1-醇经溴化后与丙炔醇的格氏试剂进行偶合生成 2,5-辛二炔-1-醇。然后经溴化与壬炔-1 的格氏试剂再发生偶合,生成的 3,6,9-十七碳三炔在 Lindlar 催化剂存在下氢化得到(Z,Z,Z)-3,6,9-十七碳三烯(A)。

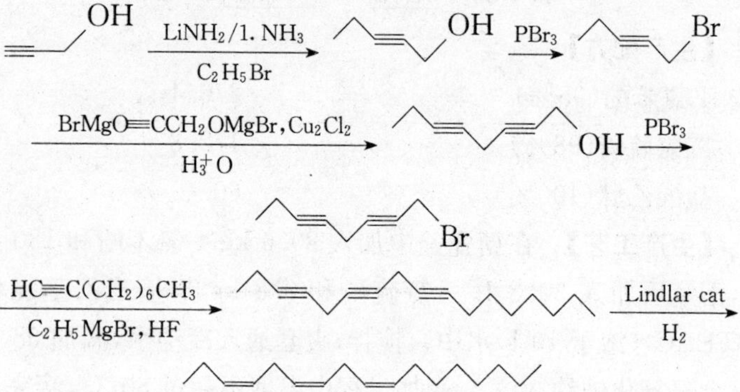

（Z,Z,Z)-3,6,9-十七碳三烯用间氯过氧苯甲酸发生环氧化,生成环氧化混合物,经柱层析得到顺-3,4-环氧-(2,2)-6,9-十七碳二烯(B)。

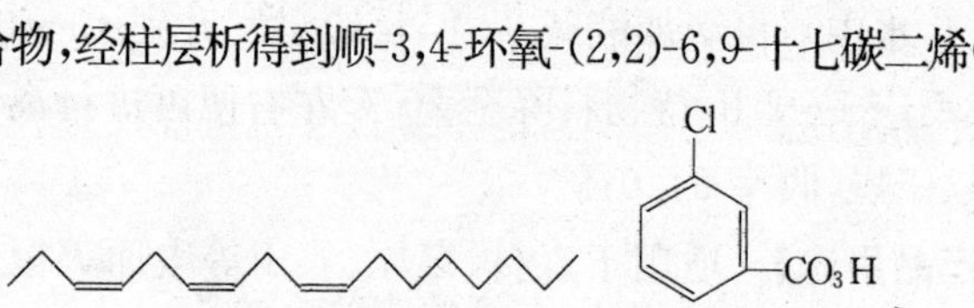

（B）

【生产流程】

氨基锂　溴乙烷　三溴化磷　丙炔醇,格氏试剂
↓　　　　↓　　　　↓　　　　　↓
丙炔醇→ 成盐 → 偶合 → 溴化 → 偶合 →

三溴化磷　壬炔-1格式试剂　Lindlar 催化剂氢气
↓　　　　　↓　　　　　　　↓
溴化 ──→ 偶合 ───────→ 顺式氯化 → Z,Z,Z-2,6,9-十七碳三烯(A)

间氯过苯甲酸
↓
→ 环氧化 → 柱层析 → Cis-3,4-环氧-(Z,Z)-6,9-十七碳双烯

【生产工艺】 将 2.0 g 3,6,9-十七碳三炔(沸点 134～136 ℃/66.5 Pa,该化合物室温下不稳定,纯品于氮气下密封存于冰箱中)80 mL 正己烷和 20 mL 乙酸乙酯混合溶液,在 2 g Lindlar 催化剂,16 滴喹啉存在下氢化,吸氢量 580 mL。滤除催化剂,5%盐酸洗涤,饱和食盐水洗涤至中性,硫酸钠干燥,减压蒸除溶剂,硅胶柱层析,石油醚洗脱,得无色油状物(Z,Z,Z)-3,6,9-十七碳三烯 138 mg,产率 70.3%。将 460 mg(Z,Z,Z)-3,6,9-十七碳三烯的 100 mL 二氯甲烷溶液于 10 ℃滴加到 500 mg(含量80%)过间氯苯酸的150 mL二氯甲烷溶液中,搅拌 3 h,滤去不溶物,滤液分别用碳酸氢钠溶液,饱和食盐水洗涤,减去蒸除溶剂,硅胶柱层析,石油醚-乙醚(20∶1)混合物溶剂洗脱,得环氧混合物 390 mg,产率 79.6%。将此混合物再次进行硅胶柱层析,得到 3,4-环氧化合物 110 mg。

【产品用途】 用作槐树的主要食叶害虫槐尺蠖性信息素,用以诱杀槐尺蠖。

8.11　松枯病防治剂

【产品性能】 该防治剂对人畜安全,对松树无药害,防治松树枯萎效果显著。

【生产配方】

配方一

| 左旋咪唑盐酸盐 | 4.0 |
| 60％丙酮水溶液 | 96.0 |

配方二

| 左旋咪唑盐酸盐 | 4.0 |
| 60％乙醇水溶液 | 96.0 |

【生产工艺】　将左旋咪唑盐酸盐溶于溶剂中即得。

【产品用途】　用于防治松树枯萎。在树干上钻孔,将药液从孔部注入树干。用量1～10 L/m³。

8.12　二氧化碳增补剂

覆盖栽培(如大棚栽培、室内栽培)通常需要人工补充二氧化碳,供植物呼吸成长。使用钢瓶、干冰和燃烧法都有其缺陷。本剂以碳酸钙与硫酸铵反应产生二氧化碳,同时产生的游离氨具有氮肥效用。使用方便,产气量大,供给期长,特别适宜于用作弥补作物发芽后20～40 d大量需要二氧化碳期间。

【生产配方】

轻质碳酸钙	120
硫酸铵	160
硫黄	115

【生产方法】　将碳酸钙、硫酸铵和硫黄的干燥粉末,按配方量混合,通过挤出式造粒机进行无水造粒,包装。半成品和成品在贮存过程中,必须严格保持干燥、不吸湿。

【使用方法】　按10 g/m² 的量,每2 m² 设点将本剂与土壤混合,可持续30～40 d内持续放出二氧化碳气体。

8.13　抗病害肥料

【产品性能】　本品由多种肥料和杀虫剂配制而成,具有显著的肥效和杀虫抗病害能力。引自中国专利 CN86102089A。

【生产配方】

茶麸(茶饼)	30.0
钙镁磷肥	30.0
硝酸铵	30.0
人粪尿	30.0
木碱灰	5.0
硼砂	0.5
硫磺	0.5
钼酸铵	0.5
硫酸亚铁	1.0
硫酸铜	0.5
硫酸锰	0.5
杀虫剂(合成农药)	0.2~0.5

【生产工艺】　将茶麸放入人粪尿浸溶成浆,与钙镁磷肥分层浸制发酵,拌匀后加入其余固体(粉碎)粉料,再根据需要(根据作物和虫情不同)加入合成杀虫剂,混配而成。

【产品用途】　具有增加肥效和抗病虫害双重作用。秧田每公亩施 7.5 kg,稻田每公亩施 4~7.5 kg,穗期每公亩施 3.5~4.0 kg。

8.14　复肥农药

【产品性能】　该品兼有复合肥料和农药双重功用。

【生产配方】

尿素	20~25

磷酸二氢铵	7～15
过磷酸钙	5～10
氯化钾	5～10
合成农药	适量
胶黏剂	适量
高岭土	100

【生产工艺】　先将化肥与高岭土粉碎,过 100 目筛,拌和均匀,然后加入造粒机中,喷入胶粘剂,制成颗粒,干燥后,再于混合机中混入农药即得复肥农药。

说明:

(1)配方中的合成农药可以是杀虫剂、杀菌剂或除草剂,也可以是植物生长调节剂。根据各种作物的不同病、虫、杂草或生长期的不同需要,选用不同的合成农药。用量一般在 0.1～10 份。

(2)胶黏剂可采用乳白胶、聚乙烯醇水溶液、改性聚乙烯醇缩甲醛水溶液等水溶性胶粘剂。

【产品用途】　根据不同的配方,用于不同作物不同时期,以达到增肥和农药(杀虫、除病害、除草等)作用。

8.15　水稻雄花杀灭剂

【产品性能】　水稻为雌雄同花,自花授粉。若采用杂交法改良品种,则需先将母本水稻上的雄花杀灭,以使选作父本的水稻上的雄花有更大可能对母本水稻上的雌花授粉,该剂正是为杂交育种中杀灭母本水稻上的雄花之用。

【生产配方】

盐酸(35%)	10.0
稻脚青原粉	3.0
平平加	4.0
水	35

【生产工艺】　在搅拌下先将盐酸加入水中,然后,将平平加和稻脚青原粉加入盐酸水溶液中,搅拌均匀,得到乳状的水稻雄花杀灭剂。

【产品用途】　用于水稻杂交育种中杀灭母本雄花。使用时用水将原剂稀释 250 倍。喷药前,应把作为父本的水稻用塑料薄膜盖住,喷药后,即可移开薄膜。

8.16　哒嗪酮酸钾

哒嗪酮酸钾(Fenridazon)化学名称为 1-对氯苯基-1,4-二氢-4-氧-6-甲基-3-哒嗪羧酸钾(1-(4-chlorophenyl)-1,4-dihydro-4-oxo-6-methyl pyridazone-3-carboxylicacid)。分子式 $C_{12}H_9ClN_2O_3$,分子量 264.65。结构式为:

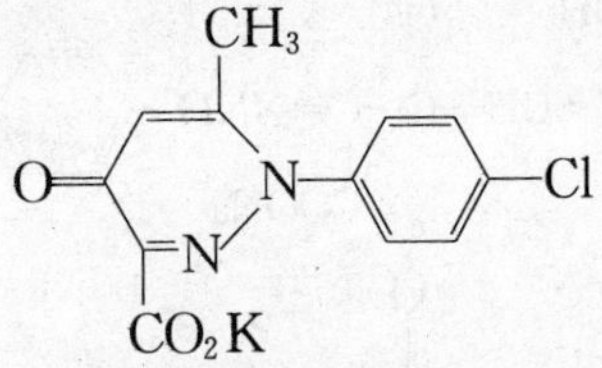

【产品性能】　哒嗪酮酸纯品为白色固体,熔点 229~230 ℃,其钾盐溶于水。该品为化学杂交剂。

【生产方法】　丙二酸亚异丙基酸与双乙烯酮加成,加成物在对甲苯磺酸存在下环化得 3-羧基-4-羟基-6-甲基-2-吡喃酮,进一步加热脱羧得 4-羟基-6-甲基-2-吡喃酮,然后在碱性条件下,与对氯苯胺重氮盐经偶合、重排、酸化、成盐得哒嗪酮酸钾。

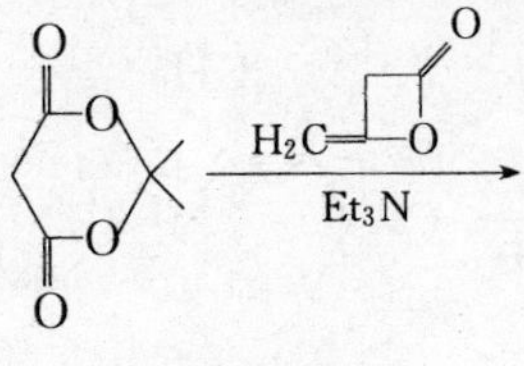

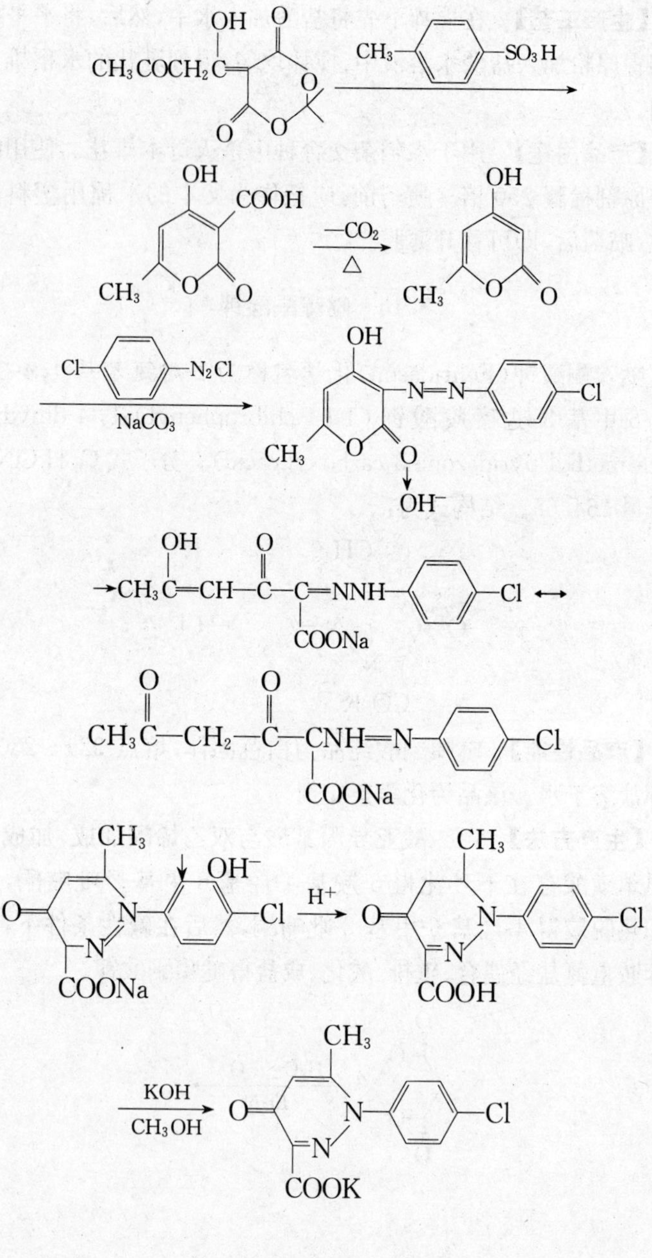
OH
O
CH_3COCH_2C
O
O
O
CH_3
SO₃H
OH
COOH
$-CO_2$
△
CH_3
O
O
OH
CH_3
O
O
Cl
N_2Cl
$NaCO_3$
OH
N=N
Cl
CH_3
O
O
OH^-
OH
O
CH_3C=CH—C—C=NNH
Cl
COONa
O
O
CH_3C—CH_2—C—CNH=N
Cl
COONa
CH_3
OH^-
O
N
Cl
N
COONa
H^+
CH_3
O
N
Cl
N
COOH
CH_3
KOH
CH_3OH
O
N
Cl
N
COOK

【生产流程】

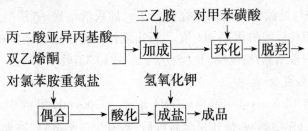

【生产工艺】

(1)加成

在搅拌及<0 ℃下,于72.0 g丙二酸亚异丙基酸和250 mL二氯甲烷中,滴加50 g三乙胺,再于<5 ℃下,滴加50.5 g双乙烯酮,加毕,缓慢加温至室温,继续搅拌2 h,用稀酸洗涤反应物,油层经无水硫酸镁干燥后,在旋转蒸发器上脱溶后得黄色固体,经二氯甲烷重结晶,得针状结晶(1-羟基-3-氧-亚丁基)丙二酸亚异丙酯94 g,收率82%,熔点69~71 ℃。

(2)环化脱羧

将45.6 g(1-羟基-3-氧-亚丁基)丙二酸亚异丙酯,1.92 g对甲苯磺酸及70 mL甲苯加热回流2 h。脱溶后的残留物在苯中重结晶,得片状晶体,3-羧基-4-羟基-6-甲基-2-吡喃酮,熔点125~127 ℃,收率80%。

将34.2 g上述环化产物于150~155 ℃下,加热2 h,然后用甲醇重结晶,得20.5 g 4-羟基-6-甲基-2-吡喃酮,熔点188~189 ℃,收率82%。

(3)偶合、重排、酸化

将由12.8 g对氯苯胺、7.6 g亚硝酸钠、40 mL浓盐酸及25 mL水制得的重氮盐溶液,在搅拌及<5 ℃下,滴加到预先由12.6 g 4-羟基-6-甲基-2-吡喃酮及500 mL水,55 g无水碳酸钠制成的溶液中,进行偶合反应,加毕继续搅拌约2 h。将反应物回流

约10 h,进行重排反应,待大部固体消失,用 NaOH 液调至 pH 值至 6～7,继续回流至固体完全消失。加入活性炭,煮沸后过滤。滤液用稀盐酸酸化至 pH 值 2,析出固体。将固物干燥后在三氯甲烷中重结晶,得哒嗪酮酸,熔点 229～230 ℃,收率 80%。

(4)成盐

将 16.8 g(折 100%)KOH 溶于 1 500 mL 甲醇中,加入132.5 g哒嗪酮酸,待其完全溶解后(若有少量不溶物,滤去)在旋转蒸发器上脱甲醇至干,得产物哒嗪酮酸钾。

【产品用途】 用作小麦制种的化学杂交剂。

8.17 吸水保水剂

这种保水剂是丙烯酸热聚合制得的,其吸水量可达自身重量的 300 倍以上,几乎自身吸水量的 90% 可被农作物吸收利用,可反复使用。

【生产配方】

原料名称	(一)	(二)
丙烯酸	49	50
氢氧化钠(45 mol/L 水溶液)	32	27.5
氨水(25%)	19.6	19.6
过硫酸钾	0.27	0.272
水(L)	35.2	39.7

【生产方法】 在夹层反应锅中,加入水和丙烯酸,全溶后,加入氨水和氢氧化钠水溶液,搅拌混合均匀,加入过硫酸钾混合均匀,加热至50 ℃,聚合反应开始,随着聚合反应的进行,反应体系温度上升。此时应通冷水使反应温度保持在 90 ℃ 以下,大约0.5 h聚合反应完成,再于 50～60 ℃干燥后,得含水率 5% 以下的块状白色物质,经粉碎,即得粉末状膨润性吸水保水剂。

【质量指标】

指标名称	配方一	配方二
吸水量(g/g)	450	480
吸水后外观形态	膨润的胶状物	
吸水后的触感(硬度)	柔软	一般

【产品用途】 用于农作物抗旱,特别适用于干旱地区植树造林、播种等;用于宾馆、家庭等种植花卉,减少浇水次数;还可用作吸水剂、调湿剂等。

此保水剂可穴施或条施,以保持土壤水分。施加量约为土壤量的0.3%。

8.18 土壤消毒剂

这种土壤消毒剂对作物无药害,配制简单,贮存稳定性好。

【生产配方】

原料名称	(一)	(二)	(三)
氯化苦	7.0	7.0	8
溴甲烷	3.0	3.0	—
二氯丙烯	—	—	2.0
聚甲基丙烯酸甲酯	1.6	2.4	1.0
煤油	8.4	7.6	—
二甲苯	0.8	1.0	9.0

【生产方法】 将氯化苦、溴甲烷等溶散于溶剂(煤油和二甲苯)中即得。

【产品用途】 用于消除栖息和生存于土壤中的病虫害,以使作物(特别是幼苗)免受病虫害的侵袭。

用土壤消毒注入机以4 L/100 m的量(0.6 m/s的速度)注入土壤中。

8.19　土壤团粒结构改良剂

这种土壤团粒结构改良剂,若在黏土中加入这种改良剂,可以改善土壤的团粒结构。日本公开特许公报昭和 63—205388。

【生产配方】

脱乙酰甲壳素	2.2
氨基酸	0.54
聚乙烯醇	133.2
单宁酸	0.38
辅助填充料	1864

【生产方法】　将各物料混合均匀即得。辅助填充料可用腐植土肥。

【产品用途】　可有效改善土壤的透水性、通气性和保水能力,而且分解性好、毒性低,长期使用不会产生药害。

8.20　昆虫胶粘网

这种昆虫胶粘网可以重复使用,用于胶粘苍蝇、飞蛾等害虫,系日本公开专利 90—231030。

【生产配方】

丙烯酸异辛酯	970
丙烯酸	30
C_{12}-烷基苯磺酸钠	20
过二硫酸铵	2
C_{12}-脂肪醇聚氧乙烯醚	20
水	适量

【生产方法】　将各单体及助剂置入乳液聚合罐中聚合得到乳液聚合物。然后用该乳液浸泡聚乙烯网,则得到具有重复可黏性的昆虫胶粘网。

【产品用途】　用于粘捕飞虫。

8.21　自制糖醋诱蛾液

蛾虫是农作物的一大害虫,可以自制这种糖醋诱蛾液,利用蛾虫的趋化性而诱杀消灭之,是一种简便、易行的方法。

【生产配方】

原料名称(g)	(一)	(二)
红糖	0.5	—
酒或酒精	0.1	0.1
水	1	2
苦楝子	—	1.5～2
醋	0.1	0.5

【生产方法】　配方(一)将各组分混合搅匀。配方(二)先用水将苦楝子碾碎浸泡3～5 d去渣,然后与其他组分拌合均匀即可。

【产品用途】　将配好的糖醋诱娥液放入于 30～40 cm 的盆中,傍晚置于田间 1 m 高的架上,1 亩放 3～5 盆,每 5 d 补充 1 次新鲜诱液。此法对地名虎、粘虫等幼娥的引诱力较强。

8.22　蚕室消毒剂

【生产配方】

消石灰	10
戊二醛	0.5
新洁尔灭	1.0
水	加至 1 000

【生产方法】　混合均匀即得。

【产品用途】　将本剂直接喷洒于养蚕室及用具,可有效防止白僵菌、黄绿色曲霉的繁殖,还可预防病毒、霉菌和杂菌引起的蚕病。该剂对蚕无刺激性。

8.23　利果剂

【生产配方】

配方一

2-(2,4-二氯苯氧基)丙酸乙酯	160
十二烷基苯磺酸钙	16
丙烯酸聚氧乙烯醇酯	16
混合二甲苯	24
水	800

【生产方法】　将二氯苯氧基丙酸乙酯与二甲苯混合后,加入溶有其余物料的热水溶液中,混合乳化得利果剂。

配方二

2-(2,4-二氯苯氧基)丙酸	200
高级醇磺酸酯	20
木质磺酸盐	30
白炭粉	50
黏土	700

【生产方法】　将配方中各物料粉碎混合得粉剂,使用时用水稀释。

【产品用途】　该剂在结果期间喷洒,能有效地防止临近成熟的果子落果,同时,该剂还有一定的增加果重的效果。

用水稀释至 30 mg/kg 的浓度喷洒,在结果期,喷洒 1～3 次。

8.24　化肥防结块剂

化肥在贮存中易吸潮结块,给使用带来不便。一般商品化肥中都添加一定的防结块剂。

【生产配方】

陶土　　　　　　　　　　　　　4～6

| 十八酰胺 | 0.5~2 |
| 石蜡油 | 4~5.5 |

【生产方法】 混合均匀即得。

【产品用途】 用于尿素、复合肥、硝酸铵等化肥中防止结块。用量为0.1%~0.5%。

8.25 植物插枝生根促进剂

许多插枝育苗的植物使用该促进剂,可使生根率大幅度提高。如菊花插条的生根率从23.2%提高到39.5%。

【生产配方】

萘乙酸	0.2
水杨酸	0.2
抗坏血酸	0.2
硼酸	0.1
苯菌灵	5
克菌丹	2
滑石粉	92.3

【生产方法】 将各物料混合均匀即得。

【使用方法】 插条的切面用该剂处理。

8.26 花木无土栽培液

这种无土栽培营养液适用于花木栽培,也可用了蔬菜栽培。其中含有植物生长必需的氮、磷、钾和微量元素。

【生产配方】 (g)

硝酸钾	542
硝酸钙	96
硫酸镁	135
过磷酸钙	135

硫酸铁	14
硫酸锰	2
硫酸	73
硼砂	1.7
硫酸锌	0.8
硫酸铜	0.6
水(L)	加至 1 000

【生产方法】　将各物料按配方比溶解于水中,搅拌均匀得到营养液。

【产品用途】　使用时,一般要求营养液总浓度不得超过0.4%,但不同的花木稍有不同:杜鹃、仙人掌、秋海棠以 0.1%为宜;水仙、郁金香、百合、风信子为 0.15%~0.2%;大丽菊、唐菖蒲为 0.2%;一品红、天竺葵为 0.2%~0.3%;菊花、水芋、天冬草为0.3%。可通过增减水的量而获得所需的总浓度。pH 值调整在5.5~6.5,通过调整硫酸的用量来控制。

8.27　氯化胆碱

氯化胆碱(choline chloride)又称氯化胆脂、氯化胆素。化学名称(2-羟乙基)三甲基氯化铵[(2-hydroxyethyl)trimethylammonium chloride;biocolina;hepacholine]。分子式 $C_5H_{14}ClNO$,相对分子质量 139.63。结构式为:

$$\left[HOCH_2CH_2-\overset{\overset{\displaystyle CH_3}{|}}{\underset{\underset{\displaystyle CH_3}{|}}{N^{\oplus}}}-CH_3 \right] Cl^{\ominus}$$

【产品性能】　白色吸湿性结晶。有碱苦味,鱼腥臭,吸湿性强。不溶于苯、氯仿和乙醚,易溶于水、乙醇、甲醇。水溶液呈中性。碱性溶液中不稳定。50%氯化胆碱粉剂为白色或黄褐色干燥的流动性粉末或颗粒,具有吸湿性,有特异性臭味。70%氯化胆碱水溶液可与甲醇、乙醇任意混溶,但几乎不溶于乙醚、氯仿或苯,具有吸湿性,吸收二氧化碳放出氨臭味。

【生产方法】

由三甲胺盐酸盐溶液与环氧乙烷反应制得。或由氯乙醇与三甲胺反应制得。

$$(CH_3)_3N \cdot HCl + CH_2{-}CH_2 \longrightarrow$$
$$\underset{O}{}$$

$$(CH_3)_3\overset{\oplus}{N}{-}CH_2{-}CH_2{-}OHCl^{\ominus}$$

$$(CH_3)_3N + ClCH_2CH_2OH \longrightarrow (CH_3)_3\overset{\oplus}{N}CH_2CH_2{-}OHCl^{\ominus}$$

【生产流程】

环氧乙烷
↓
三甲胺盐酸盐→ 季铵盐化 → 提纯 →成品

【生产配方】 (质量,份)

三甲胺盐酸盐(70%)	138
环氧乙烷	45

【主要设备】 反应釜　汽提塔　输送泵　贮液器

【生产工艺】 将 70%三甲胺盐酸盐和环氧乙烷按 138:45 的质量比分别用泵连续送入带搅拌的反应釜中,于 50~70 ℃下搅拌反应。反应物在反应器中反应时间为 1~1.5 h。生成物连续引出反应器后进入汽提塔。反应器内的液面应保持稳定,使反应连续进行。反应过程中 pH 值由低向高变化,反应开始约为 7,反应终了时物料的 pH 值约为 12。氯化胆碱粗产品引入汽提塔后,由塔底吹入的氮气,除去剩余的三甲胺和环氧乙烷,并使反应副产物氯乙醇与三甲胺和水作用。最后得到浓度为 60%~80%氯化胆碱。

另可将 78 kg 30%三甲胺溶液加进 32 kg 无水氯乙醇中,于 50 ℃下,反应 14 h,制得浓度约为 80%的氯化胆碱。

【实验室制法】 在反应烧瓶中加入 30%三甲胺,加热,于

50 ℃下加无水氯乙醇,继续反应 10 h。反应完毕,常压下加热至 132 ℃进行浓缩,制得 75%氯化胆碱溶液。

【产品标准】

50%粉剂

外观	白色或黄褐色粉末或颗粒
水分含量(%)	≤4.0
含量(%)	≥50
细度(过 20 目筛残余量,%)	≤5

70%水溶液

含量(%)	≥70
重金属(以 Pb 计,%)	≤0.002
氯乙醇(以 Cl⁻ 计,%)	≤0.2
灼烧残渣(%)	≤0.2
乙二醇(%)	≤0.5
pH 值	6.5~8.0
三甲胺	合格

无水物产品规格

外观	无色至白色晶体或结晶性粉末
水分(%)	≤0.5
含量(%)	≥98
灼烧残渣(%)	≤0.05
重金属(以铅计,%)	≤0.002
砷(以 As 计,%)	≤0.0003

【质量检验】

(1)含量测定

精确称取试样约 300 mg 置于 250 mL 锥形瓶中,加冰乙酸 50 mL,在蒸汽浴上加热至完全溶解。冷却后加乙酸汞试液 1 mL

（取乙酸汞 6 g，溶于冰乙酸中，并定容至 100 mL 即得）和龙胆紫试剂 2 滴，用 0.1 mol/L 高氯酸的冰乙酸溶液滴定至绿色终点。同时进行空白试验并做必要校正。每毫升 0.1 mol/L 高氯酸相当于 13.96 mg 氯化胆碱。

（2）重金属的测定

配制 1 g/25 mL 试样水溶液，放入 50 mL 比色管中，用稀乙酸试液（取冰乙酸 60 mL，用水稀释至 1 000 mL 即可）或氨试液（取浓度为 28% 的氨水 400 mL，用水稀释至 1 000 mL 即可）调节 pH 值为 3.0～4.0，用水稀释至 40 mL，混匀。

另吸取铅标准液［取 159.8 mg 硝酸铅，溶于 10 mL 浓度为 10%（W/V）的稀硝酸］2.0 mL（相当于 20 μg 铅），放入 50 mL 比色管中。加水至 25 mL，用稀乙酸试液（同上）或氨试液（同上）调节 pH 值为 3.0～4.0（用精密 pH 值试纸），用水稀释至 40 mL，混匀。

将两只试管中各加入刚制备的硫化氢试剂（将硫化氢通入冷水中使之成饱和溶液）10 mL，混匀，静置 5 min，一起放在白色背景上，自上面透视。试样管中的显色应不比标准液试管的显色深，即为合格。

【产品用途】 氯化胆碱用作畜禽生长促进剂，以饲料添加剂的方式使用。药用级为肝胆疾病辅助药。用于治疗肝炎、肝硬变、肝脂肪浸润、肝中毒等。还可作营养增补剂及治疗恶性贫血。

【安全措施】

（1）原料中三甲胺和环氧乙烷均有毒且易燃。生产设备要密封，严防泄露。场地要通风良好，操作人员应穿戴劳保用品。

（2）产品的粉剂用袋包装，液体用桶包装。

8.28 鱼用饲料添加剂

这种鱼用饲料添加剂可使鱼最大限度地生长，提高饲料利用率。

【生产配方】

配方一

磷酸氢钾	23.98
乳酸钙	32.7
二水合磷酸氢钙	13.58
七水硫酸镁	13.9
硫酸锌(七水)	0.3
二水硫酸氢钠	8.72
一水硫酸锰	0.08
六水氯化钴	0.1
氯化钠	14.35
柠檬酸铁	2.97
六水氯化铝	0.015
氯化亚铜	0.01
碘化钾	0.015

【使用方法】　混合均匀后以 2%～4% 添加入鱼饲料中。

配方二　(mg)

维生素 B_1	5
维生素 C	100
维生素 B_{12}	0.01
维生素 B_6	4
维生素 E	40
醋酸维生素 A(IU)	200
Manadione(商品名)	4
维生素 D_3(IU)	1 000
生物素	0.6
叶酸	1.5

肌醇	200
氯化胆碱	400
对氨基苯甲酸	5
饲料（g）	100

【生产方法】　将各物料按配方比混合均匀。

【使用方法】　每 1 000 kg 饲料中加入上述维生素添加剂 2～4 kg。

8.29　非洲鲫鱼饲料

非洲鲫鱼已在我国大部分地区放养。这里提供几类饲料配方，供参考。

【生产配方】

配方一

米	37
干酒糟	10
棉籽粉	20
褐色鱼粉	5
花生粉	5
大豆粉	4
肉粉	5
水解羽毛粉	3
维生素预混合添加剂	2
矿物质预混合添加剂	4

配方二

血粉	8
磷酸氢二钙	2
棉籽饼	82
小麦	8

配方三

花生饼	18
碎米谷	65
粗麦粉	12
鱼粉	4

【产品用途】　用作非洲鲫鱼饲料。

8.30　奶牛饲料添加剂

该添加剂可以提高奶牛的日产奶量,同时提高牛奶质量。

【生产配方】　(g)

维生素 E	15
维生素 A(IU)	10
维生素 D_{3n}(IU)	2
铁(硫酸亚铁)	60
锰(硫酸锰)	40
铜	10
钴	2.3
锌	40
碘	1

【生产方法】　将各物料按配比混合均匀。

【产品用途】　用作奶牛饲料添加剂,每吨奶牛饲料中添加1 kg饲料添加剂。

8.31　鸭饲料添加剂

这种饲料添加剂同时含有维生素和无机矿物质,适用于鸭、鹅等的饲养料中添加。

【生产配方】　(g)

维生素 A(IU)	15

维生素 B_1(mg)	15
维生素 B_2	20
维生素 D_3(IU)	4
维生素 E(IU)	25
维生素 K	1
烟酸	70
泛酸钙	8
叶酸	3
吡哆醇	2
生物素(mg)	100
氯化胆碱	500
蛋氨酸	1500
赖氨酸	1000
杆菌肽化锌	20
球虫抑制剂	25
碘	1.7
锰	65
锌	80
铜	10
铁	25

【使用方法】 每吨鸭饲料中加入 5 kg 该饲料添加剂。

8.32 鸡饲料矿物质添加剂

鸡饲料添加剂主要有矿物质添加剂、维生素添加剂、中草药添加剂等。这里介绍几例矿物质添加剂。

【生产配方】

配方一

磷酸氢钙	25

硫酸铜	0.07
硫酸亚铁	0.03
硫酸锌	0.37
硫酸锰	0.85
碳酸钙	73.4
氯化钴	0.006
碘化钾	0.04

【生产方法】 将各物料混匀得矿物质添加剂。

【产品用途】 用作鸡饲料矿物质添加剂。用量占饲料的
2%~3%。

　　配方二

贝壳粉	97.76
硫酸铝	0.12
硫酸铜	0.06
硫酸亚铁	0.25
硫酸镁	0.29
硫酸锌	0.30
硫酸锰	1.05
碘化钾	0.05
硼酸(mg/kg)	25

【产品用途】 该配方为鸡饲料矿物质添加剂,添加量为饲料
的2%。

　　配方三

碳酸钙	16.4
贝壳粉	62.895
磷酸钙	16.8
硫酸锰	1.0
硫酸镁	1.0

硫酸亚铁	0.8
硫酸锌	0.8
硫酸铝	0.12
碘化钾	0.025
硫酸铜	0.16
硫酸钴(mg/kg)	80
亚硒酸钠(mg/kg)	10

【产品用途】　用作鸡饲料矿物质添加剂。添加量为饲料的2%。

配方四

碳酸锰	38.1
硫酸铜	3.14
碳酸锌	16.08
硫酸铁	13.38
碘酸钙	0.16
碳酸钙	129.14

【生产方法】　将各物料混合均匀得到鸡饲料用矿物质添加剂。

配方五

硫酸镁	300
一水合硫酸锰($MnSO_4 \cdot H_2O$)	25
柠檬酸铁〔$Fe(C_6H_5O_7) \cdot 6H_2O$〕	20
氯化钠	400
硫酸铜	1
碳酸锌	13
钼酸钠($Na_2MoO_4 \cdot 2H_2O$)	0.55
硒酸钠	0.021 9
碘酸钾	1

磷酸氢钠	700
磷酸钙	1 000
磷酸氢钙	2 840

【生产方法】　将各物料混匀即得鸡饲料用矿物质添加剂。

配方六

磷酸氢钙($CaHPO_4 \cdot 2H_2O$)	150
七水合硫酸镁($MgSO_4 \cdot 7H_2O$)	204
柠檬酸铁〔$Fe(C_6H_5O_7) \cdot 6H_2O$〕	55
硫酸锰	10
氯化钠	335
氯化锌	0.5
五水硫酸铜($CuSO_4 \cdot 5H_2O$)	0.6
磷酸氢钾	645
碳酸钙	600
碘化钾	1.6

【生产方法】　将各物料粉碎后混匀,得到鸡饲料用矿物质添加剂。

配方七

葡萄糖	256
五水硫酸铜($CuSO_4 \cdot 5HO$)	2
柠檬酸铁〔$Fe(C_6H_5O_7) \cdot 6H_2O$〕	40
硫酸镁	244
磷酸氢钠	730
碘化钾	4
碳酸锌	2
硫酸锰($MnSO_4 \cdot H_2O$)	42
氯化钠	880
碳酸钙	1 500

磷酸钙	1 400
磷酸氢钾	900

配方八

贝壳粉	74.82
氯化钴	0.12
硫酸亚铁	10.0
碘(mg/kg)	17.50
硫酸锌	8.0
硫酸铜($CuSO_4 \cdot 5H_2O$)	0.8
碳酸锰	6.15
亚硒酸钠(mg/kg)	15

【生产方法】　各物料干燥粉碎后混合均匀,得到鸡饲料矿物质添加剂。

【产品用途】　用作鸡饲料矿物质添加剂。添加于复配鸡饲料中,添加量为饲料的 0.2%。

8.33　产蛋鸡饲料用矿物质添加剂

【生产配方】

配方一

硫酸锌	96.33
亚硒酸钠	0.12
硫酸铜($CuSO_4 \cdot 5H_2O$)	4.29
碘化钾	0.27
硫酸锰	35.6
载体(小麦粉)	863.4

【生产方法】　将物料粉碎后混匀即得。

配方二

硫酸铁	7.61

碳酸锰	19.05
硫酸铜	1.96
碘酸钙	0.08
碳酸钙	62.37
碳酸锌	8.93

【生产方法】　各物料粉碎后混匀,得到产蛋鸡用作矿物质添加剂,也可用于种鸡饲料添加剂。

配方三

硫酸铁	7.61
碳酸锰	30.63
硫酸铜	1.96
碘酸钙	0.08
碳酸钙	59.90
碳酸锌	9.82

【生产方法】　将各物料粉碎后混匀。

【产品用途】　用于产蛋鸡(或种鸡)饲料的配制(用作矿物质添加剂)。

8.34　蛋鸡饲料添加剂

该添加剂又称促卵素1号,作为蛋鸡喂养的饲料添加剂,可提高产蛋率,增加经济效益。

【生产配方】

土霉素钙	500
复合维生素(蛋鸡用)	50
赖氨酸	1 500
蛋氨酸	300
酵母粉	200
炒山楂	100

炒神曲	150
炒乌钱子	150
碘化钾	5

【生产方法】　将各粉料按配方比混合即得。

【产品用途】　作为蛋鸡喂养的饲料添加剂。

8.35　鸡用复合维生素添加剂

【生产配方】

配方一　（g）

原料名称	（一）	（二）
维生素 A(100 万 IU)	3.33	1.5
维生素 D_3(100 万 IU)	0.667	0.2
维生素 E(IU)	3 334	500
维生素 B_1	0.334	0.2
维生素 B_2	1.334	0.4
维生素 B_3	—	1
维生素 B_4	—	70
维生素 B_5	—	2
维生素 B_6	1.0	0.6
维生素 B_{12}(mg)	4	3
维生素 K	0.667	0.2
维生素 C	—	5
锰	16.667	5
泛酸钙	2	—
烟酸	1	—
氯化胆碱	166.7	—
叶酸	0.167	—
生物素	0.34	—

锌	16.67	1.35
铁	16.67	2
钴	—	0.2
碘	0.134	0.2
铜	1.334	0.25
抗氧化剂	—	12.5
载体(玉米粉)	加至 1 000	1 000

【生产方法】 按配方量混匀即得。

【产品用途】 用于配制蛋鸡饲料,添加量为饲料的
0.1%~0.3%。

配方二

维生素 A(100 万 IU)	3.33
维生素 D(10 万 IU)	6.67
维生素 E(kIU)	6.67
维生素 B_1	0.667
维生素 B_2	2
维生素 B_6	1.334
维生素 B_{12}(mg)	7
维生素 K	0.667
烟酸	10.0
泛酸钙	4.0
生物素(mg)	34
叶酸	0.40
氯化胆碱	220.0
铁	26.667
锰	20.0
锌	16.667
铜	1.334

钴(mg)	34
碘	0.20
基料	加至 1 000

【生产方法】 将各物料按配方量混匀,加入基料至规定量即得到幼雏、中雏鸡用维生素微量元素添加剂。

【产品用途】 用于配制幼雏、中雏饲料配制,用量为饲料量的 0.3%。

配方三

维生素 A(100 万 IU)	1
维生素 D(100 万 IU)	0.1
维生素 E(kIU)	1
维生素 B_2	0.40
维生素 B_3	1.0
维生素 B_4	70.0
维生素 B_5	2.50
维生素 B_{12}(mg)	3
维生素 C	5.0
维生素 K	0.2
抗球虫剂	12.5
抗生素	1.5
抗氧化剂	12.5
铁	2.0
锰	5.0
锌	0.9
钴	0.2
碘	0.2
精饲料	加至 1 000

【产品用途】 用于 1～30 日龄的肉仔鸡的饲料添加剂,添加

量为饲料量的 0.1%～0.3%。

配方四

原料名称	(一)	(二)
维生素 A(100 万 IU)	1	1
维生素 D(100 万 IU)	0.1	0.1
维生素 E(kIU)	0.5	0.5
维生素 K	0.2	—
维生素 B_2	0.40	0.30
维生素 B_3	1.0	1.0
维生素 B_4	70.0	70.0
维生素 B_5	2.0	2.5
维生素 B_{12}(mg)	3	3
维生素 C	—	5.0
抗氧化剂	12.5	12.5
铁	2.0	2.0
锰	5.0	2.0
铜	0.25	0.25
钴	0.20	0.20
锌	1.35	0.9
碘	0.20	0.20
抗生素	1.0	—
抗球虫剂	12.5	—
基料	加至 1 000	1 000

【产品用途】

(一)为 1～60 日龄产蛋鸡的维生素添加剂。

(二)为 31～70 日龄肉用仔鸡的维生素添加剂。用于饲料配制中,用量为饲料量的 0.1%～0.3%(质量)。

配方五(g)

维生素 A(100万 IU)	2.667
维生素 D(100万 IU)	0.533
维生素 E(kIU)	1.334
维生素 B_1	0.334
维生素 B_2	1.334
维生素 B_6	1.00
维生素 B_{12}(mg)	4
维生素 K	0.667
泛酸钙	4.00
氯化胆碱	166.7
叶酸	0.167
烟酸	6.667
生物素(mg)	34
铁	13.334
锌	13.334
锰	16.667
铜	1.0
钴(mg)	34
碘	0.167
基料(精饲料)	加至 1 000

【产品用途】 用于大雏的饲料添加配制,用量为饲料量的0.3%。

配方六

原料名称	(一)	(二)
维生素 A(100万 IU)	4.0	3.334
维生素 D(100万 IU)	0.8	0.667
维生素 E(万 IU)	0.667	0.667

维生素 B_1	0.667	0.667
维生素 B_2	2.0	2.0
维生素 B_6	1.334	1.0
维生素 B_{12}(mg)	7	4
维生素 K	0.667	0.667
烟酸	11.667	10.0
氯化胆碱	220.0	166.67
泛酸钙	4.00	4.00
叶酸	0.40	0.167
生物素(mg)	34	34
锌	16.667	13.334
铁	26.667	16.667
锰	23.334	16.667
铜	1.667	1.334
钴	0.034	0.167
碘	0.22	0.167
基料	加至 1 000	1 000

【产品用途】

(一)为肉鸡前期用饲料添加剂。

(二)为肉鸡后期用饲料添加剂。用量 0.3%。

配方七(g)

维生素 A(100 万 IU)	3.334
维生素 D(100 万 IU)	0.667
维生素 E(万 IU)	0.5
维生素 K	0.667
维生素 B_1	0.334
维生素 B_2	2.0
维生素 B_6	1.334

维生素 B_{12}（mg）	4
叶酸	0.334
烟酸	10.0
泛酸钙	4.0
氯化胆碱	166.67
生物素	0.05
铁	26.667
锰	20.0
锌	20.0
铜	1.334
碘	0.134
填料（精饲料）	至 1 000

【产品用途】 用于种鸡饲料的混配，用量为饲料量的 0.3%。

8.36 肉鸡复合添加剂

该添加剂用于饲养肉鸡的饲料中，可有效地促进肉鸡生长增重。

【生产配方】

烟酸	0.8
泛酸钙	0.36
维生素 A（万 IU）	32.5
维生素 $A+D_3$	0.55
维生素 B_1	0.08
维生素 B_2	0.16
维生素 B_6	0.12
维生素 B_{12}（1 500IU）	0.6
维生素 E（250IU）	0.8
维生素 K_3	0.1

维生素 C	2
胆碱(40%)	25
叶酸	0.04
乳清酸	0.6
抗球虫剂(氨丙啉合剂)	10
氧化锰	3
碳酸亚铁	0.42
氧化铜	0.13
钴	0.122
锌	0.558
碘化铜	0.152
硒	0.002
钼	0.002
精细粉碎玉米芯	148

【生产方法】　以精细粉碎的玉米芯为填料,按配方将各物料加入混匀即得肉鸡饲料添加剂。

【使用方法】　该添加剂在配合饲料的添加量大约为 0.4%。

8.37　家禽饲料用矿物质添加剂

【生产配方】

配方一

骨粉	587
硫酸亚铁	7.0
硫酸铜	2
硫酸锌	6
碘化钾	0.3
硒酸钠	微量
石粉	391

【产品用途】　用于鸡、鸭、鹅等家禽的矿物质添加剂,添加量为精料的 2.55%。

配方二

碳酸钙	1 468
磷酸氢钙	500
硫酸锰	17
碘化钾	0.08
硫酸亚铁	6.0
氯化钴	0.12
硫酸锌	7.4
硫酸铜($CuSO_4 \cdot 5H_2O$)	1.4

【产品用途】　用作家禽饲料矿物质添加剂。种禽加入量为饲料的 2%~3%;肉鸡、鸭添加量为饲料的 2%;雏鸡添用量为饲料的1%~2%。

配方三

硫酸锰($MnSO_4 \cdot H_2O$)	40
硫酸铜($CuSO_4 \cdot 5H_2O$)	1.28
硫酸亚铁	14.4
硫酸锌	17.6
碘化钾	0.16
氯化钴	0.24
碳酸钙	3 926.32

【生产方法】　将各种物料粉碎后混合均匀,得到家禽用矿物质添加剂。

【产品用途】　用作家禽饲料矿物质添加剂。雏鸡、雏鸭添加量占饲料的 1%~2%;肉鸡、肉鸭添加量占饲料的 2%;种禽添加量为饲料的 2%~3%;产卵盛期添加量可为饲料的 4%。

8.38　猪用胆碱饲料添加剂

氯化胆碱在生物体内有调节脂肪代谢,提高氨基酸利用率等作用。经试用表明,将适量氯化胆碱拌入饲料喂猪,可明显加快猪的生长率,一般猪的增重率可提高 30％以上。

【生产配方】

配方一

猪饲料	1 000
50％胆碱粉末	1～2

配方二

猪饲料	1 000
70％胆碱水溶液	0.8～1.5

【使用方法】　按配方计量后,充分拌匀即可。配方中的下限适于肉猪喂养,配方上限适于仔猪和母猪喂养。

8.39　猪用维生素预混剂

这种猪用维生素预混剂,是国外某公司的生产配方。供国内读者参考。

【生产配方】

烟酸	75
泛酸钙	25
维生素 A(100 万 IU)	40
维生素 B$_1$	5
维生素 B$_2$	20
维生素 B$_6$	10
维生素 B$_{12}$(mg)	100
维生素 D$_3$(100 万 IU)	5
维生素 E	60

【生产方法】　将各种物料按配比混合均匀,磨细即得到猪用维生素预混添加剂。

【产品用途】　猪用维生素预混添加剂。根据生猪生长的不同时期,确定饲料中维生素预混剂的用量。50 kg 以上生猪 175 g/t 饲料;50 kg 以下生猪 200 g/t 饲料;母猪 300 g/t。

8.40　瘦肉型猪配合饲料

当前推广饲养瘦肉型猪,对人们食用有益。为满足人们生活需要,应大力发展瘦肉型猪,由中国农科院畜牧研究所推荐了一种饲料新配方。

【生产配方】　(%)

	20~40	40~60	60~90
玉米	55	60	55
大麦	23	24	32
麸皮	5	5	5
鱼粉	7	6	3
槐树叶	5	5	5
豆饼	5	—	—
骨粉	1.5	1	0.5

(或植物蛋白粉)

【生产方法】　将玉米、大麦、麸皮、槐树叶等混合打磨成粉,然后加鱼粉、骨粉、食盐等混合均匀,即得到成品。

【产品用途】　瘦肉型猪配合饲料。与粗饲料按 1∶(1.5~2) 的比例,配合饲养,并供应充足的清洁水。夏天每天,冬天 2~3 天洗槽换水,保证猪舍的清洁卫生。

8.41　中草药饲料添加剂

该添加剂能有效促进禽畜生长,防治疾病,增进食欲,提高饲料利用率。

【生产配方】

配方一

秋牡丹	40
谷麦芽	80
土黄花	40
骨粉	120
何首乌	40
贯仲	40
加碘盐	40

【生产方法】　各种物料干燥后粉碎,混合均匀,即得到成品。

【产品用途】　用作饲料添加剂,能有效促进禽畜生长。

配方二

苍术	10
蒲公英	10
黄柏	50
麦芽	10
穿心莲	20
昆布	20
绿豆粉	30
硫酸锰	120
氯化钴	0.5
硫酸铜	10
硫酸亚铁	135
硫酸锌	88
亚硅酸钠	0.225
硫酸钠	2.5
硼酸	2.5

碘化钾	0.9
石粉	2 090
鱼粉	250
麦粉	150

【生产方法】 将各种物料干燥后粉碎,混合均匀即得。

【产品用途】 用作禽畜饲料添加剂。

配方三

神曲	150
贯仲	120
枳实	100
苍术	100
桑白皮	100
秦皮	100
苏子	100
矿物质混合添加剂	200

【生产方法】 先将中草药干燥后磨粉,然后与矿物质混匀,得到畜用中草药保健添加剂。

【产品用途】 用于复配畜用饲料。

配方四

怀山药	30
枳实壳	10
厚朴	10
神曲	20
苍术	20
乌贼骨	40
白头翁	10
党参	40
生山楂	40

生甘草　　　　　　　　　　　　10

【生产方法】　共置锅内用文火焙烘,磨粉过筛,混匀后密封待用。

【产品用途】　用作仔猪饲料添加剂。当仔猪喂饲料时,先少量导食,待习惯后,逐渐增至每餐二匙拌喂。

配方五

当归	12
党参	4
神曲	12
黄芪	12
麦芽	12
山楂	20
使君子	20
槟榔	10

【产品用途】　用作家畜饲料添加剂。研细混匀,拌入饲料中喂食家畜。

8.42　松针粉饲料

松针中含有 18 种氨基酸和 7 种微量元素,其中粗蛋白11%~12%,粗脂肪 9%~11%,粗纤维 13%~15%,钙 1%~1.5%,磷0.05%~1.0%。属安全无毒、营养价值高的饲料添加剂,可加快畜禽生长,增强抗病能力。

【生产配方】

配方一

精饲料	100
松针粉	2

该配方为肉鸡饲料。

配方二

| 饲料 | 100 |
| 松针粉 | 5～8 |

该配方为猪饲料。

配方三

| 松针粉 | 10～15 |
| 饲料 | 100 |

该配方为牛饲料。

配方四

| 饲料 | 100 |
| 松针粉 | 3～4 |

该配方为羊饲料。

【生产方法】　松叶切碎后,干燥、粉碎得到松针粉(贮于低温、干燥和避光处,贮期≤0.5 年)。将松针粉与饲料按配方量混合即得。

8.43　家畜寄生虫防治剂

家畜马、牛、羊等食草动物,容易发生肝脏吸虫而引起肝蛭病,使用本品可防治。

【生产配方】　(％)

3,5-二碘水杨酸-3-氮-4-(4-氯苯氧)酰替苯胺	18～25
β-环状糊精(简写为 β-CD)	10～15
乙醇(85％以上)	60～65

【生产方法】　将 3,5-二碘水杨酸-3-氮-4-(4-氯苯氧)酰替苯胺溶于乙醇中,加入 60 ℃ β-CD 的水溶液中,搅拌 20 min,慢慢冷却,即配成寄生虫防治剂。

【使用方法】　加入饲料中或单独加水喂饲家畜,防治寄生虫病。

8.44　羽毛粉

　　随着现代化养鸡场的不断增多,鸡毛的处理加工也应运而生。鸡毛加工成羽毛粉,在美国已逐渐取代鱼粉使用。由于羽毛中含有大量类蛋白成分,加工成羽毛粉其中含蛋白质达到 88% 以上。故其饲料营养价值相当高。

　　羽毛粉加工通常有酸水解法、高压分解法和发酵分解法,这里介绍酸水解法。

　　【生产工艺】　取鸡羽毛 5 kg 洗去污物,洗清之羽毛放入反应锅内。加5%～10%的盐酸使其浸没。加热维持沸腾使之完全溶解,然后加氢氧化钠溶液中和至中性。将反应液浓缩后,干燥打磨成粉末即得产品。

　　本法蛋白质分解后,可消化性高,可加入 3% 的羽毛粉。其中可消化蛋白约含 65% 左右,另外还有脂肪 3% 左右,粗纤维 0.3% 左右。

8.45　喹乙醇

　　喹乙醇又称快育灵、喹酰胺醇、倍育诺。黄色微细结晶性粉末。微溶于水,不溶于普通有机溶剂。熔点 290 ℃(分解)。避光可保存 5 年。是一种优良的畜用生长促进剂,具有促进仔猪生长和提高饲料转化率作用,对育肥猪的效果也特别明显。U.S.P 3915975;Ger. Offen. 2035480。

　　【生产配方】

邻硝基苯胺　　　　138
双乙烯酮　　　　　84
乙醇胺　　　　　　73
次氯酸钠　　　　　89

　　【生产流程】

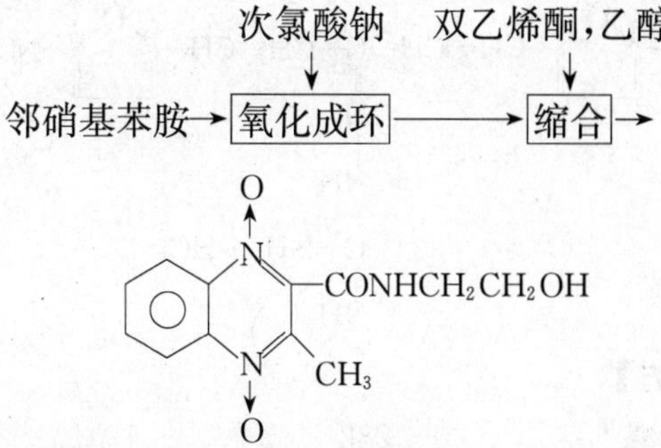

次氯酸钠　　双乙烯酮,乙醇胺

邻硝基苯胺→ 氧化成环 → 缩合 →

（喹乙醇）

【生产方法】　首先将邻硝基苯胺与次氯酸钠反应,发生氧化成环得到苯氧二氮茂-N-氧化物（Benzofuroxan）,然后与双乙烯酮、乙醇胺缩合得到喹乙醇。

【产品用途】　$5\sim10$ kg 乳猪,以 50 mg/kg 本品喂饲,每日平均提高增重约 $20\%\sim40\%$;42.2 kg 育肥牛,以 50 mg/kg 本品喂饲,每日提高增重 11%;以 25 mg/kg 喂饲雏鸡,每日可提高增重 2.9%。

【使用方法】　仔猪:每吨饲料中加入 $1\sim2$ kg 5%的预混剂（饲料中含量$50\sim100$ mg/kg）;增肥猪:每吨饲料中加入 $0.2\sim1$ kg 5%预混剂（饲料中含量 $10\sim10$ mg/kg）。牛用量为 $50\sim75$ mg/kg,鸡为 25 mg/kg。

8.46　硝呋烯腙

硝呋烯腙（Niuman）为橙色粉末。几乎不溶于水、乙醚,溶于乙醇、二甲亚砜、DMF、吡啶及其他有机溶剂。是畜、禽生长促进剂,具有促进生长、提高饲料转化率的作用。分子式$C_{14}H_{12}N_6O_6$,分子量360.3。结构式为:

$$O_2N-\overset{O}{\underset{}{\bigcirc}}-CH=CH-\underset{\underset{\underset{NH}{\overset{}{|}}}{\underset{\underset{NH}{\overset{C-NH_2 \cdot HCl}{|}}}{\overset{\overset{N}{||}}{\underset{NH}{|}}}}{C}-CH=CH-\overset{O}{\underset{}{\bigcirc}}-NO_2$$

【生产配方】

5-硝基糠醛	282
丙酮	87
碳酸氨基胍	74
氯化锌	催化量

【生产方法】 在氯化锌催化下,5-硝基糠醛首先与丙酮缩合,然后与碳酸氨基胍缩合得到硝呋烯腙。收率约为 51%。

【产品标准】

含量(%)	≥98
熔点(分解,℃)	280
硫酸根(%)	≤0.038
重金属(以 Pb 计,mg/kg)	≤20
灼烧残渣(%)	≤0.1

【产品用途】 以 20 mg/kg 拌料喂猪,可提高增重 7%,提高饲料转化率 5%;以 50 mg/kg 拌料喂羔羊,可提高增重 8.1%~18.8%,提高饲料转化率 4.6%~16%;对肉鸡可提高增重 9%。

【使用方法】 猪:以 10~20 mg/kg 拌食;鸡:以 10~15 mg/kg 拌食;羔羊:以 50 mg/kg 拌食。

8.47 甲硝咪唑

本品是畜禽的生长促进剂,用以促进猪、鸡的生长及提高饲料转化率。本品对原虫及各种细菌具有显著抑制作用,是治疗火鸡

黑头病及猪赤痢的有效药物。浅黄色结晶或结晶性粉末。熔点
138～142 ℃。溶于氯仿、乙醇、稀碱和稀酸,不溶于水、乙醚。分
子式 $C_5H_7N_3O_2$,分子量 141.1。结构式为:

【生产配方】

2-甲基咪唑	82
硝酸	95
硫酸二甲酯(100%计)	80

【生产方法】　将 2-甲基咪唑、硫酸、硫酸钠先后投入反应锅
中,搅拌加热,于150～160 ℃滴加硝酸进行硝化,加毕后保温反应
1 h,降温至140 ℃以下,加水后用氨水调 pH 值至3.5～4.0,析出
结晶,过滤,水洗至中性,干燥得到 2-甲基-5-硝基咪唑。2-甲基-
5-硝基咪唑在氢氧化钠存在下与硫酸二甲酯发生甲基化得到甲硝
咪唑。

【使用方法】　用作生长促进剂:猪为50 mg/kg,即1 t饲料中
加入本品 50 g;鸡为125～200 mg/kg。预防火鸡黑头病:125～
150 mg/kg。治疗火鸡黑头病:400～600 mg/kg,即1 t饲料中加
入本品400～600 g,给药1周后,减量至125 mg/kg。治疗猪赤
痢:400～600 mg/kg,给药1～2周。

8.48　DL-蛋氨酸

DL-蛋氨酸(DL-Methionine)是饲料营养强化剂。畜禽缺乏
蛋氨酸,会引起发育不良、体重减轻、肝肾功能减弱、肌肉萎缩、皮
毛变质等。本品为白色片状结晶或粉末,有特殊臭味,微甜。熔点
281 ℃(分解)。溶于水、稀酸、稀碱。极难溶于有机溶剂。分子式
$C_5H_{11}NO_2S$,分子量149.2。结构式为:

$$CH_3SCH_2CH_2CHCO_2H$$
$$|$$
$$NH_3$$

【生产配方】

丙烯	530
甲硫醇	515
氰化钠	460
硫酸	490
氨	150
碳酸钠	500

【生产方法】 丙烯用空气氧化为丙烯醛。丙烯醛与甲硫醇在甲酸及乙酸铜存在下缩合生成 3-甲硫基丙醛,然后与氰化钠和碳酸钠溶液混合,加热至 90 ℃缩合反应,生成甲硫乙基乙内酰脲。不需分离和提纯,直接与 28%的氢氧化钠溶液加热至 180 ℃,水解生成蛋氨酸钠,再用盐酸中和得到成品蛋氨酸。

【产品标准】(%)

含量(干品)	≤98.5
干燥失重	≤0.5
灼烧残渣	≤0.5
重金属(以 Pb 计)	≤0.002
砷(以 As 计)	≤0.0002
氯化物	≤0.2
硫化物	≤0.3

【使用方法】 在饲料中一般添加量为 0.05%～0.2%。饲料中添加蛋氨酸 1 kg,相当于鱼粉 50 kg 的营养价值。以往仅添加于养鸡的专用饲料,现已添加到猪饲料中。

8.49 L-胱氨酸

作为含硫氨基酸添加于饲料中,可增加畜禽发育,增加体重和增强肝肾功能,提高毛皮质量。外观为白色粉末或颗粒,有臭味和酸味。易溶于水,水溶液呈酸性,不溶于乙醇、乙醚和苯。熔点258～261 ℃。分子式 $C_6H_{12}N_2O_4S_2$,分子量240.3。结构式为:

$$S-CH_2-\underset{\underset{NH_2}{|}}{CH}-CO_2H$$
$$S-CH_2-\underset{\underset{NH_2}{|}}{CH}-CO_2H$$

【生产配方】

净猪毛	80
盐酸(30%)	160

【生产流程】

猪毛→水解→中和→过滤→精制→成品

盐酸　NaOH 进入水解和中和；过滤出废水

【生产方法】　将洗净的 80 kg 猪毛,投入盛有 160 kg 30%工业盐酸的耐酸反应釜中,于 115 ℃水解 9 h,过滤去杂,滤液用 25% NaOH 中和至 pH 值4.8,静置结晶,分离得粗品。将粗品加入 1.0～1.5 mol/L 盐酸中溶解,加入粗品重的 8%～10%的活性炭,于 80 ℃加热脱色,趁热过滤。然后再进一步粗制,过滤,烘干得到成品。

【使用方法】　用作饲料添加剂。

8.50　果蔬食物防腐剂

【生产配方】

酸式焦磷酸钠	1～1.5
柠檬酸	0.5～0.7
氯化钙	1～1.5

| 抗坏血酸 | 0.5～0.7 |
| 水 | 95.6～97 |

【生产方法】 将各种固体物料混合均匀,加适量的水形成浸泡液,最后配制成约 3% 的溶液即得到防腐剂。

【产品用途】 可有效提高果蔬食物的贮存稳定性,防止氧化及热氧化作用、酶催化作用、微生物作用及金属离子的作用,使切开的水果蔬菜不变质、不变色、不失去原香味,还能延长贮存期,可取代亚硫酸盐处理新鲜食物。

将去皮或切开的果蔬,在该液中浸泡 15～25 min,立即装袋,线束紧口,于 0～2 ℃下贮存。

8.51　鱼类保鲜保重剂

这种保鲜剂不仅可以达到鱼类保鲜贮藏的目的,而且能保持鱼的重量不变(不脱水)。美国专利 U. S. Pat. 4517208。

【生产配方】

三聚磷酸钠	40
山梨酸钾	12
焦磷酸钠	40
苹果酸调 pH 值至	5.8～6.3

【生产方法】 将各组分混合均匀,即可使用。

【产品用途】 用作鱼类保鲜保重剂。

使用时用水与上述固体保鲜剂以 1:1 左右的比例配成溶液,涂喷于鱼体上即可达到保鲜保重的目的。

8.52　气调型果蔬保鲜剂

这种保鲜剂由过氧化物、还原性物质和载体组成,通过调节包装袋内的氧气和二氧化碳气体浓度,来达到保鲜的目的。具有制作简单,使用方便,保鲜效果好的特点。

【生产配方】

七水硫酸亚铁(10 目以上)	4
白炭黑(干法,100 目以下)	0.4
过氧化钙	6
氢氧化钙(80 目以下)	6

【生产方法】 将各种物料投入混合机中,最好在氮气保护下,20～25 ℃混合 0.5 h,然后出料,用纸袋或透气量 500 mL/m² • h 的聚乙烯薄膜袋包装(10 g/袋)。

【产品用途】 用于水果也可用于蔬菜的保鲜。10 g/袋或与 300～1 000 g 水果共装,密封保鲜。

8.53 酞菁保鲜膜

这种由塑料膜的一面,附着以含有酞菁金属盐类化合物的涂层的保鲜膜,具有杀菌、防霉的功能,能抑制食品腐烂变质,防止被包装食物失水变干。用于青菜、水果、肉类、鱼贝等生鲜食物以及各种熟食的保鲜。作为基体的塑料薄膜可以是聚酯、三醋酸纤维素薄膜,或者是聚氯乙烯、聚偏氯乙烯、聚苯乙烯等薄膜。涂层涂料含有酞菁酸盐、树脂液等。

【生产配方】

原料名称	(一)	(二)	(三)
氢氧化钠(10%水溶液)	200	200	100
醋酸乙烯共聚物(40%含固量)	1 250	—	—
丙烯酸酯共聚物(45%)	—	2 225	—
聚乙烯醇(10%水溶液)	—	—	5 000
酞菁钴八羧酸	50	—	—
酞菁铁八羧酸	—	50	—
酞菁铁四羧酸	—	—	25

【生产方法】 分别将酞菁盐加入氢氧化钠水溶液中,搅拌均

匀,再加入对应的树脂液,搅拌均匀,得到保鲜膜用涂料。将涂料采取喷涂或辊涂涂布于薄膜上,常温干燥 24 h 后,于 0.1 mol/L 的盐酸水溶液中浸渍 2 min,取出水洗后干燥即得到保鲜薄膜。配方(三)的涂料施涂于聚酯膜上,经 80 ℃干燥 2 h,再于 180 ℃干燥 3 min,然后在混合处理液(3 L 水溶液中,分别含 150 g 硫酸、200 g 硫酸钠和 37％甲醛 30 g)中,于 50 ℃浸渍 0.5 h,取出水洗干燥即得到酞菁(含量 0.35 g/m²)保鲜薄膜。

【产品用途】　用于青菜、水果、肉类、鱼贝等生鲜食物以及各种熟食的保鲜。

将附有涂层的一面向内,将需要保鲜贮存的食品包装起来。

8.54　氧化型速效保鲜剂

这种速效保鲜剂,含有过氧化物(氧化剂)、氧化促进剂和载体。用于水果和蔬菜的保鲜存放。果蔬在采摘后,其呼吸和水分的蒸发仍在进行,呼吸成分中仍有催熟剂在发挥催熟作用,致使果蔬(尽管是提前采摘,但仍然较快地)产生熟化、软化,最后腐变。这种保鲜剂主要通过氧化吸收成分中的催熟剂,达到减缓熟化、软化和保鲜的作用。

【生产配方】

原料名称	(一)	(二)	(三)
高锰酸钾	1.2	—	—
过氧化钙	—	3.2	0.8
硬脂	0.8	—	0.9
苹果酸	—	0.12	—
活性氧化铝	2.8	—	—
钠型 A 沸石	—	2.8	—
活性炭	—	—	2.4

【生产方法】　分别将各配方的物料混合均匀,即得到氧化型

保鲜剂。以10 g/袋分装于透气性小的袋中备用。

【产品用途】 用于青菜、水果、肉类、鱼贝等生鲜食物以及各种熟食的保鲜。10 g/袋可保鲜 300～500 g 新鲜水果或蔬菜。如取 10 g/袋保鲜剂,将其同采摘的葡萄一同装入聚乙烯袋中,密封,于平均气温28 ℃下可贮存 14 d,脱粒率仅 2％,食味好,而对照组(无保鲜剂)的脱粒率为 75％,且食味变差。

8.55　氧气发生剂

该氧气发生剂投入水中,6 h 内可自动放出氧气 1 L,可用于鲜活鱼贮运过程中的供氧,降低活鱼贮运过程中的死亡率。日本公开特许公报昭和 61-145270。

【生产配方】

过氧化钙	60
活性炭	60
抗坏血酸	60
pH 值调节剂	20
丙烯酸/醋酸乙烯酯共聚物	20～24
黏合剂	20

【生产方法】 将各种物料混合,捏合均匀即得成品。

【产品用途】 可用于鲜活鱼贮运过程中的供氧,降低活鱼贮运过程中的死亡率。

投入鲜活鱼贮运桶内。

8.56　果蔬保鲜涂层

由廉价的多糖、防腐剂、卵磷脂和乳化剂混合制得到的果蔬保鲜食用涂层,涂覆于水果上,可防止气体、水分及香味挥发物的损失,从而延长保鲜期。美国专利申请 679849(1991)。

【生产配方】

羧甲基纤维素	0.2
苯甲酸钠	0.016
卵磷脂	0.1
柠檬酸	微量
吐温-80	0.2
水	9.48

【生产方法】 将羧甲基纤维素及其余物料溶解于温水中,搅拌均匀即得成品。

【使用方法】 涂覆于水果或蔬菜上,形成保护膜。

8.57　虫胶柑橘保鲜剂

【生产配方】

虫胶粉	10
碳酸钠	4.5
乙醇	15
乙二醇	2
水	550

【生产方法】 将乙二醇加入虫胶粉的乙醇溶液中,再加入碱和适量水,加热搅拌,然后加入足够量的水,即可得到成品。

【产品用途】 将本剂喷洒在柑橘果实上,可保持柑橘果实不易霉烂。

8.58　柑橘保鲜剂

【生产配方】

过氧化钙	52.3
山梨酸	2.0
沸石	45.7

【生产方法】 将各组分粉碎后按比例混合均匀即可得到成品。

【产品用途】 用作柑橘保鲜剂。将柑橘 10 kg 装入聚乙烯袋中,将本剂200 g放于柑橘顶端,密封,在 30 ℃下可保存 30 d。

8.59 番茄保鲜剂

【生产配方】

过氧化钙	10
硬脂酸	10
活性炭	30

【生产方法】 将各组分粉碎后按配方比例混合均匀,即可得到成品。

【使用方法】 将番茄 10 kg 装入聚乙烯袋中,放入保鲜剂 200 g,密封,在 30 ℃下可保鲜 15 d。

8.60 梨保鲜剂

【生产配方】

高锰酸钾	48.5
肉豆蔻酸	9.1
活性氧化铝	42.4

【生产方法】 将各组分粉碎后按配方比例混合均匀,即可得到成品。

【产品用途】 用作梨保鲜剂。将鲜梨 10 kg 装入聚乙烯袋中,放入保鲜剂 100 g,密封,在 30 ℃下可保鲜 20 d。

8.61 果蔬液体保鲜剂

【生产配方】

| 聚烯烃树脂 | 16.0 |

石蜡	5.3
油酸	3.7
吗啉	2.6
水	72.4

【生产方法】　将聚烯烃树脂和石蜡加热混溶,然后加入适量油酸和吗啉搅拌混匀,最后加水稀释即得本剂。

【产品用途】　用作水果和蔬菜保鲜剂。将本剂喷洒在水果和蔬菜上,可使水果保鲜 20 d,蔬菜保鲜 10 d。

8.62　香蕉保鲜剂

【生产配方】

七水合硫酸亚铁	13.8
左旋抗坏血酸	0.25
水	50

【生产方法】　将硫酸亚铁溶于水中,再加入左旋抗坏血酸,搅拌均匀即可得到成品。

【产品用途】　用作香蕉保鲜剂。将本剂喷洒在香蕉上,或将香蕉放在本剂中浸泡片刻,晾干后放入聚乙烯袋中密封保存。

8.63　葡萄防腐保鲜片

【生产配方】

配方一

焦亚硫酸钾(钠)	97
硬脂酸	1
十八酸钙	1
淀粉	1

【生产方法】　按配方比例使各组分混合均匀,然后压制成片(每片约 0.5 g)即得到成品。

【产品用途】 用作葡萄保鲜剂。

将葡萄 10 kg,装入纸箱或聚乙烯塑料袋中,将本剂 50 片放于葡萄的顶部,在温度为 1 ℃左右,相对湿度(90±3)％条件下贮存,可保鲜 7 个月左右。

配方二

过氧化钙	20.0
谷氨酸	0.1
硅酸钙	79.9

【生产方法】 同配方一。

【产品用途】 同配方一。

8.64　果蔬涂覆保鲜剂

【生产配方】

配方一

棉籽油	100
山梨糖醇酐单硬脂酸酯	1
阿拉伯胶	1
水	200

【生产方法】 将阿拉伯胶用少量温水浸泡 2 h,加热使之溶解,然后再加入山梨糖醇酐单硬脂酸酯,搅拌使之溶解,将所得水溶液和棉籽油用均化器分散乳化,即得到保鲜剂乳液。用压热器在 120 ℃下进行 20 min 灭菌处理,得到本剂成品。

【产品用途】 用作果蔬保鲜剂。

将本剂用水稀释 1~3 倍,用浸渍法、刷涂法或喷涂法,涂覆各种果蔬产品(如蜜橘、芦笋等),可达到保鲜的目的。

配方二

豆油	75
聚氧乙烯山梨糖醇酐单油酸酯	0.5

酪素钠	0.4
琼脂	0.05
水	100

【生产方法】 将琼脂用温水浸泡 2 h,加热使之溶解,再加入聚氧乙烯山梨糖醇酐单油酸酯和酪素钠,并使之溶解。将所得水溶液和豆油用均化器分散乳化,即得到保鲜剂乳液,经灭菌处理,得到本剂成品。

【产品用途】 同配方一。

配方三

椰子油	10
蜂蜡	60
蔗糖月桂酸酯	0.25
卵磷脂	0.5
清蛋白	0.4
水	35

【生产方法】 将清蛋白、蔗糖月桂酸酯、卵磷脂,按配方比例和水配成水溶液,得到水溶液 A。将蜂蜡加热熔化,和椰子油混合均匀,得到溶液 B。将 A 和 B 用均化器进行分散乳化,即得到保鲜剂乳化液。经灭菌处理,得本剂成品。

【产品用途】 同配方一。

8.65 虫胶涂覆保鲜剂

【生产配方】

漂白虫胶	2
乙醇(96%)	3.6l
2,4-D 钠盐	适量

【生产方法】 将漂白虫胶和乙醇密封于非铁容器中,搅拌均匀,再适当添加少量 2,4-D 钠盐(600 mg/kg)即可得到本剂成品。

【产品用途】　用作果蔬保鲜剂。

将保鲜剂用水稀释 3～4 倍,涂覆于苹果、柑橘等水果或蔬菜上。能起到明显的保鲜效果。

8.66　花卉果蔬色泽保持剂

【产品性能】　本剂是明矾的水剂,对花卉、果蔬的外观色泽具有延长保持作用。无害、无毒,使用安全。

【生产配方】

配方一

钾明矾(≥97%)	1.0
明胶	0.1
水	100.0

配方二

铵明矾	0.5
水	100.0

配方三

钾明矾	1.5
铵明矾	0.3
水	100.0

配方四

钾明矾	1.0
铵明矾	0.5
明胶	0.1
水	100.0

【生产工艺】　10 份明胶用温水浸泡 0.5 h,加热搅拌至全溶,加入矾的水溶液中,搅拌均匀。使用时,用 10 倍水稀释。

【产品用途】　用于生鲜果蔬、花卉,具有优良的保色、保艳效果。香蕉喷雾处理后,可使表皮已成黄色的香蕉,其黄色可在 10 d

内保持不变。用该稀释剂浸渍蔷薇红花之茎,在 12 d 内可以保持初始状态。

8.67　切花保鲜剂

【生产配方】

配方一

2-吡啶巯基-1-氧化物(钠盐)	0.1
枸橼酸(或苹果酸)	1.0
蔗糖	20.0

配方二

2-吡啶巯基-1-氧化物(钠盐)	0.25
琥珀酸	0.5
蔗糖	20.0

配方三

2-吡啶巯基-1-氧化物(钠盐)	0.1
酒石酸	1.0
果糖	20.0

【生产方法】　将各组分充分混合均匀,即可得到本剂成品。

【产品用途】　用作切花保鲜剂。

将所得粉剂加水配成 20% 左右的水溶液,将切花插入,即可达到保鲜目的。上面各配方均能适用于蔷薇、月季、紫丁香、紫罗兰、郁金香、金盏花、金鱼草等多种花卉。

配方四

8-羟基喹啉硫酸盐	0.2
枸橼酸	1.0
蔗糖	20.0

【生产方法】　同上。

【产品用途】　同上。

配方五

8-羟基喹啉硫酸盐	0.3
矮壮素	0.05
蔗糖	10
水	1 000

【生产方法】 将各组分按配方比例加入适量水中,搅拌均匀,即可得到本剂成品。

【产品用途】 用作切花保鲜剂。

将切花插入本剂,可延长切花寿命,达到保鲜的目的。

参 考 文 献

1 CN,1015715B(1992)

2 US,3281321(1966)

3 CN,1038815A(1990)

4 刘天麟. 农药. 1991,30(5):12

5 E·P,59052(1982)

6 U·S·P,4345934(1982)

7 JP83-216183(1983)

8 陈万义,花冬梅. 农药,1997,36(6):13

9 秦鹏. 氯化胆碱的生产与应用[J]. 饲料博览(技术版),2007(5):39

10 朱亚伟,周斌. 氯化胆碱合成新工艺[J]. 化工生产与技术,2003,10(5):15

11 崔玉民,杨高文. 氯化胆碱合成工艺的研究[J]. 化学反应工程与工艺,2003,19(2):155

12 化学工业出版社组织编写. 农用化学品. 北京:化学工业出版社,1999

13 陈三斌主编. 农用化工产品手册. 北京:金盾出版社,2008

14 陈万义主编. 农药生产与合成. 北京:化学工业出版社,2000

15 章思规主编. 精细有机化学品技术手册. 北京:科学出版社,1992

16　司宗兴．农药制备化学．北京：北京农业大学出版社,1989

17　化工部农药情报中心站．国外农药品种手册（一）、（二）、（三）、（四）. 1980—1985

18　化工部科技局．中国科技情报所编．农药研究报告选集．北京：科学技术文献出版社,1980

19　宋小平,韩长日主编．农药制造技术．北京：科学技术文献出版社,2001

20　李希平,任翠珠．杀虫剂．北京：化学工业出版社,1993

21　沈岳清,马永文．植物生长调节剂与保鲜剂．北京：化学工业出版社,1990

22　韩长日,宋小平主编．精细无机化工制造技术．北京：科学技术文献出版社,2008

23　顾可权．拟除虫菊酯．华东师范大学出版社,1984

24　化工百科全书编辑委员会编．化工百科全书（1～18卷）．北京：化学工业出版社,1990—1998

25　奚若明,张明国主编．中国化工医药产品大全（1～4卷）．北京：科学出版社,1992

26　中国化工产品大全（上、中、下）．北京：化学工业出版社,1994

27　宋小平,韩长日主编．精细有机化工产品生产技术（上、下卷）,北京：中国石化出版社,2001

28　RT. Meister,Farm Chemical's Handbook,Meister Publishing Co.,Willoughby,ohio,1983

29　M. Sittig,Besticide Manufacturing and Toxic Materials Control Encyclo-pedia,Noyes Data Corporation,New Jersey,U. S. A,1980

30　韩长日,宋小平,李华明主编．新编化工产品配方工艺手册（第3集）．长春：吉林科学技术出版社,1999

31　《农药の手引》,化学工业日报社,东京,昭和54年版

32　岳钺编．农药新品种及使用．北京：化学工业出版社,1985

33　化学工业部科学技术情报研究所．世界精细化工产品技术经济手册.1988

34　化学工业部科学技术情报研究所．世界精细化工手册（续编）.1986

35　韩长日,宋小平主编. 实用化学品配方手册(第 4 集,第 5 集,第 7 集,第 9 集). 成都:四川科学技术出版社,1991－1995

36　侯放亮主编. 饲料添加剂应用大全. 北京:中国农业出版社,2003

37　毛国盛,张福云主编. 饲料添加剂应用技术. 北京:科学技术文献出版社,2003

38　周学良,林春绵,徐明仙. 食品和饲料添加剂. 杭州:浙江科学技术出版社,2000

39　吴石金,林春绵,徐明仙. 饲料添加剂. 北京:化学工业出版社,2004

40　吴天星,林顺华. 饲料生产精要. 北京:化学工业出版社,1993

41　宋小平主编. 化工小商品生产法(第 15 集). 长沙:湖南科学技术出版社,1994

42　日本植物防疫协会,农药要览,东京,1982

43　王文广,严一丰主编. 塑料配方大全(第 2 版). 北京:化学工业出版社,2009

44　李乔钧. 塑料配方手册. 南京:江苏科学技术出版社,2000

45　周祥兴. 中国塑料制品配方大全. 北京:中国物质出版社,1999